Passarge, Pflanzengesellschaften Nordostdeutschlands

D1641686

Pflanzengesellschaften Nordostdeutschlands

I. Hydro- und Therophytosa

von

HARRO PASSARGE

mit 72 Tabellen im Text

J. CRAMER in der Gebrüder Borntraeger Verlagsbuchhandlung
BERLIN • STUTTGART 1996

Anschrift des Verfassers:
Dr. habil. Harro Passarge
Schneiderstrasse 13
D-16225 Eberswalde

Die Deutsche Bibliothek - CIP-Einheitsaufnahme

Passarge, Harro:
Pflanzengesellschaften Nordostdeutschlands/von Harro Passarge. - Berlin; Stuttgart: Cramer in der Gebr.-Borntraeger-Verl.-Buchh.
1. Hydro- und Therophytosa. - 1996
ISBN 3-443-50020-X

ISBN 3-443-50020-X
Alle Rechte, auch das der Übersetzung, des auszugsweisen Nachdrucks, der Herstellung von Mikrofilmen und der photomechanischen Wiedergabe, vorbehalten.

In Kommission bei
© 1996 by Gebrüder Borntraeger, D-14129 Berlin, D-70176 Stuttgart
Printed in Germany by strauss offsetdruck gmbh, D-69509 Mörlenbach

Vorwort

Mein Bemühen war darauf gerichtet, möglichst alle bis 1995 erkannten bzw. erkennbaren, hinreichend belegten Vegetationseinheiten übersichtlich geordnet zusammenzustellen und kurz durch wissenswerte Fakten zu erläutern. Grundlage hierfür waren die publizierten Vegetationsanalysen und zugehörigen ökologischen Angaben verschiedener Bearbeiter, ergänzt durch jahrzehntelange eigene Geländeerhebungen in verschiedenen Bereichen Nordostdeutschlands.

Neben der Klärung syntaxonomischer Fragen und der Einbindung der regionalen Ergebnisse in eine Europa-weite Systematik, galt mein besonderes Anliegen, einen Beitrag zu den angewandten Fragestellungen des modernen Natur- und Umweltschutzes zu leisten. Für den Artenschutz, die Roten Listen, die Auswahl und Begutachtung von botanisch-zoologischen Schutzgebieten, biozönologische Forschungen wie für Biotopkartierung und Biomonitoring gewinnen unsere heimischen Pflanzengesellschaften der verschiedenen Rangstufen zunehmend an Bedeutung.

Meine Literaturrecherchen erleichterten verschiedene Bibliotheken und zahlreiche Tauschpartner im In- und Ausland. Besonders dankbar erinnere ich mich all' jener, die in der schweren Zeit der verordneten Isolation (durch den Mauerbau) mir wie Prof. Dr. Dr. h.c. J.-M. GEHU, Bailleul, Prof. Dr. E. LANDOLT, Zürich, Prof. Dr. H. DIERSCHKE, Göttingen, Prof. Dr. E. W. RAABE/Prof. Dr. K. DIERSSEN, Kiel, Prof. Dr. H. SUKOPP, Berlin und Prof. Dr. O. WILMANNS, Freiburg mit freundlich übersandten Publikationsorganen halfen, die Folgen erzwungener Trennung zu mildern. Schließlich möchte ich nicht versäumen, auch an dieser Stelle Herrn Dr. E. NÄGELE, Stuttgart, für seine verständnisvolle, meinen Wünschen gegenüber aufgeschlossene, verlegerische Bereitwilligkeit und Hilfe herzlich zu danken.

Herbst 1996 H. Passarge

Inhaltsverzeichnis

Erläuterungen zu Abkürzungen und Tabellen

Ass., ass.	Assoziation
coll.	Gemeinschaft, Gruppe
em.	emendiert, verbessert
Ges.	Gesellschaft
Gr.	Gruppe
ibidem	ebendort, in gleicher Zeitschrift
M	Mitte, Mittel-
N	Nord-, Norden
nov.	nove, neu
n. p.	nicht publiziert, unveröffentlicht
O	Ost-, Osten
p. p.	pro parte, zum Teil
prov.	provisorisch, vorläufig
S	Süd-, Süden
sub-	Untereinheit
Verf.	Verfasser
W	West-, Westen

In den Tabellen werden die Arten nach coenologischen Artengruppen mit gleichwertigem oder ähnlichem Schwerpunktverhalten sowie ihrem Bauwert für die Einheit angeführt. Für jede im Vegetationstyp festgestellte Sippe wird die Stetigkeit als arabische Basiszahl (0–5) dokumentiert. Bis zu 5 Aufnahmen (vgl. Zahl der Aufnahmen im Tabellenkopf) wird die absolute Stetigkeit, bei mehr als 5 Aufnahmen die relative Stetigkeitsklasse angegeben: 0 = unter 10 %, 1 = bis 20 %, 2 = 21–40 %, 3 = 41–60 %, 4 = 61–80 %, 5 = 81–100 % Häufigkeit. Dieser Basiszahl wird als Exponent die mittlere Mengenspanne zugefügt. Beispiel: Lemna minor 4^{13} besagt, die Art ist in 61–80 % der verarbeiteten Aufnahmen mit Mengenwerten von mehrheitlich 1–3 (= 1–50 % Flächendeckung) nachgewiesen.

Grundlagen der Vegetationszusammensetzung

Bedeutende Faktoren für die Pflanzenverbreitung sind Klima, Boden und menschlicher Einfluß. Zum norddeutschen Tiefland gehörig, umschließt der Nordosten die Bundesländer Mecklenburg-Vorpommern, Berlin, Brandenburg sowie den Norden Sachsen-Anhalts. Von der Ostseeküste reicht die meist flachwellige planare, vom Pleistozän geprägte Landschaft (zwischen 0–150 m über NN) bis zu den Hügel- und Bergländern des Harzes, Mitteldeutschlands und des sächsischen Freistaates.

Innerhalb des gemäßigten **Klima**gürtels von Mitteleuropa ist eine deutliche N/S-Zonierung unterschiedlicher Tönung gegeben:

Ostsee-Küstenklima im schmalen Küstensaum mit kühlen Sommertemperaturen (Juli–Mittel um 17 °C), relativ geringen Niederschlägen (oft unter 600 mm im Jahr), stärkerer Bewölkung und erhöhter relativer Luftfeuchtigkeit (über 80 %).

Übergangsklima im küstenfernen Mecklenburg-Vorpommern, Bereichen Nord-Brandenburgs und der Altmark.

Binnenlandklima mit geringen Jahresniederschlagssummen (meist unter 600 mm), warmen Sommertemperaturen (Juli-Mittel über 18 °C), überwiegend geringer Bewölkung und verminderter relativer Luftfeuchtigkeit (um 70 % im Jahr). Sein Einfluß reicht von der südöstlichen Altmark und SO-Mecklenburg über das Elb-Havelland, das Havelland, die Uckermark, das südlich angrenzende Berlin-Brandenburg bis ins mittlere Elbtal (Tabelle 1).

Tabelle 1 Klimatologische Normalwerte (1901–1950)
Beispiele für a. Küsten-, b. Übergangs-, c. Binnenklima

			Temperaturen in °C			mm
Station		(m NN)	Jan.	Juli	Jahr	J-Sw. J-Ns
a.	Wismar	(26)	0,1	17,3	8,4	17,2 / 579
	Warnemünde	(4)	0,4	17,5	8,5	17,1 / 563
	Greifswald	(5)	–0,4	17,3	8,1	17,7 / 604
b.	Schwerin	(52)	–0,1	17,5	8,4	17,6 / 627
	Güstrow	(10)	–0,3	17,4	8,2	17,7 / 578
	Neubrandenburg	(17)	–0,7	17,2	8,1	17,8 / 562
c.	Gardelegen	(47)	–0,1	18,1	8,8	18,2 / 588
	Brandenburg	(32)	–0,2	18,5	8,9	18,7 / 553
	Eberswalde	(42)	–0,8	18,5	8,6	19,3 / 565
	Cottbus	(70)	–0,6	18,3	8,6	18,9 / 586

Im Einklang mit dieser Klimazonierung schwinden subatlantische Klimaerscheinungen wie Spätfröste von NW nach SO bzw. verstärken sich gemäßigt kontinentale Merkmale. So wächst im Gebiet und langjährigen Mittel die Zahl der Sommertage (Tagesmaxima 25 °C) von 10–20 auf über 30 Tage. Für Land- und Forstwirtschaft von Bedeutung sind zeitliche Verschiebungen in der Phänologie der Pflanzen. Es blühen Flieder, Maiglöckchen oder Roggen im SO etwa 14 Tage früher als im NW des Gebietes, und der Beginn der Roggenernte verschiebt sich gleichsinnig von der 1. Juli-Dekade auf die 1. August-Dekade in Küstennähe.

Die **Böden** Nordostdeutschlands sind weitgehend pleistozänen Ursprungs, von örtlichen Ausnahmen (z. B. Rüdersdorfer Kalk, Rügener Kreide) abgesehen. Dies bedeutet weder einheitliche Zusammensetzung noch gleichmäßige Verteilung. Unabhängig von den glazialen Bildungen der End- und Grundmoränen, Talsand- und Sanderflächen bedingt das Alter dank der Einwirkungsdauer bodendynamischer Reifungsvorgänge wie Podsolierung, Verbraunung, Verfahlung oder Vergleyung deutliche Abstufungen in Trophie, Kalk- und Silikatgehalt (EHWALD 1958, KUNDLER 1956, LIEBEROTH 1963). Im baltischen Jungmoränengebiet sind Sande silikatreicher als jene in älteren Vereisungsstadien, und angrenzende Lehme sind weniger tiefgründig entkalkt, weniger tonverarmt bzw. podsolig als in S-Brandenburg. Der Anteil von Lehmböden ist im Vergleich zu Sandböden im N wesentlich höher als im Bereich des Frankfurter, Brandenburger bzw. Warthe-Stadiums oder noch älterer Vereisungen. Folglich sind die edaphischen Bedingungen für Pflanzenwuchs und Artenreichtum im N erheblich günstiger als im S des ostelbischen Tieflandes. Dies gilt ähnlich für die Sonderfälle alluvialer Auen- und Niederungsböden, ja selbst für die relativ kleinflächigen Vorkommen von Zwischen- und Hochmooren.

Schon bei den geringen Niveau-Unterschieden im Tiefland (meist unterhalb von 100 m) läßt die Geländeform der einzelnen Landschaften deutliche Beziehungen zum geologischen Alter erkennen. Das Bild der baltischen Jungmoräne im N ist dank kleinräumigen Wechsels von Mulden und Wellen, steilrandigen Ufern und Senken neben aufragenden Kuppen relativ bewegt. Zahlreich sind Quellstellen, Wasserlöcher, Sölle sowie kleinere und größere Seen. Im Bereich älterer Moränenlandschaften, etwa in der Altmark oder der Niederlausitz, überwiegen fast ebene Flächen mit geringer Reliefenergie, in denen vielfach nur noch vermoorte Fenne und Rieder an einstige Gewässer erinnern.

Diese wechselnden natürlichen Bedingungen von Klima und Boden sind eine wichtige Grundlage für die Pflanzenverbreitung und mitbestimmend für den **Florenbestand** der nordostdeutschen Landschaften. Erwartungsgemäß überwiegen in der heimischen Flora die europäisch-eurasischen Arten. Es folgen die zum W/O-Gefälle beitragenden Florenelemente. Hierzu gehören einerseits ozeanisch-subozeanisch verbreitete Taxa mit Hauptvorkommen in Küstennähe und extrazonal in der Lausitzer Teichregion, andererseits subkontinentale Sippen mit Schwerpunkt im Binnenland sowie den Stromtälern von Elbe und Oder. Von nur geringem Einfluß ist demgegenüber das N/S-Gefälle im Arealtypenspektrum mit subborealen bzw. submeridionalen Florenelementen (MEUSEL 1943, 1959, WALTER 1954, MEUSEL & al. 1965, 1978, 1992).

Entscheidende Veränderungen der Flora und Vegetation gehen auf den **Einfluß des Menschen,** zunehmend in den letzten Jahrhunderten zurück. Ohne seine Eingriffe wäre mit Ausnahme der Gewässer, einiger Sümpfe und Moore sowie eines schmalen Küstenstreifens ganz Nordostdeutschland von Natur aus bewaldet. Heute trägt nur noch knapp ein Drittel der Landfläche Wald. Und auch hierbei handelt es sich überwiegend um Wirtschaftswälder, bei denen vielfach Nadelholzforsten (mit Kiefern- und Fichtenbeständen) die Stelle der einstigen naturnahen Buchen- und Eichenmischwälder einnehmen. – Die Mehrheit der gerodeten Flächen wird bis heute ackerbaulich (ca. 45 %) und etwa 15 % grünlandwirtschaftlich genutzt. Den verbleibenden Rest bedecken Siedlungen und Verkehrswege neben Gewässern, unkultivierten Sümpfen, Mooren, Trockenrasen, Salzwiesen und Dünen. – Flankiert von umfangreichen wasserbaulichen Maßnahmen wie Küstenschutz, Eindeichung von Strömen, Flußbegradigungen und Kanalisierung, Trockenlegung von Sümpfen, Abtorfung von Mooren usw., formten diese Eingriffe des wirtschaftenden Menschen aus der Naturlandschaft von einst die heutige Kulturlandschaft (Kultursteppe).

Mit der Einführung des Feldfruchtbaus vermehrte sich in der Folge der nacheiszeitliche Pflanzenbestand um viele Getreideunkräuter. Diese Archäophyten stammen wie die Wildformen des Getreides vorwiegend aus den Steppen und Halbwüsten Vorderasiens und wurden von dort mit dem Saatgut im Mittelalter (vor 1500 n. Chr.) eingeschleppt (ELLENBERG 1963, 1986, LANGE 1976, 1991). Jüngeren Datums ist die Zuwanderung von Neophyten (neuheimisch gewordene Sippen), häufig aus Amerika stammend, die wie Bidens frondosa, Conyza canadensis, Elodea canadensis oder Galinsoga-Arten unsere heutige Flora bereichern.

Umgekehrt verursachen zunehmende Nutzungsintensivierung und Umweltbelastung den Rückgang empfindlicher Arten bis hin zum regionalen oder großräumigen Verschwinden bzw. Aussterben. Diesem entgegenzuwirken gilt das Bemühen von **Natur- und Artenschutz,** unterstützt vom wachsenden Umweltbewußtsein der Bevölkerung. Mit »Roten Listen« wird auf mehr oder minder gefährdete Sippen aufmerksam gemacht und werden ggf. Maßnahmen zu ihrem Schutz empfohlen. Regional unterschiedlich sind heute ca. 40 % unserer Gefäßpflanzen in ihrem Bestand gefährdet (Tabelle 2).

Tabelle 2 Anteile gefährdeter Sippen an den Gefäßpflanzen der nordöstlichen Bundesländer und der Bundesrepublik (nach FUKAREK & al. 1991, FINK & AL. 1992, BENKERT & KLEMM 1993).

Land	Fläche/km^2	Artenzahl Gefäßpflanzen	davon gefährdet
Mecklenburg-Vorpommern	23835	1594	45 %
Berlin-Brandenburg	29060	1571	42 %
Berlin-West	480	1255	38 %
Sachsen-Anhalt	18338	1810	40 %
Deutschland	356950	3434	32 %

Entsprechend sind etwa die Hälfte heimischer Pflanzengesellschaften im Rückgang begriffen und vielfach schon bedroht. So wie wirksamer Artenschutz nur im Rahmen des Biotopschutzes erfolgversprechend ist, so kommt auch der Erhaltung der betreffenden Vegetationseinheit als intaktem Artrefugium erhöhte Bedeutung zu.

Pflanzengesellschaften und ihre Untersuchung

Grundlage bildet die Erkenntnis, daß »das Vergesellschaften eine allgemeine, primäre natürliche ... Eigentümlichkeit sämtlicher Lebewesen ..., also auch der Pflanzen« ist (RAPAICS 1931). Die unter ähnlichen Umweltbedingungen an verschiedenen Orten wiederkehrenden verwandten Artenkombinationen, die Pflanzengesellschaften oder Vegetationstypen werden im Rahmen der Pflanzensoziologie, Phytocoenologie oder Vegetationskunde erfaßt und ihre Spezifika herausgestellt.

Die fachgerechte Analyse der Pflanzendecke mittels sog. **Vegetationsaufnahmen** bemüht sich, ein möglichst naturgetreues Abbild der Artenzusammensetzung (qualitativ) und Mengenbeteiligung (quantitativ) auf angemessen eng begrenzten Probeflächen zu liefern. Die Größe der Aufnahmefläche sollte etwa das 10-fache der Wuchshöhe (-länge, -breite) der dominierenden Oberschicht des Pflanzenbestandes in m^2 betragen. Dies bedeutet, eine Untersuchung benötigt bei

- Wäldern (mit Baumhöhen von 10–40 m) um 100–500 m^2,
- Gebüschen (1–8 m hoch) um 10–100 m^2 Probeflächen,
- gehölzfreier Vegetation (ca. 0,1–3 m hoch) um 1–30 m^2 Aufnahmeflächen.

Die Auswahl der aufzunehmenden Beispielfäche verlangt besondere Sorgfalt, denn sie soll strukturell einheitlich, d. h. in sich homogen sein. Diese Forderung nach struktureller Homogenität zwingt zu mancher Abstraktion der Gegebenheiten. Beispiel: Wenn an einem Gewässer eine schmale, uferparallele Zonierung erkennbar wird, ist diese jeweils in ± langgestreckten, getrennten Aufnahmen für Groß- und Kleinröhrichtzone sowie für Schwimmblatt- und Submerszone zu dokumentieren. Ähnlich wird ein im Gesamteindruck lichter Wald durch das Nebeneinander von relativ geschlossenem Bestandsabschnitt und seitenbeschatteter Blöße aufgenommen.

Nach erfolgter Flächenwahl sind zunächst zu notieren: Aufnahme-Nr., Datum, Örtlichkeit (Landschaft, Ort, Entfernung), standörtliche Lage und Besonderheiten (Exposition, Hanglage usw.), Gesamtdeckung und Wuchshöhe der Vegetation bzw. ihrer Schichten (B = Baumschicht, S = Strauchschicht, F = Feldschicht, M = Moose, Flechten) bzw. H = Hydrophyten, getrennt nach Hn = Schwimm- (natante H.) und Hs = Unterwasserschicht (submerse Hydrohphyten) sowie vorgesehene Größe der Aufnahmefläche. Anschließend werden vom gewählten Standpunkt in der Fläche beginnend, die vorhandenen Sippen und ihre Anteile aufgelistet, indem man spiralförmig kreisend oder in parallelen Schleifen seinen Gesichtskreis allmählich erweitert. Eine Aufnahme ist vollständig, wenn der Artenzuwachs ausklingt und alle Artmengen entsprechend der 7-teiligen Artmächtigkeitsskala nach BRAUN-BLANQUET (1964) festgehalten sind.

r = 1 (–3) Individuen (selten erforderlich!)
+ = wenige Individuen, Deckungswert gering
1 = reichlich vertreten, Deckung 1–5 %
2 = zahlreich vertreten, Deckung 5–25 %
3 = mitbestandbildend, Deckung 25–50 %
4 = bestandbildend, Deckung 50–75 %
5 = vorherrschend, Deckung 75–100 %

Zum Abschluß wird der Aufnehmende die vergebenen Einzelwerte nach Schichten getrennt nochmals durchgehen und mit der geschätzten Gesamtdeckung vergleichen.

Zur Auswertung der Vegetationsanalysen

Am Beginn stehen Sichtung und Zusammenstellung der zusammengetragenen Aufnahmen in **Tabellen.** Eine grobe Vorsortierung nach unterschiedlichen Vegetationsbereichen (z. B. Schwimmblatt-, Röhricht-, Acker-, Trockenrasen-Aufnahmen) in getrennten Einzeltabellen ist ratsam. – In jeder Rohtabelle werden links alle vorgefundenen Sippen (evtl. als Kürzel), im Tabellenkopf Feldheft-Nr. sowie Artenzahl der einzutragenden Aufnahmen angeführt und darunter in der Spalte (senkrecht) die zugehörigen Mengenschätzwerte der vorkommenden Arten eingetragen. – Mittels der »Tabellenarbeit« im Sinne TÜXENs werden durch mehrmaliges Umschreiben und Neuordnen der Artzeilen und Aufnahmespalten die dem Material innewohnenden Verwandtschaftsbeziehungen aufgedeckt. In der so nach maximaler Ähnlichkeit der Aufnahmen geordneten Endtabelle erscheinen die nachweisbaren Vegetationstypen in Kolonnen gleichwertiger Artenzusammensetzung. – Ähnlich heben sich Gruppen von Arten mit einander entsprechendem

Schwerpunktverhalten = coenologische Artengruppen deutlich ab. Läßt sich das Ergebnis der Tabellenarbeit nicht in vollständigen Aufnahmetabellen publizieren, so empfiehlt es sich, die Aufnahmekolonnen nach Vegetationstypen getrennt in Stetigkeitstabellen zusammenzufassen, ergänzt durch Mengenspannen oder mittlere Deckungswerte.

Erst ein **Vergleich** der eigenen Erhebungen mit bereits bekannten und verwandten Einheiten erlaubt, die Ergebnisse richtig einzuordnen und zu beurteilen. Dies kann bedeuten:

- Übernahme der bereits vorliegenden, gebräuchlichen Einstufung nach Kenn- und Trennarten der Ass. und übergeordneten Syntaxa.
- Unabhängige Ermittlung der örtlich kennzeichnenden Artenkombination und deren Besonderheiten.

Als objektive Bemessungsgrundlage für graduelle Vegetationsunterschiede erwiesen sich in Prozent der mittleren Artenzahl (nach PASSARGE 1979):

- Geringfügige Abweichungen von ca. 5 % entsprechen einer Variante bzw. syngeographisch bedingten Rasse.
- Deutliche Differenzen von etwa 10 % signalisieren Subassoziationsrang oder syngeographische Vikariante.
- Merkliche Unterschiede um 25 % der Artenzahl mindern den inneren Zusammenhalt mit der bekannten Nachbareinheit so erheblich, daß eine abweichend eigenständige Artenverbindung wahrscheinlich ist (z. B. vikariierende Ass.).

Erfahrungen besagen, jede hinreichend eigenständige und genügend homotone Grundeinheit (= Assoziation) zeichnet sich durch eine bis wenige stete, gesellschaftsprägende Arten mit hohem coenologischem Bauwert (Artmächtigkeit oft 2-4 oder mehr) aus. Hinzu gesellen sich eine bis mehrere ziemlich regelmäßig, aber wenig hervortretende (meist +–2), oft differenzierende Begleitarten. Diese konstanten Sippen (mit mehr als 60 % Stetigkeit beteiligt) ggf. ergänzt durch seltenere, aber regional kennzeichnende Taxa bilden gemeinsam die »charakteristische Artenverbindung« einer Ass. nach BRAUN-BLANQUET (1964). Zu ihren weiteren Voraussetzungen zählt der oft vernachlässigte innere Zusammenhalt, der Gleichklang der Artenkombination, die Homotonität nach NORDHAGEN (1940). Letztere ist gegeben, wenn etwa die Hälfte der im Mittel beteiligten Arten konstant ist, d. h. über 60 % Stetigkeit erreicht (PASSARGE 1979).

Syntaxa

Im hierarchisch aufgebauten System der nach floristisch-soziologischen Kriterien definierten Vegetationseinheiten gibt es verschiedene Rangstufen. Diese sind kenntlich an rangspezifischen Endungen, die dem Wortstamm eines Taxons hinzugefügt werden. – Grundeinheit ist die Assoziation. Sie kann untergliedert sein in Subassoziationen, eine zentrale Typische sowie kleinstandörtlich begründete, periphere Subassoziation(en) und Varianten. Syngeographisch bedingte Differenzen ergeben Rassen und Vikarianten. Verwandte Ass. werden in Verbänden, evt. Unterverbänden, verwandte Verbände zu Ordnungen und Klassen zusammengefaßt (BARKMAN & al. 1986, vgl. Tabelle 3).

Syntaxon	Endung	Beispiel
Assoziation	– etum	Lemno-Spirodeletum
Typische Subass.		typicum
periphere Subass.	– etosum	lemnetosum
Verband	– ion	Lemnion minoris
Unterverband	– enion	Lemnenion gibbae
Ordnung	– etalia	Lemnetalia minoris
Klasse	– etea	Lemnetea
Formation	– osa	Hydrophytosa

Zusätzlich erweist sich die Ass.-Gruppe als neutrale Sammeleinheit für vikariierende bzw. variierende Ass.

Coenoformationen der Gefäßpflanzengesellschaften

Im BRAUN-BLANQUET-System faßt der Vegetationskreis die Klassen auf floristisch-florengeographischer Grundlage zusammen. Europa gehört danach zum Eurosibirisch-boreoamerikanischen bzw. mediterranen Vegetations- bzw. Gesellschaftskreis. – Demgegenüber fußt die pflanzengeographische Formation, Pflanzenformation nach GRISEBACH (1838) auf physiognomischen Merkmalen als Ausdruck ökologischer Bedingungen.

In Erweiterung früherer Gliederungsvorschläge von BROCKMANN-JEROSCH & RÜBEL (1912), RÜBEL (1930), SCHMITTHÜSEN (1961), DOING (1963), DEN HARTOG & SEGAL (1964), ELLENBERG & MÜLLER-DOMBOIS (1965/1966), WILMANNS (1973, 1993) definiere ich die Haupt- bzw. Coenoformation (PASSARGE 1966, 1978) als den floristisch-soziologischen Klassen übergeordnete höchste Ordnungskategorie des hierarchischen Systems der Pflanzengesellschaften. Sie werden gekennzeichnet durch coenologisch-strukturelle Merkmale (z. B. Affinitäten in Wuchs- und Lebensform, Periodizität) sowie Taxa-Verwandtschaft. Ausgewiesen durch die Endung -osa werden sie typisiert mittels einer zugehörigen Klasse.

Für Mitteleuropa ergeben sich folgende Coenoformationen:

1. Hydrophytosa, Formation der Wasserpflanzengesellschaften
2. Therophytosa, Formation kurzlebig-terrestrischer Pioniergesellschaften
3. Helocyperosa, Formation Cyperaceen-reicher Sumpfpflanzengesellschaften
4. Caespitosa, Formation terrestrischer Rasengesellschaften
5. Herbosa, Formation terrestrischer Kraut- und Staudengesellschaften
6. Nanolignosa, Formation der Zwergstrauchgesellschaften
7. Fruticosa, Formation der Gebüsch- und Gehölzgesellschaften
8. Sylvosa, Formation der Waldgesellschaften

1. Coenoformation Hydrophytosa

Wasserpflanzen-Gesellschaften

Die Formation vereinigt alle von echten Wasserpflanzen beherrschten Vegetationseinheiten, die an ein ganzjähriges Leben im Wasser bzw. an seiner Oberfläche angepaßt sind. Dies gilt für einzelne monotypische Taxa (wie *Aldrovanda vesiculosa, Luronium natans*), sowie für artenreiche Untergattungen und Gattungen z. B. Batrachium/Ranunculus, Callitriche, Myriophyllum, Utricularia und selbst für ganze Familien bzw. Taxa-Ordnungen, so für Salviniales, Potamogetonales, Hydrocharitaceae, Lemnaceae und Nymphaeales. – Innerhalb der Formation gehören die zugehörigen Wasserpflanzen unterschiedlichen Wuchsformtypen an, die sich teils den Pleustophyten, teils den Rhizophyten zuordnen lassen.

Subformation Pleustohydrophytenosa

Wasserschweber-Gesellschaften

Vereinigt sind die von Pleustophyten geprägten Vegetationstypen mit den frei im Wasser flottierenden Wuchsformtypen der Lemniden, Riccielliden, Utriculariden, Ceratophylliden und Hydrochariden. Von den zugeordneten Klassen: Ceratophylletea, Utricularietea sind die Lemnetea weltweit verbreiteter Typus der Subformation.

1. Klasse

Lemnetea minoris Koch et Tx. 55

Wasserlinsen-Gesellschaften

Nahezu weltweit verbreitete Wasserlinsen-Gesellschaften, außerhalb der borealarktischen Region (LANDOLT 1986), beherrscht von Lemnaceae (*Lemna-, Spirodela-, Wolffia-, Wolffiella-*Arten), verschiedentlich gemeinsam mit Salviniales (Wasserfarnen wie *Salvinia, Azolla*) oder Schwimmoosen (z. B. *Riccia fluitans agg.* oder *Ricciocarpus natans*).

Die genannten im Wasser frei flottierenden Pleustophyten stellen je nach Beteiligung die bestimmenden Wuchsformtypen (in Anlehnung an DEN HARTOG & SEGAL 1964):

Lemniden: zur Vegetationszeit (VI-IX/X) an der Wasseroberfläche mit 1–15 mm langen, rundlich-ovalen Sproßgliedern (1–6) assimilierend, oft mit kurzen einfachen Wasserwurzeln: z. B. *Lemna gibba, L. minor, Spirodela, Wolffia*

Salviniiden: im Hoch- bis Spätsommer (VIII-X) horizontal an der Wasseroberfläche schwimmende, meist verzweigte, 10–50 (200) mm lange Sproßachsen mit zahlreichen rundlich-ovalen, dicht papillös behaarten Schwimmblättern assimilierend, oft fiedrig bewurzelt (z. T. wurzelartige Tauchblätter): *Salvinia, Azolla*

Riccielliden: zur Vegetationszeit (VI-X) mit submers flottierenden, bandartiggegabelten bzw. länglich-eckigen, 0,3–3 mm breiten, oft kolonieartig zusammenhängenden Thalli (z. B. *Riccia*) bzw. Sproßgliedern (*Lemna trisulca*) assimilierend.

Ordnung

Lemnetalia minoris Koch et Tx. 55

Alle in Mitteleuropa nachgewiesenen Ass. gehören zur Ordnung Lemnetalia minoris. In der Südhemisphäre steht ihnen als Ordnung (evt. Klasse ?) Lemnetalia paucicostatae gegenüber (SCHWABE-BRAUN & TÜXEN 1981). Zur erstgenannten Ordnung zählen die Verbände: Lemnion minoris, Lemnion trisulcae und Lemno-Salvinion.

1. Verband

Lemnion minoris Koch et Tx. 55

Wasserlinsen-Schwimmdecken-Gesellschaften

Der Verband vereinigt die an der Wasseroberfläche schwimmenden reinen Lemnaceen-Gesellschaften, die in den Unterverbänden Lemnenion minoris und Lemnenion gibbae zusammengefaßt werden können. Zum Typischen Unterverband, Lemnenion minoris, rechnen Lemnetum minoris, Spirodeletum polyrhizae sowie die in SW-Deutschland nachgewiesene *Lemna minuscula*-Ass. (WOLFF & al. 1994).

Ass.-Gr.

Lemnetum minoris Müller et Görs 60

Gesellschaft mit Kleiner Wasserlinse Tabelle 4 d–g

Bezeichnend ist *Lemna minor* 4–5, die allein oder nahezu allein an der thermischen Existenzgrenze pleustophytischer Gefäßpflanzengesellschaften eine der wenigen einartigen Vegetationseinheiten bildet mit Hn 70–100 %. Sie ist damit zugleich Zentral- oder Typicum-Ass. der Klasse. Lebensraum sind sommerkühle (etwa ab 8 °C), mäßig nährstoffhaltige bis nährstoffreiche (pH 6–8), windgeschützte, stehende bis schwach fließende Gewässer wie Gräben, Tümpel, Weiher, Teiche, See- und Bachbuchten über mineralisch-schlammigem Grund. Eutrophierung, leichte Trübung und zeitweiliges sommerliches Austrocknen werden ertragen, nicht aber Wellenschlag, Verdriftung und merkliche Abwasserbelastung. – Großräumig verbreitet liegen die Hauptvorkommen in der Montanstufe und in N-Europa. In tieferen Lagen werden beschattete oder auch quellnahe Gewässer bevorzugt.

Regional unterscheidbar sind Zentralrasse im Bergland bzw. Quellnähe sowie *Spirodela*-Rasse mit vereinzelter *Sp. polyrhiza* in mäßig sommerkühlen Gewässern der planar-kollinen Stufe. Lokalstandörtliche Untereinheiten sind:

Lemnetum minoris typicum Müller et Görs 60,

Lemnetum m. lemnetosum trisulcae Müller et Görs 60 mit *Lemna trisulca* in mineralkräftigen, klaren Gewässern,

Lemnetum m. lemnetosum gibbae subass. nov. mit *Lemna gibba* in leicht eutrophiertem Wasser.

Zu den Kontakteinheiten zählen Lemno-Callitrichion und Glycerio-Sparganion-Röhrichte. Die Ass. kommt im Gebiet verstreut vor und ist nicht gefährdet. Als Holotypus der seltenen *Lemna gibba*-Subass. gilt Aufnahme-Nr. 94 (Tab. 3 bei CERNOHOUS & HUSAK 1986, S. 125).

Ass.-Gr.
Spirodeletum polyrhizae Koch 54
Teichlinse-Gesellschaften

Zur Ass.-Gr. Spirodeletum polyrhizae gehören bisher das kanadische Lemno turioniferae-Spirodeletum polyrhizae Looman 85 (Lemna-Epitheton nach LANDOLT 1986 korrigiert!) sowie das mitteleuropäische Lemno minoris-Spirodeletum.

Tabelle 4 Lemnion minoris-Gesellschaften I

Spalte	a	b	c	d	e	f	g	h
Zahl der Aufnahmen	16	23	32	7	16	7	5	30
mittlere Artenzahl	3,6	2,3	3,5	2,6	2,2	3,3	2,0	1,1
Lemna minor*	5^{14}	5^{14}	5^{13}	5^{45}	5^{45}	5^{45}	5^{45}	5^{45}
Spirodela polyrhiza	5^{24}	5^{35}	5^{34}	3^{+}	5^{+1}	5^{+1}	.	.
Hydrocharis morsus-ranae	1^{+1}	.	2^{+2}	.	2^{+1}	1^{+}	.	.
Lemna trisulca	0^{+}	.	5^{+2}	.	.	5^{+2}	5^{+2}	
Riccia fluitans	.	.	0^{+}	.	.	1^{1}	.	0^{+}
Lemna gibba	5^{+2}	.	.	5^{+1}	.	.	.	.
Lemna turionifera	2^{+2}	0^{2}	0^{+}	.	.	.	.	.
Ceratophyllum demersum	1^{3}	1^{+2}	1^{+2}	.	.	.	.	.

Herkunft:

a–c. SUKOPP (1959: 1), PASSARGE (1962, 1964 u. n. p.: 10), KRAUSCH (1964: 4), GUTTE & KÖHLER (1965: 1), HORST & al. (1966: 2), LINDNER (1978: 8), BÖHNERT & REICHHOFF (1981: 5), SCHMIDT (1983:3), PIETSCH (1983: 5), STARFINGER (1985: 5, DOLL (1991: 16), WOLFF & JENTSCH (1992: 11).

d–h. SUKOPP (1959: 2), PASSARGE (1962, 1964, 1978, 1983 u. n. p.: 20), MÜLLER-STOLL & NEUBERT (1965: 1), KRAUSCH ((1964: 8), HORST & al. (1966: 2), HILBIG & REICHHOFF (1974: 2), BÖCKER (1978: 3), WOLLERT & BOLBRINKER (1980: 10), STARFINGER (1985: 14), WOLFF & JENTSCH 1992: 3).

Vegetationseinheiten:

1. Lemno minoris-Spirodeletum polyrhizae Koch 54
   lemnetosum gibbae Tx. 74 ex Pass. 78 (a)
   typicum Müller et Görs 60 (b)
   lemnetosum trisulcae Müller et Görs 60 (c)
2. Lemnetum minoris Müller et Görs 60
   Spirodela polyrhiza-Rasse (d–f)
   Zentralrasse (g–h)
   lemnetosum gibbae subass. nov. (d)
   typicum Müller et Görs 60 (e, h)
   lemnetosum trisulcae Müller et Görs 60 (f, g)

*) Anm.: Die arabischen Zahlen geben für jede Art: Stetigkeit als Basisziffer (absolut bzw. ab 6 Aufnahmen in %-Klassen (0 = bis 10 %, 1 = bis 20 %, 2 = 21–40 %, 3 = 41–60 %, 4 = 61–80 %, 5 = 81–100 %) zuzüglich der mittleren Mengenspanne als Exponenten an.

Lemno minoris-Spirodeletum polyrhizae Koch 54 Tabelle 4 a–c

Kennzeichnend sind einschichtige Schwimmdecken (Hn 80–100 %) von *Spirodela polyrhiza* 3–5 mit *Lemna minor* 1–3 in zumindest mäßig sommerwarmen (über 15 °C), windgeschützten, oft besonnten, nährstoffreichen (pH 6,5–8,5), eutrophen, stehenden, selten schwach bewegten Gewässern über schlammigem Grund. Bevorzugte Wuchsorte sind Gräben, Altwasser, Tümpel, Teiche, Kanäle, See- und Flußbuchten. Mäßige Eutrophierung, leichter Salzgehalt, geringe Trübung und zeitweilig-sommerliches Austrocknen wird toleriert. Abermals schädigen Wellenschlag, Verdriftung und merkliche Abwasserverschmutzung.

In der planar-kollinen Stufe allgemein verbreitet in der Zentralrasse, so in mäßig sommerwarmen Gewässern bzw. in der *Hydrocharis*-Rasse mit *H. morsus-ranae*, selten *Salvinia natans* in merklich sommerwarmen (über 20 °C) Gewässern, oft mit *Spirodela polyrhiza* var. *magna* (um 10 mm ∅).

Kleinstandörtlich bedingte Subass.:

Lemno-Spirodeletum polyrhizae typicum Müller et Görs 60,

Lemno-Spirodeletum p. lemnetosum trisulcae Müller et Görs 60 mit *Lemna trisulca*, selten *Riccia fluitans/rhenana* in klaren, oft beschatteten, waldnahen Gewässern,

Lemno-Spirodeletum p. lemnetosum gibbae Tx. (74) comb. nov. mit *Lemna gibba*, selten *Ceratophyllum demersum* in sehr nährstoffreichen, oft eutrophierten Gewässern.

Wichtige Nachbareinheiten sind Hydrocharition, Nymphaeion sowie Phragmition und Phalarido-Glycerion maximae. Regional häufig, zeigt die Ass. verschiedentlich Rückgangstendenz, doch ist sie bisher im Gebiet nicht gefährdet.

Das Lemno-Spirodeletum azolletosum in den Niederlanden (SCHAMINEE & al. 1995) wird anderenorts als Lemno-Azolletum carolianae Nedelcu 70 zum Lemno-Salvinion gerechnet.

Im Unterverband Lemnenion gibbae (Tx et Schwabe 74) Pass. 78 werden Lemnetum gibbae, Lemnetum turioniferae und Wolffietum arrhizae zusammengeführt. In allen Fällen bedürfen die mitteleuropäischen Ausbildungen jeweils einer binären Ergänzung, um sie künftig von analogen in N-Amerika und anderen Kontinenten zweifelsfrei unterscheiden zu können (vgl. LANDOLT 1986).

Ass.-Gr.
Lemnetum gibbae Miyawaki et J. Tx. 60
Buckellinse-Gesellschaften

Zur Ass.-Gr. zählen nach LANDOLT (1986):

Wolffio-Lemnetum gibbae Bennema 43 im mediterran-ozeanischen Europa (vgl. WATTEZ 1962, GEHU & al. 1975, SCHAMINEE & al. 1995), *Lemna turionifera-L. gibba*-Ass. in Mittelamerika, *Wolffia globosa-Lemna gibba*-Ass. in Californien, *Wolffiella hyalina-Lemna gibba*-Ass. in O-Afrika, *Wolffiella oblonga-Lemna gibba*-Ass. in Teilen S-Amerikas sowie Lemnetum (minori-) gibbae in Mitteleuropa.

Lemnetum (minori-) gibbae Miyawaki et J. Tx. 60 Tabelle 5 e–h

Einschichtige Ass. von *Lemna gibba* 3–5 mit *L. minor* 1–3 (Hn 80–100 %) in windgeschützten, oft besonnten, sehr nährstoffreichen (pH 7–9), vielfach nitratverschmutzten (über 1 mg NO_3/l nach POTT 1980), eu- bis hypertrophen Gewässern über schlickig-schlammigem Grund. Wichtige Fundorte sind Dorfteiche, Akkersölle, Altwasser, Seebuchten, Kanäle, Gräben oder Weidekolke. Eutrophierung (insbesondere durch Vieh, Gänse), leichter Salzgehalt, mäßige Trübung und im Sommer auch kurzfristiges Trockenfallen werden hingenommen. Sowohl Wellenschlag, merkliche Beschattung als auch starke Winterfröste schädigen die Ges. Die Verbreitung konzentriert sich auf die planar-kolline Stufe unter Bevorzugung subozeanisch beeinflußter Klimaräume. Regional unterscheidbar sind eine Zentralrasse in mäßig sommerkühlen Gewässern, vermehrt in Küstennähe bzw. im W sowie eine *Spirodela*-Rasse mit *Sp. polyrhiza*, *Hydrocharis morsus-ranae* in mäßig sommerwarmen Gewässern, mehr im Binnenland.

Kleinstandörtliche Unterschiede ergeben:

Lemnetum gibbae typicum Hilbig 71

Lemnetum g. lemnetosum trisulcae Hilbig 71 mit *Lemna trisulca* in klaren Gewässern.

Im Konnex leben verschiedentlich Ceratophylletum demersi, Potamogetonetum pectinati, Phalarido-Glycerion und Bidentetalia. – Regional verstreute Vorkommen, die teilweise noch zunehmen, begründen keinerlei Gefährdung.

Tabelle 5 Lemnion minoris-Gesellschaften II

Spalte	a	b	c	d	e	f	g	h
Zahl der Aufnahmen	16	6	4	5	13	3	17	16
mittlere Artenzahl	6,0	3,2	5,5	5,8	4,8	2,7	3,3	2,2
Lemna gibba	4^{+2}	.	.	4^{12}	5^{45}	3^{4}	5^{35}	5^{35}
Lemna turionifera	2^{12}	.	.	5^{34}	.	.	.	.
Wolffia arrhiza	5^{34}	5^{35}	4^{34}	3^{+2}	.	.	.	.
Lemna minor	5^{13}	5^{13}	4^{12}	5^{+2}	5^{14}	2^{24}	5^{14}	5^{+4}
Spirodela polyrhiza	5^{12}	3^{13}	4^{+2}	3^{13}	5^{+2}	.	5^{+2}	.
Hydrocharis morsus-ranae	1^{12}	.	.	.	3^{+2}	.	1^{+}	1^{+}
Lemna trisulca	5^{13}	4^{+1}	4^{+2}	4^{+2}	5^{+2}	3^{12}	.	.
Riccia fluitans	.	.	4^{+2}	.	.	.	.	.
Ceratophyllum demersum	5^{13}	.	.	5^{+3}	2^{+}	.	1^{+}	.
Ceratophyllum submersum	.	.	2^{3}	.	.	.	.	.

Herkunft:

a–c. MÜLLER-STOLL & KRAUSCH (1959: 1), GUTTE & KÖHLER (1964, 1975: 4), JENTSCH (1979: 11), DOLL (1991: 4), WOLFF & JENTSCH (1992: 6)

d. WOLFF & JENTSCH (1992: 5)

e–h. PASSARGE (1962, 1964, 1964 a: 10), BÖCKER (1978: 2), LINDNER (1978: 2), SCHMIDT (1981: 9), PIETSCH (1983: 8), STARFINGER (1985: 1), DOLL (1991: 13), WOLFF & JENTSCH (1992: 4).

Vegetationseinheiten:

1. (Lemno minoris-)Wolffietum arrhizae Miyawaki et J. Tx. 60
   Spirodela polyrhiza-Rasse (a–c)
      lemnetosum gibbae (Jentsch 79) subass. nov. (a)
      typicum subass. nov. (b)
      riccietosum (Jentsch 79) subass. nov. (c)
2. Lemnetum minori-turioniferae (Wolff & Jentsch 92) ass. nov. (d)
3. Lemnetum (minori-)gibbae Miyawaki et J. Tx. 60
   Spirodela polyrhiza-Rasse (e, g)
   Zentralrasse (f, h)
      lemnetosum trisulcae Hilbig 71 (e–f)
      typicum Hilbig 71 (g–h)

Ass.-Gr.
Lemnetum turioniferae Wolff et Jentsch 92
Gesellschaften mit Rotlinse

Lemnetum minori-turioniferae Wolff et Jentsch (92) ass. nov. Tabelle 5 d

Die inzwischen in der Vorhersage von LANDOLT (1990) in verschiedenen Bereichen Eurasiens nachgewiesene *Lemna turionifera* bildet unabhängig von ihrem Status (indigen oder neophytisch) eine eigenständige Einheit. Kennzeichnend sind *Lemna turionifera* 3–4 mit *Lemna minor* +–4. Konstant kommen *Lemna gibba* und *Lemna trisulca* sowie *Ceratophyllum demersum* hinzu (Hn 80–100 %, Hs 10–30 %). Sie siedelt in windgeschützten, sommerwarmen, nährstoffreichen, kalkarmen (pH 6,5–7,5) eutrophen, stehenden bis schwach bewegten 10–100 cm tiefen Gewässern (Gräben, Fließe) über schlammigem Grund. Eutrophierung und kurzzeitiges Trokkenfallen im Sommer werden hingenommen, nicht aber Wassertrübung.

Neben den ersten Nachweisen aus dem Oberspreewald (WOLFF & JENTSCH 1992) wurden entsprechende Vorkommen am Rhein bestätigt (WOLFF & al. 1994). In beiden bringt mittelstet *Spirodela polyrhiza* (und *Hydrocharis morsus-ranae*) warm-temperierte Gegebenheiten zum Ausdruck. Zusätzlich kennzeichnet dort die *Lemna minuta*-Rasse eine entsprechende W-Rasse. Ob die im Spreewald hinzutretende *Wollfia arrhiza* bereits einen subkontinentalen Einfluß andeutet, bleibt zu klären.

Kleinstandörtlich bedingt sind dort:

Typische Subass. und *Riccia*-Subass., letztere mit *Riccia rhenana* und *Utricularia vulgaris* als Trennarten, die meso-eutrophe Bedingungen andeuten.

Auf die weitere Verbreitung/Ausbreitung der Ass. ist zu achten, ebenso auf Untergliederung, Kontakteinheiten und evt. Gefährdung. Holotypus ist Aufnahme-Nr. 45 bei WOLFF & JENTSCH (1992, Tab. 2 b, S. 47).

Ass.-Gr.
Wolffietum arrhizae Miyawaki et J. Tx. 60
Zwerglinse-Gesellschaften

Zur Ass.-Gr. zählen neben dem mitteleuropäischen (Lemno minoris-) Wolffietum außerdem Spirodelo-Wolffietum arrhizae in S-Afrika (ohne *Lemna minor*, vgl. MUSIL & al. 1973).

(Lemno minoris-) Wolffietum arrhizae Miyawaki et J. Tx. 60 Tabelle 5 a–c

Die in Mitteleuropa artenreichste Lemnetalia-Einheit kennzeichnet *Wolffia arrhiza* 3–5 mit *Lemna minor* 1–3. Da außerdem fast immer in der Submersschicht *Lemna trisculca* mit 1–3 flottiert, vermittelt die Ass. bereits zu den Submersen-Ges. des Lemnion trisulcae (Hn 70–100 %, Hs 10–30 %). Standorte sind windgeschützte, ± sommerwarme, nährstoffreiche (pH 7–8) stehende Gewässer über schlammreichem Grund. Gräben, Altwasser, Teiche und Seebuchten werden als Fundorte genannt. Regional unterscheiden sich eine Zentralrasse im subozeanisch beeinflußten W-Europa (vgl. MERIAUX 1978, MERIAUX & WATTEZ 1983, SCHAMINEE 1988) (ob im Gebiet?), sowie die *Spirodela*-Rasse mit *Sp. polyrhiza, Hydrocharis morsus-ranae* im mitteleuropäischen Binnenland (bei PREISING & al. zum Spirodeletum gerechnet).

Kleinstandörtlich bedingte Subass.:
(Lemno-)Wolffietum arrhizae typicum subass. nov. (Holotypus sei die Aufnahme 1972 bei TÜXEN (1974, Tab. 6, S. 61),
(Lemno-)Wolffietum a. lemnetosum gibbae subass. nov. mit *Lemna gibba, Ceratophyllum demersum* in sehr nährstoffreichen, oft eutrophierten Gewässern,
(Lemno-)Wolffietum a. riccietosum subass. nov. mit *Ricciocarpus natans, Riccia fluitans* in meso-eutrophen, oft waldnahen Gewässern.
Ceratophyllion, Hydrocharition und Phragmition werden als Nachbarn genannt. – Regional sehr selten und durch Gewässerverschmutzung zurückgehend, ist die Ass. als stark gefährdet einzustufen. Ein geeigneter Typus für die *Lemna gibba*-Subass. bzw. *Riccia*-Subass. findet sich bei KEPCZINSKI (1965, S. 143, Tab. 69, Nr. 7 bzw. Nr. 1).

2. Verband

Lemnion trisulcae Den Hartog et Segal 64
Dreifurchenlinse-Gesellschaften

Der Verband vereinigt die zweischichtigen Wasserschwebergesellschaften, oft mit vorherrschender Submerskomponente. Zum Typischen Unterverband Lemnenion trisulcae gehört die Ass.-Gr. Lemnetum trisulcae. Die an Schwimmoosen reichen Ass.-Gr. Riccietum fluitantis, Riccietum rhenanae und Ricciocarpetum natantis faßt der Unterverband Lemno-Riccienion zusammen (vgl. PASSARGE 1978).

Ass.-Gr.
Lemnetum trisulcae Den Hartog 63
Dreifurchenlinse-Gesellschaften

Zur Ass.-Gr. zählen in anderen Kontinenten (nach LOOMAN 1985, LANDOLT 1986): Lemnetum turionifero-trisulcae in Kanada, *Lemna dispersa- L. trisulca*-Ass. in SO-Australien sowie Lemnetum (minori-)trisulcae in Mitteleuropa.

Lemnetum (minori-) trisulcae Den Hartog 63 Tabelle 6 g–i

Bezeichnend sind *Lemna trisulca* 3-5 mit *L. minor* 1-3 (Hn 10–30 %, Hs 50–80 %), heimisch in mäßig nährstoffreichen (pH 5,5–7,5), klaren, stehenden bis schwach bewegten, über 20 cm tiefen Gewässern über schlammigem Grund. Wichtige Vorkommen finden sich in Gräben, Weihern und Söllen. Widerstandsfähig gegen Beschattung und Winterfrost, nicht aber gegen Trübung, merkliche Eutrophierung und sommerliches Austrocknen. Großräumig vom Tiefland bis in die untere Bergstufe verbreitet in einer Zentralrasse in mäßig sommerkühlen Gewässern, bevorzugt bei subozeanischen Klimabedingungen. In einer *Spirodela*-Rasse mit *Sp. polyrhiza*, selten *Hydrocharis morsus-ranae* in sommerwarmen Gewässern, mehr im Binnenland. Abgrenzbare Subass.:
Lemnetum (minori-)trisulcae typicum Tx. 74
Lemnetum (m.-)tr. lemnetosum gibbae Wolff et Jentsch 92 mit *Lemna gibba*, selten *Ceratophyllum demersum* in sehr nährstoffreichen Gewässern,
Lemnetum M.-)tr. riccietosum Pott 80 mit *Riccia fluitans/R. rhenana*, selten *Ricciocarpus natans* oder *Utricularia vulgaris/U. australis* in mesotrophen, schwach sauren Gewässern.

Angrenzend wurden registriert: Utricularion vulgaris, Ranunculion aquatilis und Glycerio-Sparganion. Meist nur verstreute Vorkommen mit deutlicher Rückgangstendenz, aber noch nicht gefährdet.

Ein geeigneter Holotypus für die seltene Riccia-Subass. findet sich bei POTT (1980, Tab 5, Nr. 2, S. 21).

Ass.-Gr.
Riccietum fluitantis Slavnić 56
Flutlebermoos-Gesellschaften

Die Ass.-Gr. Riccietum fluitantis wird in Kanada vom Lemno turioniferae-Riccietum fluitantis (nach LOOMAN 1985 bzw. LANDOLT 1986) vertreten, in Mitteleuropa vom (Lemno minoris-)Riccietum.

Tabelle 6 Lemnion trisulcae-Gesellschaften

Spalte	a	b	c	d	e	f	g	h	i
Zahl der Aufnahmen	22	5	4	16	21	27	17	25	7
mittlere Artenzahl	4,5	4,2	3,7	2,7	4,2	3,5	4,2	3,3	4,1
Lemna minor	5^{14}	5^{24}	3^{13}	5^{14}	5^{13}	5^{13}	5^{14}	5^{14}	5^{14}
Lemna trisulca	5^{+3}	5^{+3}	.	.	5^{13}	4^{13}	5^{35}	5^{35}	5^{34}
Riccia fluitans	5^{35}	5^{13}	4^{14}	5^{35}	5^{+3}	.	.	.	5^{+2}
Ricciocarpus natans	.	5^{+2}	4^{+3}	.	5^{34}	5^{25}	.	.	.
Lemna turionifera	.	.	.	.	.	.	2^{+2}	0^{+2}	1^{+}
Lemna gibba	.	.	.	.	.	.	5^{+2}	.	.
Spirodela polyrhiza	3^{+1}	.	.	2^{+2}	2^{+}	2^{+}	5^{+3}	5^{+2}	3^{+}
Hydrocharis morsus-ranae	2^{+2}	.	.	1^{+1}	0^{+}	0^{1}	1^{2}	1^{12}	.
Wolffia arrhiza	0^{+1}	.	.	.	.	.	1^{+2}	.	.
Utricularia vulgaris	1^{12}	.	.	1^{2}	0^{1}	1^{+2}	.	1^{+1}	2^{+2}
Hottonia palustris	2^{+1}	.	1^{+}	0^{+}	.	1^{+2}	.	.	.
Ranunculus aquatilis agg.	.	.	.		1^{+}	1^{+2}	.	.	.
Ranunculus trichophyllus	1^{+}	.	.	1^{+}	.	.	.	.	.

Herkunft:

a–d. SUKOPP (1959: 1), PASSARGE (1964 u. n. p.: 6), MÜLLER-STOLL & NEUBAUER (1965: 8), BOLBRINKER (1977, 1978: 10), JENTSCH (1979: 2), STARFINGER (1985: 1), DOLL (1991: 19).

e–f. PANKNIN (1941: 1), SUKOPP (1959: 1), PASSARGE (1964 u. n. p.: 5), BOLBRINKER (1978: 7), REICHHOFF (1978: 5), DOLL (1991: 28), WOLFF & JENTSCH (1992: 1).

g–i. PANKNIN (1941: 1), SUKOPP (1959: 1), PASSARGE (1962, 1964, 1983 u. n. p.: 9), BÖCKER (1978: 1), LINDNER (1978: 1), SCHMIDT (1981: 5), WOLLERT & BOLBRINKER (1980: 10), DOLL (1991: 11), WOLFF & JENTSCH (1992: 11), vgl. außerdem HILBIRG & REICHHOFF (1974), PIETSCH (1983).

Vegetationseinheiten:

1. (Lemno minoris-)Riccietum fluitantis Slavnić 56
   Spirodela polyrhiza-Rasse (a, d p.p.)
   Zentralrasse (b, c)
      lemnetosum trisulcae Müller et Görs 60 (a)
      ricciocarpetosum natantis Tx. 74 (b, c)
      typicum Tx. 74 (d)
2. Lemno minoris-Ricciocarpetum natantis Segal 66
      riccietosum fluitantis Tx. 74 comb. nov. (e)
      typicum Tx. 74 comb. nov. (f)
3. Lemnetum (minori-)trisulcae Den Hartog 63
   Spirodela polyrhiza-Rasse (g–i)
      lemnetosum gibbae Wolff et Jentsch 92 (g)
      typicum Tx. 74 (h)
      riccietosum fluitantis Pott 80 (i)

(Lemno minoris-)Riccietum fluitantis Slavnić 56 Tabelle 6 a–d

(Zweischichtige Ges. mit *Riccia fluitans* 3-5 und *Lemna minor* 1–3 (Hn 10–30 %, Hs 50–80 %) in mäßig nährstoffhaltigen, kalkarmen (pH 5–7), teilweise huminsäurehaltigen, überwiegend stehenden Gewässern über torfig-schlammigem Grund. Waldtümpel, Torfstiche, Moorgräben und Teiche gehören zu den wichtigen Refugien. Tolerant gegen Beschattung, Winterfrost und zeitweiliges Trockenfallen im Sommer, schädigen Eutrophierung und Trübung die Einheit. Bei planar-kolliner Verbreitung scheinen die Hauptvorkommen im nördlichen Mitteleuropa konzentriert. Eine Zentralrasse lebt in mäßig sommerkühlen Gewässern mehr im subozeanischen Klimaraum. Die *Spirodela*-Rasse mit *Sp. polyrhiza*, seltener auch *Hydrocharis morsus-ranae* in mäßig sommerwarmen Gewässern, bevorzugt das subkontinentale Binnenland.

Kleinstandörtlich sind abgrenzbar:

(Lemno-)Riccietum fluitantis typicum Müller et Görs 60

(Lemno-)Riccietum fl. lemnetosum trisulcae Müller et Görs 60 mit *Lemna trisulca* in mäßig nährstoffreichen Gewässern

(Lemno-)Riccietum fl. ricciocarpetosum natantis Tx. 74
mit *Ricciocarpus natans* in mesotrophen Gewässern.

Utricularion vulgaris und Phragmition sind vielerorts tangierende Ges. – Sehr verstreute bis seltene, vielerorts abnehmende Vorkommen begründen die Gefährdung der Ass.

Riccietum rhenanae Knapp et Stoffers 62
Ges. des Rheinischen Sternlebermooses Aufnahmen im Text

Manche, insbesondere kolline Nachweise im süd- und mitteldeutschen Raum betreffen *Riccia rhenana*. Wenn auch seltener, so fehlt die eigenständige Art im NO nicht und dürfte hier ähnlich wie im S auch bestandbildend vorkommen. Jüngere Angaben beispielsweise von TIMMERMANN (1993) belegen zwar die Art, nicht aber die zu erwartende Ges.

Als Beispiel füge ich zwei Belege (VII. 1978) aus dem Unterharz bei:

Stollberg (Thyra-Mühle, Seeufer ca. 270 m NN, 15 cm Wassertiefe) Hs 70/80 %, Hn -/5 % *Riccia rhenana* 4/5, *Lemna trisulca* 2/2, *L. minor* -/1. Kontaktröhricht war das Glycerietum maximae.

BENKERT (1978) zählt die Art in Brandenburg bereits zu den akut vom Aussterben bedrohten Lebermoosen. Entsprechendes dürfte für die Ass. gelten.

Ass.-Gr.
Ricciocarpetum natantis Tx. 74
Schwimmlebermoos-Gesellschaften

Zur Ass.-Gr. Ricciocarpetum natantis zählen Lemno turioniferae-Ricciocarpetum natantis in N-Amerika und *Lemna obscura-Ricciocarpus natans*-Ass. im SO der USA (LANDOLT 1986), dazu das Lemno minoris-Ricciocarpetum in Mitteleuropa.

Lemno minoris-Ricciocarpetum natantis Segal 66 Tabelle 6 e–f

Kennzeichnend sind *Ricciocarpus natans* 3-5 mit *Lemna minor* 1–3 sowie in der Submersschicht *Lemna trisulca* +–2 (Hn 30-80 %, Hs ±20 %). Fundorte sind windgeschützte, mäßig nährstoffreiche, meso-eutrophe (pH 6–8), stehende Gewässer über torfig-schlammigem Grund. Wichtige Siedlungsorte sind Torfstiche, Waldweiher, Teiche und Altwasser. Beschattung und sommerliches, zeitweiliges Austrocknen beeinträchtigen nicht, wohl aber Verschmutzung und Eutrophierung.

Im Tief- und Hügelland punktuell verbreitet, teils in einer Zentralrasse mäßig sommerkühler Gewässer, vornehmlich im subozeanischen Klimaraum bzw. in der *Spirodela*-Rasse mit *Sp. polyrhiza*, selten auch *Hydrocharis morsus-ranae* in sommerwarmen Gewässern, mehr im östlichen Binnenland.

Als Subass. werden ausgewiesen:

Lemno-Ricciocarpetum natantis typicum Tx. (74) comb. nov.

Lemno-Ricciocarpetum n. riccietosum Tx. (74) comb. nov. mit *Riccia fluitans/ R. rhenana*, selten *Utricularia vulgaris/U. australis* in mesotrophen, schwach sauren Torfgewässern. Neben dem Riccietum fluitantis wurden Utricularion vulgaris, Phragmition und Magnocaricetalia angrenzend beobachtet. Regional äußerst verstreut bis selten begründen abnehmende Vorkommen die Gefährdung der Ass.

3. Verband

Lemno-Salvinion Slavnić 56 em. Schwabe-B. et Tx. 81
Schwimmfarn-Gesellschaften

Der Verband umschließt die von Schwimmfarnen beherrschten, durch Wasserlinsen ergänzten, überwiegend einschichtigen, an der Wasseroberfläche frei flottierenden Gesellschaften. Im Typischen Unterverband gilt dies für die Ass.-Gr. Salvinietum natantis.

Ein weiterer Unterverband Lemno-Azollenion suball. nov. vereinigt die Ass.-Gr. Azolletum filiculoidis (Br.-Bl. 52) und Azolletum carolianae (Nedelcu 67) mit *Azolla caroliana* und *A. filiculoides* als Schwerpunktarten sowie Lemno-Azolletum filiculoidis als Typus.

Ass.-Gr.
Salvinietum natantis (Koch 54)
Schwimmfarn-Gesellschaften

Lemno minoris-Salvinietum natantis (Slavnić 56) Korneck 59 Tabelle 7 a–c

Erstmals belegt KOCH (1954) die Ass. aus N-Italien als Lemno-Spirodeletum salvinietosum. Im Spirodelo-Salvinietum faßt nachfolgend SLAVNIĆ (1956) Aufnahmen des Lemno-Spirodeletum mit solchen des Lemno-Salvinietum natantis zusammen. Da *Spirodela polyrhiza* ähnlich auch im andersartigen Lemno paucicostatae-Salvinietum natantis in Japan konstant ist (MIYAWAKI & J. TÜXEN 1960), erscheint der wenig später von KORNECK (1959) gebrauchte Terminus: Lemno-Salvinietum mit dem Epitheton »minoris« für Mitteleuropa die geeignete, zweifelsfreie nomenklatorische Kennzeichnung.

Ausgewiesen durch *Salvinia natans* 2–4 mit *Lemna minor* 1–3 (Hn 30–100 %) in sehr sommerwarmen (um 25 °C), besonnten, windgeschützten, nährstoffreichen (pH 6–8), stehenden Gewässern über schlammreichem Grund. Altwasser und Kanäle in Stromtälern gehören zu den wichtigen Refugien der gegen Verdriftung, Beschattung, Verschmutzung und merkliche Eutrophierung gleichermaßen empfindlichen Ass. Beschränkt auf die planar-kolline Stufe, konzentrieren sich heutige

Vorkommen im Gebiet weitgehend auf die mittleren Stromtäler von Elbe und Oder. Die Zentralrasse scheint auf das Rhein-Main-Gebiet beschränkt (vgl. KORNECK 1959, PHILIPPI 1969, MÜLLER in OBERDORFER 1977). Hiesige Vorkommen entsprechen der *Spirodela*-Rasse mit *Sp. polyrhiza* und *Hydrocharis morsus-ranae*.

An Subass. werden unterschieden:

Lemno-Salvinietum natantis typicum Hilbig 71

Lemno-Salvinietum n. lemnetosum trisulcae Hilbig 71 mit *Lemna trisulca*, selten *Riccia fluitans/R. rhenana* in meso-eutrophen Klargewässern,

Lemno-Salvinietum n. lemnetosum gibbae Zutshi 75 mit *Lemna gibba* in sehr nährstoffreichen, eutrophierten Gewässern.

Ceratophyllion, Hydrocharition, Trapetum natantis und Phalarido-Glycerion gedeihen im Kontakt. Die regional sehr seltene und weiter zurückgehende Ass. ist mancherorts verschollen bzw. vom Aussterben bedroht.

Tabelle 7 Lemno-Salvinion-Gesellschaften

Spalte	a	b	c	d
Zahl der Aufnahmen	16	17	5	1
mittlere Artenzahl	5,5	4,0	2,2	2
Azolla filiculoides	.	.	.	5
Salvinia natans	5^{24}	5^{25}	5^{35}	.
Lemna minor	5^{+2}	5^{+4}	3^{+2}	+
Hydrocharis morsus-ranae	4^{13}	4^{12}	.	.
Spirodela polyrhiza	1^{12}	5^{13}	.	.
Lemna trisulca	5^{+2}	.	.	.
Riccia fluitans	4^{+2}	.	.	.
Ceratophyllum demersum	4^{+2}	2^{+2}	.	.
Utricularia vulgaris	2^{+2}	2^{12}	.	.
Polygonum amphibium	1^{+}	0^{1}	1^{+}	.

Herkunft:

a–c. PASSARGE (1964 u. n. p.: 12), HILBIG & REICHHOFF (1971: 4), REICHHOFF & SCHNELLE (1977: 4), REICHHOFF (1978: 16), KRAUSCH (1985: 1).

d. STARFINGER (1985: 1)

Vegetationseinheiten:

1. Lemno minoris-Salvinietum natantis (Slavnić 56) Korneck 59
   Hydrocharis morsus-ranae-Rasse (a–b), Zentralrasse (c)
   lemnetosum trisulcae Hilbig 71 (a)
   typicum Hilbig 71 (b–c)
2. Lemno minoris-Azolletum filiculoidis Br.-Bl. 52 (d)

Ass.-Gr.
Azolletum filiculoidis
Algenfarn-Gesellschaften

Lemno minoris-Azolletum filiculoidis Br.-Bl. 52 Tabelle 7 d

Kennzeichnend sind *Azolla filiculoides* 2–4 mit *Lemna minor* 1–3 in windgeschützten, mäßig nährstoffreichen, stehenden Gewässern. Altwasser, Teiche, Gräben werden für die neophytischen Vorkommen der sich im SW ausbreitenden Art als Habitate angeführt. Im Gebiet ist seit über 100 Jahren ein Vorkommen in Berlin bekannt (bei ASCHERSON & GRAEBNER (1898/99) als *Azolla caroliana* angeführt). STARFINGER (1985) fand in einem Berliner Pfuhl: *Azolla filiculoides* 5, *Lemna minor* +. Eine Wasseranalyse ergab dort erhöhte SO_4-Werte bei geringem P- und N-Gehalt sowie pH 7,3.

2. Klasse

Utricularietea intermedio-minoris Den Hartog et Segal 64 em. Pietsch 65
Wasserschlauch-Gesellschaften

In Anlehnung an erste Vorschläge von DEN HARTOG & SEGAL (1964), die von PIETSCH (1965) eingeengt präzisiert wurden, wird hier ein mit allen coenologischen Merkmalen (Struktur, Lebensweise, Artenverbindung) in Einklang stehender erweiterter Klassenumfang vorgeschlagen.

In struktureller Hinsicht können die Wuchsformtypen von DEN HARTOG & SEGAL (1964) bis WIEGLEB (1991) mit Zuordnung von *Utricularia* zu den Ceratophylliden nicht voll befriedigen. Mir scheint ein eigenständiger Wuchsformtyp aquatischer Utriculariiden ihrer Feinstruktur und besonderen Lebensweise angemessen. Er umfaßt die krautigen Blütenpflanzen mit 5–50 cm langen, waagerecht submers schwebenden, grünen Wassersprossen und ggf. farblosen Schlammsprossen mit Rhizoiden. Kurz und dicht beblättert, vielfach stachelspitzig, erlauben zahlreiche Schläuche (= Fangblasen) eine teils karnivorische Lebensweise, womit Nährstoffdefizite in ärmeren, meso-oligotrophen Gewässern ausgeglichen werden. Hinzu kommt die Fähigkeit, ein zeitweiliges Trockenfallen von Tümpeln schadlos zu überstehen. – Neben allen europäischen *Utricularia*-Arten zählt auch *Aldrovanda vesiculosa* zu diesem Wuchsformtyp.

In der einheitlich strukturierten Klasse sind zwei Ordnungen zu unterscheiden: Utricularietalia intermedio-minoris mit dem Sphagno-Utricularion sowie Lemno-Utricularietalia mit dem Verband Utricularion vulgaris (vgl. PASSARGE 1978).

1. Ordnung

Lemno-Utricularietalia vulgaris Pass. 78

1. Verband

Utricularion vulgaris Pass. 64
Wasserlinse-Wasserschlauch-Gesellschaften Tabelle 8

Gekennzeichnet von *Utricularia australis* und *U. vulgaris* als Schwerpunktarten, greifen *Lemna minor* und weitere Lemnetalia- bzw. Potamogetonetalia-Arten als Trennarten von Ass./Unterverbänden über. Einheitlich siedeln die zugehörigen Ass.-Gr. Utricularietum australis, Utricularietum vulgaris und eine Sonderform des Aldrovandetum vesiculosae in meso- bis eu-mesotrophen Gewässern. Ihre hinreichend homotonen Ausbildungen lassen sich den Unterverbänden (Lemno-) Utricularenion und Potamogetono-Utricularenion anschließen.

Ass.-Gr.
Utricularietum vulgaris (Soó 28) Pass. 62
Gesellschaften mit Echtem Wasserschlauch

Zu den von *Utricularia vulgaris* gekennzeichneten Grundeinheiten zählen Lemno-Utricularietum, sowie weitere Sonderformen wie *Potamogeton*- bzw. *Chara-Utricularia*-Ass., die möglicherweise auch im Gebiet vorkommen.

Tabelle 8 Lemna-Utricularia-Gesellschaften

Spalte	a	b	c	d	e	f	g
Zahl der Aufnahmen	2	9	9	6	27	26	2
mittlere Artenzahl	6,0	4,5	2,1	4,0	3,0	3,8	3,5
Utricularia vulgaris	2^{+1}	3^{+1}	.	5^{34}	5^{35}	5^{25}	.
Utricularia australis	.	5^{24}	5^{35}	.	.	.	.
Aldrovanda vesiculosa	2^{2}	.	.	.	.	.	.
Utricularia intermedia	.	.	.	1^{2}	.	.	2^{34}
Utricularia minor	.	.	.	5^{12}	.	.	2^{1}
Lemna minor	2^{13}	5^{+1}	5^{+2}	5^{+2}	5^{+3}	5^{+3}	2^{12}
Hydrocharis morsus-ranae	2^{+1}	.	1^{2}	2^{23}	3^{+2}	2^{+2}	1^{2}
Spirodela polyrhiza	1^{+}	.	1^{2}	.	.	0^{+1}	.
Lemna trisulca	2^{+}	5^{+2}	.	.	.	5^{+2}	.
Riccia fluitans	1^{2}	4^{+2}	.	.	.	2^{+3}	.
Hottonia palustris	.	1^{+}	.	2^{+}	0^{+2}	1^{+2}	.
Potamogeton gramineus	.	.	.	3^{+}	.	.	.
Drepanocladus fluitans	.	2^{+4}	.	.	2^{+3}	1^{12}	.

Herkunft:

a. HUDZIOK (1960: 2)
b–c. PASSARGE (1978 u. n. p.: 3), BOLBRINKER (1985: 1), DOLL (1989, 1991: 14).
d–f. FREITAG & al. (1958: 1), SUKOPP (1959: 3), GROSSER in SCAMONI & al. (1963: 1), PASSARGE (1964 u. n. p.: 11), MÜLLER-STOLL & NEUBAUER (1965: 4), HILBIG & REICHHOFF (1971: 1), REICHHOFF & SCHNELLE (1977: 1), DOLL (1977, 1991: 24), SCHMIDT (1981: 7).
g. JESCHKE (1963: 1), PASSARGE (n. p.: 1).

Vegetationseinheiten:

1. Spirodelo-Aldrovandetum vesiculosae Borhidi et J.-Komlodi 59 (a)
2. Lemno minoris-Utricularietum australis (Müller et Görs 77) Pass. 78
   lemnetosum trisulcae Hilbig 71 (b)
   typicum (Müller et Görs 77) Pass. 78 (c)
3. Lemno minoris-Utricularietum vulgaris Soó ex Pass. 64
   utricularietosum minoris Pass. 64 (d)
   typicum Pass. 64 (e)
   lemnetosum trisulcae Hilbig 71 (f)
4. Lemna minor-Utricularia intermedia-Ges. (g)

Lemno minoris-Utricularietum vulgaris Soó (28) ex Pass. 64 Tabelle 8 d–f

Bezeichnend sind *Utricularia vulgaris* 2–4 mit *Lemna minor* +–2 (Hn 1–20 %, Hs 20–70 %) in stehenden, windgeschützten, mäßig sommerwarmen, kalkarmen meso-eutrophen, (pH 5–7), klaren 10–70 cm tiefen Kleingewässern über mineralisch-schlammigem Grund. Wichtige Fundorte sind Torfstiche, Weiher, Gräben, Tümpel und Schlenken. Leichte Beschattung, moderate Eutrophierung, sommerliches Trockenfallen werden ertragen, nicht aber Wassertrübung oder Wellenschlag.

In der planar-kollinen Stufe des temperaten Eurasien heimisch in einer zentralen *Lemna minor*-Rasse der mäßig sommerwarmen Gewässer, mehr im N und W sowie in der *Hydrocharis*-Rasse mit *H. morsus-ranae*, seltener *Spirodela polyrhiza* vornehmlich im sommerwarmen, subkontinental beeinflußten Binnenland. In allen nordostdeutschen Ländern wiederholt belegt, so von FREITAG & al. (1958), SUKOPP (1959), GROSSER (1963), PASSARGE (1964), MÜLLER-STOLL & NEUBAUER (1965), HILBIG & REICHHOFF (1971), REICHHOFF & SCHNELLE (1977) DOLL (1977, 1991), SCHMIDT (1981).

Kleinstandörtlich werden unterschieden:
Lemno-Utricularietum vulgaris typicum,
Lemno-Utricularietum v. utricularietosum Pass. 64 mit den Trennarten *Utricularia intermedia, U. minor* in oligo-mesotrophen Torf- und Moorgewässern, zum Sphagno-Utricularion vermittelnd,
Lemno-Utricularietum v. lemnetosum trisulcae Hilbig 71 mit *Lemna trisulca* und *Riccia fluitans* in klaren, meso-eutrophen Gräben.

Im Konnex mit Lemnion trisulcae, Phragmition und Magnocarion nehmen die heute ziemlich seltenen Refugien der Ass. weiter ab und sind gefährdet. – Das Lemno-Utricularietum vulgaris ist nomenklatorischer Typus von Verband und Typischem Unterverband.

Ass.-Gr.
Utricularietum australis Müller et Görs 60
Süd-Wasserschlauch-Gesellschaften

Neben dem Lemno-Utricularietum australis zeichnen sich eine Potamogeton-Utricularia-Ass., von MÜLLER in OBERDORFER (1977) als *Potamogeton*-Subass. angeschlossen, sowie *Chara-Utricularia australis*-Ges. durch eine abweichend eigenständige Artenverbindung aus.

Lemno-Utricularietum australis (Müller et Görs 60) Pass. 78 Tabelle 8 b–c

Spezifisch sind *Utricularia australis* 2–4 mit *Lemna minor* +–2 (Hn 1–20 %, Hs 20–70 %) in windgeschützten, mäßig nährstoffhaltigen, mesotrophen (pH 5–6), flachen, 10–60 cm tiefen Kleingewässern über dyartigem Torfschlamm. Hauptvorkommen in Moortümpeln, Schlenken, Torfstichen und Torfgräben. Empfindlich gegen Wassertrübung, merkliche Eutrophierung und Austrocknung.

Die mehr im westlichen und südlichen Europa verbreitete Ass. begegnet uns meist in der zentralen *Lemna minor*-Rasse (vgl. HILBIG 1971, OBERDORFER 1977, WINTERHOFF 1993). Dies gilt ähnlich für nordostdeutsche Vorkommen (vgl. PASSARGE 1978, BOLBRINKER 1985, DOLL 1989, 1991) und nur ausnahmsweise in einer wärmebedürftigen *Hydrocharis*-Rasse mit *H. morsus-ranae* und *Spirodela polyrhiza*.

Weiterhin sind abgrenzbar:
Lemno-Utricularietum australis typicum und
Lemno-Utricularietum a. lemnetosum Hilbig 71 mit *Lemna trisula* und *Riccia fluitans/R. rhenana* in meso-eutrophen Klargewässern. Im Kontakt wurden Lemnion trisulcae und Caricion rostratae beobachtet. Im NO ziemlich selten, ist die Ass. als gefährdet bis stark gefährdet einzustufen.

Ass.-Gr.
Aldrovandetum vesiculosae Borhidi et J.-Komlodi 59
Wasserfalle-Gesellschaften

Vereinigt sind Spirodelo-Aldrovandetum und Utriculario-Aldrovandetum, jeweils mit eigenständiger Artenkombination.

Spirodelo-Aldrovandetum vesiculosae Borhidi et J.-Komlodi 59 Tabelle 8 a

Kennzeichnend sind *Aldrovanda vesiculosa* 2–4 mit *Lemna minor* +–3 in windgeschützten, sommerwarmen, meso-eutrophen (pH um 6) Flachgewässern über torfig-schlammigem Grund. Empfindlich gegenüber Eutrophierung und Wassertrübung. – Sommerwärme zeigen *Spirodela polyrhiza, Hydrocharis morsus-ranae*, im O auch *Salvinia natans* an (BORHIDI & JARAI-KOMLODI 1959, PIETSCH 1985). In den Beispielen von HUDZIOK (1963) sprechen *Lemna trisulca, Riccia fluitans* und *Utricularia vulgaris* für nährstoffärmere Gewässer. – Im Kontakt mit Nymphaeion und Phragmitetea sind die weit verstreuten, singulären Vorkommen der bis zum Kaukasus nachgewiesenen Einheit (PIETSCH 1985) in Brandenburg akut vom Aussterben bedroht.

Unterverband

Potamogetono-Utricularenion suball. nov.
Laichkraut-Wasserschlauch-Gesellschaften

Im Rahmen des Utricularion vulgaris zeichnen sich die hier anzuschließenden Ass. durch *Potamogeton*-Arten wie *P. natans* und *P. panormitanus* oder *P. gramineus* aus, die als Trennarten des Unterverbandes auf *Utricularia*-Ass. in meist tieferen Gewässern übergreifen (Hn 0–10 %, Hs 30–70 %). Verschiedentlich ersetzen sie die verdriftungsgefährdeten Lemnaceen. Nomenklatorischer Typus ist Potamogetono-Utricularietum australis.

Potamogetono-Utricularietum australis (Müller et Görs 60) nom. nov.

(Belege im Text)

Die bezeichnende Artenverbindung mit *Utricularia australis* 2–4 und *Potamogeton natans* +–2 entsprach der Originalbeschreibung des Utricularietum australis bei MÜLLER & GÖRS (1960). Nach weiterem Material (MÜLLER in OBERDORFER 1977 bzw. PREISING & al. 1990) kommt *P. pusillus* hinzu und wird dort als *Potamogeton*-Subass. herausgestellt.

Aus unserem Gebiet bestätigen Belege von BOLBRINKER (1985), KLEMM & KÖNIG (1989) bzw. DOLL (1991) die Ass. aus bis 2 m tiefen, klaren, meso-eutrophen Gewässern. 5 Aufnahmen zeigten bei einer mittleren Artenzahl von 5: *Utricularia australis* 5^{35}, *Potamogeton panormitanus* 5^{+2}, *P. natans* 2^{13}, *P. pectinatus* 2^{+1}, *Lemna trisulca* 4^{+2}, *L. minor* 3^{+1} sowie *Chara contraria* 2^{+1}. Die Aufnahme bei BOLBRINKER (1985) sei nomenklatorischer Typus, auch wenn sie nicht *Lemna*-frei ist. – Weitere Untersuchungen müssen Untergliederung, Kontakte und Verbreitung der sicher seltenen und gefährdeten Ass. klären.

Auf analoge *Potamogeton-Utricularia vulgaris*-Bestände machen BRAUN-BLANQUET & al. (1952) aufmerksam. *Potamogeton-U. ochroleuca*-Seen MELZER (1976) sowie *Potamogeton-U. intermedia*-Ges. belegen JESCHKE (1963) bzw. TIMMERMANN (1993).

Beachtung sollten außerdem die verschiedenen *Chara-Utricularia*-Ges. finden, wie sie MÜLLER & GÖRS (1960), PASSARGE (1961) JESCHKE (1963), SCHMIDT (1981) aus flachen Kleingewässern nachwiesen.

2. Ordnung

Utricularietalia intermedio-minoris Pietsch 65

2. Verband

Sphagno-Utricularion Müller et Görs 60

Torfmoss-Wasserschlauch-Gesellschaften Tabelle 9–10

Gekennzeichnet von den Schwerpunkten *Utricularia minor* und *U. intermedia*, eventuell *U. ochroleuca* und *Sparganium minimum*, gehören übergreifende Begleitmoose zu den Trennarten. Im sauren Bereich der Zwischen- und Hochmoorgewässer sind es vornehmlich *Sphagnum*-Arten (besonders *S. cuspidatum, S. auriculatum, S. fallax, S. inundatum*), in basiphilen Flach- und Zwischenmoorgewässern *Scorpidium scorpioides* und weitere Braunmoose. Sie differenzieren drei Unterverbände Sphagno-Utricularenion, Utricularenion intermedio-minoris und Scorpidio-Utricularenion (PIETSCH 1965). Auf diese verteilt sich die Mehrheit bekannt gewordener homotoner Einheiten der zugehörigen Ass.-Gr. Utricularietum minoris, Utricularietum intermediae, Utricularietum ochroleucae und Sparganietum minimi.

Unterverband

Scorpidio-Utricularienion (Pietsch 65) stat nov.

Braunmoos-Wasserschlauch-Gesellschaften

Scorpidio-Utricularietum intermediae (Pietsch 75) ass. nov. Tabelle 9 a–c

Kennzeichnend sind *Utricularia intermedia* 2–4 mit *Scorpidium scorpioides* 1–5 (H 30–90 %) in mäßig sommerwarmen, kalk-oligotrophen, 5–30 cm tiefen Moorgewässern über Torfschlamm. Die Ges. ist empfindlich gegen Austrocknung, Wassertrübung und Eutrophierung. Ich betrachte sie als vikariierende Ass. zum süddeutschen Scorpidio-Utricularietum minoris (vgl. MÜLLER & GÖRS 1960, OBERDORFER 1977, H. E. WEBER 1982). Besonderheiten der nordöstlichen Vikariante sind *Fontinalis antipyretica, Drepanocladus fluitans, Calliergon giganteum* und *Potamogetum gramineus*.

Andersartig ist die kleinstandörtliche Untergliederung in:

Scorpidio-Utricularietum intermediae typicum und

Scorpidio-Utricularietum i. hydrocharitetosum Pietsch 75 mit den zu Lemnetalia/Lemno-Utricularenion weisenden Trennarten *Hydrocharis morsus-ranae, Lemna minor, Spirodela polyrhiza* und *Ricciocarpus natans*. Ihre Siedlungsgewässer sind weniger flach, schwach eutroph und sommerwarm.

Bevorzugt im baltischen Jungmoränengebiet (JESCHKE 1963, KRAUSCH 1968, PIETSCH 1975), ist die Ass. als Typus des Unterverbandes selten und stark gefährdet. Holotypus ist Aufn.-Nr. 2 der Tab. 4 bei PIETSCH (1975, S. 156). – Weitere Ges. mit *Scorpidium* z. B. Scorpidio-Utricularietum minoris (Tab. 10 h) bzw. mit *Utricularia ochroleuca* oder *Sparganium minimum* sind zu erwarten.

Tabelle 9 Utricularia minor-Gesellschaften

Spalte	a	b	c	d	e	f	g	h	i	k
Zahl der Aufnahmen	5	22	8	4	5	8	18	3	4	8
mittlere Artenzahl	9,4	3,7	4,8	7,0	2,4	6,7	3,3	4,0	4,0	3,0
Utricularia minor	5^{+1}	4^{+2}	4^{+1}	4^{+2}	5^{12}	5^{13}	5^{13}	3^{23}	4^{24}	5^{23}
Utricularia intermedia	5^{34}	5^{25}	5^{24}	4^{+2}	1^{+}	5^{+1}	5^{+3}	2^{12}	.	4^{+3}
Aldrovanda vesiculosa	.	.	.	4^{34}	5^{34}	1^{+}	.	.	.	.
Sparganium minimum	.	0^{+}	1^{+}	4^{+}	.	1^{+}	1^{+1}	2^{+1}	.	1^{+}
Juncus bulbosus fluitans	.	0^{+}	.	.	.	.	.	.	4^{+2}	5^{+3}
Eleocharis multicaulis	.	.	.	.	.	.	.	.	.	2^{+}
Hydrocharis morsus-ranae	5^{+2}	.	2^{+1}	1^{1}	.	4^{+2}	.	.	3^{+2}	.
Lemna minor	5^{+1}	.	.	.	.	4^{+1}	.	.	2^{+1}	.
Spirodela polyrhiza	3^{+}	.	.	.	.	2^{+1}	.	.	.	.
Ricciocarpus natans	3^{+}	.	.	.	.	2^{+}	.	.	.	.
Myriophyllum verticillatum	3^{+}	.	.	1^{+}	.	2^{+}	.	.	.	.
Potamogeton gramineus	.	.	5^{+2}	1^{1}	.	.	.	3^{+2}	.	.
Nuphar lutea	.	.	.	2^{+}	.	.	.	.	.	.
Chara div. spec.	.	2^{+2}	2^{+}	.	.	5^{+1}	1^{+2}	1^{+}	.	.
Utricularia vulgaris	2^{+}	1^{+2}	2^{+1}	.	.	4^{+2}	0^{+2}	.	.	.
Utricularia australis .	.	0^{+}	.	2^{+1}	.	2^{+}	0^{+}	.	.	.
Sphagnum cuspidatum et spec.	.	0^{+}	.	2^{23}	1^{3}	2^{23}	4^{13}	.	3^{+1}	2^{23}
Scorpidium scorpioides	4^{24}	4^{15}	4^{45}	1^{2}	.	.	.	.	.	.
Drepanocladus fluitans	2^{+}	1^{+1}	1^{1}	1^{1}	.	.	.	.	.	.
Drepanocladus intermedius	.	0^{2}	2^{+1}	.	.	.	.	.	.	.
Calliergonella cuspidata	3^{+1}	2^{+2}	.	1^{+}	.	.	0^{2}	.	.	.
Calliergon giganteum	3^{+2}	1^{12}	1^{+}	.	.	.	.	.	.	.
Fontinalis antipyretica	4^{+1}	1^{+1}	.	.	.	.	.	.	.	.

Herkunft:

a–c. SUKOPP (1959: 3), JESCHKE (1963: 20), PASSARGE (1964 u. n. p.: 3), PIETSCH (1975: 9)

d–e. PIETSCH (1975, 1985: 9)

f–k. JESCHKE (1963: 5), PASSARGE (1964 u. n. p.: 2), KRAUSCH (1968: 5), PIETSCH (1975, 1981, 1985: 16), DOLL & RICHTER (1993: 6), TIMMERMANN (1993: 7).

Vegetationseinheiten:

1. Scorpidio-Utricularietum intermediae (Pietsch 75) ass. nov.
   - hydrocharitetosum Pietsch 75 (a)
   - typicum Pietsch 75 (b)
   - Potamogeton gramineus-Subass. (c)
2. Utriculario-Aldrovandetum vesiculosae Pietsch 75
   - sparganietosum subass. nov. (d)
   - typicum (Pietsch 75) subass. nov. (e)
3. Sphagno-Utricularietum minoris Fijalkowski (60) ex Pietsch 75
   Utricularia intermedia-Rasse (f–h)
   Juncus bulbosus-Rasse (i–k)
   - hydrocharitetosum Pietsch 75 (f, i)
   - typicum Pietsch 75 (g, k)
   - Potamogeton gramineus-Subass. (h)

Unterverband
Utricularienion intermedio-minoris Pass. (78) stat. nov.
Moosarme Kleinwasserschlauch-Gesellschaften

Utriculario minoris-Aldrovandetum vesiculosae Pietsch 75 Tabelle 9 d–e

Kennzeichnend ist das Miteinander von *Aldrovanda vesiculosa* 2–4 mit *Utricularia minor* +–2 in sommerwarmen, windgeschützten, flachen (bis 40 cm tiefen), huminsäurereichen dystrophen Moorgewässern, insbesondere Schlenken und Moorseen mit torfig-schlammigem Grund. Empfindlich gegen Wassertrübung wird leichte Eutrophierung toleriert.

Punktuelle Vorkommen in der planar-kollinen Stufe. Eine *Sparganium minimum*-Subass. weist zum Sparganietum minimi. gegenüber dem zentralen Utriculario-Aldrovandetum typicum.

Mancherorts erloschen sind die äußerst seltenen, letzten Vorkommen der Ass. in Brandenburg vom Aussterben bedroht.

Utricularietum intermedio-minoris Pietsch ex Krausch 68 Tabelle 10 i–k

Im Zentrum der Ordnung steht eine Typicum-Ass., deren Merkmal die Kombination von *Utricularia minor* 1-4 mit *U. intermedia* +–2 (H 10–70 %) ist. Neben fehlender Moosschicht gehören hinzutretende *Utricularia vulgaris* und *Chara vulgaris* et spec. zu den Trennarten der Einheit. Gemeinsam leben sie in mäßig sommerwarmen, mäßig nährstoffhaltigen, mesotrophen, flachen (bis 40 cm tiefen) Kleingewässern über sandig-torfigem Grund. Regional sind unterscheidbar:

Utricularia intermedia-Fazies im sommerwarmen, subkontinental beeinflußten Binnenland (vgl. SUKOPP 1959/1960, JESCHKE 1963, PASSARGE 1964, TIMMERMANN 1993) neben der *Utricularia minor*-reichen Normalform (vgl. KRAUSCH 1968, PIETSCH 1975, 1981).

Kleinstandörtlich werden abgegrenzt:
Utricularietum intermedio-minoris typicum
Utricularietum i.-m. lemnetosum Krausch 68 mit den Trennarten *Lemna minor, Hydrocharis morsus-ranae* und *Myriophyllum verticillatum* in weniger flachen (um 20–30 cm tiefen), weniger nährstoffarmen Moorgewässern.

Heute in Brandenburg und Mecklenburg zunehmend seltener anzutreffen, gehört die mit Phragmitetea, Utricularion vulgaris und Nymphaeion im Konnex lebende Ass. zu den stark Gefährdeten.

Ass.-Gr.
Sparganietum minimi Schaaf 25
Zwergigelkolben-Gesellschaften

Die circumpolar verbreitete Art, *Sparganium minimum*, ist selbst in Europa in variierenden und vikariierenden Ges. zu erwarten. Als häufige Erscheinung erwies sich bisher ein schon bei SCHAAF (1925) mit Artenlisten (ohne Mengenangaben!) angedeutetes, erst von TÜXEN (1937) gültig belegtes Utriculario-Sparganietum.

Tabelle 10 Weitere Gesellschaften mit Utricularia minor

Spalte	a	b	c	d	e	f	g	h	i	k
Zahl der Aufnahmen	2	6	5	7	16	19	14	3	5	9
mittlere Artenzahl	7,5	3,3	5,2	5,7	4,0	5,1	3,8	4,0	5,2	3
Utricularia minor	2^{+}	5^{+1}	4^{+}	5^{+1}	4^{+2}	4^{12}	5^{12}	3^{24}	5^{14}	5^{14}
Utricularia intermedia	1^{+}	1^{1}	3^{+1}	.	4^{+2}	3^{+2}	4^{+2}	2^{+1}	4^{+3}	5^{13}
Sparganium minimum	1^{+1}	2^{+}	.	5^{14}	5^{14}	5^{14}	5^{24}	.	.	1^{+}
Utricularia ochroleuca	2^{23}	5^{35}	5^{24}	.	.	.	.	.	.	.
Juncus bulbosus fluitans	.	.	5^{13}	4^{+2}	5^{+3}	.	.	1^{1}	.	2^{+3}
Eleocharis multicaulis	.	.	2^{1}	.	.	.	.	.	.	.
Pilularia globulifera	.	.	2^{+1}	.	.	.	.	.	.	.
Lemna minor	1^{+}	.	.	5^{+2}	.	4^{+2}	.	.	5^{+1}	.
Hydrocharis morsus-ranae	2^{1}	.	.	.	.	3^{+2}	.	.	3^{+2}	.
Ricciocarpus natans	2^{+1}	.	.	.	.	.	.	.	.	.
Myriophyllum verticillatum	1^{+}	.	.	.	.	3^{+2}	.	.	2^{+}	.
Callitriche cophocarpa	.	.	.	2^{+2}	.	1^{+}	.	.	.	.
Utricularia vulgaris	.	.	.	3^{12}	2^{+2}	2^{+1}	1^{13}	.	3^{+}	.
Utricularia australis	.	.	.	.	.	0^{+}	1^{+}	.	.	.
Potamogeton gramineus	.	.	.	1^{+}	0^{1}	3^{+2}	2^{+}	1^{+}	.	.
Chara fragilis et spec.	.	.	.	3^{+2}	.	0^{2}	0^{1}	.	4^{+}	.
Sphagnum cuspidatum et spec.	2^{2}	5^{23}	5^{24}	3^{+1}	2^{+3}	0^{1}	2^{+2}	.	.	.
Scorpidium scorpioides	.	.	.	.	.	0^{1}	2^{12}	3^{13}	.	.
Calliergon giganteum	.	.	.	.	.	0^{1}	1^{+4}	.	.	.
Amblystegium riparium	.	.	.	2^{24}	0^{2}	.	.	.	.	.

Herkunft:

a–c. PIETSCH (1975, 1985: 13)

d–h. JESCHKE (1959, 1963, 1966: 7), SUKOPP (1959: 2), PIETSCH (1963, 1976, 1985: 21), PASSARGE (1964 u. n. p.: 2), MÜLLER-STOLL & NEUBAUER (1965: 6), DOLL & RICHTER (1993: 11), TIMMERMANN (1993: 6), vgl. ferner KRAUSCH (1968)

i–k. KRAUSCH (1968: 4), JESCHKE (1963: 1), PIETSCH (1975, 1981: 9).

Vegetationseinheiten:

1. Sphagno-Utricularietum ochroleucae (Schumacher 37) Oberd. 57
   Utricularia minor-Rasse (a–c)
      hydrocharitetosum Pietsch 75 (a)
      typicum Pietsch 75 (b)
      juncetosum Pietsch 75 (c)
2. Utriculario-Sparganietum minimi Tx. 37
   Juncus bulbosus-Rasse (d–e)
   Utricularia intermedia-Rasse (f–g)
      hydrocharitetosum Pietsch (75) ex hoc. loco (d, f)
      typicum Pietsch (75) ex hoc loco (e, g)
3. Scorpidio-Utricularietum minoris Müller et Görs 60 (h)
4. Utricularietum intermedio-minoris Pietsch ex Krausch 68
      lemnetosum Krausch 68 (1)
      typicum (k)

Utriculario-Sparganietum minimi Tx. 37 — Tabelle 10 d–g

Kennzeichen sind: *Sparganium minimum* 1–4 mit *Utricularia minor* +–2 (H 10–70 %) in stehenden, mäßig nährstoffhaltigen, mesotroph-sauren, 5–50 cm flachen Moorgewässern über sandig-torfigem Grund. Hauptvorkommen in Schlenken, Torfstichen, Moorgräben, Tümpeln, Seen, Heideweihern und Teichen. Erträgt zeitweiliges Trockenfallen, nicht aber merkliche Eutrophierung. Regional sind unterscheidbar:

Juncus bulbosus-Rasse, selten mit *Eleocharis multicaulis* im subozeanisch beeinflußten Klimaraum (vgl. z. B. TÜXEN 1937, WITTIG & POTT 1980, PREISING & al. 1990, SCHAMINEE & al. 1995). Letztere ist im Gebiet der Lausitz, Altmark bis ins mittlere Mecklenburg und Brandenburg nachgewiesen (vgl. PIETSCH 1963, 1975, 1985; SUKOPP 1959/1960, MÜLLER-STOLL & NEUBAUER 1965, DOLL & RICHTER 1993). Die Zentralrasse vertritt vorerwähnte Juncus-Rasse in sommerwarmen Gegenden (vgl. JESCHKE 1963, KRAUSCH 1968, TIMMERMANN 1993). Neben dieser belegen CERNOHOUS & HUSAK (1992) eine südliche *Utricularia australis*-Rasse.

Kleinstandörtliche Unterschiede bedingen jeweils:

Utriculario-Sparganietum minimi typicum und

Utriculario-Sparganietum lemnetosum Krausch (68) comb. nov. *mit Lemna minor, L. trisulca, Hydrocharis morsus-ranae, Myriophyllum verticillatum Callitriche cophocarpa* und *Riccia fluitans* in weniger flachen, weniger armen Gewässern.

Im Kontakt wurden Utricularion vulgaris und Rhynchosporion albae beobachtet. Mancherorts abnehmende Vorkommen der relativ seltenen Ges. begründen eine starke Gefährdung der Ass.

Unterverband

Sphagno-Utricularienion Th. Müller et Görs 60

Torfmoos-Kleinwasserschlauch-Gesellschaften

Gegenüber dem ursprünglichen Inhalt bei MÜLLER & GÖRS (1960) eingeschränkt, scheint mir eine Kryptogamen-Ass. wie das Sphagnetum cuspidato-obesii kaum hier richtig angeschlossen. Für Sphagno-Utricularietum minoris als Typus, Sphagno-Utricularietum ochroleucae und wohl auch Sphagno-Sparganietum angustifolii ist die Zugehörigkeit gegeben. Weitere *Sphagnum*-reiche Ausbildungen z. B. mit *Aldrovanda vesiculosa, Sparganium minimum* oder *Utricularia intermedia* (vgl. TÜXEN 1937, JESCHKE 1963, PIETSCH 1975, 1985, BIRSE 1984, PREISING & al. 1990) erfordern bestätigende Untersuchungen.

Sphagno-Utricularietum minoris (Fijalkowski 60) Pietsch 75 Tabelle 9 g–k

Kennzeichnend sind *Utricularia minor* 1–4 mit *Sphagnum* spec. 1–4 (H 20–90 %). Unter den letzteren sind *Sphagnum cuspidatum, S. auriculatum, S. fallax* häufige Vertreter in den oligotrophen, azidophytischen Moorgewässern. Empfindlich gegen Eutrophierung, Wassertrübung und Entwässerung, wird kurzzeitiges Trockenfallen ertragen.

Regional sind abgrenzbar:

Utricularia intermedia- und *Juncus bulbosus*-Rasse, letztere selten mit *Eleocharis multicaulis* in subozeanisch beeinflußtem Klimaraum (z. B. in der Lausitz, W-Brandenburg und im westlichen Mecklenburg), vgl. PIETSCH (1975), DOLL & RICHTER (1993).

Kleinstandörtlich werden unterschieden:

Sphagno-Utricularietum minoris typicum und

Sphagno-Utricularietum m. hydrocharitetosum Pietsch 75 mit den Trennarten *Hydrocharis morsus-ranae, Lemna minor, Spirodela polyrhiza* und *Ricciocarpus natans* in weniger flachen, meso-oligotrophen Torfgewässern.

Im Konnex mit Rhynchosporion albae und Utricularion vulgaris ist die Ass. von weiterem Rückgang betroffen und daher stark gefährdet.

Von MÜLLER in OBERDORFER (1977) als *Sphagnum*-Subass. zum Scorpidio-Utricularietum gerechnet, belegen WITTICH (1980), DIERSSEN & DIERSSEN (1984) bzw. BUCHWALD (1989 mit kritischen Bemerkungen zur Einstufung) die Einheit aus dem W und SW.

Sphagno-Utricularietum ochroleucae (Schumacher 37) Oberd. 57 Tabelle 10 a–c

Spezifisch sind *Utricularia ochroleuca* 1–4 mit *Sphagnum cuspidatum* et spec. 1–4 (H 20–100 %) in stehenden flachen, kalkfreien, nährstoffarmen 5–30 cm tiefen (pH 4–5), oligo-mesotrophen Moorgewässern wie Torfstichen, Torfgräben, Moortümpeln und -schlenken mit sandig-torfigem Grund. Empfindlich gegen Eutrophierung, Wassertrübung und Trockenlegung, wird kurzzeitiges Trockenfallen im Sommer hingenommen. Von W- und N-Europa über den Schwarzwald (SCHUMACHER 1937, OBERDORFER 1957, DIERSSEN 1984) punktuell bis in unser Gebiet (Lausitz, Altmark PIETSCH 1975, 1985) einstrahlend, ergeben sich regional:

Juncus bulbosus-Rasse, selten mit *Eleocharis multicaulis* in deutlich subozeanisch beeinflußten Bereichen neben einer Zentralrasse.

An Subass. werden unterschieden:

Sphagno-Utricularietum ochroleucae typicum und

Sphagno-Utricularietum o. hydrocharitetosum Pietsch 75 mit *Hydrocharis morsus-ranae, Lemna minor, Ricciocarpus natans* und *Callitriche palustris* agg. als Trennarten der weniger flachen, weniger armen Moorrandgewässer.

Zum Konnex gehören Rhynchosporion albae, Utricularion vulgaris und Nymphaeion. Wie die Art, so gehört die Ass. in Brandenburg und im nördlichen Sachsen-Anhalt zu den seltenen, höchst gefährdeten, vom Aussterben bedrohten Einheiten.

3. Klasse

Ceratophylletea Den Hartog et Segal 64

1. Ordnung

Ceratophylletalia Den Hartog et Segal 64
Hornblatt-Pleustophyten-Gesellschaften

Zur Wuchsform der Ceratophylliden (DEN HARTOG & SEGAL 1964), excl. Utriculariiden, zählen die meist wurzellosen, submers lebenden, hornartig, gabelteiligen, quirlig-beblätterten 30 bis über 100 cm langen Sprosse der *Ceratophyllum*-Arten. Sie sind nahezu weltweit verbreitet mit Hauptvorkommen in warmen und gemäßigt temperierten Gewässern.

Ein weiterer verwandter Wuchsformtyp der Hydrochariiden mit den natanten Wasserwurzlern *Hydrocharis* und *Stratiotes* wird in einer eigenständigen Ordnung Hydrocharitetalia angeschlossen.

Verband

Ceratophyllion demersi Den Hartog et Segal 64
Hornblatt-Gesellschaften

Als Schwerpunktarten kennzeichnen *Ceratophyllum demersum* und *C. submersum* die submers frei flottierenden Pleustophyten-Gesellschaften der Ass.-Gr. Ceratophylletum demersi Hild (56) Hild et Rehnelt 65 und Ceratophylletum submersi Den Hartog 63. Beide Ass.-Gr. sind im Gebiet wie über Europa hinaus jeweils mit zwei genügend homotonen Ass. vertreten, die teils *Lemna*-reich zum Unterverband Lemno-Ceratophyllenion, teils mit *Potamogeton*-Arten zum Typischen Unterverband Ceratophyllenion zu stellen sind (PASSARGE 1995).

1. Unterverband
Lemno-Ceratophyllenion Pass. 95
Wasserlinse-Hornblatt-Gesellschaften

Lemno minoris-Ceratophylletum demersi Hilbig (71) Pass. 95 Tabelle 11 a–c

Bezeichnend sind *Ceratophyllum demersum* 3–5 mit *Lemna minor* +–2 (Hn 1–30 %, Hs 30–90 %) in ± sommerwarmen, windgeschützten, nährstoffreichen (pH 6,5–7,5) oft getrübten, 40–120 cm tiefen, permanenten Kleingewässern über Faulschlamm (eutrophe Gyttja). Wichtige Fundorte sind Altwasser, Weiher, Gräben und Kanäle in der planar-kollinen Stufe.

Regional unterscheidbar sind eine zentrale *Lemna minor*-Rasse in mäßig sommerwarmen Gewässern (um 15 °C), vornehmlich im subozeanisch beeinflußten Klimaraum, *Spirodela*-Rasse mit *Sp. polyrhiza*, *Hydrocharis morsus-ranae*, selten *Salvinia natans* in merklich sommerwarmen (um 20 °C) Gewässern, besonders im subkontintalen Einflußbereich.

Lokalstandörtliche Variationen begründen:

Lemno minoris-Ceratophylletum demersi typicum

Lemno-Ceratophylletum demersi lemnetosum trisulcae Pass. 95 mit *Lemna trisulca*, selten *Riccia fluitans, Utricularia vulgaris* in klaren, meso-eutrophen Kleingewässern. Eine *Lemna gibba*-Variante bei Nitratbelastung wurde bisher selten in der *Lemna minor*-Rasse beobachtet.

Häufige Kontakteinheiten sind Lemnetalia, Hydrocharition sowie Röhrichte des Oenanthion aquaticae, Eleocharito-Sagittarion und Phalarido-Glycerion maximae. Zunehmende Gewässerbelastung, ornithochore Verschleppung und vegetative Vermehrung fördern die weitere Ausbreitung der verstreut vorkommenden, nicht gefährdeten Ass.

Lemno minoris-Ceratophylletum submersi (Karpati 68) Pass. 83 Tabelle 11 d–g

Kennzeichnend sind *Ceratophyllum submersum* 3–5 mit *Lemna minor* +–2 (Hn 1–30 %, Hs 30–90 %) in ± sommerwarmen, basen-, oft kalkreichen (pH 7–8,5), stehenden, klaren 30–90 cm tiefen Kleingewässern über schlammhaltigem Mineralgrund. Kurzzeitiges, sommerliches Trockenfallen, leichter Salzgehalt und Eutrophierung werden toleriert, nicht aber Wassertrübung und merkliche Nitratbelastung. Hauptvorkommen in Weihern, Söllen, Gräben und Altwassern der planar-kollinen Stufe.

Tabelle 11 Lemna-Ceratophyllum-Gesellschaften

Spalte	a	b	c	d	e	f	g	h
Zahl der Aufnahmen	10	8	3	6	10	13	4	7
mittlere Artenzahl	4,7	3,1	4,0	4,3	2,3	3,6	4,7	4,3
Ceratophyllum submersum	0^{1}	.	.	5^{34}	5^{45}	5^{45}	4^{45}	5^{35}
Ceratophyllum demersum	5^{45}	5^{35}	3^{35}	.	.	.	.	.
Lemna minor	5^{12}	5^{+2}	3^{24}	5^{12}	5^{+2}	5^{+3}	4^{23}	5^{+2}
Lemna trisulca	5^{13}	.	.	4^{12}	2^{+2}	2^{+2}	3^{+2}	3^{13}
Riccia fluitans	.	.	.	5^{13}	.	.	.	.
Spirodela polyrhiza	5^{13}	4^{+3}	2^{13}	3^{2}	.	5^{+3}.	3^{13}	2^{2}
Hydrocharis morsus-ranae	3^{12}	2^{12}	.	.	.	2^{+2}	2^{+}	.
Salvinia natans	1^{12}	.	.	.	.	2^{23}	.	.
Lemna gibba	.	.	1^{2}	.	.	.	4^{+2}	.
Lemna turionifera	.	.	3^{23}	.	.	.	.	.
Potamogeton natans	.	.	.	1^{+}	.	.	.	5^{23}
Elodea canadensis	.	2^{+2}	.	.	.	.	.	.

Herkunft:

a–c. REICHHOFF & SCHNELLE (1977: 4), LINDNER (1978: 4), SCHMIDT (1981: 6), STARFINGER (1985: 2), WOLFF & JENTSCH (1992: 3), Verf. (n. p.: 2)

d–h. HILBIG & REICHHOFF (1974: 1), REICHHOFF & SCHNELLE (1977: 3), PASSARGE (1983 u. n. p.: 6), PIETSCH (1983: 4), BOLBRINKER (1985: 1), STARFINGER (1985: 9), DOLL (1991: 13), WOLFF & JENTSCH (1992: 3).

Vegetationseinheiten:

1. Lemno minoris-Ceratophylletum demersi (Hilbig 71) Pass. 95
   - Spirodela polyrhiza-Rasse (a–c)
     - lemnetosum trisulcae Pass. 95 (a)
     - typicum Pass. 95 (b)
     - Lemna turionifera-Subass. (c)
2. Lemno minoris-Ceratophylletum submersi (Kárpáti 68) Pass. 83
   - Spirodela polyrhiza-Rasse (d, f, g)
   - Zentralrasse (e)
     - riccietosum fluitantis subass. nov. (d)
     - typicum Pass. 95 (e, f)
     - Lemna gibba-Subass. (g)
3. Potamogeton natans-Ceratophyllum submersum-Ges. (h)

Die von den Niederlanden (DEN HARTOG 1963, SCHAMINEE & al. 1995) bis Ungarn/Rumänien (POP 1962, NEDELCU 1967, KARPATI 1968) belegte Einheit begegnet uns in einer zentralen *Lemna minor*-Rasse (ohne *Spirodela*) in mäßig sommerwarmen Gewässern (PASSARGE 1983, STARFINGER 1985) sowie in einer *Spirodela*-Rasse mit *Spirodela polyrhiza, Hydrocharis morsus-ranae* in merklich sommerwarmen Kleingewässern, vornehmlich im Mittelelbegebiet sowie im Osten (z. B. HILBIG & REICHHOFF 1974, REICHHOFF & SCHNELLE 1977, PIETSCH 1985).

Trophisch sind unterscheidbar:

Lemno-Ceratophylletum submersi typicum

Lemno-Ceratophylletum s. riccietosum subass. nov. mit *Riccia fluitans* in meso-eutrophen Kleingewässern. Auf eine *Lemna gibba*-Subass. bleibt zu achten. Regional relativ selten, wurden benachbart Lemnetalia, Hydrocharition und Bidentetalia beobachtet. Die von WOLLERT & BOLBRINKER (1980) in Teilen Mecklenburgs registrierte Ausbreitung bezieht sich vornehmlich auf *Cladophora-Cerotophyllum submersum*-Bestände in hypertrophierten Kleingewässern. Das Lemno-Ceratophylletum submersi dürfte zumindest in Brandenburg zu den gefährdeten Ass. gehören.

2. Unterverband

Ceratophyllenion demersi

Laichkraut-Hornblatt-Gesellschaften

Der Typische Unterverband vereinigt jene *Ceratophyllum*-Bestände, die einzelne *Potamogeton*-Arten und somit Rhizohydrophyten enthalten. Diese Ausbildungen weisen damit zu den im Gewässergrund verwurzelten Potamogetonetea-Gesellschaften.

Potamogetono-Ceratophylletum demersi (Hild et Rehnelt 65) Pass. 95

Tabelle 12 a–f

Bezeichnend sind *Ceratophyllum demersum* 3-5 mit *Potamogeton*-Arten +–2, vereinzelt *Elodea canadensis* und *Myriophyllum spicatum* (Hs 30–100 %, Hn 0–10 %) in ± sommerwarmen, basen- und nährstoffreichen (pH 6,5–8), stehenden bis schwach bewegten, permanenten, 60–400 cm tiefen Gewässern über schlammreichem Grund. Altwasser, Weiher, Sölle, Seebuchten und Kanäle im planar-kollinen Bereich stellen geeignete Lebensräume dar.

Von Westeuropa (vgl. MERIAUX 1978, FELZINES 1983, MERIAUX & WATTEZ 1983) bis zum russischen Wolgadelta (GOLUB & al. 1991) bestätigt, lassen sich regional unterscheiden: *Vallisneria spiralis*-Rasse in sehr sommerwarmen Gewässern Osteuropas (KRAUSCH 1965, GOLUB & al. 1991), *Potamogeton pectinatus*-Rasse mit *P. pusillus* agg., selten *Zannichellia palustris* in sommerwarmen, eutroph-kalkreichen Gewässern mehr im S, *Potamogeton lucens*-Rasse mit *Ranunculus circinatus* in sommerwarmen, vielfach kalkreich, meso-eutrophen Seen bei subkontinentaler Klimatönung, z. B. im küstenfernen, jungbaltischen Mecklenburg-Vorpommern (SCHMIDT 1981, DOLL 1983). *Potamogeton crispus*-Rasse, selten mit *P. friesii* vornehmlich in mäßig sommerwarmen Gewässern bei subozeanischem Klima (z. B. LINDNER 1978, WIEGLEB 1978, POTT 1980).

Hierin sind jeweils kleinstandörtlich abgrenzbar:

Potamogetono-Ceratophylletum demersi typicum

Potamogetono-Ceratophylletum d. potamogetonetosum Pass. 95 mit einzelnen natanten Rhizohydrohphyten wie *Potamogeton natans, Polygonum amphibium,*

Tabelle 12 Potamogeton-Ceratophyllum-Gesellschaften

Spalte	a	b	c	d	e	f	g	h	i	k
Zahl der Aufnahmen	6	13	4	10	7	9	5	6	9	5
mittlere Artenzahl	9,0	4,5	5,7	3,7	6,0	3,7	8,0	4,3	7,1	4,6
Ceratophyllum submersum	.	.	.	.	.	.	5^{35}	5^{45}	5^{35}	5^{35}
Ceratophyllum demersum	5^{34}	5^{35}	4^{45}	5^{35}	5^{35}	5^{35}	2^{1}	2^{1}	.	2^{1}
Potamogeton trichoides	.	.	.	.	.	.	1^{+}	.	5^{+2}	5^{+1}
Potamogeton crispus	.	.	2^{+1}	.	5^{+2}	5^{+2}	5^{+2}	4^{12}	1^{+}	.
Potamogeton pectinatus	3^{+1}	.	4^{+1}	5^{+3}	2^{1}	.	.	1^{2}	.	1^{2}
Potamogeton lucens	5^{+3}	5^{+2}	.	.	.	.	.	.	.	.
Ranunculus circinatus	4^{+2}	3^{+1}								
Potamogeton natans	3^{+2}	.	1^{+}	.	3^{+1}	.	5^{+2}	.	5^{+1}	.
Hydrocharis morsus-ranae	2^{12}	.	.	.	.	1^{+}	2^{+}	.	3^{+}	.
Elodea canadensis	5^{+2}	.	3^{+1}	.	4^{+2}	.	1^{+1}	.	.	.
Potamogeton perfoliatus	4^{12}	.	.	.	.	.	.	.	.	.
Nymphaea alba	3^{+1}	.	.	.	.	.	.	.	.	.
Polygonum amphibium	.	.	1^{+}	.	.	.	3^{+}	4^{+}	1^{+}	1^{1}
Ranunculus peltatus	.	.	.	.	.	.	1^{+}	.	3^{+}	1^{+}
Potamogeton acutifolius	.	.	.	.	.	.	.	.	1^{+}	1^{+}
Myriophyllum spicatum	3^{+2}	2^{+2}	.	2^{13}	1^{1}	1^{1}	.	.	.	.
Najas marina	1^{+}	.	1^{+}	1^{1}	1^{+}	2^{1}	.	.	.	.
Potamogeton berchtoldii	1^{1}	.	.	.	3^{2}	2^{12}	.	.	.	.
Callitriche cophocarpa	.	.	.	.	4^{+1}	1^{+}	.	.	.	.
Potamogeton friesii	1^{+}	1^{+}	2^{1}	2^{12}	2^{1}	.	.	.	.	.
Lemna minor	.	.	2^{+1}	3^{+2}	3^{+1}	2^{+1}	5^{+1}	5^{+1}	5^{+2}	3^{+1}
Lemna trisulca	2^{+}	2^{+}	1^{2}	1^{2}	2^{+}	2^{+}	5^{+2}	1^{+}	4^{+1}	1^{1}
Spirodela polyrhiza	.	.	2^{+2}	2^{+2}	.		2^{1}	2^{1}	3^{+2}	2^{+1}
Salvinia natans	.	.	.	.	.	.	.	.	1^{+}	1^{+}
Lemna gibba	.	.	.	.	.	.	.	.	3^{+2}	.
Zannichellia palustris	.	.	.	.	.	.	1^{1}	1^{1}	.	.
Ranunculus trichophyllus	.	.	.	.	.	.	2^{+}	.	.	.
Nuphar lutea	1^{1}	0^{+}	.	1^{2}	.	.	.	.	.	.
Utricularia vulgaris	2^{+1}	2^{+1}	.	.	.	.	.	.	.	.
Nitellopsis obtusa	2^{+1}	2^{12}	.	2^{+2}	.	.	.	.	.	.
Chara contraria et spec.	3^{+1}	.	.	2^{+2}	.	.	.	.	.	.
Fontinalis antipyretica	2^{13}	3^{12}	.	.	.	.	.	.	.	.

Herkunft:

a–f. FREITAG & al. (1958. 1), DOLL (1978, 1983, 1991: 8), JESCHKE & MÜTHER (1978: 3), LINDNER (1978: 12), SCHMIDT (1981: 15), STARFINGER (1985: 1), HANSPACH (1989: 7), Verf. (n. p.: 3)

g–k. PASSARGE (1962, 1983: 3), REICHHOFF & BÖHNERT (1977: 7), BOLBRINKER (1985, 1988: 11), PIETSCH (1985: 4), STARFINGER (1985: 1).

Vegetationseinheiten:

1. Potamogetono-Ceratophylletum demersi (Hild et Rehnelt 65) Pass. 95
   - Potamogeton lucens-Rasse (a–b)
   - Potamogeton pectinatus-Rasse (c-d)
   - Potamogeton crispus-Rasse (e–f)
     - potamogetonetosum Pass. 95 (a, c, e)
     - typicum Pass. 95 (b, d, f)
2. Potamogetono-Ceratophylletum submersi Pop 62
   - Potamogeton crispus-Rasse (g–h)
   - Potamogeton trichoides-Rasse (i–k)
     - potamogetonetosum Pass. 95 (g, i)
     - typicum Pass. 95 (h, k)

Nymphaea alba als Trennarten in weniger tiefen, gegen Wind und Wellenschlag gut geschützten Gewässerbereichen. Im Konnex werden Nymphaeion, Potamogetonetalia und Phalarido-Glycerion beobachtet. Durch wachsende Eutrophierung und Nitratbelastung ist vielfach eine Zunahme/Ausbreitung der nicht gefährdeten Ass. gegeben.

Potamogetono-Ceratophylletum submersi Pop 62 Tabelle 12 g–k

Bezeichnend ist die Kombination von *Ceratophyllum submersum* 3–5 mit *Potamogeton*-Arten +–2, vereinzelt *Myriophyllum spicatum* + (Hs 30–100 %, Hn 0–10 %). Habitate sind sommerwarme, basen- und nährstoffreiche, neutralalkalische (pH 7–8), meist stehende, um 1 m tiefe Klargewässer über mineralisch-schlammigem Grund. Wuchsorte sind Seebuchten, Altwasser und Sölle. Bloße Eutrophierung wird ertragen, nicht jedoch Gewässertrübung.

Zwischen den Niederlanden, Westfalen (DEN HARTOG 1963, POTT 1980) und Rumänien (POP 1962, 1968) nachgewiesen, sind erkennbar:

Potamogeton nodosus-Rasse in SO-Europa, *Potamogeton trichoides*-Rasse in meso-eutrophen Gewässern Mitteldeutschlands (z. B. HILBIG 1971, REICHHOFF 1974, REICHHOFF & SCHNELLE 1977), *Potamogeton crispus*-Rasse in mäßig sommerwarmen Gewässern, vornehmlich im nördlichen Tiefland (vgl. PASSARGE 1962, POTT 1980, PIETSCH 1985, STARFINGER 1985)

Weiterer Untersuchungen bedarf die Subass.-Gliederung.

Im Kontakt mit Potamogetonetalia gehört die Ass. zu den seltenen und wohl auch gefährdeten Vegetationseinheiten.

2. Ordnung

Hydrocharitetalia Rübel 33 em. Pass. 78

Froschbiß-Pleustophyten-Gesellschaften Tabelle 13

Während RÜBEL (1933) der Ordnung mit *Lemna* auch alle übrigen Pleustophyten-Einheiten zurechnet (ähnlich auch PASSARGE 1964), stellen DEN HARTOG & SEGAL (1964) eine eigene Klasse Stratiotea auf. Mir scheint aus europäischer Sicht ein Anschluß an die Ceratophylletea eine angemessene, der Artenverbindung gerecht werdende Lösung. Zugeordnet sind die beiden Ass.-Gr. Hydrocharitetum und Stratiotetum aloides, wobei den Eigenheiten mit den Verbänden Hydrocharition und Stratiotion wohl genügend Rechnung getragen wird (vgl. PASSARGE 1978).

1. Verband

Hydrocharition morsus-ranae Rübel 33 em.

Ass.-Gr.

Hydrocharitetum morsus-ranae Van Langendonck 35 em.
Froschbiß-Gesellschaften

Der im temperaten Eurasien verbreitete *Hydrocharis morsus-ranae* siedelt schwerpunktmäßig im nördlich-planaren Bereich. Zur Ass.-Gr. gehören Ceratophyllo- und Lemno-Hydrocharitetum.

Lemno-Hydrocharitetum morsus-ranae (Oberd. 57) Pass. 78 Tabelle 13 e–h

Kennzeichnend sind *Hydrocharis morsus-ranae* 3–5 mit *Lemna minor* +–3 (Hn 30–100 %) in sommerwarmen, windgeschützten, nährstoff- und basenreichen, oft kalkarmen (pH 6–7), stehenden bis träge fließenden 30–100 cm tiefen Gewässern über schlammigem Grund. Wuchsorte sind Gräben, Altwasser, Weiher, Seebuchten, Torfstiche und Kanäle. Eutrophierung und leichte Trübung wird ebenso wie zeitweiliges Trockenfallen toleriert.

Regional unterscheidbar sind eine zentrale *Lemna minor*-Rasse (ohne *Spirodela*) in nur mäßig sommerwarmen Gewässern, mehr im subozeanischen Einflußbereich (vgl. JESCHKE 1963, HANSPACH 1989), *Spirodela*-Rasse mit *Sp. polyrhiza*, selten auch *Salvinia natans* in merklich sommerwarmen Gewässern im küstenfernen Binnenland (vgl. FREITAG & al. 1958, KONCZAK 1968, BÖHNERT 1977, 1978, PASSARGE 1978 u. a.)

Kleinstandörtlich werden abgegrenzt:

Lemno-Hydrocharitetum morsus-ranae typicum Pass. 78

Lemno-Hydrocharitetum m.-r. lemnetosum trisulcae subass. nov. mit *Lemna trisulca*, vereinzelt auch *Riccia fluitans* in klaren, meso-eutrophen Kleingewässern.

Im Konnex wurden Lemnetalia, Ranunculion aquatilis neben Phragmitetea beobachtet. Die großräumig nur verstreuten Vorkommen sind vielerorts vom Rückgang bedroht und bereits gefährdet.

Ceratophyllo-Hydrocharitetum morsus-ranae Pop 62 Tabelle 13 i

In sehr sommerwarmen eutrophen Gewässern SO-Europas lebt eine Ges., der *Hydrocharis morsus-ranae* 3–5 mit *Ceratophyllum demersum* 3–5, oft zusätzlich auch *C. submersum* +–2, besonderes Gepräge verleihen (Hn 30–70, Hs 30–80 %). Als Ass.-Trennart ist *Salvinia natans* diagnostisch wichtig. Diesen Bedingungen kommen einige Pleustophytenbestände in der mitteldeutschen Elbaue nahe (vgl. HILBIG & REICHHOFF 1971, 1974).

3. Verband

Stratiotion aloidis Den Hartog et Segal 64

Ass.-Gr.
Stratiotetum aloidis (Nowinski 30) Miljan 33
Krebsschere-Gesellschaften

Bei relativ begrenztem subkontinental-europäisch-westsibirischem Areal vereinigt die früh erkannte Ass.-Gr. Stratiotetum bereits in Mitteleuropa zwei getrennte Einheiten, die als Hydrocharito-Stratiotetum und Charo-Stratiotetum aloidis gesondert herauszustellen sind.

Hydrocharito-Stratiotetum aloidis (Nowinski 30) Kruseman et Vlieger ex Zinderen Bakker 42 (Syn. Hydrocharitetum morsus-ranae Van Langendonck 35)
Tabelle 13 a–b

Bezeichnend ist die Verbindung von *Stratiotes aloides* 3–5 mit *Hydrocharis morsus-ranae* +–3, konstant ergänzt von *Lemna minor* (Hn 30–90 %). Sie siedeln in sommerwarmen, windgeschützten, basen- und nährstoffreichen, meso-eutrophen

Tabelle 13 Hydrocharitetalia-Gesellschaften

Spalte	a	b	c	d	e	f	g	h	i
Zahl der Aufnahmen	51	118	24	38	10	18	8	10	9
mittlere Artenzahl	7,4	4,9	6,8	4,2	4,6	4,7	3,6	3,1	4,2
Hydrocharis morsus-ranae	5^{+3}	5^{+3}	.	.	5^{35}	5^{24}	5^{35}	5^{35}	5^{35}
Stratiotes aloides	5^{35}	5^{35}	5^{35}	5^{45}	.	.	.	.	.
Ceratophyllum demersum	4^{+3}	2^{+2}	4^{+1}	2^{+2}	3^{+2}	2^{2}	.	.	5^{35}
Ceratophyllum submersum	.	0^{+2}	.	.	.	1^{3}	2^{2}	.	.
Lemna minor	4^{+2}	5^{+3}	.	.	4^{+2}	5^{+2}	5^{+2}	5^{+3}	5^{+1}
Lemna trisulca	4^{+2}	3^{+2}	1^{+}	0^{+}	5^{+2}	.	5^{+2}	.	1^{+}
Riccia fluitans	0^{+2}	0^{+}	.	.	1^{+}	.	1^{+}	.	.
Spirodela polyrhiza	3^{+2}	3^{+2}	.	.	5^{+2}	5^{+2}	.	.	3^{+1}
Salvinia natans	0^{+}	0^{+2}			1^{1}	.	.	.	2^{+1}
Utricularia vulgaris	1^{+2}	2^{+2}	3^{+2}	2^{+2}	.	0^{1}	2^{2}	2^{+1}	3^{+3}
Potamogeton natans	3^{+2}	2^{+2}	.	0^{+2}	.	2^{+}	.	4^{+2}	.
Hottonia palustris	0^{+1}	0^{1}	.	.	1^{+}	2^{+1}	.	.	.
Ranunculus peltatus	.	.	.	.	.	2^{+}	.	.	.
Ranunculus trichophyllus	.	.	.	.	.	2^{+1}	.	.	.
Chara div. spec.	0^{+2}	0^{+2}	4^{+2}	3^{+2}	.	.	.	.	.
Nitellopsis obtusa	.	.	4^{+2}	3^{+2}	.	.	.	.	.
Myriophyllum spicatum	1^{+1}	0^{+}	4^{+2}	4^{+2}	.	.	.	.	.
Ranunculus circinatus	1^{+1}	0^{+}	3^{+2}	.	.	.	.	.	.
Myriophyllum alterniflorum	.	.	2^{+2}	0^{+1}	.	.	.	.	.
Elodea canadensis	1^{+2}	0^{+2}	2^{+2}	1^{+2}	1^{2}	.	.	.	.
Potamogeton friesii	.	.	3^{+2}	1^{1}	.	.	.	.	.
Potamogeton pectinatus	.	.	4^{+2}	.	.	.	.	.	.
Potamogeton lucens	0^{+1}	.	2^{+2}	2^{+2}	.	.	.	.	.
Potamogeton perfoliatus	.	.	2^{+2}	0^{+1}	.	.	.	.	.
Nymphaea alba	4^{+2}	.	.	.	.	.	.	.	.
Nuphar lutea	3^{+2}	.	.	.	.	.	.	.	.

Herkunft:

a–b. PANKNIN (1941: 3), SCHLÜTER (1955: 1), PASSARGE (1957, 1959, 1962, 1963, 1964 u. n. p.: 59), FREITAG & al. (1958: 16), KRISCH (1961: 13), JESCHKE (1963: 3), KRAUSCH (1964: 14), HORST & al. (1966: 12), HILBIG & REICHHOFF (1971: 9), JESCHKE & MÜTHER (1978: 9), LINDNER (1978: 1), BÖHNERT & REICHHOFF (1981: 1), SCHMIDT (1981: 5), WESTHUS (1981: 2), BEUTLER (1987: 9), DOLL (1991: 20)

c–d. JESCHKE (1959, 1963: 4), KRAUSCH (1964: 9), DOLL (1977, 1983, 1991, 1992: 45), SCHMIDT (1981: 4)

e–i. PANKNIN (1941: 2), FREITAG & al. (1978: 5), JESCHKE (1963: 7), KRAUSCH (1964: 2), PASSARGE (1964, 1978 u. n. p.: 7), HILBIG & REICHHOFF (1971, 1974: 7), KONCZAK (1968: 8), BÖCKER (1978: 1), JESCHKE & MÜTHER (1978: 2), LINDNER (1978: 1), SCHMIDT (1981: 6), STARFINGER (1985: 1), HANSPACH (1987, 1989: 8).

Vegetationseinheiten:

1. Hydrocharito-Stratiotetum aloidis (Nowinski 30) Kruseman et Vlieg. ex Zinderen Bakker 42
   - nymphaeetosum Horst et al. 66 (a)
   - typicum Horst et al. 66 (b)
2. Charo-Stratiotetum aloidis Doll 83 nom. nov. ex hoc loc.
   - potamogetonetosum subass. nov. (c)
   - typicum subass. nov. (d)
3. Lemno minoris-Hydrocharitetum morsus-ranae (Oberd. 57)Pass. (64) 78
   Spirodela polyrhiza-Rasse (e–f)
   Zentralrasse (g–h)
   - lemnetosum trisulcae subass. nov. (e, g)
   - typicum Pass. 78 (f, h)
4. Ceratophyllo-Hydrocharitetum morsus-ranae Pop 62 (i)

(pH um 6–7) stehenden, 50–150 cm tiefen Standgewässern über schlammigem Grund. Wichtige Refugien sind Flachseen, Weiher, Niedermoor-Torfstiche, Altwasser und Gräben. Leichte Eutrophierung wird toleriert. Gegenüber Wasserverschmutzung, Wellenschlag und merklicher Wasserstandschwankung ist die Ass. empfindlich.

Von den Niederlanden (vgl. WESTHOFF & DEN HELD 1969, SCHAMINEE & al. 1995) bis SO-Europa (SLAVNIC 1956, HORVAT & al. 1974) in vergleichbarer Zusammensetzung belegt, sind regional zu unterscheiden: zentrale *Lemna minor*-Rasse (ohne *Spirodela*) in nur mäßig sommerwarmen Gewässern, insbesondere im nördlichen Bereich (vgl. KUDOKE 1961, PASSARGE 1962, JESCHKE 1963, KRAUSCH 1964, KRISCH 1961, LINDNER 1978, DOLL 1991); *Spirodela*-Rasse mit *Spirodela polyrhiza*, evt. *Salvinia natans* in merklich sommerwarmen Gewässern im subkontinentalen Einflußbereich (vgl. PASSARGE 1957, 1959, HORST & al. 1966, KONCZAK 1968, HILBIG & REICHHOFF 1971, JESCHKE & MÜTHER 1978, SCHMIDT 1981, WESTHUS 1981, BEUTLER 1987 usw.)

Lokalstandörtlich lassen sich abgrenzen:

Hydrocharito-Stratiotetum aloidis typicum

Hydrocharito-Stratiotetum a. nymphaeetosum Horst et al. (66) comb. nov. in über 1 m tiefen, eutrophen Gewässern mit *Nymphaea alba, Nuphar lutea,* oft *Ceratophyllum demersum*

Hydrocharito-Stratiotetum a. utricularietosum Hilbig 71 mit *Utricularia australis, U. vulgaris, Sparganium minimum* in mesotrophen weniger tiefen Gewässern.

Kontakteinheiten sind Lemnetalia, Nymphaeion und Phragmition. Nach merklichem Rückgang in letzter Zeit ist die Ass. heute stark gefährdet.

Charo-Stratiotetum aloidis (D. Schmidt 81) Doll (83) nom. nov. Tabelle 13 c–d

Die zunächst von SCHMIDT (1981) erkannte eigenständige *Chara-Stratiotes*-Ges. wird von DOLL (1983) als »Stratiotetum submersae Doll ass. nov.« herausgestellt und gültig typisiert (S. 257, Tab. 7, Nr. 67). Da f. submersa nur ökologisch-morphologische Eigenschaft, nicht legitimes Sippen-Epitheton ist, ist der Name ein zu ersetzendes Homonym zum Stratiotetum aloidis (NOWINSKI 1930, MILJAN 1933).

Kennzeichnend für die eigenständige Artenkombination sind *Stratiotes aloides* 3–5 mit *Chara tomentosa* et spec. +–2 sowie *Myriophyllum spicatum* +–2 (Hs. 30–80 %). Alle Schwimmblattarten (*Hydrocharis, Lemna*) fehlen. Standorte sind klare, meso- bis kalk-oligotrophe Tiefengewässer (um 200–400 cm tief) mit sandig-feinschlammigem Grund.

Völlig anders scheint die Verbreitung, denn bisherige Nachweise beschränken sich auf Teile von Mecklenburg-Vorpommern und Brandenburg. Anzunehmender Grund hierfür dürfte eine genügend subkontinentale Klimatönung sein, bei der hinreichende Tiefenwassererwärmung garantiert ist. Neben *Stratiotes* darf auch *Ceratophyllum demersum* als Zeiger hierfür gelten.

Innerhalb der Einheit ergeben sich:

Charo-Stratiotetum aloidis typicum

Charo-Stratiotetum a. potamogetonetosum subass. nov. mit *Potamogeton pectinatus, P. perfoliatus* und *Ranunculus circinatus* in meso-eutrophen Gewässern.

Als Holotypus der Typischen Subass. fungiert Aufnahme-Nr. 10 bei KRAUSCH (1964, Tab. 8, S. 172 f.). – Im Konnex mit Charetalia, Magnopotamogetonion und Ranunculo-Myriophyllion ist die regional seltene Ass. vom Rückgang betroffen und stark gefährdet.

Subformation Rhizohydrophytenosa

Bodenverwurzelte Wasserpflanzengesellschaften

Die Mehrheit heimischer Kormohydrophyten ist mit echten Wurzeln im Gewässergrund stationär verankert (RÜBEL 1930, LUTHER 1949, ELLENBERG & MÜLLER-DOMBOIS 1966). Von den Gefäßpflanzen zählen hierzu die Wuchsformgruppen: Batrachiiden, Elodeiden, Myriophylliden, Nymphaeiden, Najadiden, Potamogetoniden und Zosteriden sowie die von diesen geprägten Klassen: Zosteretea, Ruppietea, Potamogetonetea und Nymphaeetea.

4. Klasse

Zosteretea marinae Pignatti 54

Ordnung

Zosteretalia Beguin 41 em. Tx. et Oberd. 58

Verband

Zosterion marinae Christiansen 34

Seegras-Gesellschaften

Spezialisten-Ges. an flachen, meso- bis hyperhalinen Meeresküsten. Bestandbildner sind die submers lebenden, mit Wurzeln im Meeresboden verankerten grasartigen Kormohydrophyten der Gattung *Zostera*. An den deutschen Küsten von Nord- und Ostsee leben die Ass.-Gr. Zosteretum marinae und Zosteretum noltii im Verbund mit makrophytischen Meeresalgen.

Zosteretum marinae Börgesen ex Van Goor 21
Meeresseegras-Gesellschaft Tabelle 14 c–d

Kennzeichnend sind *Zostera marina* 1–4 mit *Chorda filum* +–2 und weiteren marinen Algen (Hs 10–70 %) in mäßig sommerwarmen (über 15 °C), halophilen (5–30 ‰ Salzgehalt), klaren 40–120 cm tiefen Küstengewässern über sandig-schlickigem Grund. Moderate Eutrophierung scheint tragbar, Wassertrübung, stärkere Bodenerosion, Wellenschlag und Pilzbefall schädigen die Ges. Regional zeichnet sich eine *Ulva lactuca*-Rasse in der euhalinen Nordsee (vgl. TÜXEN 1974, VAHLE in PREISING & al. 1990) von der hiesigen Zentralrasse, belegt von FRÖDE (1958), PASSARGE (1962), PANKOW & al. (1967) bzw. extern von VELVE (1985), THANNHEISER (1987) SCHAMINEE & al. (1995) ab. Dem Furcellario-Zosteretum marinae (vgl. KORNAS & al. 1960) in der Danziger Bucht fehlt *Chorda filum*; neben *Potamogeton pectinatus* bringen *Zannichellia* und *Myriophyllum spicatum* verminderten Salzeinfluß zum Ausdruck. Kleinstandörtlich lassen sich unterscheiden:

Zosteretum marinae typicum und

Zosteretum marinae ruppietosum subass. nov. mit den Trennarten *Ruppia cirrhosa* und *Potamogeton pectinatus* in weniger tiefen, zum Ruppion weisenden mesohalinen Küstenbereichen. Im Konnex mit Ruppietum bzw. Algenwatten ist die heute in Mecklenburg-Vorpommern sehr verstreut vorkommende Ass. wohl schon gefährdet.

Tabelle 14 Zosterion-Gesellschaften

Spalte	a	b	c	d
Zahl der Aufnahmen	2	2	7	6
mittlere Artenzahl	6,0	6,5	3,5	2,0
Zostera marina	1^{1}	2^{+}	5^{14}	5^{34}
Zostera noltii	2^{23}	2^{23}	.	.
Ruppia cirrhosa	2^{2}	2^{+}	5^{12}	.
Potamogeton pectinatus	1^{+}	.	3^{+1}	.
Zannichellia pedicellata	2^{+1}	.	.	.
Chorda filum	1^{+}	1^{+}	3^{+}	3^{+2}
Fucus vesiculosus	1^{+}	2^{+3}	3^{+1}	2^{+1}
Enteromorpha spec.	1^{+}	2^{+2}	1^{+}	.
Chaetomorpha linum	1^{+}	2^{+}	.	.

Herkunft:
a–b. KLOSS (1969: 4)
c–d. FRÖDE (1958: 1), PASSARGE (1962: 4), PANKOW & al. (1967: 8).

Vegetationseinheiten:

1. Zosteretum noltii Harmsen 36
   Zannichellia pedicellata-Ausbildung (a)
   Typische Ausbildung (b)
2. Zosteretum marinae Börgesen ex Van Goor 21
   ruppietosum cirrhosae subass. nov. (c)
   typicum subass. nov. (d)

Zosteretum noltii Harmsen 36
Zwergseegras-Gesellschaft Tabelle 14 a–b

Kennzeichnend sind *Zostera noltii (Z. nana)* 1–3 mit *Ruppia cirrhosa* +–2 und *Enteromorpha* spec. +–2 (Hs 10–60 %) in mäßig sommerwarmen, halinen (über 7 ‰ Salzgehalt), klaren, 10–50 cm tiefen Küstengewässern über sandig-schlickigem Grund. Empfindlich gegen namhafte Eutrophierung, Wassertrübung und Bodenerosion, wird kurzfristiges Trockenfallen ertragen.

Abermals ist eine *Ulva lactuca*-Rasse in Nordsee und Atlantik (vgl. BEEFTINK 1965, SCHWABE 1972, TÜXEN 1974) von der Zentralrasse in der westlichen Ostsee (KLOSS 1969) und anderwärts (vgl. DIRCKSEN 1968, THANNHEISER 1987) zu unterscheiden.

Kleinstandörtlich differieren:
Zosteretum noltii typicum,
Zosteretum noltii zosteretosum marinae (Hartog 58) Tx. 74

Eine *Zannichellia pedicillata*-Subass., auch mit *Potamogeton pectinatus,* vermittelt zum Zannichellietum.

Die nur an W-Mecklenburgs Küsten vorkommende, sehr seltene Ass. ist an ihrer östlichen Arealgrenze stark gefährdet.

5. Klasse

Ruppietea J. Tx. 60

Ordnung

Ruppietalia maritimae J. Tx. 60
Strandsalde-Gesellschaften temperat-subtropischer Zonen Tabelle 15

Spezialisten-Ges. mit *Ruppia-* und *Zannichellia-*Arten in salzhaltigen Brackgewässern der Küsten und des Binnenlandes. Zugeordnet werden neben dem Typusverband Ruppion maritimae das zu den Potamogetonetea vermittelnde Zannichellion pedicellatae. Fraglich scheint mir die Zugehörigkeit eines Eleocharition parvulae (vgl. auch SEGAL 1968).

1. Verband

Ruppion maritimae Br. – Bl. 31
Strandsalde-Gesellschaften

Von *Ruppia-*Arten beherrschte Ges. in halinen Brackgewässern (bis 15 ‰ Salzgehalt). Hauptvorkommen in küstennahen Bodden, Groden, Poldern und Kolken mit ganzjähriger Wasserführung. Selten auch an entsprechenden binnenländischen Salzgewässern. Zugehörige Ass.-Gr. sind Ruppietum maritimae und Ruppietum cirrhosae.

Ass.-Gr.
Ruppietum maritimae Iversen 34
Strandsalde-Gesellschaften

Die circumpolar verbreitete *Ruppia maritima* begegnet uns in Europa in vikariierenden Artenverbindungen, abhängig von Salzgehalt und Sommertemperatur der Siedlungsgewässer. Zu nennen sind: Enteromorpho-Ruppietum in Atlantik und Nordsee (WESTHOFF in BENNEMA & al. 1943, TÜXEN & al. 1957, GILLNER 1960, BEEFTINK 1965, TÜXEN 1974, HÄRDTLE 1984, VEVLE 1985), Chaetomorpho-Ruppietum im Mittelmeer (BRAUN-BLANQUET & al. 1952) und Zannichellio-Ruppietum im Ostseebereich (FRÖDE 1958, FUKAREK 1961, ähnlich auch in den Niederlanden vgl. SCHAMINEE & al. 1995).

Zannichellio-Ruppietum maritimae Fröde ex Fukarek 61 Tabelle 15 c–d

Regional kennzeichnend sind *Ruppia maritima* 2–4 mit *Zannichellia palustris* ssp. *pedicellata* +–3 (Hs 20–80 %) in mäßig sommerwarmen, windgeschützten, 10–40 cm tiefen Brackwasserbuchten (bis 5 ‰ Salzgehalt). Leichte Eutrophierung wird ertragen, nennenswerte Abwasserbelastung und Trübung schädigen die Ges. In frühen Arbeiten wurden die beiden *Ruppia-*Arten verschiedentlich nicht getrennt. Eindeutige Belege der Ass. lieferten HOPPE & PANKOW (1968), KNAPP (1976), LINDNER (1978), WEGENER (1991). Nach Aufnahmen von KORNAS & al. (1960) ähnlich auch in der Danziger Bucht.

Kleinstandörtlich sind zu unterscheiden:
Zannichellio-Ruppietum maritimae typicum und

Zannichellia-Ruppietum m. potamogetonetosum *subass. nov.* mit *Potamogeton pectinatus* und *Enteromorpha intestinalis* als Trennarten in weniger flachem Brackwasser. Als nomenklatorische Typi geeignet sind Aufnahme Nr. 14 bzw. 10 bei LINDNER (1978, Tab. 4, S. 248).

Regional gehören Zosterion und regelmäßig Bolboschoenion zu den Nachbareinheiten. Mancherorts abnehmend, ist eine Einstufung bei den nicht gefährdeten Einheiten wohl kaum noch gerechtfertigt.

Tabelle 15 Ruppia- und Zannichellia pedicellata-Gesellschaften

Spalte	a	b	c	d	e	f	g	h
Zahl der Aufnahmen	14	67	15	10	9	37	5	4
mittlere Artenzahl	5,4	4,3	3,8	2,5	4,3	2,8	4,4	2,7
Ranunculus baudotii	.	.	.	.	.	.	5^{+2}	4^{34}
Zannichellia pedicellata	3^{+1}	1^{1}	5^{+2}	4^{23}	5^{25}	5^{35}	4^{+1}	.
Ruppia maritima	0^{+}	0^{+1}	5^{24}	5^{25}	1^{+1}	0^{1}	.	.
Ruppia cirrhosa	5^{24}	5^{25}	.	.	5^{+1}	.	5^{+3}	.
Potamogeton pectinatus	4^{+2}	4^{+2}	5^{+2}	.	2^{+2}	4^{+2}	5^{+3}	4^{12}
Myriophyllum spicatum	0^{+}	2^{+1}	1^{+1}	.	.	2^{+2}	3^{+}	3^{+}
Najas marina	.	.	1^{+1}	.	2^{12}	1^{+2}	.	.
Zannichellia polycarpa	.	2^{+1}	.	.	.	.	.	.
Chara baltica et spec.	1^{+1}	4^{+2}	2^{+1}	4^{+2}	3^{+1}	3^{+2}	1^{1}	.
Tolypella nidifica	.	0^{+}	.	.	2^{+}	.	1^{1}	.
Cladophora spec.	.	1^{+1}	.	.	1^{+}	2^{+2}	1^{1}	.
Zostera marina	5^{+2}	0^{+}	.	.	1^{+}	.	.	.
Zostera noltii	2^{+1}	.	.	.	.	.	.	.
Ceramium spec.	3^{+1}	2^{+1}	.	.	0^{+}	0^{+}	2^{+}	.
Chorda filum	3^{+}	1^{+}	0^{+}	.	2^{+1}	0^{+}	.	.
Enteromorpha intestinalis	3^{+2}	0^{+}	2^{+}	.	.	.	.	.
Fucus vesiculosus	4^{+2}	2^{+1}	.	.	.	.	.	.

Herkunft:

a–b. FRÖDE (1958: 3), PASSARGE (1962: 4), PANKOW & al. (1967: 10), KLOSS (1969: 4), LINDNER (1978: 60)

c–d. FUKAREK (1961: 1), HOPPE & PANKOW (1968: 6), KNAPP (1976: 2), LINDNER (1978: 12), WEGENER (1991: 4)

e–f. PANKOW & al. (1967: 5), HOPPE & PANKOW (1968: 6), LINDNER (1978: 24), DOLL (1991: 6), WEGENER (1991: 5)

g–h. DOLL (1991: 4), WEGENER (1991: 5).

Vegetationseinheiten:

1. Potamogetono-Ruppietum cirrhosae (Fröde 58) ass. nov.
   zosteretosum subass. nov. (a)
   typicum subass. nov. (b)
2. Zannichellio-Ruppietum maritimae Fukarek 61 nom. inv.
   potamogetonetosum subass. nov. (c)
   typicum subass. nov. (d)
3. Zannichellietum pedicellatae Nordhagen 54 em. Pott 92
   ruppietosum subass. nov. (e)
   typicum subass. nov. (f)
4. Potamogetono-Ranunculetum baudotii (Klement 53) Pass. 92
   zannichellietosum Vahle et Preising 90 ex Pass. 92 (g)
   typicum (Doll 91) subass. nov. (h)

Ass.-Gr.
Ruppietum cirrhosae Iversen 34
Schraubensalde-Gesellschaften

Allgemein dringt *Ruppia cirrhosa* bis in größere Wassertiefen vor und erträgt höhere Salzkonzentrationen (meso- bis hyperhalin) als ihre Schwesterart. Während TÜXEN (1974) von der Nordsee die Einheit nicht belegt oder erwähnt, bringt HÄRDTLE (1984) Aufnahmen aus der Kieler Bucht (bei 10–22 ‰ Salzgehalt) bzw. SCHAMINEE & al. (1995) von der niederländischen Küste (bis 35 ‰). Sie entsprechen einer Zentralass., dem Centro-Ruppietum cirrhosae Härdtle 84, von dem sich das östliche Potamogetono-Ruppietum cirrhosae deutlich abhebt.

Potamogetono-Ruppietum cirrhosae (Fröde 58) ass. nov. Tabelle 15 a–b

Regional kennzeichnen *Ruppia cirrhosa* 2–4 mit *Potamogeton pectinatus* sowie *Fucus vesiculosus* +–2 als Trennart die Einheit (Hs 20–80 %) in mäßig sommerwarmem oligo-bis mesohalinem, 10–100 cm tiefem Brackwasser über schlickhaltigem Sand. Moderate Eutrophierung scheint tragbar, Abwassertrübung und Überschlickung schädigen die Ges. Alle hiesigen Belege, so die Aufnahmen von FRÖDE (1958), PASSARGE (1962), PANKOW & al. (1967), KLOSS (1969), LINDNER (1978) sind hier einzuordnen.

Kleinstandörtlich differenziert sind:
Potamogetono-Ruppietum cirrhosae typicum und
Potamogetono-Ruppietum cirrhosae zosteretosum subass. nov. mit den vom Zosterion übergreifenden Trennarten *Zostera marina* und *Z. noltii*. Geeignete Typusbestände publizierten PANKOW & al. (1967, S. 248/9 unter Nr. 7 bzw. 50 (Zostera-Subass.). Charetalia und Zannichellion pedicellatae werden im Konnex beobachtet. Verstreute küstennahe Vorkommen mit Rückgangtendenz machen eine Gefährdung wahrscheinlich.

2. Verband

Zannichellion pedicellatae Schaminée et al. 90
Salz-Teichfaden-Gesellschaften

Der Verband vereinigt die Ges. mit *Zannichellia pedicellata* stehender und langsam fließender salzhaltiger Gewässer des Küstenbereiches sowie entsprechender binnenländischer Salzstellen. Zentraleinheit ist die Ass.-Gr. Zannichellietum pedicellatae, möglicherweise anzuschließen ist Ranunculetum baudotii.

Zannichellietum pedicellatae Nordhagen 54 em. Pott 92
Salz-Teichfaden-Gesellschaft Tabelle 15 e–f

Kennzeichnend sind *Zannichellia pedicellata* 2–5 mit *Potamogeton pectinatus* +–2 (Hs 30–90 %) in küstennahen Salzmarschen, bevorzugt in mäßig sommerwarmem, oligohalinem 10–50 cm tiefem Brackwasser über schlickig-schlammigem Grund. Eutrophierung und höhere Salzkonzentration wird toleriert, merkliche Trübung und Lichtentzug durch Algendecken (z. B. *Cladophora glomerata*) schädigen die Ges. Eine *Enteromorpha intestinalis*-Rasse bei erhöhtem Salzgehalt belegt POTT (1992). Im hiesigen Ostseebereich tritt eine *Chara baltica*-Rasse an ihre Stelle (vgl.

PANKOW et al. 1967, HOPPE & PANKOW 1968, LINDNER 1978, DOLL 1991, WEGENER 1991). An der niederländischen Küste belegt DEN HARTOG (1958) ein vergleichbares »Potameto-Zannichellietum pedicellatae«. An Untereinheiten sind unterscheidbar:
Zannichellietum pedicellatae typicum und

Zannichellietum pedicellatae ruppietosum subass. nov. mit den vom Ruppion übergreifenden Trennarten *Ruppia cirrhosa* und *R. maritima*. Holotypus der *Ruppia*-Subass. ist Aufnahme-Nr. 16 bei LINDNER (1978 Tab. 6, S. 252). Im Kontakt mit Ruppion und Charetalia sind die Vorkommen der Ass. in Küstennähe sehr verstreut und wohl nicht gefährdet.

Ass.-Gr.
Ranunculetum baudotii Hocquet 27
Brackwasser-Hahnenfuß-Gesellschaften

Der in weiten Bereichen der europäischen Küsten und an einigen Salzstellen des Binnenlandes heimische *Ranunculus baudotii* begegnet uns in zwei vikariierenden Ass., dem Callitricho-Ranunculetum b. und dem Potamogetono-Ranunculetum baudotii. Während erstere bevorzugt im ozeanisch beeinflußten SW- und W-Europa siedelt (vgl. BRAUN-BLANQUET 1952, DEN HARTOG 1963), wird letztere an den deutschen Küsten von Nord- und Ostsee nachgewiesen (KLEMENT 1963, VAHLE & PREISING 1990), doch nach GEHU & MERIAUX (1983) bzw. BOUZILLES (1988) ähnlich auch in NW-Frankreich. Die Zuordnung zum Ranunculion aquatilis/Potamogetonetea (vgl. PASSARGE 1992) bzw. Zannichellion pedicellatae/Ruppietalia ist noch fraglich.

Potamogetono-Ranunculetum baudotii Klement (53) ex Pass. 92 Tabelle 15 g–h

Kennzeichnend sind *Ranunculus baudotii* 1–4 mit *Potamogeton pectinatus* +–2 (Hn –20 %, Hs 20–70 %) in mäßig sommerwarmen, nährstoffreichen, 80–120 cm tiefen brackigen Gewässern in Küstennähe. Refugien sind Gräben, Weiher, Weideteiche mit schlammig-mineralischem Grund. Moderate Eutrophierung, Wasserbewegung und Wellenschlag werden ertragen, namhafte Wassertrübung, Abwasserverschmutzung und Trockenfallen jedoch nicht.

Kleinstandörtlich sind differenziert:

Potamogetono-Ranuculetum baudotii typicum und

Potamogetono-Ranunculetum b. zannichellietosum Vahle et Preisg. (90) ex Pass. 92 mit den Trennarten *Zannichellia pedicellata* und *Ruppia cirrhosa* in eutrophen, mesohalinen Gewässern.

Die äußerst seltene Ass. dürfte auch im Küstenbereich bereits gefährdet sein.

6. Klasse

Potamogetonetea Klika ap. Nowak et Klika 41
Laichkraut-Gesellschaften Tabelle 16–31

Die über Eurasien und N-Amerika hinaus verbreitete Klasse vereinigt mit der Mehrzahl der *Potamogeton*-Arten (excl. *P. natans, P. polygonifolius*), der *Myriophyllum-, Elodea-, Najas-* sowie *Ranunculus-Batrachium*-Arten zugleich alle wichtigen, bestandbildenden Wuchsformgruppen der wurzelverankerten, submersen Kormohydrophytenvegetation unserer limnischen Gewässer. Unter Berücksichtigung von Struktur und Lebensweise sind in Anlehnung an DEN HARTOG & SEGAL (1964) die folgenden Wuchsformtypen (mit zugehörigen Gattungen) diagnostisch wichtig:
Elodeiden (mit *Elodea, Hydrilla*),
Potamogetoniden (mit *Potamogeton, Groenlandia, Zannichellia*),
Myriophylliden (mit *Myriophyllum, Hottonia, Ranunculus circinatus)*
Batrachiiden (mit *Ranunculus subgen. Batrachium, Callitriche*)
Najadiden (*Najas*). Diese Bestandbildner ergänzen einzelne, von Nachbarklassen übergreifende Trennarten der Lemniden, Utriculariiden, Ceratophylliden und Nymphaeiden. Übereinstimmend mit den wechselnden ökologischen Bedingungen entsteht so eine Vielzahl gesicherter, genügend homotoner Artenverbindungen, die in mehreren Verbänden sowie den Ordnungen Potamogetonetalia, Callitricho-Ranunculetalia und Ranunculo-Myriophylletalia zusammengefaßt und überschaubar gemacht werden.

1. Ordnung

Potamogetonetalia pectinati Koch 26
Laichkraut-Submersgesellschaften

Im Zentrum der Klasse vereinigt die Ordnung die von Potamogetoniden, Elodeiden und Najadiden beherrschte Submersvegetation, die allenfalls mit einzelnen natanten Blättern sowie den Blütenständen die Wasseroberfläche erreichen. Der Verwandschaft ihrer Spezieskombination entsprechend und im Einklang mit den ökologischen Gegebenheiten werden die folgenden Verbände zugeordnet: Najadion marinae, Potamogetonion graminei, Parvopotamogetonion, Potamogetonion natanto-obtusifolii, Magnopotamogetonion und Elodeo-Potamogetonion crispi (PASSARGE 1994, 1996).

Abweichend zur bisherigen Praxis, bei großräumigen Zusammenstellungen werden hier die einstigen (Groß-)Ass. zu Ass.-Gr. erhoben. Sie vereinen enggefaßte, genügend homogen zusammengesetzte Grundeinheiten mit gleicher Schwerpunktart, aber abweichender Konstantenverbindung. Ein Vergleich mit den komplex-heterogenen *Potametum lucentis* usw. (vgl. OBERDORFER 1977, 1993, TOMASZEWICZ 1979, PREISING & al. 1990, SCHAMINEE & al. 1995) ist selten möglich.

1. Verband

Najadion Pass. 78
Nixenkraut-Gesellschaften Tabelle 16

Eine recht eigenständige Wuchsformgruppe stellen die meist einjährigen, submers blühenden und fruchtenden Arten der Najadiden dar. Mit ihren steif-brüchigen,

10–50 cm hohen Stengeln vermitteln diese Kormohydrophyten zu Vertretern makrophytischer Algen (z. B. Characeen), mit denen sie oft gemeinsam bis ins Tiefwasser von Seen vordringen. Den Verband kennzeichnen *Najas marina* ssp. *marina, Najas m.* ssp. *intermedia* und *Najas minor* sowie *Nitellopsis obtusa* und *Chara tomentosa* et spec. als Trennarten. Eingeschlossen sind die Ass.-Gr.: Najadetum marinae, (Najadetum intermediae) und Najadetum minoris. Zum Najadenion, dem Typischen Unterverband, zählen Parvopotamogetono-Najadetum marinae, Najadetum intermediae und Charo-Najadetum minoris. Myriophyllo-Najadetum marinae und Ceratophyllo-Najadetum minoris umschließt Myriophyllo-Najadenion.

Ass.-Gr.
Najadetum marinae Fukarek 61
Meernixenkraut-Gesellschaften

Die mehr in W- und S-Europa heimische Sippe *Najas marina* kommt in den beiden nicht immer eindeutig unterschiedenen Unterarten *Najas m.* ssp. *marina* und ssp. *intermedia* im Gebiet mit abweichenden Ansprüchen vor. Ihrer Artenverbindung nach werden daher getrennt: Najadetum intermediae, Parvopotamogetono-Najadetum und Myriophyllo-Najadetum marinae.

Najadetum intermediae Lang 73 Tabelle 16 g–h

Charakteristisch sind *Najas intermedia* 2–4 mit *Chara* div. spec. +–3, wobei die schütteren, bis 30 cm hohen *Najas*-Gruppen verschiedentlich im Schutze von Characeen wachsen (Hs 20–70 %). Lebensraum sind mäßig sommerwarme, erosionsgeschützte, mäßig nährstoffhaltige, kalk-mesotrophe (pH 7–8,5), klare, 100–400 cm tiefe Seen und brackige Boddengewässer. Schwankender Salzgehalt (bis 5 ‰) und leichte Eutrophierung werden toleriert. Wassertrübung oder Lichtentzug durch Algenwuchs beseitigen die Lebensgrundlage. Im Voralpenraum (LANG 1973) und im baltischen Jungmoränengebiet (FUKAREK 1961, PASSARGE 1964, HOPPE & PANKOW 1968, LINDNER 1978, DOLL 1981, 1991, PIETSCH 1981) nachgewiesen, sind im N zu unterscheiden:
Najadetum intermediae typicum und
Najadetum intermediae myriophylletosum Doll 81 mit *Myriophyllum spicatum, Ceratophyllum demersum, Potamogeton lucens* u. a. in schwach eutrophen Gewässern. Im Konnex mit Characeen-Gesellschaften ist die regional seltene bis verstreute, vielerorts zurückweichende Ass. stark gefährdet.

Parvopotamogetono-Najadetum marinae (Oberd. 57) Kapp et Sell 65
Tabelle 16 e–f

Bezeichnend sind *Najas m. marina* 1–4 mit *Potamogeton pectinatus* 1–3 bei nahezu fehlenden *Chara*-Arten (Hs 20–70 %) in sommerwarmen, mäßig nährstoffhaltigen (pH um 7,5), ziemlich klaren 100–250 cm tiefen Standgewässern wie Seen und Altwassern über mineralisch-schlammigem Grund.

In der planar-kollinen Stufe von SW-Deutschland/Oberrhein (KAPP & SELL 1965, PHILIPPI 1969) wird die Einheit bis ins jungbaltische Moränengebiet (DOLL 1981, PIETSCH 1981) bestätigt.

Kleinstandörtlich sind unterscheidbar:
Parvopotamogetono-Najadetum marinae typicum und

Parvopotamogetono-Najadetum m. ranunculetosum Pass. 96 mit *Ranunculus circinatus* und *Potamogeton friesii* in meso-eutrophen Gewässern.

In Nachbarschaft von Parvopotamogetonion ist die regional begrenzt und selten vorkommende Ass. mancherorts im Rückgang sowie stark gefährdet bis bedroht.

Tabelle 16 Najas-Gesellschaften

Spalte	a	b	c	d	e	f	g	h
Zahl der Aufnahmen	9	7	6	9	16	9	39	33
mittlere Artenzahl	6,0	3,7	8,3	6,4	4,7	2,7	4,7	2,3
Najas intermedia	.	.	.	.	.	.	5^{24}	5^{25}
Najas marina	.	.	5^{14}	5^{24}	5^{13}	5^{24}	.	.
Najas minor	5^{34}	5^{34}	.	.	.	.	.	.
Chara contraria et spec.	3^{12}	4^{+2}	5^{+3}	3^{12}	0^{+}	.	4^{13}	5^{+2}
Nitellopsis obtusa	1^{+}	2^{13}	2^{12}	2^{13}	.	.	2^{+2}	1^{1}
Potamogeton pectinatus	.	.	5^{+2}	5^{+2}	5^{13}	5^{+3}	3^{+2}	.
Potamogeton perfoliatus	.	1^{+}	1^{+}	3^{+1}	2^{+}	2^{+}	2^{+2}	.
Potamogeton friesii	.	.	3^{+}	.	2^{+1}	.	1^{+1}	.
Potamogeton lucens	.	.	.	.	.	.	2^{+1}	.
Ceratophyllum demersum	5^{+3}	5^{13}	5^{+3}	4^{+2}	1^{+}	.	3^{+1}	.
Myriophyllum spicatum	5^{+3}	3^{+1}	5^{+2}	5^{12}	0^{1}	.	4^{+2}	.
Ranunculus circinatus	4^{+1}	2^{+}	5^{+2}	5^{+2}	5^{+2}	.	0^{+}	.
Elodea canadensis	1^{+}	.	5^{+3}	.	.	.	0^{+}	.
Potamogeton crispus	2^{+}	.	.	.	.	.	0^{+}	.
Potamogeton panormitanus	5^{+}	.	.	.	.	.	.	.
Potamogeton gramineus	3^{+}	.	.	.	.	.	.	.
Nuphar lutea	.	.	2^{+}	.	0^{1}	.	0^{12}	0^{12}
Utricularia vulgaris	.	.	.	.	1^{+1}	.	1^{+1}	1^{+1}
Zannichellia palustris	.	.	.	.	.	.	1^{+1}	0^{1}
Lemna trisulca	.	.	.	1^{+}	1^{+1}	.	.	.
Fontinalis antipyretica	.	.	3^{+1}	4^{+3}	4^{13}	3^{+2}	1^{+2}	1^{+2}

Herkunft:

a–b. KONCZAK (1968: 3), HILBIG & JAGE (1973: 3), DOLL (1989: 10)

c–f. DOLL (1981: 28), PIETSCH (1981: 12)

g–h. FUKAREK (1961: 5), PASSARGE (1964: 3), PANKOW (1968: 3), LINDNER (1978: 8), DOLL (1981, 1992: 37), PIETSCH (1981: 17).

Vegetationseinheiten:

1. Ceratophyllo-Najadetum minoris (Otahelová 80) Pass. 96
   potamogetonetosum Pass. 96 (a)
   typicum Pass. 96 (b)
2. Myriophyllo-Najadetum marinae (Philippi 69) Pass. 96
   potamogetonetosum Pass. 96 (c)
   typicum Pass. 96 (d)
3. Parvopotamogetono-Najadetum marinae Kapp et Sell 65
   ranunculetosum Pass. 96 (e)
   typicum Pass. 96 (f)
4. Najadetum intermediae Lang 73
   myriophylletosum Doll 81 (g)
   typicum Lang 73 (h)

Myriophyllo-Najadetum marinae (Pietsch 81) Pass. 96 Tabelle 16 c–d

Diagnostisch wichtig für die abweichende Artenverbindung sind *Najas marina* 1–3 mit *Myriophyllum spicatum* +–2, *Ceratophyllum demersum* +–3 und *Ranunculus*

circinatus +–2 (Hs 20–80 %) in sommerwarmen, nährstoffreichen (pH 7,5–8), klaren, 150–400 cm tiefen Seen über schlammigem Grund. Weniger häufig und vermindert vital erträgt *Najas* die eutrophen Gegebenheiten, nicht aber Trübung und Abwasserbelastung. Entsprechende Aufnahmen vom Oberrhein (PHILIPPI 1969), aus Rumänien (NEDELCU 1970), N-Frankreich (MERIAUX & WATTEZ 1983) und den Niederlanden (SCHAMINEE & al. 1990, 1995) sowie eine *Vallisneria spiralis*-Rasse im Wolga-Delta sprechen für eine großräumige Verbreitung. PIETSCH (1981) macht erstmals durch Abgrenzen einer *Elodea*-Subass. auf diesen Vegetatiostyp aufmerksam. Untereinheiten sind:
Myriophyllo-Najadetum marinae typicum und
Myriophyllo-Najadetum m. potamogetonetosum Pass. 96 mit *Potamogeton friesii* und *Elodea canadensis* in weniger tiefen, kalkreichen Gewässern. Sehr selten, regional begrenzt und abnehmend, ist die Ass. heute stark gefährdet bis bedroht.

Ass.-Gr.
Najadetum minoris Ubrizsy 61
Kleinnixenkraut-Gesellschaften

Unter den einheimischen *Najas*-Arten ist *N. minor* die Wärmebedürftigste. Ihr Areal reicht bis ins südliche Eurasien und in den tropisch-subtropischen Bereich. Hinsichtlich der Trophieansprüche entspricht sie etwa jenen der vorgennanten *Najas*-Arten, sodaß Charo-Najadetum und Ceratophyllo-Najadetum minoris zu unterscheiden sind (vgl. UBRIZSY 1961, OTAHELOVA 1980).

Ceratophyllo-Najadetum minoris (Otahelová 80) Pass. 96 Tabelle 16 a–b

Kennzeichnend sind *Najas minor* 2–4 mit *Ceratophyllum demersum* 1–3 und *Myriophyllum spicatum* +–2 (Hs 20–80 %) in sommerwarmen, nährstoffreichen (pH 7–7,5), klaren 50–250 cm tiefen Altwassern und Seen über mineralisch-schlammigem Grund. Eutrophierung wird hingenommen, nicht aber Wassertrübung. Im Gebiet fördern heiße Sommer die Bestandsentwicklung von *Najas minor*, kühle hemmen sie (KONCZAK 1968, HILBIG & JAGE 1973, DOLL 1989). Vornehmlich im südlichen Bereich angesiedelt, belegen GOLUB al. (1991) eine *Potamogeton perfoliatus*-Rasse vom russischen Wolga-Delta.

Lokalstandörtlich sind unterscheidbar:
Ceratophyllo-Najadetum minoris typicum und
Ceratophyllo-Najadetum m. potamogetonetosum Pass. 96 mit Potamogeton panormitanus, P. gramineus, P. crispus in meso-eutrophen Gewässern.

Große Seltenheit und weiterer Rückgang bedeuten regional starke Gefährdung bzw. Existenzbedrohung.

2. Verband

Potamogetonion graminei (Koch 26) Westhoff et Den Held 69
Graslaichkraut-Gesellschaften

Der Verband mit dem Potamogetonetum panormitano-graminei Koch 26 als Typus-Ass. schließt alle Einheiten oligo-mesotropher, stehender, meist bis 1 m tiefer Gewässer mit *Potamogeton gramineus, P. filiformis* und *P. x nitens* als kennzeichnenden Arten sowie *Chara aspera, Ch. contraria* und weitere *Chara* spec. als Verbandstrennarten ein. Fest in den Potamogetonetalia verankert, weisen nur einzelne Differentialarten peripherer Subass. zu benachbarten Klassen wie Littorelletea oder Utricularietea (vgl. jedoch SCHAMINEE & al. 1992, 1995). Zugehörige Ass.-Gr. sind: Potamogetonetum graminei, Potamogetonetum filiformis, Potamogetonetum nitentis.

Ass.-Gr.
Potamogetonetum graminei (Koch 26) Pass. 64
Graslaichkraut-Gesellschaften

Das Areal von *Potamogeton gramineus* erstreckt sich über fast ganz Europa, Teile Asiens und N-Amerikas. Standörtlich eng gebunden, sind bereits aus Mitteleuropa mehrere vikariierende Ass. bekannt. Zu nennen sind: Isolepido-Potamogetonetum g. im ozeanisch beeinflußten NW, Potamogetonetum panormitano-graminei im SW sowie Polygono-Potamogetonetum g. und Potamogetonetum filiformi-graminei im O/NO.

Polygono-Potamogetonetum graminei Pass. (64) 94 Tabelle 17 d–f

Kennzeichnend sind *Potamogeton gramineus* 1–3 mit *Chara aspera* et spec. +–3 und *Polygonum amphibium* +–2 (Hn 1–20 %, Hs 10–50 %) in mäßig sommerwarmen, mäßig nährstoffreichen (pH 7–7,5) klaren, 20–100 cm tiefen Gewässern über schlammigem Grund. Fundorte sind windgeschützte Seebuchten, Altwasser, Torfstiche und Gräben. Empfindlich gegen Eutrophierung, Trübung und Wellenschlag, wird leichte Seitenbeschattung erduldet.

Vom küstenfernen Tiefland bis in die Hügelstufe scheinen gesichert:
Polygono-Potamogetonetum graminei typicum,
Polygono-Potamogetonetum g. littorelletosum Pass. 94 mit *Littorella uniflora* und *Myriophyllum alterniflorum* in kalkarmen Flachgewässern,
Polygono-Potamogetonetum g. najadetosum Pass. 94 mit *Najas intermedia, Ceratophyllum demersum* und *Elodea canadensis* in kalkreichen, tieferen Gewässern. Die peripheren Subass. weisen zum Myriophyllo-Littorelletum bzw. Najadetum intermediae, nachgewiesen in Brandenburg und Mecklenburg-Vorpommern (vgl. JESCHKE 1959, PASSARGE 1964, SCHMIDT 1981, DOLL 1991).

Oft im Kontakt mit Phragmition ist die heute selten gewordene Einheit stark gefährdet.

Potamogetonetum filiformi-graminei Pass. (63) 94 Tabelle 17 g–h

Diagnostisch wichtig sind *Potamogeton gramineus* 1–3 mit *Chara aspera* et spec. 1–3 und *P. filiformis* +–2 (Hn 1–20 %, Hs 20–70 %) in sommerkühlen, oft kalkmesotrophen, klaren, 20–80 cm tiefen Gewässern über sandig-schlammigem Grund. Refugien sind Flachseen, Weiher und Teiche. Wiederum empfindlich gegen Eutrophierung und Trübung.

Bisher nur im baltisch-planaren Bereich nachgewiesen (vgl. PASSARGE 1963, 1964, DOLL 1991).

Kleinstandörtlich bedingt sind:
Potamogetonetum filiformi-graminei typicum und
Potamogetonetum f. g. littorelletosum Pass. (63) 94 mit den Trennarten *Littorella uniflora, Myriophyllum alterniflorum* und *Potamogeton compressus*. Sie weisen zum Myriophyllo-Littorelletum.

Charion asperae und Phragmition tangieren. Die regional begrenzten sehr seltenen Vorkommen sind vom Aussterben bedroht.

Tabelle 17 Chara-Potamogeton gramineus/nitens-Gesellschaften

Spalte	a	b	c	d	e	f	g	h	i	k
Zahl der Aufnahmen	4	8	3	8	21	9	6	8	6	7
mittlere Artenzahl	7,0	3,8	6,2	6,2	5,9	3,6	6,1	4,1	3,6	2,3
Potamogeton nitens	4^{1}	5^{14}	3^{3}	.	.	.	.	.	5^{24}	5^{34}
Potamogeton gramineus	2^{+}	1^{1}	.	5^{13}	5^{13}	5^{13}	5^{24}	5^{13}	.	.
Chara aspera et spec.	4^{12}	3^{+2}	1^{+}	5^{+2}	4^{+2}	5^{13}	5^{12}	5^{13}	5^{13}	5^{13}
Potamogeton filiformis	3^{12}	5^{13}	.	.	.	.	5^{+2}	5^{12}	.	.
Potamogeton pectinatus	2^{1}	.	1^{+}	.	5^{+2}	3^{13}	.	.	5^{+2}	.
Potamogeton lucens	3^{+}	.	.	.	.	.	.	1^{+}	2^{+1}	.
Potamogeton perfoliatus	2^{+1}	.	3^{+1}	1^{+}	.	1^{+}	2^{+}	.	.	.
Potamogeton panormitanus	3^{+1}	.	3^{+2}	3^{24}	1^{2}	1^{4}	1^{1}	4^{+2}	.	.
Myriophyllum alterniflorum	.	.	.	.	5^{+2}	.	5^{+1}	.	1^{+}	1^{+}
Littorella uniflora	.	.	.	.	5^{+2}	.	4^{+1}	.	.	.
Potamogeton compressus	.	.	.	.	.	.	3^{+}	.	.	.
Potamogeton praelongus	.	.	.	.	.	.	2^{+}	.	.	.
Elodea canadensis	.	.	.	5^{+1}	.	.	.	.	.	.
Potamogeton friesii	.	.	2^{+1}	3^{+}	.	.	.	.	.	.
Ceratophyllum demersum	.	.	.	2^{+}	.	.	.	.	.	.
Najas intermedia	.	.	.	2^{+}	.	.	.	.	.	.
Potamogeton natans	1^{+}	3^{+1}	.	1^{+}	0^{+}	2^{+}	3^{+2}	2^{+1}	.	.
Polygonum amphibium	.	.	.	2^{+1}	3^{+2}	2^{+}	.	.	.	.
Myriophyllum spicatum	3^{+}	4^{+}	3^{+1}	2^{+}	.	.	.	1^{+}	1^{1}	.
Nymphaea alba	.	.	.	2^{+1}	.	.	.	.	.	.
Nuphar lutea	.	.	2^{1}	.	.	.	.	.	.	.
Fontinalis antipyretica	.	.	1^{+}	3^{+1}	.	1^{+}	.	.	.	.

Herkunft:
a–b. PASSARGE (1963: 9), DOLL (1991: 3)
c–f. JESCHKE (1959: 11), PASSARGE (1964: 1), SCHMIDT (1981: 6), DOLL (1991: 23)
g–h. PASSARGE (1963, 1964: 11), DOLL (1991: 3)
i–k. DOLL (1991: 13).

Vegetationseinheiten:

1. Potamogetonetum filiformi-nitentis Pass. (63) 94
   potamogetonetosum Pass. (63) 94 (a)
   typicum Pass. (63) 94 (b)
2. Potamogetonetum perfoliato-nitentis (Michna 76) Pass. 94 (c)
3. Polygono-Potamogetonetum graminei Pass. (64) 94
   najadetosum Pass. 94 (d)
   typicum Pass. 94 (e)
   littorelletosum Pass. (63) 94 (f)
4. Potamogetonetum filiformi-graminei Pass. (63) 94
   littorelletosum Pass. (63) 94 (g)
   typicum Pass. 94 (h)
5. Charo-Potamogetonetum nitentis Doll (91) ex hoc loc.
   Potamogeton-Subass. (i)
   typicum subass. nov. (k)

Ass.-Gr.
Potamogetonetum nitentis Koch 26
Glanzlaichkraut-Gesellschaften

Der von seinen Eltern (*Potamogeton gramineus* x *P. perfoliatus*) recht unabhängige Bastard, *P. x nitens*, ist in Mitteleuropa in vikariierenden Ass. nachgewiesen. Es sind dies die Originalbeschreibung aus der Schweiz mit *Groenlandia densa* (KOCH 1926) das baltische Potamogetonetum filiformi-nitentis, das nordöstliche Potamogetonetum perfoliato-nitentis sowie eine Chara-Potamogeton nitens-Ass.

Potamogetonetum filiformi-nitentis Pass. (63) 94 Tabelle 17 a–b

Kennzeichnend sind *Potamogeton nitens* 1–3 mit *P. filiformis* 1–3 (Hs 20–60 %) in sommerkühlen, kalk- und basenreichen, klaren, 10–100 cm tiefen Seen auf schlammigem Sand. Weder Eutrophierung noch Trübung werden toleriert.

Zunächst nur aus dem baltischen Jungmoränengebiet in der *Chara-aspera*-Rasse bekannt (PASSARGE 1963, 1964, DOLL 1991), ergänzen neuerdings Erhebungen aus dem Schweizer Mittelland (ELBER & al. 1991) in einer *Chara contraria*-Rasse unser Wissen.

Hierin sind abgrenzbar:

Potamogetonetum filiformi-nitentis typicum und

Potamogetonetum f.-n. potamogetonetosum Pass. 94 mit *Potamogeton lucens, P. perfoliatus* und *P. pectinatus* in tiefen, leicht eutrophen Gewässern. Die Subass. weist zum Magnopotamogetonion.

Charion asperae und Phragmition, insbesondere Cladietum marisci gehören zum Konnex. Regional eng begrenzt und sehr selten, ist die Ass. akut vom Aussterben bedroht.

Potamogetonetum perfoliato-nitentis Michna (76) ex. Pass. 94 Tabelle 17 c

Die bezeichnende Artenverbindung lautet *Potamogeton nitens* 1–3 mit *P. perfoliatus* +–2 (Hs 10–50 %) in mäßig sommerwarmen, nährstoff- und kalkreichen (pH 8–8,5), klaren 10–100 cm tiefen Seen über mineralisch-schlammigem Grund. Empfindlich gegen Wassertrübung. Die zunächst nur im ostbaltischen Raum von MICHNA (1976) belegte Ausbildung findet sich auch im Material von DOLL (1991), hier zusätzlich mit *Myriophyllum spicatum*.

Regional äußerst selten, ist die Ass. vom Aussterben bedroht.

Chara-Potamogeton nitens-Ass. Doll (91) Tabelle 17 i–k

Eine abweichende artenarme Verbindung zeigen *Potamogeton nitens* 2–4 mit *Chara aspera* et spec. 1–3 (Hs 20–60 %) an. Die bisher nur von DOLL (1991) gefundene Einheit sollte beachtet und ggf. durch weitere Informationen ergänzt werden.

Ass.-Gr.
Potamogetonetum filiformis Koch 28
Fadenlaichkraut-Gesellschaft

Potamogeton filiformis ist in Teilen Eurasiens, Grönlands und Alaskas beheimatet und zeigt in Mitteleuropa subboreal-montane Verbreitung. Verschiedentlich auf benachbarte vikariierende Ausbildungen anderer Ass. übergreifend, tritt die Art unter optimalen Bedingungen auch gesellschaftsprägend auf. Dies gilt für das Potamogetonetum alpino-filiformis im praealpinen Raum sowie für das nordeuropäische Charo-Potamogetonetum filiformis.

Charo-Potamogetonetum filiformis Spence 64 Tabelle 18 f–h

Kennzeichnend sind *Potamogeton filiformis* 2–4 mit *Chara* div. spec. +–3 (Hs 10–70 %) in sommerkühlen, oligo-mesotrophen, klaren, 10–150 cm tiefen Seen über schlammigem Sand. Leichten Wellenschlag ertragend, nimmt die Ass. bei Eutrophierung und Wassertrübung Schaden.

Neben einigen Belegen aus dem Voralpenraum (vgl. ELBER & al. 1991, DIEPHOLDER & LENZ 1992) wird die baltische Rasse von Holstein (SAUER 1937) bis Polen (DAMSKA 1961, MICHNA 1976) sowie in N-Brandenburg und Mecklenburg-Vorpommern von PASSARGE (1963), KRAUSCH (1964), JESCHKE (1966) und DOLL (1991) bestätigt.

Kleinstandörtlich differenziert sind:

Charo-Potamogetonetum filiformis typicum und

Charo-Potamogetonetum f. potamogetonetosum Pass. 96 mit *Potamogeton gramineus* und *Polygonum amphibium* in flachen, kalkarmen Gewässern,

Charo-Potamogetonetum f. myriophylletosum Pass. 96 mit *Myriophyllum spicatum* und *Elodea canadensis* in tiefen, kalkreichen Seen.

Charion asperae wird benachbart beobachtet. Regional begrenzt und sehr selten, ist die Ass. bei uns vom Aussterben bedroht.

Einzelbelege entsprechen einer *Chara*-freien *Potamogeton filiformis*-Ges. mit *P. pectinatus* (Tab. 18 e).

3. Verband

Parvopotamogetonion Vollmar 47 em. Den Hartog et Segal 64
Kleinlaichkraut-Gesellschaften

Für den schon bei VOLLMAR (1947) herausgestellten Verband ist das Parvopotameto-Zannichellietum zentrale Typus-Ass. Im Einzelfall recht variabel interpretiert, scheinen Umfang und Inhalt noch uneinheitlich. Mit *Zannichellia palustris* und evt. *Potamogeton pectinatus* als Schwerpunktarten, werden hier zugerechnet die Ass.-Gr. Zannichellietum palustris, Potamogetonetum pectinati p.p., Potamogetonetum compressi, Potamogetonetum panormitani p.p., Potamogetonetum friesii.

Ass.-Gr.
Potamogetonetum pectinati Carstensen 55
Kammlaichkraut-Gesellschaften

Potamogeton pectinatus ist nahezu weltweit verbreitet und zeigt auch in Mitteleuropa eine große ökologische Spannweite. Relativ konkurrenzschwach, vermag die Art meist erst unter Extrembedingungen, wenn andere Kormohydrophyten ausfallen, gesellschaftsprägend hervorzutreten. Dies ist der Fall beim Charo-Potamogetonetum p. und gilt wohl ähnlich für das Sparganio-Potamogetonetum p., weniger für Myriophyllo-Potamogetonetum pectinati.

Tabelle 18 Potamogeton pectinatus/P. filiformis-Gesellschaften

Spalte	a	b	c	d	e	f	g	h
Zahl der Aufnahmen	13	14	12	14	3	4	15	6
mittlere Artenzahl	5,7	3,5	4,5	3,5	3,3	4,7	2,2	2,5
Potamogeton filiformis	.	.	.	.	3^{34}	4^{34}	5^{24}	5^{24}
Potamogeton pectinatus	5^{24}	5^{24}	5^{24}	5^{14}	3^{12}	1^{2}	.	.
Chara div. spec.	5^{+2}	5^{+2}	.	.	.	4^{+2}	5^{13}	5^{13}
Potamogeton gramineus	1^{+}	.	0^{2}	0^{2}	.	.	.	5^{+1}
Polygonum amphibium	.	.	.	.	.	.	.	2^{+}
Myriophyllum spicatum	4^{+2}	3^{+2}	4^{+1}	5^{+2}	.	4^{+2}	.	.
Elodea canadensis	2^{+2}	.	3^{+1}	.	.	2^{+}	.	.
Ranunculus circinatus	3^{+2}	.	5^{+2}	4^{+}	.	.	.	.
Ceratophyllum demersum	4^{+2}	.	4^{+2}	.	.	.	.	.
Potamogeton perfoliatus	3^{+2}	3^{+2}	3^{+1}	1^{+}	2	1^{1}	0^{+}	1^{+}
Potamogeton panormitanus	.	0^{+}	0^{+}	.	2^{1}	.	0^{+}	.
Potamogeton crispus	0^{+}	0^{+}	0^{+}	3^{+1}	.	.	.	.
Zannichellia palustris	2^{+2}	2^{+1}	0^{1}	0^{+}	.	.	.	.
Nitellopsis obtusa	2^{+2}	.	.	.	.	.	.	.
Nitella flexilis	2^{2}	.	.	.	.	.	.	.

Herkunft:
a–b. JESCHKE (1959: 1), HOPPE & PANKOW (1968: 1), DOLL (1978, 1991: 23), JESCHKE & MÜTHER (1978: 2)
c–d. JESCHKE (1968: 1), DOLL (1978, 1991: 6), JESCHKE & MÜTHER (1978: 4), SCHMIDT (1981: 4), WEGENER (1992: 11)
e–h. PASSARGE (1963 u. n. p.: 4), KRAUSCH (1964: 9), JESCHKE (1966: 2), DOLL (1978, 1991: 13)

Vegetationseinheiten:
1. Myriophyllo-Potamogetonetum pectinati ass. nov.
   Chara-Rasse (a–b)
   Ranunculus circinatus-Rasse (c–d)
      ceratophylletosum subass. nov. (a, c)
      typicum subass. nov. (b, d)
2. Potamogeton pectinatus-P. filiformis-Ges. (e)
3. Charo-Potamogetonetum filiformis Spence 64
      myriophylletosum Pass. 96 (f)
      typicum Pass. 96 (g)
      potamogetonetosum Pass. 96 (h)

Sparganio-Potamogetonetum pectinati (Hilbig 71) Reichhoff et Hilbig 75

Einzig noch die Dominanz von *Potanogeton pectinatus* 3–5 zeichnet die Ges. belasteter Fließgewässer aus, vielfach im Verbund mit submers flutenden Helophyten wie *Sparganium emersum* oder *Sagittaria sagittifolia* (Hs 30–90 %). Sommerwarm, sehr nährstoffreich (pH 7,5–9), oft getrübt, bei 40–200 cm Tiefe und schlammreichem Grund sind weitere Attribute derartiger hypertrophierter Fließgewässer. Flüsse, Ströme und Kanäle sind wichtige Siedlungsorte. Selbst mäßiger Salzgehalt ist noch tragbar, erst Lichtentzug durch starke Verschmutzung oder Algendecken (z. B. *Cladophora*) sorgen ebenso wie Entkrautung für ein Verschwinden der Einheit in polytrophen Gewässern.

Im planar-kollinen Bereich großräumig in zwei Subass.:
Sparganio-Potamogetonetum pectinati typicum und
Sparganio-Potamogetonetum p. ceratophylletosum Pass. 96 mit den Trennarten *Ceratophyllum demersum, Potamogeton crispus* und *Ranunculus circinatus* in eutrophierten, weniger verschmutzten Gewässern.

Im Kontakt leben Eleocharito-Sagittarion und Cladophora-Bestände. Regional verstreut und infolge belastungsbedingten Abbaus anspruchsvoller Elodeo-Potamogetonion-Ass. noch zunehmend, nicht gefährdet.

Myriophyllo-Potamogetonetum pectinati ass. nov. Tabelle 18 a–d

Bezeichnend sind *Potamogeton pectinatus* 2–4 mit *Myriophyllum spicatum* und *Ranunculus circinatus* je +–2 (Hs 30–70 %) in mäßig sommerwarmen, kalk- und nährstoffreichen, 50–250 cm tiefen Gewässern über mineralisch-schlammigem Grund. Hauptvorkommen in Seen, Teichen auch träge fließenden Gräben. Eutrophierung, leichtem Salzgehalt und geringer Trübung wird widerstanden, nicht aber stärkerer Abwasserverschmutzung oder Entschlammung. In Mecklenburg und N-Brandenburg teils in einer *Chara*- teils in der *Ranunculus circinatus*-Rasse, letztere in sommerwarmen Gewässern belegt von JESCHKE (1959, 1968), DOLL (1978, 1991), JESCHKE & MÜTHER (1978), SCHMIDT (1981), WEGENER (1992). Hierin erkennbare Untereinheiten:

Myriophyllo-Potamogetonetum pectinati typicum und

Myriophyllo-Potamogetonetum p. ceratophylletosum subass. nov. mit den Trennarten *Ceratophyllum demersum, Elodea canadensis* auch *Potamogeton perfoliatus* in eutrophen, kalkreichen Gewässern. Holotypus ist die Aufnahme bei JESCHKE (1968 S. 118) von der Ostsee-Insel Ruden für die Ass. und Typische Subass., jener für die *Ceratophyllum*-Subass. ist Aufnahme-Nr. 4 bei JESCHKE & MÜTHER (1978, Tab. 6, S. 318).

Charion asperae und Magnopotamogetonion werden benachbart registriert. Regional sehr verstreut und im Rückgang befindlich, scheint die Einheit wohl noch nicht gefährdet.

Ass.-Gr.
Zannichellietum palustris (Baumann 11) Lang 67
Sumpfteichfaden-Gesellschaften

Die über Kontinente hinweg vorkommende *Zannichellia palustris* ssp. *palustris* wird bereits in Mitteleuropa als Bestand- bzw. Mitbestandbildner unterschiedlicher Vegetationstypen beobachtet. Jeweils Ausdruck merklich abweichender ökologischer Bedingungen sind: Callitricho-, Ranunculo- und Parvopotamogetono-Zannichellietum zu nennen.

Parvopotamogetono-Zannichellietum palustris Koch (26) ex Kapp et Sell 65
Tabelle 19 g–k

Kennzeichnend sind *Zannichellia p. palustris* 2–5 mit *Potamogeton pectinatus* +–2, evt. *Chara* spec. (Hs 20–80 %) in nährstoffreichen (pH 7–9), eutrophen, 20–120 cm tiefen stehenden bis schwach bewegten Gewässern mit schlammigem Mineralgrund. Häufige Fundorte sind Seen, Teiche, Baggergruben, Kanäle oder Gräben. Widerstandsfähig gegenüber Eutrophierung, moderater Trübung und leichtem Salzgehalt. Existenzbedrohend ist merkliche Abwasserbelastung.

In der planar-kollinen Stufe großräumig in mehreren Rassen:

Potamogeton filiformis-Rasse in sommerkühlen baltisch-skandinavischen Gewässern (vgl. MICHNA 1976, KORDUS-WALANKIEWICZ 1977),

Potamogeton crispus-Rasse im subozeanisch beeinflußten Gebiet,

Potamogeton pectinatus-Rasse bevorzugt im S
Kleinstandörtlich jeweils abgrenzbar:
Parvopotamogetono-Zannichellietum palustris typicum und
Parvopotamogetono-Zannichellietum p. myriophylletosum Pass. 96 mit *Elodea canadensis, Ranunculus circinatus* und *Potamogeton perfoliatus* in kalkreich-eutrophen Gewässern. In Mecklenburg und Brandenburg von PIETSCH (1978, 1981), DOLL (1991) und WEGENER (1991) belegt, ist die Einheit ziemlich selten und regional gefährdet.

Callitricho-Zannichellietum palustris (Vahle et Preising 90) Pass. 96

Bezeichnend sind *Zannichellia palustris* mit *Callitriche platycarpa* et spec. (Hn 1-10 %, Hs 20–70 %) in meist kalkreichen (pH 7–8), rasch fließenden, klaren Forellenbächen mit geringer Temperaturamplitude. Bevorzugt im subozeanischen Klimaraum von Schleswig-Holstein (GARNIEL 1993) über Niedersachsen und Westfalen (WEBER-OLDECOP 1967, GRUBE 1975, POTT 1980, VAHLE & PREISING 1990), ist die Einheit wohl auch in Teilen unseres Gebietes zu erwarten.

Ranunculo-Zannichellietum palustris (Philippi 81) Pass. 96

Diagonistisch wichtig sind *Zannichellia palustris* 1-3 mit *Ranunculus trichophyllus* bzw. *R. circinatus* 1–3 (Hs 20–70 %) in sommerwarmen, nährstoffreichen (pH 7,5–8,5), ziemlich klaren, mäßig bis rasch fließenden, 40–100 cm tiefen Bächen und Gräben über sandig-kiesigem Grund.

Vornehmlich im südlichen Mitteleuropa bekannt geworden (KOHLER & al. 1974, PHILIPPI 1981), bestätigen Einzelaufnahmen die Ges. auch weiter nördlich (WEBER-OLDECOP 1969, POTT 1980, GARNIEL 1993). Möglicherweise ist eine *Ranunculus circinatus*-Rasse (vgl. KLIMANT 1986, WEGENER 1992) hier anzuschließen. Oft im Verbund mit Veronico-Beruletum angustifoliae, dürfte die seltene Ass. wohl regional schon gefährdet sein.

Ass.-Gr.
Potamogetonetum friesii Iversen 29
Friesenlaichkraut-Gesellschaften

Vom temperaten Eurasien bis N-Amerika reicht das Areal von *Potamogeton friesii (P. mucronatus)* bei deutlicher Konzentration auf planar-kolline Lagen. In Mitteleuropa werden unterschieden: Ranunculo-Potamogetonetum friesii und Potamogetonetum crispo-friesii.

Potamogetonetum crispo-friesii (Bennema et Westhoff 43) Pass. 96
Tabelle 19 a–b

Kennzeichnend sind *Potamogeton friesii* 2–4 mit *P. crispus* +–2, auch *Lemna minor* +–2 (Hn 1–10 %, Hs 20–70 %) in mäßig sommerwarmen, nährstoff- und kalkreichen (pH 7–8,5), ziemlich klaren, 30–100 cm tiefen Fließgewässern (insbesondere Bäche, kleine Flüsse) bei sandig-schlammigem Grund. Eutrophierung und leichte Trübung werden hingenommen, nicht aber merkliche Abwasserbelastung.

Tabelle 19 Potamogeton friesii/compressus- und Zannichellia palustris-Gesellschaften

Spalte	a	b	c	d	e	f	g	h	i	k
Zahl der Aufnahmen	5	3	19	21	5	4	6	4	5	3
mittlere Artenzahl	7,4	3,0	5,9	4,8	6,2	4,2	7,9	3,0	4,8	4,0
Zannichellia palustris	.	.	.	.	.	.	5^{25}	4^{35}	5^{25}	3^{45}
Potamogeton compressus	.	.	.	.	5^{24}	4^{2}	.	.	.	.
Potamogeton friesii	5^{24}	3^{35}	5^{24}	5^{35}	3^{+2}	2^{+1}	.	.	.	.
Potamogeton crispus	5^{+2}	3^{+3}	2^{+}	.	1^{+}	.	4^{+1}	.	4^{+1}	3^{23}
Elodea canadensis	5^{+2}	.	3^{+2}	0^{2}	4^{+2}	.	5^{+1}	.	.	.
Ranunculus circinatus	1^{3}	.	3^{+2}	.	.	.	4^{+1}	.	5^{+3}	.
Myriophyllum spicatum	.	.	2^{+2}	4^{+1}	3^{+1}	.	4^{+1}	2^{+}	.	.
Potamogeton pectinatus	2^{+1}	.	3^{+2}	2^{+1}	.	.	5^{+3}	3^{+1}	.	.
Potamogeton perfoliatus	2^{+1}	.	4^{+3}	4^{+2}	.	.	5^{+1}	.	.	.
Ceratophyllum demersum	5^{+2}	.	5^{+3}	.	4^{+3}	4^{13}	2^{+}	.	.	.
Potamogeton natans	.	.	2^{+2}	.	.	.	.	.	4^{+}	3^{12}
Nuphar lutea	3^{+2}	.	2^{+2}	0^{+}	.	.	.	.	.	.
Potamogeton panormitanus	.	.	.	2^{+}	.	.	5^{+1}	.	.	.
Najas intermedia	.	.	.	.	.	.	2^{+}	.	.	.
Callitriche hermaphroditica	.	.	.	.	.	.	2^{+}	.	.	.
Lemna minor	5^{+2}	3^{2}	1^{+}	.	1^{1}	.	2^{1}	.	.	3^{13}
Spirodela polyrhiza	4^{13}	.	.	.	.	.	.	.	.	.
Chara div. spec.	.	.	.	4^{+3}	2^{+2}	2^{1}	.	3^{+1}	3^{+}	.
Nitellopsis obtusa.	.	.	.	2^{13}	.	.	.	.	.	.
Stratiotes aloides	.	.	1^{+}	2^{+2}	1^{+}	2^{+1}	.	.	.	.
Utricularia vulgaris	.	.	1^{+}	2^{+}	.	.	.	.	.	.
Potamogeton lucens	.	.	1^{+}	2^{+2}	2^{+}	.	.	.	.	.
Potamogeton filiformis	.	.	.	.	2^{+}	1^{+}	.	.	.	.
Ceratophyllum submersum	.	.	.	.	1^{+}	2^{+}	.	.	.	.
Potamogeton acutifolius	.	.	.	.	2^{+}	.	.	.	.	.

Herkunft:
a–d. DOLL (1991, 1992: 48)
e–f. DOLL (1977, 1980: 9)
g–k. PIETSCH (1978, 1981: 4), DOLL (1991: 9), WEGENER (1991: 5).

Vegetationseinheiten:

1. Potamogetonetum crispo-friesii (Bennema et Westhoff 43) Pass. 96
   Elodea-Subass. (a), typicum (b)
2. Ranunculo-Potamogetonetum friesii Weber-O. 77
   elodeetosum Pass. 96 (c)
   typicum Pass. 96 (d)
3. Ceratophyllo-Potamogetonetum compressi (Doll 77) Pass. 96
   elodeetosum Pass. 96 (e)
   typicum Pass. 96 (f)
4. Parvopotamogetono-Zannichellietum palustris Koch ex Kapp et Sell 65
   Potamogeton pectinatus-Rasse (g–h)
   Potamogeton crispus-Rasse (i–k)
   myriophylletosum Pass. 96 (g, i)
   typicum (Lang 67) Pass. 96 (h, k)

Bevorzugt im subozeanisch beeinflußten nördlichen Bereich von den Niederlanden (WESTHOFF & DEN HELD 1969, SCHAMINEE & al. 1990, 1995) und NW-Frankreich (MERIAUX & GEHU 1980) über Niedersachsen (WEBER-OLDECOP 1969, WIEGLEB 1978) bis Mecklenburg-Vorpommern (DOLL 1991, 1992). Regional erkennbar sind *Callitriche platycarpa-* und Zentralrasse.

Kleinstandörtliche Differenzen bringen zum Ausdruck:
Potamogetonetum crispo-friesii typicum und
Elodea-Subass. mit *Elodea canadensis, Ceratophyllum demersum* und *Nuphar lutea* in weniger flachen, eutrophen Gewässern. Vielfach in engem Kontakt mit Sagittario-Sparganietum ist die regional begrenzt und selten vorkommende Ass. stark gefährdet.

Ranunculo-Potamogetonetum friesii Weber – O. 77 (Tabelle 19 c-d)

Abweichend zur vorerwähnten sind *Potamogeton friesii* 2–5 mit *P. perfoliatus* +–2, auch *Ranunculus circinatus* +–2 bezeichnend für mäßig nährstoff- und kalkreiche, klare 50–300 cm tiefe Seen mit mineralisch-schlammigem Grund. An leichten Wellengang angepaßt, schädigen merkliche Eutrophierung und Wassertrübung. Bisherige Nachweise stammen aus dem nördlichen Tiefland von Schleswig-Holstein und Niedersachsen (SAUER 1937, WEBER-OLDECOP 1977, VÖGE 1987) bis Polen (TOMASZEWICZ 1979, TOMASZEWICZ & KLOSOWSKI 1985). Aufnahmen aus Mecklenburg-Vorpommern lieferten DOLL 1991 und der Verf. (n. p.).

Die abgrenzbaren Untereinheiten sind:
Ranunculo-Potamogetonetum friesii typicum und
Ranunculo-Potamogetonetum f. elodeetosum Pass. 96 mit *Elodea canadensis, Ceratophyllum demersum* und *Potamogeton crispus* in eutrophen Gewässern. Die Subass. weist zum Elodeo-Potamogetonion.

Regional sehr verstreute Vorkommen mit zurückgehender Tendenz begründen die starke Gefährdung der Ges.

Ass.-Gr.
Potamogetonetum compressi Tomaszewicz 79
Flachstengel-Laichkraut-Gesellschaft

Die nordisch-eurasisch verbreitete Art, *Potamogeton compressus*, wurde verschiedentlich im nördlichen Mitteleuropa bestandbildend beobachtet (vgl. NOWINSKI 1930, JONAS 1933, CARSTENSEN 1955, WEBER, H. E. 1978, DOLL 1977, 1980, POTT 1980 usw.). Vorliegende Beschreibungen ergeben recht variable Artenverbindungen. Soweit diese gesichert und eigenständig sind, wurden sie herausgestellt und binär benannt (PASSARGE 1996). Ranunculo-Potamogetonetum c. wird aus den Niederlanden von BENNEMA & WESTHOFF (1943) erwähnt, Callitricho-Potamogetonetum c. in NW-Deutschland, Utriculario-Potamogetonetum c. in N-Polen und Ceratophyllo-Potamogetonetum.

Ceratophyllo-Potamogetonetum compressi (Doll 77) Pass. 96 Tabelle 19 e–f

Regional sind kennzeichnend *Potamogeton compressus* 2–4 mit *Ceratophyllum demersum* +–3 (Hs 20–80 %) in mäßig sommerwarmen, nährstoffreichen (pH 7–7,5), ziemlich klaren, 200–400 cm tiefen Großseen.

Die aus N-Polen (KRZYWANSKI 1974), Mecklenburg-Vorpommern (DOLL 1977, 1980) und dem Emsland (STARMANN 1987) bestätigte Ass. läßt zwei Untereinheiten erkennen:
Ceratophyllo-Potamogetonetum typicum und
Ceratophyllo-Potamogetonetum c. elodeetosum Pass. 96 mit *Elodea canadensis, Myriophyllum spicatum* und *Potamogeton lucens* in kalkreichen Gewässern.

Die regional begrenzt vorkommende Ges. ist selten und stark gefährdet.

4. Verband

Potamogetonion natanti-obtusifolii Pass. 96
Stumpfblatt-Kleinlaichkraut-Gesellschaften Tabelle 20

Unter den schmalblättrigen Parvopotamogetoniden (bis 5 mm Blattbreite) gibt es Arten wie *Potamogeton acutifolius, P. obtusifolius* und *P. trichoides*, die vielfach bezeichnend für kalkarme, mäßig nährstoffhaltige, stehende flache, aber permanente Kleingewässer sind. Mit *Potamogeton natans* und *Lemna minor* als Trennarten werden die Ass.-Gr. Potamogetonetum acutifolii, Potamogetonetum obtusifolii und Potamogetonetum trichoidis im Verband Potamogetonion natanti-obtusifolii zusammengefaßt.

Ass.-Gr.
Potamogetonetum obtusifolii (Sauer 37) Neuhäusl 59
Stumpfblattlaichkraut-Gesellschaften

In Eurasien und N-Amerika heimisch, wurden verschiedentlich von *Potamogeton obtusifolius* charakterisierte Vegetationstypen unterschiedlicher Zusammensetzung bekannt. Aus Mitteleuropa sind zu nennen: Potamogetonetum crispo-obtusifolii und Potamogetonetum natanto-obtusifolii.

Potamogetonetum crispo-obtusifolii Sauer 37 Tabelle 20 a–d

Kennzeichnend sind *Potamogeton obtusifolius* 2–4 mit *Elodea canadensis* +–3 (Hs 20–80 %, Hn 0–10 %) in mäßig nährstoffreichen (pH um 6,5), klaren 20–200 cm tiefen Gewässern über schlammigem Grund. Wichtige Fundorte sind kleine Seen, Teiche, Altwasser, Gräben und Niederungstorfstiche. Leichte Eutrophierung wird hingenommen, Verschmutzung und Austrocknung schädigen.

In der planar-kollinen Stufe von Schleswig-Holstein (Sauer 1937, Carstensen 1955, Mierwald 1988) bis N-Polen und Böhmen nachgewiesen (vgl. Neuhäusl 1959, Tomaszewicz 1979, Tomaszewicz & Klosowski 1985, Cernohous & Husak 1986), sind zu unterscheiden: *Potamogeton natans*-Rasse in eutroph-mesotrophen Flachgewässern und *Ranunculus circinatus*-Rasse in eutrophen, oft tieferen Seen. In Ostelbien von Passarge (1957, 1996), Pietsch (1983), Hanspach & Krausch (1987), Doll (1991) belegt, heben sich kleinstandörtlich ab:

Potamogetonetum crispo-obtusifolii typicum und

Potamogetonetum c.-o. myriophylletosum Pass. 96 mit *Myriophyllum spicatum, M. verticillatum* und *Hottonia palustris* als Trennarten, die zum Ranunculo-Myriophyllion weisen. Die heute eher seltenen Vorkommen sind von weiterem Rückgang bedroht und regional stark gefährdet.

Ass.-Gr.
Potamogetonetum acutifolii Segal 65
Spitzblattlaichkraut-Gesellschaft

Die temperat-subozeanisch verbreitete Art, *Potamogeton acutifolius*, ist im nördlichen Mitteleuropa wie in SW- und SO-Europa zu Hause (vgl. Najado-Potamogetonetum acutifolii bei Slavnić 1956). Die abweichende mitteleuropäische Einheit bedarf daher ebenfalls einer binären Ergänzung.

Tabelle 20 Potamogeton obtusifolius/P. acutifolius-Gesellschaften

Spalte	a	b	c	d	e	f	g	h	i	k
Zahl der Aufnahmen	6	2	9	5	13	9	8	8	5	14
mittlere Artenzahl	7,6	5,0	4,9	4,6	7,3	4,5	7,2	6,0	4,2	3,3
Potamogeton trichoides	.	.	.	.	.	.	5^{25}	5^{25}	5^{24}	5^{35}
Potamogeton acutifolius	.	.	.	.	5^{14}	5^{24}	4^{+2}	.	.	2^{+2}
Potamogeton obtusifolius	5^{24}	2^{24}	5^{35}	5^{45}	2^{+2}	.	.	.	.	.
Potamogeton natans	4^{+}	1^{1}	.	.	4^{+2}	5^{+3}	4^{+}	4^{+2}	.	.
Juncus bulbosus fluitans	.	.	.	.	3^{+1}	.	2^{+}	2^{+}	.	.
Luronium natans	.	.	.	.	3^{+2}	.	2^{1}	.	.	.
Nuphar lutea	.	.	.	.	.	.	2^{+}	.	.	.
Nymphaea alba	2^{+}	.	.	.	.	.	.	.	.	.
Elodea canadensis	5^{13}	1^{1}	5^{+2}	4^{+2}	5^{12}	.	5^{+1}	.	5^{+2}	.
Myriophyllum verticillatum	.	.	3^{+2}	.	3^{+2}	.	2^{+2}	.	.	.
Certatophyllum demersum	.	.	5^{+3}	.	.	.	2^{+}	.	.	.
Myriophyllum spicatum	5^{+}	.	3^{+2}	.	.	.	.	.	.	.
Lemna minor	4^{+}	.	.	.	2^{+}	4^{+2}	3^{+}	4^{+2}	5^{+1}	4^{+1}
Lemna trisulca	4^{+}	1^{+}	.	5^{+}	.	3^{+2}	.	4^{+2}	.	2^{+2}
Spirodela polyrhiza	1^{+}	.	.	.	.	2^{+1}	.	2^{+2}	3^{+}	3^{+2}
Hydrocharis morsus-ranae	1^{1}	1^{1}	.	.	.	.	1^{+}	4^{+}	.	.
Ceratophyllum submersum	.	.	.	1^{2}	.	.	1^{1}	2^{12}	3^{23}	2^{+1}
Ranunculus trichophyllus	.	.	.	.	.	.	1^{+}	2^{+}	.	0^{+}
Potamogeton pectinatus	.	.	.	.	.	.	1^{1}	1^{+}	.	.
Hottonia palustris	5^{+1}	.	2^{+1}	.	3^{+2}	2^{+2}	2^{+1}	.	.	.
Ranunculus peltatus	.	1^{1}	.	.	0^{+}	3^{12}	2^{+}	1^{+}	.	0^{+}
Potamogeton alpinus	.	.	.	.	2^{+2}	1^{1}	2^{12}	2^{12}	.	.
Potamogeton crispus	.	.	.	.	.	1^{1}	2^{+2}	1^{+}	.	.
Callitriche cophocarpa	.	.	.	.	3^{+2}	.	1^{+}	2^{+2}	.	.
Potamogeton panormitanus	.	1^{1}	.	.	.	.	1^{1}	.	.	1^{+}
Chara div. spec.	.	1^{+}	.	.	.	.	1^{+}	1^{+}	.	0^{+}
Utricularia vulgaris agg.	.	1^{1}	2^{+1}	5^{+2}	3^{+1}	.	3^{+2}	.	.	.
Ranunculus circinatus	1^{+}	.	2^{+1}	3^{+1}	.	.	.	.	.	.

Herkunft:

a–d. PIETSCH (1983: 4), DOLL (1991: 15), PASSARGE (1996: 3)

e–f. HANSPACH & KRAUSCH (1987: 7), DOLL (1991: 9), PASSARGE (1996: 6)

g–k. FREITAG & al. (1958: 4), BÖHNERT & REICHHOFF (1978: 1), BOLBRINKER (1985, 1986: 7), HANSPACH & KRAUSCH (1987: 5), DOLL (1991: 18).

Vegetationseinheiten:

1. Potamogetonetum crispo-obtusifolii Sauer 37
   Potamogeton natans-Rasse (a–b)
   Ranunculus circinatus-Rasse (c–d)
      myriophylletosum Pass. 96 (a, c)
      typicum Pass. 96 (b, d)
2. Potamogetonetum natanti-acutifolii (Carstensen 54) Doll 91 ex Pass. 96
      elodeetosum Pass. 96 (e)
      typicum Pass. 96 (f)
3. Potamogetonetum trichoidis (Freitag et al. 58) Tx. 74
   Potamogeton natans-Rasse (g–h)
   Zentralrasse (i–k)
      elodeetosum Pass. 96 (g, i)
      typicum Pass. 96 (h, k)

Potamogetonetum natanti-acutifolii (Carstensen 55) Doll (91) ex Pass. 96
Tabelle 20 e–f

Kennzeichnend sind *Potamogeton acutifolius* 2–4 mit *P. natans* +–2, auch *Lemna minor* +–2 (Hn 1–20 %, Hs 20–70 %) in mäßig nährstoffreichen, (pH 6–7), klaren, 30–100 cm tiefen Kleingewässern über schlammigem Grund. Refugien sind Gräben, Altwasser und Teiche. Gegen merkliche Eutrophierung, Verschmutzung wie Austrocknung höchst empfindlich.

Innerhalb der planar-kollinen Stufe von den Niederlanden bis Tschechien und Polen nachgewiesen (vgl. SEGAL 1965, PODBIELKOWSKI 1967, CERNOHOUS & HUSAK 1986); hiesige Belege aus S-Brandenburg und Mecklenburg-Vorpommern von HANSPACH & KRAUSCH (1987), DOLL (1991) und Verf. (n. p.).

Wahrscheinlich markieren *Juncus bulbosus* und *Luronium natans* eine subozeanische Rasse.

Kleinstandörtlich bedingt sind:

Potamogetonetum natanti-acutifolii typicum und

Potamogetonetum n.-a. elodeetosum Pass. 96 mit den Trennarten *Elodea canadensis, Hottonia palustris* und *Utricularia vulgaris* in flachen, kalkarmen Gewässern.

Regional gibt es heute meist nur seltene Vorkommen, die gefährdet, in Brandenburg stark gefährdet sind.

Ass.-Gr.

Potamogetonetum trichoidis (Freitag et al. 58) Tx. 74
Haarlaichkraut-Gesellschaft Tabelle 20 g–k

Kennzeichnend sind *Potamogeton trichoides* 2–5 mit *Lemna minor* +–1 (Hn 1–20 %, Hs 20–80 %) in sommerwarmen, windgeschützten, basenreichen (pH 7–7,5), klaren, 20–150 cm tiefen Kleingewässern über mineralisch-schlammigem Grund. Fundorte sind Altwasser, Weiher, Sölle und Teiche. Leichte Eutrophierung wird akzeptiert, nicht aber Wassertrübung, Wellenschlag oder gar Austrocknung.

In der planar-kollinen Stufe vornehmlich im subozeanischen Klimaeinflußbereich von Schleswig-Holstein und Niedersachen (TÜXEN 1974, WIEGLEB 1977, VAHLE & PREISING 1990) bis nach Sachsen und Böhmen (UHLIG 1938, HILBIG 1971, CERNOHOUS & HUSAK 1986). In den ostelbischen Ländern von FREITAG & al. (1958), BÖHNERT & REICHHOFF (1978), BOLBRINKER (1985, 1986), HANSPACH & KRAUSCH (1987) und DOLL (1991) bestätigt.

Regional sind *Potamogeton natans*-Rasse mehr im S und nördliche Zentralrasse unterscheidbar. Kleinstandörtlich außerdem:

Potamogetonetum trichoidis typicum und

Potamogetonetum trichoidis elodeetosum Pass. 96 mit den Trennarten *Elodea canadensis, Potamogeton acutifolius* und *Myriophyllum verticillatum.*

Regional sehr verstreut bis selten mit Rückgangstendenz. Die Ass. ist heute gefährdet bis stark gefährdet.

5. Verband

Magnopotamogetonion lucentis (Vollmar 47) Den Hartog et Segal 64
Großlaichkraut-Gesellschaften Tabelle 21–22

Der Verband vereinigt die großblättrigen *Potamogeton*-Arten mit meist über 1–2 m langen Stengeln. Dies gilt für *Potamogeton lucens* und *P. perfoliatus*, eingeschränkt auch für *P. nodosus* – im Gebiet heute verschollen – und *P. praelongus*. Mit Hauptvorkommen in 1–3 m tiefen Seen und entsprechenden Fließgewässerbuchten zählen zum Verband die Ass.-Gr.: Potamogetonetum lucentis, Potamogetonetum perfoliati sowie Potamogetonetum rutili. Die Beziehungen des Potamogetonetum praelongi sind vielfältiger Art.

Ass.-Gr.
Potamogetonetum lucentis Hueck 31
Spiegellaichkraut-Gesellschaften

Potamogeton lucens reicht über weite Bereiche Eurasiens hinaus bis nach N-Afrika und siedelt mit seinen über 2 m langen, beblätterten Stengeln sowohl in stehenden als auch schwach strömenden Gewässern. Weiter modifizieren Klima- und Trophieunterschiede die Zusammensetzung der Begleitarten.

Ceratophyllo-Potamogetonetum lucentis Hueck (31) ex Pass. 94 Tabelle 21 a–b

Kennzeichnend sind *Potamogeton lucens* 2–4 mit *Ceratophyllum demersum* +–2 (Hn 0–10 %, Hs 20–70 %) in sommerwarmen, nährstoffreichen (pH 7–8,5) eutrophen, ziemlich klaren, 80–300 cm tiefen, stehenden Gewässern mit schlammigem Grund. Seen, Altwasser, Teiche und Kanäle beherbergen die Einheit. Vielfach eutrophiert, schädigen merkliche Trübung und Abwasserbelastung.

Vornehmlich im Binnenland mit subkontinentaler Klimatönung in der planar-kollinen Stufe ist die Ass. heimisch. Kleinstandörtlich differieren:

Ceratophyllo-Potamogetonetum lucentis typicum und

Ceratophyllo-Potamogetonetum l. myriophylletosum Pass. 94 mit *Myriophyllum spicatum, Ranunculus circinatus* und *Elodea canadensis* in kalkreichen, weniger tiefen, gut durchlichteten Gewässern. Die Trennarten deuten auf Ranunculo-Myriophyllion hin. Uferwärts folgt meist ein Nymphaeion-Gürtel.

Einst verbreitet, fand ein dramatischer Rückgang statt, vornehmlich durch Gewässerverunreinigung. Heute ist die Einheit regional bereits gefährdet.

Nupharo-Potamogetonetum lucentis Pass. (64) 94 Tabelle 21 c–d

Bezeichnend sind *Potamogeton lucens* 2–5 mit *Nuphar lutea submersa* +–3 (Hn 0–10 %, Hs 20–80 %) in nährstoffreichen (pH 7–8), ziemlich klaren, 50–150 cm tiefen Fließgewässern mit schlammigem Grund. Breite Bachbuchten und kleine Flüsse sind wichtige Refugien der gegen Eutrophierung wenig empfindlichen Einheit. Merkliche Trübung und Abwasserbelastung führen zu tiefgreifenden Veränderungen. Seinerzeit als »*Nuphar submersum*-Subass des Potametum lucentis« herausgestellt (PASSARGE 1964), finden sich Belege bei FREITAG & al. (1958), KRAUSCH (1964), JESCHKE & MÜTHER (1978), SCHMIDT (1981), WEGENER (1982, 1992) wie ähnlich auch in Niedersachsen (VAHLE & PREISING 1990, REMY 1994).

Kleinstandörtlich werden unterschieden:

Nupharo-Potamogetonetum lucentis typicum und

Nupharo-Potamogetonetum l. elodeetosum subass. nov. mit den Trennarten *Elodea canadensis* und *Potamogeton crispus*. Sie weisen zum Elodeo-Potamogetonion crispi. Sehr verstreute bis regional seltene Vorkommen begründen die Gefährdung der Ass.

Tabelle 21 Potamogeton lucens-Gesellschaften

Spalte	a	b	c	d	e	f	g	h	i
Zahl der Aufnahmen	17	14	22	9	6	3	8	6	12
mittlere Artenzahl	5,6	4,1	4,4	5,2	4,7	2,3	3,1	2,8	2,5
Potamogeton lucens	5^{23}	5^{24}	5^{14}	5^{35}	5^{24}	3^{24}	5^{24}	5^{25}	5^{25}
Potamogeton perfoliatus	2^{+2}	0^{1}	1^{1}	4^{+1}	2^{+}	.	5^{13}	5^{13}	.
Chara tomentosa et spec.	2^{+2}	2^{+2}	0^{+}	1^{+}	2^{+1}	.	.	.	5^{24}
Potamogeton natans	3^{+2}	.	1^{1}	.	5^{+2}	3^{+2}	1^{2}	.	.
Nuphar lutea	.	.	5^{+3}	5^{+3}	1^{1}	.	.	.	0^{+}
Ceratophyllum demersum	5^{+2}	5^{+2}	2^{+2}	4^{+2}	3^{+1}	.	2^{+2}	.	0^{+}
Myriophyllum spicatum	5^{+2}	2^{+}	.	2^{+1}	5^{+1}	.	2^{+1}	.	0^{+}
Ranunculus circinatus	3^{+1}	3^{+1}	0^{+}	3^{+}	.	.	1^{+}	1^{1}	.
Potamogeton pectinatus	0^{1}	0^{+}	.	1^{+}	.	.	5^{+2}	.	2^{+1}
Potamogeton friesii	.	.	.	.	.	.	1^{+}	1^{1}	.
Potamogeton crispus	0^{+}	.	3^{1}	.	1^{2}	.	.	2^{+1}	.
Elodea canadensis	4^{+2}	.	5^{+2}	.	5^{12}	.	2^{+1}	.	.
Lemna trisulca	.	2^{+}	0^{+}	.	.	.	1^{1}	.	.
Utricularia vulgaris	1^{+2}	2^{+}	0^{+}	1^{+}	.	.	.	.	.
Fontinalis antipyretica	1^{+1}	2^{+1}	0^{+}	.	.	.	.	.	.
Nitellopsis obtusa	1^{+1}	1^{+1}	.	.	.	.	.	.	.

Herkunft:

a–b. PANKNIN (1941: 1), JESCHKE (1959: 2), PASSARGE (1963, 1964: 2), KRAUSCH (1964: 7), HORST & al. (1966: 3), JESCHKE & MÜTHER (1978: 8), SCHMIDT (1981: 8), vgl. auch HUECK (1931)
c–d. FREITAG & al. (1958: 1), KRAUSCH (1964: 2), JESCHKE & MÜTHER (1978: 4), SCHMIDT (1981: 9), WEGENER (1982, 1991: 15), Verf. (n.p.:1)
e–f. PASSARGE (1962, 1963: 3), KRAUSCH (1964: 2), JESCHKE & MÜTHER (1978: 4)
g–h. JESCHKE (1959, 1963: 3), PASSARGE (1963 u. n.p.: 3), LINDNER (1978: 8)
i. JESCHKE (1963: 10), KRAUSCH (1964: 2), vgl. auch DOLL 1991.

Vegetationseinheiten:

1. Ceratophyllo-Potamogetonetum lucentis (Hueck 31) Pass. 94
   myriophylletosum Pass. 94 (a)
   typicum Pass. 94 (b)
2. Nupharo-Potamogetonetum lucentis Pass. (64) 94
   elodeetosum subass. nov. (c)
   typicum subass. nov. (d)
3. Potamogetonetum natanti-lucentis Uhlig 38 em. Pass. 94
   potamogetonetosum Pass. 94 (e)
   typicum Pass. 94 (f)
4. Potamogetonetum perfoliati-lucentis Jonas 33
   potamogetonetosum Pass. 94 (g)
   typicum Pass. 94 (h)
5. Chara-Potamogeton lucens-Ass. (i)

Potamogetonetum natanti-lucentis Uhlig 38 em. Pass. 94 Tabelle 21 e–f

Bezeichnend ist die Artenverbindung von *Potamogeton lucens* 2–4 mit *P. natans* +–2 (Hn 1–20 %, Hs 20–70 %) in mäßig nährstoffreichen, meso-eutrophen (pH 6,5–7), ziemlich klaren, 30–300 cm tiefen, stehenden Gewässern über schlammigem Grund. In Seen, Teichen und Baggergruben sind die Vorkommen angesiedelt. Leichte Eutrophierung wird toleriert, gegen Verschmutzung ist die Einheit empfindlich. Bevorzugt im Tief- und Hügelland ist die Ges. von Westfalen und Niedersachsen (WIEGLEB 1977, POTT 1980) über Sachsen (UHLIG 1938) bis Böhmen, Polen (GOLDYN 1975, CERNOHOUS & HUSAK 1986) und Rußland (KLOTZ & KÖCK 1984, GOLUB & al. 1991) bestätigt. Hiesige Nachweise aus Mecklenburg und N-Brandenburg lieferten PASSARGE (1962, 1963), KRAUSCH (1964), JESCHKE & MÜTHER (1978).

Kleinstandörtlich sind abzugrenzen:

Potamogetonetum natanto-lucentis typicum und

Potamogetonetum n.-l. potamogetonetosum Pass. 94 mit *Myriophyllum spicatum, Elodea canadensis* und *Ceratophyllum demersum* in kalkreichen, gut durchlichteten Gewässern.

Einst im Binnenland verstreut, führten merklicher Rückgang zur Gefährdung der heute seltenen Ass.

Potamogetonetum perfoliato-lucentis Jonas 33 Tabelle 21 g–h

Diagnostisch wichtig sind *Potamogeton lucens* 2–4 mit *P. perfoliatus* 1–3 (Hn 0–5 %, Hs 20–70 %) in nährstoffreichen (pH 6–8,5), eutrophen, 60–200 cm tiefen Großseen bei sandig-schlammigem Grund. Eutrophierung scheint tragbar, merkliche Trübung und Abwasserbelastung jedoch nicht.

Bisherige Nachweise stammen aus der planar-kollinen Stufe zwischen dem Bodensee (LANG 1973) und der Boddenküste (LINDNER 1978), weitere Belege aus Mecklenburg-Vorpommern bringen JESCHKE 1959, 1963, PASSARGE 1963.

Kleinstandörtlich bedingte Unterschiede ergeben:

Potamogetonetum perfoliato-lucentis typicum und

Potamogetonetum p.-l. potamogetonetosum Pass. 94 mit *Potamogeton pectinatus, Elodea canadensis* und *Myriophyllum spicatum* in kalkreichen Gewässern.

Regional begrenzte, heute seltene Vorkommen begründen die Gefährdung der Ass.

Chara-Potamogetum lucens-Ges. Tabelle 21 i

Verschiedentlich werden artenarme Bestände von *Potamogeton lucens* 2–5 mit *Chara tomentosa* et spec. +–3 (Hs 20–80 %) in tiefen Klarwasserzonen von Seen im baltischen Jungmoränengebiet beobachtet (vgl. JESCHKE 1959, KRAUSCH 1964, auch DOLL 1991). Status, Verbreitung und Gliederung bleiben zu klären.

Ass.-Gr. Potamogetonetum rutili Pass. (63) 96

Elodea-Potamogeton rutilus-Ass.
Rötlichlaichkraut-Gesellschaft Tabelle 22 a

Charakteristisch sind *Potamogeton rutilus* 1–4 mit *Elodea canadensis* +–2 und *Potamogeton lucens* +–2 (Hs 20–70 %) in sommerkühlen, kalk-mesotrophen, klaren, 70–150 cm tiefen Großseen über mineralisch-schlammigem Grund. Sowohl gegen Eutrophierung als auch gegen jegliche Wassertrübung höchst empfindlich. Beschränkt auf die jungbaltische Moränenlandschaft in N-Brandenburg (KRAUSCH 1964) und Mecklenburg-Vorpommern (PASSARGE 1963) – in Schleswig-Holstein bereits verschollen – und N-Polen, ist die äußerst seltene Ges. akut vom Aussterben bedroht. In letzten Refugien sind Baden und Wassersport untragbar.

Ass.-Gr.
Potamogetonetum perfoliati Koch 26
Durchwachsenlaichkraut-Gesellschaften

Das über Kontinente hinweg vorkommende *Potamogeton perfoliatus* begegnet uns selbst in Mitteleuropa in mehreren homotonen Einheiten. Zu nennen sind Potamogetonetum pectinato-perfoliati, Nupharo-Potamogetonetum p., Myriophyllo-Potamogetonetum p. und eine *Potamogeton filiformis-P. perfoliatus*-Ass.

Potamogetonetum pectinato-perfoliati (Pass. 64) Den Hartog et Segal 64
Tabelle 22 f–g

Die bei weitem häufigste, seinerzeit als »Potametum perfoliati« herausgestellte Ausbildung kennzeichnen *Potamogeton perfoliatus* 2–4 mit *P. pectinatus* +–2 (Hs 20–70 %) in nährstoffreichen, (pH 7–8) 40–200 cm tiefen, relativ klaren Gewässern mit mineralisch-schlammigem Grund. Wichtige Fundorte sind Seen, Teiche, Altwasser und Fließe. Wellenschlag, mäßige Eutrophierung und leichte Trübung werden erduldet, nicht aber Abwasserbelastung oder Entkrautung.

Im planar-kollinen Raum von den Niederlanden (DEN HARTOG & SEGAL 1964, WESTHOFF & DEN HELD 1969) über S-Deutschland (PHILIPPI 1981) und die Slowakei (OTAHELOVA 1980) bis zum Ural (KLOTZ & KÖCK 1984) nachgewiesen. In Ostelbien belegen PASSARGE (1964), JESCHKE & MÜTHER (1978), LINDNER (1978), REICHHOFF (1978), DOLL (1991) die Einheit.

Kleinstandörtlich differieren:
Potamogetonetum pectinato-perfoliati typicum und
Potamogetonetum p.-p. ceratophylletosum Pass. (64) 94 mit *Ceratophyllum demersum, Ranunculus circinatus, Myriophyllum spicatum* und *Elodea canadensis* in kalkreichen, weniger flachen Gewässern. Nach merklichem Rückgang ist die Ass. heute ziemlich selten und regional gefährdet.

Nupharo-Potamogetonetum perfoliati (Zonneveld 60) Arendt (82) ex Pass. 94
Tabelle 22 b–c

Bezeichnend sind *Potamogeton perfoliatus* 2–4 mit *Nuphar lutea submersa* 1–3 (Hs 20–70 %) in sauerstoffreichen, mäßig nährstoff- und kalkreichen (pH 7,5–8), ziemlich klaren, 50-150 cm tiefen Bächen und Flüssen über sandig-schlammigem Grund. Eutrophierung wird hingenommen, Abwassertrübung jedoch nicht.

Die von den Niederlanden (ZONNEVELD 1960) über Niedersachsen (VAHLE & PREISING 1990) bis zum Ural (KLOTZ & KÖCK 1984) belegte Ass. vermeinte ARENDT (1982) als »Potametum perfoliati cordato-lanceolati« (= homonym mit Ass.-Gr.!) herauszustellen. Außer diesen sind Aufnahmen von PASSARGE (1959, 1964), HORST & al. (1966), BÖHNERT & REICHHOFF (1981), SCHMIDT (1981), WEGENER (1982) und DOLL (1991) hier einzuordnen.

Die erkannte Untergliederung trennt:
Nupharo-Potamogetonetum perfoliati typicum und
Nupharo-Potamogetonetum p. elodeetosum (Arendt 82) ex. Pass. 94 mit den Trennarten *Elodea canadensis, Ranunculus circinatus, Potamogeton crispus* u. a. Die Subass. weist damit zum Elodeo-Potamogetonion.

Wichtigste Kontakteinheit ist Sagittario-Sparganietum, häufig in komplexen Aufnahmen miterfaßt! Sehr verstreute Vorkommen mit Rückgangtendenz bedingen eine regionale Gefährdung.

Tabelle 22 Potamogeton perfoliatus-Gesellschaften

Spalte	a	b	c	d	e	f	g	h
Zahl der Aufnahmen	5	66	11	7	14	11	14	4
mittlere Artenzahl	7,2	6,7	4,1	5,1	2,8	5,1	2,4	4,5
Potamogeton perfoliatus	1^{1}	5^{24}	5^{24}	5^{13}	5^{24}	5^{24}	5^{24}	4^{23}
Potamogeton lucens	4^{+2}	2^{+2}	3^{+1}	3^{+2}	1^{+2}	.	.	.
Potamogeton rutilus	5^{14}	.	.	.	.	.	.	.
Potamogeton filiformis	1^{+}	.	.	.	.	.	.	4^{12}
Potamogeton gramineus	.	.	.	.	.	.	.	4^{+2}
Potamogeton pectinatus	2^{12}	3^{+2}	1^{2}	.	.	5^{+2}	5^{+2}	.
Ceratophyllum demersum	2^{+}	2^{+2}	2^{1}	4^{+3}	4^{13}	4^{+2}	0^{+}	.
Myriophyllum spicatum	4^{13}	3^{2}	1^{+}	5^{+2}	4^{+2}	2^{+2}	.	2^{+1}
Ranunculus circinatus	3^{+}	4^{+2}	.	3^{+1}	.	2^{+1}	.	.
Nuphar lutea	.	5^{13}	5^{13}	.	.	1^{+}	1^{1}	.
Potamogeton natans	2^{+}	2^{+1}	0^{1}	1^{1}	.	.	0^{+}	.
Polygonum amphibium	.	0^{+}	.	.	.	.	.	3^{+2}
Elodea canadensis	5^{12}	5^{+2}	.	5^{+2}	.	4^{+2}	.	.
Potamogeton crispus	.	2^{+1}	.	1^{1}	.	1^{+1}	1^{+1}	.
Potamogeton friesii	.	2^{+2}	.	.	.	2^{+2}	.	.
Potamogeton alpinus	.	.	.	.	.	2^{+2}	.	.
Potamogeton berchtoldii	.	.	2^{+1}	.	.	.	.	.
Fontinalis antipyretica	2^{12}	3^{+2}	1^{+}	3^{+2}	1^{+3}	0^{+}	.	.
Chara fragilis et spec.	3^{1}	.	.	.	.	.	.	.

Herkunft:

a. PASSARGE (1963: 3), KRAUSCH (1964: 2)

b–c. PASSARGE (1959, 1964 u. n.p.: 10), HORST & al. (1966: 2), SCHMIDT (1981: 36), BÖHNERT & REICHHOFF (1981: 1), ARENDT (1982: 22), WEGENER (1982: 5), DOLL (1991: 1)

d–e. KRAUSCH (1964: 5), KONCZAK (1968: 5), JESCHKE & MÜTHER (1978: 4), SCHMIDT (1981: 1), DOLL (1991: 6)

f–g. PASSARGE (1964, 1994: 7), JESCHKE & MÜTHER (1978: 1), REICHHOFF (1978: 6), LINDNER (1978: 1), DOLL (1991: 10)

h. PASSARGE (1963 u. n.p.: 4).

Vegetationseinheiten:

1. Elodea-Potamogeton rutilus-Ass. (a)
2. Nupharo-Potamogetonetum perfoliati Arendt 82 ex Pass. 94
   - elodeetosum (Arendt 82) Pass. 94 (b)
   - typicum Arendt 82 ex Pass. 94 (c)
3. Myriophyllo-Potamogetonetum perfoliati (Krausch 64) ass. nov.
   - elodeetosum subass. nov. (d)
   - typicum subass. nov. (e)
4. Potamogetonetum pectinato-perfoliati (Pass. 64) Den Hartog et Segal 64
   - ceratophylletosum Pass. (64) 94 (f)
   - typicum Pass. (64) 94 (g)
5. Potamogeton filiformis-P perfoliatus-Ass. (h)

Myriophyllo-Potamogetonetum perfoliati (Krausch 64) ass. nov.

Tabelle 22 d–e

Gegenüber den vorgenannten genügend eigenständig, kennzeichnen *Potamogeton perfoliatus* 2–4 mit *Myriophyllum spicatum* +–2 und *Ceratophyllum demersum* +–3 (Hs 20–70 %) eine Ass. in sommerwarmen, nährstoff- und kalkreichen, ziemlich klaren, 100–200 cm tiefen Seen über mineralisch-schlammigem Grund. Gegen moderate Eutrophierung gefeit, schädigen Wassertrübung und Abwasserverschmutzung.

Bisherige Belege stammen aus Brandenburg und Mecklenburg-Vorpommern (KRAUSCH 1964, KONCZAK 1968, JESCHKE & MÜTHER 1978, SCHMIDT 1981, DOLL 1991). Eine *Ceratophyllum demersum*-Rasse in sommerwarmen Gewässern des subkontinentalen Binnenlandes ist wahrscheinlich.

Kleinstandörtliche Unterschiede bedingen die Subass.:

Myriophyllo-Potamogetonetum perfoliati typicum

Myriophyllo-Potamogetonetum p. elodeetosum subass. nov., mit den Trennarten *Elodea canadensis, Ranunculus circinatus* und *Potamogeton lucens* in weniger tiefen, gut durchlichteten Gewässerbuchten.

Regional sehr verstreute Vorkommen mit abnehmender Tendenz sprechen für eine Gefährdung der Ges. – Holotypus der Ass. ist Aufnahme-Nr. 4 bei JESCHKE & MÜTHER (1978, Tab. 5, S. 317).

Potamogeton filiformis-P. perfoliatus-Ass. Tabelle 22 h

Bezeichnend sind *Potamogeton perfoliatus* 2–3 mit *P. filiformis* +–2 (Hs 20–50 %) in sommerkühlen, mäßig nährstoffreichen, klaren, 10–50 cm tiefen Seen über mineralisch-schlammigem Grund. Wellenschlag und leichte Eutrophierung werden hingenommen, nicht aber Abwassertrübung.

Einzelnachweise im schweizerischen Mittelland (ELBER & al. 1991) und im baltischen Mecklenburg (PASSARGE 1963) müssen durch weitere Beobachtungen ergänzt werden. Äußerst selten gehört die Einheit zum Refugium des vom Aussterben bedrohten Fadenlaichkrautes.

6. Verband

Elodeo-Potamogetonion crispi Pass. 96

Wasserpest-Krauslaichkraut-Gesellschaften

Der Verband faßt die von *Elodea* und *Potamogeton*-Arten gebildeten Einheiten weniger tiefer (um 50–100 cm), bewegter, aber selten stark strömender Fließgewässer (Gräben, Bäche, kleine Flüsse) mit Hauptvorkommen im nördlichen Mitteleuropa zusammen. Zu seinen Schwerpunktarten zählen *Elodea canadensis, Potamogeton crispus, P. berchtoldii* und *Groenlandia densa,* wobei als Verbandstrennarten *Callitriche* spec. sowie *Lemna minor, L. trisulca* von Callitricho-Ranunculetalia übergreifen (PASSARGE 1996).

Die zugehörigen Ass.-Gr. sind: Potamogetonetum crispi, Potamogetonetum berchtoldii, Groenlandietum densae, Elodeetum canadensis sowie Sonderausbildungen weiterer Ass.-Gr.

Ass.-Gr.

Potamogetonetum crispi Kaiser 26

Krauslaichkraut-Gesellschaften

Die nahezu weltweit vorkommende Art zeigt in Mitteleuropa ein relativ begrenztes Schwerpunktauftreten in flachen Fließgewässern mit natürlicher Bodenerosion und erscheint in Gräben und Teichen nach Entschlammungsmaßnahmen. Die kolline Form kalkreicher Bäche, das Potamogetonetum natanti-crispi belegte KAISER (1926) aus S-Thüringen. Im Tiefland ersetzt das Elodeo-Potamogetonetum crispi, zugleich Verbandstypus, die vorgenannte Ass.

Elodeo-Potamogetonetum crispi (Pignatti 54) Pass. 94 Tabelle 23 e–f

Den zentralen Typus des Verbandes kennzeichnen *Potamogeton crispus* 2–4 mit *Elodea canadensis* 1–3 (Hs 20–70 %) in mäßig sommerwarmen, nährstoff- und basenreichen, klaren 30–100 cm tiefen, fließenden bis stehenden Gewässern mit sandig-schlammigem Grund. Gräben, Bäche, auch Teiche und Baggergruben sind wichtige Fundorte. Eutrophierung, Beschattung, Entschlammung und leichte Trübung werden hingenommen, nicht aber merkliche Abwasserbelastung oder Winterdrainage.

In der planar-kollinen Stufe großräumig verbreitet, entspricht die *Anarchis canadensis-Potamogeton crispus*-Ges. bei PIGNATTI (1954) in N-Italien dieser Einheit. Im ostbaltischen Gebiet lebt eine *Potamogeton perfoliatus*-Rasse (MICHNA 1976). Kleinstandörtlich sind unterschieden:

Elodeo-Potamogetonetum crispi typicum und

Elodeo-Potamogetonetum cr. zannichellietosum (Pignatti 54) Pass. 94 mit *Zannichellia palustris, Potamogeton pectinatus* und *Ceratophyllum demersum* in eutrophen bzw. eutrophierten Gewässern. Die Trennarten weisen zum Zannichellietum palustris. Zu den Kontakteinheiten zählen oft Nasturtio-Glycerietalia. Verstreute, örtlich zunehmende Vorkommen lassen die Einstufung: kaum gefährdet zu.

Ass.-Gr.
Elodeetum canadensis (Eggler 33) Pass. 64
Wasserpest-Gesellschaften

Seit der Einführung in Europa (Irland 1836) hat die nordamerikanische *Elodea canadensis* in fast allen zusagenden Gewässern der planar-kollinen Stufe Fuß gefaßt. Als eingebürgerter Neophyt ist die Art nicht nur an vielen Hydrophyten-Ges. beteiligt, sondern tritt beispielsweise in manchen Kleingewässern vegetationsprägend hervor. Den jeweiligen ökologischen Bedingungen entsprechend lassen sich im Gebiet unterscheiden: Callitricho-Elodeetum und Ranunculo-Elodeetum canadensis.

Callitricho-Elodeetum canadensis Pass. (64) 94 Tabelle 23 a–b

Bezeichnend sind *Elodea canadensis* 2–5 mit *Callitriche platycarpa* et spec. +–2 (Hn 1–20 %, Hs 20–80 %) in mäßig sommerwarmen, mäßig nährstoffreichen, kalkarmen (pH 6,5–7), klaren, 30–80 cm tiefen Fließgewässern mit sandig-schlammigem Grund. Gräben und Bäche sind häufige Biotope. Leichte Eutrophierung, Seitenbeschattung und periodische Entkrautung werden hingenommen, nicht aber merkliche Verschmutzung und Austrocknung.

Großräumig verbreitet von NW-Deutschland (POTT 1980, HERR 1984, 1985) bis in den SW bzw. Böhmen (PHILIPPI 1978, CERNOHOUS & HUSAK 1986) nachgewiesen, heben sich ab:

Zentralvikariante mehr im S,

Potamogeton crispus-Vikariante mehr im N. Darin sind eingebettet *Callitriche platycarpa*-Rasse im subozeanischen Klimaraum, bei WEBER-OLDECOP (1977) bzw. VAHLE & PREISING (1990), im komplexen Sparganio-Elodeetum (= Sagittario-Sparganietum x Callitricho-Elodeetum), *Callitriche cophocarpa*-Rasse im subkontinentalen Binnenland, *Callitriche obtusifolia*-Rasse im SW (vgl. PHILIPPI 1978).

Tabelle 23. Elodea – reiche Gesellschaften

Spalte	a	b	c	d	e	f	g	h	i
Zahl der Aufnahmen	26	52	5	5	5	12	5	5	10
mittlere Artenzahl	5,2	2,6	3,6	3,0	3,8	2,0	3,0	2,4	2,3
Elodea canadensis	5^{25}	5^{35}	5^{4}	5^{4}	5^{13}	5^{+2}	5^{14}	5^{24}	5^{15}
Potamogeton crispus	4^{+2}	4^{+2}	2^{1}	.	5^{23}	5^{24}	1^{+}	5^{+1}	.
Potamogeton lucens	0^{+}	0^{+}	.	1^{1}	.	.	4^{+}	2^{+1}	3^{+}
Ranunculus circinatus	.	.	3^{2}	3^{1}	.	.	.	.	.
Callitriche platycarpa	2^{12}	3^{+2}	.	.	.	.	.	.	.
Potamogeton berchtoldii	1^{+1}	.	1^{1}	.	.	.	5^{+1}	.	.
Ceratophyllum demersum	3^{+2}	0^{+2}	5^{+2}	.	5^{+2}	.	.	.	.
Potamogeton pectinatus	2^{+2}	.	1^{1}	.	.	.	.	.	.
Nuphar lutea	2^{+1}	.	.	.	.	.	.	.	4^{+}
Potamogeton natans	4^{+2}	.	.	.	.	.	.	.	.
Myriophyllum spicatum	2^{+2}	.	.	.	.	.	.	.	.
Potamogeton friesii	.	.	.	4^{1}	.	.	.	.	.
Chara spec.	.	.	.	2^{+2}	.	.	.	.	.
Lemna minor	2^{+1}	1^{+1}	.	.	3^{1}	.	.	.	.
Lemna trisulca	1^{1}	0^{+1}	1^{1}	.	.	.	.	.	.
Spirodela polyrhiza	1^{+1}	0^{+}	.	.	.	.	.	.	.
Ranunculus aquatilis agg.	2^{+1}	0^{+2}	.	.	.	.	.	.	.
Hottonia palustris	1^{+}	0^{+}	.	.	.	.	.	.	.

Herkunft:

a–b. KRAUSCH (1964: 1), PASSARGE (1964 u. n. p.: 13), HORST & al. (1966: 5), ARENDT (1982: 31), JORGA & WEISE (1979: 8), WEGENER (1982, 1992: 20)
c–d. DOLL (1991: 10)
e–f. ARENDT (1982: 13), PASSARGE (1994: 4)
g–i. WEGENER (1992: 15)

Vegetationseinheiten:

1. Callitricho-Elodeetum canadensis Pass. (64) 94
   Potamogeton crispus-Rasse (a–b)
      potamogetonetosum Pass. 94 (a)
      typicum Pass. 94 (b)
2. Ranunculo-Elodeetum canadensis (van Donselaar 61) Pass. 94
      potamogetonetosum Pass. 94 (c)
      typicum Pass. 94 (d)
3. Elodeo-Potamogetonetum crispi (Pignatti 54) Pass. 94
      zannichellietosum (Pignatti 54) Pass. 94 (e)
      typicum Pass. 94 (f)
4. Potamogeton lucens-Elodea canadensis-Ges.
      Potamogeton berchtoldii-Subass. (g)
      Typische Subass. (h)
      Nuphar lutea-Subass. (i)

Kleinstandörtlich sind abgrenzbar:
Callitricho-Elodeetum canadensis typicum und
Callitricho-Elodeetum c. potamogetonetosum Pass. 94 mit *Potamogeton natans, P. pectinatus, Nuphar lutea* und *Ceratophyllum demersum* in tiefen, ruhigeren Gewässerabschnitten. Lemno-Callitrichion und Eleocharito-Sagittarion sind vielfach benachbart. Regional sehr verstreut, teilweise abnehmend, besteht noch keine Gefährdung der Ass.

Ranunculo-Elodeetum canadensis (van Donselaar 61) Pass. 94 Tabelle 23 c–d

Bezeichnend sind *Elodea canadensis* 3–5 mit *Ranunculus circinatus* +–2 (Hs 30–90 %) in mäßig sommerkühlen, mäßig nährstoffreichen, kalkarmen, klaren 30–200 cm tiefen stehenden Gewässern mit sandig-schlammigem Grund. Gräben, Teiche, Baggergruben, Seen beherbergen die andersartige Ges. Leichte Eutrophierung und Entkrautung wird erduldet, schädigend wirken merkliche Trübung oder Austrocknung/Winterdrainage.

Im nördlichen Mitteleuropa gehört das küstennahe Tiefland von den Niederlanden bis Mecklenburg-Vorpommern zum Ges.-Areal (van DONSELAAR 1961, VÖGE 1987, VAHLE & PREISING 1990, DOLL 1991).

Kleinstandörtlich werden unterschieden:

Ranunculo-Elodeetum canadensis typicum und

Ranunculo-Elodeetum c. potamogetonetosum Pass. 94 mit *Potamogeton pectinatus, P. crispus, Ceratophyllum demersum* in tiefen, teilweise kalkhaltigen Gewässern.

Mit Ranunculo-Myriophyllion und Parvopotamogetonion als Anrainern, ist die sehr verstreute bis seltene, regional begrenzt vorkommende Ass. möglicherweise bereits potentiell gefährdet.

Ein analoges Ranunculo-Elodeetum bildet auch die seit 1939 (Belgien) einwandernde *Elodea nuttallii,* doch scheint sich ihre bisherige Ausbreitung noch stärker auf ozeanisch beeinflußte Bereiche, so in Niedersachsen und Schleswig-Holstein zu beschränken (vgl. VÖGE 1987, KUNDEL 1990).

Potamogeton lucens-Elodea canadensis-Ges. Tabelle 23 g–i

Eine weitere Kombination aus *Elodea canadensis* 1–4 mit *Potamogeton lucens* +–1 fand WEGENER (1992) in der Ziesel/Mecklenburg-Vorpommern. Auf die weitere Verbreitung, Bedingungen usw. wäre zu achten.

Ass.-Gr.
Potamogetonetum berchtoldii (Pass. 82) Schaminée et al. 95
Berchtold-Laichkraut-Gesellschaften

Das über Kontinente hinweg verbreitete *Potamogeton berchtoldii* bildet selbst in Mitteleuropa verschiedene Ass. oder ist entscheidend an diesen mitbeteiligt. Als solche sind zu nennen: Callitricho-Potamogetonetum berchtoldii und Potamogetonetum berchtoldii-pectinati.

Callitricho-Potamogetonetum berchtoldii Pass. 82 Tabelle 24 e–k

Kennzeichnend sind *Potamogeton berchtoldii* 1–4 mit *Potamogeton crispus* +–3 und *Callitriche cophocarpa* et spec. +–3 (Hn 1–10 %, Hs 20–70 %) in mäßig sommerwarmen, nährstoffreichen (pH 7–8), ziemlich klaren 20-100 m tiefen Fließgewässern über mineralisch-schlammigem Grund. In Fließgräben, Bächen und Flüßchen zu Hause, werden leichte Beschattung und Eutrophierung ertragen, merkliche Verschmutzung und Abwasserbelastung jedoch nicht.

Bisherige Nachweise stammen aus der planar-kollinen Stufe. Regional sind hierbei unterscheidbar:

Callitriche cophocarpa-Rasse im subkontinental getönten Binnenland (SCHMIDT, 1981, PASSARGE 1982, 1983, REICHHOFF & BÖHNERT 1982,

HANSPACH 1989, WEGENER 1992), *Callitriche stagnalis*-Rasse (ohne *Potamogeton crispus*) weist DOLL (1991) im subozeanisch beeinflußten Mecklenburg-Vorpommern nach. Einer *Callitriche platycarpa*-Rasse entspricht die Typus-Aufnahme des komplexen Potametum berchtoldii bei SCHAMINEE & al. (1995).

Kleinstandörtlich sind jeweils zu unterscheiden:

Callitricho-Potamogetonetum berchtoldii typicum und

Callitricho-Potamogetonetum b. myriophylletosum Pass. 96, in weniger flachen, teilweise kalkreichen Fließgewässern. Trennarten sind *Myriophyllum spicatum* bzw. *M. verticillatum, Ranunculus circinatus* bzw. *R. trichophyllus* und *Elodea canadensis.* Sie weisen zum Ranunculo-Myriophyllion. Im Konnex wurden Lemno-Callitrichion und Eleocharito-Sagittarion registriert. Sehr verstreute Vorkommen und weiterer Rückgang sprechen für eine Gefährdung der Ass.

Elodea-Potamogeton berchtoldii-Ass. (Doll 91) Tabelle 24 c–d

Mit *Potamogeton berchtoldii* 1–4 und *Elodea canadensis* 1–3 fand DOLL (1991) eine abweichende Sonderform in mecklenburger Seen, deren Bedingungen, Untergliederung und Verbreitung weiter zu klären bleiben.

Potamogetonetum berchtoldii-pectinati (Oberd. 57) Pass. 96 Tabelle 24 a–b

Bezeichnend ist das Miteinander von *Potamogeton pectinatus* 1–4 mit *P. berchtoldii* und *Lemna minor* +–2 (Hn 1–10 %, Hs 20–70 %) in basen- und nährstoffreichen, vielfach kalkreichen, ziemlich klaren, 30-300 cm tiefen stehenden bis fließenden Gewässern mit sandig-schlammigem Grund. Seen, Fließe und Gräben werden als Herkunftsorte benannt. Eutrophierung und merkliche Wasserstandschwankungen wurden schadlos überstanden, nicht aber Trübung oder Abwasserverschmutzung.

Neben den Funden vom Bodensee (OBERDORFER 1957, LANG 1973) erbrachte DOLL (1991) analoge Nachweise aus Mecklenburg. Beide Ausbildungen können als *Potamogeton perfoliatus*- bzw. *Elodea canadensis*-Rasse (im NO) herausgestellt werden.

Kleinstandörtlich bedingt differieren:

Potamogetonetum berchtoldii-pectinati typicum und

Potamogetonetum b.-p. potamogetonetosum subass. nov. mit *Elodea canadensis* und *Potamogeton crispus* als Trennarten.

Die regional begrenzt, eher seltene Ass. dürfte bereits gefährdet sein.

Ass.-Gr.
Groenlandietum densae (Oberd. 57) Segal 65
Dichtlaichkraut-Gesellschaften

Die von W-Europa über die Mittelmeerländer bis Kleinasien vorkommende *Groenlandia densa* tangiert von W her Mitteleuropa. Eng an basenreiche, klare 30–80 cm tiefe Fließbäche gebunden, unterscheidet sich das süddeutsche Ranunculo-Groenlandietum (Kohler et al. 74) merklich von der *Callitriche-Groenlandia*-Ass. im N.

Callitriche-Groenlandia densa-Ass.

Mit *Groenlandia densa* 2–4 und *Callitriche platycarpa* et spec. +–2, ergänzt durch *Elodea canadensis* und *Potamogeton crispus,* ist die norddeutsche Fließwasserges.

Tabelle 24 Potamogeton berchtoldii/alpinus-Gesellschaften

Spalte	a	b	c	d	e	f	g	h	i	k
Zahl der Aufnahmen	8	29	4	6	12	23	21	28	4	2
mittlere Artenzahl	6,4	4,4	7,5	4,8	5,9	3,4	5,1	3,6	4,5	3,0
Potamogeton berchtoldii	4^{+2}	5^{+2}	4^{23}	5^{24}	5^{13}	5^{15}	0^{+1}	.	4^{24}	2^{34}
Elodea canadensis	4^{+2}	.	3^{1}	5^{+3}	5^{13}	.	4^{13}	5^{13}	.	1^{1}
Potamogeton crispus	4^{+1}	.	2^{+}	4^{+1}	5^{+2}	5^{+2}	.	0^{+}	.	.
Callitriche stagnalis	.	.	1^{1}	.	1^{+1}	1^{+1}	.	.	3^{23}	2^{1}
Callitriche cophocarpa	.	.	.	.	4^{+2}	2^{+2}	3^{+2}	0^{1}	.	.
Potamogeton alpinus	.	.	.	.	.	.	5^{24}	5^{14}	.	.
Potamogeton acutifolius	.	.	.	.	.	.	0^{+1}	1^{1}	.	.
Ceratophyllum demersum	5^{+3}	2^{+2}	2^{+}	3^{23}	3^{+2}	2^{+3}	.	1^{+1}	.	.
Potamogeton pectinatus	5^{24}	5^{25}	3^{1}	5^{+1}	.	.	.	.	1^{+}	.
Myriophyllum verticillatum	.	.	.	.	.	.	.	0^{+}	4^{+1}	.
Ranunculus trichophyllus	.	.	.	.	.	.	.	.	4^{+1}	.
Potamogeton natans	.	.	.	.	.	0^{1}	5^{+2}	.	.	.
Hottonia palustris	.	.	.	.	.	.	3^{+2}	.	.	.
Ranunculus peltatus	.	.	.	.	.	.	3^{+2}	.	.	.
Nuphar lutea	2^{+2}	2^{+2}	.	.	0^{+}	.	0^{+1}	2^{+1}	.	.
Polygonum amphibium	.	.	.	.	2^{+}	.	.	.	.	.
Myriophyllum spicatum	.	.	3^{+2}	.	.	0^{1}	2^{+2}	1^{+2}	.	.
Ranunculus circinatus	.	.	4^{+2}	.	.	0^{+}	.	.	.	.
Chara spec.	.	.	2^{13}	.	.	.	.	.	.	.
Lemna minor	5^{+2}	4^{+3}	2^{+}	4^{+1}	2^{+1}	2^{+1}	2^{+1}	2^{+1}	1^{1}	.
Lemna trisulca	.	0^{+}	2^{+}	1^{1}	2^{+1}	0^{1}	2^{+1}	2^{+1}	1^{1}	.
Spirodela polyrhiza	4^{+1}	3^{+1}	.	.	.	1^{+}	1^{+1}	.	.	.
Hydrocharis morsus-ranae	.	.	.	.	2^{+}	.	1^{+}	0^{+}	.	.
Lemna gibba	1^{1}	4^{+1}	.	.	3^{+2}	.	.	.	.	.

Herkunft:
a–b. ARENDT (1982: 36), Verf. (n. p.: 1)
c–d. DOLL (1991: 10)
e–f. SCHMIDT (1981: 6), PASSARGE (1982 u. n. p.: 10), REICHHOFF & BÖHNERT (1982: 1), HANSPACH (1989: 5), WEGENER (1992: 13)
g–h. KRAUSCH (1964: 3), PIETSCH (1983, 1986: 7), HANSPACH (1989: 1), DOLL (1991: 10), PASSARGE (1994: 17)
i–k. ARENDT (1982: 13), DOLL (1991: 2), PASSARGE (1994: 4)

Vegetationseinheiten:

1. Potamogetonetum berchtoldii-pectinati (Oberd. 57) Pass. 96
   potamogetonetosum subass. nov. (a)
   typicum Pass. 96 (b)
2. Elodea-Potamogeton berchtoldii-Ass. (Doll 91)
   Myriophyllum-Subass. (c)
   Typische Subass. (d)
3. Callitricho-Potamogetonetum berchtoldii Pass. 82
   Callitriche cophocarpa-Rasse (e–f)
   Callitriche stagnalis-Rasse (i–k)
   myriophylletosum Pass. Pass 96 (e, i)
   typicum Pass. 96 (f, k)
4. Elodeo-Potamogetonetum alpini (Krausch 64) Podbielkowski 67 ex Pass. 94
   potamogetonetosum Pass. 94 (g)
   typicum Pass. 94 (h)

deutlich anders als das Ranunculo-Groenlandietum im Alpenvorland zusammengesetzt. Äußerst empfindlich gegen Gewässertrübung und regional begrenzt auf sommerkühle, im Winter eisfreie Quellgräben, verschafften letzte Vorkommen in Schleswig-Holstein (vgl. HERR 1984) noch einen Eindruck von der einst in W-Mecklenburg vorkommenden Elodeo-Potamogetonion-Ass.

Ass.-Gr.
Potamogetonetum alpini Br.-Bl. 49
Alpenlaichkraut-Gesellschaften

Potamogeton alpinus gehört zu jenen Hydrophyten, die über die Nordhemisphäre hinweg von Eurasien bis nach N-Amerika vorkommen. In Mitteleuropa sind zu unterscheiden: eine *Potamogeton berchtoldii-P. alpinus*-Ass. im Alpen- und Voralpenraum (BRAUN-BLANQUET 1949, OBERDORFER 1977), Elodeo-Potamogetonetum alpini im zentralen Tiefland sowie das ostbaltische Potamogetonetum perfoliato-alpini (MICHNA 1976).

Elodeo-Potamogetonetum alpini (Krausch 64) Podbielkowski (67) ex Pass. 94
Tabelle 24 g–h

Kennzeichnend sind *Potamogeton alpinus* 2–4 und *Elodea canadensis* 1–3 (Hn 5–20 %, Hs 20–80 %) in gemäßigt-sommerwarmen, kalkarmen, mäßig nährstoffreichen (pH 6–7), klaren, 30–80 cm tiefen, stehenden bis langsam fließenden Kleingewässern mit sandig-schlammigem Grund. Gräben, Bäche und Altwasser sind wichtige Refugien. Leichte Beschattung wird toleriert, nicht jedoch merkliche Eutrophierung und Verschmutzung. Selbst die verschiedentlich zu beobachtenden rostroten Absätze von Eisenbakterien schädigen die Ges.

Die Hauptvorkommen liegen in den planar-kollinen Sandgebieten des nordöstlichen Mitteleuropa.

Kleinstandörtliche Differenzen ergeben:

Elodeo-Potamogetonetum alpini typicum und

Elodeo-Potamogetonetum a. potamogetonetosum Pass. 94 mit *Potamogeton natans, Ranunculus peltatus* und *Hottonia palustris.* Die Subass. weist damit zum Ranunculion aquatilis. Benachbart werden oft Eleocharito-Sagittarion-Wasserröhrichte beobachtet. – Heute sehr verstreut bis regional selten und weiter zurückweichend, ist die Einheit stark gefährdet.

Ass.-Gr.
Potamogetonetum praelongi (Sauer 37) Hild 59
Langblattlaichkraut-Gesellschaften

Das über Eurasien hinaus bis N-Amerika reichende Areal von *Potamogeton praelongus* dürfte selbst bei enger ökologischer Amplitude in mehreren vikariierenden Einheiten zu erwarten sein. Hierzu rechnet wohl auch die Artenliste, die VOLLMAR (1947) als »Potametum filiformis« aus dem Tegernsee anführt. Eindeutiger belegt sind Myriophyllo-Potamogetonetum praelongi, Elodeo-Potamogetonetum praelongi sowie eine Chara-Potamogeton praelongus-Ges.

Elodeo-Potamogetonetum praelongi (Sauer 37) Hild (59) ex. Pass. 94

Zur Ass.-Gr. rechnet eine durch *Potamogeton praelongus* 2–4 mit *Elodea canadensis* +–2 (Hs 20–70 %) charakterisierte Einheit in sommerkühlen, mäßig nähr-

Tabelle 25 Potamogeton praelongus-Gesellschaften

Spalte	a	b	c	d	e
Zahl der Aufnahmen	11	13	4	3	4
mittlere Artenzahl	5,3	4,0	4,7	2,3	2,0
Potamogeton praelongus	5^{24}	5^{35}	4^{24}	2^{14}	4^{4}
Chara rudis et spec.	2^{+1}	2^{1}	2^{23}	.	4^{14}
Myriophyllum alterniflorum	0^{+}	2^{+1}	4^{14}	3^{14}	.
Myriophyllum spicatum	4^{+2}	5^{+2}	3^{+1}	2^{+2}	.
Myriophyllum verticillatum	2^{12}	2^{+2}	.	.	.
Ceratophyllum demersum	1^{+}	2^{+1}	.	.	.
Ranunculus circinatus	2^{12}	.	4^{+1}	.	.
Potamogeton perfoliatus	.	.	2^{+}	.	.
Elodea canadensis	5^{+1}	.	.	.	.
Potamogeton lucens	1^{1}	.	.	.	.
Nuphar lutea	1^{+}	0^{2}	.	.	.
Nymphaea alba	.	2^{12}	.	.	.
Utricularia vulgaris	3^{12}	2^{+1}	.	.	.
Fontinalis antipyretica	2^{3}	1^{12}	.	.	.

Herkunft:
a–e. PIETSCH (1984: 3), DOLL (1991), 1992: 32)

Vegetationseinheiten:

1. Myriophyllum-Potamogetonetum praelongi (Pietsch 84) Pass. 92
   Myriophyllum spicatum-Rasse (a–b)
   Myriophyllum alterniflorum-Rasse (c–d)
      ranunculetosum subass. nov. (a, c)
      typicum subass. nov. (b, d)
2. Chara-Potamogeton praelongus-Ges. (e)

stoffreichen, kalkhaltigen, klaren, 50–100 cm tiefen Fließgewässern über sandig-schlammigem Grund. Breite Gräben, Bäche bis kleine Flüsse, seltener Seen zählen zu den Refugien. Höchst empfindlich gegen Verunreinigung und Eutrophierung.

Die vom Niederrhein (HILD 1959) und bis nach N-Böhmen (CERNOHOUS & HUSAK 1986) bestätigte Ass. ist in Mecklenburg-Vorpommern (wenn nicht verschollen) zu erwarten; denn sie wurde sowohl in O-Holstein (SAUER 1937) als auch in N-Polen (MICHNA 1976) nachgewiesen.

Regional unterscheidbar: *Callitriche stagnalis*-Rasse im subozeanischen Klimaraum, *Potamogeton friesii*-Rasse im ostbaltischen Gebiet.

Kleinstandörtlich sind zwei Subass. abgrenzbar:

Elodeo-Potamogetonetum praelongi typicum und

Elodeo-Potamogetonetum pr. potamogetonetosum Pass. 94 mit den Trennarten *Potamogeton lucens, P. perfoliatus, P. pectinatus* und *Ranunculus circinatus* in tieferen, kalkreichen Gewässern. Sie weisen zum Magnopotamogetonion. Eleocharito-Sagittarion gehört zum Konnex der heute regional äußerst seltenen (bzw. verschollenen), vom Aussterben bedrohten Einheit.

Die Zugehörigkeit zu Potamogetonetalia und zum Elodeo-Potamogetonion bachartiger Fließgewässer (ohne *Ranunculus fluitans* bzw. *R. penicillatus*) entspricht der Artenverbindung.

Myriophyllo-Potamogetonetum praelongi (Pietsch 84) Pass. 92 Tabelle 25 a–d

Die Artenkombination kennzeichnen *Potamogeton praelongus* 2–4 mit *Myriophyllum alterniflorum* 1–4 (Hs 20–70 %) in sommerkühlen, kalkarmen, mesotrophen (pH 6,5–7), 50–250 cm tiefen Klarwasserseen mit schlammhaltig-sandigem Grund. Höchst empfindlich gegen Wassertrübung und Eutrophierung.

Bisher nur im baltischen Jungmoränengebiet nachgewiesen (PIETSCH 1984, VÖGE 1987, 1993, DOLL 1991, 1992), sind unterscheidbar:

Myriophyllum alterniflorum-Vikariante sowie *Myriophyllum spicatum*-Vikariante auch mit *M. verticillatum, Utricularia vulgaris* in eher nährstoff- und kalkreichen Klarwasserseen.

In beiden sind kleinstandörtlich begründet:

Myriophyllo-Potamogetonetum praelongi typicum und

Myriophyllo-Potamogetonetum pr. ranunculetosum subass. nov. mit den Trennarten *Ranunculus circinatus, Potamogeton perfoliatus* und *Elodea canadensis* in weniger tiefen Gewässern.

Die weitere Verbreitung sowie die Kontakte der sicher seltenen und stark gefährdeten Ass. bleiben zu klären.

Chara-Potamogeton praelongus-Ges. Tabelle 25 e

Die Seltenheit einer allenthalben zurückgehenden und vom Aussterben bedrohten Art rechtfertigt den Hinweis auf eine artenarme Vergesellschaftung von *Potamogeton praelongus* 3–5 mit *Chara rudis* et spec. 1–4, auch wenn diese noch nicht gesichert ist. Sie lebt in sommerkühlen, mesotrophen, 30–300 cm tiefen Klarwasserseen des baltischen Jungmoränengebiets (PIETSCH 1984, DOLL 1991, 1992). Auf weitere Vorkommen ist zu achten.

2. Ordnung

Ranunculo-Myriophylletalia (Pass. 96) ord. nov.

7. Verband

Ranunculo-Myriophyllion Pass. (82) 92

Hahnenfuß-Tausendblatt-Gesellschaften

Erst in jüngerer Zeit schälte sich die Eigenständigkeit der von *Myriophyllum*-Arten und *Ranunculus circinatus* gebildeten Ges. mehr und mehr heraus. Deutlich widerstandsfähiger gegenüber Wellenschlag, Wasserstandschwankungen und Bodenerosion als Potamogetoniden, Nymphaeiden oder Elodeiden, bilden die Myriophylliden oft diesen luvseits vorgelagerte Bestände, die anders als die Callitricho-Ranunculetalia bis in Tiefwasserzonen von Großgewässern vordringen.

Die zugehörigen Ass.-Gr. sind: Myriophylletum spicati, Myriophylletum verticillati, Myriophylletum alterniflori und Myriophylletum heterophylli.

Ass.-Gr.
Myriophylletum spicati Soò 27
Ährentausendblatt-Gesellschaften

Ranunculo-Myriophylletum spicati (Tomaszewicz 69) Pass. 82 Tabelle 26 a–b

Kennzeichnend sind *Myriophyllum spicatum* und *Ranunculus circinatus* als jeweilige Bestandbildner mit 1–5, ergänzt von *Ceratophyllum demersum* +–2 (Hs 20–80 %), in sommerwarmen, nährstoffreichen, kalkhaltigen (pH 6,5–8,5), ziemlich klaren 20–350 cm tiefen, stehenden Gewässern über mineralisch-schlammigem Grund. Wichtige Vorkommen in Seen, Altwassern und Teichen. Verstärkte Wellenbewegung, z. B. an Brandungsufern, Bootsstegen, Badestellen usw. verhindern ein Fußfassen von Nymphaeion und Magnopotamogetonion. Auch in Sekundärgewässern kann sie als Pionierges. siedeln und sich außerordentlich widerstandsfähig gegen Eutrophierung, leichte Abwassertrübung, geringen Salzgehalt und zeitweiliges Trockenfallen behaupten.

In der planar-kollinen Stufe großräumig verbreitet, wird regional etwa im Ural *Ranunculus circinatus* durch *R. trichophyllus* ersetzt (KLOTZ & KÖCK 1984).

Kleinstandörtlich werden abgegrenzt:

Ranunculo-Myriophylletum spicati typicum und

Ranunculo-Myriophylletum sp. potamogetonetosum Pass. (82) 92 mit *Potamogeton natans, (P. pectinatus), Elodea canadensis* und *Nuphar lutea* als Trennarten in ruhigen Gewässern zum Nymphaeion vermittelnd.

Ceratophyllion oder lichte *Phragmites*-Bestände werden vielfach angrenzend beobachtet. Dank kleinflächiger, sehr verstreuter Fundorte gilt die Ges. regional z. B. in Brandenburg bereits als gefährdet.

Ass.-Gr.
Myriophylletum verticillati Soó 27
Quirlblütentausendblatt-Gesellschaft

Das zunächst zum Nymphaeion gerechnete *Myriophyllum verticillatum* zeigt zunehmend ein Schwerpunktverhalten in randlich angrenzenden Submersenbeständen und zwei Trophiebereichen. Neben einem Potamogetono-Myriophylletum ist ein Ceratophyllo-Myriophylletum verticillati zu unterscheiden.

Potamogetono-Myriophylletum verticillati Tomaszewicz (77) ex Pass. 92
Tabelle 26 e–f

Als verschiedentlich homoton wiederkehrend erwies sich die Artenverbindung von *Myriophyllum verticillatum* 3–5 mit *Potamogeton natans* +–2 (Hn 5–20 %, Hs 20–80 %). Sie lebt in merklich sommerwarmen, besonnten, windgeschützten, mäßig nährstoffreichen, oft kalkreichen (pH 7–8,5) stehenden, 50–150 cm tiefen Gewässern mit schlammigem Grund. Seen, Altwasser und Teiche beherbergen Vorkommen der leichte Eutrophierung und zeitweiliges Trockenfallen ertragenden Ges. Abwasserbelastung wie Beschattung entziehen die Lebensgrundlage. In der planarkollinen Stufe scheint die Ass. großräumig verbreitet (vgl. z. B. UHLIG 1938, FIJALKOWSKI 1959, PHILIPPI 1969, CERNOHOUS & HUSAK 1986). Belege aus dem ostelbischen Raum publizierten FREITAG & al. (1958), JESCHKE (1963), HANSPACH & KRAUSCH 1987, DOLL (1991), PASSARGE (1992).

Tabelle 26 Myriophyllum-Gesellschaften I

Spalte	a	b	c	d	e	f	g	h	i
Zahl der Aufnahmen	32	34	5	1	11	4	20	15	22
mittlere Artenzahl	5,7	4,1	4,5	4	4,5	3,5	4,6	3,0	3,6
Myriophyllum heterophyllum	.	.	.	.	.	.	5^{35}	5^{35}	5^{35}
Myriophyllum verticillatum	.	.	5^{35}	3	5^{35}	4^{24}	.	.	.
Myriophyllum spicatum	5^{15}	5^{15}	4^{2}	2	0^{+}	2^{12}	.	.	.
Ranunculus circinatus	5^{15}	4^{14}	1^{1}	.	0^{1}	.	.	.	.
Juncus bulbosus fluitans	.	.	.	.	.	.	5^{13}	5^{13}	5^{+2}
Eleocharis acicularis	.	.	.	.	.	.	2^{+1}	1^{+}	2^{+2}
Potamogeton polygonifolius	.	.	.	.	.	.	1^{+}	2^{+2}	.
Pilularia globulifera	.	.	.	.	.	.	.	.	5^{+2}
Potamogeton natans	1^{+2}	.	.	.	4^{+1}	4^{+2}	4^{+2}	3^{+2}	3^{+2}
Nymphaea alba	1^{2}	.	.	.	5^{+2}	.	5^{+3}	.	.
Polygonum amphibium	1^{+1}	.	.	.	.	.	2^{+2}	.	.
Nuphar lutea	3^{+2}	.	.	.	4^{+2}	.	.	.	.
Hydrocharis morsus-ranae	.	.	.	.	2^{+}	.	.	.	.
Elodea canadensis	4^{+2}	.	.	.	.	.	.	.	.
Ceratophyllum demersum	3^{12}	4^{+2}	5^{1}	2	2^{+1}	.	.	.	.
Potamogeton lucens	2^{+2}	3^{+2}	.	1	1^{1}	1^{1}	.	.	.
Potamogeton perfoliatus	2^{+2}	2^{+2}	.	.	.	.	.	.	.
Potamogeton friesii	1^{+}	0^{+}	.	.	.	1^{1}	.	.	.
Potamogeton pectinatus	1^{+1}	2^{+2}	1^{1}	.	.	.	.	.	.
Potamogeton crispus	1^{1}	2^{+2}	.	.	.	.	.	.	.
Potamogeton compressus	1^{1}	0^{+}	.	.	.	.	.	.	.
Utricularia vulgaris	1^{+1}	1^{+1}	2^{1}	.	2^{2}	.	.	.	.
Stratiotes aloides	2^{+1}	0^{+}	.	.	.	1^{+}	.	.	.
Chara div. spec.	2^{+2}	3^{+2}	.	.	1^{+}	1^{2}	.	.	.
Nitellopsis obtusa	1^{+1}	2^{+1}	.	.	.	.	.	.	.

Herkunft:

a–b. JESCHKE (1959, 1963: 3), KRAUSCH (1964: 3), JESCHKE & MÜTHER (1978: 8), SCHMIDT (1981: 17), PASSARGE (1982 u. n. p.: 11), DOLL (1982, 1991, 1992: 14), WEGENER (1992: 10)

c–d. KRAUSCH (1964: 1), DOLL (1991: 5)

e–f. FREITAG & al. (1958: 4), JESCHKE (1963: 2), HANSPACH & KRAUSCH (1989: 1), DOLL (1991: 5), PASSARGE (1992 u. n. p.: 3)

g–i. CASPER & al. (1980: 5), PIETSCH & JENTSCH (1984: 52).

Vegetationseinheiten:

1. Ranunculo-Myriophylletum spicati (Tomaszewicz 69) Pass. 82
   - potamogetonetosum Pass. (82) 92 (a)
   - typicum Pass. 92 (b)
2. Ceratophyllo-Myriophylletum verticillati (Doll 91) ass. nov. (c)
   - Holotypus (d)
3. Potamogetono-Myriophylletum verticillati Tomaszewicz 77 ex Pass. 92
   - nupharetosum Pass. 92 (e)
   - typicum Pass. 92 (f)
4. Junco-Myriophylletum heterophylli (Pietsch et Jentsch 84) Pass. 92
   - nymphaeetosum Pass. 92 (g)
   - typicum Pass. 92 (h)
   - pilularietosum subass. nov. (i)

Kleinstandörtlich werden abgegrenzt:
Potamogetono-Myriophylletum verticillati typicum und
Potamogetono-Myriophylletum v. nupharetosum Pass. 92, letztere mit weiteren Schwimmblattarten, so Nymphaea alba, Nuphar lutea und Hydrocharis morsus-

ranae. In ruhigen, meist ab 1 m tiefen Gewässerzonen vermitteln sie zum Nymphaeion.

Neben Nymphaeion tangieren verschiedentlich Phragmition-Röhrichte. Die heute sehr verstreuten, regional seltenen Vorkommen nehmen weiter ab und sind gefährdet, in Mecklenburg stark gefährdet.

Ceratophyllo-Myriophylletum verticillati (Pass. 92) ass. nov Tabelle 26 c–d

Bezeichnend sind *Myriophyllum verticillatum* 3–5 mit *Ceratophyllum demersum* +–2, häufig gesellt sich auch *Myriophyllum spicatum* +–2 dazu (H 30–90 %). Lebensraum sind sehr sommerwarme, sehr nährstoff- und kalkreiche stehende, meist 50–300 cm tiefe Gewässer mit schlammigem Grund. Seen, Altwasser und Teiche sind wichtige Refugien der bisher nur im subkontinentalen Tiefland belegten Ass. (vgl. DAMSKA 1961, PODBIELKOWSKI 1969, KRAUSCH 1964, DOLL 1991).

Die weitere Verbreitung, Subass.-Gliederung ebenso wie Kontakte der seltenen und gefährdeten Ass. bleiben zu erkunden. Holotypus ist Aufnahme-Nr. 19 bei KRAUSCH (1964 Tab. 11, S. 182 f.).

Ass.-Gr.
Myriophylletum heterophylli Pietsch et Jentsch 84
Verschiedentausendblatt-Gesellschaften

Die in N-Amerika heimische *Myriophyllum heterophyllum* hat sich mancherorts, so auch im sächsisch-südbrandenburgischen Raum insbesondere in Sekundärgewässern eingebürgert und scheint, teilweise ergänzt durch einheimische Arten, neue, stabile Artenverbindungen aufzubauen. Für eine anspruchsvolle *Potamogeton lucens-Myriophyllum heterophyllum*-Ges. in einem eutrophen Kanal bei Leipzig ist dies noch nicht sicher (vgl. CASPER & al. 1980, PIETSCH & JENTSCH 1984), wohl aber für das andersartige Junco-Myriophylletum heterophylli.

Junco-Myriophylletum heterophylli (Pietsch et Jentsch 84) Pass. 92
Tabelle 26 g–i

Kennzeichnend sind *Myriophyllum heterophyllum* 3–5 *mit Juncus bulbosus fluitans* 1–3 und *Potamogeton natans* +–2 (H 30–100 %) in kalkarmen, klaren, oligo-mesotrophen (pH 5–7), stehenden, 30–150 cm tiefen Siedlungsgewässern über meist mineralischem Grund. Empfindlich gegen Eutrophierung und Abwassertrübung. Vornehmlich in Sekundärgewässern wie Abbaugruben, Teichen, Torfstichen, seltener Heideseen im südlichen Brandenburg/Lausitz.

Kleinstandörtliche Differenzen begründen:

Junco-Myriophylletum heterophylli typicum,

Junco-Myriophylletum h. nymphaeetosum Pass. 92 mit den Trennarten *Nymphaea alba (N. candida)* und *Polygonum amphibium* in tieferen Gewässern. Während die Subass. zum Nymphaeion weist, verbindet eine *Pilularia globulifera*-Subass. mit der Littorelletea-Klasse. Auf die weitere Entwicklung und Ausbreitung der neophytischen Ass. wäre zu achten. Ebenso auf eventuelle Beeinträchtigungen durch die hohe Biomassenproduktion (500–1500 g/m^2 nach PIETSCH & JENTSCH 1984).

Ass.-Gr.
Myriophylletum alterniflori Chouard 24
Wechselblütentausendblatt-Gesellschaft Tabelle 27

Ausdauernde Submersen-Ges. mit der grün überwinternden *Myriophyllum alterniflorum* leben vornehmlich im boreal-subozeanischen Klimaraum. In diesem Rahmen ist die standörtliche Variabilität erheblich, so daß die Ass.-Gr. selbst im zentralen Europa von einer *Utricularia australis-Myriophyllum alterniflorum*-Zone bei CHOUARD (1924) ausgehend, über LEMEE (1937), STEUSLOFF (1939), SISSINGH (1943), FIJALKOWSKI (1959) u. a. recht unterschiedliche Deutungen erfuhr. Von den in Mitteleuropa belegten homotonen Vegetationseinheiten sind zu nennen: Callitricho-Myriophylletum, Charo-Myriophylletum, Myriophyllo-Potamogetonetum praelongi und Myriophyllo-Littorelletum.

Callitricho-Myriophylletum alterniflori (Steusloff 39) Weber-O. 67

Die durch *Myriophyllum alterniflorum* 2–3 und *Callitriche hamulata* 2–3 unverwechselbar gekennzeichnete Ass. sommerkühler, kalk- und nährstoffarmer (pH 6–7), klarer, 20–80 cm tiefer Bäche mit sandig-kiesigem Grund, scheint unser Gebiet (Altmark, SW-Mecklenburg, Prignitz) nicht mehr zu erreichen. Wo die floristischen Voraussetzungen gegeben sind, dürfte jedoch eine Fahndung in entsprechenden Schwarzwasserbächen, dort im Kontakt mit Veronico-Callitrichetum und Glycerio-Sparganion nicht von vornherein aussichtslos sein.

Myriophylletum spicato-alterniflori (Doll 78) ass. nov. Tabelle 27 g–h

Die bezeichnende Artenverbindung besteht hierbei aus *Myriophyllum alterniflorum* 3–4 mit *M. spicatum* +–1, oft auch *Chara* spec. (Hs 20–70 %), wobei die fehlende *Chara fragilis* den Unterschied zum Charo-Myriophylletum a. unterstreicht. Auch sonst zeichnen negative Merkmale (z. B. ohne submerse *Potamogeton*-Begleitarten) die sehr artenarme Ass. in sommerkühlen, nährstoff- und kalkhaltigen, klaren, 160–350 cm tiefen Seen des baltischen Jungmoränengebietes aus.

Verbreitung, Untergliederung und Kontakte bedürfen der weiteren Untersuchung. Als Refugium für seltene, vielerorts im Rückgang befindliche Arten gehört die Einheit zu den stark gefährdeten und schützenswerten Ass.

Wie die zuvor behandelten Einheiten unterstreicht die Artenkombination die Affinität zu Ranunculo-Myriophyllion und Potamogetonetea. Holotypus (s. Tab. 27 h).

Sicher nicht in diesen Verband gehört das Myriophyllo-Littorelletum Jeschke (59) 63, weshalb an dieser Stelle der Hinweis auf diese Littorelletalia-Ass. genügen soll.

Charo-Myriophylletum alterniflori Fijalkowski (59) ex Pass. 92 Tabelle 27 a–b

Bezeichnend sind *Myriophyllum alterniflorum* 2–5 mit *Chara fragilis* et spec. +–2 (Hs 20–80 %) in sommerkühlen, mäßig nährstoffarmen, teilweise kalk-oligotrophen (pH 6–8), klaren, 40–320 cm tiefen Seen mit sandig-schlammhaltigem Grund. Gleichermaßen empfindlich gegen Trübung und Eutrophierung.

Bisher nur im östlichen Tiefland nachgewiesen (vgl. FIJALKOWSKI 1959, KRAUSCH 1964, DOLL 1978, PIETSCH 1984, VÖGE 1993).

Tabelle 27 Myriophyllum alterniflorum-Gesellschaften

Spalte	a	b	c	d	e	f	g	h
Zahl der Aufnahmen	16	12	4	5	1	3	10	1
mittlere Artenzahl	6,8	3,7	4,7	2,8	4	4,3	2,8	3
Myriophyllum alterniflorum	5^{25}	5^{35}	4^{25}	5^{45}	5	3^{45}	5^{34}	4
Myriophyllum spicatum	4^{+2}	.	.	.	.	.	5^{+1}	1
Myriophyllum verticillatum	.	.	2^{+}	3^{+2}	1	3^{13}	.	.
Ranunculus circinatus	2^{+2}	.	.	.	.	.	.	.
Potamogeton natans	0^{2}	.	4^{+}	3^{+1}	+	1^{+}	1^{1}	.
Potamogeton praelongus	1^{+}	.	.	3^{2}	2	1^{+}	.	.
Polygonum amphibium	1^{+1}	0^{+}	1^{+}	.	.	.	1^{+}	.
Chara fragilis	5^{+2}	5^{+1}	.	.	.	.	.	.
Nuphar lutea	1^{+}	.	.	.	.	2^{+2}	.	.
Nymphaea alba	.	.	.	.	.	3^{+2}	.	.
Callitriche cophocarpa	.	.	4^{+2}	.	.	.	.	.
Lemna minor	.	.	2^{+}	.	.	.	.	.
Spirodela polyrhiza	.	.	2^{+}	.	.	.	.	.
Hydrocharis morsus-ranae	.	.	2^{+}	.	.	.	.	.
Potamogeton pectinatus	4^{+1}	.	.	.	.	.	.	.
Ceratophyllum demersum	2^{12}	.	.	.	.	.	.	.
Elodea canadensis	2^{+1}	.	.	.	.	.	.	.
Potamogeton perfoliatus	2^{+2}	.	.	.	.	.	.	.
Potamogeton lucens	1^{+2}	.	.	.	.	.	.	.
Chara div. spec.	4^{+2}	4^{+2}	.	.	.	.	4^{+2}	1
Nitellopsis obtusa	2^{+2}	.	.	.	.	.	1^{1}	.
Potamogeton gramineus	2^{+}	1^{+}	.	.	.	.	.	.
Potamogeton filiformis	1^{+}	1^{+}	.	.	.	.	.	.

Herkunft:
a–b. KRAUSCH (1964: 2), DOLL (1978: 3), PIETSCH (1984: 23)
c–f. DOLL (1980: 1), PIETSCH (1984: 6), HANSPACH (1989: 5)
g–h. DOLL (1978, 1982: 8), PIETSCH (1984: 2).

Vegetationseinheiten:

1. Charo fragilis-Myriophylletum alterniflori Fijalkowski 59 ex Pass. 92
   elodeetosum Pass. 92 (a)
   typicum Pass. 92 (b)
2. Myriophylletum verticillato-alterniflori ass. nov.
   Callitriche-Subass. (c)
   typicum subass. nov. (d), nomenklatorischer Typus (e)
   Nymphaea-Subass. (f)
3. Myriophylletum spicato-alterniflori ass. nov. (g)
   nomenklatorischer Typus (h)

Kleinstandörtliche Variationen begründen:
Charo-Myriophylletum alterniflori typicum und
Charo-Myriophylletum a. elodeetosum Pass. 92 mit *Myriophyllum spicatum, Ranunculus circinatus, Elodea canadensis, Potamogeton perfoliatus* u. a. als Trennarten trophisch begünstigter Gewässer. Sie weisen zum Ranunculo-Myriophylletum spicati. Tangierende Nachbareinheiten sind Charion fragilis und Phragmition. Regional begrenzt, ist die sehr seltene Ass. stark gefährdet.

Myriophylletum verticillato-alterniflori ass. nov. Tabelle 27 c–f

Diagnostisch wichtig sind *Myriophyllum alterniflorum* 2–5 mit *M. verticillatum* +–2, meist auch *Potamogeton natans* +–1 (Hn 5–20 %, Hs 20–80 %). Lebensraum sind mäßig nährstoffhaltige (pH 6,5–7), klare, 30–100 cm tiefe Seen, Gräben, Gruben und Teiche mit schlammhaltig mineralischem Grund. Empfindlich gegen Trübung und namhafte Eutrophierung.

Bisherige Nachweise stammen aus S-Brandenburg (Lausitz) bzw. Mecklenburg-Vorpommern (DOLL 1980, PIETSCH 1984, HANSPACH 1989).

Kleinstandörtlich differieren darin:

Myriophylletum verticillato-alterniflori typicum, Holotypus (Tab. 27 e), *Callitriche*-Subass. mit *C. cophocarpa, Lemna minor, Spirodela polyrhiza* und *Hydrocharis morsus-ranae* in sommerwarmen Gräben mit ± stagnierendem Wasser, *Nymphaea*-Subass. mit *N. alba* und *Nuphar lutea* im ruhigen Wasser windgeschützter Buchten.

Im Konnex mit Nymphaeion und Phragmition ist die regional sehr seltene Einheit stark gefährdet.

3. Ordnung

Callitricho-Ranunculetalia (Den Hartog et Segal 64) Pass. 78
Wasserstern-Wasserhahnenfuß-Gesellschaften

Im Einklang mit der Wuchsformengruppe der Batrachiiden umfaßt die Ordnung die im wesentlichen von *Callitriche*-Arten und jenen von *Ranunculus subgenus Batrachium* beherrschten Einheiten. Zu ihren Besonderheiten in Struktur und Lebensweise zählen höchst flexible, festverwurzelte Stengel mit zahlreichen kleinen, oft schmalen bzw. fadenförmig geteilten Unterwasserblättern, neben wenigen kaum Markstückgröße erreichenden Schwimmblättern bzw. Schwimmblattrosetten. Als Anpassung an den Lebensraum ermöglichen sie den Arten, Gewässer mit stark schwankenden Wasserständen oder wechselnd starker Strömung erfolgreich zu besiedeln.

Zur Ordnung zählen die Verbände: Ranunculion fluitantis, Ranunculion aquatilis und Lemno-Callitrichion.

8. Verband

Ranunculion fluitantis Neuhäusl 59
Fluthahnenfuß-Gesellschaften Tabelle 28

Im Verband sind die *Ranunculus*-reichen Ges. perennierender Fließgewässer der planaren bis zur montanen Stufe zusammengeführt mit den Ass..-Gruppen: Ranunculetum fluitantis und Ranunculetum penicillati.

Ass.-Gr.
Ranunculetum fluitantis Allorge 22
Fluthahnenfuß-Gesellschaften

Mit seinen oft 2–4 m lang flutenden Stengeln ist der schwimmblattlose *Ranunculus fluitans* die alleinige verbindende Art der im einzelnen recht unterschiedlich zusammengesetzten Einheiten. Nach dem Vorbild von KOCH (1926) und OBERDORFER (1957) sind mehrere vikariierende Ass. hinreichender Homotonität abzugrenzen.

Potamogetono-Ranunculetum fluitantis Koch 26 Tabelle 28 f–g

Kennzeichnend sind *Ranunculus fluitans* 2–3 mit *Myriophyllum spicatum* 1–3, auch *Potamogeton pectinatus* +–2 (Hs 20–70 %) in kalk- und nährstoffreichen (pH 7,5–8), ± klaren, 20–120 cm tiefen, flußartigen (über 4–5 m breiten) Fließgewässern mit mineralisch-schlammigem Grund. Leichte Eutrophierung und mäßige Trübung werden ertragen, nicht aber merkliche Abwasserbelastung oder zeitweiliges Trockenfallen.

Vornehmlich in der planar-kollinen Stufe heimisch, sind syngeographisch unterscheidbar:

Groenlandia-Vikariante mit *Groenlandia densa, Ranunculus trichophyllus,* auch *Hippuris vulgaris* im SW (Oberrhein, obere Donau). Hierzu die *Potamogeton helveticus*-Rasse am Hochrhein (vgl. KOCH 1926, LANG 1973, MÜLLER 1977).

Eine Zentralvikariante folgt weiter nördlich, so an Ahr und Fulda (KRAUSE 1979) und reicht über mitteldeutsche Flüsse (HILBIG 1971, KRAUSCH 1976) bis ins baltische Jungmoränengebiet (ARENDT 1982).

Kleinstandörtlich sind abzugrenzen:

Potamogetono-Ranunculetum fluitantis typicum,

Potamogetono-Ranunculetum fl. potamogetonetosum (Th. Müller 62) ex. Pass. 92 mit *Potamogeton perfoliatus, P. lucens, P. crispus* und *Elodea canadensis* in ruhigeren, meist tieferen Fließgewässern. Die Subass. weist zu Potamogetonetalia-Ges. Sagittario-Sparganietum ist meist begleitendes Wasserröhricht. Nach dem Verlust zahlreicher Vorkommen ist die Einheit heute selten und stark gefährdet.

Nupharo-Ranunculetum fluitantis Pass. (55) 92 Tabelle 28 a–c

Diagnostisch wichtig sind: *Ranunculus fluitans* 2–4 mit *Nuphar lutea* +–2 und *Potamogeton natans* +–2, selten auch *P. praelongus* Hn 0–20 %, Hs 20–70 %. Bei herbstlichem Niedrigwasser können die sonst submers flutenden *Nuphar* und *Potamogeton* natans mit einzelnen Blättern die Wasseroberfläche erreichen. Gemeinsam siedeln sie in nur kalkhaltigen, mäßig nährstoffreichen (um pH 7), ziemlich klaren, 20–70 cm tiefen Fließgewässern über sandig-schlammigem Grund. Leichte Beschattung, Eutrophierung und geringe Trübung werden, abgesehen von *Potamogeton praelongus,* noch toleriert. Stärkere Abwasserbelastung zerstört das Artengefüge. Hauptvorkommen in relativ sommerwarmen Fließen (4–10 m breit) im Bereich des älteren Pleistozän (vgl. PASSARGE 1955, 1959, 1962, KRAUSE 1979, PREISING & al. 1990). Eine *Potamogeton praelongus*-Rasse ist wegen der hohen Ansprüche der Art an die Wasserqualität meist nur noch von historischer Bedeutung.

Kleinstandörtlich werden unterschieden:

Nupharo-Ranunculetum fluitantis typicum,

Nupharo-Ranunculetum fl. potamogetonetosum Pass. (64) 92 mit den Trennarten *Potamogeton lucens, P. perfoliatus* und *P. pectinatus* in tieferen und ruhigeren Flußabschnitten,

Nupharo-Ranunculetum fl. elodeetosum Pass. (64) 92 mit *Elodea canadensis, Potamogeton alpinus,* oft *Callitriche cophocarpa* in flachen Fließwasserabschnitten, zum Potamogetonetum alpini weisend.

Wichtige Begleitges. ist Sagittario-Sparganietum mit der die Einheit oft verzahnt als »Ranunculetum fluitantis sparganietosum« beschrieben wurde. Einst im Mittel- und Unterlauf vieler Flüsse vorhanden, kommt die Ass. heute regional nur noch sehr selten vor und ist dank weiterer Rückgangtendenz im Gebiet stark gefährdet.

Tabelle 28 Ranunculion fluitantis-Gesellschaften

Spalte	a	b	c	d	e	f	g	h	i
Zahl der Aufnahmen	11	5	14	2	5	6	4	1	1
mittlere Artenzahl	5,2	3,8	4,5	7,0	3,2	4,5	2,5	5	3
Ranunculus fluitans	5^{13}	5^{24}	5^{13}	2^{13}	5^{14}	5^{23}	4^{23}	1	.
Ranunculus penicillatus	.	.	.	.	.	.	.	3	2
Elodea canadensis	2^{12}	.	.	2^{13}	4^{13}	5^{+3}	.	2	3
Potamogeton crispus	4^{+2}	1^{+}	4^{+2}	2^{1}	2^{+}	1^{+}	.	.	.
Callitriche cophocarpa	3^{+}	1^{+}	0^{+}	2^{+}	3^{12}	.	.	.	.
Potamogeton berchtoldii	.	.	.	2^{12}	.	.	1^{+}	.	.
Potamogeton perfoliatus	.	.	3^{13}	.	.	5^{12}	.	+	.
Potamogeton lucens	.	.	5^{12}	.	.	.	.	.	.
Myriophyllum spicatum	.	1^{+}	1^{+}	.	.	2^{3}	4^{13}	.	.
Potamogeton pectinatus	.	.	2^{+2}	.	.	2^{12}	.	.	.
Ceratophyllum demersum	.	.	1^{+1}	.	.	2^{+1}	.	.	.
Nuphar lutea	5^{12}	5^{+3}	5^{12}	.	.	.	.	.	.
Potamogeton natans	5^{+1}	5^{+1}	4^{+2}	2^{+}	.	.	.	.	.
Potamogeton praelongus	3^{+2}	1^{+}	.	.	.	.	.	.	.
Potamogeton alpinus	5^{+2}	.	.	2^{12}	.	.	.	.	.
Zannichellia palustris	.	.	.	2^{13}	.	.	.	.	.
Lemna trisulca	.	.	.	.	1^{+}	2^{+}	.	3	+
Lemna minor	.	.	.	.	.	1^{+}	1^{+}	.	.

Herkunft:
a–c. PASSARGE (1955, 1959, 1962 u. n. p.: 30)
d–e. PASSARGE (1960, 1964 u. n. p.: 7)
f–g. ARENDT (1982: 10)
h–i. PASSARGE (1962 u. n. p.: 2)

Vegetationseinheiten:
1. Nupharo-Ranunculetum fluitantis Pass. (55) 92
   elodeetosum Pass. (64) 92 (a)
   typicum Pass. (64) 92 (b)
   potamogetonetosum Pass. (64) 92 (c)
2. Callitricho-Ranunculetum fluitantis Oberd. 57
   Callitriche cophocarpa-Rasse (d–e)
   potamogetonetosum Pass. 92 (d)
   typicum Pass. 92 (e)
3. Potamogetono-Ranunculetum fluitantis Koch 26
   potamogetonetosum (Müller 62) Pass. 92 (f)
   typicum (Lang 67) Pass. 92 (g)
4. Elodeo-Ranunculetum penicillati Pass. (62) 92
   potamogetonetosum Pass. 92 (n. T., h)
   typicum Pass. 92 (i)

Callitricho-Ranunculetum fluitantis Oberd. 57 Tabelle 28 d–e

Bezeichnend sind *Ranunculus fluitans* 1–3 mit *Callitriche* spec. +–2, verschiedentlich *Fontinalis antipyretica* (Hs 10–40 %) in rasch fließenden, relativ klaren, flachen (um 50 cm tiefen) Fließgewässern mit vornehmlich mineralischem Grund. Leichte Eutrophierung und Beschattung wird ertragen, nennenswerte Trübung und Abwasserbelastung jedoch nicht. Deutliche Unterschiede bringen die regionalen Besonderheiten hinsichtlich Trophie, Sommerwärme u. a. m.

Callitriche hamulata-Vikariante in sommerkühlen, kalkarmen Bächen mit kiesig-schottrigem Grund (vgl. z. B. STEUSLOFF 1939, OBERDORFER 1957, POTT

1980) oft gebirgsnah, so in der Bode am Harzrand (Verf. np.), nach SCHAMINEE & al. (1995) ähnlich auch in den Niederlanden, *Callitriche obtusangula*-Vikariante mit *Ranunculus trichophyllus* in mäßig sommerwarmen, nährstoffreichen Fließgewässern im SW (vgl. SEIBERT 1962, KOHLER & al. 1971), *Callitriche platycarpa*-Vikariante in mäßig sommerwarmen, eutrophen Fließgewässern, bevorzugt im subozeanischen Klimaraum (vgl. GRUBE 1975, POTT 1980, VAHLE & PRREISING 1990). Meine Aufnahmen aus dem Wallensteingraben und der Sude/W-Mecklenburg (PASSARGE 1962, 1964) dürften wohl hier anzuschließen sein.

Kleinstandörtlich ergeben sich:

Callitricho-Ranunculetum fluitantis typicum,

Callitricho-Ranunculetum fl. potamogetonetosum Pass. 92 mit *Potamogeton berchtoldii, P. alpinus, P. natans,* örtlich auch *Zannichellia palustris* als Trennarten in ruhigeren, tieferen Fließwasserabschnitten. Diese *Potamogeton*-Subass. weist zu *Elodeo-Potamogeton*-Fließgewässern.

Beobachtete Kontakteinheiten sind Lemno-Callitrichion und Berula-Bachröhrichte. Früher regional verstreut, sind die Vorkommen heute selten und im Gebiet stark gefährdet.

Ass.-Gr.
Ranunculetum penicillati (Th. Müller 62) Pass. 92
Pinselblatthahnenfuß-Gesellschaften

Die strukturell recht ähnlichen, früher als *Ranunculus aquatilis pseudofluitans* bezeichneten Bestände leben mit ihren 50–300 cm lang-flutenden, kurzpinselig beblätterten Stengeln in eher bachartigen Oberläufen der Fließgewässer. Abermals verbindet die prägende Art recht unterschiedlich zusammengesetzte vikariierende Ass.

Elodeo-Ranunculetum penicillati Pass. (62) 92 Tabelle 28 h–i

Kennzeichnend sind *Ranunculus penicillatus* 1–3 mit *Elodea canadensis* 1–3 und *Lemna trisulca* +–3 (Hs 10–50 %) in mäßig sommerkühlen, mäßig nährstoffreichen, klaren, 10–50 cm tiefen Bächen mit meist schlammhaltigem, sandig-kiesigem Grund. Resistent gegen Seitenbeschattung und leichte Eutrophierung, entzieht merkliche Abwasserbelastung die Lebensgrundlage.

Die Tieflagen-Einheit scheint innerhalb der planar-kollinen Stufe den nördlich-subozeanischen Klimaeinflußbereich zu bevorzugen (HERR 1984, PASSARGE 1992).

Kleinstandörtlich heben sich ab:

Elodeo-Ranunculetum penicillati typicum,

Elodeo-Ranunculetum p. potamogetonetosum Pass. 92 mit *Potamogeton perfoliatus (P. pectinatus, P. lucens)* in tieferen Bach-Auskolkungen.

Meine Belege stammen aus dem Wallensteingraben (PASSARGE 1962) bzw. der Jeetze/Altmark. Im Konnex notierte ich Eleocharito-Sagittarion. Die für Mecklenburg in FUKAREK & HENKER (1983) nicht angeführte Art ist dort möglicherweise inzwischen verschollen. In Brandenburg und Sachsen-Anhalt dürfte die Ass. stark gefährdet sein.

Callitricho-Ranunculetum penicillati (Th. Müller 62) Pass. 92

Bezeichnend sind *Ranunculus penicillatus* 2–4 mit *Callitriche hamulata* 1–3 und *Fontinalis antipyretica* (Hs 10–50 %) in sommerkühlen, sauerstoffreichen, kalkarmen, mäßig nährstoffhaltigen (pH 6–7), klaren, 20–90 cm tiefen Bächen mit kiesig-schottrigem Grund. Vornehmlich in den nördlichen Silikatgebirgen zwischen Eifel, Harz und Erzgebirge ist die Ass. heimisch, steigt aber örtlich tiefer ab, so daß ein mögliches Vorkommen in den Randgebieten (Harzvorland, Lausitz) nicht ausgeschlossen ist.

9. Verband

Ranunculion aquatilis Pass. 64
Wasserhahnenfuß-Gesellschaften

Weitere von Batrachiiden bestimmte Einheiten siedeln in den eher stehenden Gewässern, mehrheitlich mit erheblichen Wasserstandschwankungen, die bis zum zeitweiligen Trockenfallen im Sommer führen können. Meist mit einzelnen Schwimmblättern ausgestattet, bleibt die Schwimmblattschicht unter 20 %. Verbindende Taxa sind weitere *Ranunculus subgenus Batrachium*-Arten sowie oft *Callitriche palustris* agg. und *Lemna minor.* Die zugehörigen Ass.-Gr. sind: Ranunculetum aquatilis, Ranunculetum peltati, Ranunculetum trichophylli, Ranunculetum hederacei und Hottonietum palustris.

Ass.-Gr.
Ranunculetum aquatilis (Sauer 45) Géhu 61
Wasserhahnenfuß-Gesellschaft Tabelle 29 g–h

Kennzeichen sind *Ranunculus aquatilis* 3–5 mit *Lemna minor* +–2 und *Callitriche palustris* agg. +–3 (Hn 5–10 %, Hs 20–80 %) in besonnten, nährstoffreichen (pH 7–8,5) klaren, 20–80 cm tiefen stehenden bis langsam fließenden Kleingewässern mit meist lehmig-tonigem Grund. Kurzzeitiges Austrocknen und leichte Eutrophierung werden ertragen, merkliche Abwasserverschmutzung und Beschattung jedoch nicht. Nur wenige Autoren haben die nah verwandten Sippen *Ranunculus aquatilis* und *R. peltatus* eindeutig getrennt, weshalb sich die Gebietszusammenstellung auf diese stützt.

Regional sind Rassen mit *Callitriche cophocarpa,* besonders in Brandenburg, mit *Callitriche platycarpa* (mehr in Mecklenburg-Vorpommern), evtl. auch *Callitriche hamulata* zu erwarten.

Kleinstandörtlich differieren:
Ranunculetum aquatilis typicum,
Ranunculetum aquatilis potamogetonetosum (Géhu 61) Pass. 64 mit *Potamogeton natans, Elodea canadensis* und *Ceratophyllum demersum* in tieferen Gewässern.

Lemno-Callitrichion und *Glyceria fluitans*-Röhrichte gehören zu den Nachbareinheiten. Sehr verstreute Vorkommen mit zurückgehender Tendenz begründen regionale Gefährdung, in Mecklenburg-Vorpommern stark gefährdet.

Ass.-Gr.
Ranunculetum peltati Horst et al. 66 em. Weber-O. 69
Schildhahnenfuß-Gesellschaft Tabelle 29 e–f

Kennzeichnend sind *Ranunculus peltatus* 2–4 mit *Callitriche palustris* agg. sowie *Lemna minor* +–2 (Hn 5–20 %, Hs 20–70 %) in meist besonnten, mäßig nährstoffreichen (pH 6,5–7,5) schwach eutrophen, klaren, 20–80 cm tiefen, stehenden bis langsam fließenden Kleingewässern über sandig-schlammigem Grund. Wichtige Fundorte sind Gräben, Altwasser, Tümpel und Teiche. An zeitweiliges sommerliches Trockenfallen und zoogene Eutrophierung (durch Weidevieh) angepaßt, ist die Ges. gegen Abwassertrübung und Beschattung empfindlich. Im N häufiger, reichen die Vorkommen von der planaren bis in die montane Stufe. Regionale Unterschiede bringen zum Ausdruck:

Callitriche hamulata-Rasse im sommerkühlen Bergland (vgl. z. B. KOHLER & ZELTNER 1974, WIEGLEB 1979, VAHLE & PREISING 1990), *Callitriche platycarpa*-Rasse im ozeanisch-subozeanisch getönten Klimaraum (vgl. GEHU & MERIAUX 1983, VAHLE & PREISING 1990), *Callitriche cophocarpa*-Rasse mehr im östlichen Binnenland (vgl. z. B. JENTSCH & KRAUSCH 1982).

Kleinstandörtlich sind abzugrenzen:

Ranunculetum peltati typicum,

Ranunculetum peltati potamogetonetosum (Weber-0.69) Pass. 92 mit *Potamogeton natans, P. alpinus* und *Elodea canadensis* als Trennarten. Die Subass. weist zum Elodeo-Potamogetonion in weniger flachen Gewässern (ab 40 cm Tiefe). Lemno-Callitrichion und Nasturtio-Glycerietalia leben verschiedentlich benachbart. Die verstreuten bis regional seltenen Vorkommen sind zumindest in Mecklenburg-Vorpommern bereits gefährdet.

Ass.-Gr.
Ranunculetum trichophylli (Soó 49)
Haarblatthahnenfuß-Gesellschaft

Callitricho-Ranunculetum trichophylli Soó 49 Tabelle 29 i

Bezeichnend sind *Ranunculus trichophyllus* 2–4 mit *Lemna minor* und *Callitriche palustris* agg. +–3 (Hn 1–20 %, Hs 20–70 %) in sommerwarmen, nährstoffreichen, klaren, 20–70 cm tiefen, stehenden bis schwach bewegten Kleingewässern auf offenem, mineralisch-schlammigem Grund. Refugien sind Gräben, Tümpel und Teiche. Zeitweiliges Trockenfallen, leichter Salzeinfluß und Grabenräumung werden toleriert. Gegen Wassertrübung und Nitratbelastung ist die Ass. empfindlich.

Mit Schwerpunkt im südlichen Mitteleuropa werden planar-kolline Lagen bevorzugt. Regional nachgewiesen sind:

Callitriche cophocarpa-Rasse im östlichen Binnenland (vgl. SOÓ 1949, PASSARGE 1992), *Callitriche platycarpa*-Rasse im subozeanisch beeinflußten Bereich (vgl. GRUBE 1975, VAHLE & PREISING 1990). Ein Vorkommen mit *Callitriche stagnalis* dokumentiert DOLL (1991) aus Mecklenburg.

Die kleinstandörtliche Untergliederung verdient weitere Aufmerksamkeit.

Im Konnex wurden *Berula angustifolia*-Wasserröhrichte beobachtet. Die im N sehr seltene Einheit ist gefährdet bis stark gefährdet.

Ass.-Gr.
Hottonietum palustris Tx. 37
Wasserfeder-Gesellschaft Tabelle 29 a–d

Kennzeichen sind: *Hottonia palustris* 2–5 mit *Lemna minor* +–2 (Hn 1–10 %, Hs 20–80 %) in mäßig nährstoffreichen, oft kalkarmen (pH 6–7), klaren und 20–

80 cm tiefen, stehenden bis langsam fließenden Kleingewässern mit sandig-torfig-schlammigem Grund. In Gräben, Tümpeln, Kolken, Altwassern, Teichen und Waldsümpfen erträgt die Ass. Beschattung, sommerliches Trockenfallen und leichte Eutrophierung. Auf Abwasserverschmutzung und Entschlammung reagiert sie empfindlich.

Tabelle 29 Ranunculion aquatilis-Gesellschaften

Spalte	a	b	c	d	e	f	g	h	i
Zahl der Aufnahmen	20	22	16	16	19	16	3	4	4
mittlere Artenzahl	4,7	4,0	4,7	3,3	4,6	2,6	5,0	2,7	3,2
Ranunculus trichophyllus	.	2^{+1}	.	0^{+}	.	.	.	.	4^{24}
Ranunculus aquatilis	.	.	.	.	.	.	3^{35}	4^{35}	.
Ranunculus peltatus	1^{+2}	3^{+2}	.	3^{+3}	5^{25}	5^{24}	.	.	.
Hottonia palustris	5^{34}	5^{35}	5^{34}	5^{25}	2^{+1}	2^{+1}	.	.	1^{2}
Callitriche cophocarpa + sp.	.	.	4^{+2}	4^{+3}	3^{+3}	2^{+2}	2^{1}	1^{3}	2^{23}
Callitriche stagnalis	1^{+}	1^{12}	.	.	.	.	.	.	.
Potamogeton natans	5^{+2}	.	4^{+2}	.	4^{+2}	.	1^{+}	.	.
Elodea canadensis	1^{2}	.	2^{13}	.	3^{+2}	.	3^{+3}	.	.
Potamogeton crispus	1^{2}	.	.	.	1^{+1}	1^{3}	.	.	.
Potamogeton alpinus	.	.	2^{+1}	.	2^{+1}	.	.	.	.
Ceratophyllum demersum	.	.	.	.	1^{1}	.	2^{1}	.	.
Myriophyllum spicatum	0^{+}	.	2^{+1}	.	.	.	.	.	.
Potamogeton acutifolius	0^{+}	.	1^{+2}	.	.	.	.	.	.
Potamogeton obtusifolius	2^{1}	.	0^{+}	.	.	.	.	.	.
Polygonum amphibium	0^{+}	.	1^{1}	0^{+}	0^{+}	.	.	.	.
Lemna minor	5^{+2}	4^{+3}	2^{+}	3^{+2}	3^{+3}	4^{+2}	1^{1}	4^{+2}	4^{+1}
Lemna trisulca	3^{+2}	1^{13}	0^{+}	2^{+1}	1^{+2}	1^{2}	2^{+2}	.	2^{13}
Spirodela polyrhiza	2^{+2}	2^{+2}	.	0	.	.	.	2^{2}	.
Hydrocharis morsus-ranae	0^{+}	2^{+1}	0^{+}	1^{+2}					
Riccia fluitans	1^{+2}	2^{+}	.	.	.	.	.	.	.
Utricularia vulgaris	1^{+1}	2^{+2}	.	.	.	.	.	.	.

Herkunft:

a–b. Jeschke (1959: 2), Passarge (1957, 1962, 1963, 1964, 1992: 20), Bolbrinker (1977: 5), Doll (1991: 15).

c–d. Passarge (1957 u. n. p.: 9), Konczak (1968: 5), Hilbig & Reichhoff (1971: 3), Pietsch (1983: 4), Reichhoff (1978: 3), Hanspach (1989: 4), Klemm & König (1993: 4).

e–f. Passarge (1957 u. n. p.: 10), Horst & al. (1966: 3), Jentsch & Krausch (1982: 2), Hanspach (1989; 12), Doll (1991: 8)

g–h. Reichhoff (1978: 1), Doll (1991: 4), Passarge (1992: 2)

i Doll (1991: 2), Passarge (1992: 2)

Vegetationseinheiten:

1. Hottonietum palustris Tx. 37 ex Roll 40
   Ranunculus peltatus-Rasse (a–b)
   Callitriche cophocarpa-Rasse (c–d)
      potamogetonetosum Pass. 57 (a, c)
      typicum Carstensen 54 em. Pass. 64 (b, d)
2. Ranunculetum peltati Horst et al. 66 em. Weber-O. 69
   Callitriche cophocarpa-Rasse (e–f)
      potamogetonetosum (Weber-O. 69) Pass. 92 (e)
      typicum Pass. (57) 92 (f)
3. Ranunculetum aquatilis (Sauer 45) Géhu 61
      potamogetonetosum (Géhu 61) Pass. 64 (g)
      typicum (Sauer 45) Pass. 64 (h)
4. Callitricho-Ranunculetum trichophylli Soó (37) 49 (i)

Auf die planar-kolline Stufe beschränkt, liegen die Hauptvorkommen im nördlichen Mitteleuropa. Regional unterscheiden sich: küstenferne Zentralrasse mehr in Sachsen-Anhalt und Brandenburg (vgl. z. B. PASSARGE 1957, HILBIG & REICHHOFF 1971, PIETSCH 1983), *Callitriche cophocarpa*-Rasse im östlichen Binnenland (so bei PASSARGE 1959, HANSPACH 1986 u. a.), *Ranunculus peltatus*-Rasse mit *Callitriche stagnalis (C. platycarpa)* vornehmlich im subozeanisch beeinflußten Klimaraum, Beispiele bei JESCHKE (1959), BOLBRINKER (1977), DOLL (1991). Dieser entspricht das Callitricho-Hottonietum bei SCHAMINEE & al. (1995) in den Niederlanden. Daneben gibt es dort ein Myriophyllo-Hottonietum unterschiedlicher Ordnungszugehörigkeit. Ein Salvinio-Hottonietum beschrieben GEHU & al. (1995) aus sommerwarmen Kleingewässern im rumänischen Donaudelta ohne *Callitriche* oder *Ranunculus*-Arten.

Kleinstandörtlich bedingt sind:

Hottonietum palustris typicum und

Hottonietum palustris potamogetonetosum Pass. 57 mit den Trennarten *Potamogeton natans, P. alpinus* und *Elodea canadensis* in tieferen, perennierenden Gewässern. Die Subass. weist zum Elodeo-Potamogetonion.

Im Konnex mit Lemno-Callitrichion, Lemnetalia und Nasturtio-Glyceretalia sind die Vorkommen der Einheit verstreut, vielerorts im Rückgang begriffen und gefährdet.

Ass.-Gr.

Ranunculetum hederacei Libbert 40

Efeublatthahnenfuß-Gesellschaft Tabelle 30

Kennzeichnend sind *Ranunculus hederaceus* 2–4 mit *Callitriche* spec. +–2 (Hn 10–20 %, Hs 20–50 %) in sommerkühlen, quelligen, basen- und nährstoffarmen (pH 6,5–7), klaren, bis 30 cm tiefen Kleingewässern über offenem, sandig-torfigem Grund. Refugien sind Gräben, Bäche, Tümpel und Weideteiche. Beschattung wird toleriert, gegen Eutrophierung und Abwasserverschmutzung ist die Ass. sehr empfindlich. Die Vorkommen sind beschränkt auf wintermilde, ozeanisch beeinflußte Bereiche. Syngeographisch unterscheidbar:

Callitriche stagnalis-Rasse und *Callitriche platycarpa*-Rasse bei subozeanischem Klima, (vgl. PREISING & VAHLE 1990, SCHAMINEE & al. 1995), *Callitriche hamulata*-Rasse mehr im nordozeanischen Bereich (vgl. SEGAL 1967, PIETSCH 1983, BIRSE 1984).

Kleinstandörtlich differieren:

Ranunculetum hederacei typicum und

Ranunculetum hederacei potamogetonetosum Pietsch 83 mit *Potamogeton alpinus, P. natans, Hottonia palustris* und *Elodea canadensis* in weniger flachen Kleingewässern. Eine *Stellaria uliginosa*-Subass. signalisiert Quelleinfluß. Nasturtietum und Glycerietum fluitantis sind wichtige Kontakteinheiten der heute äußerst seltenen, nur noch in der Altmark nachgewiesenen, vom Aussterben bedrohten Ges., in Mecklenburg verschollen.

Ass.-Gr.

Ranunculetum baudotii Br.-Bl. 52

Fraglich scheint die Zugehörigkeit des Zannichellio pedicellatae-Ranunculenion baudotii mit Callitricho- und Potamogetono-Ranunculetum baudotii zum Ranunculion aquatilis (PASSARGE 1992). Die letztgenannte Ass. wurde hier bei den Ruppietea behandelt (vgl. Tab. 15).

Tabelle 30 Ranunculus hederaceus-Gesellschaften

Spalte	a	b	c
Zahl der Aufnahmen	3	6	4
mittlere Artenzahl	6,7	2,2	4,2
Ranunculus hederaceus	3^{24}	5^{35}	4^{24}
Callitriche stagnalis	3^{+2}	3^{+1}	2^{+}
Callitriche hamulata	3^{+1}	1^{+}	1^{+}
Stellaria uliginosa	.	.	4^{+1}
Veronica beccabunga	.	1^{+1}	2^{+}
Myosotis palustris	.	.	2^{+}
Mniobryum albicans	.	.	2^{+2}
Potamogeton alpinus	3^{+1}	.	.
Hottonia palustris	3^{+}	.	.
Potamogeton natans	2^{+}	.	.
Elodea canadensis	2^{2}	1^{1}	.
Lemna minor	1^{2}	1^{2}	.

Herkunft:
a–c. WESTHUS (1979: 2), PIETSCH (1983: 9), RATTEY (1984: 2)

Vegetationseinheiten:

Ranunculetum hederaceae Libbert 40
Callitriche stagnalis-Rasse (a–c)
potamogetonetosum Pietsch 83 (a)
typicum Pietsch 83 subass. nov. (b)
stellarietosum Pietsch 83 prov. (c)

Ass.-Gr.
Callitrichetum hermaphroditicae Looman 85
Herbstwasserstern-Gesellschaften

Lemno-Callitrichetum hermaphroditicae (Cernohous et Husak 86) ex Pass. 92
Tabelle im Text

Die rein submers (ohne Schwimmblattrosette) lebende *Callitriche hermaphroditica* gehört zu den circumpolar verbreiteten Wasserpflanzen. Erste Untersuchungen über ihre Vergesellschaftung wurden fast zeitgleich aus Kanada (LOOMAN 1985), NW-Böhmen (CERNOHOUS & HUSAK 1986) und O-Holstein (VÖGE 1987) bekannt. Inzwischen bestätigt DOLL (1991) die Ass.-Gr. aus Mecklenburger Seen.

Das kanadische Callitrichetum ist reich an *Potamogeton*-Arten: neben *P. pectinatus, P. pusillus* sind *P. vaginatus* und *P. filiformis* Borealitätsweiser, *P. Richardsonii* und *Myriophyllum spicatum albicans* Amerika-spezifisch. – Für die temperat-mitteleuropäischen Ausbildungen sind kennzeichnend *Callitriche hermaphroditica* 2–4 mit *Elodea canadensis* und *Ranunculus circinatus* jeweils +–2 (Hs 20–70 %).

Als Zusammensetzung ermittelte DOLL (1991) in Seen Mecklenburgs bei 6 Aufnahmen und 10–200 cm Wassertiefe: *Callitriche hermaphroditica* $5^{3\text{-}4}$; *Elodea canadensis* 5^{+3}, *Ranunculus circinatus* 5^{+3}; *Ceratophyllum demersum* 3^{+}; *Potamogeton pectinatus* 3^{+2}, *P. friesii* 1^{+}. Refugien sind kalkarme, mäßig sommerkühle, mäßig nährstoffreiche mesotrophe stehende permanente Klargewässer mit mineralisch-schlammigem Grund (10–200 cm tief). Höchst empfindlich gegen Wasserverschmutzung und Trübung, werden leichte Eutrophierung und geringer Salzgehalt toleriert.

Eine *Ranunculus trichophyllus*-Rasse belegen CERNOHOUS & HUSAK (1986) in Böhmen. Kleinstandörtliche Unterschiede deuten an:

Potamogeton pectinatus, auch *Zannichellia palustris* in flacheren Gewässern (zwischen 10–50/100 cm Tiefe) bzw. *Ceratophyllum demersum* und *Myriophyllum spicatum* in eutrophierten tiefen Klarwasserseen (um 100–200 cm).

Nach dem Verschwinden vieler Vorkommen gehört die Ass. heute selbst im jungbaltischen Seengebiet zu den sehr seltenen, akut vom Aussterben bedrohten Ges.

10. Verband

Lemno-Callitrichion Pass. 92

Wasserlinse-Wasserstern-Gesellschaften Tabelle 31

Im Verband sind die artenarmen *Callitriche*-reichen Pionierbestände mit *Lemna minor, L. trisulca* als Verbandstrennarten vereinigt. Von der planaren Stufe bis ins Bergland reichen die Nachweise in permanenten bis periodisch trockenfallenden Gewässern.

Die zugehörigen Ass.-Gr. Callitrichetum cophocarpae, Callitrichetum hamulatae, Callitrichetum obtusangulae, Callitrichetum palustris, Callitrichetum platycarpae und Callitrichetum stagnalis kommen teilweise in zwei eigentständigen Artenverbindungen vor. Diese können in den Unterverbänden Lemno-Callitrichenion und Veronico-Callitrichenion zusammengefaßt werden. Während ersteres in den gemäßigt sommerwarmen Gewässern siedelt, bevorzugt Veronico-Callitrichenion sommerkühle Habitate.

Unterverband

Veronico-Callitrichenion Pass. 92

Bachehrenpreis-Wasserstern-Gesellschaften

Von den zugehörigen *Callitriche*-Einheiten mit *Veronica beccabunga* bzw. *V. anagallis-aquatica* oder *V. scutellata* wurden im Gebiet Veronico-Callitrichetum stagnalis belegt und weitere, so Veronico-Callitrichetum platycarpae und Veronico-Callitrichetum hamulatae sind zu erwarten.

Veronico-Callitrichetum stagnalis (Kaiser 26) Th. Müller 62 Tabelle 31 a

Die vornehmlich in Gebirgsbächen heimische Ass. kennzeichnen *Callitriche stagnalis* 2–4 mit *Veronica beccabunga* bzw. *V. anagallis-aquatica* +–2 (Hn 5–20 %, Hs 20–60 %) in sommerkühlen, kalkarmen, nährstoffreichen, klaren, stehenden bis fließenden, 30–80 cm tiefen Kleingewässern (Bäche, Gräben, quellige Tümpel, Feldsölle) über sandig-schlammigem Grund. Beschattung, leichte Eutrophierung und schwacher Salzeinfluß werden akzeptiert, gegenüber Verschmutzung ist die Ges. empfindlich. Die Vorkommensspanne reicht vom Tiefland bis zur Montanstufe mit Schwerpunkt im subozeanisch beeinflußten Klimaraum. Hierin unterscheiden sich regional:

Callitriche hamulata-Vikariante auch mit *Veronica scutellata* in sommerkühl-mesotrophen Gewässern im N (BOLBRINKER 1988), *Fontinalis*-Rasse mit *F. antipyretica, F. squarrosa* in kühlen Montangewässern (MÜLLER 1962), ob auch im N?, *Lemna minor*-Rasse im mäßig-sommerwarmen, planar-kollinen Bereich (vgl. KAISER 1926). Auf kleinstandörtliche Differenzen bleibt zu achten.

Tabelle 31 Lemna-Callitriche-Gesellschaften

Spalte	a	b	c
Zahl der Aufnahmen	6	5	5
mittlere Artenzahl	6,0	3,0	3,0
Callitriche cophocarpa	.	.	5^{24}
Callitriche obtusangula	.	.	1^{+}
Callitriche stagnalis	5^{24}	5^{14}	.
Callitriche hamulata	5^{+1}	.	.
Lemna minor	2^{+}	5^{+}	5^{25}
Lemna trisulca	2^{+}	5^{+}	1^{+}
Spirodela polyrhiza	.	.	1^{2}
Riccia fluitans	3^{+1}	.	.
Veronica scutellata	5^{+}	.	.
Veronica beccabunga	3^{+}	.	.
Veronica anagallis-aquatica	3^{+}	.	.
Elodea canadensis	.	.	2^{+}
Potamogeton pusillus agg.	2^{+}	.	.

Herkunft:
a. BOLBRINKER (1988: 6)
b. WEGENER (1992: 5)
c. PASSARGE (1992: 4), WOLFF & JENTSCH (1992: 1)

Vegetationseinheiten:

1. Veronico-Callitrichetum stagnalis (Kaiser 26) Müller 62 (a)
2. Lemna-Callitriche stagnalis-Ass. (Wegener 92) (b)
3. Lemno-Callitrichetum cophocarpae (Mierwald 88) Pass. 92 (c)

Veronico-Callitrichetum platycarpae (Grube 75) Meriaux 78

Kennzeichnend sind *Callitriche platycarpa* 2–4 mit *Veronica beccabunga* +–2 in mäßig sommerkühlen, meso-eutrophen, 20–80 cm tiefen Kleingewässern bei mineralisch-schlammigem Grund. Die im ozeanisch-subozeanischen Raum heimische in Quellgräben, Bächen und Weihern lebende Ass. (vgl. GRUBE 1975, STRIJBOSCH 1976, MERIAUX 1978) ist auch im Gebiet zu erwarten.

Veronico-Callitrichetum hamulatae Pass. 92

Bezeichnend sind *Callitriche hamulata* 2–3 mit *Veronica beccabunga,* oft *Fontinalis antipyretica* +–2 (Hs 20–60 %). Lebensraum sind sommerkühle, kalkarme, mäßig nährstoffhaltige (pH 5,5–7), sauerstoffreiche, klare Fließgewässer (Gräben, Bäche) mit meist mineralischem Grund. Beschattung wird ertragen, nicht aber Eutrophierung oder Wassertrübung.

Vom küstennahen Tiefland bis zur Bergstufe reicht die Verbreitung. Wie in Niedersachsen (vgl. GRUBE 1975) ist die Einheit auch im NO zu erwarten.

Unterverband
Lemno-Callitrichenion
Wasserlinse-Wasserstern-Gesellschaften

Von den in ± sommerwarmen Kleingewässern der planar-kollinen Stufe vorkommenden Einheiten wurden in Ostelbien bekannt: Lemno-Callitrichetum cophocarpae, Lemno-Callitrichetum stagnalis. Lemno-Callitrichetum obtusangulae ist zu erwarten.

Lemno-Callitrichetum cophocarpae (Mierwald 88) Pass. 92 Tabelle 31 c

Häufigste Erscheinung ist die von *Callitriche cophocarpa* 2–4 mit *Lemna minor* +–3 (Hn 10–30 %, Hs 20–60 %) gekennzeichnete Einheit in sommerwarmen, mäßig nährstoffreichen, kalkhaltigen (pH um 7), ziemlich klaren, 20–80 cm tiefen, stehenden bis träge fließenden Kleingewässern mit schlammreichem Grund. Bevorzugt werden Altwasser, Tümpel, Gräben oder auch ruhige Flußbuchten. Leichte Beschattung, kurzfristiges, sommerliches Trockenfallen, leichte Eutrophierung und geringe Trübung scheinen tragbar, merkliche Abwasserverschmutzung jedoch nicht.

Im subkontinentalen Klimabereich beschränkt sich die Ass. auf die planar-kolline Stufe. Regionale und kleinstandörtliche Untergliederung bleiben zu klären.

Die wohl in allen Bereichen des ostelbischen Flachlandes verstreut vorkommende Ges. wurde im Kontakt mit Sagittarion und Ranunculion aquatilis beobachtet und scheint z. Z. noch nicht gefährdet.

Lemno-Callitrichetum obtusangulae (Philippi 78) Pass. 92

Die diagnostisch wichtige Artenverbindung von *Callitriche obtusangula* 2–4 mit *Lemna minor* +–2 lebt in sommerwarmen, zur Winterzeit frostfreien, sehr nährstoffreichen, 20–80 cm tiefen, stehenden bis träge fließenden Gewässern mit schlammreichem Grund. Altwasser, ruhige Flußschlingen, Gräben und Tümpel sind wichtige Fundorte. Widerstandsfähig gegen sommerliches Trockenfallen, Eutrophierung und leichten Salzgehalt, schädigen Winterkälte und merkliche Abwasserbelastung. Bisher in kollin-planaren Lagen, besonders in Stromtälern S-Deutschlands nachgewiesen (vgl. PHILIPPI 1978, ZAHLHEIMER 1979, AHLMER 1989), machen Artnachweise (z. B. WOLFF & JENTSCH 1993) im Spreewald ein Vorkommen im Gebiet wahrscheinlich.

Lemna-Callitriche stagnalis-Ges. (Wegener 92) Tabelle 31 b

Bezeichnend ist die Kombination von *Callitriche stagnalis* 2–4 mit *Lemna minor* +–2 in mäßig sommerwarmen, nährstoffreichen, klaren, 30–80 cm tiefen ± fließenden Gewässern über mineralisch-schlammigem Grund. Beschattung, leichte Eutrophierung sowie Salzeinfluß werden hingenommen, merkliche Abwassertrübung jedoch nicht. Nach einem Erstnachweis bei WEGENER (1992, in der Beek bei Greifswald) bleiben weitere Verbreitung, Untergliederung, Syntaxonomie, Kontakte und eventuelle Gefährdung noch zu untersuchen.

7. Klasse

Nymphaeetea Klika 44 em. Pass. 92

Seerosen-Schwimmblatt-Gesellschaften

In Europa wie in anderen Kontinenten zeichnen sich die großblättrigen, wurzelverankerten Schwimmblattgesellschaften durch große Eigenständigkeit aus. Von wenigen übergreifenden Arten abgesehen, bilden sie in Standgewässern mit windberuhigter Oberfläche flächige Bestände. Empfindlich gegen Wellenschlag, ertragen viele Arten erhebliche, über 1 m hinausgehende Wasserstandschwankungen bis hin zu saisonalem Trockenfallen ihrer Siedlungsgewässer. Die Mehrheit der am Schwimmblattgürtel beteiligten Arten gehört zu den Wuchsformtypen der Nymphaeiden und Trapiden.

Bekannt wurden zwei vikariierende Ordnungen, die Nymphaeetalia loti Lebrun 47 mit *Nelumbo nucifera* in der südlichen Hemisphäre, sowie die Nymphaeetalia albo-tetragonae Pass. 78 auf der nördlichen Halbkugel.

Ordnung

Nymphaeetalia albo-tetragonae Pass. 78

Nordhemisphärische Seerosen-Gesellschaften

Mit vikariierenden Nymphaea- und Nuphar-Arten sowie Potamogeton natans als verbindender Ordnungstrennart rechnen hierzu der west-mitteleuropäische Nymphaeion albae als Typus, der N-Amerika und NO-Asien verbindende Brasenio-Nymphaeion tetragonae (vgl. LOOMAN 1985, SHIMODA 1985), der Nymphoidion peltatae sowie der Junco-Potamogetonion polygonifolii.

1. Verband

Nymphoidion peltatae Pass. 92

Ass.-Gr.

Nymphoidetum peltatae (Allorge 22) Bellot 51

Seekanne-Gesellschaften Tabelle 32

Die von *Nymphoides peltata* und ähnlich von *Trapa natans* beherrschten Ges. sind kaum mehr dem Nymphaeion albae anzuschließen. *Nymphaea alba* und *Nuphar lutea* greifen nur partiell als Trennarten einer peripheren Subass. über und erweisen sich damit als außenstehende, gesellschaftsfremde Elemente. Zum anderen sprengt das bis nach Hinterindien und Ostasien reichende Areal vollends jenes der *Nymphaeion albae*-Einheiten im zentralen Europa.

Neben dem Verbandstypus Polygono-Nymphoidetum p. sind Hydrocharito-Nymphoidetum peltatae in SO-Europa (vgl. SLAVNIC 1956) sowie die Ass.-Gr. Trapetum natantis angeschlossen.

Polygono-Nymphoidetum peltatae van Donselaar 61 Tabelle 32 c–d

Kennzeichnend sind *Nymphoides peltata* 2–5 mit *Ceratophyllum demersum* +–3 (Hn 20–80 %, Hs 20–40 %) in sommerwarmen, sehr nährstoffreichen (pH 7–8), 50–200 cm tiefen, stehenden bis träge fließenden Gewässern über schlammreichem

Grund. Wiederholt in Stromtälern nachgewiesen, werden Altwasser, Auenkolke, Flußschlingen und ruhige Buchten bevorzugt. Zeitweiliges Austrocknen, Mahd, Eutrophierung und leichte Trübung werden in Kauf genommen, nicht aber Wellenschlag, Abwasserbelastung und starker Winterfrost.

Eine *Polygonum amphibium*-Rasse scheint mehr im N und NW sowie in meso-eutrophen, kalkarmen Gewässern heimisch (vgl. POTT 1980, PREISING & al. 1990, SCHAMINEE & al. 1995). Eine *Myriophyllum spicatum*-Rasse siedelt im S und O sowie in kalkreich eutrophen Gewässern. Aus unserem Gebiet belegt von JESCHKE (1959), PASSARGE (1965) und KONCZAK (1968).

Kleinstandörtlich werden jeweils unterschieden:

Polygono-Nymphoidetum peltatae typicum und

Polygono-Nymphoidetum p. nupharetosum Görs (77) ex. Pass. 92 mit *Nuphar lutea, Nymphaea alba* und *Potamogeton natans* in tieferen Gewässern.

Zum Konnex gehören Nymphaeion und Phalarido-Glycerion. Regional begrenzte, seltene bis ziemlich seltene Vorkommen mit Rückgangtendenz begründen die starke Gefährdung.

Tabelle 32 Gesellschaften mit Trapa und Nymphoides

Spalte	a	b	c	d	e
Zahl der Aufnahmen	19	11	5	6	10
mittlere Artenzahl	5,7	4,1	4,0	3,6	3,1
Nymphoides peltata	.	.	5^{45}	5^{35}	5^{34}
Trapa natans	5^{25}	5^{25}	.	.	.
Nuphar lutea	4^{+2}	.	5^{12}	.	5^{12}
Nymphaea alba	4^{+2}	.	.	.	3^{1}
Potamogeton natans	3^{+2}	.	.	.	.
Ceratophyllum demersum	5^{+3}	5^{+4}	2^{+}	3^{+}	.
Myriophyllum spicatum	2^{+2}	3^{+3}	3^{+}	5^{+2}	.
Myriophyllum verticillatum	3^{+2}	.	.	.	.
Potamogeton pectinatus	1^{13}	2^{13}	.	.	.
Potamogeton crispus	2^{+1}	.	.	.	.
Lemna minor	2^{+1}	3^{+}	2^{+}	3^{+}	1^{+}
Spirodela polyrhiza	2^{1}	3^{+}	.	2^{+}	2^{+1}
Stratiotes aloides	3^{+}	0^{+}	2^{+}	2^{+}	0^{+}
Hydrocharis morsus-ranae	1^{+}	0^{+}	.	.	0^{+}
Ceratophyllum submersum	.	.	1^{+}	1^{+}	.

Herkunft:

a–b. FREITAG & al. (1958: 5), KRAUSCH (1968, 1971: 8), HILBIG & REICHHOFF (1971: 3), REICHHOFF (1978: 9), REICHHOFF & VOIGT (1978: 5)

c–e. JESCHKE (1959: 1), PASSARGE (1965 u. n. p.: 10), KONCZAK (1968: 10)

Vegetationseinheiten:

1. Ceratophyllo-Trapetum natantis Müller et Görs ap. Oberd. 62 ex Pass. 92
   - nupharetosum Philippi (69) ex Pass. 92 (a)
   - typicum Philippi (69) ex Pass. 92 (b)
2. Polygono-Nymphoidetum peltatae Van Donselaar 61
   - Myriophyllum spicatum-Rasse (c–d)
   - Zentralrasse (e)
     - nupharetosum Görs (77) ex Pass. 92 (c, e)
     - typicum Van Donselaar 61 em. Pass. 92 (d)

Ass.-Gr.
Trapetum natantis Müller et Görs (60) 62
Wassernuß-Gesellschaften

Von andersartigen *Chara-Trapa*-Ges. bzw. *Potamogeton-Trapa*-Beständen in W-Europa (vgl. CORILLION 1957, BAREAU 1983, FELZINES 1983) heben sich die mitteleuropäischen Bestände als Ceratophyllo-Trapetum ab.

Ceratophyllo-Trapetum natantis Müller et Görs (62) ex. Pass. 92 Tabelle 32 a–b

Regional sind kennzeichnend *Trapa natans* 2–5 mit *Ceratophyllum demersum* +–4 (Hn 20–80 %, Hs 10–50 %) in sehr sommerwarmen (um 25 °C), sehr nährstoffreichen (pH 7–8), 50–200 cm tiefen Gewässern über schlammigem Grund. Altwasser, Seebuchten und Teiche beherbergen die gegen leichte Wellenbewegung, Eutrophierung und Wassertrübung resistente Einheit. Existenzbedrohend sind Entschlammung, Winterdrainage und merkliche Abwasserbelastung.

Hauptvorkommen im sommerwarmen Binnenland sowie planar-kollin. Aus S-Brandenburg bzw. Sachsen-Anhalt verdanken wir FREITAG & al (1958), KRAUSCH (1968, 1971) bzw. HILBIG & REICHHOFF (1971), REICHHOFF (1978) und REICHHOFF & VOIGT (1978) Nachweise.

Kleinstandörtlich werden unterschieden:

Ceratophyllo-Trapetum natantis typicum und

Ceratophyllo-Trapetum n. nupharetosum Philippi (69) ex Pass. 92. Trennarten sind *Nuphar lutea, Nymphaea alba* und *Myriophyllum verticillatum* in weniger flachen Gewässern, zum Nymphaeion weisend. Benachbart beobachtet werden außerdem Ceratophyllion und Phragmition. Regional begrenzte, seltene Vorkommen mit Rückgangtendenz begründen eine starke Gefährdung der Ass.

2. Verband

Nymphaeion albae Oberd. 57
Mitteleuropäische Seerosen-Gesellschaften Tabelle 33–35

In Mitteleuropae kennzeichnen den Verband die Schwerpunktarten *Nymphaea alba, N. candida, Nuphar lutea* und *N. pumila,* wobei einzig die letztere bis in den Bereich des Brasenio-Nymphaeion tetragonae übergreift.

Die Mehrzahl dieser Arten zeigt eine so große Trophieamplitude, daß in allen Ass.Gr. aus Homotonitätsgründen eine Aufteilung in trophisch eng gefaßte Grundeinheiten notwendig ist. Diese dann einheitlich zusammengesetzten Ass. der Ass.Gr. Nymphaeetum albi, N. candidae, Nupharetum luteae, N. pumilae und Polygonetum natantis werden zu artverwandten Unterverbänden analoger Trophiebereiche wie Myriophyllo-Nupharenion, Nymphaeenion albae und Utriculario-Nymphaeenion vereinigt.

Unterverband
Myriophyllo-Nupharenion Pass. 92
Tausendblatt-Teichrosen-Schwimmblatt-Ges.

Die artenreiche Schwimmblattvegetation zeichnen einige anspruchsvolle Spezies wie *Myriophyllum spicatum, Ranunculus circinatus, Ceratophyllum demersum* und

Elodea canadensis aus als übergreifende Trennarten des Unterverbandes bzw. einzelner Ass. Hierzu gehören Nymphaeo-Nupharetum luteae, Elodeo-Nupharetum pumilae und Nymphaeetum albo-candidae.

Nymphaeo-Nupharetum luteae Nowinski 28
(Syn. Myriophyllo-Nupharetum Koch 26 ex Hueck 31) Tabelle 33c–d

Häufigste Erscheinung (unter dem nicht prioritätsgerechten Namen) auch meist beschriebene Einheit des Verbandes. Kennzeichen sind *Nymphaea alba* 1–5 und/oder *Nuphar lutea* 1–5 mit *Ceratophyllum demersum* und *Ranunculus circinatus* +–2 (Hn 20–90 %, Hs 10–30 %) in sommerwarmen, nährstoffreichen (pH 7–8), stehenden, 50–150 cm tiefen Gewässern über schlammreichem Grund. Hauptvorkommen in Seen, Teichen, Altwassern und Kanälen, insbesondere in von Röhrichten geschützten Buchten. Eutrophierung, leichte Trübung und kurzzeitiges Trokkenfallen werden hingenommen. Merkliche Abwasserverschmutzung, Winterdrainage und Wassersportverkehr schädigen die Einheit.

In der planar-kollinen Stufe großräumig verbreitet. Zu achten wäre auf eine mögliche Differenzierung in *Nuphar-* bzw. *Nymphaea*-Vikarianten. Eine *Ceratophyllum demersum*-Rasse bevorzugt sommerwarme Gewässer.

Kleinstandörtliche Differenzen bedingen:

Nymphaeo-Nupharetum luteae typicum und

Nymphaeo-Nupharetum l. elodeetosum subass. nov. mit *Elodea canadensis, Potamogeton perfoliatus* und *P. lucens* als Trennarten. Sie greifen vom oft tangierenden Magnopotamogetonion über.

Mit Phragmition im Konnex ist trotz merklichen Rückganges die Ass. noch ziemlich häufig und nicht gefährdet.

Nymphaeetum albo-candidae Pass. 57 Tabelle 33 a–b

Innerhalb der Ass.-Gr. Nymphaeetum candidae zeichnen *Nymphaea candida* 2–3 mit *Nuphar lutea* +–2 und *Ranunculus circinatus* +–1 (Hn 20–60 %, Hs 5–20 %) die artenreiche Ausbildung in sommerwarmen, nährstoffreichen (pH 6–8), 50–120 cm tiefen, stehenden bis träge fließenden Gewässern über Faulschlamm aus. Refugien sind Seen, Altwasser, ruhige Flußschlingen.

Bisher nur aus subkontinental beeinflußten Gebieten der planar-kollinen Stufe z. B. Polen (vgl. FIJALKOWSKI 1959, KEPCZYNSKI 1965), Tschechien (NEUHÄUSL & NEUHÄUSLOVA 1965, CERNOHOUS & HUSAK 1986), sowie O-Brandenburg (PASSARGE 1957, PIETSCH 1986) bekannt.

Kleinstandörtlich lassen sich abgrenzen:

Nymphaeetum albo-candidae typicum und

Nymphaeetum albo-c. elodeetosum Pass. 57 mit *Elodea canadensis* und *Potamogeton lucens* in eutrophen, weniger tiefen Gewässern. Im Kontakt mit Magnopotamogetonion und Phragmition ist die sehr seltene, ihre westliche Arealgrenze im Gebiet erreichende Ass. stark gefährdet.

Elodeo-Nupharetum pumilae Podbielkowski et Tomaszewicz (81) ex Pass. 92
Tabelle 33 e–f

Ähnlich begegnet uns in Mitteleuropa die Ass.-Gr. Nupharetum pumilae Oberd. 57 in mehreren eigenständigen Artenverbindungen. Die artenreiche, anspruchsvolle

Kombination kennzeichnen *Nuphar pumila* 2–5 mit *Elodea canadensis* +–2 und *Ceratophyllum demersum* +–3 (Hn 20–80 %, Hs 10–30 %) in nährstoff- und kalkreichen (pH 7–8), 50–200 cm tiefen Gewässern mit mineralisch-schlammigem Grund. Letzte Siedlungsgewässer sind Seen, Weiher und Fließgräben im nördlichen Polen (PODBIELKOWSKI & TOMASZEWICZ 1981) sowie in Mecklenburg (JESCHKE 1968, DOLL 1991).

Die äußerst seltene Ass. ist an ihrer westlichen Arealgrenze vom Aussterben bedroht.

Tabelle 33 Nuphar-reiche Gesellschaften

Spalte	a	b	c	d	e	f	g	h	i
Zahl der Aufnahmen	3	2	19	68	2	5	14	11	10
mittlere Artenzahl	8,3	5,5	5,8	5,2	5,5	3,0	3,3	2,4	3,0
Nuphar lutea	3^{12}	2^{+1}	5^{14}	5^{15}	.	.	5^{24}	5^{24}	2^{34}
Nuphar pumila	.	.	.	.	2^{3}	5^{25}	.	.	5^{14}
Nymphaea alba	3^{13}	2^{23}	4^{13}	5^{15}	1^{3}	.	.	.	.
Nymphaea candida	3^{+2}	2^{2}	.	.	.	.	.	.	.
Potamogeton natans	3^{+1}	1^{+}	2^{+2}	1^{+2}	2^{+}	1^{+}	5^{13}	5^{13}	5^{+1}
Myriophyllum spicatum	.	.	1^{+2}	3^{+2}	.	.	5^{+2}	.	.
Myriophyllum verticillatum	2^{1}	.	2^{+2}	2^{+2}	.	.	.	.	.
Ranunculus circinatus	3^{+}	.	3^{+2}	2^{+2}	.	.	.	.	.
Ceratophyllum demersum	1^{1}	1^{3}	4^{+2}	4^{+3}	2^{+3}	4^{+2}	.	.	.
Potamogeton crispus	.	.	2^{+}	0^{+2}	2^{+1}	.	0^{+}	0^{+}	.
Elodea canadensis	2^{13}	.	4^{+2}	.	.	.	1^{13}	.	.
Hottonia palustris	1^{+}	.	.	1^{+}	2^{+2}	4^{+2}	.	.	.
Potamogeton perfoliatus	.	.	3^{+1}	0^{+}	.	.	0^{+}	1^{+}	.
Potamogeton lucens	.	.	2^{+1}	.	.	.	2^{+1}	.	.
Lemna trisulca	1^{+}	1^{+}	1^{+2}	1^{+2}	.	.	0^{+}	.	.
Lemna minor	.	1^{+}	2^{+2}	3^{+2}	.	.	.	.	3^{+1}
Hydrocharis morsus-ranae	2^{1}	1^{1}	0^{+2}	1^{+2}	.	.	.	.	.
Stratiotes aloides	1^{+}	.	0^{+}	2^{+2}	.	.	.	.	.
Spirodela polyrhiza	.	.	0^{1}	2^{+2}	.	.	.	.	.

Herkunft:

a–b. PASSARGE (1957: 5)

c–d. HUECK (1931: 4), PASSARGE (1957, 1962, 1963, 1964: 17), JESCHKE (1959: 1), KUDOKE (1961: 3), KRAUSCH (1964: 3), HORST & al. (1966: 6), KONCZAK (1968: 5), HILBIG & REICHHOFF (1971, 1974: 10), LINDNER (1978: 14), SCHMIDT (1981: 5), KLEMM & KÖNIG (1993: 7), vgl. auch PANKNIN (1941)

e–f, i. JESCHKE (1959, 1968:11), DOLL (1991: 6)

g–h. JESCHKE (1963: 9), KRAUSCH (1964: 2), PASSARGE (1964 u. n. p.: 11), JESCHKE & MÜTHER (1978: 3)

Vegetationseinheiten:

1. Nymphaeetum albo-candidae Pass. 57
   elodeetosum Pass. 57 (a)
   typicum Pass. (57) 92 (b)
2. Nymphaeo-Nupharetum luteae Nowinski 28
   elodeetosum Pass. 64 comb. nov. (c)
   typicum Pass. 64 comb. nov. (d)
3. Elodeo-Nupharetum pumilae Podbielkowski et Tomaszewicz 89 ex Pass. 92
   myriophylletosum Pass. 92 (e)
   typicum Pass. 92 (f)
4. Potamogetono-Nupharetum luteae Müller et Görs 60
   myriophylletosum Pass. 92 (g)
   typicum Pass. 92 (h)
5. Potamogetono-Nupharetum pumilae Oberd. ap. Müller et Görs (60) ex Pass. 92 (i)

Unterverband
Nymphaeenion

Der zentrale Unterverband faßt die artenarmen, nur durch die Schwerpunktarten der Ass.-Gr. sowie *Potamogeton natans* gekennzeichneten Ausbildungen mäßig nährstoffreicher Gewässer zusammen.

Potamogetono-Nupharetum luteae Müller et Görs 60 Tabelle 33 g–h

Diagnostisch wichtig sind *Nuphar lutea* 2–4 mit *Potamogeton natans* 1–3 (Hn 20–70 %, Hs 0–20 %) in mäßig kühlen, mäßig nährstoffhaltigen, 50–150 cm tiefen, stehenden bis fließenden Gewässern über sandig-schlammigem Grund. Wichtige Vorkommen in Seen, Teichen, Altwassern und bachartigen Fließen. Widerstandsfähig gegen leichte Beschattung, schwache Eutrophierung, erhebliche Wasserstandschwankungen zwischen kurzzeitigem Trockenfallen und längerfristigem Untertauchen (mit »Wassersalatblättern« bei *Nuphar lutea submersa).* Merkliche Trübung und Abwasserbelastung entziehen die Existenzgrundlage.

Nebem dem Bergland gehört der subozeanische Klimaraum im nördlichen Tiefland zu den Hauptsiedlungsräumen. Gesicherte Subass. sind:

Potamogetono-Nupharetum luteae typicum und

Potamogetono-Nupharetum l. myriophylletosum Pass. 92 mit *Myriophyllum spicatum* und *Potamogeton lucens* in kalkreichen Gewässern. Die Trennarten vermitteln zum Nymphaeo-Nupharetum luteae.

Neben Phragmition werden auch Phalarido-Glycerion-Ges. im Konnex beobachtet. Die Ass. ist sehr verstreut bzw. regional selten, aber noch nicht gefährdet.

Potamogetono-Nupharetum pumilae Oberd. ap. Müller et Görs (60) ex Pass. 92 Tabelle 33 i

Bezeichnend sind *Nuphar pumila* 1–4 mit *Potamogeton natans* +–1 (Hn 20–70 %) in sommerkühlen, mäßig nährstoffhaltigen, schwach sauren, 50–150 cm tiefen Moor- und Gebirgsseen über mineralisch-schlammigem Grund. Neuere Erhebungen von DOLL (1991) aus Mecklenburg-Vorpommern ergänzen bisherige Nachweise aus Süddeutschland.

Auf Untergliederung und Kontakte bleibt weiter zu achten. Die äußerst seltenen, regional eng begrenzten Vorkommen sind vom Aussterben bedroht.

Potamogetono-Nymphaeetum albae Vollmar (47) ex Pass. 92 Tabelle 34 c–d, 35 a–e

Die zentrale Erscheinungsform ist jene, die VOLLMAR (1947) als »Nymphaeetum albae minoris« herausstellte. Verallgemeinert sind bezeichnend: *Nymphaea alba* 1–5 mit *Potamogeton natans* +–3 (Hn 30–90%); denn nicht immer handelt es sich um die Hungerform von *Nymphaea alba* var. *minor.* Ihre Siedlungsgewässer sind mäßig sommerkühle, mäßig nährstoffhaltige (pH 5–7), 30–200 cm tiefe stehende Gewässer über torfig-schlammigem Grund. Wichtige Fundorte sind Moränen- und Moorseen, sowie Torfstiche, oft in waldreicher Umgebung.

Eine Zentralrasse lebt im Binnenland, eine *Juncus bulbosus*-Rasse in stärker subozeanisch getönten Gebieten, so in NW-Deutschland, (vgl. DIERSSEN 1973, POTT & WITTICH 1980) und in der Lausitz (HEYM 1971, PIETSCH & JENTSCH 1984, PASSARGE 1992).

Tabelle 34 Nymphaea- und Potamogeton natans-reiche Gesellschaften

Spalte	a	b	c	d
Zahl der Aufnahmen	9	24	9	52
mittlere Artenzahl	4,3	2,8	3,5	3,0
Nuphar lutea	2^{+2}	0^{+2}	2^{15}	3^{14}
Nymphaea alba	.	0^{+}	5^{35}	5^{15}
Potamogeton natans	4^{15}	5^{14}	3^{12}	4^{+3}
Polygonum amphibium	4^{34}	5^{25}	.	0^{+}
Myriophyllum verticillatum	.	.	2^{13}	3^{13}
Myriophyllum spicatum	2^{+}	2^{+2}	3^{+}	.
Ceratophyllum demersum	3^{+}	2^{+}	.	.
Potamogeton lucens	3^{+2}	.	5^{+1}	.
Potamogeton perfoliatus	4^{+2}	.	.	.
Elodea canadensis	1^{+1}	.	.	.
Lemna minor	2^{+2}	0^{+1}	.	.
Lemna trisulca	2^{+2}	0^{+}	.	.
Chara spec.	.	2^{12}	.	.

Herkunft:

a–b. JESCHKE (1963: 3), KRAUSCH (1964: 1), PASSARGE (1963 u. n. p.: 8), JESCHKE & MÜTHER (1978: 8), DOLL (1991, 1992: 13)

c–d. LIBBERT (1940: 1), JESCHKE (1959, 1963: 13), PASSARGE (1963, 1964 u. n. p.: 18), KRAUSCH (1964: 5), MÜLLER-STOLL & NEUBAUER (1965: 3), JESCHKE & MÜTHER (1978: 4), BUSEKE (1979: 3), SCHMIDT (1981: 5), DOLL (1991, 1991 a: 9).

Vegetationseinheiten:

1. Potamogetono-Polygonetum natantis Knapp et Stoffers 62
   potamogetonetosum Pass. 92 (a)
   typicum Pass. 92 (b)
2. Potamogetono-Nymphaeetum albae Vollmar 47 ex Pass. 92
   myriophylletosum Müller et Görs 60 ex Pass. 92 (c)
   typicum Müller et Görs 60 ex Pass. 92 (d)

Kleinstandörtlich werden unterschieden:
Potamogetono-Nymphaeetum albae typicum

Potamogetono-Nymphaeetum a. myriophylletosum Müller et Görs (69) ex Pass. 92 mit *Myriophyllum spicatum* und *Potamogeton lucens* als Trennarten in kalkreichen Jungmoränenseen, eine *Eleocharis*-Subass. weist zum Eleocharition multicaulis mit *Eleocharis multicaulis* und *Potamogeton panormitanus* in mesotrophen Flachgewässern. Eine *Utricularia intermedia*-Ausbildung fand PIETSCH (1981) in Torfstichen der Altmark (Tab. 35a).

Phragmition ist wichtigste Kontakteinheit der regional verstreut vorkommenden Ass. Trotz mancher Verluste ist sie wohl noch nicht gefährdet.

Potamogetono-Nymphaeetum candidae Hejny 58 Tabelle 35 f

Bezeichnend sind *Nymphaea candida* 1–4 mit *Potamogeton natans* +–2 (Hn 20–70 %) in mäßig sommerwarmen, mäßig nährstoffhaltigen, kalkarmen (pH 6,5–7), klaren, 50–200 cm tiefen Gewässern über sandig-torfigem Grund. Refugien sind Heide- und Moorseen sowie Teiche. Zeitweiliges Austrocknen wird ertragen, schädigend wirken Kalkung, Eutrophierung und Abwassertrübung.

Hauptsächlich im östlichen Binnenland (vgl. HEJNY & HUSAK 1978, BRZEK & RATYNSKA 1991). Bisher nur ein Beleg aus der Lausitz durch PIETSCH (1978). Auf weitere Vorkommen der sehr seltenen, bedrohten Einheit bleibt zu achten.

Tabelle 35 Seltene Nymphaea-Moorgesellschaften

Spalte	a	b	c	d	e	f	g	h	i
Zahl der Aufnahmen	6	6	8	6	3	4	6	8	1
mittlere Artenzahl	7,5	4,6	4,1	4,0	2,3	6,2	5,2	3,5	5
Nymphaea alba	5^{24}	5^{24}	5^{24}	5^{23}	3^{23}	1^{+}	5^{35}	5^{35}	.
Nymphaea candida	.	.	.	.	.	4^{23}	.	.	4
Potamogeton natans	5^{+2}	5^{+1}	5^{+1}	5^{2}	2^{1}	3^{+2}	.	1^{1}	+
Polygonum amphibium	.	.	2^{+}	.	.	.	.	.	+
Juncus bulbosus fluitans	.	5^{23}	5^{23}	4^{+1}	2^{13}	4^{23}	.	.	.
Eleocharis multicaulis	.	5^{+2}	.	.	.	4^{+2}	.	.	.
Potamogeton panormitanus	.	2^{+1}	.	.	.	4^{+2}	.	.	.
Potamogeton polygonifolius	5^{13}	.	.	.	.	.	.	.	.
Utricularia vulgaris	.	.	.	.	.	.	5^{2}	5^{12}	.
Chara div. spec.	.	.	.	.	.	.	5^{13}	3^{1}	.
Scorpidium scorpioides	.	.	.	.	.	.	5^{13}	5^{12}	.
Utricularia minor	5^{+1}	1^{+}	1^{+}	1^{+}	.	3^{+}	5^{+1}	.	.
Utricularia intermedia	5^{12}	.	.	.	.	.	5^{+1}	.	.
Utricularia ochroleuca	5^{+2}	.	.	.	.	.	.	.	.
Potamogeton obtusifolius	.	.	.	5^{+1}	.	.	.	.	.
Myriophyllum heterophyllum	.	.	5^{23}	.	.	.	.	.	.
Nuphar lutea	5^{+2}	.	.	.	.	.	.	.	.
Lemna minor	4^{+1}	.	.	.	.	.	.	.	.
Spirodela polyrhiza	3^{+1}	.	.	.	.	.	.	.	+

Herkunft:
a–f, i. HEYM (1971: 8), PIETSCH (1978, 1981: 16), PIETSCH & JENTSCH (1984: 6), Verf. (n. p.: 1)
g–h. JESCHKE (1960, 1963: 7), PASSARGE (1964: 1), DOLL (1991: 6)

Vegetationseinheiten:

1. Potamogetono-Nymphaeetum albae Vollmar 47 ex Pass. 92
   Juncus bulbosus-Rasse (b–e)
      Utricularia minor-Ausbildung (a)
      Eleocharis multicaulis-Subass. (b)
      typicum, Myriophyllum heterophyllum-Variante (c)
         Potamogeton obtusifolius-Variante (d)
         Typische Variante (e)
2. Utriculario-Nymphaeetum candidae (Jeckel 81) Pass. 92
   Juncus bulbosus-Rasse (f)
      potamogetonetosum Pass. 92 (f)
3. Utriculario vulgaris-Nymphaeetum albae (Jeschke 63) Pass. 92
      utricularietosum (Pass. 92) subass. nov. (g)
      typicum Pass. 92 (h)
4. Potamogetono-Nymphaeetum candidae Hejny 78 (i)

Unterverband
Utriculario-Nymphaeenion (Vahle 90) Pass. 92
Wasserschlauch-Seerosen-Gesellschaften

Der Unterverband faßt die eigenständigen Gruppierungen der von *Nymphaea-* (oder *Nuphar-*?)Arten mit *Utricularia* in meso- bis oligotrophen, meist sauren Siedlungsgewässern zusammen.

Utriculario-Nymphaeetum albae (Jeschke 63) Pass. 92 Tabelle 35 d–e

Diagnostisch wichtig sind *Nymphaea alba* (oft var. *minor)* 3–5 mit *Utricularia vulgaris* 1–3 (Hn 30–80 %, Hs 5–30 %) in windgeschützten, mäßig nährstoffarmen, sauren (pH 5,5–6,5), 50–120 cm tiefen stehenden Gewässern über sandig-torfigem Grund. Wohngewässer sind Torfstiche, Moor- und Heideseen. Zeitweiliges Trockenfallen wird hingenommen, nicht aber Eutrophierung, Wellenschlag oder Wassertrübung.

Bevorzugt im subozeanisch beeinflußten Klimaraum, reicht die Spanne von der planaren bis zur montanen Stufe. Die zentrale *Utricularia vulgaris*-Rasse ist im NO und O heimisch, eine *Utricularia australis*-Rasse lebt mehr im W und SW (vgl. VANDEN BERGHEN 1967).

Trophische Unterschiede begründen außerdem:

Utriculario-Nymphaeetum albae typicum und

Utriculario-Nymphaeetum a. utricularietosum (Pass. 92) subass. nov. mit *U. minor* und *U. intermedia* in oligotroph-sauren Torfgewässern. Holotypus: Aufnahme-Nr. 9 bei JESCHKE (1963, Tab. 6, S. 488).

Im Kontakt mit Phragmition und Caricion rostratae bedingen regionale Seltenheit und ständiger Rückgang eine starke Gefährdung der Ass.

Utriculario-Nymphaeetum candidae (Jeckel 81) Pass. 92 Tabelle 35 c

Bezeichnend sind *Nymphaea candida* 1–3 mit *Utricularia minor* und *Juncus bulbosus* +–3 (Hn 20–50 %, Hs 5–40 %) in dystrophen, 50–70 cm tiefen Moortümpeln und Torfgewässern auf Torfschlamm. An zeitweiliges Trockenfallen angepaßt, bedeuten Eutrophierung und Wassertrübung den Zerfall. – Bisher nur am westlichen Arealrand von *Nymphaea candida* in der Lüneburger Heide (vgl. TÜXEN 1958, WEBER-OLDECOP 1975, JECKEL 1981) sowie in der Lausitz (vgl. PIETSCH 1978) in einer *Juncus bulbosus*-Rasse nachgewiesen. Eine binnenländische Zentralrasse ist möglicherweise noch zu erwarten.

Kleinstandörtlich heben sich hierin ab:

Utriculario-Nymphaeetum candidae typicum und

Utriculario-Nymphaeetum c. potamogetonetosum Pass. 92 mit *Potamogeton natans* und *P. pusillus* agg. in oligo-mesotrophen Gewässern. Äußerst selten, ist die Ass. stark gefährdet bis bedroht.

Potamogetono-Polygonetum natantis Knapp et Stoffers 62 Tabelle 34 a–b

Bezeichnend sind die Schwimmblattbestände von *Polygonum amphibium* var. *natans* 2–5 mit *Potamogeton natans* +–4 (Hn 20–90 %) in mäßig nährstoffhaltigen bis nährstoffreichen, oft eutrophierten (pH 7–9), 50–100 cm tiefen stehenden bis träge fließenden Gewässern. Wichtige Wuchsorte sind Teiche, Weiher, Gruben, Gräben, Seebuchten und Flußschlingen über mineralisch-schlammigem Grund. Vom Tiefland bis in die Bergstufe verbreitet, werden merkliche Eutrophierung, leichte Trübung und zeitweiliges Trockenfallen ertragen. Erst stärkere Abwasserverschmutzung beseitigt den Lebensraum.

Kleinstandörtlich bedingt differieren:

Potamogetono-Polygonetum natantis typicum und

Potamogetono-Polygonetum n. potamogetonetosum Pass. 92 mit *Potamogeton lucens, P. perfoliatus* und *Lemna minor* als Trennarten in nährstoffreichen, tieferen

Gewässern. Potamogetonetalia und Nasturtio-Glycerietalia stellen oft Nachbareinheiten. Vornehmlich in Sekundärgewässern heimisch und keineswegs selten, ist die Kombination nicht gefährdet.

3. Verband

Junco-Potamogetonion polygonifolii Pass. 96

Knollenbinse-Knöterichlaichkraut-Gesellschaften Tabelle 36

Einige bisher zum Eleocharition multicaulis/Littorelletea gerechnete Ass. werden eindeutig von Hydrophyten, insbesondere natanten Potamogetoniden wie *Potamogeton polygonifolius* und *Luronium natans* geprägt und oft von Utriculariiden ergänzt. Als Verbandstrennart greift einzig *Juncus bulbosus* var. *fluitans* über. Sehr viel enger als der Nymphaeion albae ist das Areal auf den Bereich ozeanisch-subozeanischen Klimas in W-Europa und im westlichen Mitteleuropa beschränkt. Während Hyperico-Potamogetonetum (vgl. BRAUN-BLANQUET & TÜXEN 1972, WATTEZ & GEHU 1982, BUCHWALD 1989) unser Gebiet nicht mehr erreicht, tangieren weitere zugehörige Einheiten wie Utriculario-Potamogetonetum p. und der Verbandstypus Luronio-Potamogetonetum polygonifolii Ostelbien. Zu den ökologischen Spezifika zählen mehrheitlich dystroph-mesotrophe, oft saure, flache Kleingewässer (bis 1 m tief).

Luronio-Potamogetonetum polygonifolii Pietsch 86 Tabelle 36 a–b

Kennzeichnend sind *Potamogeton polygonifolius* 2–4 mit *Luronium natans* 1–4 und *Juncus bulbosus* 1–3 (Hn 20–70 %, Hs 10–40 %) in mäßig nährstoffhaltigen, kalkarm-sauren (pH 5–5,6) klaren, 20–60 cm tiefen stehenden bis fließenden Gewässern über schlammig-torfigem Grund. Seen, Teiche, Torfstiche und Fließgräben bieten Lebensraum. Zeitweiliges Abtrocknen und leichter Salzgehalt scheinen tragbar. Eutrophierung, Wassertrübung (weniger durch Eisenhydroxid) und merkliche Winterfröste schädigen die Ges. Auf den subozeanisch beeinflußten Klimaraum des Tieflandes beschränkt, stammen bisherige Nachweise aus den altpleistozänen Bereichen in S-Brandenburg (vgl. PIETSCH 1986, HANSPACH & KRAUSCH 1987, HANSPACH 1989).

Kleinstandörtliche Unterschiede bedingen:
Luronio-Potamogetonetum polygonifolii typicum und
Luronio-Potamogetonetum p. hottonietosum Pietsch 86 mit *Hottonia palustris, Potamogeton natans* und *Nymphaea alba* in weniger flachen, mesotrophen Gewässern.

Unter den tangierenden Einheiten sind Nymphaeion, Ranunculion aquatilis und Eleocharition multicaulis. Regional begrenzte, seltene Vorkommen, die weiter abnehmen, begründen die Einstufung bei den vom Aussterben bedrohten Ass.

Utriculario-Potamogetonetum polygonifolii (Chouard 25) Pass. 94 Tabelle 36 c–e

Bezeichnend sind *Potamogeton polygonifolius* 2–4 mit *Utricularia minor* +–4 neben *Juncus bulbosus* 1–4 (Hn 20–70 %, Hs 5–50 %) in nährstoff-, kalk- und humusarmen, sauren (pH um 5), klaren, 10–40 cm tiefen stehenden Kleingewässern über Torfschlamm. Heide- und Moortümpel, Torfstiche und -schlenken sind Habitate dieser, zeitweiliges Abtrocknen ertragenden Ges. Gegenüber Eutrophierung und Wassertrübung ist sie gleichermaßen empfindlich.

Tabelle 36 Potamogeton polygonifolius-Gesellschaften

Spalte	a	b	c	d	e
Zahl der Aufnahmen	11	22	4	11	4
mittlere Artenzahl	6,3	3,6	5,2	5,1	4,2
Potamogeton polygonifolius	5^{24}	5^{24}	4^{23}	5^{24}	4^{34}
Juncus bulbosus fluitans	5^{13}	5^{13}	4^{24}	5^{24}	4^{13}
Utricularia minor	.	.	3^{13}	4^{+3}	4^{14}
Utricularia ochroleuca	.	.	2^{+3}	4^{+3}	1^{1}
Sphagnum obesum	.	.	2^{14}	4^{24}	2^{34}
Sparganium minimum	.	.	1^{+}	4^{+2}	.
Luronium natans	4^{13}	4^{24}	.	.	.
Callitriche cophocarpa	4^{+2}	3^{+2}	.	.	.
Utricularia australis	2^{+1}	2^{+2}	.	3^{+2}	.
Utricularia intermedia	.	.	.	.	4^{+1}
Eleocharis multicaulis	1^{+}	.	4^{+1}	.	.
Pilularia globulifera	2^{+1}	.	.	.	.
Eleocharis acicularis	2^{+}	.	.	.	.
Potamogeton natans	4^{+1}	0^{+}	.	.	.
Nymphaea alba	2^{+}	.	.	.	.
Hottonia palustris	4^{+2}	.	.	.	.
Potamogeton alpinus	2^{+2}	0^{+}	.	.	.
Potamogeton gramineus	2^{+2}	.	.	.	.

Herkunft:
a–b. PIETSCH (1986; 1986 a: 16), HANSPACH & KRAUSCH (1987: 14), HANSPACH (1989: 3)
c–e. PIETSCH (1986, 1986 a: 19).

Vegetationseinheiten:

1. Luronio-Potamogetonetum polygonifolii Pietsch 86
   hottonietosum Pietsch 86 (a)
   typicum Pietsch 86 (b)
2. Utriculario-Potamogetonetum polygonifolii (Chouard 25) Pass. 94
   Eleocharis multicaulis-Subass. (c)
   typicum (Pietsch 86) Pass. 94 (d)
   Utricularia intermedia-Subass. (e)

Bevorzugt in Moorkomplexen der planar-kollinen Stufe sowie im ozeanisch-subozeanischen Klimabereich heimisch (MENKE 1964, DIERSCHKE 1969, PIETSCH 1986).

Die kleinstandörtliche Variation bedarf weiterer Aufmerksamkeit. Eine *Eleocharis multicaulis*-Subass. in sehr flachen bzw. *Utricularia intermedia*-Subass. in tieferen Gewässern sind wahrscheinlich.

Sphagno-Utricularion, Eleocharition multicaulis und Scheuchzerio-Caricetea gehören zu den Nachbareinheiten. Regional selten und vom Rückgang betroffen, ist die Ass. gefährdet bis stark gefährdet.

2. Coenoformation Therophytosa

Terrestrische Annuellen-Pioniergesellschaften

Von kurzlebigen, meist einjährigen Therophyten beherrschte Ges., die offene Landböden mit lückiger bis lichtgeschlossener Initialvegetation oft nur vorübergehend begrünen. Von meist krautigen, zweikeimblättrigen Blütenpflanzen (Dicotyledonae) beherrscht, erreichen sie wechselnde Wuchshöhen (um 10–150 cm). Die Vorkommenspalette reicht von episodisch bis periodisch trockenfallenden Stränden und Gewässerufern über Kulturländereien (Äcker und Siedlungen) bis zu trockenen Ödlandstandorten. Zur Formation zählen die Klassen: Thero-Salicornietae, Saginetea maritimae, Cakiletea maritimae, Bidentetea tripartitae, Sisymbrietea, Stellarietea mediae, Sedo-Scleranthetea und Polygono-Poetea.

8. Klasse

Thero-Salicornietea (Pignatti 54) Tx. in Tx. et Oberd. 58

Ordnung

Thero-Salicornietalia Pignatti 54

Queller-Gesellschaften

Therophytische Pionier-Ges. alkalischer Böden mit Salzwassereinfluß. Im Gebiet weitgehend auf Küstenbereiche der Ostsee beschränkt, im küstenfernen Binnenland meist nur fragmentarisch an Salzstellen ausgebildet.

Von den zugehörigen Verbänden bleibt das Thero-Salicornion strictae auf die Gezeitenküsten des N-Atlantik und des Nordseewattes beschränkt (vgl. SCHWABE 1972, TÜXEN 1974, SCHWABE & KRATOCHWIL 1984, V. GLAHN & al. 1989, HOBOHM & POTT 1992, GEHU 1992, 1994). Auf die Ostseeküste sowie binnenländische Salzstellen greifen Einheiten des Salicornion ramosissimae über.

Verband

Salicornion ramosissimae Tx. 74

Ass.-Gr.

Salicornietum (patulae) brachystachyae Christiansen 55

Gesellschaften mit Kurzähren-Queller

Die vom nördlichen Atlantik über Nord- und Ostsee bis ins temperat-mitteleuropäische Binnenland verbreitete Ass.-Gr. mit *Salicornia brachystachya* begegnet uns in mehreren vikariierenden Einheiten. Es sind dies in Anlehnung an TÜXEN (1974) bzw. GEHU (1994): Puccinellio distantis-Salicornietum brachystachyae (Wilkon-Michalska 63) Tx. 74 corr. Géhu 92, Spergulario mediae-Salicornietum brachystachyae Géhu 74 corr. 92 und Spergulario salinae-Salicornietum brachystachyae im küstennahen Ostseebereich.

Spergulario salinae-Salicornietum brachystachyae (Libbert 40) nom. nov.
Tabelle 37 c–d

Kennzeichnend sind *Salicornia brachystachya* (nach GEHU & GEHU-FRANK 1984 irrtümlich mit *S. ramosissima, S. patula* gleichgesetzt) 2–4 mit *Spergularia salina* +–2, konstant ergänzt von *Suaeda maritima*. Sie bilden artenarme, oft prostrate bis fußhohe, lückige bis halbgeschlossene (um 30–60 % deckende) Bestände in Salzwannen, brackigen Dünentümpeln und im Winter überschwemmten küstennahen Salzwassersenken.

Regional zeichnen sich die analogen Einheiten an der Nordsee durch *Spergularia media (S. marginata)* und *Spartina anglica* als Spergulario mediae-Salicornietum bzw. Puccinellio maritimae-Salicornietum (vgl. DIRCKSEN 1968, BREHM & EGGERS 1974, GEHU 1974, TÜXEN 1974, SCHWABE 1972, V. GLAHN & al. 1989) und jene im küstenfernen Binnenland ohne *Suaeda maritima* durch *Puccinellia distans* als Puccinellio distantis-Salicornietum ab (vgl. WILKON-MICHALKA 1963, DUVIGNEAUD 1967, TÜXEN 1974, JANSSEN 1986, GEHU 1994). Letztere im Gebiet vermutlich ausgestorben, doch aus Mitteldeutschland belegt (vgl. ALTEHAGE & ROSSMANN 1937, WESTHUS 1987). Kleinstandörtliche Differenzen erfordern:

Spergulario salinae-Salicornietum typicum und

Spergulario salinae-Salicornietum atriplicetosum subass. nov. abzugrenzen. Trennarten sind *Atriplex triangularis, A. littoralis* und *Glaux maritima,* sie vermitteln zum Atriplicion littoralis. Im Konnex mit Asteretea tripolii ist die heute sehr verstreut vorkommende Ass. bereits gefährdet.

Nomenklatorischer Typus der baltischen Ass. ist die Aufnahme der Tabelle 6 bei VODERBERG (1955, S. 251). Jene der *Atriplex*-Subass. liefern PANKOW & MAHNKE (1963, S. 145 oben). Weitere Belege von der Küste Mecklenburg-Vorpommerns stammen von LIBBERT (1940), FRÖDE (1958), PANKOW & MAHNKE (1963), DUTY & SCHMIDT (1966), KLOSS (1969), KRISCH (1974) und KNAPP (1976).

Ass.-Gr.
Suaedetum maritimae De Vries 35
Strandsode-Gesellschaften

Die in der meridional-temperaten Zone circumpolar vorkommende *Suaeda maritima* tritt mit regional vikariierenden Einheiten und Kleinarten gesellschaftsbildend auf. Bekannt wurden: Suaedetum pannonicae, Astero-Suaedetum maritimae, Suaedetum vulgaris, *Suaeda flexilis*-Ges., Crypsido-Suaedetum maritimae und *Spergularia-Suaeda*-Ges. (vgl. WENDELBERGER 1943, VICHEREK 1973, TÜXEN 1974, GEHU & GEHU-FRANCK 1984, SCHWABE & KRATOCHWIL 1984, V. GLAHN & al. 1989, POTT 1992, MUCINA & al. 1993, GEHU 1994).

Spergularia salina-Suaeda maritima-Ges. Tabelle 37 a–b

Bezeichnende Kombination sind *Suaeda maritima* 2–4 mit *Spergularia salina* +–1 und *Plantago maritima* +, konstant ergänzt von *Salicornia brachystachya.* Die lückigen bis lichtgeschlossenen Bestände auf schlickig-tonigen Salzböden werden bis zu fußhoch. Regional zeichnen sich die westlichen Ausbildungen durch *Salicornia stricta/dolichostachya, Spartina anglica* und *Spergularia media* aus, die baltische Vikariante differenzieren *Spergularia salina* und *Plantago maritima*

(KLOSS 1969), ähnlich auch bei SCHERFOSE (1986). Taxonomischer Klärungsbedarf besteht hinsichtlich *Suaeda prostrata* (vgl. HOBOHM & POTT (1992).

Kleinstandörtlich sind erkennbar:

Typische und *Puccinellia*-Subass. mit den Trennarten *P. distans, P. maritima, Spergularia media* und *Triglochin maritimum.*

Im Konnex mit Salicornietum und Puccinellion maritimae ist die äußerst seltene Ass. stark gefährdet.

Tabelle 37 Suaeda-Salicornia-Gesellschaften

Spalte	a	b	c	d
Zahl der Aufnahmen	2	1	13	11
mittlere Artenzahl	8	5	6,4	3,4
Salicornia brachystachya	2^{+1}	+	5^{14}	5^{24}
Suaeda maritima	2^{2}	4	5^{+3}	5^{+3}
Spergularia salina	2^{+}	1	5^{+2}	3^{+2}
Spergularia media	2^{+1}	.	2^{+2}	0^{+}
Puccinellia distans	2^{+}	.	1^{+1}	0^{+}
Aster tripolium	2^{+}	.	2^{+3}	2^{+3}
Puccinellia maritima	1^{+}	.	2^{+2}	2^{+1}
Triglochin maritimum	1^{1}	.	0^{+}	0^{+}
Plantago maritima	1^{+}	+	0^{+}	.
Atriplex triangularis	1^{+}	+	4^{+1}	.
Glaux maritima	.	.	3^{+2}	.
Atriplex littoralis	.	.	2^{+}	.

außerdem mehrmals: in c. Matricaria maritima 2, Juncus gerardii 2, Bolboschoenus maritimus 2.

Herkunft:

a–d. LIBBERT (1940: 1), VODERBERG (1955: 1), FRÖDE (1958: 4), PANKOW & MAHNKE (1963: 1), DUTY & SCHMIDT (1966: 5), KLOSS (1969: 6), KRISCH (1974: 8), KNAPP (1976: 2).

Vegetationseinheiten:

1. Spergularia salina-Suaeda maritima-Ges.
   Puccinellia-Subass. (a)
   Typische Subass. (b)
2. Spergulario salinae-Salicornietum brachystachyae ass. nov.
   atriplicetosum subass. nov. (c)
   typicum subass. nov. (d)

9. Klasse

Saginetea maritimae Westhoff et al. 62

Ordnung

Saginetalia maritimae Westhoff et al. 62

Verband

Saginion maritimae Westhoff et al. 62
Küstenmastkraut-Teppichgesellschaften

Kleinwüchsige Therophytenfluren an wechselhalinen und wechselfeuchten offenen Bodenstellen am Flutsaum der Meeresküsten. Im W (Atlantik und Nordsee) verstreut, klingen entsprechende Vorkommen der spezifischen Arten mit abnehmendem Salzgehalt in der südwestlichen Ostsee aus. Im Gebiet sind folgende Ass.-Gr. nachweisbar: Plantaginetum coronopi, Cochlearietum danicae und Saginetum maritimae.

Ass.-Gr.
Plantaginetum coronopi Tx. (37) Pass. 64
Krähenfußwegerich-Gesellschaften

Im N bleibt das Areal von *Plantago coronopus* innerhalb der temperaten Zone sowie auf die westliche Ostseeküste beschränkt (HULTEN 1950). Zu den bekanntgewordenen Schwerpunktvorkommen zählen: das irische Cerastio-Plantaginetum, das adriatische Tetragonolobo-Plantaginetum sowie das baltische Bupleuro-Plantaginetum coronopi (BRAUN-BLANQUET & TÜXEN 1952, PIGNATTI 1954, VODERBERG 1955).

Bupleuro-Plantaginetum coronopi Fröde ex Voderberg 55 Tabelle 38 a–c

Regional kennzeichnen *Plantago coronopus* 1–3 mit *Bupleurum tenuissimum* + und *Pottia heimii* + die südbaltische Ass. am östlichen Arealrand der Klasse. Das singuläre Auftreten von *Cochlearia danica* rechtfertigt sicher nicht eine Einbeziehung in das nordozeanische Sagino-Cochlearietum. Zusammen mit *Agrostis stolonifera ssp. maritima, Juncus gerardii* u. a. bilden sie niederwüchsige, lückige bis lichtgeschlossene Therophyten-Bestände, die kleinflächig an Ameisenhügeln (sog. Weidewarzen) und an Außendeichen den Flutsaum im Salzwiesenbereich markieren.

Kleinstandörtlich heben sich ab:

Bupleuro-Plantaginetum coronopi typicum und

Bupleuro-Plantaginetum c. plantaginetosum subass. nov. mit *Plantago maritima, Potentilla anserina, Trifolium fragiferum, Lotus tenuis* und weiteren nässemeidenden Arten (VODERBERG 1955, FRÖDE 1958, PASSARGE 1962, DUTY & SCHMIDT, KLOSS 1969). Wie die Besonderheiten der *Agropyron repens*-Ausbildungen bei DUTY & SCHMIDT (1966) und KLOSS (1969) innerhalb des Bupleuro-Plantaginetum plantaginetosum zu werten sind, bedarf weiterer Klärung (vgl. Tab. 38c). Nomenklatorischer Typus der *Plantago*-Subass. ist die Aufnahme der Tab.10 bei VODERBERG (1955, S. 253).

Mit regional seltenen, kleinflächigen Vorkommen im Konnex mit Armerion maritimae gehört die Ass. zu den charakteristischen Elementen der Küstenregion und ist stark gefährdet.

Tabelle 38 Sagina maritima-Gesellschaften

Spalte	a	b	c	d	e	f
Zahl der Aufnahmen	7	5	12	5	1	2
mittlere Artenzahl	15	12	15	8	8	7
Sagina maritima	3^{+}	2^{+}	2^{+1}	.	4	2^{45}
Cochlearia danica	1^{2}		0^{+}	5^{24}	.	.
Plantago coronopus	5^{+2}	5^{13}	5^{14}	.	.	.
Bupleurum tenuissimum	3^{+1}		3^{+}	.	.	.
Agrostis* maritima	5^{+2}	5^{+1}	5^{+2}	.	1	.
Plantago maritima	4^{12}	.	5^{+2}	.	.	2^{2}
Glaux maritima	1^{2}	1^{+}	2^{+2}	.	+	1^{+}
Armeria maritima	1^{1}	2^{+1}	3^{+1}	1^{+}	.	2^{+}
Aster tripolium	2^{+2}	.	.	.	.	1^{+}
Juncus gerardii	3^{+}	1^{+}	3^{+1}	1^{+}	.	.
Festuca rubra litoralis	5^{12}	3^{2}	5^{+1}	4^{+1}	.	2^{12}
Artemisia maritima salina	.	1^{+1}	3^{+1}	1^{+}	.	2^{+2}
Agropyron repens	.	3^{+}	5^{+2}	4^{+2}	.	.
Poa subcaerulea	.	.	2^{12}	2^{+2}	.	.
Centaurium pulchellum	3^{+}	2^{+}	.	.	1	.
Carex distans	3^{+}	2^{+}	.	.	.	.
Potentilla anserina	5^{12}	.	3^{+1}	2^{+2}	.	1^{+}
Festuca arundinacea	4^{+1}	.	.	.	1	.
Trifolium fragiferum	5^{+2}	.	3^{+2}	1^{+}	.	.
Trifolium repens	3^{+1}	1^{+}	3^{+2}	2^{+1}	.	.
Leontodon autumnalis	3^{+1}	2^{+}	3^{+1}	1^{+}	.	.
Taraxacum officinale	3^{+}	3^{+}	3^{+}	.	.	.
Bellis perennis	4^{+1}	.	.	.	.	.
Achillea millefolium	.	3^{+1}	5^{+1}	3^{+}	.	.
Anthoxanthum odoratum	.	1^{+}	2^{+1}	2^{+}	.	.
Stellaria media	.	.	0^{+}	3^{+}	.	.
Tortula ruralis	.	.	2^{+}	5^{24}	.	.
Bryum argenteum	.	.	2^{+}	1^{+}	.	.
Pottia heimii	1^{+}	2^{+}	1^{+}	.	.	.

außerdem in a: Sagina nodosa 5, Danthonia decumbens 4, Armeria elongata 3, Odontites litoralis 3, Lotus tenuis 3, Potentilla reptans 2; in b: Matricaria maritima 2, Bryum mamillatum 2; in c: Sagina procumbens 3, Erodium cicutarium 2, Puccinellia distans 5, Lolium perenne 3, Parapholis strigosa 2.

Herkunft:

a–d. VODERBERG (1955:1), FRÖDE (1958: 7), PASSARGE (1962: 1), DUTY & SCHMIDT (1966: 9), KLOSS (1969: 11)

e–f. JESCHKE (1968: 1), KLOSS (1969: 2).

Vegetationseinheiten:

1. Bupleuro-Plantaginetum coronopi Fröde ex Voderberg 55
   plantaginetosum subass. nov. (a, c)
   typicum subass. nov. (b)
2. Sagino-Cochlearietum danicae Tx. et Gillner 57 (d)
3. Centaurium-Sagina maritima-Ges. (e)
4. Artemisia salina-Sagina maritima-Ges. (f)

Ass.-Gr.
Saginetum maritimae Westhoff 47
Küstenmastkraut-Gesellschaft (Tabelle 38 e–f)

Einzelne Vorkommen von *Sagina maritima* 3–5 mit *Glaux maritima* sind die einzig verbindenden Arten der von JESCHKE (1968) bzw. KLOSS (1969) publizierten Beispiele. Ob den merklichen Differenzen mit *Centaurium pulchellum, C. littorale* und *Agrostis stolonifera maritima* einerseits bzw. *Plantago maritima, Artemisia maritima ssp. salina* und *Armeria maritima* andererseits allgemeine Bedeutung zukommt, müssen weitere Untersuchungen klären. Im Kontakt mit Armerion maritimae ist die äußerst seltene Ges. in Mecklenburg stark gefährdet.

Ass.-Gr.
Cochlearietum danicae Westhoff 47
Gesellschaften mit Dänischem Löffelkraut

Die an den temperat-europäischen Meeresküsten heimische *Cochlearia danica* gehört zu den Arten mit Hauptvorkommen im wechselhalinen und wechselfeuchten Bereich, wo sie mit wenigen Begleitarten zwischen Dünen- und Salzwiesenzone kleinflächig optimale Bedingungen findet. Trotz variabler Zusammensetzung werden bisher alle Ausbildungen von den Niederlanden bis S-Schweden und den deutschen Küsten im Sagino-Cochlearietum danicae vereinigt (TÜXEN & al. 1957, TÜXEN & WESTHOFF 1963), Soncho-Cochlearietum danicae folgt im SW-Atlantik (GEHU 1994).

Sagino-Cochlearietum danicae Tx. et Gillner 57 Tabelle 38 d

Kennzeichnend sind *Cochlearia danica* 2–4 mit *Festuca rubra* ssp. *litoralis* +–2 und *Tortula ruralis* 2–4. Unweit der südöstlichen Arealgrenze an der mecklenburgischen Küste (Vogelinsel Langenwerder/Poel) bereichern nach DUTY & SCHMIDT (1966) nur noch wenige Salzwiesenarten mit geringster Stetigkeit (unter 20 %) wie *Armeria maritima* oder *Juncus gerardii* die Artenverbindung. Ebenso fehlen alle Saginion-Vertreter (*Sagina maritima, Plantago coronopus* usw.). Ersetzt werden diese durch schwach salztolerante Pflanzen wie *Agropyron repens, Achillea millefolium* und (als Guano-Zeiger) *Stellaria media.*

Mir scheint es sinnvoller hier von einer oligohalinen *Agropyron repens*-Rasse als von einer Subass. zu sprechen. Die publizierte Stetigkeitsliste erlaubt keine Angaben zur standörtlichen Variabilität.

Im Konnex mit *Armerion maritimae* und Poo irrigatae-Agropyretum ist die sehr seltene Ass. nahe der Arealgrenze sicher gefährdet.

10. Klasse

Cakiletea maritimae Tx. et Prsg. in Tx. 50
Spülsaumgesellschaften der Meeresküsten Tabelle 39

Ordnung

Cakiletalia maritimae Tx. 50

Verband

Cakilion maritimae Pignatti 54 ex Pass. 78
Meersenf-Spülstrandgesellschaften

Artenarme, sehr lückige, therophytisch-kurzlebige Pioniervegetation in der Feuchtzone des mineralischen Spülstrandes der Meeresküsten.

Ass.-Gr.
Cakiletum maritimae Nordhagen 40
Meersenf-Gesellschaften

Die an den Meeresküsten Europas und W-Asiens vorkommende *Cakile maritima* reicht nach N bis in die boreale Zone. Diesen Großraum besiedelt sie in mehreren Unterarten und vikariierenden Ass. Bekannt wurden Cakilo euxinae-Salsoletum tragi vom Schwarzen Meer, Salsolo-Cakiletum maritimae von Nordsee und Atlantik sowie Salsolo-Cakiletum balticae von der Ostsee (vgl. TÜXEN 1950, PIGNATTI 1954, VICHEREK 1971, PASSARGE & PASSARGE 1973, COSTA & MANZANET 1981).

Salsolo-Cakiletum balticae Pass. 73 Tabelle 39 g–h

Kennzeichnend sind *Cakile maritima* ssp. *baltica* 1–4 mit *Salsola kali* ssp. *kali* +–2. Häufig ergänzt durch *Honkenya peploides* und *Elymus arenarius* als Vorboten der angrenzenden Vorstrandgesellschaft. Fundorte liegen in der halophilen Feuchtstrandzone der südlichen Ostseeküste. Auf sandig-kiesigen Böden, ohne nennenswerte organische Ablagerungen, ist die Vegetation relativ übersandungsfest. Trittempfindlich, fehlt sie an frequentierten Badestränden. Mit sinkendem Salzgehalt klingt die Ass. nach NO hin aus (KISINAS 1936, PASSARGE & PASSARGE 1973). Von der Küste Mecklenburg-Vorpommerns wurde die Einheit mehrfach, so von LIBBERT (1940), JESCHKE (1968), PASSARGE & PASSARGE (1973), KRISCH (1974, 1990) bestätigt. Zwei Untereinheiten sind erkennbar:

Salsolo-Cakiletum balticae typicum subass. nov.

Salsolo-Cakiletum b. atriplicetosum subass. nov. mit *Atriplex triangularis* und *A. littoralis* als Trennarten auf schwach nitrophil beeinflußten Strandzonen. Letztere vermittelt zum Atriplicion littoralis, der meist höher liegenden Tangrottezone des Winterstrandes. Zu weiteren Kontaktgesellschaften zählen Agropyretum juncei, Honkenyetum peploidis und Ammophiletum balticae, selten auch Agropyro-Lactucetum tataricae. – Als Holotypus der Typischen bzw. Atriplex-Subass. werden die Aufnahmen-Nr. 3 bzw. Nr. 1 bei PASSARGE & PASSARGE (1973, Tab. 8, S. 238) empfohlen.

Insgesamt sind die Vorkommen dieser charakteristischen Küsten-Ass. ziemlich selten, weiter im Rückgang und bereits stark gefährdet.

Tabelle 39 Cakile-Atriplex littoralis-Gesellschaften

Spalte	a	b	c	d	e	f	g	h
Zahl der Aufnahmen	14	48	19	26	19	17	9	12
mittlere Artenzahl	8,1	4,8	6,3	8,1	7,0	9,6	6,4	4,5
Cakile maritima baltica	1^{+1}	0^{+}	1^{+}	2^{+2}	3^{+2}	5^{+2}	5^{13}	5^{24}
Salsola kali kali	.	.	.	2^{+2}	2^{+2}	4^{+3}	4^{13}	4^{+1}
Atriplex triangularis	5^{+4}	5^{13}	5^{13}	5^{14}	5^{14}	5^{13}	4^{+2}	.
Atriplex littoralis	5^{14}	5^{15}	5^{14}	5^{+3}	5^{+3}	4^{+2}	3^{12}	.
Matricaria maritima	.	0^{+1}	1^{1}	2^{+1}	5^{+2}	2^{+2}	.	.
Atriplex glabriuscula	.	0^{+1}	.	.	.	1^{+}	.	.
Atriplex calotheca	4^{14}	4^{13}	4^{+3}	0^{1}	0^{1}	.	.	.
Atriplex patula crassa	3^{+1}	0^{1}	1^{+1}	0^{+}	.	.	.	.
Atriplex longipes	.	1^{+3}	2^{+2}	.	.	.	.	.
Honkenya peploides	.	0^{2}	.	0^{+}	.	4^{+2}	4^{14}	3^{+3}
Elymus arenarius	.	0^{1}	.	0^{+}	.	4^{+3}	1^{1}	3^{+2}
Agropyron junceum	.	.	.	.	.	1^{+}	.	2^{+}
Festuca rubra arenaria	.	.	.	.	.	2^{+2}	1^{+}	2^{+1}
Galeopsis bifida	1^{+}	2^{+2}	.	0^{+1}	3^{+2}	.	.	.
Galium aparine	0^{+}	2^{+2}	.	0^{+1}	2^{+1}	.	.	.
Matricaria inodora	3^{+2}	.	.	1^{+2}	.	5^{+2}	.	.
Chenopodium album	4^{+2}	.	0^{+}	2^{+1}	.	1^{+}	1^{2}	.
Chenopodium glaucum	4^{+1}	.	.	5^{+2}	.	.	.	.
Chenopodium rubrum	2^{+1}	.	1^{+1}	2^{+2}	.	.	.	.
Aster tripolium	0^{+}	.	5^{+2}	1^{+}	0^{+}	.	.	.
Puccinellia distans	.	.	3^{+2}	2^{+2}	.	.	.	.
Ranunculus sceleratus	.	0^{+}	2^{+2}	0^{+}	2^{+}	.	.	.
Agropyron repens	3^{+2}	0^{+1}	.	1^{+2}	2^{+2}	3^{+2}	.	2^{+}
Cirsium arvense	2^{+}	1^{+2}	.	2^{+2}	2^{+}	0^{+}	1^{+}	.
Convolvulus arvensis	1^{+}	0^{+}	.	.	1^{+}	0^{+}	0^{+}	.
Rumex crispus	0^{+}	0^{+1}	.	2^{+}	3^{+}	3^{+}	.	.
Potentilla anserina	3^{+}	0^{+1}	.	1^{+2}	2^{+}	1^{+}	1^{+}	.
Phragmites australis	.	0^{+2}	1^{+}	2^{+4}	1^{+}	0^{1}	.	.
Sonchus arvensis ulig.	2^{+}	2^{+2}	.	2^{+1}	3^{+1}	.	.	.

außerdem mehrmals in a: Sonchus asper 2, S. oleraceus 2; in c: Spergularia salina 2, Rumex maritimus 2; in d: Polygonum aviculare agg. 2; in f: Tussilago farfara 2; in g: Lactuca tatarica 2.

Herkunft:

a–c. Fröde (1958: 3), Passarge (1962, 1973: 8), Krisch (1974, 1980, 1992: 70)

d–f. Libbert (1940: 8), Fukarek (1961: 4), Jeschke (1964, 1968: 8), Duty & Schmidt (1966: 10), Kloss (1969: 9), Passarge & Passarge (1973: 10), Krisch (1974, 1980, 1990: 13)

g–h. Libbert (1940: 1), Jeschke (1968: 3), Passarge & Passarge (1973: 9), Krisch (1974, 1990: 8)

Vegetationseinheiten:

1. Atriplicetum glabriusculo-calothecae (Fröde) Tx. 50 ex Fröde 58
   chenopodietosum (Pass. 73) subass. nov. (a)
   typicum (Krisch 90) (b), asteretosum (Krisch 90) subass. nov. (c)
2. Matricario-Atriplicetum littoralis (Christiansen33) Tx. 50
   chenopodietosum (Tx. et Böckelmann 57) comb. nov. (d)
   typicum (e), honkenyetosum subass. nov. (f)
3. Salsolo-Cakiletum balticae Pass. et Pass. 73
   atriplicetosum subass. nov. (g)
   typicum subass. nov. (h)

2. Ordnung

Atriplicetalia littoralis Siss. in Westhoff et al. 46
Eurasische Strandmelde-Gesellschaften

Zur Ordnung zählt neben dem Nominatverband Atriplicion littoralis außerdem Atriplici laciniatae-Salsolion kali (Tx. 50) Géhu 75 mit den Ass.-Gr. Atriplicetum laciniatae und Atriplicetum glabriusculae an den atlantischen Küsten.

Verband

Atriplicion littoralis (Nordhagen 40) Tx. 50

Ass.-Gr.
Atriplicetum littoralis Tx. 37
Strandmelde-Gesellschaften

Die an eurasischen Küsten bis in die boreale Zone verbreitete *Atriplex littoralis* wurde in vikariierenden Einheiten bekannt. Genannt seien: Beto-, Salsolo- und Matricario-Atriplicetum l. (vgl. NORDHAGEN 1940, TÜXEN 1950, PASSARGE 1962, GEHU 1975).

Matricario maritimae-Atriplicetum littoralis (Christ. 33) Tx. 50 Tabelle 39 d–f

Kennzeichnend sind *Atriplex littoralis* +–3 mit *Matricaria maritima* +–2 dazu als Hauptbestandbildner *Atriplex triangularis* sowie *Salsola k. kali* als Ass.-Trennart. Die Fundorte liegen in der höheren Spülstrandzone, dort wo die Stürme des Winterhalbjahres Algen, Seegras und sonstiges organisches Material angeschwemmt haben. Auf derartigen Rotteprodukten siedeln sich im Sommer fuß- bis kniehohe, um 50–80 % deckende *Atriplex*-Bestände an und bauen die Vorräte ab.

Regional lassen sich subboreale *Galeopsis bifida*-Rasse (vgl. DAHL & HADAC 1941, PASSARGE 1973 = Galeopsio-Atriplicetum bei KRISCH 1990) und temperate Zentralrasse innerhalb der baltischen *Salsola k. kali*-Vikariante (= *Atriplex littoralis-Salsola kali*-Ass. bei TÜXEN 1950) mit *Matricaria inodora* und weiteren oligohalinen Arten unterscheiden.

Lokalstandörtlich sind abgrenzbar:

Matricario-Atriplicetum littoralis typicum,

Matricario-Atriplicetum l. honkenyetosum subass. nov. mit *Honkenya peploides, Elymus arenarius* und *Festuca rubra arenaria* als Trennarten übersandeter Tangwälle (vgl. HALLBERG 1971),

Matricario-Atriplicetum l. chenopodietum (Tx. et Böckelmann 57) comb. nov. mit den Trennarten *Chenopodium glaucum, Ch. album* und *Ch. rubrum*. Dem Chenopodio-Atriplicetum littoralis bei PASSARGE & PASSARGE (1973) entsprechend, weist die Subass. zu den Bidentetalia. Die Holotypi der Typischen bzw. Honkenya-Subass. stellen die Aufnahmen-Nr. 3 bzw. 7 (Tab. 5 bei PASSARGE & PASSARGE 1973, S. 236).

Mit dem benachbarten Salsolo-Cakiletum und Elymo-Honkenyetum gehört die Ass. zu den charakteristischen Vegetationstypen der baltischen Küste. Ihre sehr verstreuten, von Jahr zu Jahr schwankenden und bei zunehmendem Strandtourismus zurückgehenden Bestände gehören als Refugien für stark gefährdete Arten wie *Cakile m. baltica, Matricaria maritima* bzw. die gefährdete *Salsola k. kali* (vgl. FUKAREK & al. 1992) zu den wertvollen und stark gefährdeten Ass.

Atriplicetum glabriusculo-calothecae (Fröde) Tx. 50 ex Fröde 58 Tabelle 39 a–c

Kennzeichnend sind *Atriplex littoralis* und *A. calotheca* jeweils 1–4. Neben konstanter *A. triangularis* kommen als seltene Weiserarten *A. longipes, A. patula crassa* oder *A. glabriuscula* hinzu. Die meist fußhohen, selten mehr als 50 % deckenden Bestände bevorzugen schlickbeeinflußte, nitrophile Spülsaumstandorte abseits von stark frequentierten Badestränden und Vordünen. Publizierte Aufnahmen belegen die Einheit von W-Mecklenburg bis zur vorpommerschen Küste (FRÖDE 1958, PASSARGE 1962, 1973, KRISCH 1974, 1980, 1992).

Abermals deuten *Galeopsis bifida-* und Zentralrasse regionale Unterschiede an.

Weitere Differenzen sind lokalstandörtlicher Natur:

Atriplicetum glabriusculo-calothecae typicum (Fröde 58)

Atriplicetum g.–c.- asteretosum (Krisch 90) subass. nov. mit *Aster tripolium, Puccinellia distans* und *Spergula salina* (= Astero-Atriplicetum littoralis Krisch 90) auf brackigen Feuchtböden, weist zu den Salzwiesen,

Atriplicetum g.–c. chenopodietosum (Pass. 73) subass. nov. mit *Chenopodium glaucum, Ch. album, Ch. rubrum* und *Matricaria inodora* (= Chenopodio-Atriplicetum littoralis bei PASSARGE & PASSSARGE 1973) auf höherliegenden Strandwällen mit Bidentetalia-Einschlag. – Holotypus der letzteren ist Aufnahme-Nr. 1 der dortigen Tab. 6, S. 237.

Zu den Nachbareinheiten zählen Cakilion maritimae, Potentillo-Festucetum arundinaceae sowie Convolvulo-Agropyrion repentis. Relativ verstreute, seltene Vorkommen mit Rückgangtendenz begründen die starke Gefährdung der Ass.

11. Klasse

Bidentetea tripartitae Tx., Lohm. et Prsg. in Tx. 50
Zweizahn-Ufergesellschaften

Kurzlebige, meist fuß- bis kniehohe, licht- und dichtgeschlossene Pioniervegetation mit *Bidens-*, *Chenopodium-*, *Polygonum-*, *Rumex-* und weiteren Arten auf nährstoffreichen, zeitweilig trockenfallenden, offenen Uferstandorten an limnischen Binnengewässern. Mit Hauptvorkommen im Bereich sommergrüner Fallaubwälder (Carpino-Fagetea) sind vikariierende Einheiten aus weiten Teilen Europas (POLI & J. TÜXEN 1960) und Ostasiens (MIYAWAKI & OKUDA 1972) bekannt bzw. in N-Amerika (KNAPP 1968, TÜXEN 1979) zu erwarten.

Ordnung

Bidentetalia tripartitae Br.-Bl. et Tx. (43) in Hadać et Klika 44
Eurasische Zweizahn-Gesellschaften

Die in Europa und darüber hinaus nachgewiesenen Einheiten werden den Verbänden Bidention tripartitae und Chenopodion rubri zugerechnet.

1. Verband

Bidention tripartitae Nordhagen 40
Zweizahn-Knöterich-Gesellschaften Tabelle 40-41

Zum Verband zählen alle von *Bidens-*, mehreren *Rumex-* und *Polygonum-*Arten geprägten Gesellschaften mit *Ranunculus sceleratus* und *Alopecurus aequalis* neben Sumpfpflanzen der *Lycopus europaeus-* und *Alisma-*Gruppen. Sie siedeln an den zeitweilig trockenfallenden Uferzonen von Klein- und Standgewässern bis hin zu Feuchtäckern, Weidesenken, feuchten Wegrändern sowie dem Aushub von Gräben und Teichen. Die Böden sind schlammreich, torfig oder humos, überwiegend nährstoffreich und im Sommerhalbjahr zumindest grund- bis staufeucht. Variabel in der Wuchshöhe (20–150 cm), decken ihre von Therophyten beherrschten Bestände mehrheitlich 50–80 % der Fläche. Mit Hauptvorkommen in der planarkollinen Stufe reichen Nachweise vom borealen Skandinavien (vgl. NORDHAGEN 1940) bis S-Europa (TÜXEN & OBERDORFER 1958, POLI & J. TÜXEN 1960). – Neben dem Verbandstypus Bidentetum tripartitae werden folgende Ass.-Gr. zugeordnet: Bidentetum cernuae, Bidentetum connatae, Bidentetum frondosae, Bidentetum radicatae, Polygonetum hydropiperis, Polygonetum minoris, Polygonetum mitis, Ranunculetum scelerati, Rumicetum maritimi, Rumicetum palustris, Alopecuretum aequalis und Senecionetum tubicaulis.

Ass.-Gr.
Bidentetum tripartitae Koch 26
Gesellschaften mit Dreiteiligem Zweizahn

Die Verbreitung von *Bidens tripartita* reicht über weite Bereiche Eurasiens zwischen der meridionalen und (sub-)borealen Zone (HULTEN 1950). Die Art ist nicht nur in verschiedenen Vegetationseinheiten der Klasse sowie an Sonderausbildungen z. B. auf Feuchtäckern meist untergeordnet (mit +–2) beteiligt, sondern begegnet uns im Gebiet verschiedentlich bestand- bzw. mitbestandbildend in mehreren Assoziationen. Genannt seien Polygono-Bidentetum und Leersio-Bidentetum tripartitae.

Polygono hydropiperis-Bidentetum tripartitae Lohm. in Tx. 50 ex Pass. 55
Tabelle 40 h–i

Diagnostisch wichtig sind die namengebenden Bestandbildner: *Bidens tripartita, Polygonum hydropiper,* dazu *P. lapathifolium* jeweils +–4. Oft durchsetzt von Kriechrasenarten wie *Agrostis stolonifera, Ranunculus repens* und *Potentilla anserina,* können sie sich zu gut kniehohen (40–100 cm), 50–90 % deckenden Therophytenbeständen zusammenschließen. Bevorzugte Siedlungsorte sind schlammige Ufer an Teichen, Gräben, seltener auch in Auen, die zeitweilig überstaut sind. Ihre Böden sind sehr nährstoffreiche, humose feuchte Sande, Lehme, Schlicke oder sandige Niedermoortorfe.

Regionale Differenzen, auch solche in der Höhenabstufung (vgl. SOMSAK 1972, SCHWABE 1980) bedürfen der weiteren Aufmerksamkeit.

Kleinstandörtliche Unterschiede begründen:

Polygono hydropiperis-Bidentetum t. typicum und

Polygono hydropiperis-Bidentetum t. atriplicetosum subass. nov. in schlickhaltigen Niederungen mit den Trennarten *Atriplex prostrata, Echinochloa crus-galli, Phalaris arundinacea* und *Calystegia sepium.* Sie vermitteln zum Chenopodion rubri. Lectotypus ist Aufnahme-Nr. 2 (Tab. XV bei PASSARGE 1955, S. 228). Weitere Belege aus Brandenburg und Mecklenburg-Vorpommern lieferten FRÖDE (1958), PASSARGE (1959, 1959, 1964 u. n. p.) und HENKER (1971).

Im Kontakt wachsen häufig Uferkriechrasen der Agrostietalia stoloniferae und Phalarido-Glycerion-Uferröhrichte. Trotz merklichen Rückganges von *Bidens tripartita* (oft von *B. frondosa* ersetzt), ist die Ass. im Gebiet häufigster Bidention-Vertreter und noch nicht gefährdet.

Leersio-Bidentetum tripartitae (Koch 26) Poli et J. Tx. 60 Tabelle 40 k

Die mehr submeridional-temperat verbreitete Ass. zeichnen *Bidens tripartita* 2–4 mit *Leersia oryzoides* +–2 aus. Ebenso läßt sich die recht artenreiche Originalaufnahme eines »Bidentetum tripartiti« bei KOCH (1926) gut hier zuordnen. Mein erster Nachweis aus dem Spreewald (PASSARGE 1957, 1964) vom schlickreichen Überschwemmungsufer eines Kanales wurde im Gebiet offenbar nicht durch weitere Aufnahmen ergänzt. Aus benachbarten Ländern/Regionen gibt es jedoch zahlreiche Bestätigungen (vgl. z. B. FALINSKI 1966, SCHNEIDER-BINDER 1970, HILBIG & JAGE 1972, MARKOWICZ 1975, HOOST 1976, ULLMANN 1977, FIJALKOWSKI 1978 u. a.). Im Vergleich zu dem vornehmlich nordwestdeutschen Material bei POLI & J. TÜXEN (1960) bringen dort *Bidens cernua*, hier aber *Rumex maritimus, Polygonum tomentosum, Echinochloa crus-galli* und *Potentilla norvegica* syngeographische Spezifika zum Ausdruck.

Im Kontakt wurden Nasturtio-Glycerietalia-Röhrichte wie Sagittario-Sparganietum und Leersietum oryzoidis beobachtet. Bei merklichem Rückgang von *Leersia*, teilweise auch von *Potentilla norvegica,* dürfte die seltene Einheit zumindest als potentiell gefährdet einzustufen sein.

Ass.-Gr.
Bidentetum cernuae (Kobendza 48) Slavnić 51
Gesellschaften mit Nickendem Zweizahn

Bidens cernua ist vornehmlich in der meridional-temperaten Zone über Europa hinaus verbreitet, mit Schwerpunkt im subkontinentalen Klimaraum. Verschiedentlich in anderen Bidentetalia-Gesellschaften mit +–2 beteiligt, begegnet uns die Art aber auch als Bestand- bzw. Mitbestandbildner.

Ranunculo scelerati-Bidentetum cernuae Sissingh 46 ex Pass. 83 Tabelle 40 a–f

Kennzeichnend sind *Bidens cernua* 2–4 mit *Ranunculus sceleratus* +–2. Häufig gesellen sich Sumpf- und Kleinröhrichtarten wie *Lycopus europaeus, Glyceria fluitans* und *Alisma plantago-aquatica* hinzu. Gemeinsam bilden sie bis kniehohe (40–70 cm) lichtgeschlossene Bestände, die um 50–70 % der Fläche decken.

Wichtige Vorkommen sind die zeitweilig (besonders im Frühjahr) überstauten Inundationszonen an den Ufern von Ackersöllen, an Dorf-, Fisch- oder Klär-Teichen und in Tümpeln. Besiedelt werden nährstoffreiche, kalkarme, offene Uferschlammböden. – Deutlich eigenständig gegenüber dem Ranunculetum scelerati liegen genügend Tabellen über die im O häufige Einheit vor (vgl. Kobendza 1948, Slavnić 1951, Falinski 1966, Podbielkowsi 1967, Kepcinski & Ceynova 1972, Mitetelu & Barabas 1972, Philippi 1978, Weber 1978, Mirkin & al. 1989).

Hiesige Belege aus Berlin-Brandenburg und Mecklenburg-Vorpommern stammen von Sukopp (1959), Passarge (1959, 1983 u. n. p.)

Nachbareinheiten sind oft Wasserröhrichte der Alismo-Glycerietalia und Uferkriechrasen (Agrostietalia stoloniferae). Im Gebiet, vor allem in Mecklenburg und Berlin-Brandenburg verstreut und bisher nicht gefährdet.

Kleinstandörtlich unterscheiden sich:

Ranunculo-Bidentetum cernuae typicum subass. nov. und

Ranunculo-Bidentetum cernuae polygonetosum subass. nov. auf sommerfeuchten, lehmig-tonigen Böden mit den Trennarten: *Polygonum hydropiper, P. lapathifolium, P. minus, Rorippa palustris, Ranunculus repens* und *Veronica beccabunga.* Die Subass. vermittelt zum Polygono-Bidentetum tripartitae, denn auch *Bidens tripartita* gehört hierin zu den Konstanten. Den Ass.-Typus bringt Passarge (1983, S. 210). Das Auftreten von *Rumex maritimus* in einigen Aufnahmen (Subass. ?) bleibt noch zu klären.

Ass.-Gr.
Bidentetum frondosae
Gesellschaften mit Schwarzfrüchtigem Zweizahn

Der aus N-Amerika stammende *Bidens frondosa,* ab 1894 in Europa nachgewiesen, hat sich seither vor allem entlang der mitteleuropäischen Ströme (Rhein, Weser, Elbe, Oder, Weichsel) und ihrer Nebenflüsse ausgebreitet. Neben der Beteiligung an Chenopodion rubri-Einheiten (meist mit +–2), begegnet uns die Art außerdem als Bestandbildner in eigenständiger Artenverbindung.

Tabelle 40 Bidens-reiche Gesellschaften

Spalte	a	b	c	d	e	f	g	h	i	k
Zahl der Aufnahmen	5	6	6	5	9	10	4	7	19	1
mittlere Artenzahl	14	9	15	13	9	7	8	19	6	10
Bidens tripartita	.	.	2^{+}	.	4^{+}	2^{+2}	1^{2}	5^{13}	5^{+3}	1
Bidens cernua	.	.	5^{+1}	4^{12}	5^{25}	5^{34}	4^{24}	.	2^{+1}	.
Bidens frondosa	.	1^{+}	5^{34}	5^{34}	2^{13}	1^{2}	3^{+2}	.	.	.
Bidens connata	5^{25}	5^{25}	.	.	.	.	.	.	.	.
Polygonum lapathifolium	.	.	5^{+3}	3^{+3}	2^{+1}	.	.	5^{25}	3^{+2}	1
Polygonum hydropiper	.	.	.	.	4^{+2}	.	.	5^{+2}	5^{14}	+
Ranunculus sceleratus	1^{+}	3^{+}	5^{+}	2^{+1}	3^{+2}	4^{+2}	4^{+1}	.	1^{+1}	.
Rorippa palustris	.	.	.	3^{+1}	2^{+}	.	.	.	0^{+}	:
Alopecurus aequalis	.	4^{2}	.	1^{1}	1^{2}	1^{2}	.	.	.	.
Senecio congestus	2^{+1}	.	.	2^{+1}	.	.	.	.	.	.
Rumex maritimus	.	.	5^{+2}	.	.	.	4^{+2}	4^{+}	1^{+}	+
Atriplex prostrata	.	.	5^{+1}	.	.	.	.	5^{+}	.	.
Polygonum persicaria	.	.	.	1^{2}	.	.	.	5^{+}	2^{+2}	.
Echinochloa crus-galli	.	.	.	1^{1}	1^{1}	.	1^{+}	4^{+}	.	1
Lycopus europaeus	4^{12}	3^{1}	5^{12}	4^{1}	3^{+1}	3^{+}	2^{+}	5^{+}	2^{+}	.
Lythrum salicaria	.	2^{+}	1^{+}	3^{+}	.	1^{+}	1^{+}	3^{+}	.	.
Galium palustre	1^{+}	1^{+}	.	1^{1}	2^{+}	2^{12}	.	.	.	.
Ranunculus repens	.	.	1^{+}	1^{+}	4^{+1}	0^{1}	.	3^{+}	2^{+1}	.
Agrostis stolonifera	.	.	3^{2}	1^{2}	3^{13}	2^{+2}	.	4^{+2}	0^{1}	+
Rumex crispus	.	.	1^{+}	.	.	.	.	2^{+}	0^{+}	.
Potentilla anserina	.	.	.	.	.	.	.	4^{+1}	3^{+1}	.
Glyceria fluitans	.	.	.	.	3^{+1}	3^{+2}	2^{+}	4^{+}	0^{2}	.
Alisma plantago-aquatica	.	.	2^{1}	2^{1}	4^{+1}	3^{+1}	2^{+1}	.	.	.
Mentha aquatica	.	.	3^{+1}	1^{1}	.	.	.	3^{+}	1^{+}	.
Oenanthe aquatica	.	.	.	2^{12}	.	2^{1}	2^{+2}	.	.	.
Myosotis palustris	.	.	1^{+}	.	3^{+}	2^{+}	.	.	.	.
Juncus effusus	4^{12}	1^{2}	.	.	1^{1}	2^{+1}	.	2^{+}	2^{+}	.
Juncus articulatus	5^{+2}	3^{12}	.	.	1^{+}	.	.	1^{+}	.	.
Epilobium palustre	5^{12}	5^{+2}	.	1^{+}	.	2^{+}	.	.	.	.
Agrostis canina	5^{12}	2^{12}	.	.	.	.	.	.	.	.
Plantago major	.	.	2^{+}	2^{+1}	.	.	.	5^{+}	1^{+}	.
Poa annua	.	.	3^{+1}	1^{1}	.	.	.	1^{+}	0^{+}	.
Taraxacum officinale	.	.	2^{+}	2^{+}	.	.	.	.	.	.
Phalaris arundinacea	.	.	5^{+1}	.	.	.	.	5^{+2}	0^{+}	.
Rorippa amphibia	.	.	3^{+}	.	.	1^{+}	.	2^{+}	.	.
Calystegia sepium	.	.	3^{+}	.	.	.	.	4^{+1}	.	.
Polygonum amphibium	2^{+1}	.	.	.	.	.	.	2^{+}	.	.
Phragmites australis	3^{12}	.	.	.	2^{+}	1^{+}	.	.	.	.
Rumex hydrolapathum	.	.	1^{+}	2^{+}		.	.	2^{+}	.	.
Typha latifolia	2^{+}	1^{+}	1^{+}	2^{+}	.	.	.	.	.	.
Carex pseudocyperus	4^{+1}	3^{+1}	2^{1}	.	.	.	.	.	.	.
Carex elata	4^{1}	5^{+2}	.	.	.	.	.	.	.	.
Eleocharis mamillata	3^{2}	3^{13}	.	.	.	.	.	.	.	.
Cardamine palustris	2^{12}	3^{+1}	.	.	.	.	.	.	.	.
Juncus bufonius	3^{12}	.	.	2^{2}	.	.	.	.	.	.

außerdem mehrmals in a: Sparganium minimum 5; in b: Peucedanum palustre 3, Equisetum fluviatile 2, in c: Erysimum cheiranthoides 4, Chenopodium rubrum 3, Sonchus oleraceus 2, Poa palustris 3, P. trivialis 2; in d: Polygonum mite 2, Scutellaria galericulata 2, Cicuta virosa 2; in e: Polygonum minus 2, Veronica beccabunga 2; in g: Epilobium parviflorum 2; in h: Glyceria maxima 3, Trifolium repens 3, Carex hirta 2, Lysimachia nummularia 2, Polygonum aviculare 2; in i: Rumex obtusifolius 2, Rumex conglomeratus 2, Carex gracilis 5, Deschampsia cespitosa 2, in k: Leersia oryzoides 1, Potentilla norvegica +, Myosoton aquaticum +.

Herkunft:
a–b. TIMMERMANN (1993: 10), Verf. (n. p.: 1)
c–d. MÜLLER-STOLL & NEUBAUER (1965: 2), FISCHER (1978, 1988: 8), Verf. (n. p.: 1)
e–g. PASSARGE (1959, 1983 u. n. p.: 22), SUKOPP (1959: 1)
h–k. PASSARGE (1955, 1959, 1964 u. n. p.: 25, FRÖDE (1958: 1), HENKER (1971: 1).

Vegetationseinheiten:

1. Junco-Bidentetum connatae (Timmermann 93) ass. nov.
   Sparganium minimum-Subass. (a)
   typicum subass. nov. (b)
2. Bidentetum cernuo-frondosae (Fischer 78) ass. nov.
   atriplicetosum subass. nov. (c)
   typicum subass. nov. (d)
3. Ranunculo-Bidentetum cernuae Siss. 46 ex Pass. 83
   polygonetosum subass. nov. (e)
   typicum subass. nov. (f)
   Rumex maritimus-Ausbildung (g)
4. Polygono hydropiperis-Bidentetum tripartitae Lohm. in Tx. 50 ex Pass. 55
   atriplicetosum subass. nov. (h)
   typicum (i)
5. Leersio-Bidentetum tripartitae (Koch 26) Poli et J. Tx. 60 (k)

Bidentetum cernuo-frondosae (Fischer 78) ass. nov. Tabelle 40 c–d

Diagnostisch wichtig sind *Bidens frondosa* 3–4 mit *B. cernua* +–2 und *Polygonum lapathifolium* +–3. Konstant vervollständigen *Ranunculus sceleratus* und *Lycopus europaeus* die charakteristische Artenverbindung. Wichtige Fundorte sind im Winterhalbjahr überflutete Uferstandorte an Seen, Altwassern, Grabenrändern und Rieselfeldern mit außerordentlich nährstoffreichen, humosen, sandig-lehmigen Böden. Gemeinsam wachsen sie im Sommer zu knie- bis brusthohen (um 50–150 cm, FISCHER maß maximal 1,65 cm), meist licht-geschlossenen (60–80 %) Therophytenfluren heran, durchsetzt von einzelnen Röhrichtpflanzen und Kriechrasenarten.

Zur syngeographischen Variation lassen sich noch keine Angaben machen. Vorliegende Beispiele stammen aus Brandenburg von MÜLLER-STOLL & NEUBAUER (1965), FISCHER (1978, 1988) und dem Verf. (n. p.). Erkennbare Differenzen sind kleinstandörtlicher Natur:

Bidentetum cernuo-frondosae typicum subass. nov. an höhergelegenen Grabenrändern, Holotypus bei Eberswalde (Eichwerder-Rieselfeld-Komplex) 80 % (VIII/1983): *Bidens frondosa* 3, *B. cernua* 1, *Polygonum lapathifolium* 1, *P. persicaria* 3, *P. tomentosum* 1, *Matricaria inodora* 2, *Echinochloa crus-galli* 1, *Agrostis stolonifera* 2, *Epilobium hirsutum* 1, *Deschampsia cespitosa* +.

Bidentetum cernuo-frondosae atriplicetosum subass. nov. an sommerfeuchten, schlickhaltigen Flußufern mit den Trennarten *Atriplex prostrata, Phalaris arundinacea,, Erysimum cheiranthoides, Chenopodium rubrum, Rorippa amphibia,* zum *Chenopodion rubri* vermittelnd. Ob die Aufnahmen von MÜLLER-STOLL & NEUBAUER (1965) mit *Rorippa palustris* und *Polygonum mite* mit zu einer besonderen Subass. gehören, bleibt zu klären. Bei sehr verstreuten Vorkommen scheint die Einheit im Gebiet nicht gefährdet. Agrostietalia stoloniferae und Phalarido-Glycerion sind wichtige Kontaktgesellschaften.

Polygonum hydropiper-Bidens frondosa-Ges.

Aufmerksam zu machen (Belege im Text) ist auf eine abweichende Artenverbindung von *Bidens frondosa* 2–4 mit *B. tripartita* +–2 und *Polygonum hydropiper* 1–3. Im Gebiet bisher selten nachgewiesen, mögen zwei Beispiele aus Niederungsgräben der Wiesenlandschaft des Nieder-Oderbruchs bei Niederfinow/O-Brandenburg (XI. 1995) als Hinweis dienen. Aufnahme a. 50 %/b. 70 %: *Bidens frondosa* 3/3, *B. tripartita* 1/+, *B. cernua* -/2; *Polygonum hydropiper* 1/2, *Alopecurus aequalis* -/2; *Ranunculus repens* 1/1, *Juncus effusus* +/1, *J. articulatus* 1/1; nur in a: *Atriplex prostrata* +, *Erysimum cheiranthoides* +, *Polygonum persicaria* 1, *P. tomentosum* 1, *Sonchus asper* +; *Phalaris arundinacea* +; nur in b: *Echinochloa crus-galli* 1, *Glyceria fluitans* +, *Alisma plantago-aquatica* +.

Außerhalb Ostelbiens bestätigen beispielsweise Tabellen von ANIOL-KWIATKOWSKI (1974) bzw. ULLMANN (1977), PHILIPPI (1984) oder BERNHARDT (1990) die meist zum Polygono-Bidentetum gerechnete Einheit aus Polen bzw. W-Deutschland. Weitere Untersuchungen müssen Verbreitung, Syntaxonomie und ökologische Besonderheiten klären.

Ass.Gr.
Bidentetum connatae ass. coll. nov.
Gesellschaften mit Verwachsenblättrigem Zweizahn

Der aus N-Amerika stammende *Bidens connata*, seit 1865 Neophyt in Europa, schließt sich örtlich zu einer eigenständigen Ges. zusammen, sicher deutlich anders als in seiner Heimat. In Deutschland konzentrieren sich die Vorkommen der Art auf die planar-kolline Stufe nördlich der Mainlinie (HAEUPLER 1976, HAEUPLER & SCHÖNFELDER 1989) unter Bevorzugung von Stromtälern und Niederungen.

Junco-Bidentetum connatae (Timmermann 93) ass. nov. Tabelle 40 a–b

Bezeichnend sind *Bidens connata* 3–5 mit *Epilobium palustre* und *Juncus articulatus* jeweils +–2, ergänzt durch weitere Sumpf- und Moorpflanzen wie *Carex elata, C. pseudocyperus, Lycopus europaeus, Agrostis canina.* Gemeinsam bilden sie bis kniehohe (30–60 cm), licht- bis dichtgeschlossene Bestände (60–90 %). Wuchsorte sind die zeitweilig überstauten Uferzonen von Waldseen und -gräben im Bereich mesotropher, humoser Sande oder muddiger Torfe im Inneren größerer Waldkomplexe (z. B. Schorfheide), weitgehend von der allgemeinen Eutrophierung in der Agrarlandschaft abgeschirmt.

An Untereinheiten lassen sich erkennen:

Junco-Bidentetum connatae typicum subass. nov., verschiedentlich mit *Alopecurus aequalis,* vereinzelt *Ranunculus sceleratus* sowie die *Sparganium minimum*-Subass., in der die Trennarten *Sparganium minimum, Juncus bufonius, Phragmites australis, Polygonum amphibium* und *Senecio congestus* auf zeitweilige Nässe hindeuten. Besonders in diesen Schlenken können auch Hydrophyten überdauern.

Holotypus der Ass und Typischen Subass. ist Aufnahme-Nr. 9 bei TIMMERMANN (1993, Tab. 2, S. 34).

Lemno-Riccietum, Potamogetonetum graminei gehören zusammen mit Caricetum elatae zu den tangierenden Nachbareinheiten. Regional höchst selten, gehört die Ass. zu den potentiell gefährdeten Gesellschaften.

Auf die noch ungenügend geklärte Coenologie der Ass.-Gr. Bidentetum radicatae Royer 74 ist im Gebiet zu achten.

Ass.-Gr.
Polygonetum minoris (Philippi 84)
Gesellschaften mit Kleinem Knöterich

Der in weiten Teilen des eurasischen Kontinents heimische Polygonum minus meidet weitgehend die boreale Klimaregion und bevorzugt kalkfreie Böden.

Polygonetum minori-hydropiperis Philippi 84 Tabelle 41 k–l

Diagnostisch wichtig sind *Polygonum minus* 1–3 mit *P. hydropiper* 1–3. Mittelstet vervollständigen *Ranunculus sceleratus* und *Bidens cernua* neben *Ranunculus repens* und *Gnaphalium uliginosum* die Einheit. Meist nur fußhoch (um 30–40 cm) decken die Bestände um 50–70 % der Fläche. Feuchte Waldwege, Teich- und Grabenränder, Waldsümpfe und Suhlen sind wichtige Fundorte der auf mäßig nährstoffreichen, oft mäßig sauren, humosen Sanden und sandigen Lehmen siedelnden Ass.

Zu einer *Bidens cernua*-Rasse gehören meine ostelbischen Belege auch mit *Ranunculus sceleratus* (Verf. n. p.), desgleichen jene von FIJALKOWSKI (1978) aus Polen. Reich an Besonderheiten ist die *Catabrosa*-Vikariante aus Norwegen (vgl. NORDHAGEN 1940).

Kleinstandörtlicher Natur sind die Unterschiede zwischen:

Polygonetum minori-hydropiperis typicum und

Polygonetum minori-hydropiperis polygonetosum subass. nov. auf basenreichen, oft schlickig-lehmigen Böden. Die Trennarten *Polygonum lapathifolium, P. mite, Phalaris arundinacea* und *Pulicaria vulgaris* weisen zum Polygonetum mitis. Als nomenklatorischer Typus der Ass. und Typischen Subass. sei Aufnahme-Nr. 7 (Tab. 4 bei PHILIPPI 1984, S. 62 f.) gewählt. Jener der *Polygonum*-Subass. ist in Aufnahme-Nr. 5 (Tab. 3 gleicher Arbeit, S. 56 f.).

Benachbart werden Agrostietalia stoloniferae und Sumpfröhrichte wie Oenantho-Rorippetum registriert. Die bisher selten nachgewiesene Ass. dürfte von Mecklenburg-Vorpommern über Brandenburg bis Sachsen-Anhalt in ihrer Existenz noch nicht gefährdet sein.

Ass.-Gr.
Polygonetum mitis (Tx. 79) ass. coll. nov.
Gesellschaften mit Mildem Knöterich

In Europa ist *Polygonum mite* vornehmlich im submeridional-temperaten Klimaraum heimisch, mit Hauptvorkommen in wärmebegünstigten planar-kollinen Bereichen. Die bisher meist zum Polygono-Bidentetum gerechneten Bestände (vgl. zuletzt OBERDORFER 1994) scheinen genügend eigenständig, um entsprechend herausgestellt zu werden (vgl. TÜXEN 1979, PHILIPPI 1984).

Tabelle 41 Weitere Bidention-Gesellschaften

Spalte	a	b	c	d	e	f	g	h	i	k	l
Zahl der Aufnahmen	2	10	8	14	7	6	11	7	26	5	8
mittlere Artenzahl	12	13	9	9	9	10	7	10	8	10	8
Ranunculus sceleratus	.	5^{14}	5^{14}	.	3^{+}	4^{+2}	0^{+}	2^{+2}	4^{+2}	.	2^{+2}
Rorippa palustris	2^{1}	3^{+2}	4^{+2}	5^{+1}	2^{1}	5^{+1}	3^{+1}	.	3^{+2}	.	1^{1}
Rumex palustris	.	1^{+2}	3^{+2}	5^{+2}	5^{13}	1^{2}	1^{+1}	.	.	.	1^{1}
Rumex maritimus	.	5^{+2}	.	.	1^{+}	5^{14}	5^{14}	3^{+2}	5^{+2}	.	1^{+}
Alopecurus aequalis	.	2^{+2}	.	.	.	.	0^{2}	5^{24}	5^{24}	.	2^{2}
Polygonum hydropiper	1^{1}	2^{+}	.	.	2^{12}	.	1^{+}	5^{+2}	.	5^{13}	5^{+3}
Polygonum lapathifolium	2^{13}	1^{+}	4^{+2}	5^{12}	0^{+}	1^{4}	4^{13}	1^{+}	.	4^{+2}	.
Polygonum minus	.	.	.	.	1^{+}	.	.	2^{2}	.	5^{12}	5^{23}
Polygonum mite	2^{23}	0+	.	.	.	.	.	2^{12}	.	2^{+}	.
Bidens tripartita	2^{+1}	2^{+1}	3^{+3}	2^{+}	4^{+3}	4^{+2}	3^{+2}	1^{+}	.	3^{+2}	2^{+}
Bidens cernua	.	2^{1}	1^{+}	.	3^{23}	.	2^{+2}	2^{+2}	.	1^{2}	2^{+2}
Bidens frondosa	.	1^{+}	.	5^{+2}	.	.	.	1^{+2}	1^{+}	.	.
Bidens connata	.	0^{1}	.	.	.	.	1^{+}	2^{+}	.	.	.
Atriplex prostrata	1^{+}	0^{+}	2^{+}	4^{+2}	.	.	0^{+}	.	.	2^{+}	1^{+}
Chenopodium rubrum	.	0^{+}	3^{+1}	4^{+1}	.	5^{+2}	.	.	.	.	.
Chenopodium glaucum	1^{+}	.	1^{+}	2^{+1}	.	4^{+2}	.	.	.	.	.
Polygonum persicaria	1^{+}	0^{1}	1^{+}	2^{+}	1^{+}	5^{+2}	3^{+2}	2^{1}	.	.	1^{+}
Echinochloa crus-galli	.	1^{+}	.	2^{+}	.	.	1^{+1}	.	2^{+2}	.	1^{+}
Chenopodium album	.	.	.	5^{13}	.	.	.	.	.	1^{+}	1^{1}
Matricaria inodora	.	1^{+}	2^{+2}	5^{+1}	3^{+2}	.	.	1^{+}	2^{+}	.	.
Polygonum tomentosum	.	0^{+}	.	.	1^{+}	.	.	2^{+}	.	.	.
Myosoton aquaticum	2^{3}	1^{+2}	.	.	2^{+2}	.	.	.	.	1^{1}	.
Gnaphalium uliginosum	.	.	1^{1}	0^{+}	1^{1}	4^{+1}	0^{+}	3^{+}	2^{+2}	1^{+}	2^{+}
Juncus bufonius	.	1^{1}	2^{1}	.	1^{2}	4^{+2}	.	.	2^{+2}	.	.
Plantago intermedia	.	.	.	.	.	2^{+}	.	.	2^{+}	.	.
Ranunculus repens	2^{+1}	.	.	0^{+}	2^{+1}	.	1^{+}	4^{+1}	0^{+}	3^{+2}	2^{+1}
Agrostis stolonifera	.	2^{+2}	2^{+1}	.	2^{+1}	.	1^{1}	.	3^{13}	2^{+2}	2^{1}
Plantago major	.	2^{+2}	.	.	.	.	.	.	.	.	2^{+}
Alisma plantago-aquatica	.	4^{+2}	.	0^{+}	1^{1}	2^{+}	2^{+}	3^{+2}	2^{+2}	.	2^{+}
Glyceria fluitans	.	3^{+2}	2^{+1}	.	1^{+}	1^{+}	1^{+1}	2^{1}	0^{+}	1^{1}	2^{+}
Oenanthe aquatica	.	2^{+2}	.	.	3^{+1}	1^{+}	0^{+}	2^{+1}	.	.	.
Lycopus europaeus	.	3^{+}	.	.	3^{+1}	.	2^{+1}	3^{+}	.	.	2^{+}
Lythrum salicaria	1^{+}	2^{+}	.	.	2^{+}	.	.	1^{+}	.	.	.
Polygonum amphibium	.	2^{+1}	1^{1}	.	1^{+}	1^{+}	0^{+}	.	2^{+2}	2^{+2}	.
Phalaris arundinacea	.	3^{+2}	.	.	2^{+}	.	.	.	0^{+2}	4^{+1}	.
Urtica dioica	.	1^{+}	1^{+}	.	2^{+}	.	.	.	2^{+}	.	.

außerdem mehrmals in a: Chenopodium polyspermum 2, Rumex conglomeratus 2; b: Lysimachia nummularia 2, Epilobium hirsutum 2; c: Agropyron repens 2, Tussilago farfara 2, Artemisia vulgaris 2; d: Rumex hydrolapathum 3, Solanum dulcamara 2; e: Glyceria maxima 2; f: Polygonum aviculare 2; g: Typha angustifolia 2, Rumex obtusifolius 2; h: Poa annua 3, Mentha aquatica 2, Myosotis palustris 2, Carex pseudocyperus 2; i: Typha latifolia 2; k: Pulicaria vulgaris 2; l: Juncus effusus 2.

Herkunft

a. PASSARGE (1963, 1964: 2)

b–c. PASSARGE (1959, 1964 u. n. p.: 7), SUKOPP (1959: 2), BÖCKER (1978: 5), FISCHER (1988: 4), vgl. auch REBELE (1986)

d.–e. FISCHER (1978: 13), Verf. (n. p.: 8)

f–g. PASSARGE (1959, 1964 u. n. p.: 7), SUKOPP (1959: 2), FUNK (1977: 5), FISCHER (1978: 3), WOLLERT & HOLST (1991: 1)

h–i. SUKOPP (1959: 1), MÜLLER-STOLL & NEUBAUER (1965: 2), EBER (1975: 17), FISCHER (1983, 1988: 10), Verf. (n. p.: 3)

k–l. Verf. (n. p.: 13)

Vegetationseinheiten:
1. Bidenti-Polygonetum mitis (v. Rochow 51) Tx. 79 (a)
2. Bidenti-Ranunculetum scelerati (Miljan 33) Tx. 79
   rumicetum maritimi (Tx. 79) subass. nov. (b)
   typicum (Tx. 79) subass. nov. (c)
3. Rumicetum palustris Fischer 78
   atriplicetosum subass. nov. (d)
   typicum subass. nov. (e)
4. Bidenti-Rumicetum maritimi Tx. 79
   chenopodietosum subass. nov. (f)
   typicum subass. nov. (g)
5. Rumici-Alopecuretum aequalis Cirtu 72
   polygonetosum subass. nov. (h)
   typicum subass. nov. (i)
6. Polygonetum minori-hydropiperis Philippi 84
   polygonetosum subass. nov. (k)
   typicum subass. nov. (l)

Bidenti-Polygonetum mitis (v. Rochow 51) Tx. 79 Tabelle 41 a

Kennzeichnend sind *Polygonum mite* 2–4 mit *P. hydropiper* 1–3 und *Bidens tripartita* +–2. *Polygonum lapathifolium, Phalaris arundinacea, Ranunculus repens* und *Agrostis stolonifera* sind häufige Begleitarten der gut fußhohen, vielfach lichtgeschlossenen (60–80 % deckenden) Einheit. Die Vorkommenspalette reicht von Feuchtäckern, Weidesenken bis zur Uferzone von Altwassern, Tümpeln, Baggerseen und Teichen. Bevorzugt auf zeitweilig nassen, basenreichen, humosen Lehm- und Tonböden, ist die Ges. in den kalkarmen Sandgebieten (Altmark, Prignitz, Lausitz) kaum zu erwarten. Meine Nachweise (PASSARGE in SCAMONI & al. 1963, 1964) stammen aus dem baltischen Jungmoränengebiet von S-Mecklenburg bzw. NO-Brandenburg von einem Moorerde-Wiesenumbruch bzw. aus einer Feuchtweidensenke. Mit *Myosoton aquaticum, Rumex conglomeratus, Chenopodium polyspermum, Ch. glaucum* und *Atriplex prostrata* tendieren sie zum Chenopodion rubri und sind wohl als *Chenopodium*-Subass. dem Bidenti-Polygonetum mitis anzuschließen.

Die im südlichen Mitteleuropa verbreitete Ass. bestätigen Belege von v. ROCHOW (1951), MOOR (1958), MARKOWICZ (1975), PHILIPPI (1978, 1984), ZAHLHEIMER (1979), KRIPPELOVA (1981) u. a.

Im Konnex mit Alismo-Glycerietalia und Agrostietalia stoloniferae scheint die im NO sehr seltene Ass. potentiell gefährdet.

Ass.-Gr.
Ranunculetum scelerati Tx. 50 ex Pass. 59
Gifthahnenfuß-Gesellschaften

Das Areal des nordisch-eurasisch verbreiteten *Ranunculus sceleratus* reicht bis ins mittlere Skandinavien (HULTEN 1950) und nach Osten über Asien hinaus. An vikariierenden Ass. wurden bekannt: Alopecuro amurensis-Ranunculetum aus Japan (MIYAWAKI & OKUDA 1972), das skandinavische Catabroso-Ranunculetum (NORDHAGEN 1940, POLI & J. TÜXEN 1960) sowie Bidenti-Ranunculetum in Mitteleuropa (TÜXEN 1979).

Bidenti tripartitae-Ranunculetum scelerati (Miljan 33) Tx. 79 Tabelle 41 b–c

Kennzeichnend sind *Ranunculus sceleratus* 1–4 mit *Bidens tripartita* +–3. Ergänzt durch *Rorippa palustris, Polygonum lapathifolium,* auch *Glyceria fluitans,* bilden sie kniehohe (40–60 cm), überwiegend locker (um 50–80 %) zusammenschließende Bestände. Wuchsorte sind Ackersölle, Dorfteiche, Viehtränken, Tümpel- und Grabenränder, seltener abwasserbelastete Bäche. Die im Frühjahr überstauten Uferböden sind humos-schlammig, basenreich, oft kalkhaltig und nur mäßig sommerwarm.

Regionale Differenzen zwischen den westeuropäischen Ausbildungen (vgl. z. B. WESTHOFF 1949, SOUGNEZ 1957, DUVIGNEAU 1985), deutschen (PASSARGE 1959, 1964, HILBIG & JAGE 1972, GUTTE 1973, TÜXEN 1979, POTT & WITTIG 1980, OBERDORFER 1983, 1994, WINTERHOFF 1993) und weiter östlichen (MILJAN 1933, FALINSKI 1966, MITETELU & BARABAS 1972) scheinen auffallend gering.

Kleinstandörtlich ergeben sich mit TÜXEN (1979).

Bidenti-Ranunculetum scelerati typicum Tx. 79 – als Lectotypus sei Aufnahme-Nr. 6 der Bidentetum-Tabelle bei MILJAN (1933, S. 27 f.) empfohlen.–

Bidenti-Ranunculetum sc. rumicetosum Tx. 79 em. ex hoc. loco mit *Rumex maritimus, Alisma plantago-aquatica, Oenanthe aquatica, Phalaris arundinacea* und *Lysimachia nummularia* als Trennarten in sommerwarmen Gewässern. Typus ist Aufnahme-Nr. 52 bei SUKOPP (1959, Tab. 4, S. 52). Die *Rumex*-Subass. weist zum Rumicetum maritimi. In Ostelbien publizierten SUKOPP (1959), PASSARGE (1959, 1964), BÖCKER (1978), REBELE (1986), FISCHER (1988), aus Thüringen WESTHUS (1987) Belege.

Im Kontakt mit Oenanthion aquaticae und Alismo-Glyceretalia begründen die sehr verstreuten Vorkommen der Ass. noch keine Gefährdung.

Ass.-Gr.
Rumicetum maritimi Siss. in Westhoff & al. 46 em. Pass. 59
Strandampfer-Gesellschaften

Der auf die temperate Zone Eurasiens beschränkte *Rumex maritimus* dürfte in mehreren vikarierenden Einheiten vorkommen bzw. zu erwarten sein.

Bidenti tripartitae-Rumicetum maritimi (Miljan 33) Tx. 79 Tabelle 41 f–g

Charakteristisch sind *Rumex maritimus* 1–4 mit *Bidens tripartita* und *Polygonum persicaria* jeweils mit +–2. *Rorippa palustris,* teilweise *Polygonum lapathifolium* ergänzen die Artenverbindung der meist fußhohen (20–40 cm), licht-geschlossenen (50–70 %) Bestände. Wichtige Fundorte sind Ufer an Tümpeln, Altwassern, Dorf- und Weideteichen, an Gräben und Kanälen. Die schlammig-humosen, grundfeuchten Böden sind nährstoffreich und fallen relativ spät im Hochsommer trocken, so daß die wärmebedürftige *Rumex maritimus* günstige Bedingungen findet.

Mit Schwerpunkt in sommerwarmen Gebieten zeigen die nordwestdeutschen Fundorte »eine deutliche Häufung im östlichen Flachland« (TÜXEN 1979:50) und dürften einer Zentralrasse angehören. In Mecklenburg-Vorpommern (PASSARGE 1959, 1964, FUNK 1977) wie in Berlin-Brandenburg (SUKOPP 1959, PASSARGE 1964, FISCHER 1978, WOLLERT & HOLST 1991) ist die Konstanz der nässemeidenden *Polygonum persicaria* bemerkenswert. Eine *Bidens radiata*-Rasse belegen AMBROZ (1939) aus Ungarn sowie HILBIG & JAGE (1972) bzw. OBERDORFER (1993) aus Mittel- und Süddeutschland.

Die bei HILBIG & JAGE (1972) herausgestellte Untergliederung (vgl. auch TÜXEN 1979) unterscheidet:

Bidenti-Rumicetum maritimi typicum und

Bidenti-Rumicetum m. chenopodietosum (Hilbig et Jage 72) comb. nov. mit den Trennarten *Chenopodium rubrum, Ch. glaucum* und *Ch. polyspermum* auf anthropogen angereicherten, oft güllebeeinflußten Standorten. Die Subass. weist zum Chenopodion rubri.

Als Lectotypus der Ass. und Typischen Subass. wird die Aufn.-Nr. 4 bei FISCHER (1978, Tab. 1, S. 181) empfohlen. Jener der *Chenopodium*-Subass. findet sich bei FUNK (1977, Aufn.-Nr. 5, S. 57 f.). Zu den registrierten Kontakteinheiten gehört das Cypero-Limoselletum (FUNK 1977). Die nur sehr verstreuten Vorkommen begründen z. Z. noch keine Gefährdung.

Rumicetum palustris (Timar 50) Fischer 78
Sumpfampfer-Gesellschaft

Die in Eurasien mehr temperat-submeridional verbreitete Art *Rumex palustris,* bevorzugt in Mitteleuropa Stromtäler und Flußniederungen.

Kennzeichnend sind *Rumex palustris* 1–3 mit *Bidens tripartitus* +-2 und *Rorippa palustris* +–1, womit die Palette der verbindenden Arten nahezu ausgeschöpft ist. Breit gefächert sind die Fundorte. Sie reichen von Klärbecken in Alluvial-Niederungen über die Randzone von Ackersöllen und Teichen bis hin zu Fließgewässern und deren Aushub. Besiedelte Böden sind basenreich, sandig-humos bis schlickig und sommerwarm.

Der Wasserhaushalt schwankt zwischen frühjahrsnaß und im Sommer grundfrisch bis mäßig trocken.

Zu den vergleichbaren Tabellen vom Oberrhein (vgl. OESAU 1976, PHILIPPI 1984, OBERDORFER 1993) ergeben sich nur geringfügige Differenzen, merkliche dagegen zur ungarischen Theiß (vgl. TIMAR 1947, 1950). Dort bringen *Xanthium strumarium, X. albinum, Potentilla supina, Lycopus exaltatus* neben *Echinochloa crus-galli* die stärkere Kontinentalität zum Ausdruck.

Kleinstandörtlich lassen sich im Gebiet trennen:

Rumicetum palustris typicum subass. nov. und

Rumicetum palustris chenopodietosum (Fischer 78) subass. nov. auf schlickreichen Böden. Die Trennarten: *Bidens frondosa, Atriplex prostrata, Chenopodium album, Ch. rubrum, Ch. glaucum* weisen zum Chenopodion rubri der Auen. Auch beim Material aus der Wesermarsch (BERNHARDT & HANDKE 1988) und vom Oberrhein (OBERDORFER 1993) deutet sich eine analoge Untergliederung an. Holotypus der *Chenopodium*-Subass. ist Aufnahme-Nr. 2 bei FISCHER (1978, Tab. 3, S. 184).

Vornehmlich auf humusreichen Niederungsböden gehören Oenanthion aquaticae, in Auen Cypero-Limoselletum zu den Kontaktgesellschaften. Regional selten bis sehr verstreut, ist eine potentielle Gefährdung der Ass. gegeben.

Unter ähnlichen Bedingungen wiesen SUKOPP & SCHOLZ (1965) auf ein neophytisches Vorkommen des nordamerikanischen *Rumex triangularis* zusammen mit *R. palustris* im Berliner Havel-Gebiet hin. Auf die weitere Ausbreitung und ökologische Einnischung wäre zu achten.

Ass.-Gr.
Alopecuretum aequalis (Burrichter 60) Runge 66
Rotfuchsschwanz-Gesellschaften

Der nordisch-eurasisch verbreitete *Alopecurus aequalis* führt im Gebiet ein syntaxonomisches Doppelleben. Noch wenig bekannt ist über sein strukturkonformes Vorkommen als Kleinröhrichtart (Alismo-Glycerietalia) in Gewässern (eventuell) hemikryptophytisch lebend. Häufiger begegnet uns die Art im Inundationsbereich von Gewässern, hier wie die begleitenden Bidentetalia-Arten therophytisch kurzlebig.

Mehrere vikariierende Einheiten wurden beschrieben: Alopecuro amurensis-Ranunculetum in Japan (vgl. MIYAWAKI & OKUDA 1972) sowie Rumici- und Bidenti-Alopecuretum.

Rumici maritimi-Alopecuretum aequalis Cirtu 72
(Syn. Rorippo palustris-Alopecuretum Eber 75) Tabelle 41 h–i

Kennzeichnend sind *Alopecurus aequalis* 2–4 mit *Rumex maritimus* und *Ranunculus sceleratus* jeweils +–2. Unter den mittelsteten ist *Rorippa palustris* erwähnenswert. Deutlich anders als die vikariierende Einheit im subozeanischen Klimabereich zeichnen sich jene des sommerwarmen Subkontinentalklimas durch eine *Echinochloa crus-galli*-Rasse aus.

Besiedelt werden die zeitweilig trockenfallenden Uferzonen an Tümpeln, Akkersöllen und vernässenden Ackersenken. Auf schlammig-lehmigen Böden gehören schneearme Winter, Frühjahrstrockenheit und Sommerwärme mit zu den standörtlichen Gegebenheiten. Die einjährig überwinternden *Alopecurus aequalis* und *Ranunculus sceleratus* nutzen ihren Entwicklungsvorsprung zur frühen Blüte (V/VI nach EBER 1975). Bisherige Nachweise beschränken sich auf Berlin-Brandenburg (SUKOPP 1959, MÜLLER-STOLL & NEUBAUER 1965, EBER 1975, FISCHER 1983, 1988) und dürften ähnlich in Teilen Mecklenburg-Vorpommerns zu erwarten sein. Außerhalb Ostelbiens lassen sich Belege von MARKOWICZ (1975) aus Kroatien bzw. PHILIPPI (1977) aus dem Kraichgau hier anschließen.

Kleinstandörtlich bedingte Unterges. sind:

Rumici-Alopecuretum aequalis typicum (Eber 75) subass. nov. und

Rumici-Alopecuretum ae. polygonetosum subass. nov. mit den Trennarten *Polygonum hydropiper, P. minus, P. persicaria* und *Ranunculus repens* auf sommerfeuchten Böden. Holotypus der Typischen Subass. ist Aufnahme-Nr. 6 bei EBER (1975, Oenantho-Alopecuretum-Tab., S. 360 f.). Der *Polygonum*-Subass. entspricht folgender Typusbeleg (Verf. n. p., Trampe. Wasserloch-Ufer, 2 m^2, 60 %): *Alopecurus aequalis* 3, *Ranunculus sceleratus* 2, *Polygonum minus* 2, *P. hydropiper* +, *Ranunculus repens* 1, *Alisma plantago-aquatica* 1, *Lycopus europaeus* +, *Juncus effusus* 1, *Gnaphalium uliginosum* +.

Oenanthion und Nanocyperetalia sind wichtige Kontakteinheiten der verstreut vorkommenden, noch nicht gefährdeten Ass..

Bidenti tripartitae-Alopecuretum aequalis (Runge 66) Tx. 79 Beleg im Text

Bezeichnend sind *Alopecurus aequalis* 3–5 mit *Bidens tripartita* und *Rorippa palustris* jeweils +–2. *Polygonum lapathifolium, Plantago intermedia* und *Gnaphalium uliginosum* vervollständigen die Konstantenverbindung. Die meist nur halbfußhohen (um 15 cm), wechselnd dichten Rasen (50–80 %) durchsetzen bis kniehohe krautige Therophyten. Bevorzugter Lebensraum sind die periodisch abtrocknenden Uferbereiche von Talsperren, von Teichen und Spülflächen im subozeanisch beeinflußten Klimaraum. Silikatreiche, humose, sandig-lehmige Böden, oft anthropozoogen angereichert, milde Winter sowie Krumenfeuchte im Sommer gehören zu den standörtlichen Bedingungen (BURRICHTER 1960, 1970, RUNGE 1966, MÜLLER 1974, TÜXEN 1979, WITTIG & POTT 1980, MANEGOLD 1981, BRANDES 1993 u. a.).

Auf regionale Differenzen der von der planaren bis in die Montanstufe der Mittelgebirge verbreiteten Ass. bleibt zu achten. Eine *Potentilla supina*-Stromtal-Rasse machen Aufnahmen von OESAU (1976) am Oberrhein wahrscheinlich.

Ein erster Beleg aus N-Brandenburg von einem Feuchtackerrand bei Trampe/Eberswalde (Verf. n. p.) enthält 80 %: *Alopecurus aequalis* 3, *Bidens tripartitus* 3; *Matricaria inodora* 2, *Echinochloa crus-galli* +; *Ranunculus repens* 1, *Glyceria fluitans* 1; *Juncus bufonius* 1, *Plantago intermedia* +; *Agrostis gigantea* 2, *Agropyron repens* +. Analoge Ausbildungen wären in Teilen Mecklenburgs zu erwarten.

Zwischen beiden Ass. vermittelnde Ausbildungen, wie die *Rumex maritimus*-Subass. des Bidenti-Alopecuretum aequalis fand TÜXEN (1979) im elbnahen Wendland/O-Niedersachsen – Bidention-Bestände mit *Alopecurus aequalis* weisen MITETELU & BARABAS (1972) an Seen in Rumänien nach, freilich mit *Catabrosa aquatica, Myosoton aquaticum, Rumex maritimus* und weiteren Besonderheiten.

Senecionetum tubicaulis (Burrichter 70) Pott 92
Moor-Greiskraut-Gesellschaft — Aufnahme im Text

Den vorerwähnten Einheiten verwandt, doch mit manchen Eigenheiten im temperat-eurasisch-kontinentalen Verbreitungsgebiet gehört *Senecio congestus (S. tubicaulis)* zusammen mit *Ranunculus sceleratus* zu den überwinternd-einjährigen Frühsommerblühern und außerdem zu jenen, die die normalen Wuchshöhen von Bidention-Gesellschaften (um 50 cm) deutlich überschreiten. Mit maximal gemessenen 120 cm sowie Bestandshöhen um 80 cm zählen vielfach auch die Blütenfülle und Farbintensität des goldgelben Flors zu den Besonderheiten der sich ausbreitenden Art.

Von TÜXEN (1979) nur als Variante zum Bidenti-Ranunculetum scelerati gerechnet, hat kürzlich POTT (1992) die abweichende Eigenständigkeit als Ass. herausgestellt. Mehr vereinzelt an Torfstichen und Torfgräben, wird von Spülflächen, Rieselfeldern, Kläranlagen und Fischteichen mit hypertrophen Schlammböden, besonders in Trockenjahren ein üppiges Auftreten der Gesellschaft gemeldet. Im Gebiet verursachen in den jungpleistozänen Moränenseen die anwachsenden Graugans-Kolonien *(Anser anser)* eine sekundäre Wassereutrophierung. So fand ich z. B. den Wesen-See bei Brodowin/Eberswalde (1991) von *Senecio congestus*-Beständen umkränzt. Im feuchten Frühsommer 1994, ragten Ende Juni nur noch die Blütenköpfe aus dem um 50 cm tiefen Wasser der vorjährigen Uferzone. Eine Beispielaufnahme von dort mag zu weiteren Untersuchungen anregen: *Senecio congestus* 3, *Ranunculus sceleratus* +, *Rumex palustris* 1; *Alopecurus geniculatus* 2, *Agrostis stolonifera* 2, *Ranunculus repens* +; *Lythrum salicaria* 2; *Juncus articulatus* 1, *Epilobium palustris* +.

Begleitende Substratgesellschaft ist vielfach das Ranunculo-Alopecuretum geniculati.

Syngeographisch bemerkenswert ist in frühen Aufnahmen aus SW-Schweden (VALIN 1925, NORDHAGEN 1940) zusätzlich *Catabrosa aquatica,* weshalb POLI & TÜXEN (1960) die Ausbildung zum Catabroso-Ranunculetum scelerati rechneten. MANG (1984) fand eine *Polygonum hydropiper*-Ausbildung in Hamburg.

Die im Gebiet einheimische Art und mehr noch die Ass. ist selten, neigt aber dank der Landschaftseutrophierung zu punktuellen Massenvorkommen. Die Einschätzung: akut vom Aussterben bedroht (Berlin-Brandenburg) sollte durch potentiell gefährdet ersetzt werden.

2. Verband

Chenopodion rubri Tx. in Poli et J. Tx. 60 ex Soò (68) 71
(orig.Chenopodion fluviatile)
Gänsefuß-Flußufer-Gesellschaften

Der Verband vereinigt die *Chenopodium*-reichen Gesellschaften mit *Polygonum lapathifolium*, wobei *Chenopodium rubrum, Ch. glaucum* und *Ch. polyspermum,* dazu *Atriplex prostrata* zu den diagnostisch wichtigen Mitbestandbildnern zählen. Ergänzt werden sie durch verschiedene Ackerwildkräuter, insbesondere von *Matricaria inodora, Chenopodium album, Polygonum persicaria, Echinochloa crus-galli* sowie einzelnen *Bidens*-Arten und Bidentetalia-Begleitpflanzen. Wichtige Habitate sind die sommerlich trockenfallenden, sandig-kiesigen, meist durch Schaumabsätze, Klärschlamm oder Gülle angereicherten Ufer- und Rinnenstandorte der Fluß- und Stromtäler. Unter den bei der Erstbeschreibung bei POLI & J. TÜXEN (1960) eingebundenen Ass. wird das Polygono-Chenopodietum rubri Lohm. 50 als Verbandstypus empfohlen. Von den zugehörigen Ass.-Gr. wurden im Gebiet nachgewiesen: Atriplicetum prostratae, Chenopodietum rubri, Chenopodietum glauci und Pulicarietum vulgaris.

Ass.-Gr.
Atriplicetum prostratae (Poli et J. Tx. 60) Pass. 64
Spießmelde-Gesellschaften

Die einst als *Atriplex hastata* allgemein bekannte Art heißt heute *A. prostrata* und wird hier auf die Typusform var. *prostrata* begrenzt (excl. halophiler Küstenpflanze!). Im eurasischen Areal bevorzugt die Art den nord-temperaten Raum insbesondere die Stromtäler. Mehrere vikariierende Einheiten wurden bekannt.

Bidenti frondosae-Atriplicetum prostratae Poli et J. Tx. 60 Tabelle 42 h

Charakteristisch sind *Atriplex prostrata* 3–4 mit *Bidens frondosa, B. tripartita* +–2, ergänzt durch allgemein verbreitete Ackerwildkräuter. *Matricaria inodora, Erysimum cheiranthoides, Chenopodium album* und *Ch. polyspermum* sind die häufigsten unter diesen. Gemeinsam bilden sie überwiegend kniehohe (40–80 cm), lichtgeschlossene (60–90 %) Bestände auf höhergelegenen schlickreichen Auen- und Niederungsböden. Regional zeichnen *Myosoton aquaticum* die tonig-basenreichen Auen in W-Deutschland aus (POLI & J. TÜXEN 1960, BOHN 1975, DIEKJOBST 1981). Zeiger für vermehrte Sommerwärme und Trockenheit sind *Matricaria inodora, Erysimum cheiranthoides* und *Rorippa sylvestris* im märkischen Odertal mit mäßig nährstoffreichen, sandigen Auböden. *Bidens tripartita, Polygonum amphibium, P. hydropiper, Sonchus oleraceus* und *Atriplex patula* finden sich auf den schlickig-humosen Niederungsböden. Ob sich hierin auch eine kleinstandörtliche Untergliederung andeutet, können erst weitere Erhebungen klären.

Verwandt mit dem Chenopodietum rubri, billigen verschiedene Autoren (vgl. z. B. LOHMEYER 1970, TÜXEN 1979, OBERDORFER 1983, 1993) den *Atriplex prostrata*-Beständen keine syntaxonomische Eigenständigkeit zu. Doch wird übersehen, daß in ihnen *Chenopodium glaucum* fehlt und *Ch. rubrum* allenfalls minderstet vorkommt. Regional gilt gleiches auch für *Polygonum lapathifolium* und *P. hydropiper.* Umgekehrt ist die Gruppe begleitender Ackerwildkräuter stärker vertreten, im Gebiet besonders *Matricaria inodora, Chenopodium album* und *Erysimum cheiranthoides*. Diese Differenzen sind Zeiger für höherliegende, oft sandige Uferböden.

Xanthio albino-Atriplicetum prostratae Pass. 64 Tabelle 42 g

Die vikariierende Einheit in der mittleren Elbaue zeichnen *Atriplex prostrata* 3–4 mit *Xanthium albinum* und *Erysimum cheiranthoides* +–2 aus. Hinzu kommen *Brassica nigra* und *Capsella bursa-pastoris*, vereinzelt *Chenopodium ficifolium, Atriplex nitens, Lactuca serriola* und *Sisymbrium officinale* als weitere Besonderheiten. Noch zum Chenopodion rubri gehörig, signalisieren letztere Affinität zu den Sisymbrietalia. Erst bei einer Kontaktgesellschaft an sandigen Uferabbrüchen, dem Atriplici nitensis-Brassicetum nigrae ist der Wechsel zur Nachbarklasse vollzogen (vgl. PASSARGE 1988, BRANDES & SANDER 1995).

Von prostraten Ausbildungen nach zurückweichender Überschwemmung kann die Gesellschaft zu licht- bis dichtschließenden Krautfluren (50-90 %) mit mehr als Kniehöhe (40–80 cm) heranwachsen.

Erst weiteres Material kann die Untergliederung klären. Anscheinend konzentrieren sich einige Feuchteholde (*Chenopdium rubrum, Polygonum hydropiper, P. lapathifolium*) auf eine Sonderausbildung.

Die sehr seltene Charaktereinheit des Elbtales gehört sicher zu den potentiell gefährdeten Ass.

Ass.-Gr.
Chenopodietum rubri Timar 47
Gesellschaften mit Rotem Gänsefuß

Das im temperat-meridionalen Eurasien weit verbreitete *Chenopodium rubrum* gehört zusammen mit weiteren Schwesterarten zu jenen, die bereits in Mitteleuropa in zwei Klassen als Schwerpunktarten auftreten können (Bidentetea und Sisymbrietea). Hier ist zunächst nur von der ersteren die Rede und dank der Konzentration auf die natürlichen Überschwemmungsstandorte der Auen, dürften diese zugleich die ursprünglichen Einwanderungsvorkommen der Art sein (TÜXEN & LOHMEYER 1950, LOHMEYER 1970, TÜXEN 1979). Relativ gut untersucht, werden heute mehrere vikariierende Einheiten unterschieden. Genannt seien: Xanthio strumario-Chenopodietum r. (TIMAR 1947, 1950, TÜXEN 1979, KLOTZ & KÖCK 1984), Xanthio albino- und Polygono-Chenopodietum.

Xanthio albino-Chenopodietum rubri Lohm. et Walther 50 Tabelle 42 c–f

Bezeichnend sind *Chenopodium rubrum* +–3, *Polygonum lapathifolium* 1–3 mit *Xanthium albinum* ssp. *albinum* +–2. Die ursprüngliche Namensform: Xanthio riparii-Ch. wurde bereits bei HILBIG & JAGE (1972) korrigiert. Von weiteren konstanten Arten komplettiert, überwiegen lückige (um 50, selten 80 % deckende), fuß- bis kniehohe Bestände (von 30–70 cm). Habitate sind die schlickhaltigen offenen Ufersande und steinernen Uferbefestigungen (Buhnen, Molen), soweit sie vegetationsfrei sind und bei sommerlichem Niedrigwasser für Wochen überschwemmungsfrei bleiben. Die vom Hochwasser angeschwemmten Samen der kurzlebigen *Polygonum*- und *Chenopodium*-Arten nutzen das nährstoffreiche, hinreichend durchfeuchtete Substrat, im Spätsommer und Herbst zum Aufbau der recht einheitlich zusammengesetzten Therophytenflur. Hierin finden auch eine Reihe sporadisch vorkommender Neophyten Platz, von denen *Amaranthus lividus, Solanum lycopersicum* und *Artemisia annua* genannt seien (BRANDES & SANDER 1995).

Tabelle 42 Chenopodium rubrum-Atriplex-reiche Gesellschaften

Spalte	a	b	c	d	e	f	g	h	i	k
Zahl der Aufnahmen	18	7	16	16	9	5	7	9	4	7
mittlere Artenzahl	17	12	13	15	13	11	14	11	9	7
Chenopodium rubrum	5^{+3}	5^{13}	5^{+2}	5^{+2}	5^{14}	5^{13}	2^{+2}	.	4^{24}	4^{+3}
Chenopodium glaucum	0^{+}	2^{+1}	4^{+2}	4^{+1}	3^{13}	4^{1}	.	.	4^{3}	5^{14}
Chenopodium polyspermum	4^{+2}	3^{+}	1^{+1}	3^{+2}	4^{+1}	3^{+2}	3^{+}	3^{+2}	.	.
Chenopodium ficifolium	0^{+}	1^{+}	2^{+}	2^{+}	2^{+}	2^{+}	2^{+}	.	.	.
Atriplex prostrata	4^{+1}	4^{+2}	5^{+1}	5^{+2}	5^{+1}	2^{1}	5^{34}	5^{34}	3^{13}	2^{2}
Xanthium albinum	1^{+2}	2^{+2}	5^{+2}	5^{+2}	.	5^{+1}	5^{+2}	.	.	.
Polygonum brittingeri	4^{+1}	3^{+2}	5^{+3}	4^{+3}	.	.	.	.	.	.
Pulicaria vulgaris	0^{2}	1^{2}	4^{13}	4^{+1}	.	.	.	.	.	.
Polygonum lapathifolium	5^{13}	4^{24}	3^{13}	5^{13}	5^{12}	5^{13}	1^{+}	2^{+2}	2^{+1}	3^{+2}
Polygonum hydropiper	4^{+2}	5^{+2}	2^{+1}	3^{+2}	.	.	2^{+2}	1^{+}	.	.
Rorippa palustris	5^{+1}	3^{+}	1^{+1}	0^{+}	5^{+2}	3^{+1}	.	.	1^{+}	.
Rumex palustris	2^{+1}	.	3^{+1}	.	2^{+1}	.	.	.	.	1^{+}
Ranunculus sceleratus	1^{+1}	.	2^{+2}	.	.	.	.	.	1^{+}	1^{+}
Rumex maritimus	5^{+}	.	3^{+2}	.	2^{+}	.	.	.	.	.
Bidens tripartita	3^{+}	3^{+}	0^{+}	4^{+1}	.	.	1^{+}	3^{+2}	.	4^{+}
Bidens frondosa	4^{+1}	3^{+1}	2^{+2}	2^{+1}	2^{+}	.	1^{+}	4^{+2}	2^{+}	.
Matricaria inodora	2^{+}	3^{+2}	3^{+1}	4^{+1}	2^{+1}	2^{+}	5^{+2}	4^{+1}	2^{+}	3^{+}
Chenopodium album	2^{+1}	2^{+}	3^{+1}	3^{+}	1^{+}	3^{+2}	5^{+1}	3^{+2}	1^{+}	1^{+}
Polygonum persicaria	5^{13}	3^{23}	4^{+1}	4^{+1}	.	.	3^{+1}	2^{+1}	3^{+1}	3^{+1}
Erysimum cheiranthoides	2^{+}	1^{+}	1^{+}	0^{+}	1^{+}	.	4^{+2}	4^{+2}	1^{+}	.
Polygonum tomentosum	0^{+}	2^{1}	1^{+}	2^{+}	.	.	.	.	.	3^{+1}
Echinochloa crus-galli	3^{+1}	3^{+}	2^{+2}	3^{+1}	3^{+1}	1^{1}	2^{+}	.	3^{+2}	.
Amaranthus retroflexus	1^{+}	.	2^{+}	2^{+}	.	3^{+}	1^{+}	.	.	.
Amaranthus lividus spec.	0^{+}	.	0^{+}	0^{+}	4^{+2}	4^{+1}	.	.	.	.
Artemisia annua	.	.	1^{+}	1^{+}	2^{+}	.	1^{+}			
Brassica nigra	.	.	.	.	0^{+}	2^{+}	4^{+1}	.	.	.
Solanum lycopersicum	3^{+}	2^{+}	.	.	2^{+}	1^{1}	.	.	.	.
Polygonum aviculare agg.	1^{+}	.	4^{+}	3^{+2}	3^{+1}	1^{1}	.	2^{1}	.	3^{+}
Plantago major	2^{+1}	2^{1}	1^{+1}	3^{+}	5^{+1}	.	1^{+}	2^{+}	.	3^{+}
Corrigiola litoralis	1^{+}	2^{+}	.	1^{+1}	2^{+}	3^{+1}	1^{+}	.	.	.
Poa annua	0^{+}	.	.	.	2^{+}	.	1^{1}	.	.	2^{+1}
Spergularia rubra	.	.	1^{+1}	1^{+1}	0^{+}	2^{+1}	.	.	.	.
Rorippa sylvestris	1^{+}	1^{+}	3^{+2}	4^{+2}	0^{+}	.	4^{+2}	3^{+1}	.	1^{+}
Agrostis stolonifera	2^{+}	1^{+}	2^{+2}	0^{+}	.	.	.	2^{+1}	2^{+1}	3^{1}
Rumex crispus	2^{+}	.	5^{+}	.	.	.	.	.	1^{+}	1^{+}
Ranunculus repens	2^{+1}	2^{+}	0^{+}	0^{+}	.	.	1^{+}	2^{+1}	.	.
Potentilla anserina	.	.	2^{+1}	0^{+}	1^{+}	.	1^{+}	.	.	2^{+1}
Plantago intermedia	2^{+1}	2^{+1}	.	.	.	.	.	.	.	.
Phalaris arundinacea	2^{+1}	3^{+1}	0^{+}	2^{+1}	.	2^{+1}	3^{+1}	2^{+1}	.	.
Polygonum amphibium	.	.	.	.	2^{+1}	.	.	2^{1}	.	.
Rorippa amphibia	5^{+2}	5^{+1}	.	.	.	.	.	.	.	.
Agropyron repens	.	.	0^{+}	.	.	.	2^{+2}	.	2^{+1}	.

außerdem mehrmals in a: Oenanthe aquatica 5, Bidens cernua 2; e: Gnaphalium uliginosum 2; f: Rumex conglomeratus 4; g: Capsella bursa-pastoris 4, Stellaria media 2; h: Atriplex nitens 2, Lactuca serriola 2, Sisymbrium officinale 2; i: Chenopodium strictum 3, Puccinellia distans2.

Herkunft:
a–b. Verf. (n. p.: 25, märkische Oderaue)
c–d., g. PASSARGE (1965 u. n. p.: 39, mittlere Elbaue)
e–f. FISCHER (1978, untere Elbaue)
h–i. PASSARGE (1983 u. n. p.: 13, Oderaue, Havelniederung)
k. PASSARGE (1959, 1962, 1964: 6), WOLLERT & HOLST (1991:1).

Vegetationseinheiten:

1. Polygono brittingeri-Chenopodietum rubri Lohm. 50
   rumicetum subass. nov. (a)
   typicum subass. nov. (b)
2. Xanthio albino-Chenopodietum rubri Lohm. et Walther in Lohm. 50
   Pulicaria vulgaris-Rasse (c–d), Amaranthus lividus-Rasse (e–f)
   rumicetosum subass. nov. (c, e)
   typicum subass. nov. (d, f)
3. Xanthio albino-Atriplicetum prostratae Pass. (64) corr. (g)
4. Bidenti-Atriplicetum prostratae Poli et J. Tx. 60 (h)
5. Chenopodietum glauco-rubri Lohm. ex Pass. 64
   Echinochloa crus-galli-Rasse (i)
   Zentralrasse (k).

Regionale Differenzen innerhalb des Elbtales ergeben eine *Pulicaria vulgaris*-Rasse mit erhöhter *Polygonum brittingeri*-Präsenz im Trockengebiet (um 500 mm Jahresniederschlag) zwischen Magdeburg und Havelberg (PASSARGE 1965 u. n. p.) und eine *Amaranthus lividus*-Rasse in der märkischen Elbaue (FISCHER 1978), vermehrt mit *Rorippa palustris*. In der nordwestdeutschen Zentralrasse ist schließlich *Chenopodium polyspermum* konstant und *Gnaphalium uliginosum* Anzeiger für sommerliche Oberbodenfrische. Neuerdings bestätigen BRANDES & OPPERMANN (1994) die Ass. im oberen Wesertal.

An kleinstandörtlichen Unterschieden sind gesichert:
Xanthio-Chenopodietum rubri typicum Lohm. et Walther 50 und
Xanthio-Chenopodietum rubri rumicetosum Walther 77 auf feinsandig-schlickigen grundfrischen Böden. Trennarten sind *Rumex maritimus, R. palustris, R. crispus*, selten *Ranunculus sceleratus.*

Zu den Kontakteinheiten zählen Spergulario-Corrigioletum, Urtico-Leonuretum marrubiastri, Potentillo-Inuletum britannicae und Rorippo-Phalaridetum.

In der Elbaue noch verstreut, als Refugium für die potentiell gefährdeten *Potentilla supina* und *Pulicaria vulgaris* von überregionaler Bedeutung.

Polygono brittingeri-Chenopodietum rubri Lohm. 50 Tabelle 42 a–b

Bezeichnend sind *Chenopodium rubrum* 1–3 mit *Polygonum brittingeri* +–2 und *Rorippa palustris* +–1 neben weiteren *Polygonum*- und *Rorippa*- Arten. Trotz gewisser Bedenken rechne ich die inzwischen gleichwertig untersuchte Analog-Gesellschaft in der märkischen Oderaue noch zu dieser Ass., da die Differenzen gegenüber der Elbaue erheblich sind. So fehlen im märkischen Odertal: *Xanthium a. albinum, Pulicaria vulgaris, Chenopodium glaucum* und *Ch. ficifolium* bzw. werden nur selten an der Oder registriert. Umgekehrt ist eine Zunahme feuchteholder Elemente, so von *Polygonum hydropiper, Bidens frondosa, Rorippa palustris* und *R. amphibia* unverkennbar. Zusammengenommen deuten diese ein verändertes Wasserregime bei den schlickarmen Böden der märkischen Oderaue an. Einzige Besonderheit sind die allerdings unvergleichlich seltenen *Xanthium a.* ssp. *riparium* und *Bidens cernua* in dieser *Rorippa*-Rasse des Polygono-Chenopodietum.

Interessanterweise führt WILZEK (1935) aus dem mittelschlesischen Odertal *Bidens cernua* und *Rorippa amphibia* mittelstet an, und eine Aufnahme TÜXEN's (1979: 171) von der Weichsel enthält *Xanthium a. riparium* und *Bidens cernua.*

Die Originalbeschreibung aus dem Wesertal (LOHMEYER 1950, TÜXEN 1979) entspricht einer *Chenopodium glaucum*-Rasse mit *Atriplex patula, Myosoton aquaticum* und *Rumex obtusifolius.* Vergleichbare Belege bringen PHILIPPI (1978) sowie LOHMEYER & SUKOPP (1992) vom Rhein, HILBIG & JAGE (1972) von der Mittelelbe, Elster-Luppe sowie SOMSAK (1972), MITETELU & BARABAS (1972) oder ZAHLIBEROVA (1981) von weiteren Flüssen. Mit regionalen Vergleichsaufnahmen vom Mittelrhein (1964: 1989) dokumentiert LOHMEYER in jüngster Zeit eine Zunahme wärmebedürftiger Neophyten wie *Amaranthus bouchonii, Xanthium saccharatum, Galinsoga parviflora, G. ciliata, Digitaria sanguinalis, D. ischaemum* u. a.

Im südlichen Mitteleuropa wird die Ass. durch das vikariierende Polygono-Chenopodietum polyspermi Th. Müller 74 ersetzt (vgl. z. B. MOOR 1958, MÜLLER 1975, ZAHLHEIMER 1979, BRANDES 1984, DIERSCHKE 1984, HÜGIN 1986, AHLMER 1989, SAILER 1990).

Kleinstandörtlich begründete Differenzen sind:

Polygono-Chenopodietum rubri typicum subass. nov. und

Polygono-Chenopodietum f. rumicetosum subass. nov. grundfeuchter Böden mit den Trennarten *Rumex maritimus, R. palustris, R. crispus* und *Oenanthe aquatica.*

Benachbart leben Oenantho-Rorippetum und Ranunculo-Alopecuretum geniculati. Selbst nicht gefährdet, verdient die Ass. als Refugium für seltene Arten Beachtung.

Die Typus-Aufnahmen stammen aus dem märkischen Odertal, a. für die Typische Subass. bei Genschmar, b. für die *Rumex*-Subass. bei Frankfurt (Verf. n. p. 70/50 %): *Chenopodium rubrum* 3/2, *Chenopodium polyspermum* +/+, *Chenopodium glaucum* 1/–; *Polygonum brittingeri* 2/1, *P. hydropiper* 1/–, *P. persicaria* 2/1; *Rorippa palustris* +/+, *Bidens frondosa* –/+; *Echinochloa crus-galli* +/+; nur in a: *Plantago major* 1, *Corrigiola litoralis* +, *Gnaphalium uliginosum* +; außerdem in b: *Rumex maritimus* +, *Ranunculus sceleratus* +, *Rumex crispus* +, *Phalaris arundinacea* 1, *Rorippa amphibia* +, *Oenanthe aquatica* +, *Lycopus europaeus* +, *Alopecurus geniculatus* +, *Plantago intermedia* +.

Ass.-Gr.
Chenopodietum glauci Wenzl 34
Gesellschaften mit Graugrünem Gänsefuß

Das in weiten Bereichen des meridional-temperaten Eurasien vorkommende *Chenopodium glaucum* begleitet zwar vielfach die vorgenannten Flußtalgesellschaften des Chenopodietum rubri, doch höhere Deckungswerte erreicht es vornehmlich auf anthropogen beeinflußten Standorten wie Güllerinnen, Düngerhaufen, Kompostablagen oder auf Klärschlamm an Dorfteichen usw., nicht selten in Begleitung von *Ch. rubrum.* Zumindest in Mitteleuropa sind zwei Schwerpunktvorkommen erkennbar, der eine auf Feuchtstandorten (Bidentetalia), der andere ohne Nässeeinfluß (Sisymbrietalia, vgl. HEJNY 1974, 1978).

Chenopodietum glauco-rubri Lohm. in Oberd. 57 — Tabelle 42 i–k

Kennzeichnend sind *Chenopodium glaucum* und *Ch. rubrum* jeweils 2–4 mit *Polygonum lapathifolium* +–2. So eingeengt sprechen *Polygonum persicaria, P. tomen-*

tosum, Matricaria inodora zusammen mit *Atriplex prostrata, Bidens tripartita,* selten *Rorippa palustris* für die Zugehörigkeit zum Chenopodion rubri/Bidentetalia. Demgegenüber fehlen *Atriplex patula, Agropyron repens,* meist auch *Chenopodium album* als Zeiger für die Schwesterges. in den Sisymbrietalia (vgl. PASSARGE 1964 b, WOLLERT 1991), die es künftig zu unterscheiden gilt.

Regional sind Zentral- und *Echinochloa crus-galli*-Rasse abgrenzbar, letztere bevorzugt sommerwarme Gebiete. Kleinstandörtlich bedingte Differenzen (z. B. *Bidens*-Subass.) bleiben noch zu erkunden.

Agrostietalia stoloniferae und Rumicetum obtusifolii stellen wichtige Kontakteinheiten im meist ländlichen Umfeld. – Ob der erhebliche Biotopschwund auf dem Lande durch den Zuwachs an Kläranlagen mit Klärbecken aufgewogen wird, bleibt abzuwarten. Eine Gefährdung ist z. Z. noch nicht gegeben.

Ass.-Gr.
Pulicarietum vulgaris (Falinski 66)
Flohkraut-Gesellschaften

Bidenti-Pulicarietum vulgaris Fijalkowski 78 Beleg im Text

Die einst an Dorfteichen der meridional-temperaten Zone über Europa hinaus verbreitete Art, *Pulicaria vulgaris,* ist heute vielerorts verschollen (HAEUPLER 1978, HAEUPLER & SCHÖNFELDER 1989). Allenfalls finden sich in Stromtälern noch zusagende Bedingungen. – Nach ersten Aufnahmen von FALINSKI (1966) und FIJALKOWSKI (1978) wiesen auch KOPECKY & HEJNY (1992) die Einheit, recht einheitlich zusammengesetzt, in unseren östlichen Nachbarländern nach.

Danach sind bezeichnend: *Pulicaria vulgaris* 3–4 mit *Bidens cernua* +–1 und *Polygonum hydropiper* +–1. Konstant kommen *Agrostis stolonifera, Potentilla anserina, Bidens tripartita (Chenopodium glaucum)* hinzu. Im Gebiet so noch nicht nachgewiesen, macht folgende Aufnahme aus dem Elbtal bei Lenzen von höhergelegenem, überschlicktem Sand auf Gemeinsames und Besonderes aufmerksam: 60 %: *Pulicaria vulgaris* 3, *Xanthium a. albinum* 3, *Polygonum hydropiper* 1, *Bidens frondosa* +; *Matricaria inodora* +, *Chenopodium album* +; *Agrostis stolonifera* 1, *Plantago intermedia* 1, *Polygonum arenastrum* +. Unter Berücksichtigung ähnlicher Beobachtungen von TÜXEN (1979) handelt es sich hierbei um die *Xanthium albinum*- Elbtalrasse einer sicher sehr seltenen, vom Aussterben bedrohten Ass., die besondere Aufmerksamkeit verdient.

12. Klasse

Sisymbrietea Gutte et Hilbig 75
(Syn. Sisymbrienea Pott 92)
Rauken-Ruderalgesellschaften Tabelle 43–51

Kurzlebige Therophyten-Gesellschaften der Ruderalstandorte. Als spontane Initialfluren begrünen sie frische bis mäßig trockene, sehr nährstoff- und nitratreiche Böden in und um menschliche Siedlungen. Vom Sonderfall eines natürlichen Stromtalvorkommens abgesehen, besiedeln sie anthropogen geprägte Sekundärstandorte auf Deponien von Trümmerschutt, Müll oder Kompost, Aufschüttungen an Dämmen, Weg- und Straßenrändern bzw. angereicherte Lokalitäten an Mauern und Zäunen. Verbindende Artengruppen sind Conyza-, Sisymbrium- und Capsella-Gruppen. Je nach unterschiedlicher Beteiligung und weiterer Zusammensetzung schwanken im Einzelfall die Wuchshöhen zwischen 10–150 cm und ihre Dekkungswerte um 20–100 % recht erheblich.

Trotz verbindender Gemeinsamkeiten mit den Stellarietea mediae, insbesondere durch die Arten der Capsella-Gruppe, scheinen mir die abweichenden, die Eigenständigkeit unterstreichenden Merkmale hinreichend für eine gesonderte Klasse zu sprechen (vgl. GUTTE & HILBIG 1975, PASSARGE 1978). Sie vereinigt die Ordnungen Sisymbrietalia als Typus und Brometalia rubenti-tectorum.

1. Ordnung

Sisymbrietalia J. Tx. in Lohm. et al. 62
Rauken-begleitete Gesellschaften

Die zentrale Ordnung umschließt die meist siedlungsinternen bis ortsnahen Therophyten-Ges. auf frischen bis mäßig trockenen, nitratreichen Lockerböden, in denen Sisymbrium-Arten zumindest eine begleitende Rolle spielen. Ihre Bestände werden fuß- bis mannshoch und decken überwiegend um 50–100 % der Fläche. Der unterschiedlichen Artenverbindung entsprechend, werden die Verbände Chenopodion glauci, Chenopodion muralis, Malvion neglectae, Atriplicion nitentis und Sisymbrion officinalis hier zugeordnet.

1. Verband

Chenopodion glauci Hejny 74
Graumelde-Gesellschaften

Analog zum Chenopodion rubri innerhalb der Bidentetalia, vereinigt das Chenopodion glaucae die von *Chenopodium glaucum, Ch. rubrum, Ch. ficifolium* u. a. beherrschten Vegetationseinheiten überwiegend sommertrockener Standorte (vgl. jedoch MUCINA & al. 1993). *Conyza canadensis, Lepidium ruderale,* verschiedentlich auch *Puccinellia distans* unterstreichen zusammen mit *Agropyron repens, Polygonum aviculare* agg. u. a. die Sisymbrietalia-Zugehörigkeit. Von Natur aus handelt es sich um kontinentale Salzsteppen-Gesellschaften, die sekundär auf entsprechenden Belastungsflächen in Mitteleuropa auftreten können. Aus Nachbarländern bestätigt (vgl. SOWA 1971, ANIOL-KWIATKOWSKI 1974, PYSEK 1975, KRIPPELOVA 1981, BRANDES 1982, 1989, DETTMAR 1986), bleibt in Ostelbien an salzbelasteten Deponien oder Kunstdünger-Lagerplätzen auf entsprechende *Chenopodium*-Bestände der Ass.-Gr. Chenopodietum glauci, Chenopodietum rubri u. a. zu achten. Nach Artenverbindung, strukturellen und ökologischen Merkmalen spricht einiges dafür, die Ass.-Gr. Atriplicetum patulae hier anzuschließen.

Als Beispiel für eine hier einzuordnende *Conyza-Chenopodium rubrum*-Ass. mag folgende Aufnahme von einer Trümmerschuttfläche auf mäßig trockenem, schwach humosem Boden dienen: Berlin, Anhalter Bahnhof (Verf. VII./1993, 3 m^2, 70 %): *Chenopodium rubrum* 3; *Conyza canadensis* 1, *Sisymbrium loeselii* +; *Solanum nigrum* 2, *Chenopodium album* 1, *Senecio vulgaris* 1, *Amaranthus retroflexus* +; *Diplotaxis tenuifolia* 2, *Poa annua* +.

Puccinellio-Chenopodietum glauci Krippelova 71 Tabelle untenstehend

Wenn man die Einheit namensgerecht interpretiert, so wäre als nomenklatorischer Typus Aufnahme-Nr. 1 der Beschreibung bei KRIPPELOVA (1981, Tab. 37, S. 152) geeignet, mit den kennzeichnenden Merkmalen:*Chenopodium glaucum* 1–4 und *Puccinellia distans* +–3, ergänzt durch einzelne weitere Arten auf salzreichen, frischen bis sommertrockenen, küstenfernen Böden. Die Gesellschaft wird selten mehr als fußhoch (20–40 cm), bei Deckungswerten um 30–70 %. Die Hauptvorkommen grenzen meist an offene Düngesalzlagerplätze, seltener auch an Mülldeponien, in deren Randbereich das ablaufende Regenwasser zu Bodenverschlämmung mit hoher Salzkonzentration und alkalischer Reaktion (pH 8–9) führt.

Regional belegen WOLLERT (1988) bzw. DOLL & al. (1981) in Mittelmecklenburg eine subozeanische *Atriplex triangularis*-Rasse, auch mit *A. patula* und *Chenopodium album* gegenüber der kontinentalen Zentralrasse (vgl. KRIPPELOVA 1971, 1981) in der O-Slowakei.

In beiden beschränken sich trittfeste Arten auf eine *Polygonum avicularis*-Subass. Wollert 88 gegenüber dem Typus. Zu den Trennarten zählen hier auch *Poa annua* und *Lepidium ruderale.* Sie weisen zum Puccinellia-reichen Trittrasen (vgl. GUTTE 1966, 1972, KRIPPELOVA 1971, 1981 p.p., HEINRICH 1984, WOLLERT 1988) als wichtiger Kontakteinheit.

Die Artenzusammensetzung in Mittelmecklenburg nach DOLL & al. (1981: 2) und WOLLERT (1988: 5) ergibt: *Chenopodium glaucum* 5^{+3},*Ch. rubrum* 1^{+}, *Atriplex triangularis* 5^{+2}; *Puccinellia distans* 5^{24}; *Chenopodium album* 4^{12}, *Atriplex patula* 2^{12}, *Matricaria inodora* 2^{+}; *Lepidium ruderale* 3^{+2}, *Polygonum aviculare* 3^{12}, *Poa annua* 3^{+1}; *Agropyron repens* 2^{1}.

Für die Zugehörigkeit zum Chenopodion glauci Hejny 74 spricht das weitgehende Fehlen von feuchte-holden Bidentetalia-Arten. Bei seiner Originalbeschreibung ordnete HEJNY (1974) als einzige Ass. das Chenopodietum glauco-rubri von Dunghaufen in Dörfern, einschließlich einer *Puccinellia distans*-Subass. zu. – Solange die flächige Chemisierung durch Winterstreudienst oder Intensivlandwirtschaft nicht umweltschonend eingedämmt wird, ist mit weiterer Ausbreitung zu rechnen.

Ass.-Gr.
Atriplicetum patulae (Gutte 66) ass. coll. nov.
Gesellschaften mit Rutenmelde

Die von der meridionalen bis in die boreale Zone Eurosibiriens vorkommende *Atriplex patula* zeigt vornehmlich dort, wo ihre höherwüchsigen und konkurrenzkräftigen Schwesterarten fehlen, ein noch wenig bekanntes Schwerpunktverhalten auf Ruderalstandorten. Zwei vikariierende Ausbildungen heben sich ab: Chenopodio- und Sisymbrio-Atriplicetum patulae.

Chenopodio rubri-Atriplicetum patulae Gutte 66 Tabelle 45 i

Verschiedentlich gleichgesetzt mit dem niederländischen Chenopodio-Atriplicetum hastatae (BRAUN-BLANQUET & DE LEEUW 1936, WEEVERS 1940), ohne *A. patula* (!), sind im Gebiet charakteristisch: *Atriplex patula* 2–4 mit *Chenopodium glaucum* +–2. Weiter kommen konstant bis mittelstet hinzu: *Atriplex prostrata, Chenopodium rubrum* neben *Ch. album, Agropyron repens* und *Puccinellia distans*. Vor allem die Letztgenannten sprechen gegen eine Bidentetalia-Zugehörigkeit. Zwar sehr artenarm, sind die Bestände meist gut fußhoch, selten kniehoch (um 30–50 cm) und überwiegend lückig-geschlossen (um 50–70 %). Wichtige Fundorte sind oft seitenbeschattete Wegränder und Kunstdüngerlagerplätze, deren humose Böden häufig salzbelastet sind.

Eine vielseitige Regionalgliederung ermittelte GUTTE (1966, 1972): *Chenopodium glaucum*-Vikariante mit *Atriplex prostata* und *Lepidium ruderale* im planar-kollinen Bereich, darin *Atriplex tatarica*-,*Atriplex nitens*- und Zentralrasse, letztere im subozeanischen Klimaraum z. B. in Mecklenburg-Vorpommern (WOLLERT 1988, 1991); Zentralvikariante oft mit *Rumex obtusifolius* ist submontan-montan verbreitet mit *Chenopodium rubrum*- und *Galeopsis tetrahit*-Rasse (vgl. HADAC 1978), *Matricaria inodora*-Rasse im Hügelland (vgl. WITTIG & WITTIG 1980, KIESEL & al. 1985).

Auf kleinstandörtliche Unterschiede bleibt noch zu achten.

Bei zunehmender Salzausbringung (Kunstdünger, Pestizide, Streusalz-Winterdienst) ist mit Förderung der verstreuten, nicht gefährdeten Vorkommen zu rechnen. Das binnenländische Puccinellietum distantis ist bezeichnende Nachbar-Ges.

Sisymbrium officinale-Atriplex patula-Ass. Tabelle 45 k

An wenigen Aufnahmen wird auf eine abweichende eigenständige Einheit aufmerksam gemacht, die *Atriplex patula* 3–5 mit *Sisymbrium officinale* +–1 (*Hordeum murinum* +) herausstellen. Fundorte sind beschattete Wegränder und Baumscheiben im subkontinentalen Binnenland von Sachsen-Anhalt und Berlin-Brandenburg. Meist auf humos-sandigen, staubgedüngten, oft Streusalz-beeinflußten, mäßig trockenen Böden, vermag sich die hinsichtlich Licht und Wärme genügsamste *Atriplex*-Art gegen ihre Mitbewerber zu behaupten.

Auch diese Ausbildung ist weit verbreitet (vgl. z. B. JEHLIK 1994), vor allem in der Gebirgsstufe als nitratholde Therophytenflur an warm-trockenen Standorten in Dörfern mit Großviehhaltung. Eine Aufnahme mit *Chenopodium strictum, Geranium pusillum* deutet eine Untergliederung, analog zu anderen *Atriplex*-Ass. an.

Klarheit über Status, Verbreitung und Einbindung können jedoch erst weitere Untersuchungen bringen.

2. Verband

Chenopodion muralis Br.-Bl. 31 em. O. Bolos
Süd-mitteleuropäische Gänsefuß-Gesellschaften Tabelle 43

Der Verband sollte m. E. die von *Chenopodium botrys, Ch. murale, Ch. opulifolium, Ch. strictum, Ch. urbicum, Ch. vulvaria* und weiteren Arten bestimmten Gesellschaften mit südeuropäischer bzw. süd-mitteleuropäischer Hauptverbreitung umschließen. Zusammen mit *Chenopodium album*, durchsetzt von *Conyza canadensis* bilden sie vornehmlich niederwüchsige bis mittelhohe, teils schüttere, teils lichtgeschlossene Therophytenfluren auf oft humusarmen, nährstoffreichen, lockeren Rohböden bei sommerwarmem Klima, bevorzugt in städtischen Siedlungen und deren Umfeld.

Typus-Ass. des Verbandes ist Chenopodietum muralis Br.-Bl. et Maire 24. Angeschlossen werden die im Gebiet belegten Ass.-Gr. Chenopodietum botryos, Chenopodietum stricti, *Chenopodium hybridum*-Ges.

Ass.-Gr.
Chenopodietum muralis Br.-Bl. et Maire 24
Gesellschaften mit Mauer-Gänsefuß

Die meridional-verbreitete Ass. ist im südlichen Europa in mehreren vikariierenden Einheiten verbreitet, darunter das temperate Polygono-Chenopodietum m. (vgl. z. B. BRAUN-BLANQUET 1936, 1952, SLAVNIC 1951, BRANDES 1978, RIVAS-MARTINEZ 1978, MUCINA 1987).

Polygono-Chenopodietum muralis Mucina 87 Aufnahme im Text

Regional sind bezeichnend *Chenopodium murale* 2–4 mit *Capsella bursa-pastoris* +, *Lepidium ruderale* + und weiteren Trennarten gegenüber südeuropäischen Vikarianten.

Den hier einzuordnenden Beleg notierte ich am Rande eines kiesreichen Dorfbahnsteiges in Britz bei Eberswalde (VII/1983) 50 %: *Chenopodium murale* 3, *Malva neglecta* +, *Conyza canadensis* +, *Lepidium ruderale* +; *Amaranthus retroflexus* 2, *Salsola ruthenica* +; *Eragrostis minor* 1, *Matricaria discoidea* +, *Taraxacum officinale* +. Im Kontakt mit Eragrostio-Polygonetum calcati gehört die äußerst seltene Ass. in Brandenburg zu den potentiell gefährdeten.

Ass.-Gr.
Chenopodietum stricti Oberd. 57 ex Pass. 64
Gesellschaften mit Gestreiftem Gänsefuß

Bevorzugt im submeridional-temperaten Europa zeigt *Chenopodium strictum* eine subkontinentale Ausbreitung. Bei Nachweisen zwischen Rhein und Donau-Delta sind mehrere vikariierende Ausbildungen zu unterscheiden. In Mitteleuropa sind dies das südwestliche Senecioni-Chenopodietum stricti Oberd. 57 em. nom. nov. mit *Senecio viscosus, S. vulgaris, Mercurialis annua* und *Diplotaxis tenuifolia* (vgl. OBERDORFER 1957, 1983, 1993, BORNKAMM 1974, PYSEK 1977, KOPECKI 1981, GÖDDE 1986 usw.), die Montanform des Galeopsio-Chenopodietum albi (vgl. HOLZNER 1972, FORSTNER 1984) sowie das östliche Sisymbrio-Chenopodietum stricti.

Tabelle 43 Chenopodium botrys- und Ch. strictum-Gesellschaften

Spalte	a	b	c	d	e	f	g	h	i	k	l
Zahl der Aufnahmen	7	14	9	10	13	9	12	6	6	8	8
mittlere Artenzahl	20	15	12	12	10	8	9	11	14	10	7
Chenopodium strictum	5^{+1}	2^{+2}	2^{+}	0^{+}	0^{+}	1^{2}	2^{+}	5^{24}	5^{24}	5^{34}	5^{24}
Chenopodium botrys	5^{13}	5^{23}	5^{13}	5^{13}	5^{13}	5^{14}	5^{13}	.	2^{+}	.	.
Chenopodium rubrum	5^{+2}	0^{+}	2^{+2}	2^{+}	2^{13}	2^{+2}	.	.	.	.	.
Conyza canadensis	4^{+1}	4^{+2}	5^{+2}	5^{+2}	2^{+}	2^{+1}	3^{+}	2^{+2}	3^{+}	4^{+2}	3^{+1}
Senecio viscosus	3^{+}	3^{+1}	2^{+1}	4^{+1}	1^{+}	3^{+}	1^{+}	.	.	3^{+1}	1^{2}
Bromus tectorum	.	3^{+1}	3^{+1}	1^{+}	.	2^{+}	.	.	1^{+}	.	.
Chaenorrhinum minus	3^{+}	0^{+}	3^{+1}	1^{+}	0^{+}	2^{+}	.	.	.	.	.
Corispermum leptopterum	1^{+}	2^{+}	.	1^{+2}	2^{+2}	2^{+}	.	.	.	.	.
Sisymbrium loeselii	5^{+1}	5^{+1}	4^{+1}	4^{+1}	.	.	2^{1}	4^{+}	4^{+2}	4^{+2}	.
Sisymbrium altissimum	.	3^{+}	3^{+}	3^{+1}	.	.	1^{+}	1^{+}	1^{+}	.	1^{+}
Lactuca serriola	.	2^{+}	3^{+1}	.	.	.	.	1^{+}	2^{+}	2^{+}	.
Descurainia sophia	.	.	.	.	.	.	5^{+1}	5^{+1}	.	.	4^{+1}
Amaranthus retroflexus	1^{+}	4^{+2}	.	.	4^{+2}	.	1^{+}	4^{1}	4^{+2}	4^{+2}	3^{+2}
Setaria viridis	.	3^{+}	.	0^{1}	4^{+2}	.	.	1^{+}	1^{1}	.	1^{1}
Eragrostis minor	.	1^{12}	.	1^{+}	2^{+1}	2^{+2}	.	.	.	.	.
Salsola ruthenica	.	0^{+}	.	5^{+2}	.	.	.	.	4^{+2}	4^{+2}	.
Amaranthus albus	.	2^{+1}	.	1^{+}	0^{1}	1^{+}	.	.	5^{+}	1^{3}	.
Atriplex nitens	4^{+}	.	.	.	.	.	.	1^{1}	.	2^{+}	.
Atriplex patula	5^{+1}	.	.	.	.	.	.	5^{+2}	.	.	.
Atriplex prostrata	.	.	.	.	.	.	.	5^{+2}	.	.	.
Chenopodium album	1^{1}	4^{+1}	4^{+1}	4^{+1}	3^{+2}	4^{+1}	4^{+}	1^{1}	5^{12}	4^{+2}	4^{+2}
Capsella bursa-pastoris	3^{+}	1^{+}	2^{+1}	.	1^{+1}	.	3^{+1}	2^{+1}	3^{+}	1^{2}	.
Erysimum cheiranthoides	4^{+1}	3^{+1}	4^{+1}	2^{+}	2^{+}	2^{+1}	4^{+}	.	4^{+}	.	2^{+2}
Polygonum persicaria	2^{+}	1^{+}	.	1^{+}	3^{+}	1^{+}	.	.	.	1^{1}	1^{+}
Sonchus oleraceus	3^{+}	2^{+}	3^{+2}	1^{+}	1^{+}	.	3^{+}	4^{+}	1^{+}	2^{+}	2^{+}
Solanum nigrum	3^{+}	4^{+1}	1^{+}	1^{1}	3^{+1}	2^{+}	4^{+2}	.	5^{+2}	2^{+2}	.
Senecio vulgaris	.	2^{+1}	.	1^{+}	1^{+}	.	4^{+}	1^{+}	1^{+}	1^{+}	.
Galinsoga parviflora	3^{+}	1^{+}	1^{+}	1^{+}	.	.	2^{+}	.	.	1^{1}	1^{+}
Polygonum tomentosum	.	.	.	.	.	.	5^{+1}	1^{+}	1^{+}	.	2^{+}
Polygonum lapathifolium	.	2^{+1}	.	.	.	.	5^{+3}	.	.	.	.
Matricaria inodora	2^{+}	.	.	.	.	.	.	1^{+}	1^{+}	2^{+}	2^{+1}
Fallopia convolvulus	.	.	.	.	.	.	.	3^{+}	1^{+}	.	3^{+}
Polygonum aviculare agg.	4^{+1}	3^{+1}	2^{+1}	1^{+}	2^{+2}	3^{+}	.	3^{+}	1^{1}	3^{+1}	.
Poa annua	5^{+2}	4^{+1}	3^{+2}	3^{+2}	3^{+1}	3^{+2}	.	.	2^{+}	2^{+}	.
Plantago major	5^{+1}	2^{+}	2^{+}	.	1^{+}	2^{+}	.	.	.	.	.
Lolium perenne	.	0^{+}	1^{+}	2^{+1}	0^{+}	.	.	2^{+}	.	1^{+}	.
Taraxacum officinale	2^{+}	2^{+}	3^{+}	1^{+}	1^{+}	.	.	.	.	.	.
Agrostis stolonifera	3^{+}	2^{+}	.	1^{+}	1^{+}	.	.	.	.	.	.
Agropyron repens	.	2^{+}	.	1^{+}	0^{+}	.	.	5^{+1}	4^{+1}	2^{+1}	2^{+1}
Diplotaxis tenuifolia	3^{+}	.	.	1^{2}	0^{2}	.	1^{+}	2^{+}	1^{+}	2^{+1}	.
Medicago lupulina	4^{+}	2^{+1}	1^{+}	0^{+}	1^{+}	.	.	.	1^{+}	2^{+1}	.
Cirsium arvense	.	2^{+}	2^{+}	1^{+}	1^{+}	2^{+}	3^{+}	.	.	.	.
Tussilago farfara	.	2^{+1}	2^{+2}	2^{+2}	0^{+}	1^{1}	3^{+}	.	.	.	.
Poa compressa	2^{+}	2^{+1}	3^{+}	1^{+}	.	1^{+}	.	.	.	.	.
Artemisia vulgaris	5^{+1}	2^{+2}	2^{+1}	2^{+1}	2^{+1}	2^{+1}	3^{+}	1^{+}	.	.	3^{+1}
Oenothera biennis agg.	5^{+1}	4^{+2}	5^{+1}	0^{+}	2^{+1}	3^{+1}	.	.	.	.	.

außerdem mehrmals in a: Matricaria discoidea 3, Potentilla supina 3, Artemisia campestris 3, Trifolium repens 3, Galinsoga ciliata 2; b: Crepis tectorum 2, Melandrium album 2; c: Hordeum murinum 2; h: Apera spica-venti 3, Convolvulus arvensis 2; i: Urtica urens 5, Erodium cicutarium 3, Arenaria serpyllifolia 2; k: Stellaria media 2; l: Galeopsis pubescens 2.

Herkunft:
a–f. SUKOPP (1971: 28), DÜLL & WERNER (1957: 13), PÖTSCH & al. (1971: 12), BENKERT (1976: 7), REBELE (1986: 7), LANGER (1994: 1), Verf. (n. p.: 5)
g–l. PASSARGE (1964, 1996 u. n. p.: 27), WOLLERT & HOLST (1991: 1).

Vegetationseinheiten:

1. Chaenorrhino-Chenopodietum botryos Sukopp 71
   Sisymbrium loeselii-Rasse (a–d), Zentralrasse (e–g)
      Atriplex-Ausbildung (a)
      amaranthetosum Sukopp 71 (b, e)
      typicum Sukopp 71 (c, f)
      Salsola ruthenica-Variante (d)
      Polygonum lapathifolium-Variante (g)
2. Sisymbrio-Chenopodietum stricti Pass. (64) 96
   Atriplex patula-Rasse (h), Salsola ruthenica-Rasse (i, k)
   Descurainia sophia-Rasse (l)
      urticetosum Pass. 96 (i)
      typicum Pass. 96 (h, k, l)

Sisymbrio-Chenopodietum stricti Pass. (64) 96 Tabelle 43 h

Kennzeichnend sind *Chenopodium strictum* 2–4 mit *Sisymbrium loeselii, S. altissimum* und *Descurainia sophia* jeweils +–2. Außer den allgemein verbreiteten Begleitarten *Chenopodium album* und *Conyza canadensis* gehören *Amaranthus retroflexus, Atriplex nitens* und *Lepidium ruderale* noch zu den syngeographischen Weiserarten der Ass.. Gemeinsam bilden sie licht- bis dichtgeschlossene, 60–90 % deckende, um 50–100 cm hohe Pionierbestände auf städtischen Schutt- und Trümmerablagen oder Erdaufschüttungen in Stadtnähe. Ihre humusarmen Rohböden sind durchlässig-trocken, sommerwarm und nährstoffreich.

Mit deutlichem Abstand von der Küste verläuft die derzeitige N-Grenze der Ass. Aus Mecklenburg-Vorpommern wird *Chenopodium strictum* als Neophyt mit Einbürgerungstendenz bewertet (FUKAREK & HENKER 1983), doch ist die Einheit noch nicht durch Aufnahmen bestätigt.

Regional differieren *Atriplex prostrata*-Rasse mit *A. patula* in subozeanisch-beeinflußten Gebieten (z. B. Altmark, W-Brandenburg PASSARGE 1964), die ganz ähnlich GUTTE (1966, 1972), GUTTE & HILBIG (1975) bzw. MAHN in KIESEL & al. (1985, 1986) aus Mitteldeutschland bestätigen, zentrale *Descurainia sophia*-Rasse in NO-Brandenburg (z. B. WOLLERT & HOLST 1991), *Salsola ruthenica*-Rasse mit *Amaranthus albus* in Berlin (PASSARGE 1996) und schließlich im Kontinentalklima eine *Atriplex tatarica*-Rasse (vgl. MITETELU & BARABAS 1972, ELIAS 1978, FIJALKOWSI 1978, GRÜLL & KVET 1978).

Kleinstandörtlich sind unterscheidbar:
Sisymbrio-Chenopodietum stricti typicum Pass. 96 und
Sisymbrio-Chenopodietum s. urticetosum Pass. 96 mit *Urtica urens, Erysimum cheiranthoides, Thlaspi arvense* und *Erodium cicutarium* auf humosen, nitratbeeinflußten Sonderstandorten.

Sisymbrietum loeselii und Dauco-Melilotion wurden im Kontakt mit der höchst verstreut vorkommenden, stadttypischen Vegetationseinheit beobachtet.

Ass.-Gr.
Chenopodietum botryos (Br.-Bl. 36) Sukopp 71
Gesellschaften mit Klebrigem Gänsefuß

Die meridional verbreitete Art, *Chenopodium botrys,* weitete synanthrop das Vorkommen auf sommerwarme Stadtbereiche im temperaten Mitteleuropa aus. Hier während der Renaissance als Arzeneipflanze in Kräutergärten angebaut, später unbeständig beobachtet, werden nach 1950 in einigen Wärmeinseln (z. B. Leipzig, Mainz, Berlin) dauerhafte Ansiedelungen registriert (SUKOPP 1971). Neben einer gewissen Akklimatisierung schufen die Trümmer kriegszerstörter Städte zusammen mit sonnenreichen Trockenjahren günstige Voraussetzungen. Vom südeuropäischen Eragrostio-Chenopodietum botryos (vgl. BRAUN-BLANQUET 1936, BRAUN-BLANQUET & al. 1952) ist das mitteleuropäische Chaenorrhino-Chenopodietum botryos zu unterscheiden.

Chaenorrhino-Chenopodietum botryos Sukopp 71 Tabelle 43 a–g

Kennzeichnend sind *Chenopodium botrys* 1–4 mit *Conyza canadensis,* selten *Chaenorrhinum minus* +–1. *Senecio viscosus, Chenopodium album* und *Poa annua* ergänzen oft mittelstet die Artenverbindung der meist nur 10–20 cm hohen, oft lückigen (30–50 %) Bestände. Fundorte sind vollbesonnte Schuttflächen in Berlin, Potsdam und weiteren Städten sowie Müll- und Trümmerdeponien im stadtnahen Umfeld. Die Standorte sind sommerwarme, durchlässige, humusarme Sand-, Schutt- und Mörtelböden (pH 6,5–7,5 nach BORNKAMM & SUKOPP 1971).

Regional unterscheidbar: *Amaranthus lividus*-Rasse mit *A. chlorostachys, Digitaria sanguinalis* und *Portulaca oleracea* auf Kalksanden im Raum Mannheim (PHILIPPI 1971, MÜLLER in OBERDORFER 1993), *Sisymbrium loeselii*-Rasse mit *S. altissimum* im Citybereich von Berlin und Potsdam (DÜLL & WERNER 1956, SUKOPP 1971, BENKERT 1972, LANGER 1994), Zentralrasse am Berliner Stadtrand (REBELE 1986, PÖTSCH & al. 1971), *Kochia densiflora*-Rasse in Tschechien (GRÜLL 1980).

Lokale Haushaltsdifferenzen begründen:

Chaenorrhino-Chenopodietum botryos typicum und

Chaenorrhino-Chenopodietum b. amaranthetosum Sukopp 71 mit *Amaranthus retroflexus, Setaria viridis, Digitaria ischaemum* und *Eragrostis minor* als Trennarten auf schwach humosen Böden. Insgesamt reicht die edaphische Spanne von trockenen Rohböden mit der *Salsola ruthenica*-Variante bis zu grundfeuchten, übersandeten Niedermoorböden einer *Polygonum lapathifolium*-Variante (vgl. PÖTSCH al. 1971, DETTMAR & SUKOPP 1991).

Im Konnex mit Eragrostio-Polygonetum und Oenotheretum rubricaulis ist die Ass. in Berlin-Brandenburg selten und potentiell gefährdet.

Chenopodium hybridum-Ges.
Gesellschaft des Unechten Gänsefußes

Die in Eurasien verbreitete Art *Chenopodium hybridum* zeigt nach MUCINA (1987) und weiteren Autoren auf Ruderalstandorten eine deutliche Schwerpunktbildung. Deshalb sei anhand erster Aufnahmen a. von BRANDES (1991) aus der Altmark bzw. b. von Verf. (IX. 1955) aus O-Brandenburg aufmerksam gemacht und aufgerufen, weitere Beobachtungen zu sammeln.

65/50 %: *Chenopodium hybridum* 4/3, *Malva neglecta* 1/+, *Chenopodium strictum* 1/–, *Sisymbrium officinale* –/+; *Chenopodium album* 1/2, *Amaranthus retroflexus* 1/+, nur in a: *Solanum nigrum* 2, *Euphorbia helioscopia* +; *Ballota nigra* +, *Chelidonium majus* +, *Robinia pseudacacia* 1; nur in b: *Setaria viridis* 1, *Sonchus oleraceus* +; *Agropyron repens* 1, *Convolvulus arvensis* 1, *Cirsium arvense*+, *Plantago lanceolata* +. Fundorte sind jeweils dörfliche Wegränder, im letzteren Falle eine übersandete Pflasterstraße bei Tornow/Eberswalde.

3. Verband

Malvion neglectae (Gutte 72) Hejny 78
Wegmalve-Gesellschaften

Der Verband vereinigt die niederwüchsigen (10–30 cm) von *Malva neglecta, M. pusilla* und *Urtica urens*, wohl auch *Anthemis cotula* geprägten, überwiegend lichtgeschlossenen (60–90 %) Gesellschaften. Wichtige Begleiter sind *Sisymbrium officinale, Chenopodium album, Capsella bursa-pastoris* und *Polygonum aviculare arenastrum.* Auf oft leicht betretenen, humosen, nährstoff- und nitratreichen Böden siedelnd, sind sie weitgehend an dörfliche Siedlungen mit Viehhaltung gebunden. Typuseinheit ist Urtico-Malvetum neglectae Lohm. in Tx. 50 ex Große-Br. 54. Zugehörig die aus unserem Gebiet belegten Ass.-Gr. Malvetum pusillae, Malvetum neglectae, Urticetum urentis und Anthemidetum cotulae.

Ass.-Gr.
Malvetum pusillae Morariu 43
Gesellschaften mit Kleiner Malve Tabelle 44 a

Mit merklich kontinentalem Vorkommensschwerpunkt ist *Malva pusilla* von der meridionalen bis temperaten Zone Europas und Westasiens verbreitet. Die bisher wenigen Aufnahmen lassen deutlich regionale Differenzierungen erkennen, die in ihrer syntaxonomischen Wertigkeit allerdings noch nicht sicher zu beurteilen sind.

Diagnostisch wichtig: *Malva pusilla* 3–5 mit *Amaranthus retroflexus* +–1 und *Descurainia sophia* +–1. Neben *Polygonum aviculare* agg., flankieren meist *Matricaria inodora, Chenopodium album* und *Capsella bursa-pastoris* die Artenkombination. Während *Malva neglecta* stets fehlt, ist *Urtica urens* in allen Regionalausbildungen existent.

Eine *Xanthium spinosum*-Vikariante mit *Anthemis cotula, Chenopodium urbicum, Lepidium ruderale, Matricaria chamomilla* und *Verbena officinalis* vereint die Aufnahmen im SO (vgl. MORARIU 1943, POP 1968, DIHORU & DONITA 1970, MARKOVIC 1970, 1985, KRIPPELOVA 1981, MUCINA 1986). Meine bisher nordwestlichsten Belege aus O-Brandenburg markieren eine *Sisymbrium altissimum*-Rasse mit *Senecio viscosus, Geranium pusillum, Thlaspi arvense* und *Agropyron repens.* Sie fanden sich im Raum Eberswalde auf sandigem Betonschutt und somit sehr durchlässigem, wärmebegünstigtem Substrat. Sisymbrietum altissimi, Corispermetum leptopteri und Carduetum acanthoidis wurden benachbart notiert. Die äußerst seltene Ass. nahe der Arealgrenze ist potentiell gefährdet und verdient besondere Beachtung.

Ass.-Gr.
Malvetum neglectae (Aichinger 33) Felföldy 42
Gesellschaften mit Wegmalve

Die in der meridional-temperaten Zone über Europa hinaus bis W-Asien verbreitete *Malva neglecta* bevorzugt nähr- und stickstoffreiche Standorte und tritt in mehreren vikariierenden Ruderalgesellschaften gesellschaftsprägend auf. Genannt sei das frühzeitig aus den Karawanken beschriebene Hyoscyamo-Malvetum (vgl. AICHINGER 1933), das ungarische Xanthio-Malvetum neglectae (FELDFÖLDY 1942) oder das spanische Sisymbrio pyrenaici-Malvetum (vgl. TÜXEN & OBER-

DORFER 1958). Weiterhin sind aus Mitteleuropa nach LOHMEYER in TÜXEN (1950) bzw. GUTTE (1972) anzuführen: Daturo-, Urtico- und Chenopodio vulvariae-Malvetum neglectae.

Tabelle 44 Malva- und Urtica urens-Gesellschaften

Spalte	a	b	c	d	e	f	g	h
Zahl der Aufnahmen	2	14	55	37	64	7	5	13
mittlere Artenzahl	16	11	11	11	8	10	11	10
Urtica urens	1^{1}	3^{+1}	4^{+2}	5^{+3}	5^{+3}	5^{24}	5^{13}	5^{+2}
Malva neglecta	.	5^{24}	5^{24}	5^{14}	5^{14}	5^{+1}	.	3^{+1}
Anthemis cotula	.	0^{1}	1^{+2}	3^{+2}	1^{+2}	.	.	5^{24}
Hyoscyamus niger	.	1^{+3}	0^{+1}	0^{+}	.	.	.	.
Datura stramonium	.	5^{+3}	.	.	.	.	.	.
Malva pusilla	2^{3}	.	.	.	.	.	.	.
Sisymbrium officinale	.	2^{+1}	4^{+1}	4^{+1}	3^{+1}	5^{+1}	3^{+1}	2^{+1}
Descurainia sophia	1^{+}	2^{+1}	2^{+1}	5^{+1}	1^{+1}	1^{+}	2^{+}	0^{1}
Amaranthus retroflexus	1^{1}	5^{13}	5^{+2}	3^{+1}	.	.	.	.
Conyza canadensis	.	4^{+1}	3^{+2}	3^{+1}	0^{+}	.	1^{+}	.
Lepidium ruderale	.	.	2^{+1}	1^{+2}	0^{+}	.	1^{+}	.
Chenopodium urbicum	.	.	0^{+1}	2^{+2}	.	.	1^{2}	.
Chenopodium hybridum	.	3^{+2}	0^{+1}	2^{+1}	.	.	.	.
Chenopodium album	1^{+3}	5^{+2}	4^{+2}	4^{+2}	2^{+1}	3^{+}	3^{+}	.
Capsella bursa-pastoris	2^{12}	3^{+1}	3^{+1}	3^{+1}	4^{+1}	5^{+1}	2^{+1}	4^{+2}
Stellaria media	1^{+}	.	0^{+2}	0^{+}	1^{+}	.	1^{2}	.
Erysimum cheiranthoides	1^{+}	2^{+}	0^{+}	.	0^{+}	.	.	.
Galinsoga parviflora	.	4^{+2}	3^{+2}	3^{+2}	1^{+1}	1^{+}	1^{+}	0^{+}
Solanum nigrum	2^{+}	4^{+1}	2^{+2}	0^{+}	1^{+1}	.	.	.
Geranium pusillum	2^{+}	3^{+}	2^{+2}	1^{+}	2^{+}	1^{+}	.	2^{+1}
Senecio vulgaris	.	2^{+}	1^{+}	1^{+}	1^{+}	2^{+}	.	2^{+1}
Sonchus asper	.	2^{+}	0^{+}	.	.	.	1^{+}	0^{+}
Matricaria inodora	1^{+}	2^{+}	1^{+}	2^{+1}	2^{+1}	4^{+2}	1^{+}	.
Fallopia convolvulus	2^{+}	0^{+}	0^{+}	0^{+}	0^{+}	1^{+}	.	.
Erodium cicutarium	1^{+}	2^{+1}	2^{+1}	2^{+1}	1^{+}	1^{+}	.	.
Setaria viridis	1^{+}	1^{+}	1^{+}	.	.	.	.	.
Veronica persica	.	.	0^{+}	0^{+}	0^{+1}	3^{+}	.	2^{1}
Polygonum aviculare agg.	1^{+}	3^{+1}	4^{+2}	4^{+2}	4^{+2}	3^{1}	3^{+1}	4^{12}
Poa annua	.	1^{+}	1^{+2}	.	3^{+2}	3^{+1}	2^{12}	4^{+2}
Plantago major	.	1^{+}	0^{+}	0^{+}	1^{+}	.	2^{+1}	3^{+2}
Matricaria discoidea	.	.	.	1^{+2}	3^{+1}	1^{+}	1^{+}	5^{+2}
Plantago lanceolata	.	.	2^{+}	1^{+}	1^{+1}	.	2^{+}	2^{+2}
Taraxacum officinale	.	.	.	0^{+}	2^{+}	.	1^{1}	2^{+1}
Urtica dioica	.	.	.	.	2^{+}	1^{+}	.	3^{1}
Artemisia vulgaris	.	2^{+1}	0^{+}	0^{+}	.	.	.	.

außerdem mehrmals in a: Sisymbrium altissimum 2, Thlaspi arvense 2, Agropyron repens 2; f: Atriplex patula 3; g: Anagallis arvensis 2; h: Lolium perenne 2, Ballota nigra 2.

Herkunft:

a. Verf. (n. p.: 2)
b. PASSARGE (1955, 1984 u. n. p.: 14)
c–g. PASSARGE (1955, 1957, 1962, 1964, 1984 u. n. p.: 130), HANSPACH (1989: 3), BRANDES (1991: 1), WOLLERT (1991: 33), WOLLERT & HOLST (1991: 1)
h. WOLLERT (1989: 12), Verf. (n. p.: 1)

Vegetationseinheiten:

1. Malvetum pusillae Morariu 43 (a)
2. Daturo-Malvetum neglectae Lohm. in Tx. 50 ex Pass. 55 (b)
3. Urtico-Malvetum neglectae Lohm. in Tx. 50 ex Große-Brauckmann 54
   Amaranthus retroflexus-Vikariante (c–d)
   Zentralvikariante (e)
4. Sisymbrio-Urticetum urentis (Klement 53) Pass. 64
   Malva neglecta-Rasse (f), Zentralrasse (g)
5. Matricario-Anthemidetum cotulae Dihoru ex Mucina 87
   Urtica urens-Rasse (h)

Daturo-Malvetum neglectae Lohm. in Tx. 50 ex Pass. 55 Tabelle 44 b

Diagnostisch wichtig sind: *Malva neglecta* 2–4 mit *Datura stramonium* 1–3. *Amaranthus retroflexus, Chenopodium album, Conyza canadensis, Galinsoga parviflora* und *Solanum nigrum* vervollständigen konstant die meist fußhohe (20–40 cm), 50–80 % deckende Artenverbindung. Mittelstet ist auch *Chenopodium hybridum* bezeichnende Begleitpflanze. Die in Dörfern mit Vieh- und Geflügelhaltung heimische Einheit beschränkt sich beispielsweise im Elb-Havelland auf den Bereich mit betont sommerwarmem (Juli-Mittel über 18° C) und niederschlagsarmem (Juli-Isohyete unter 70 mm) Regionalklima (PASSARGE 1955). Entsprechende Gegebenheiten treffen für die Ass.-Vorkommen im Oderbruch zu (PASSARGE 1984).

Mitteldeutsche Nachweise scheinen auf das Elbtal konzentriert (GUTTE 1972), dort regelmäßig mit *Descurainia sophia.* Diesem entsprechende Ausbildungen belegen FALINSKI (1966) bzw. SOWA (1971) aus O-Polen sowie MITETELU & BARABAS (1972) aus Rumänien. Zu den Kontakteinheiten der in Brandenburg und Sachsen-Anhalt sehr seltenen und vom Aussterben bedrohten Ass. zählen Descurainietum sophiae und Leonuro-Ballotetum nigrae.

Urtico-Malvetum neglectae Lohm. in Tx. 50 ex Große-Brauckmann 54 Tabelle 44 c–e

Kennzeichnend sind: *Malva neglecta* 1–4 und *Urtica urens* 1–3 komplettiert von *Sisymbrium officinale, Chenopodium album, Capsella bursa-pastoris* und *Polygonum aviculare* (meist *P. arenastrum*). Gemeinsam schließen sie sich zu 60–90 % deckenden, kaum fußhohen (um 20 cm) Beständen zusammen. Fundorte sind verkehrsarme Bauerndörfer mit Viehhaltung, wobei zumindest das Geflügel noch Zutritt zu Straßen und Plätzen hat. An Hauswänden, Mauern, Zäunen, Toreinfahrten oder am Rande von Ablagen finden sich Siedlungsmöglichkeiten für die trittempfindliche Ges. auf mäßig sommerwarmen, nährstoff- und nitratreichen, humosen, sandig-lehmigen Lockerböden.

Regionale Differenzen ergeben eine zum Daturo-Malvetum vermittelnde *Amaranthus retroflexus*-Vikariante mit *Conyza canadensis, Lepidium ruderale,* im mäßig sommerwarmen, leicht subkontinental getönten Brandenburg und O-Mecklenburg-Vorpommern neben einer Zentralvikariante, in der *Poa annua* und *Matricaria discoidea* ein Mehr an Bodenfrische bei subozeanischer Klimatönung anzeigen (vgl. PASSARGE 1955, 1957, 1962, 1964, 1984, HANSPACH 1989, BRANDES 1991, WOLLERT 1991, WOLLERT & HOLST 1991). Hierin ist eine *Descurainia sophia*-Rasse erkennbar. Eine *Chenopodium murale*-Vikariante lebt im sächsisch-polnischen Raum (vgl. GUTTE 1966, 1972, ANIOL-KWIATKOWSKI 1974).

Edaphisch begründet sind die Unterschiede zwischen *Erodium cicutarium*-Variante auf durchlässigen Sanden und *Veronica persica*-Variante auf lehmigen Böden. Benachbart werden Trittgesellschaften der Polygono-Poetea annuae sowie abbauende Stauden der Artemisietea registriert. Das einst verbreitete Urtico-Malvetum war in den letzten Jahrzehnten von einem dramatischen Rückgang betroffen. Letzte Vorkommen sollten gebührenden Schutz erfahren.

Chenopodio vulvariae-Malvetum neglectae Gutte 72 Aufnahme im Text

Bezeichnend sind *Malva neglecta* 1–4 mit *Chenopodium vulvaria* 1–3. *Chenopodium album, Polygonum aviculare* und *Taraxacum* kommen meist hinzu. Lückig geschlossen, werden die Bestände kaum fußhoch. Im Spalierklima von Mauern und südseitigen Hauswänden in Dörfern, seltener auch Städten findet die Einheit die erforderlich sommerwarmen, nährstoffreichen, nitratbeeinflußten humosen Böden.

Folgende Beispielaufnahme gibt BRANDES (1991) aus der Altmark:

Stendal-Altstadt (40 %): *Chenopodium vulvaria* 3, *Malva neglecta* +, *Hordeum murinum* +, *Conyza canadensis* r; *Diplotaxis muralis* +; *Convolvulus arvensis* 1, *Polygonum aviculare* +.

Die heute sehr selten gewordene Einheit ist vom Aussterben bedroht.

Mit dem meridional-submeridional verbreiteten Chenopodietum vulvariae, einer Chenopodion muralis-Einheit, die beispielsweise HETZEL & ULLMANN (1981) aus Würzburg belegen, hat die vorerwähnte Ass., vom Namen bei ROSTANSKI & GUTTE (1976) abgesehen, wenig gemeinsam.

Ass.-Gr.
Urticetum urentis (Sissingh 50) Pass. 78
Gesellschaften mit Kleiner Brennessel

So wie das Areal von *Urtica urens* weiter nach Nordeuropa reicht als jenes von *Malva neglecta*, so unterscheidet sich bei mancher Analogie auch das Schwerpunktverhalten beider Arten. Allenthalben, wo stickstoffreiche Böden mit kühlgemäßigten Sommertemperaturen zusammentreffen, ist *Urtica urens* im Vorteil. Wenn *Malva neglecta* nicht fehlt, so ist sie unter solchen Bedingungen vermindert konkurrenzfähig. Abermals sind mehrere vikariierende Einheiten bekannt geworden. Aus dem ozeanischen Klima der Niederlande z. B. Chenopodio-Urticetum urentis Sissingh 50 mit *Ch. murale, Ch. polyspermum, Ch. rubrum, Ch. vulvaria* neben *Atriplex*-Arten. Im baltisch-friesischen Küstenraum nimmt das Sisymbrio-Urticetum urentis seine Stelle ein.

Sisymbrio-Urticetum urentis (Klement 53) Pass. 64 Tabelle 44 f–g

Bezeichnend sind *Urtica urens* 2–4 mit *Sisymbrium officinale* +–2. *Capsella bursa-pastoris, Chenopodium album* und *Polygonum aviculare (arenastrum)* ergänzen teilweise mittelstet die Kombination. Ihre lückig-geschlossenen Bestände decken um 50–70 % und werden gut fußhoch (20–40 cm).

Belegt ist die Ass. von den Inseln und Küsten der Nord- und Ostsee bis S-Skandinavien (FRÖDE 1950, KLEMENT 1953, PASSARGE 1964, KNAUER in DIERSSEN 1988, AEY 1990) im Bereich eines relativ wintermilden, sommerkühlen Küstenklimas. Hierzu rechnen auch jene küstennahen Zonen, in denen *Malva neglecta* noch mit +–1 vorkommt.

Von silikatischen Verwitterungsböden der Mittelgebirge beschreiben GUTTE (1972), BRANDES (1978), HADAC (1978), SPRINGER (1985), TÜRK (1991) weitere *Urtica urens*-Ges. meist ohne *Malva neglecta,* die Beachtung verdienen.

Mit *Poa annua*-Trittrasen und *Urtica dioica*-reichen Arction-Staudengesellschaften im Kontakt, ist die regional ziemlich seltene Einheit z. Z. wohl noch nicht gefährdet.

Ass.-Gr.
Anthemidetum cotulae (Dihoru) Mucina 87
Gesellschaften mit Stinkender Hundskamille

Bei der in Europa meridional-temperat verbreiteten *Anthemis cotula* wurde das coenologische Schwerpunktverhalten erst in jüngster Zeit geklärt.

Matricario-Anthemidetum cotulae Dihoru ex Mucina 87
(Syn. Urtico-Anthemidetum cotulae Wollert 91) Tabelle 44 h

Kennzeichnend sind *Anthemis cotula* 2–4 mit *Urtica urens* und *Malva neglecta* je +–2, eventuell *Matricaria discoidea* als Trennart. Die fußhohe (20–30 cm), lichtgeschlossene Ges. siedelt in dörflichen Obstgärten, Hof- und Abstellplätzen bei Hühnerhaltung auf sandig-lehmigen Böden mit mäßiger Tritt- und Nitratbelastung.

Regional ergeben sich:

Urtica urens-Rasse (= Urtico-Anthemidetum vgl. WOLLERT 1991) im subozeanisch beeinflußten Klimaraum, im N auch mit *Veronica persica* und *Senecio vulgaris, Conyza canadensis*-Rasse mit *Descurainia sophia, Amaranthus retroflexus* und *Veronica polita* im sommerwarmen Subkontinentalklima im O. Untenstehend ein erster Beleg aus O-Brandenburg. Als *Xanthium spinosum-Rasse* mit *Chenopodium opulifolium* heben sich die Aufnahmen von MUCINA (1987) aus der O-Slowakei ab.

Eine Subass.-Gliederung ist noch nicht erkennbar.

Wichtigste Kontakteinheiten sind Polygono-Matricarietum discoideae und Ballotetum nigrae. Die Strukturveränderungen in den Dörfern führten allenthalten zu merklichem Rückgang, sodaß die heute seltenen Vorkommen regional bereits potentiell gefährdet sind.

Britz b. Eberswalde, N-seitige Hauswand (VIII/1955, 70 %): *Anthemis cotula* 3, *Malva neglecta* 1, *Urtica urens* +; *Sisymbrium officinale* +, *Conyza canadensis* +, *Amaranthus retroflexus* +, *Galinsoga parviflora* +; *Chenopodium album* +, *Capsella bursa-pastoris* +; *Polygonum aviculare* agg. +, *Plantago lanceolata* +, *Cirsium arvense* +.

4. Verband

Atriplicion nitentis Pass. 78
Glanzmelde-Gesellschaften

Der Verband faßt die meist breitlaubigen und hochwüchsigen (um 60–150 cm) Rutenbestände, beherrscht von *Atriplex nitens, A. oblongifolia, A. tatarica, A. rosea* und wohl auch *Brassica nigra* zusammen. Angereichert von begleitenden *Lactuca serriola, Descurainia sophia, Chenopodium album* und *Agropyron repens,* bilden sie bevorzugt auf mild-humosen, mäßig frischen, nährstoffreichen Lockerböden im sommerwarmen Klima ± geschlossene (70–100 %) Bestände. Die Typus-

Ass. ist Atriplicetum nitentis Knapp 48 ex Schreier 55, heute als Lactuco-Atriplicetum sagittatae Weißkirchen et Krause 94 ausgewiesen.

Außerdem sind die Ass.-Gr. Atriplicetum oblongifoliae, Atriplicetum tatarici und Brassicetum nigrae hier anzuschließen.

Ass.-Gr.
Atriplicetum nitentis Knapp 48 ex Schreier 55
Gesellschaften mit Glanzmelde

Die in der meridional-temperaten Zone vom Rhein bis jenseits der Wolga verbreitete *Atriplex nitens (A. sagittata)* begegnet uns in mehreren vikariierenden Einheiten, wenn wir das Schwerpunktverhalten betrachten. In jüngster Zeit fördern Landschafteutrophierung und warm-trockene Sommer die Arealerweiterung nach N und W.

Lactuco-Atriplicetum sagittatae (Knapp ex Schreier 55) Weißkirchen et Krause 94 Tabelle 45 g

Wenige Aufnahmen aus dem subozeanisch beeinflußten Raum Mecklenburg-Vorpommerns von WOLLERT (1989, 1991) veranschaulichen die kürzlich aus dem nordrheinischen Neusiedelungsgebiet beschriebene Einheit. Kennzeichnend sind *Atriplex nitens* 3–4 mit *A. patula* +–2. *Chenopodium album, Agropyron repens* und *Artemisia vulgaris* komplettieren die bis 150 cm hohen, 60–90 % deckenden Bestände. Wichtige Fundorte sind Mülldeponien, Dungablagen und Siloplätze, wobei die Böden nicht nur reich an organischen Rotteprodukten sind, sondern auch für zusätzliche sommerliche Erwärmung sorgen.

Regionaler Art sind geringfügige Differenzen etwa bei der *Senecio vulgaris*-Rasse von SCHREIER (1955), der *Atriplex prostrata*-Rasse aus dem Wesertal (BRANDES 1982) und vom Niederrhein (WEISSKIRCHEN & KRAUSE 1994) sowie der Zentralrasse in Mecklenburg (WOLLERT 1989, 1991) bzw. in östlichen Nachbarländern (PYSEK 1975, FIJALKOWSKI 1978 usw.).

Auf kleinstandörtliche Unterschiede bleibt noch zu achten.

Begleitende Agropyretea repentis und in der Sukzession folgende Artemisietea gehören zu den Kontakteinheiten. Regional sehr zerstreut, doch in Ausbreitung befindlich, bedarf die Ass. keiner Schutzmaßnahmen und ist nicht gefährdet.

Sisymbrio-Atriplicetum nitentis Oberd. ex Mahn et Schubert 62 Tabelle 45 c–f

Für die vikariierende Ass. im sommerwarmen, subkontinentalen Bereich sind bezeichnend: *Atriplex nitens* 3–4 mit *Descurainia sophia* +–2. Minderstet oder auf eine Sonderausbildung beschränkt, verstärken *Sisymbrium altissimum, S.loeselii, Amaranthus retroflexus, Chenopodium strictum* und *Galinsoga parviflora* die Fraktion der Klimazeiger. *Lactuca serriola, Chenopodium album* und *Agropyron repens* gehören zu den durchgehend Konstanten bei den 100–200 cm hohen 60–100 %-deckenden Beständen. Habitate sind Dung- und Kompostablagen, Müll- und Abfalldeponien, seltener Schutt- und Aufschüttungsplätze. Die überwiegend humosen, sehr nährstoffreichen, sandigen bis lehmigen Böden sind locker, leicht erwärmbar, ansonsten mäßig frisch bis mäßig trocken.

Regional sind erkennbar:

Atriplex patula-Rasse mit *A. prostrata, Lepidium ruderale,* vermittelt zum Lactuco-Atriplicetum (vgl. PASSARGE 1964, WOLLERT 1989, 1991), ähnlich auch in Mitteldeutschland (GUTTE 1966, 1972, GUTTE & HILBIG 1975, MAHN in KIESEL & al. 1985, ULLMANN 1977, BRANDES 1982, SAUERWEIN 1988), Zentralrasse (= Sisymbrio-Atriplicetum bei PASSARGE 1964) ähnlich in S-Brandenburg (HANSPACH 1989) bzw. Tschechien (HADAC & al. 1983). *Atriplex tatarica*-Rasse im SO (vgl. ELIAS 1978, GRÜLL 1981).

In beiden sind gleichsinnig unterscheidbar:

Sisymbrio-Atriplicetum nitensis typicum und

Sisymbrio-Atriplicetum n. chenopodietosum subass. nov. auf sehr nährstoffreichen, frischen Böden mit *Chenopodium strictum, Galinsoga parviflora, Amaranthus retroflexus, Erysimum cheiranthoides* und *Solanum nigrum* als Trennarten. Der Holotypus der Typischen Subass. ist Aufnahme-Nr. 2 bei WOLLERT (1989, Tab. 3, S. 63), jener der *Chenopodium*-Subass. stammt aus Mützel bei Genthin/Elb-Havelland (Verf. n. p., 1978, 10 m^2, 90 %):*Atriplex nitens* 4, *Descurainia sophia* 2, *Sisymbrium altissimum* +; *Chenopodium strictum* 1, *Galinsoga parviflora* 1, *Amaranthus retroflexus* 2, *Erysimum cheiranthoides* +, *Geranium pusillum* +, *Capsella bursa-pastoris* +, *Fallopia convolvulus* 1; *Agropyron repens* 1.

Mit Convolvulo-Agropyretum im Kontakt und von Artemisietalia-Staudengesellschaften abgebaut, ist die verstreute, aber keineswegs seltene Einheit ein belebendes Element in der heutigen Kulturlandschaft.

Ass.-Gr.
Atriplicetum oblongifoliae (Oberd. 57)
Gesellschaften mit Langblättriger Melde

Die im submeridial-temperaten Europa bis W-Asien verbreitete *Atriplex oblongifolia* dürfte in vikariierenden Ausbildungen zu erwarten sein. Ein Schwerpunktvorkommen ist in Mitteleuropa gesichert.

Sisymbrio-Atriplicetum oblongifoliae Oberd. 57 Tabelle 45 a–b

Kennzeichnend sind *Atriplex oblongifolia* 2–4 mit *Lactuca serriola* und *Descurainia sophia* je +–2. *Chenopodium album* und Arten der Kontaktgesellschaften ergänzen mittelstet die Einheit. Vom Trümmerschutt im Citybereich größerer Städte ausgehend (SCHOLZ 1956, PASSARGE 1964, 1996) über Deponien und in neuerer Zeit zunehmend an Weg- und Ackerrainen reicht die Palette heutiger Vorkommen der ca. hüft- bis brusthohen, licht- bis dichtgeschlossenen (60–90 %) laubreichen Rutenbestände in Sachsen-Anhalt und Berlin-Brandenburg. Durch warm-trockene Sommer und Landschaftseutrophierung gefördert, dürfte die N-Erweiterung des Areals in Bälde auch Mecklenburg-Vorpommern erreichen.

Regional werden unterschieden:

Chenopodium opulifolium-Rasse im S (vgl. OBERDORFER 1957, 1983), Zentralrasse (PASSARGE 1964, BRANDES 1991), *Sisymbrium loeselii*-Rasse in Berlin (ASMUS 1990, PASSARGE 1996) bzw. im SO GUTTE 1966, 1972, PYSEK 1977, GRÜLL 1981, KOPECKY 1981, JEHLIK 1994).

Kleinstandörtlich lassen sich unterscheiden:

Sisymbrio-Atriplicetum oblongifoliae typicum subass. nov. und

Sisymbrio-Atriplicetum o. chenopodietosum subass. nov. auf humosem städtischem Trümmerschutt mit *Chenopodium strictum, Conyza canadensis, Galinsoga parviflora, Geranium pusillum* und *Amaranthus retroflexus* als Trennarten. Sie weisen zu Kontakteinheiten wie Chenopodietum stricti neben Agropyro-Diplotaxietum tenuifoliae und Artemisietea. Nur sehr verstreute, aber zunehmende Vorkommen erfordern z. Z. keinen Schutzstatus.

Tabelle 45 Atriplex-reiche Gesellschaften

Spalte	a	b	c	d	e	f	g	h	i	k
Zahl der Aufnahmen	8	18	11	11	10	7	5	14	16	5
mittlere Artenzahl	11	7	13	11	14	9	8	9	5	5
Atriplex nitens	2^{14}	3^{+2}	5^{35}	5^{15}	5^{25}	5^{35}	5^{34}	5^{+2}	.	.
Atriplex oblongifolia	5^{14}	5^{24}	.	.	.	.	.	.	.	.
Atriplex patula	1^{2}	.	4^{+1}	5^{+2}	.	.	4^{+2}	.	5^{24}	5^{35}
Atriplex prostrata	.	.	1^{+1}	2^{+2}	.	.	1^{1}	4^{+2}	4^{+2}	.
Brassica nigra	.	.	.	.	.	.	.	5^{24}	.	.
Lactuca serriola	4^{+2}	4^{+2}	3^{+2}	4^{+1}	3^{+}	5^{+1}	2^{1}	2^{+1}	.	.
Descurainia sophia	2^{+2}	4^{+2}	5^{+2}	5^{13}	3^{+2}	4^{+2}	1^{2}	.	.	.
Sisymbrium loeselii	2^{+1}	1^{13}	2^{+2}	0^{+2}	1^{1}	1^{2}	1^{2}	.	.	.
Sisymbrium altissimum	.	1^{+1}	2^{+1}	2^{+2}	3^{+2}	3^{1}	.	0^{+}	.	.
Sisymbrium officinale	1^{1}	3^{+1}	0^{+}	0^{+}	0^{+}	1^{+}	.	.	.	3^{+1}
Conyza canadensis	4^{+1}	1^{+2}	3^{+2}	1^{+}	3^{+1}	.	.	.	.	2^{+1}
Lepidium ruderale	1^{+}	.	2^{+2}	3^{+2}	.	.	1^{+}	1^{+}	1^{+}	.
Bromus tectorum	2^{1}	0^{1}	0^{+}	.	2^{+1}	.	.	.	.	.
Chenopodium glaucum	.	.	1^{+1}	2^{+2}	.	.	.	.	4^{+2}	.
Chenopodium rubrum	.	.	.	.	.	.	1^{+}	.	3^{+1}	.
Chenopodium strictum	5^{12}	.	4^{13}	.	4^{12}	.	.	.	.	.
Amaranthus retroflexus	2^{+}	0^{1}	2^{+}	.	3^{+2}	.	.	1^{+}	.	.
Galinsoga parviflora	3^{+2}	0^{+}	4^{+1}	.	4^{+1}	.	1^{1}	.	.	.
Solanum nigrum	.	.	2^{+}	.	2^{+}	.	.	.	.	.
Setaria viridis	2^{1}	.	.	.	2^{+}	.	.	.	.	.
Chenopodium album	4^{+2}	3^{+2}	3^{+}	4^{+2}	3^{+}	5^{+1}	5^{+2}	5^{+2}	4^{+1}	1^{2}
Capsella bursa-pastoris	1^{+}	2^{+1}	3^{+}	2^{+1}	3^{+1}	.	.	4^{+1}	.	.
Stellaria media	1^{1}	.	0^{+}	0^{+}	2^{+}	1^{+}	.	2^{+1}	.	.
Erysimum cheiranthoides	2^{+}	.	2^{+}	.	3^{+}	.	.	5^{+2}	.	.
Matricaria inodora	.	3^{+2}	4^{+1}	3^{+1}	1^{+}	3^{+2}	1^{1}	4^{+2}	.	.
Fallopia convolvulus	.	1^{+}	1^{+}	2^{+}	2^{+}	2^{+}	.	.	.	1^{+}
Apera spica-venti	.	.	2^{+1}	4^{+1}	1^{+}	3^{+1}	.	.	.	.
Sonchus oleraceus	1^{+}	.	3^{+}	2^{+}	2^{+}	.	1^{+}	.	.	.
Senecio vulgaris	1^{+}	.	0^{+}	.	2^{+}	2^{+}	.	.	.	.
Polygonum aviculare agg.	.	.	2^{+1}	5^{+1}	1^{+1}	1^{+}	1^{1}	.	0^{+}	1^{+}
Poa annua	2^{+}	.	0^{+}	1^{+1}	1^{+}	.	.	.	1^{+}	.
Taraxacum officinale	2^{+}	.	1^{+}	1^{+}	3^{+}	.	1^{+}	.	1^{+}	3^{+}
Agropyron repens	4^{+2}	2^{+2}	4^{+1}	5^{+2}	3^{+1}	4^{+1}	4^{12}	4^{+2}	3^{+1}	1^{+}
Convolvulus arvensis	.	1^{+}	0^{+}	.	1^{+2}	1^{+}	.	.	.	1^{1}
Cirsium arvense	.	.	1^{+}	0^{+}	1^{+}	2^{+}	.	.	.	.
Artemisia vulgaris	4^{+2}	2^{+2}	2^{+2}	1^{+2}	2^{+1}	4^{+1}	4^{+2}	1^{+}	.	.
Urtica dioica	.	.	.	.	.	2^{+1}	2^{+2}	.	1^{+}	1^{+}

außerdem mehrmals in a: Berteroa incana 3, Geranium pusillum 2, Polygonum persicaria 2; b: Diplotaxis tenuifolia 3; d: Avena fatua 2, Matricaria chamomilla 2; e: Urtica urens 3; f: Tanacetum vulgare 2; h: Chenopodium ficifolium 3; k: Hordeum murinum 4.

Herkunft:
a–b. PASSARGE (1964, 1996 u. n. p.: 15), ASMUS (1990: 3), BRANDES (1991: 8)
c–f. PASSARGE (1964 u. n. p.: 34), HANSPACH (1989: 4), BRANDES (1991: 1)
g,
i–k. WOLLERT (1989, 1991: 9), Verf. (n. p.: 17)
h. PASSARGE (1988 u. n. p.: 13), REICHHOFF & BÖHNERT (1982: 1).

Vegetationseinheiten:

1. Sisymbrio-Atriplicetum oblongifoliae Oberd. 57
   chenopodietosum subass. nov. (a)
   typicum subass. nov. (b)
2. Sisymbrio-Atriplicetum nitentis Mahn et Schubert 62
   Atriplex patula-Rasse (c–d), Zentralrasse (e–f)
   chenopodietosum subass. nov. (c, e)
   typicum subass. nov. (d, f)
3. Lactuco-Atriplicetum sagittatae (Knapp ex Schreier 55) Weißkirchen et Krause 94 (g)
4. Atriplici-Brassicetum nigrae Pass. 88 (h)
5. Chenopodio-Atriplicetum patulae Gutte 66 (i)
6. Sisymbrium-Atriplex patula-Ges. (k)

Ass.-Gr.
Atriplicetum tataricae (Morariu 43) Ubrizsy 49
Gesellschaften mit Tatarenmelde

Die im submeridional-kontinentalen Eurasien vorkommende Atriplex tatarica breitet sich in den Wärmeinseln des östlichen Mitteleuropa zunehmend aus. Mehrere vikariierende Einheiten wurden bereits beschrieben. Cynodonto-Atriplicetum tatarici Morariu 43 und Amarantho-Atriplicetum tatarici Oberd. 52 in SO-Europa, Polygono-Atriplicetum tatarici Mirkin et al. 86 in Jakutien sowie Hordeo-Atriplicetum t. (Felföldy 42) Tx. 50 ex Gutte 66 und Diplotaxio-Atriplicetum tatarici in Mitteleuropa (KIESEL & al. 1985).

Diplotaxio tenuifoliae-Atriplicetum tatarici Mahn in Kiesel et al. 85 nom. inv.
(Aufnahme im Text)

Kennzeichnend sind *Atriplex tatarica* 2–4 mit *Diplotaxis tenuifolia* und *Sisymbrium altissimum* jeweils +–2. Als Lectotypus der Ass. sei Aufnahme 76 (Tab. 4 bei KIESEL & al. 1985) nachgetragen. Fundorte sind kommunale Mülldeponien, seltener städtische Baustellen und Hafenanlagen in sommerwarmen, niederschlagarmen Gebieten (um 500 mm Jahresniederschlag) auf durchlässigen bis leicht verdichteten neutralen Böden (pH 7–7,5).

Im Hafengelände von Magdeburg notierte BRANDES (1993) folgenden Beleg: *Atriplex tatarica* 2, *Hordeum murinum* +; *Amaranthus retroflexus* 2, *Kochia scoparia densiflora* 1; *Matricaria inodora* 1, *Diplotaxis tenuifolia* +; *Polygonum aviculare* 1, *Lolium perenne* +.

Auf weitere Ausbreitung, Vergesellschaftung und Kontakte bleibt zu achten.

Ass.-Gr.
Brassicetum nigrae Mitetelu et Barabas 72
Gesellschaften mit Schwarzem Senf

Die von der meridionalen bis temperaten Zone Europas reichende *Brassica nigra* begleitet schwerpunktmäßig die Stromtäler und dringt von dort aus in einige Zubringerflüsse ein. Hier prägt die Art oberhalb der Bidentetalia-Überschwemmungsstandorte eine therophytische Heilgesellschaft, die an Rhein-Main und Donau mit konstanten *Polygonum lapathifolium, Chenopodium polyspermum* und *Bidens* als Bidenti-Brassicetum All. 22 noch zum Chenopodion rubri (vgl. OBERDORFER 1957, 1993, VOLLRATH 1965, LOHMEYER 1970) zählt. Im subkontinentalen Elbtal werden die Letztgenannten durch Sisymbrietalia-Arten ersetzt. Dementsprechend weist eine Brassicetum-Tabelle aus Rumänien (MITETELU & BARABAS 1972) neben *Brassica* und *Atriplex prostrata* konstante *Lactuca serriola, Descurainia sophia, Sisymbrium altissimum, S. officinale* sowie *Bromus tectorum* auf und ist frei von Feuchtezeigern. Ein Beispiel, daß zwischen eindeutig vikariierenden Einheiten auch Klassengrenzen liegen können.

Atriplici nitentis-Brassicetum nigrae Pass. 88 Tabelle 45 h

Kennzeichnend sind: *Brassica nigra* 2–4 mit *Atriplex nitens* +–2. *A. prostrata* +–2, *Chenopodium album, Erysimum cheiranthoides, Capsella bursa-pastoris, Matricaria inodora* und *Agropyron repens* vervollständigen die Artenkombination. Nur sporadisch streuen *Xanthium albinum, Polygonum lapathifolium, Rorippa sylvestris* und *Phalaris arundinacea* ein, ohne genügende Konzentration auf einzelne Aufnahmen. Analoges gilt umgekehrt für *Lactuca serriola, Lepidium ruderale* oder *Amaranthus retroflexus* (vgl. auch BRANDES & SANDER 1995). Gemeinsam schließen sie sich zu mehrschichtigen, um 100 cm hohen, 60–80 % deckenden Beständen zusammen. Ihre Standorte sind frische Uferabbruchkanten, die Winterhochwässer an sandigen, stromnahen Naturböschungen verursachen. Mit *Agropyron repens* als Vorbote der grasreichen Agropyretea-Heilgesellschaft – zugleich Sisymbrietalia-Trennart – deckt und schützt die Therophytenflur den nährstoffreichen, frisch offengelegten, sommertrockenen Boden.

Die Untergliederung und regionale Verbreitung dieser natürlichen Sisymbrietalia-Einheit bleibt zu erkunden. – Benachbart sind Xanthio-Chenopodietum rubri, Rumici thyrsiflorae-Agropyretum und verschiedentlich Populetum nigrae registriert. Standörtlich hoch spezialisiert und äußerst selten, gehört die Ass. zu den Charaktereinheiten der mittleren Elbaue und ist potentiell gefährdet.

5. Verband

Sisymbrion officinalis Tx., Lohm. et Prsg. in Tx. 50 em.

Wegrauken-Gesellschaften

Analogon zu den mediterranen Verbänden Chenopodion muralis und Hordeion leporini faßt LOHMEYER (in TÜXEN 1950) die einjährigen Pionier-Gesellschaften auf Ruderalstellen des nördlich-temperaten Raumes im Sisymbrion zusammen. Von den 10 zugeordneten Ass. waren seinerzeit 5 gültig beschrieben. Sisymbrietum sophiae Kreh 35 wird als Verbandstypus gewählt. In der Folge schlugen verschiedene Autoren eine Aufgliederung in Unterverbände (KNAPP 1971, HOLZNER 1972, GUTTE 1972) bzw. Verbände (HEJNY 1978, PASSARGE 1978) vor. In Anlehnung an letztere wird hier für die Beschränkung des Sisymbrion auf die Sisymbrium-Gesellschaften und verwandte Einheiten plädiert. Dabei handelt es sich meist um knie- bis hüfthohe, gelbblütige Rutenbestände, die teils linear, teils flächig ruderalisiertes Offenland als einsömmerige Pioniervegetation begrünen. Kennzeichnend sind die Schwerpunktvorkommen von *Descurainia sophia,, Lactuca serriola, Sisymbrium altissimum, S. irio, S. loeselii* und *S. officinale.*

Im Gebiet nachgewiesene, hier einzuordnende Ass.-Gruppen: Descurainietum sophiae, Sisymbrietum altissimi, Sisymbrietum loeselii, Sisymbrietum irionis, Sisymbrietum officinalis, Lactucetum serriolae und vorläufig auch Anthriscetum caucalidis sowie Ivetum xanthiifoliae.

Ass.-Gr.
Descurainietum sophiae Kreh 35 em. Pass. 59
Gesellschaften mit Besenrauke

Die vom meridionalen bis ins boreale Eurasien vorkommende *Descurainia sophia* mit Schwerpunktbildung auf ruderalen Offenflächen tritt in eigenständigen, vikariierenden Ausbildungen auf. So in der Mongolei ein Lappulo-Descurainietum s. (vgl. HILBIG 1990), sowie Chenopodio- und Lepidio-Descurainietum s. im NO (PASSARGE 1964). Das im SW registrierte partielle Miteinander von *Descurainia sophia* und *Sisymbrium loeselii* (KREH 1935, OBERDORFER 1983, 1993) ist im Gebiet nicht gegeben.

Chenopodio-Descurainietum sophiae Pass. (59) 64 Tabelle 46 h–l

Kennzeichnend sind *Descurainia sophia* 2–4 mit *Chenopodium album* +–2 und *Sisymbrium officinale* +–1, konstant ergänzt von *Capsella bursa-pastoris*. Die Ges. bildet meist hüfthohe (80–120 cm), 60–80 % deckende Bestände. – Fundorte sind überwiegend stadtferne Deponien von Schutt, Schlacke, Kompost, Müll, Stroh, Sand oder aber staubgedüngte Weg- und Ackerraine im temperat-subozeanisch getönten Bereich.

Regional heben sich ab: *Atriplex patula*-Rasse auch mit *A. prostrata* und *Sonchus oleraceus* (vgl. MÖLLER 1949, PASSARGE 1964, SANDOVA 1981, BRANDES 1991), Zentralrasse (vgl. GRIGORE 1968, ANIOL-KWIATKOWSKI 1974, ELIAS 1978, BRANDES 1990), *Lepidium ruderale*- und *Lactuca serriola*-Rasse (Lepidio-Sisymbrietum sophiae bei PASSARGE 1964) bevorzugen den subkontinentalen Einflußbereich (vgl. SOWA 1971, GUTTE 1972, MITETELU & BARABAS 1972, FIJALKOWSKI 1978, OLSSON 1978 usw.).

Im Gebiet belegen Aufnahmen/Tabellen von PASSARGE (1959, 1962, 1964, 1984), HANSPACH (1989), WOLLERT (1991), WOLLERT & HOLST (1991) und BRANDES (1992) die Einheit.

Die Typische und *Bromus sterilis*-Subass. von WOLLERT (1991) bedürfen noch weiterer Bestätigung.

Zu den Kontakteinheiten in der Agrarlandschaft zählen Papaveretum argemones und Artemisietea. Ziemlich verstreute Vorkommen begründen noch keine Gefährdung der Ass.

Ass.-Gr.
Sisymbrietum loeselii Gutte 72
Gesellschaften mit Loesels Rauke

Das bevorzugt in der submeridional-temperaten Zone Europas bis Westasien vorkommende *Sisymbrium loeselii* zeigt eindeutige Schwerpunktbildung auf sommerwarmen Ruderalflächen und wurde bereits in vikariierenden Einheiten bekannt. Aus dem baskirischen Rußland beschreiben MIRKIN & al. (1989) Dracocephalo-Sisymbrietum loeselii mit diversen Besonderheiten. Die mitteleuropäische Ass. heißt Lactuco-Sisymbrietum loeselii.

Tabelle 46 Descurainia-Sisymbrium-Gesellschaften

Spalte	a	b	c	d	e	f	g	h	i	k	l
Zahl der Aufnahmen	16	19	24	5	12	8	6	6	15	14	12
mittlere Artenzahl	15	12	9	15	10	7	9	13	10	10	8
Descurainia sophia	2^{+}	3^{+2}	1^{+}	3^{+2}	3^{+2}	3^{+2}	.	5^{24}	5^{24}	5^{24}	5^{34}
Sisymbrium officinale	1^{+}	1^{+}	2^{+1}	3^{+1}	0^{+}	1^{+}	.	3^{+1}	4^{+2}	2^{+}	4^{+1}
Sisymbrium altissimum	2^{+2}	2^{+2}	0^{+}	5^{24}	5^{24}	5^{24}	5^{23}	3^{+}	2^{+1}	4^{+2}	0^{+}
Lactuca serriola	4^{+2}	4^{+2}	2^{+1}	3^{+1}	2^{+}	2^{+1}	2^{+1}	0^{+}	2^{+}	5^{+2}	.
Sisymbrium loeselii	5^{24}	5^{35}	5^{24}	.	.	.	5^{+1}	.	.	0^{+}	.
Conyza canadensis	4^{+2}	2^{+2}	4^{+2}	4^{+1}	4^{+2}	5^{+2}	4^{12}	.	4^{+2}	1^{+1}	2^{+}
Bromus tectorum	5^{+2}	.	.	.	4^{+2}	1^{+}	3^{13}	.	2^{+2}	1^{+}	0^{2}
Bromus sterilis	2^{+1}	0^{+}	2^{+1}	.	1^{+2}	1^{+}	.	1^{1}	.	0^{+}	.
Bromus hordeaceus	2^{+1}	1^{+1}	2^{+2}	.	.	.	.	.	1^{+}	0^{+}	0^{1}
Senecio viscosus	.	.	.	2^{+2}	0^{+}	1^{+1}	.	.	1^{+}	0^{+}	0^{+}
Hordeum murinum	2^{1}	0^{1}	3^{+2}	.	.	.	.	.	.	.	.
Lepidium ruderale	1^{+2}	0^{+}	1^{+}	4^{+2}	0^{+2}	1^{+1}	.	.	5^{+2}	.	.
Lepidium densiflorum	.	.	.	1^{+}	1^{+}	2^{+2}	.	.	1^{+2}	0^{+}	.
Urtica urens	.	.	.	2^{+}	.	.	.	2^{+}	1^{+}	1^{+}	2^{+1}
Atriplex nitens	2^{+1}	2^{+2}	0^{1}	.	.	.	.	.	.	2^{+1}	.
Salsola* ruthenica	.	0^{+}	.	2^{+2}	0^{+}	.	5^{+2}	.	.	.	.
Amaranthus retroflexus	1^{+2}	1^{+}	0^{+}	4^{+2}	0^{+}	.	1^{1}	.	2^{+1}	1^{+1}	0^{+}
Setaria viridis	.	.	.	1^{+}	.	.	2^{13}	.	.	.	.
Chenopodium album	3^{+1}	4^{+1}	4^{+2}	5^{+3}	5^{+2}	2^{12}	4^{+2}	5^{+2}	4^{+2}	4^{+2}	5^{+2}
Capsella bursa-pastoris	3^{+1}	3^{+1}	2^{+}	4^{+1}	4^{+1}	2^{+}	.	5^{+2}	5^{+1}	5^{+2}	4^{+1}
Erodium cicutarium	1^{+}	1^{+}	0^{+}	.	5^{+2}	.	2^{1}	.	2^{+}	1^{+}	2^{+}
Stellaria media	2^{+2}	2^{+2}	1^{+1}	2^{+}	.	.	.	.	0^{1}	2^{+1}	.
Erysimum cheiranthoides	.	.	.	.	.	.	1^{1}	.	.	2^{+}	0^{+}
Matricaria inodora	4^{+2}	4^{+2}	0^{+}	3^{+1}	2^{+}	2^{12}	2^{+2}	5^{+2}	2^{+2}	4^{+2}	1^{+2}
Fallopia convolvulus	1^{+}	2^{+}	.	3^{+2}	3^{+1}	2^{+}	.	2^{+}	0^{+}	3^{+2}	2^{+}
Apera spica-venti	4^{+2}	3^{+2}	2^{+}	.	3^{+2}	2^{+2}	.	.	2^{+2}	3^{+1}	2^{+}
Matricaria chamomilla	1^{+2}	2^{+1}	1^{+}	.	.	.	.	.	1^{+2}	.	1^{1}
Sonchus oleraceus	0^{+}	3^{+}	2^{+}	4^{+}	.	.	.	4^{+}	.	1^{+}	.
Atriplex patula	1^{+}	2^{+2}	0^{+}	4^{+1}	.	.	.	4^{+1}	.	.	.
Galinsoga parviflora	0^{1}	2^{+1}	2^{+1}	2^{+}	.	.	.	.	0^{+}	.	0^{+}
Senecio vulgaris	1^{+}	1^{+}	.	.	0^{1}	2^{+1}	.	2^{+}	1^{+}	0^{1}	1^{+}
Geranium pusillum	2^{+2}	1^{+1}	.	.	.	.	.	.	1^{+}	.	2^{+1}
Papaver rhoeas	0^{1}	.	1^{+}	.	1^{+}	2^{+}	1^{+}	1^{+}	1^{+1}	.	.
Papaver dubium	2^{+}	2^{+}	.	.	3^{+1}	2^{+}	.	.	1^{+}	0^{+}	0^{+}
Viola arvensis	2^{+}	0^{+}	.	.	2^{+}	1^{+}	.	1^{+}	.	2^{+}	.
Polygonum aviculare agg.	1^{+}	1^{+}	0^{+}	3^{+}	2^{+2}	1^{1}	1^{1}	5^{+2}	2^{+2}	2^{+1}	4^{+2}
Poa annua	2^{+1}	0^{+}	2^{+2}	2^{+}	0^{+}	.	1^{1}	2^{+1}	1^{+}	.	0^{+}
Matricaria discoidea	.	0^{+}	.	1^{2}	.	.	.	2^{+1}	1^{+1}	1^{+}	2^{+1}
Taraxacum officinale	1^{+}	1^{+}	3^{+1}	.	.	.	.	1^{+}	0^{+}	1^{+}	0^{+}
Medicago Lupulina	2^{+}	.	0^{+}	.	1^{2}	.	.	.	1^{+}	0^{+}	.
Lolium perenne	2^{+}	1^{+}	3^{+1}	.	.	.	.	.	.	.	.
Agropyron repens	3^{+1}	4^{+2}	2^{+2}	2^{+}	.	1^{+}	2^{1}	5^{+1}	2^{+2}	3^{+1}	2^{+1}
Convolvulus arvensis	2^{+2}	1^{+2}	.	.	.	.	.	2^{+}	0^{+}	0^{+}	1^{+}
Cirsium arvense	1^{1}	1^{+}	.	.	.	.	.	3^{+2}	.	.	2^{+}
Poa angustifolia	3^{+1}	2^{+1}	.	.	.	.	.	.	0^{+}	.	1^{+}
Artemisia vulgaris	3^{+1}	3^{+1}	4^{+2}	1^{1}	1^{+1}	1^{1}	2^{1}	4^{+1}	.	1^{+}	.
Berteroa incana	1^{+}	1^{+}	2^{+}	.	3^{+1}	2^{+}	3^{+2}	.	.	.	.
Oenothera biennis agg.	.	.	2^{+}	.	.	.	2^{+1}	.	.	.	.

außerdem mehrmals in a: Vicia angustifolia 2, V. hirsuta 2; in b: Galium aparine 2, Chenopodium hybridum 2; d: Aethusa cynapium 3; g: Melandrium album 3; h: Sinapis arvensis 3; k: Thlaspi arvense 2.

Herkunft:
a–c. DÜLL & WERNER (1956: 12), PÖTSCH & al. (1971: 5), PASSARGE (1984 u. n. p.: 35), KOWARIK (1986: 2), ASMUS (1990: 1), BRANDES (1991: 1), LANGER (1994: 4)
d–g. DÜLL & WERNER (1956: 5), WOLLERT (1989: 3), VERF. (n. p.: 23)
h–l. PASSARGE (1959, 1962, 1964, 1984 u. n. p.: 36), HANSPACH (1989: 3), BRANDES (1991: 2), WOLLERT (1991: 6) WOLLERT & HOLST (1991: 1).

Vegetationseinheiten:

1. Lactuco-Sisymbrietum loeselii (Gutte 72) Hadać et al. 83
   Descurainia sophia-Rasse (a–b), Zentralrasse (c)
   brometosum tectorum (Gutte 72) subass. nov. (a)
   typicum (b, c)
2. Lactuco-Sisymbrietum altissimi Lohm. in Tx. 55 ex Kienast 78
   Atriplex patula-Vikariante (d), Zentralvikariante (e–g)
   Descurainia sophia-Rasse (d–f), Sisymbrium loeselii-Rasse (g)
   brometosum tectorum subass. nov. (e, g)
   typicum (d, f)
3. Chenopodio-Descurainietum sophiae Pass. (59) 64
   Atriplex patula-Rasse (h), Lepidium ruderale-Rasse (i)
   Lactuca serriola-Rasse (k), Zentralrasse (l)

Lactuco-Sisymbrietum loeselii Hadać et Rambouskova in Hadać et al. 83

Tabelle 46 a–c

Kennzeichnend sind *Sisymbrium loeselii* 2–5 mit *Lactuca serriola* +–2. *Conyza canadensis, Chenopodium album, Matricaria inodora* und *Agropyron repens* komplettieren die Artenverbindung der oft hüft- bis brusthohen (um 80–150 cm), 70–100 % der Fläche deckenden Bestände. Fundorte sind Müll- und Schuttdeponien sowie Dünger-, Kompost- und Sandaufschüttungen in Städten und deren Umfeld. Die Böden sind locker, durchlässig-trocken und leicht erwärmbar.

Im ostelbischen Flachland blieb die Ass. jahrzehntelang auf den Citybereich weniger Wärmeinseln (z. B. Berlin, vgl. DÜLL & WERNER 1956) beschränkt. Erst ab 1965/1970 begann die Ass. mancherorts im märkischen Umland Fuß zu fassen (PÖTSCH & al. 1971, PASSARGE 1984). Inzwischen hat sie Mecklenburg-Vorpommern erreicht (WOLLERT 1989, 1991). Sonnenreiche Trockensommer und Landschaftseutrophierung waren der Arealerweiterung förderlich.

Gegenüber der *Atriplex nitens*-Rasse in Tschechien (HADAC & al. 1983, KOPECKY 1980) sowie der nordwestdeutschen Ausbildung (BRANDES 1990) heben sich die hiesigen Bestände als *Descurainia sophia*-Rasse auch mit *Sisymbrium altissimum* und *Lepidium ruderale* ab, wie dies bereits GUTTE (1972) in Sachsen bzw. SOWA 1971, ANIOL-KWIATKOWSKI 1974, FIJALKOWSKI 1978, GRÜLL 1981 benachbart nachwiesen.

An Subass. sind zu unterscheiden:

Lactuco-Sisymbrietum loeselii typicum subass. nov. und

Lactuco-Sisymbrietum l. brometosum (Gutte 72) comb. nov. mit *Bromus tectorum, Vicia angustifolia, V. hirsuta* und *Medicago lupulina,* Zeiger für humusarme, durchlässige Böden.

Regional verstreut und sich weiter ausbreitend, ist die Ass. z. Z. nicht gefährdet.

Ass.-Gr.

Sisymbrietum altissimi Bornkamm 74

Gesellschaften mit Riesenrauke

Das im meridional-temperaten Bereich bis W-Asien verbreitete *Sisymbrium altissimum* ist gegenüber seinen höherwüchsigen Schwesterarten auf normalen Ruderalstandorten weniger konkurrenzfähig. Sein Schwerpunktvorkommen scheint daher auf trockene Rohböden beschränkt.

Lactuco-Sisymbrietum altissimi Lohm. in Tx. 55 ex Kienast 78 Tabelle 46 d–g

Kennzeichnend sind *Sisymbrium altissimum* 2–4 mit *Conyza canadensis* +–2, minderstet *Lactuca serriola* +–1. *Chenopodium album,* oft *Capsella bursa-pastoris* und *Matricaria inodora* ergänzen die meist kniehohe (40–60 cm), lückige, 30–60 % deckende Ges.. Fundorte sind ortsnahe Ablagen, wobei die Palette von Mülldeponien, Trümmerschutt, sandig-kiesigem Baggergut bis Schlacke und Bahnschotter reicht. Hinzu kommt ruderal beeinflußtes Sandödland.

Regionale Unterschiede ergeben: *Atriplex patula*-Vikariante mit *A. prostrata, Sonchus oleraceus* im subozeanischen Raum bzw. Feuchtestau waldnaher Deponien (vgl. BORNKAMM 1974, KIENAST 1978, HÜLBUSCH 1980, LOHMEYER in OBERDORFER 1983, GÖDDE 1986, 1988), Zentralvikariante (vgl. KOPECKY & al. 1980). In beiden sind *Descurainia sophia-,* zentrale und *Sisymbrium loeselii*-Rassen erkennbar (vgl. SOWA 1971, PYSEK 1975, OLSSON 1978, GRÜLL 1981, MAHN 1985, BRANDES 1990, HEINKEN 1990 usw.).

Lokalstandörtlich sind abgrenzbar:

Lactuco-Sisymbrietum altissimi typicum

Lactuco-Sisymbrietum a. brometosum Kienast 78 mit *Bromus tectorum, Salsola ruthenica, Erodium cicutarium* auf durchlässigen, sommertrockenen Böden, zu den Brometalia rubenti-tectorum vermittelnd.

Sehr verstreute Vorkommen von Mecklenburg-Vorpommern (WOLLERT 1989, 1991) über Berlin-Brandenburg (DÜLL & WERNER 1956, PASSARGE 1996) bis Sachsen-Anhalt begründen z. Z. keine Gefährdung. Mit Nachweisen zwischen S-Schweden, Polen, Tschechien und NW-Deutschland gehört die Ass. zu den wenigen Ruderalges., deren südliche Arealgrenze in Mitteleuropa etwa nördlich der Mainlinie verläuft.

Ass.-Gr.
Sisymbrietum officinalis Hadać 78
Gesellschaften mit Wegrauke

Sisymbrium officinale ist vornehmlich in der temperaten Zone Eurosibiriens verbreitet. Meist einzeln geringmächtig mit +–2 anderen Sisymbrietalia beigesellt, tritt die Art vornehmlich am Arealrand im Bergland oder in Skandinavien verschiedentlich prägend hervor. Dabei ist die Kenntnis über vikariierende Ausbildungen noch spärlich.

Capsello-Sisymbrietum officinalis (Hadać 78) nom. nov. Tabelle 47 e

Bezeichnend sind *Sisymbrium officinale* 2–4 mit *Capsella bursa-pastoris* +–2. Vervollständigt von *Chenopodium album, Polygonum aviculare* agg., *Taraxacum officinale* und *Matricaria discoidea.* Gemeinsam bilden sie 50–80 % der Fläche einnehmende, fuß- bis kniehohe (30–60 cm) Bestände an vielfach beschatteten Ruderalstandorten wie Waldlichtungen, Wald- und Gebüschrändern. Im Bergland besiedelt die Ges. vereinzelt Trümmerschutt, Splitt- oder Schotterablagen.

Regional markieren *Sonchus oleraceus* und *Atriplex patula* eine *Atriplex*-Rasse bei subozeanischem Klimaeinfluß (vgl. HADAC 1978, KIENAST 1978, KOPECKY

1982, BRUN-HOOL & WILMANNS 1982, GRÜLL & KOPECKY 1983, WITTIG & WITTIG 1986) neben einer Zentralrasse wie sie Aufnahmen von FORSTNER (1982), BRANDES (1980), TÜRK (1993) bzw. LANGER (1994) belegen. Eine abweichende Ausbildung mit *Aethusa cynapium* und *Conyza canadensis* beschreibt OLSSON (1978) aus S-Schweden.

Zu erkunden bleiben Subass.-Gliederung, Kontakte und weitere Verbreitung.

Ass.-Gr.
Sisymbrietum irionis (Langer 94)
Gesellschaften mit Glanzrauke

Das im südlichen Europa bis W-Asien heimische *Sisymbrium irio* taucht in Mitteleuropa bisher nur örtlich in städtischen Wärmeinseln (z. B. Berlin) auf. Im südfranzösischen *Chenopodietum muralis* grenzt BRAUN-BLANKQUET & al. (1952) eine *Sisymbrium irio*-Subass. ab. Merklich artenärmer ist die norddeutsche Ausbildung, Capsello-Sisymbrietum irionis (vgl. LANGER 1994, 1995).

Capsello-Sisymbrietum irionis (Langer 94) ass. nov. Tabelle 47 f–g

Kennzeichnend sind *Sisymbrium irio* 2–4 mit *Capsella bursa-pastoris* +–2, mehrheitlich ergänzt von *Poa annua* und *Plantago major*. Die örtlich in Berlin an Straßenrändern nachgewiesene Ges. bildet halbgeschlossene (um 40–70 %), auf nitratbeeinflußten Baumscheiben 30–50 cm hohe Bestände.

Kleinstandörtlich heben sich ab:

Capsello-Sisymbrietum irionis typicum und

Capsello-Sisymbrietum i. hordeetosum subass. nov. mit *Hordeum murinum, Polygonum calcatum* und *Taraxacum officinale* an sommertrockenen Straßenrändern.

Holotypus der sehr seltenen Ass. ist Aufnahme 5 (Tab. 3 bei LANGER 1995, S. 158).

Ass.-Gr.
Anthriscetum caucalidis
Gesellschaften mit Hundskerbel

Als wärmebedürftige Art, nutzt der mehr im südlichen Mitteleuropa heimische *Anthriscus caucalis* verschiedentlich die Stromtäler und Flußniederungen auf dem Weg nach N. In der Slowakei stellte MUCINA (1986) ein Lactuco-Anthriscetum c. auch mit *Descurainia sophia* heraus, dem sich unsere ersten Belege zuordnen lassen. Aus Frankreich und Spanien werden Claytonio-, Fumario-Anthriscetum und Galio-Anthriscion beschrieben (vgl. IZCO & al. 1977, RIVAS-MARTINEZ 1975).

Lactuco-Anthriscetum caucalidis Mucina 86 Tabelle 47 c

Kennzeichnend sind *Anthriscus caucalis* 3–5 mit *Galium aparine* +–2, mittelstet auch *Descurainia sophia* +, konstant begleitet von *Agropyron repens*. Standorte sind Straßen- und Feldwegränder, auch Abfallhaufen, mit Staubdüngung auf sommerwarmen, nährstoffreich-kalkarmen, sandig-lehmigen Böden. Gegenüber der slowakischen Ausbildung differenzieren in Elb- bzw. Odernähe *Geranium pusillum* und *Senecio vernalis*.

Die weitere Verbreitung, Untergliederung und Kontakte der im Gebiet regional seltenen und wohl gefährdeten Ass. bleiben zu untersuchen.

Tabelle 47 Weitere Sisymbrium- und verwandte Gesellschaften

Spalte	a	b	c	d	e	f	g
Zahl der Aufnahmen	6	3	4	9	8	6	3
mittlere Artenzahl	11	10	11	11	11	10	8
Sisymbrium irio	.	.	.	.	.	5^{23}	3^{23}
Sisymbrium officinale	1^{+}	.	1^{+}	2^{+}	5^{24}	1^{+}	.
Descurainia sophia	.	.	2^{+}	3^{+1}	2^{+}	.	.
Lactuca serriola	.	1^{+}	1^{+}	5^{24}	.	.	.
Sisymbrium loeselii	5^{+1}	3^{+2}	1^{+}	.	.	1^{+}	.
Anthriscus caucalis	.	.	4^{35}	.	.	.	.
Iva xanthiifolia	5^{23}	3^{34}	.	.	.	.	.
Conyza canadensis	5^{+2}	3^{13}	.	4^{+3}	.	1^{+}	.
Bromus tectorum	3^{+1}	.	1^{1}	1^{+}	.	.	.
Bromus sterilis	.	.	2^{34}	.	1^{1}	.	.
Hordeum murinum	.	.	.	.	2^{+2}	5^{+2}	.
Urtica urens	.	.	.	.	1^{1}	2^{+}	3^{+2}
Salsola* ruthenica	5^{23}	3^{12}	.	.	.	.	.
Chenopodium strictum	5^{12}	.	.	.	.	.	.
Chenopodium album	4^{12}	3^{1}	.	4^{+2}	2^{+2}	5^{+2}	.
Capsella bursa-pastoris	.	.	2^{+}	4^{+2}	4^{+2}	3^{+}	3^{+2}
Stellaria media	.	.	1^{1}	.	2^{+2}	.	1^{+}
Matricaria inodora	4^{+}	1^{+}	.	2^{12}	2^{+1}	.	.
Fallopia convolvulus	.	.	1^{+}	1^{+}	1^{+}	1^{+}	.
Geranium pusillum	.	.	2^{+}	2^{+}	1^{1}	1^{+}	.
Galinsoga parviflora	.	.	.	3^{+2}	1^{+}	2^{+}	2^{+}
Atriplex patula	.	.	1^{2}	.	1^{+}	1^{+}	.
Sonchus oleraceus	.	1^{+}	.	2^{+}	.	.	.
Agropyron repens	5^{1}	3^{12}	4^{+1}	4^{+2}	1^{+}	2^{+}	.
Cirsium arvense	1^{+}	1^{1}	.	1^{1}	1^{+}	.	.
Poa angustifolia	3^{+1}	1^{1}	2^{+}	.	.	.	.
Medicago lupulina	3^{+}	3^{+2}	.	.	.	.	.
Convolvulus arvensis	.	2^{+1}	1^{1}	.	.	.	.
Poa annua	.	.	.	.	2^{+1}	3^{+2}	3^{+2}
Matricaria discoidea	.	.	.	.	2^{+}	3^{+2}	2^{+}
Polygonum aviculare agg.	.	.	.	.	5^{+1}	5^{+}	.
Plantago major	.	.	.	1^{+}	2^{+}	2^{+}	3^{+}
Taraxacum officinale	.	.	.	.	4^{+}	4^{+}	.
Artemisia vulgaris	1^{+}	1^{1}	1^{+}	4^{+2}	2^{+}	2^{+}	.
Galium aparine	.	.	3^{12}	1^{+}	2^{+1}	.	.

außerdem mehrmals in a: Solanum nigrum 4, Dactylis glomerata 2; c: Senecio vernalis 2; d: Apera spica-venti 3, Papaver rhoeas 2, Senecio vulgaris 2, Amaranthus retroflexus 2

Herkunft:
a–b. PASSARGE (1996: 9); C. PASSARGE (1988 u. n. p.: 4)
d. PÖTSCH & al. (1971: 5), BRANDES (1991: 1), WOLLERT & HOLST (1991: 1), Verf. (n. p.: 2)
e-g. LANGER (1994: 11), Verf. (n. p.: 6)

Vegetationseinheiten:

1. Sisymbrio-Ivetum xanthiifoliae Pass. 96
   Salsola ruthenica-Rasse (a–b)
      solanetosum Pass. 96 (a)
      typicum (b)

2. Lactuco-Anthriscetum caucalidis Mucina 86 (c)
3. Conyzo-Lactucetum serriolae Lohm. in Oberd. 57 (d)
4. Capsello-Sisymbrietum officinalis Hadać 78 (e)
5. Capsello-Sisymbrietum irionis (Langer 94) ass. nov.
   hordeetosum subass. nov. (f)
   typicum subass. nov. (g)

Ass.-Gr.
Lactucetum serriolae (Lohm. in Oberd. 57) ass. coll. nov.
Kompaßlattich-Gesellschaften

Die in der submerdional-temperaten Zone von Europa bis W-Asien verbreitete *Lactuca serriola* bevorzugt mäßig trockene, sommerwarme Ruderalstandorte an Wegrändern, auf Schuttplätzen oder Ablagen. An Einheiten wurden bekannt: Conyzo-Lactucetum serriolae, Crepido pulchrae-Lactucetum, Cirsio-Lactucetum und Lactuco-Diplotaxietum tenuifoliae (vgl. OBERDORFER 1957, 1983, KORNECK 1974, MUCINA 1978).

Conyzo-Lactucetum serriolae Lohm. in Oberd. 57 Tabelle 47 d

Regional bezeichnend sind *Lactuca serriola* 2–4 mit *Conyza canadensis* +–3. Konstant vervollständigen *Chenopodium album, Capsella bursa-pastoris* sowie *Agropyron repens* und *Artemisia vulgaris* die Artenverbindung der meist hüft- bis brusthohen (um 70–150 cm) und ca. 50–80 % deckenden Ges. Bevorzugt besiedelt werden Trümmerschutt, landwirtschaftliche Ablagen, Lehmböschungen und Bahnanlagen.

Einer Regionalzusammenstellung bei MUCINA (1978) sind zu entnehmen:

Senecio viscosus-Vikariante mit *Crepis capillaris* und *Sisymbrium altissimum* bevorzugt in subozeanisch-beeinflußten Bereichen (vgl. z. B. KNAPP 1946, LOHMEYER, OBERDORFER 1957, ROSTANSKI & GUTTE (1971), GUTTE (1972), PYSEK (1975), HETZEL (1988), eine *Descurainia sophia*-Vikariante ersetzt diese im Subkontinentalklima (vgl. FIJALKOWSKI 1967, HOLZNER (1972), ANIOL-KWIATKOWSKI (1974), MUCINA 1978, KOPECKY 1980, MIRKIN & al. 1989). Hierzu gehören auch alle ostelbischen Nachweise von PÖTSCH & al. (1971), BRANDES (1991), WOLLERT & HOLST (1991) und Verf. Ob in beiden *Diplotaxis tenuifolia* und *Lepidium virginicum* mehr als eine südliche Rasse (Lactuco-Diplotaxietum bei MUCINA 1978) ausweisen, bleibt zu klären.

Entsprechendes gilt hinsichtlich der kleinstandörtlichen Differenzen. Im Gebiet wohl nur sporadische Vorkommen, doch ohne Rückgangtendenz und daher nicht gefährdet.

Ass.-Gr.
Ivetum xanthiifoliae Fijalkowski 67
Gesellschaften mit Spitzkletten-Ive

Die aus Weinbaugebieten N-Amerikas stammende *Iva xanthiifolia* bevorzugt bei uns wie in den östlichen Nachbarländern großstädtische Wärmeinseln. Im Kontinentalklima SO-Polens und der Slowakei reicht die Kampfkraft der dort über mannshoch werdenden Art aus, sich noch in Artemisietea-Ges. behaupten zu können (vgl. FIJALKOWSKI 1967, 1978, SOWA 1971, MITETELU & BARABAS 1972). Weiter westlich verhält sie sich im Einklang mit der therophytischen Lebensweise wie eine Sisymbrietalia-Art (HEJNY 1958, FROESE & OESAU 1969, KRIPPELOVA 1969, 1981, GUTTE 1971, FISCHER 1986, 1988 usw.). Bisher sind unterscheidbar: *Atriplex-Iva xanthiifolia*-Ass. im SO (KRIPPELOVA 1969, 1981, ELIAS 1978) und Sisymbrio-Ivetum xanthiifoliae.

Sisymbrio-Ivetum xanthiifoliae Pass. 96 Tabelle 47 a–b

Diagnostisch wichtig sind *Iva xanthiifolia* 2–4 mit *Sisymbrium loeselii* +–2. *Salsola ruthenica, Conyza canadensis, Chenopodium album* und *Agropyron repens* komplettieren die Konstantenverbindung der 100-200 cm hohen, um 50–80 % dekkenden Ges.. Die Aufnahmen stammen aus dem Citybereich von Berlin, wo die Art ähnlich wie in Potsdam seit ca. 100 Jahren beobachtet wurde (SUKOPP & al. 1978, FISCHER 1986, 1988, PASSARGE 1996). Besiedelt werden sommerwarme, schutt- und nährstoffreiche Sande, in Mainz ermittelten FROESE & OESAU (1969) pH 7,1–7,5.

In der ähnlich in Polen und Tschechien bestätigten Ass. heben sich regional ab: *Atriplex tatarica*-Rasse (vgl. HEJNY 1958, GRÜLL 1980, SUDNICA-WOJZIKOWSKA 1984), *Descurainia sophia*-Rasse (vgl. SOWA 1971, JEHLIK 1994), *Salsola ruthenica*-Ausbildung in Berlin (wohl Sukzessionsrelikt).

Lokalstandörtlich abgrenzbar sind:

Sisymbrio-Ivetum xanthiifoliae typicum und

Sisymbrio-Ivetum x. solanetosum Pass. 96 mit *Chenopodium strictum, Solanum nigrum, Bromus tectorum, Galinsoga parviflora* und *Amaranthus retroflexus* als Trennarten auf humushaltigen Böden. Im Konnex mit Sisymbrietum loeselii, Chenopodietum stricti und Carduetum acanthoidis gehört die Ass. zu den sehr seltenen, auf Wärmeinseln begrenzt vorkommenden Erscheinungen.

2. Ordnung

Brometalia rubenti-tectorum Rivas-Mart. et Izco 77

Dachtrespen-Ruderalgesellschaften

Innerhalb der ruderalen Therophyten-Gesellschaften nähern sich jene mit *Bromus tectorum, Conyza canadensis* und *Senecio viscosus* so sehr den verwandten Einheiten im Mediterrangebiet, daß sie mit diesen in einer gemeinsamen Ordnung vereinigt werden sollten (PASSARGE 1988). Diese beinhaltet die von wärmebedürftigen Gräsern bzw. gras- oder schmalblättrigen Steppenpflanzen beherrschten Gemeinschaften an Trockenstandorten. Bevorzugt im submerdional-subkontinental beeinflußten Mitteleuropa besiedeln sie durchlässige, humusarme Rohböden.

Die hier einzuordnenden Verbände sind: Bromo-Hordeion murini, Conyzo-Bromion tectorum, Salsolion ruthenicae Philippi 71 und möglicherweise auch Eragrostion minoris.

6. Verband

Bromo-Hordeion murini Hejny 78

Trespen-Mäusegersten-Gesellschaften Tabelle 48

Der Verband vereinigt die meist grasreichen Therophyten-Ges. von *Bromus arvensis, B. japonicus, B. sterilis, B.tectorum* und *Hordeum murinum.* Ergänzt von

Bromus hordeaceus, Conyza canadensis, Chenopodium album und *Taraxacum officinale,* bilden sie ca. 20–40 cm hohe, überwiegend lichtgeschlossene (um 50–80 %) Bestände auf sommerwarmen, mäßig trockenen Böden im submeridional-temperaten Klimaraum.

Zugerechnete Ass.-Gr. sind: Hordeetum murini, Brometum sterilis und Brometum tectorum.

Ass.-Gr.
Hordeetum murini Libbert 33
Gesellschaften mit Mäusegerste

Beschränkt auf die meridional-temperate Zone Europas ist *Hordeum murinum* in vikariierenden Einheiten in Europa verbreitet. Schon TÜXEN (1950) unterscheidet in SO-Europa Atriplici tatarici-Hordeetum murini (nach FELFÖLDY 1942, MORARIU 1943) und Rorippo austriacae-Hordeetum (nach TIMAR 1947) neben dem mitteleuropäischen Bromo-Hordeetum.

Bromo sterilis-Hordeetum murini (Libbert 33) Lohm. in Tx. 50 Tabelle 48 a–c

Kennzeichnend sind *Hordeum murinum* 1–4 mit *Bromus sterilis* 1–3 und *Sisymbrium officinale* +–2. Mittelstet folgen *Bromus hordeaceus, Chenopodium album* und *Capsella bursa-pastoris.* Zusammen bilden sie fußhohe (20–40 cm), lückig geschlossene (60–80 %) girlandenartige Säume an städtischen Zäunen, Mauern und Straßenrändern, seltener auf Schuttplätzen. Die Böden sind mäßig sommertrocken, nährstoffreich, vornehmlich kalk- und humusarm.

Regional differieren: *Atriplex patula*-Rasse mit *A. prostrata* im subozeanisch beeinflußten Raum (vgl. KIENAST 1977, HÜLBUSCH 1980 usw., in Mecklenburg-Vorpommern bzw. Berlin: FRÖDE 1958, BÖCKER 1978, WOLLERT 1991), *Descurainia sophia*-Rasse im subkontinentalen Binnenland (PASSARGE 1964, SOWA 1971 usw.), *Sisymbrium loeselii*-Rasse in größeren Städten (vgl. DÜLL & WERNER 1956, KOPECKY 1982, HETZEL 1988, JEHLIK 1994, LANGER 1994) *Atriplex tatarica*-Rasse im SO (vgl. GUTTE 1972, GRÜLL 1981 u. a.)

Kleinstandörtlich bedingte Unterschiede ergeben:

Bromo-Hordeetum murini typicum

Bromo-Hordeetum m. brometosum Gutte 72 mit *Bromus tectorum, Conyza canadensis, Lepidium ruderale* und *Matricaria inodora* als Trennarten betont durchlässig-trockener Böden. Im subkontinentalen Berlin-Brandenburg relativ häufig (vgl. auch LANGER 1994), weist zum Brometum tectorum.

Wichtige Kontakteinheit ist Lolio-Plantaginetum. Regional unterschiedlich verstreut vorkommend, ist z. Z. meist keine Gefährdung gegeben.

Ass.-Gr.
Brometum sterilis Görs 66
Gesellschaften mit Tauber Trespe

Bromus sterilis ist von der meridionalen bis zur temperaten Zone in Europa und Westasien verbreitet und läßt hier mehrfach Schwerpunktverhalten in Ruderalgesellschaften erkennen.

Tabelle 48 Bromus- und Hordeum murinum-Gesellschaften

Spalte	a	b	c	d	e	f	g	h
Zahl der Aufnahmen	28	7	5	5	7	8	8	7
mittlere Artenzahl	11	7	7	10	10	9	4	7
Bromus sterilis	3^{14}	3^{12}	2^{12}	5^{+2}	.	5^{14}	5^{45}	.
Bromus hordeaceus	3^{+2}	3^{+1}	3^{+2}	.	3^{+}	4^{+2}	2^{+}	.
Hordeum murinum	5^{14}	5^{13}	5^{25}	.	2^{+1}	1^{1}	.	.
Bromus tectorum	4^{+3}	.	.	5^{24}	5^{24}	1^{2}	1^{1}	1^{2}
Conyza canadensis	4^{+1}	.	.	2^{+}	3^{+2}	2^{+1}	2^{+}	5^{+2}
Sencio viscosus	1^{+1}	.	.	.	.	.	.	5^{24}
Lepidium ruderale	3^{+2}	.	.	3^{+1}	.	.	.	.
Lactuca serriola	2^{+1}	.	1^{1}	4^{+2}	1^{+}	1^{+}	.	3^{+1}
Descurainia sophia	2^{+1}	3^{+}	2^{+}	2^{+1}	.	1^{1}	1^{+}	.
Sisymbrium officinale	2^{+1}	4^{+2}	2^{+1}	.	.	1^{+}	.	.
Sisymbrium loeselii	1^{+}	.	.	.	5^{+}	.	.	.
Sisymbrium altissimum	1^{+}	.	.	.	2^{+}	.	.	.
Chenopodium album	4^{+2}	3^{+1}	3^{+1}	2^{+1}	1^{+}	4^{+}	.	2^{1}
Capsella bursa-pastoris	3^{+1}	5^{+1}	1^{1}	4^{+1}	.	4^{+1}	2^{+}	.
Stellaria media	0^{12}	.	.	.	.	2^{+1}	.	1^{+}
Matricaria inodora	2^{+1}	.	.	2^{1}	.	2^{+}	.	1^{1}
Apera spica-venti	2^{+1}	1^{+}	.	.	3^{+1}	.	.	1^{+}
Arenaria serpyllifolia	.	.	.	.	5^{+2}	.	.	2^{1}
Geranium pusillum	1^{+}	3^{+1}	1^{+}	2^{+1}	.	2^{+2}	.	.
Sonchus oleraceus	1^{+2}	.	2^{+}	1^{+}	.	1^{+}	.	.
Atriplex patula	.	.	4^{+1}	.	.	.	.	.
Taraxacum officinale	2^{+}	.	4^{+1}	3^{+}	2^{+}	4^{+2}	4^{+}	1^{+}
Plantago lanceolata	1^{+}	2^{+}	.	2^{+}	.	2^{+}	.	.
Polygonum aviculare agg.	2^{+}	3^{+1}	1^{+}	.	1^{+}	1^{+}	1^{+}	2^{+}
Poa annua	1^{+}	1^{+}	.	1^{+}	1^{+}	.	.	.
Poa angustifolia	1^{+2}	.	.	3^{+1}	1^{+}	2^{+}	1^{2}	1^{+}
Agropyron repens	1^{+1}	.	.	.	2^{+1}	1^{1}	.	1^{1}
Convolvulus arvensis	0^{+1}	1^{+}	.	.	.	.	2^{14}	.
Medicago lupulina	0^{+}	.	.	2^{+}	3^{+1}	.	.	.
Poa compressa	.	.	.	.	3^{+1}	3^{+2}	.	.
Artemisia vulgaris	2^{+1}	.	.	.	5^{+}	2^{+}	.	1^{2}

außerdem mehrmals in a: Galinsoga parviflora 2; c: Lolium perenne 3; d: Matricaria discoidea 3, Linaria vulgaris 2; e: Carex hirta 4, Lepidium densiflorum 2, Chenopodium botrys 2, Solidago canadensis 3, Rubus caesius 3, Melilotus spec. 2, Cirsium arvense 2, Equisetum arvense 2; f: Urtica urens 2, Fallopia convolvulus 2; g: Plantago major 2, Trifolium repens 2, Agrostis stolonifera 2.

Herkunft:

a–c. Düll & Werner (1956: 3), Fröde (1958: 2), Passarge (1959, 1962, 1964, 1984 u. n. p.: 23), Böcker (1978: 1), Wollert (1991: 1), Langer (1994: 10)

d–e. Passarge (1984: 5), Rebele (1986: 7)

f–g. Passarge (1984 u. n. p.: 7), Wollert & Holst (1991: 1), Langer (1994: 8).

Vegetationseinheiten:

1. Bromo-Hordeetum murini (Libbert 33) Lohm. in Tx. 50
   Descurainia sophia-Rasse (a–b), Atriplex patula-Rasse (c)
   - brometosum tectorum Gutte 72 (a)
   - typicum Gutte 72 (b–c)
2. Linario-Brometum tectorum Knapp 61 (d)
3. Arenario-Brometum tectorum (Bojko 34) Stjepanovic-V. et Canak 59
   Sisymbrium loeselii-Rasse (e)
4. Capsello-Brometum sterilis (Müller 83) ass. nov.
   - Chenopodium album-Subass. (f) typicum (g)
5. Conyzo-Senecionetum viscosi (Kienast 78) ass. nov. (h)

Capsello-Brometum sterilis (Müller 83) ass. nov. Tabelle 48 f–g

Artenarme Vegetationseinheit von *Bromus sterilis* 3–4 mit *Capsella-bursa-pastoris* +–1, meist ergänzt von *Taraxacum officinale* und *Bromus hordeaceus.* Nur fußhoch (20–40 cm) und lückig-geschlossen (60–80 %) säumt sie in schmalen Bändern Zäune, Mauern und Wegränder in Dörfern und kleineren Siedlungen. In Städten gehören auch Baumscheiben mit zu ihren Vorzugs-Habitaten (LANGER 1994).

Regional unterscheiden sich: *Sonchus oleraceus*-Rasse mit *Atriplex patula, Senecio vulgaris* in klimafrischen Bereichen, oft auf lehmigen Böden z. B. im submontanen SW-Deutschland (vgl. MÜLLER in OBERDORFER 1983, 1993), ähnlich auch in Teilen Mecklenburgs zu erwarten (WOLLERT 1991), Zentralrasse im subkontinentalen Flachland, oft mit *Bromus hordeaceus,* so in Berlin-Brandenburg (PASSARGE 1984, LANGER 1994), *Sisymbrium loeselii*-Rasse mit *S. altissimum* (vgl. GUTTE & KRAH 1993). – Kleinstandörtlich sind differenziert:

Capsello-Brometum sterilis typicum und

Chenopodium-Subass. mit *Ch. album, Poa compressa,Stellaria media* und *Geranium pusillum* auf humosen Böden.

Benachbart von Agropyretea repentis sind die verstreuten Vorkommen der Einheit nicht gefährdet. – Der Holotypus der Ass. stammt von der Mühlentorbrücke bei Eberswalde (Verf. n. p., 1976, 2 m², 40 %): *Bromus sterilis* 3, *Conyza canadensis* 1; *Capsella bursa-pastoris* +; *Bromus hordeaceus* 2, *Poa compressa* 1, *Taraxacum officinale* +.

Ass.-Gr.
Brometum tectorum Bokjo 34
Gesellschaften mit Dachtrespe

Weitgehend auf Kontinentaleuropa beschränkt reicht das Areal von *Bromus tectorum* vom Mittelmeer bis S-Skandinavien. Hierin wurden Schwerpunktvorkommen unterschiedlicher Zusammensetzung bekannt. In Mitteleuropa z. B. Linario- und Arenario-Brometum tectorum.

Linario-Brometum tectorum Knapp 61 Tabelle 48 d

Kennzeichnend sind *Bromus tectorum* 2–4 mit *B. sterilis* +–2 und *Lactuca serriola* +–2. Überwiegend mittelstet folgen *Capsella bursa-pastoris, Lepidium ruderale, Taraxacum officinale* und weitere Wegrandbegleiter. Fußhoch (um 20–40 cm) und lückig (um 40–70 %) besiedeln sie Trümmerschutt, besonnte Mauerfüße, aber auch Ruderalflächen auf sommertrockenen durchlässigen, mäßig nährstoffreichen Böden.

Eine subozeanische *Senecio viscosus*-Rasse zeichnet die westliche Ausbildung aus (KNAPP 1961), im Subkontinentalklima kommt vereinzelt *Descurainia sophia* hinzu (ELIAS 1979, PASSARGE 1984). Einzelne weniger anspruchslose Arten wie *Geranium pusillum, Thlaspi arvense* deuten eine Sonderausbildung an.

Auf weitere Vorkommen der nur selten beobachteten Ges. bleibt zu achten.

Arenario-Brometum tectorum (Bojko 34) Stjepanovic-V.et Canak 59 Tabelle 48 e

Bezeichnend sind *Bromus tectorum* 2–4 mit *Arenaria serpyllifolia* +–2. Mittelstet ergänzen *Conyza canadensis, Matricaria inodora* und *Artemisia vulgaris* die Artenverbindung. Fundorte sind ruderalisierte Rohböden im städtischen Umfeld (Hafen-, Bahn-, Industrieanlagen) auf humusarmen, nährstoffreichen Sand- und Schotterböden.

Regional heben sich eine westliche *Senecio viscosus*-Rasse (vgl. BRANDES 1983, GÖDDE 1988) von der Zentralrasse bei ELIAS (1979), HETZEL & ULLMANN (1981) ab. Die Berliner Aufnahmen (REBELE 1986) einer *Sisymbrium*-Rasse zeichnen *S. loeselii* und *S. altissimum* aus.

Subass.-Gliederung, Kontakte und Verbreitung bedürfen der weiteren Klärung.

Ass.-Gr.
Senecionetum viscosi (Möller 49)
Gesellschaften mit Klebrigem Greiskraut

In Europa reicht das Areal von *Senecio viscosus* über die meridional-temperate Zone hinaus bis ins boreale Skandinavien (HULTEN 1950) unter Bevorzugung des subozeanischen Klimabereichs. Neben Vorkommen auf Waldschlägen (mit *Senecio sylvaticus*) sowie silikatischen Schotterböden im Gebirge (Galeopsion angustifolii) signalisieren entsprechende Sekundärstandorte an Bahngleisen im Flachland Brometalia-Verwandtschaft.

Conyzo-Senecionetum viscosi (Kienast 78) ass. nov. Tabelle 48 h

Im planar-kollinen Raum sind *Senecio viscosus* 2–4 mit *Conyza canadensis* +–2 bezeichnend für die gut fußhohen (30–50 cm), schütteren, um 30–60 % deckenden Bestände. Mittelstet ergänzen *Lactuca serriola,* auch *Chenopodium album* die nach Westen hin artenreichere Einheit. Weitgehend auf Bahnanlagen beschränkt, gehören deren Schotterbetten nahe von Bahnhöfen, sowie sandig-kiesige Bahnsteige und Ablagen zu den bevorzugten Standorten.

In Ostelbien lebt eine artenarme, vermindert homogene Rasse, die für ein Ausklingen der Ass. spricht. Im stärker subozeanisch beeinflußten Klima NW-Deutschlands siedelt eine *Atriplex*-Vikariante mit *A. patula, A. prostrata, Senecio vulgaris* und *Sisymbrium officinale* (vgl. MÖLLER 1949, KIENAST 1978, GÖDDE 1986, 1988, HEINKEN 1990). Hiermit verwandt ist auch eine Ausbildung des komplexen Bromo-Erigeretum von GUTTE (1972).

Untergliederung und Kontakte bedürfen der weiteren Erkundung. Seltene bis sehr verstreute Vorkommen, nicht gefährdet.

Holotypus der Ass. ist Aufnahme-Nr. 7 (Tab. 2 bei GÖDDE 1988, S. 30).

7. Verband

Conyzo-Bromion tectorum Pass. 78
Berufskraut-Dachtrespen-Gesellschaften Tabelle 49

Zentralverband lückiger Pionierges. auf durchlässig-trockenen Rohböden mit *Bromus tectorum, Conyza canadensis* als Mitbestandbildner neben den diagnostisch wichtigen *Corispermum leptopterum, Plantago indica, Lepidium densiflorum* und *Senecio viscosus.* Gemeinsam bilden diese meist 20–40 cm hohe, 30–70 % deckende Therophytenfluren. Verbandstypus ist Bromo-Corispermetum, die zugehörigen Ass.-Gr. sind Corispermetum leptopteri, Plantaginetum indicae, Lepidietum densiflori und evt. Senecionetum viscosi.

Ass.-Gr.
Corispermetum leptopteri (Siss. 50) Berger-L. et Sukopp 65
Gesellschaften mit Schmalflügligem Wanzensamen

Im submeridional-temperaten Europa tritt *Corispermum leptopterum* auf ruderalen sandig-kiesigen Rohböden gesellschaftsprägend auf. Zwischen den Niederlanden und O-Europa wurden als vikariierende Ausbildungen bekannt: Bromo- und Plantagini-Corispermetum leptopteri.

Bromo-Corispermetum leptopteri (Kruseman 41) Sissingh 50 Tabelle 49 a–d

Bezeichnend sind: *Corispermum leptopterum* 1–3 mit *Sisymbrium altissimum* und *Senecio viscosus* jeweils +–2. *Conyza canadensis, Chenopodium album* und *Oenothera biennis* agg. ergänzen die Artenverbindung. Weiserwert für die Einheit im subozeanischen Klimabereich kommt dem Sandzeiger *Carex arenaria* zu. Wie in den Niederlanden (SISSINGH 1950, BOERBOOM 1960), NW-Deutschland (HÜLBUSCH 1977, DETTMAR 1988) gehören im Gebiet die küstennahen Ausbildungen (KRISCH 1987, WEGENER 1987) eindeutig hierher.

Regional heben sich hierin die Aufnahmen aus Mecklenburg-Vorpommern als *Descurainia*-Rasse mit *D. sophia, Matricaria inodora* und *Artemisia campestris* ab.

Von den vorliegenden Subass.-Vorschlägen scheinen akzeptabel:
Bromo-Corispermetum leptopteri typicum
Bromo-Corispermetum l. salsoletosum Krisch 87 mit *Salsola k. kali, Cakile maritima, Tussilago farfara* und *Polygonum heterophyllum virgatum* auf Küstenstandorten. Sie vermitteln zum atlantischen *Cakilo-Corispermetum leptopteri* Gehú 92.

Im Kontakt mit Dauco-Melilotion und Corynephoretalia ist die regional sehr verstreute Ass. z. Z. wohl nicht gefährdet.

Plantagini-Corispermetum leptopteri Pass. (57) 64 Tabelle 49 e–f

Kennzeichnend sind *Corispermum leptopterum* 1–3 mit *Setaria viridis* +–2. An übergreifenden Weiserpflanzen sind *Salsola ruthenica* und *Plantago indica* zu nennen. *Conyza canadensis* und *Chenopodium album* (meist var. *lanceolatum*) komplettieren die charakteristische Artenverbindung. Im Komplex von Sandtrokkenrasen besiedelt die Einheit in kaum fußhohen (um 20 cm), lückigen Beständen (30–60 %) offene, ruderal beeinflußte, durchlässig-trockene Böden im sommerwarmen Subkontinentalklima. Feuerschutzstreifen an Bahnlinien, Sandschellen, Kiesgruben und Triften gehören zu den Fundorten.

Regional ist eine *Sisymbrium loeselii*-Rasse mit konstanter *Salsola ruthenica* im Raum Potsdam erkennbar (PÖTSCH & al. 1971). Zu einer *Digitaria ischaemum*-Rassse, auch mit *Erodium cicutarium* zählt die Mehrzahl der Aufnahmen aus Berlin-Brandenburg (PASSARGE 1957, 1964, 1984, BERGER-LANDEFELD & SUKOPP 1965, BORNKAMM 1977, REGELE 1986, LANGER 1994). Zur Zentralrasse meist mit *Salsola ruthenica* gehören die Aufnahmen vom Rhein (KNÖRZER 1964, PHILIPPI 1971, KORNECK 1974).

Die seinerzeit herausgestellte Subass.-Gliederung (Typische und *Rumex acetosella*-Subass.) basiert vornehmlich auf gesellschaftsfremden Trockenrasenarten und scheint somit fragwürdig. Wenige sehr artenarme Aufnahmen (Tab. 49 d) stehen zwischen Bromo- und Plantagini-Corispermetum.

Benachbart wurden Koelerion glaucae und Artemisio-Oenotheretum rubricaulis registriert. Verstreute, mancherorts von *Salsola ruthenica* verdrängte Vorkommen begründen z. Z. wohl noch keine Gefährdung der Ass.

Tabelle 49 Corispermum- und verwandte Gesellschaften

Spalte	a	b	c	d	e	f	g	h	i	k	l
Zahl der Aufnahmen	24	7	13	14	8	49	12	10	9	5	6
mittlere Artenzahl	21	13	7	4	10	10	11	6	6	11	7
Corispermum leptopterum	5^{13}	5^{12}	5^{13}	5^{13}	5^{+3}	5^{13}	3^{+1}	1^{+1}	1^{+}	2^{+}	1^{1}
Lepidium densiflorum	1^{+2}	1^{+}	.	.	.	1^{+1}	2^{+1}	1^{+1}	.	5^{23}	5^{23}
Plantago indica	.	.	.	.	1^{+}	2^{+1}	5^{14}	5^{14}	5^{23}	1^{1}	.
Conyza canadensis	5^{+2}	4^{+2}	4^{+1}	1^{+}	5^{+}	3^{+1}	5^{+2}	2^{+1}	3^{+1}	4^{+2}	3^{+1}
Bromus tectorum	3^{+2}	1^{+}	3^{+1}	3^{+}	1^{+}	3^{+1}	5^{+2}	.	2^{+2}	4^{+2}	1^{+}
Senecio viscosus	3^{+2}	5^{+2}	2^{+2}	2^{+}	2^{+}	1^{+1}	1^{+}	2^{+1}	2^{+1}	.	.
Sisymbrium altissimum	5^{+2}	3^{+2}	2^{+}	0^{+}	.	1^{+1}	2^{+1}	0^{+}	1^{+}	1^{+}	1^{+}
Descurainia sophia	3^{+2}	3^{+2}	.	.	.	1^{+}	2^{+}	0^{+}	.	4^{+1}	.
Sisymbrium loeselii	.	.	.	.	5^{+2}	0^{+}	1^{+}	1^{+}	2^{+}	.	.
Lactuca serriola	2^{+}	.	.	.	2^{+}	.	.	.	.	1^{+}	1^{+}
Salsola ruthenica	.	.	.	.	5^{+2}	2^{+1}	3^{+2}	.	.	1^{+}	1^{1}
Digitaria ischaemum	.	.	.	.	.	4^{+2}	3^{+2}	4^{+2}	.	1^{+}	3^{+2}
Setaria viridis	.	.	.	.	.	4^{+2}	3^{+2}	4^{+2}	1^{+}	.	.
Eragrostis minor	.	.	.	.	.	1^{+}	.	.	4^{+2}	.	.
Chenopodium album	5^{+2}	3^{+}	4^{+1}	3^{+1}	5^{+1}	4^{+2}	3^{+}	3^{+1}	3^{+}	4^{+1}	3^{+2}
Capsella bursa-pastoris	2^{+}	.	.	.	2^{+}	1^{+}	.	.	.	3^{+}	3^{+}
Erodium cicutarium	0^{+}	.	0^{+}	.	.	2^{+}	1^{+}	.	1^{+}	3^{+1}	.
Senecio vulgaris	2^{+}	3^{+1}	0^{+}	.	2^{+}	0^{+}	.	.	.	.	.
Fallopia convolvulus	3^{+}	.	2^{+}	0^{+}	2^{+}	3^{+1}	3^{+}	.	.	1^{+}	3^{+}
Arenaria serpyllifolia	3^{+1}	1^{+}	1^{+}	.	.	1^{+}	1^{+}	.	2^{+1}	3^{+1}	.
Apera spica-venti	4^{+2}	1^{+}	0^{+}	0^{+}	3^{+3}	1^{+1}	1^{+1}	.	.	.	1^{1}
Matricaria inodora	3^{+1}	3^{+}	.	1^{1}	.	1^{+}	0^{+}	..	1^{+}	1^{2}	.
Polygonum aviculare agg.	3^{+1}	3^{+1}	2^{+}	2^{+}	2^{+1}	2^{+1}	2^{+1}	1^{+1}	2^{+1}	1^{+}	2^{1}
Poa annua	4^{+}	3^{+}	.	1^{+}	.	1^{+1}	.	.	1^{+}	1^{1}	.
Agropyron repens	3^{+}	3^{+}	0^{1}	.	.	2^{+1}	2^{+1}	.	1^{1}	2^{1}	2^{+1}
Poa angustifolia	.	.	.	.	.	0^{+}	2^{+}	.	1^{+}	2^{+}	.
Equisetum arvense	2^{+2}	.	1^{+}	.	.	0^{+}	.	.	.	.	.
Tussilago farfara	0^{+}	5^{+}	.	.	5^{+2}	.	.	.	.	.	.
Medicago lupulina	4^{+2}	1^{+}	.	0^{+}	.	2^{+}	0^{+}	0^{+}	2^{+2}	1^{+}	.
Poa compressa	.	.	.	.	1^{+}	0^{+1}	2^{+1}	0^{1}	1^{+}	.	.
Carex hirta	.	.	.	.	3^{+}	.	.	.	2^{+}	.	.
Rumex acetosella agg.	3^{+2}	3^{+}	2^{+1}	.	.	3^{+1}	2^{+}	3^{+}	1^{+}	1^{+}	1^{2}
Corynephorus canescens	2^{+2}	.	3^{+2}	.	.	2^{+2}	2^{+}	2^{+1}	.	.	1^{2}
Carex arenaria	2^{+1}	2^{+}	0^{1}	.	.	.	.	0^{+1}	..	.	2^{+1}
Trifolium arvense	2^{+2}	.	2^{+}	.	.	0^{+}	0^{+}	0^{+}	.	1^{+}	1^{1}
Artemisia campestris	2^{+}	.	2^{+}	.	.	2^{+}	3^{+}	1^{+}	2^{+}	.	.
Oenothera biennis agg.	4^{+2}	2^{+1}	3^{+1}	3^{+}	.	3^{+1}	2^{+}	1^{1}	.	.	.
Artemisia vulgaris	5^{+1}	3^{+}	.	0^{+}	.	0^{+}	0^{+}	0^{+}	2^{+}	.	.

außerdem mehrmals in a: Melilotus officinalis 3, Echium vulgare 2, Berteroa incana 2, Sisymbrium officinale 2, Viola arvensis 2, Spergula arvensis 2; b: Salsola kali kali 5, Cakile maritima 3, Polygonum heterophyllum virgatum 3; e: Chaenorrhinum minus 2, Erysimum cheiranthoides 2; f: Euphorbia cyparissias 2, h: Polygonum persicaria 2, i: Achillea millefolium 2; k: Bromus hordeaceus 4, Senecio vernalis2; l: Festuca psammophila 2.

Herkunft:
a–b. KRISCH (1987: 31)
c–d. BORNKAMM (1977: 9), REBELE (1986: 5), WEGENER (1987: 2), WOLLERT & HOLST (1991: 1)

e. PÖTSCH & al. 1971: 8)
f. PASSARGE (1957, 1964, 1984, 1988 u. n. p.: 38), BERGER-LANDEFELD & SUKOPP (1965: 6)
g–h,
k–l. PASSARGE (1957, 1988 u. n. p.: 23)
i. REBELE (1986: 8), LANGER (1994: 1)

Vegetationseinheiten:

1. Bromo-Corispermetum leptopteri (Kruseman 41) Siss. 50
   Descurainia sophia-Rasse (a–b), Zentralrasse (c–d)
      typicum (a, c, d)
      salsoletosum Krisch 87 (b)
2. Plantagini-Corispermetum leptopteri Pass. (57) 64
   Sisymbrium loeselii-Rasse (e), Digitaria ischaemum-Rasse (f)
3. Setario-Plantaginetum indicae (Philippi 71) Pass. 88
   Digitaria ischaemum-Rasse (g–h), Eragrostis minor-Rasse (i)
      salsoletosum (Pass. 88) nom. nov. (g)
      typicum Pass. 88 (h–i)
4. Conyzo-Lepidietum densiflorae ass. nov.
      Bromus tectorum-Subass. (k)
      typicum (l)

Ass.-Gr.
Plantaginetum indicae Paun 64
Gesellschaften mit Sandwegerich

Das Areal von Plantago indica reicht in der meridional-temperaten Zone über Europa hinaus nach W-Asien (MEUSEL & al. 1978). Mit deutlicher Schwerpunktbildung in Sandgebieten sind zunächst zwei vikariierende Einheiten bekannt geworden. Ein pannonisch-kontinentales (Cynodonto-)Plantaginetum indicae mit *Cynodon dactylon, Digitaria sanguinalis, Anthemis ruthenica, Erysimum diffusum, Euphorbia seguierana, Tragus racemosus, Tribulus terrestris* usw. in rumänischen Dünengebieten (PAUN 1964, CIRTU 1973, GRIGORE & COSTE 1979, SYMOIDES 1979). In Mitteleuropa nimmt Setario-Plantaginetum seine Stelle ein.

Setario-Plantaginetum indicae (Philippi 71) Pass. 88 — Tabelle 49 g–i

Charakteristisch sind *Plantago indica* 1–4 mit *Setaria viridis* +–2, ergänzt durch *Digitaria ischaemum, Conyza canadensis* und *Chenopodium album.* Ihre höchst lückigen Bestände decken selten mehr als 30–50 % der Fläche und überschreiten kaum 20–30 cm Wuchshöhe. Habitate sind offene sommerwarme, verfestigte sandig-kiesige, teilweise durch Kohlengrus oder Industrieöle verschmutzte Böden an Abstellgleisen, Verladerampen und Wegrändern.

Regional unterscheidbar: *Lepidium*-Rasse mit *L. virginicum, L. ruderale* am Oberrhein (PHILIPPI 1971), *Digitaria ischaemum*-Rasse mit *Artemisia campestris, Polygonum calcatum* im subkontinentalen Brandenburg (PASSARGE 1957, 1988). Zunächst als *Eragrostis minor*-Rasse werden Aufnahmen aus Karlsruhe (BRANDES 1983) und Berlin (REBELE 1986) angeschlossen. Eine *Digitaria sanguinalis*-Rasse mit *Setaria glauca* und *Amaranthus retroflexus* belegen ELIAS (1977) und GRÜLL (1980).

Kleinstandörtliche Differenzen ergeben:
Setario-Plantaginetum indicae typicum
Setario-Plantaginetum i. salsoletosum (Pass. 88) nom. nov.

Neotypus ist Aufn.-Nr. 2 bei PASSARGE (1988, Tab. 4, S. 191) für die typische Subass. bzw. Aufn.-Nr. 4 ebendort für die Salsola-Subass. und Ass.

Corispermetum und Eragrostio-Polygonetum calcati sowie Dauco-Melilotion leben im Konnex. Ziemlich selten, ist z. Z. noch keine Gefährdung der Ass. gegeben.

Ass.-Gr.
Lepidietum densiflori ass. coll. nov.
Gesellschaften mit Dichtblütiger Kresse

Die aus Amerika vor 1900 eingeschleppte *Lepidium densiflorum* ist heute in Teilen Eurasiens eingebürgert. Neben untergeordneten Vorkommen in Sisymbrion-Gesellschaften wurde inzwischen mehrfach bestandbildendes Auftreten registriert. Aus der Mongolei beschreibt HILBIG (1990) ein Chenopodio prostrati-Lepidietum densiflori und in Brandenburg wird Conyzo-Lepidietum densiflori als eigenständig herausgestellt.

Conyzo-Lepidietum densiflori ass. nov. Tabelle 49 k–l

Gekennzeichnet durch *Lepidium densiflorum* 2–3 mit *Conyza canadensis* +–2, ergänzen mittelstet *Chenopodium album* und *Capsella bursa-pastoris* die eigenständige Artenverbindung. Fußhoch (20–30 cm) decken die schütteren Bestände um 30–60 % der Fläche. Wiederum sind offene sommerwarme, humusarm-durchlässige Sand- und Schotterböden Habitate der Ortsnähe meidenden Ass.. Weg- und Straßenränder in Binnendünengebieten im subkontinentalen Brandenburg sind Fundorte der Ges..

Syngeographische Variationen verdienen ähnlich wie die Untergliederung weitere Aufmerksamkeit. Typische und *Bromus tectorum*-Subass., letztere mit *Erodium cicutarium, Arenaria serpyllifolia, Bromus hordeaceus* auf angereicherten Trockenstandorten deuten sich an.

Der Holotypus der Ass. stammt von einem ortsfernen Dünenhang östlich der Düsterwegbrücke bei Eberswalde (Verf. n. p., 1993, 2 m^2, 30 %): *Lepidium densiflorum* 3, *Conyza canadensis* +, *Digitaria ischaemum* 2; *Chenopodium album lanceolatum* +, *Fallopia convolvulus* +; *Festuca psammophila* 1, *Carex arenaria* 1.

Trotz relativer Seltenheit und ohne größere Ausbreitungstendenz (FUKAREK & HENKER 1983) ist keine Gefährdung gegeben.

8. Verband

Salsolion ruthenicae Philippi 71
Binnenländische Salzkraut-Gesellschaften

Verbunden sind die auf humusarmen Sand-, Kies- und Schotterböden siedelnden Neophyten-Gesellschaften. Vielfach mit Steppenläufer-Fruchtbeständen ausgestattet, können die Gesellschaftsbildner zusammen mit *Amaranthus retroflexus* und *Conyza canadensis* sich zu knie- bis hüfthohen, lichtgeschlossenen Beständen (um 70–90 %) zusammenschließen.

Typus-Ass. ist Amarantho-Salsoletum ruthenicae Pass. 88.

Ob der Verband mit dem folgenden Eragrostion zu einer Eragrostietalia-Ordnung vereint werden sollte, müssen weitere Erhebungen klären (vgl. J.TÜXEN 1966, MUCINA & al. 1993). Dem Salsolion werden die Ass.-Gr.: Salsoletum ruthenicae, Kochietum densiflorae, Gypsophiletum scorzonerifoliae und Amaranthetum retroflexi zugeordnet.

Ass.-Gr.
Salsoletum ruthenicae Philippi 71
Gesellschaften mit Ruthenischem Salzkraut

Die von den niederschlagsarmen Sandgebieten am Rhein bis in die temperaten Steppenzonen Eurasiens verbreitete *Salsola ruthenica* hat in den letzten Jahren ihr Areal deutlich ausgedehnt, wobei warm-trockene Sommer und allgemeine Landschaftseutrophierung förderlich waren. Detaillierte Untersuchungen ergaben verschiedene Schwerpunktvorkommen mit eigenständiger Artenverbindung. Genannt seien das südwestdeutsche Corispermo-Salsoletum r. (vgl. PHILIPPI 1971, KORNECK 1974, 1987) und das Amarantho-Salsoletum ruthenicae im NO.

Amarantho-Salsoletum ruthenicae Pass. (84) 88 Tabelle 50 c–e

Kennzeichnend sind *Salsola ruthenica* 2–4 mit *Amaranthus retroflexus* +–2, komplettiert von *Conyza canadensis*. Sporadisch gehören *Sisymbrium altissimum, Amaranthus albus* und *Salsola collina* mit zu den Ges.-Weisern. Wichtigster Fundort sind Bahnanlagen und Gleiskörper, aber auch Ablagen und Mülldeponien. Auf sommerwarmen, basen- und nährstoffreichen, sandig bis schottrigen Lockerböden (PASSARGE 1984, 1988, GUTTE & KLOTZ 1985) stocken die meist fuß- bis kniehohen (30–60 cm), lückig bis lichtgeschlossenen (40–80 %) Bestände.

Regionale Differenzen ergeben eine *Senecio viscosus*-Rasse (vgl. HARD 1986, BRANDES 1993) neben der Zentralrasse. Einzelne Aufnahmen mit *Atriplex tatarica* im Raum Leipzig gehören kaum noch zum Amarantho-Salsoletum.

Standortbedingte Untergliederung:

Amarantho-Salsoletum ruthenicae typicum

Amarantho-Salsoletum r. setarietosum Pass. 88 auf übersandeten trockenen Schotterböden und Sandbrachen mit den Trennarten *Setaria viridis, Digitaria ischaemum* und *Sedum acre,*

Amarantho-Salsoletum r. sonchetosum (Gutte et Klotz 85) mit *Senecio viscosus, Matricaria inodora, Lactuca serriola, Chenopodium album, Sonchus oleraceus, Atriplex patula* und *Fallopia convolvulus* auf nitrophil-angereicherten, mäßig frisch-humosen Böden.

Vielerorts ist die Ass. durch Zuwanderung von *Salsola* aus dem Conyzo-Amaranthetum entstanden. Ebenso ist ein gewisses witterungsabhängiges Pulsieren feststellbar, mit üppiger *Salsola*-Entwicklung in sonnenreich-trockenen Sommern.

Heute bereits über den subkontinentalen Raum hinausreichend, wird die Ass. im Bahnbereich vielfach durch *Kochia scoparia* angereichert und ins Amaranthum-Kochietum überführt. Mit Eragrostio-Polygonetum calcati, Corispermetum leptopteri und Plantaginetum indicae im Kontakt, ist die regional verstreut auftretende Einheit kaum gefährdet.

Ass.-Gr.
Kochietum densiflorae Gutte et Klotz 85
Gesellschaften mit Besen-Radmelde

In jüngster Zeit hat sich *Kochia scoparia* ssp. *densiflora* geradezu explosionsartig ausgebreitet und unser Gebiet vor allem entlang des Schienenweges erreicht. Heimisch in den Gebirgssteppen SO-Asiens tauchte *Kochia densiflora* seit 1930–1940 sporadisch als Ephemero-Neophyt auf Schutt- und Wollabfalldeponien lokal in Mitteleuropa auf. In den Wärmegebieten um Leipzig und Halle etablierte sich die Art nach 1970 vornehmlich auf Mülldeponien und zeigte hier ein Jahrzehnt später eine verschiedenenorts wiederkehrende Vergesellschaftung mit *Sisymbrium altissimum, S. loeselii, Lepidium ruderale* und weiteren Besonderheiten, von GUTTE & KLOTZ (1985), ähnlich auch GRÜLL (1970) als Kochietum densiflorae herausgestellt. Eindeutigkeitshalber gegenüber Chenopodio ambrosii-Kochietum (vgl. PIGNATTI (1954) bzw. Amarantho-Kochietum densiflorae wird eine binäre Ergänzung: Sisymbrio-Kochietum densiflorae Gutte et Klotz (85) ex hoc. loc. nom. nov. empfohlen.

Tabelle 50 Amaranthus-Salsola ruthenica-Gesellschaften

Spalte	a	b	c	d	e	f	g	h	i
Zahl der Aufnahmen	9	18	9	13	9	10	3	20	5
mittlere Artenzahl	9	5	11	5	7	7	8	4	5
Amaranthus retroflexus	5^{+2}	5^{+2}	5^{13}	5^{12}	4^{23}	5^{13}	3^{34}	5^{24}	5^{12}
Salsola ruthenica	5^{+2}	5^{+2}	5^{14}	5^{34}	5^{13}	5^{+2}	.	2^{+2}	.
Amaranthus albus	.	.	3^{13}	1^{+2}	1^{1}	.	.	0^{+}	.
Salsola collina	.	.	.	2^{23}	1^{3}	.	.	.	.
Gypsophila scorzonerifolia	.	.	.	.	.	5^{35}	.	.	.
Kochia densiflora	5^{34}	5^{35}	1^{+}	.	.	.	.	.	.
Conyza canadensis	5^{+2}	4^{+2}	4^{+2}	5^{+2}	4^{+}	2^{13}	3^{+2}	5^{13}	5^{24}
Senecio viscosus	4^{+1}	.	4^{+2}	1^{+}	.	.	.	1^{+2}	.
Lepidium ruderale	1^{1}	.	4^{+2}	.	.	.	.	.	.
Diplotaxis muralis	.	.	1^{+}	1^{+}	1^{+}	.	.	.	.
Sisymbrium altissimum	.	.	4^{+1}	2^{+}	.	.	.	0^{+}	.
Lactuca serriola	.	0^{+}	3^{+2}	.	.	.	2^{+1}	.	.
Chenopodium album	3^{+2}	.	4^{+2}	.	.	1^{+}	1^{+}	0^{+}	1^{1}
Senecio vulgaris	1^{+}	1^{+}	1^{+}	.	.	3^{1}	.	0^{2}	.
Atriplex patula	.	.	3^{+2}	.	.	.	2^{+2}	0^{+}	.
Sonchus oleraceus	1^{+}	0^{+}	4^{+1}	.	.	.	.	.	.
Setaria viridis	.	0^{1}	2^{+1}	.	4^{+2}	2^{+1}	2^{+1}	.	.
Digitaria ischaemum	2^{+1}	.	.	.	3^{12}	2^{+1}	.	.	.
Sedum acre	1^{1}	.	.	.	2^{+1}	1^{+}	.	.	.
Matricaria inodora	1^{+}	.	3^{+}	.	.	.	2^{+1}	.	.
Arabidopsis thaliana	2^{+}	0^{+}	.	.	.	2^{+}	.	1^{+2}	.
Polygonum calcatum	1^{+}	2^{+}	2^{+}	.	.	1^{+}	3^{+3}	.	.
Poa annua	2^{+}	1^{+1}	.	.	.	2^{+}	.	.	.
Taraxacum officinale	3^{+}	.	.	.	.	.	.	.	2^{+}
Convolvulus arvensis	2^{+}	1^{+1}	.	.	2^{+1}	3^{+2}	.	0^{+}	.
Rumex thyrsiflorus	2^{+}	.	.	.	.	2^{+}	.	0^{+}	.
Medicago lupulina	.	.	2^{+}	.	.	.	.	.	2^{+}

außerdem mehrmals in a: Polygonum persicaria 4, Eragrostis minor 2; c: Corispermum leptopterum 2, Fallopia convolvulus 2, Oenothera biennis agg. 2; e: Brassica juncea 2; g: Sisymbrium officinale 3, Galinsoga parviflora 2, Hypericum perforatum 2; i: Epilobium adenocaulon 4.

Herkunft:
a–b. Brandes (1991: 1), Verf. (n. p.: 26)
c–e. PASSARGE (1988 u. n. p.: 31), f. HOLST (1990: 1), Verf. (n. p.: 9)
g–i. PASSARGE (1988 u. n. p.: 15), WOLLERT (1989, 1991: 8), ASMUS (1990: 2), BRANDES 1991: 3)

Vegetationseinheiten:

1. Amarantho-Kochietum densiflorae (Brandes 91) ass. nov.
   senecionetosum subass. nov. (a)
   typicum (b)

2. Amarantho-Salsoletum ruthenicae Pass. (84) 88
   sonchetosum (Gutte et Klotz 85) Pass. 88 (c)
   typicum Pass. 88 (d)
   setarietosum Pass. 88 (e)
3. Amarantho-Gypsophiletum scorzonerifoliae (Holst 90) ass. nov. (f)
4. Conyzo-Amaranthetum retroflexi Pass. 88
   Zentralrasse (g–h), Epilobium adenocaulon-Rasse (i)
   Sisymbrium-Ausbildung (g)
   typicum (h–i)

Amarantho-Kochietum densiflorae (Brandes 91) ass. nov. Tabelle 50 a–b

In Ostelbien bildete sich nach 1980 eine abweichend eigenständige Einheit heraus. Merkmale sind *Kochia densiflora* 2–4 mit *Amaranthus retroflexus* +–2, regelmäßig begleitet von *Salsola ruthenica* und *Conyza canadensis*. Die meist knie- bis hüfthohen (um 50–100 cm, vereinzelt 150 cm), ca. 60–90 % deckenden Bestände sind verschiedentlich aus angereichertem Amarantho-Salsoletum hervorgegangen. Selten auf sandig-kiesigen Dorfbahnsteigen, vermehrt an Abstellgleisen, Signalanlagen oder entlang des ortsnahen Gleiskörpers, besiedelt die Ges. nährstoffreiche, durchlässige, sommerwarme, sandig-kiesig-schottrige Böden.

Zwei Untereinheiten sind erkennbar:

Amarantho-Kochietum densiflorae typicum und

Amarantho-Kochietum d. senecionetosum subass. nov. mit *Senecio viscosus,, Polygonum persicaria, Chenopodium album lanceolatum, Taraxacum officinale* als Trennarten der anspruchsvolleren, artenreichen Ausbildung auf humos-angereicherten Böden.

Noch in Ausbreitung begriffen (gen W und N) reihen sich die heutigen Vorkommen keineswegs kontinuierlich etwa entlang einer Bahnstrecke aneinander, sondern nicht nur Dorfbahnhöfe blieben vielfach zwischendurch ausgespart. Beispielsweise war Berlin-W um 1995 trotz verbindender S- und Fernbahnen noch unbesiedelt. Punktuelle Vorkommen bestätigen entsprechende Aufnahmen von BRANDES (1991, 1993) aus der Altmark und dem Harzvorland sowie HETZEL (1991) von Gleisanlagen in Passau/Bayern. Es wird interessant sein, die weitere Ausbreitung zu registrieren.

In den sommerwarmen Bereichen von Berlin-Brandenburg und Sachsen-Anhalt wurden Eragrostio-Polygonetum calcati und Echio-Melilotetum benachbart beobachtet. – Geeignete Holotypi stellen die Aufnahmen Nr. 2 (bei BRANDES 1993, Tab. 4, S. 423) für die Ass. und Typische Subass. aus Halberstadt dar bzw. vom Bahngelände in Eberswalde für die Senecio-Subass. (Verf. n. p. 1993, 3 m^2/80 %): *Kochia sc. densiflora* 4, *Salsola ruthenica* 1, *Amaranthus retroflexus* 1, *Conyza canadensis* 2; *Senecio viscosus* 1, *Polygonum persicaria* +, *Chenopodium album lanceolatum* +; *Convolvulus arvensis* +, *Berteroa incana* +.

Amarantho-Gypsophiletum scorzonerifoliae (Holst 90) ass. nov.
Spitzblatt-Gipskraut-Gesellschaft Tabelle 50 f

Die aus dem Kaukasus stammende *Gypsophila scorzonerifolia* ist nach ROTHMALER (1990) bereits seit 1870 als Neophyt beobachtet worden. Neuere Vorkommen dürften verschiedentlich im ostelbischen Raum durch Einschleppung des Steppenrollers mit Fahrzeugen der Roten Armee erfolgt sein. Auf den Schotterstandorten der Bahnkörper bildete sich hier eine eigenständige Artenverbindung heraus. Für diese ist kennzeichnend: *Gypsophila scorzonerifolia* 3–5 mit *Amaran-*

thus retroflexus 1–3 und *Salsola kali ruthenica* +–2. *Senecio vulgaris* und *Convolvulus arvensis* ergänzen die Kombination.

Hierin deuten *Conyza canadensis* und *Digitaria ischaemum* möglicherweise eine Sonderausbildung sandig-trockener Böden an.

Holotypus der Ass. ist die von HOLST (1990, S. 43 f) vom Bahngelände in Güstrow/Mecklenburg publizierte Aufnahme. Aufgrund der extremen Standorte und fehlender Konkurrenz vermochte sich die Dauer-Ges. über 1 Jahrzehnt und mehr in stabiler Zusammensetzung von Chamae- und Therophyten zu halten. Neuerdings fand BRANDES (1994) auf halophilen Abraumhalden in O-Niedersachsen *Gypsophila scorzonerifolia* (1–2) zusammen mit *Scorzonera laciniata, Salsola ruthenica, Lepidium ruderale,* mehreren *Atriplex*-Arten und *Puccinellia distans.*

Ass.-Gr.
Amaranthetum retroflexi Pass. 88
Gesellschaften mit Rauhhaar-Fuchsschwanz

Amaranthus retroflexus zählt zu den früh eingewanderten Neophyten aus N-Amerika und zeigt in Europa eine meridional-kontinentale Ausbreitung, unter Bevorzugung nährstoffreicher, warm-trockener Standorte. Einen Vorkommensschwerpunkt jenseits der Herbstfruchtäcker zeigt die Art im Bereich von Bahnanlagen.

Conyzo-Amaranthetum retroflexi Pass. 88 Tabelle 50 g–i

Bezeichnend sind *Amaranthus retroflexus* 3–4 und *Conyza canadensis* 1–3, die überwiegend allein die sehr artenarme Einheit bilden. Fundorte der meist knie-, selten hüfthohen (40–100 cm, maximal maß ich 150 cm) locker-geschlossenen (um 50–80 %) Bestände sind dörfliche Bahnsteige, Haltestellen, Gleisanlagen, Abstellgleise, herbizidbehandelte Straßenränder auf sommertrockenen, durchlässigen nitratreichen, sandig-kiesigen bis steinig-schottrigen Böden.

Ob vereinzelt hinzukommende *Salsola ruthenica* als Rasse oder Subass. zu werten ist, bleibt vorerst fraglich. Eine *Epilobium adenocaulon*-Rasse ist in der Submontanstufe und im nördlichen Mecklenburg-Vorpommern nachgewiesen (WOLLERT 1989, 1991) und Zeiger für weniger sommerwarme Bereiche.

Gegenüber dem Conyzo-Amaranthetum retroflexi typicum Pass. 88 deuten einzelne artenreiche Aufnahmen mit *Sisymbrium officinale, Atriplex patula, Matricaria inodora, Galinsoga parviflora, Lactuca serriola* und *Setaria viridis* eine anspruchsvollere Ausbildung an (ASMUS 1990). – Dem Conyzo-Amaranthetum entsprechende Bestände fanden GUTTE & KRAH (1993) in Leipzig bzw. JEHLIK (1994) in Elbe-Moldau-Häfen.

Verschiedentlich durch weitere Neophyten angereichert, in Salsoletum ruthenicae oder Kochietum densiflorae überführt, ist die verstreut vorkommende Ass. nicht gefährdet.

Eragrostienion minoris Tx. ap. Slavnić 44
Liebesgras-Gesellschaften

Von TÜXEN (1950) nur als Unterverband herausgestellt, kommt einigen der Arten mit südlicher Hauptverbreitung wohl größere Eigenständigkeit zu. In Ostelbien gilt dies für die Ass.-Gr. Eragrostietum minoris und Portulacetum oleraceae. Beide zeichnen sich durch ein breites Vorkommensspektrum aus, das von Ruderalstandorten über Gartenland bis zu Äckern reicht.

Ass.-Gr.
Eragrostietum minoris (Tx. 42) Pass. 64
Gesellschaften mit Kleinem Liebesgras

Eragrostis minor gehört zu den südlichen Arten, die in den letzten Jahrzehnten ihr subtropisch-submeridionales Areal merklich nach Norden ausdehnten. Heute fehlt die Graminee zwar noch auf unseren Äckern, doch im Ruderalbereich ist sie bis in die norddeutsche Küstenregion vorgedrungen. Vor allem sind Bahnhöfe und städtische Straßen bevorzugte Siedlungsorte. Neben dem Eragrostio-Polygonetum/Polygono-Poeta annuae (vgl. Tab. 70) werden wiederholt Eragrostis-Bestände mit der *Conyza canadensis*-Gruppe sowie *Artemisia vulgaris* beobachtet, die den Brometalia rubenti-tectorum nahe stehen und als Lepidio-Eragrostietum herausgestellt wurden (vgl. PASSARGE 1957).

Lepidio-Eragrostietum minoris Pass. 57 Tabelle 51 a–c

Bezeichnend sind *Eragrostis minor* 1–3 mit *Lepidium ruderale* +–2, ergänzt von *Conyza canadensis, Chenopodium album* und *Polygonum calcatum.* Zu den nur sporadisch auftretenden Ges.-Weisern zählen noch *Diplotaxis muralis, Plantago indica* und *Sisymbrium*-Arten. Letztere wie auch *Amaranthus retroflexus* gehören zu den trittempfindlichen Pflanzen der um 10–20 cm hohen, 30–50 % deckenden Bestände. Wuchsorte sind wenig betretene Bereiche auf voll besonnten Bahnsteigen. Teils sind es Pflasterritzen, teils verfestigte sandig-kiesige Böden.

Hiesige Nachweise stammen aus O-Brandenburg, dem Havel- und Elb-Havelland sowie aus Hagenow (PASSARGE 1957, 1964, PÖTSCH & al. 1971). Nah verwandt sind einzelne Aufnahmen von Bahnhöfen im Kaiserstuhl/Baden-Württemberg nach v. ROCHOW (1951). Die dortige *Digitaria sanguinalis*-Rasse wird in Brandenburg durch eine *Digitaria ischaemum*-Rasse ersetzt. Vergleichbare Ausbildungen noch mit *Amaranthus albus* fand ANIOL-KWIATKOWSKI (1974) in Polen.

Wasserhaushaltunterschiede begründen 3 Subass.:

Lepidio-Eragrostietum minoris typicum (Pass. 64) subass. nov.

Lepidio-Eragrostietum m. setarietosum Pass. 57 mit *Bromus tectorum, Senecio viscosus* und *Setaria viridis* auf sommertrockenen, durchlässigen Böden sowie

Lepidio-Eragrostietum m. galinsogetosum subass. nov. mit *Galinsoga parviflora, Sonchus oleraceus, Senecio vulgaris* und *Poa annua* auf mäßig frischen, humosen Standorten.

Stets im Kontakt mit Eragrostio-Polygonetum calcati und Echio-Melilotetum haben Umwandlung und Verdrängung zum Rückgang der heute nur noch selten beobachteten Einheit geführt. Regional ist die Ass. potentiell gefährdet. – Die Holotypus-Belege für die Typische bzw. Galinsoga-Subass. stellen die Aufnahmen Nr. 2 bzw. Nr. 1 bei PASSARGE (1957, Tab. 2, S. 157).

Digitario-Eragrostietum minoris Tx. 50 ex v. Rochow 51 Tabelle 51 d–f

Kennzeichnend sind *Eragrostis minor* 1–3 mit *Setaria viridis* +–2. Wenige Arten, so *Conyza canadensis* und *Amaranthus retroflexus* ergänzen mittelstet die Kombination. Weder Vertreter der Sisymbrietalia noch der Chenopodietalia bereichern regelmäßig die 10–20 cm hohen, um 20–50 % deckenden Bestände. Am Rande von Bahnhöfen, Mauern und Spalierwänden im Stadtbereich von niederschlagarmen Gebieten (unter 550 mm) werden sommerwarme, humos-trockene Böden bevorzugt.

Tabelle 51 Setaria-Eragrostis minor-Gesellschaften

Spalte	a	b	c	d	e	f
Zahl der Aufnahmen	5	6	11	13	11	5
mittlere Artenzahl	12	11	12	7	7	8
Eragrostis minor	5^{13}	5^{23}	5^{13}	5^{14}	5^{13}	4^{14}
Setaria viridis	4^{+1}	2^{+1}	1^{+}	4^{+2}	4^{+3}	2^{12}
Digitaria ischaemum	3^{+1}	4^{+2}	.	1^{+1}	3^{+2}	3^{+1}
Digitaria sanguinalis	.	.	3^{+}	2^{13}	1^{2}	.
Amaranthus retroflexus	2^{+2}	5^{+1}	3^{+1}	3^{+}	3^{+1}	3^{+}
Salsola ruthenica	1^{+}	1^{+}	.	.	.	5^{+1}
Conyza canadensis	5^{+1}	5^{+2}	4^{+1}	3^{+1}	5^{+1}	1^{+}
Bromus tectorum	5^{+2}	.	.	1^{+}	0^{+}	.
Diplotaxis muralis	2^{+}	1^{+}	2^{+2}	.	.	1^{+}
Lepidium ruderale	3^{+3}	3^{+2}	4^{+1}	.	.	.
Senecio viscosus	4^{+1}	.	1^{+}	0^{1}	0^{+}	.
Plantago indica	1^{+}	2^{+}	.	.	.	.
Sisymbrium officinale	.	2^{+}	2^{+}	.	.	.
Descurainia sophia	1^{+}	1^{+}	1^{+}	.	.	.
Sisymbrium altissimum	.	1^{+}	0^{+}	.	.	.
Chenopodium album	4^{+1}	5^{+}	5^{+1}	5^{+2}	.	1^{+}
Capsella bursa-pastoris	1^{+}	3^{+}	2^{+}	2^{+}	.	.
Erodium cicutarium	2^{+}	2^{+}	.	.	0^{+}	1^{+1}
Sonchus oleraceus	.	1^{+}	4^{+1}	1^{+}	1^{+}	.
Senecio vulgaris	1^{+}	.	3^{+1}	0^{+}	2^{+1}	.
Galinsoga parviflora	.	.	4^{+2}	.	1^{+1}	1^{1}
Arabidopsis thaliana	1^{+}	3^{+}	1^{+}	.	.	1^{+}
Fallopia convolvulus	1^{+}	3^{+}	1^{+}	.	.	.
Polygonum calcatum	4^{+}	4^{+1}	3^{+2}	2^{2}	0^{2}	2^{2}
Poa annua	.	.	2^{+}	0^{+}	3^{+2}	2^{+}
Taraxacum officinale	3^{+}	1^{+}	2^{+}	3^{+1}	2^{+1}	1^{+}
Rumex acetosa agg.	1^{+}	2^{+}	1^{+}	0^{+}	.	.
Poa compressa	1^{2}	2^{+}	.	0^{+}	.	1^{+}
Diplotaxis tenuifolia	.	.	2^{+}	2^{+2}	2^{+1}	.
Artemisia vulgaris	1^{+}	3^{+}	0^{+}	0^{+}	.	.
Sedum acre	.	.	.	.	2^{12}	2^{+1}
Herniaria glabra	.	2^{+}	.	1^{+}	.	1^{+}

außerdem mehrmals in b: Cardaria draba 2, Plantago lanceolata 2; c: Amaranthus lividus 2; d: Arenaria serpyllifolia 2, Medicago lupulina 2; e: Matricaria discoidea 2, Oxalis corniculata 2; f: Amaranthus albus 2, Plantago major 2.

Herkunft:
a–c. PASSARGE (1957 u. n. p.: 17), PÖTSCH & al. (1971: 5)
d–f. PASSARGE (1988 u. n. p.: 20), WOLLERT (1989: 3), LANGER (1994: 6)

Vegetationseinheiten:

1. Lepidio-Eragrostietum minoris Pass. 57
   setarietosum Pass. 57 (a)
   typicum (Pass. 64) (b)
   galinsogetosum subass. nov. (c)

2. Digitario-Eragrostietum minoris Tx. ex v. Rochow 51
   Digitaria ischaemum-Rasse (d–f)
      chenopodietosum subass. nov. (d)
      typicum (e)
      Salsola ruthenica-Subass. (f)

Die *Portula oleracea*-Rasse mit *Eragrostis megastachya* und konstanter *Digitaria sanguinalis* in SW-Deutschland, wird im ostelbischen Flachland von einer *Digitaria ischaemum*-Rasse ersetzt.

Kleinstandörtliche Unterschiede dokumentieren:

Digitario-Eragrostietum minoris typicum subass. nov.

Digitario-Eragrostietum chenopodietosum subass. nov. mit *Chenopodium album, Capsella bursa-pastoris, Sonchus oleraceus, Medicago lupulina* und *Atriplex patula* auf humosen, mäßig frischen Böden. Sie weisen zu den Stellarietea mediae. Eine *Salsola ruthenica*-Subass. mit *Sedum acre* und *Erodium cicutarium* wählt humusarme Trockenstandorte.

Die in Berlin-Brandenburg, Sachsen-Anhalt und Mecklenburg noch recht selten nachgewiesene Ges. (PASSARGE 1988, WOLLERT 1989, LANGER 1994) dürfte sich weiter ausbreiten und kaum gefährdet sein. – Als Holotypus der Typischen bzw. *Chenopodium*-Subass. werden folgende Aufnahmen empfohlen: (Verf. n p.): a. Berlin-Stettiner Bahnhof bzw. b. Genthin (Molkerei-Hauswand) 60 bzw. 50%: *Eragrostis minor* 3/3, *Setaria viridis* 2/1, *Digitaria ischaemum* 2/+; *Conyza canadensis* +/+; nur in a: *Poa annua* 2, *Hordeum murinum* +; außerdem in b: *Chenopodium album* 2, *Capsella bursa-pastoris* +, *Sonchus oleraceus* +; *Polygonum arenastrum* +.

Ass.-Gr.
Portulacetum oleraceae Felföldy 42
Gesellschaft mit Wildem Portulak

Die vornehmlich im südlichen Europa und darüber hinaus vorkommende *Portulaca oleracea* ssp. *oleracea* dringt auf thermophilen Sonderstandorten bis in temperate Regionen vor. Dabei zeichnen sich mehrere Schwerpunkte ab. Es sind dies die Äcker, die Gärten und der Ruderalbereich incl. ruderaler Wegränder.

Zu den Einheiten submeridionaler Ackerbegleitgesellschaften zählen Portulacetum oleraceae FELFÖLDY (1942), Galinsogo-Portulacetum von BRAUN-BLANQUET (1948) und Echinochloo-Portulacetum bei SLAVNIC (1951). Sie verbinden neben *Portulaca* noch *Echinochloa crus-galli, Setaria pumila,Digitaria sanguinalis, Solanum nigrum, Conyza canadensis, Chenopodium album* und *Convolvulus arvensis.* Bei aller regionalen Eigenständigkeit schließt hier das Digitario sanguinalis-Eragrostietum Tx. ex v. Rochow 51 mit seiner *Portulacea*-Rasse am Oberrhein an (vgl. v. ROCHOW 1951, OBERDORFER 1957, 1983, PHILIPPI 1971, 1972, KORNECK 1974).

Aus Gärten der SCHWEIZ beschrieb BRUN-HOOL (1963, 1977) das sehr deutlich anspruchsvollere Portulaco-Amaranthetum lividi mit *Euphorbia peplus, Veronica persica* usw., eine Einheit des Veronico-Euphorbion.

Zur Gruppe therophytischer Ruderalgesellschaften zählen: das italienische Polycarpono-Amaranthetum deflexi von PIGNATTI (1954) mit *Portulaca* und *Oxalis corniculata* sowie das rumänische Portulaco-Amaranthetum blitoidis bei MITETELU (1972) mit weiteren Amaranthus-Arten an ruderalen Wegrändern.

Echinochloo-Portulacetum oleraceae (Felföldy 42) Slavnić 51 Belege im Text

Lokal kennzeichnen *Portulaca oleracea* 1–2 mit *Amaranthus retroflexus* +–3 und *Digitaria sanguinalis* +–2 die wärmebedürftige Einheit. Sie lebt in 30–60 % dekkenden, fußhohen Beständen auf voll besonntem, sommerwarmem, humossandigem, ortsnahem Gartenland (a/b) bzw. an sandig-kiesigen Wegrändern bei Potsdam-Neufahrland (c). Auf 5–10 m^2 notierte ich (vgl. PASSARGE 1978): *Portulaca oleracea* 1/2/1, *Amaranthus retroflexus* 3/3/+, *Setaria viridis* +/+/1, *Digitaria sanguinalis* +/-/2; *Chenopodium album* 2/2/+; *Agropyron repens* +/+/–; außerdem nur in b: *Polygonum persicaria* + bzw. zusätzlich in c: *Galinsoga parviflora* 1, *Eragrostis minor* + und *Amaranthus albus* +. Hierin vertritt *Agropyron repens* die in SO-Europa verbreitete *Cynodon dactylon*.

Diese ersten Aufnahmen mögen anregen, die weitere Verbreitung von *Portulaca* in Ostelbien zu beachten und die eigenständige Vergesellschaftung weiter zu erkunden.

13. Klasse

Stellarietea mediae Tx. Lohm. et Preisg. in Tx. 50
Vogelmiere-Wildkrautgesellschaften der Äcker
(Syn. Violenea arvensis Hüppe et Hofmeister 90) Tabelle 52–62

Für die durch Landwirtschaft und Gartenbau (mit saisonaler Bodenbearbeitung, Nutzpflanzenanbau, Düngung, Pflege und Beerntung) periodisch offengelegten humosen Lockerböden sind Wildkräuter der *Capsella-*, *Viola arvensis-*, *Anagallis-* und weiterer Gruppen bezeichnend. Sie rekrutieren sich teils aus urheimischen Arten (Indigenen), teils aus heimisch gewordenen Archäophyten. Letztere wurden vielfach schon vor Jahrhunderten (bis 1500 n. Chr.) mit Saatgut aus SO-Europa eingeschleppt und bereicherten unsere Ackerbegleitvegetation (WILLERDING 1970, 1978, LANGE 1976, 1991).

Gegenüber Vegetationsunterschieden zwischen Halm- und Hackfrucht sind vielfach solche der Standorttrophie höherwertig. Sie begründen die Ordnungen: Chenopodietalia albi und Centauretalia cyani.

1. Ordnung

Chenopodietalia albi T. (37) 50
(Syn. Polygono-Chenopodietalia, Spergularietalia)
Ackerspörgel-Gänsefuß-Gesellschaften

Die Ordnung vereinigt die Wildkrautgesellschaften, in denen säurefeste Arten der *Spergula arvensis*-Gruppe diagnostisch wichtig sind und umgekehrt weniger anspruchslose, nur differenzierend auf periphere Subass. übergreifen. Zuzurechnen sind die Verbände Digitario-Setarion, Scleranthion annui und Spergulo-Oxalidion.

1. Verband

Digitario-Setarion Siss. in Westhoff et al. 46
(orig. Panico-Setarion)
Fingerhirse-Borsthirse-Gesellschaften

Bestimmend sind die Schwerpunktvorkommen von *Digitaria (Panicum) ischaemum, Setaria viridis, Echinochloa crus-galli* und *Galinsoga parviflora* auf durchlässigen, sommerwarmen, nährstoffarmen bis mäßig nährstoffhaltigen Sandäckern und deren Sommerfrüchten (Kartoffeln, Mais, Runkelrüben, Spargel und weiteren Sonderkulturen). Im Typischen Unterverband Digitario-Setarienion vereinigt sind die relativ artenarmen Ass.-Gr. Digitarietum ischaemi, Echinochloetum cruris-galli und Galinsogetum parviflorae. Verwandtschaftliche Beziehungen bestehen zu den Ges. mit *Eragrostis minor* und *Portulaca oleracea* (s. Tab. 51).

Alternierend mit Scleranthion annui in den Winterfruchtäckern werden im gesonderten Unterverband Spergulo-Erodienion (J. Tx. ex Pass. 64 em. 78) stat. nov. die weniger artenarmen Einheiten mit *Anchusa (Lycopsis) arvensis, Chrysanthemum segetum, Stachys arvensis* und *Antirrrhinum orontium* sowie als Trennarten *Anagallis arvensis, Myosotis arvensis, Crepis tectorum* und *Thlaspi arvense* angeschlossen. Sie siedeln auf mäßig nährstoffversorgten, frischen, sandig-lehmigen

Böden mit Hauptvorkommen im ozeanisch-subozeanisch getönten Klimabereich der planar-montanen Stufe. Mit dem Setario-Lycopsietum arvensis als Holotypus werden die Ass.-Gruppen Lycopsietum arvensis, Chrysanthemetum segetum und Stachyetum arvensis zugerechnet.

Tabelle 52 Setaria-Digitaria ischaemum-Gesellschaften

Spalte	a	b	c	d	e	f	g	h
Zahl der Aufnahmen	8	19	35	11	34	54	12	22
mittlere Artenzahl	26	20	13	12	10	9	8	12
Digitaria ischaemum	5^{+2}	5^{+2}	5^{+2}	5^{13}	5^{+2}	5^{12}	5^{+3}	3^{+2}
Setaria viridis	2^{+}	5^{+2}	4^{+2}	5^{+2}	3^{+1}	5^{+2}	5^{+2}	5^{+1}
Setaria pumila	5^{+1}	.	.	5^{+1}	0^{+}	.	.	.
Echinochloa crus-galli	1^{+}	0^{1}	0^{+1}	.	0^{+}	1^{+1}	2^{+1}	.
Galinsoga parviflora	3^{+}	2^{+}	0^{+}	.	0^{+}	0^{+}	0^{+}	.
Erodium cicutarium	4^{+}	5^{+2}	4^{+1}	2^{+}	3^{+}	3^{+}	2^{+}	4^{+1}
Spergula arvensis	5^{+2}	4^{+2}	5^{+2}	5^{+}	5^{+2}	5^{+2}	.	4^{+2}
Scleranthus annuus	5^{+1}	4^{+1}	4^{+2}	3^{+1}	3^{+1}	2^{+1}	.	4^{+1}
Raphanus raphanistrum	5^{+}	3^{+}	3^{+1}	4^{+1}	4^{+1}	2^{+1}	.	4^{+2}
Rumex acetosella	4^{+2}	4^{+1}	3^{+4}	2^{+}	5^{+2}	2^{+1}	.	4^{+1}
Chenopodium album	5^{+2}	5^{+2}	5^{+2}	5^{+2}	3^{+1}	5^{+2}	5^{+2}	4^{+2}
Capsella bursa-pastoris	4^{+}	4^{+}	2^{+}	1^{+}	0^{+}	1^{+}	1^{+1}	1^{+1}
Stellaria media	5^{+}	4^{+1}	1^{+}	.	1^{+}	0^{+1}	.	.
Polygonum tomentosum	.	2^{+}	2^{+}	3^{+1}	0^{1}	1^{+}	.	2^{+1}
Polygonum persicaria	2^{+}	1^{+}	0^{2}	.	0^{+}	0^{+}	.	0^{+}
Fallopia convolvulus	5^{+}	5^{+1}	5^{+2}	4^{+1}	4^{+1}	5^{+1}	5^{+}	5^{+1}
Viola arvensis	5^{+}	5^{+1}	3^{+1}	2^{+}	2^{+}	1^{+1}	.	3^{+}
Centaurea cyanus	5^{+}	3^{+}	2^{+}	1^{+}	0^{+}	.	.	2^{+}
Vicia hirsuta	3^{+}	4^{+}	2^{+}	.	.	.	.	0^{+}
Vicia angustifolia	2^{+}	1^{+}	0^{+}	.	.	.	.	2^{+}
Apera spica-venti	.	2^{+1}	3^{13}	.	.	.	.	0^{+}
Matricaria inodora	2^{+}	2^{+}	2^{+}	0^{+}	.	.	.	0^{+}
Anagallis arvensis	2^{+}	2^{+}	1^{+1}	.	.	.	.	1^{+}
Veronica arvensis	2^{+}	2^{+}	0^{+}	.	.	.	.	1^{+}
Papaver argemone	3^{+}	2^{+}	.	.	.	.	.	0^{+}
Crepis tectorum	4^{+}	2^{+}	1^{+1}	.	.	.	.	.
Arenaria serpyllifolia	3^{+}	2^{+1}	0^{+}	.	.	.	.	.
Aphanes arvensis	2^{+}	2^{+}	0^{+}	.	.	.	.	.
Myosotis arvensis	2^{+}	3^{+}	.	.	.	.	.	.
Anchusa arvensis	2^{+}	2^{+1}	0^{+}	.	0^{+}	0^{+}	.	0^{+}
Senecio vulgaris	2^{+}	1^{+}	0^{+}	.	.	.	.	1^{+}
Lamium amplexicaule	3^{+}	1^{+}	.	.	.	.	.	.
Hypochoeris glabra	2^{+}	2^{+}	0^{+}	.	0^{+}	.	.	5^{+2}
Arnoseris minima	.	0^{+}	0^{1}	0^{+}	5^{+1}	0^{+}	.	0^{1}
Ornithopus perpusillus	2^{+}	1^{+}	1^{+2}	.	3^{+}	.	.	.
Arabidopsis thaliana	2^{+}	3^{+}	0^{+}	1^{+}	0^{+}	1^{+1}	0^{+}	.
Trifolium arvense	1^{+}	2^{+}	.	.	.	.	.	1^{+1}
Polygonum aviculare agg.	5^{+}	3^{+2}	3^{+2}	3^{+1}	1^{+1}	2^{+1}	2^{+1}	2^{+1}
Poa annua	4^{+}	1^{1}	0^{+}	.	0^{+}	.	.	1^{+}
Agropyron repens	4^{+}	4^{+2}	4^{+2}	3^{+1}	4^{+2}	4^{+2}	4^{+}	2^{+1}
Equisetum arvense	5^{+}	4^{+2}	3^{+2}	3^{+}	2^{+1}	2^{+}	2^{+}	2^{+2}
Convolvulus arvensis	.	2^{+}	2^{+2}	1^{+}	1^{+1}	2^{+1}	4^{+}	2^{+2}
Cirsium arvense	4^{+}	2^{+}	0^{+}	.	0^{+}	.	.	0^{1}
Mentha arvensis	4^{+2}	1^{+}	0^{1}	.	.	.	.	.

außerdem mehrmals in a: Myosotis stricta 4, Galeopsis tetrahit agg. 3, Veronica hederifolia 3, V. persica 2, Lamium purpureum 2, Sinapis arvensis 2, Anthemis arvensis 2, Achillea millefolium 2, Juncus bufonius 2, Gnaphalium uliginosum 2; b: Sagina procumbens 2, Plantago intermedia 3.

Herkunft:

a–c. PASSARGE (1959, 1962, 1963, 1964 u. n. p.: 22), KLOSS (1960: 7), FUKAREK (1961: 10), KUDOKE (1965: 8), VOIGTLÄNDER (1966: 15)

d–g. PASSARGE (1957, 1959, 1964 u. n. p.: 76) KRAUSCH & ZABEL (1965: 22), WOLLERT (1965: 3), BÖCKER (1978: 1), KAUSSMANN & al. (1981: 4), GRAF (1986: 1), vgl. auch KLEMM (1970)

h. KLOSS (1960: 3), KRAUSCH & ZABEL (1965: 15), TILLICH (1969: 4)

Vegetationseinheiten:

1. Erodio-Digitarietum ischaemi (Tx. et Prsg. 50) Pass. 59
   Matricaria inodora-Vikariante (a–c), Zentralvikariante (d–g)
   Setaria pumila-Rasse (a, d), Zentralrasse b–c, f–g),
   Ornithopus perpusillus-Rasse (e)
      myosotidetosum Pass. 63 (a–b)
      rumicetosum Pass. 59 (c–f)
      typicum Pass. 64 (g)
2. Scleranto-Hypochoeridetum glabrae (Kloß 60) Tillich 69
   Setaria viridis-Ausbildung (h)

Ass.-Gr.
Digitarietum ischaemi Tx. et Prsg. in Tx. 50
Gesellschaften mit Fadenhirse

Die in der meridional-temperaten Zone über Eurasien hinaus verbreitete *Digitaria ischaemum* vermag sich vornehmlich auf nährstoffarmen, sauren Ackerböden gegenüber ihren konkurrenzkräftigeren Mitbewerbern zu behaupten. Hier bildet sie gemeinsam mit *Setaria viridis* und Säurezeigern der *Spergula arvensis*-Gruppe artenarme Gesellschaften. – In Mitteleuropa differieren die bekanntgewordenen Ausbildungen im Berg- und Flachland so erheblich voneinander – in SW-Deutschland kommen beispielsweise auf 5 gemeinsame 7 trennende Konstante, vgl. OBERDORFER 1957, 1983) –, daß mehrere vikariierende Einheiten: Galeopsio-Digitarietum ischaemi Oberd. 57, Amarantho-Digitarietum (KUMP 1974) und Erodio-Digitarietum angemessen homoton sind.

Erodio-Digitarietum ischaemi (Tx. et Prsg. in Tx. 50) Pass. 59 Tabelle 52 a–g

Kennzeichnend sind *Digitaria ischaemum* +–3, konstant begleitet von *Setaria viridis, Chenopodium album* und *Fallopia convolvulus*. Neben *Erodium* zählen *Agropyron repens, Equisetum arvense, Polygonum tomentosum, Matricaria inodora* und weitere minderstete Arten zu den Tieflandzeigern. Umgekehrt sind *Holcus mollis, Galeopsis tetrahit, Ornithopus perpusillus, Lapsana communis, Anthemis arvensis, Polygonum persicaria, Agrostis tenuis* – von Feuchtezeigern abgesehen – bezeichnend für das montane wie boreale Galeopsio-Digitarietum (vgl. OBERDORFER 1957, PASSARGE 1963).

Ansonsten sind im Gebiet und darüber hinaus zu unterscheiden:

Matricaria inodora-Vikariante auch mit *Vicia hirsuta, Crepis tectorum, Senecio vulgaris* auf silikatreichen Sanden im küstennahen Mecklenburg. Hier vertritt die Ass. vielfach das regional fehlende Echinochloetum. Eingeschlossen sind die seltene *Setaria pumila*-Rasse neben zentraler und *Hypochoeris glabra*-Rasse (vgl. PASSARGE 1959, 1962, 1964, KLOSS 1960, FUKAREK 1961, KUDOKE 1965, WOLLERT 1965, KAUSSMANN & al. 1981, VOIGTLÄNDER 1985).

Die Zentralvikariante umschließt das südlich angrenzende, merklich artenärmere Erodio-Digitarietum im küstenfernen märkischen Raum von der Altmark bis O-Brandenburg und der Lausitz (ehem. Chenopodietum albi), belegt von PASSARGE 1955, 1957, 1959, 1964, KRAUSCH & ZABEL 1965, KLEMM 1970 BÖCKER 1978, GRAF 1986, lokal auch in Mecklenburg auf betont durchlässigen Böden (vgl. WOLLERT 1965, KAUSSMANN & al. 1981).

Kleinstandörtlich abgrenzbar sind:

Erodio-Digitarietum ischaemi typicum Pass. 59

Erodio-Digitarietum myosotidetosum Pass. 63 mit *Myosotis arvensis, M. stricta, Veronica arvensis, V. hederifolia, Aphanes arvensis, Papaver argemone* und *Cirsium arvense* auf weniger nährstoffarmen, teilweise anlehmigen Sandböden. Die *Myosotis*-Subass. weist zu Aphanenion-Gesellschaften.

Fraglich bleibt weiterhin, ob die seltene *Spergula arvensis*-freie Ausbildung (Tab. 52 g) als Typische Subass. oder Typische Variante zu werten ist. – Auf die verwandte Setaria-Ausbildung des Scleranthо-Hypochoeridetum glabrae in Hackfruchtäckern (Tab. 52 h) sei hier nur hingewiesen. Näheres über die Scleranthion-Einheit (vgl. S. 186).

Wichtige Kontakteinheiten sind Arnoseridetum, Aphanion sowie regional Echinochloetum cruris-galli. Durch intensive Düngung, flächige Stickstoffimmission, Brachfallen bzw. Aufforstung sind die beackerten Flächen geringer Bodenwertigkeit (um 15–20) bis in jüngste Zeit merklich geschrumpft. Daraus folgt: Erodio-Digitarietum gehört bereits regional zu den gefährdeten Ass..

Rumex-Digitaria ischaemum-Ges.

Jenseits bewirtschafteter Ackerflächen lebt auf ruderalisierten Dünensanden, beispielsweise an Viehtriftwegen oder Kaninchenbauen eine sehr artenarme, selten registrierte Sondereinheit von *Digitaria ischaemum* 1–3 mit *Rumex acetosella* +–1, evt. *Solanum nigrum*. Stets im Kontakt mit *Corynephorus*-Rasen verdanken wir BERGER-LANDEFELD & SUKOPP (1965) erste Belege aus Berlin. In analogen Beständen in Odernähe (Raum Seelow) notierte ich neben *Digitaria ischaemum* außerdem *D. sanguinalis* an Dünen-S-Hängen.

Die sehr seltene, von anthropogenen Einflüssen unabhängige Einheit sei der weiteren Beachtung empfohlen.

Ass.-Gr.
Echinochloetum cruris-galli (Krusem. et Vlieg. 39) Pass. 64
Gesellschaften mit Hühnerhirse

Die von der temperaten Zone über Kontinente hinweg großräumig verbreitete *Echinochloa crus-galli* zeigt in Mitteleuropa in den Sommerfrüchten auf mäßig nährstoffhaltigen, humosen Ackerböden regionales Schwerpunktverhalten. An vikariierenden Einheiten wurden bekannt: Spergulo-Echinochloetum und Setario pumilae-Echinochloetum (vgl. FELDFÖLDY 1942, TÜXEN 1950).

Spergulo-Echinochloetum cruris-galli (Krusem. et Vlieg 39) Tx. 50 Tabelle 53 l

Die ersten eindeutigen Belege von KRUSEMANN & VLIEGER (1939) wurden leider dem komplexen Panico-Chenopodietum polyspermi Br.-Bl. 21 zugeordnet und nachfolgend in Echinochloo-Setarietum in SISSINGH & WESTHOFF & al. (1946)

korrigiert. Mit weiteren Aufnahmen unter dem letzterwähnten Namen weitet SISSINGH (1950) die Einheit merklich um *Setaria pumila, Digitaria ischaemum-* und *Galinsoga parviflora*-reiche Bestände aus.

Berücksichtigen wir die gesamte Artenverbindung, so sind im Gebiet mehrere Ass.-Gruppen neben vikariierenden Gesellschaften zu unterscheiden. Bezeichnend für das Spergulo-Echinochloetum sind *Echinochloa crus-galli* +–2 mit *Spergula arvensis* +–2 sowie negative Merkmale. *Setaria viridis, Chenopodium album, Fallopia convolvulus, Erodium cicutarium, Agropyron repens* und *Equisetum arvense* vervollständigen die Stetenliste. Gemeinsam bilden sie die bis kniehohe Begleitvegetation in Sommerfrüchten, insbesondere Kartoffeln, Rüben, Mais, Feldkohl usw. Ihre im Frühjahr (IV/V) bestellten Böden sind sandig-humos, mäßig sauer und betont frisch.

Die im subozeanischen Klima NW-Deutschlands verbreitete Ass. klingt in der Altmark aus. Eine zum vikariierenden Setario pumilae-Echinochloetum weisende *Digitaria ischaemum*-Rasse, auch mit *Convolvulus arvensis* vermittelt hier den Übergang. Arten der *Polygonum persicaria*-Rasse *(Solanum nigrum, Senecio vulgaris)* treten deutlich zurück. Das gilt selbst für *Stellaria media* oder *Poa annua* als Bodengarezeiger (ELLENBERG 1950). Kleinstandörtlich haben Anzeiger für Wasserhaushaltdifferenzen Vorrang vor Trophievariationen (vgl. HÜPPE 1987, HOFMEISTER 1989). Wichtige Nachbareinheiten sind Digitarietum ischaemi und Scleranthion annui. Durch Landschaftseutrophierung und vermehrten Maisanbau zunehmend und nicht gefährdet.

Setario pumilae-Echinochloetum cruris-galli Felföldy 42
(Syn. Setario-Galinsogetum Tx. 50 em. Müller et Oberd. 83 p. p.) Tabelle 53 e-k

Prioritätsgemäß gebührt dem Namen der gültigen Erstbeschreibung durch FELFÖLDY (1942) Vorrang. Von wenigen regionalen Besonderheiten abgesehen, zeigen die Aufnahmen alle wichtigen Merkmale der im Subkontinentalklima vikariierenden Einheit. Kennzeichnend sind *Echinochloa crus-galli* +–3 mit *Amaranthus retroflexus* +–2 (selten *Setaria pumila* +–3). Hinter *Chenopodium album* sind *Fallopia convolvulus* und *Agropyron repens* nahezu konstant. Dank wichtiger Ass.-Trennarten wie *Cirsium arvense, Convolvulus arvensis, Erysimum cheiranthoides, Matricaria inodora* steigen die mittleren Artenzahlen im Typus über 15 an. Ihre Bestände können fuß- bis kniehoch werden und je nach Pflegezustand um 30-100 % derFläche einnehmen. Bei sommerwarmen (Juli-Mittel um 18 °C) Temperaturen und verminderter Klimafeuchte (Jahresniederschlag unter 600 mm, relative Luftfeuchte 70 %) sind die Böden humos-anlehmige Sande.

Regional differieren *Xanthium strumarium*-Rasse mit *Hibiscus europaeus* in Ungarn (FELFÖLDY 1942, SOO 1971) gegenüber der *Erysimum*-Vikariante in Deutschland noch mit *Agropyron repens, Vicia hirsuta* und *Myosotis arvensis.* Hierin zentrale und *Digitaria sanguinalis*-Rasse, letztere in S-Deutschland (= Digitario- Galinsogetum Oberd. 57) vgl. MÜLLER in OBERDORFER (1983, 1993) sowie *Amaranthus retroflexus*-Rasse im NO. Nachweise von PASSARGE (1955, 1957, 1959, 1964), TILLICH (1969), KLEMM (1970), BÖCKER (1978), HANSPACH (1989).

Anders als im Spergulo-Echinochloetum gewinnen trophiebedingte Differenzen an Bedeutung für die Untergliederung:

Setario pumilae-Echinochloetum typicum,

Setario pumilae-Echinochloetum sperguletosum Pass. (57) 59 mit *Rumex acetosella, Spergula arvensis* und *Scleranthus annus* auf nährstoffärmeren Böden,

Tabelle 53 Echinochloa- und Galinsoga parviflora-Gesellschaften

Spalte	a	b	c	d	e	f	g	h	i	k	l
Zahl der Aufnahmen	7	19	9	12	14	10	9	16	15	69	17
mittlere Artenzahl	19	15	18	15	18	16	17	18	12	16	12
Galinsoga parviflora	5^{23}	5^{24}	5^{24}	5^{24}	5^{+3}	4^{+2}	5^{13}	2^{+1}	4^{+1}	3^{+1}	1^{+}
Anethum graveolens	2^{+}	2^{+1}	3^{+}	3^{+}	.	.	.	.	.	.	.
Echinochloa crus-galli	1^{+}	1^{+}	.	0^{+}	5^{+3}	5^{+2}	4^{+3}	5^{+3}	5^{+2}	5^{+3}	4^{+2}
Solanum nigrum	.	.	.	.	3^{+}	2^{+}	1^{+}	1^{+}	2^{+}	1^{+}	1^{+}
Setaria pumila	.	.	.	.	2^{+2}	.	.	1^{1}	2^{1}	3^{13}	0^{+}
Setaria viridis	5^{+2}	5^{+2}	.	.	3^{+1}	3^{+1}	4^{+2}	3^{+1}	5^{+1}	5^{+1}	5^{+2}
Digitaria ischaemum	2^{+1}	3^{+2}	.	.	1^{+}	2^{+1}	3^{+}	1^{+}	3^{+1}	3^{+1}	3^{+1}
Amaranthus retroflexus	2^{+1}	2^{+1}	.	.	5^{+2}	5^{+2}	4^{+1}	.	.	.	.
Digitaria sanguinalis	1^{1}	2^{+2}	.	.	0^{3}	0^{+}	3^{+1}	.	.	.	.
Erodium cicutarium	2^{+}	3^{+1}	2^{+}	3^{+1}	2^{+1}	3^{+}	4^{+}	3^{+}	3^{+}	4^{+}	4^{+1}
Raphanus raphanistrum	1^{+}	.	2^{+1}	.	1^{+}	.	3^{+1}	2^{+1}	1^{+}	3^{+1}	3^{+1}
Spergula arvensis	.	1^{+1}	2^{+}	.	.	.	5^{+}	2^{+}	.	5^{+1}	4^{+1}
Rumex acetosella	.	2^{+1}	1^{+}	1^{+}	.	.	2^{+}	.	.	4^{+1}	1^{+}
Arabidopsis thaliana	3^{+1}	3^{+1}	3^{+1}	3^{+1}	.	0^{+}	2^{+}	1^{+}	1^{+}	1^{+}	0^{+}
Scleranthus annuus	.	.	.	.	.	.	1^{+}	.	.	3^{+1}	2^{+}
Chenopodium album	5^{+2}	5^{+2}	5^{+2}	5^{+2}	5^{+1}	5^{+2}	5^{+2}	5^{+2}	5^{+2}	5^{+2}	5^{+2}
Stellaria media	5^{13}	4^{13}	4^{13}	5^{13}	3^{+2}	2^{+2}	3^{+1}	5^{+1}	2^{+1}	2^{+1}	1^{+}
Capsella bursa-pastoris	5^{+1}	4^{+1}	5^{+1}	4^{+}	4^{+}	.	3^{1}	4^{+}	2^{+}	3^{+}	3^{+}
Erysimum cheiranthoides	3^{+}	4^{+1}	4^{+1}	4^{+}	4^{+}	2^{+}	4^{+}	3^{+}	2^{+}	2^{+}	0^{+}
Polygonum persicaria	2^{+}	1^{+}	2^{+}	.	3^{+}	1^{+1}	.	4^{+}	2^{+}	2^{+}	.
Polygonum tomentosum	.	.	.	.	4^{+}	2^{+}	3^{+}	5^{+}	2^{+1}	4^{+}	2^{+}
Senecio vulgaris	5^{+1}	5^{+2}	4^{+2}	5^{+2}	2^{+1}	2^{+}	3^{1}	1^{+}	2^{+}	1^{+}	1^{+}
Geranium pusillum	5^{+1}	2^{+1}	4^{+1}	4^{+}	0^{+}	.	1^{+}	1^{+}	2^{+}	1^{+}	0^{+}
Lamium amplexicaule	4^{+1}	2^{+1}	3^{+1}	5^{+1}	.	.	2^{+}	1^{+}	.	1^{+}	1^{+}
Sonchus oleraceus	3^{+1}	3^{+1}	3^{+1}	2^{+}	4^{+}	0^{+}	.	1^{+}	.	0^{+}	.
Sonchus asper	.	.	2^{+}	.	3^{+}	.	.	2^{+}	.	.	.
Urtica urens	4^{+2}	3^{+1}	3^{+1}	5^{+2}	1^{+}	2^{+1}	1^{+}	.	2^{+}	1^{+}	.
Sisymbrium officinale	2^{+}	2^{+}	2^{+}	1^{+}	.	.	.	0^{+}	2^{+}	1^{+}	.
Conyza canadensis	2^{+1}	2^{+1}	.	1^{+}	.	0^{+}	.	.	.	1^{+}	.
Viola arvensis	2^{+}	2^{+}	3^{+}	2^{+}	4^{+}	2^{+}	3^{+}	2^{+}	2^{+}	3^{+}	3^{+}
Fallopia convolvulus	.	1^{+}	2^{+}	.	4^{+1}	2^{+}	4^{+1}	5^{+1}	5^{+}	5^{+1}	4^{+2}
Vicia hirsuta	.	.	2^{+}	0^{+}	.	.	1^{+}	2^{+}	1^{+}	1^{+}	2^{+}
Vicia angustifolia	.	.	2^{+}	.	0^{+}	.	2^{+}	.	.	2^{+}	.
Centaurea cyanus	.	.	.	.	.	0^{+}	.	.	.	1^{+}	2^{+}
Matricaria inodora	1^{+}	.	.	.	2^{+}	1^{+}	1^{2}	3^{+1}	1^{+}	1^{+}	.
Anagallis arvensis	.	1^{+}	.	.	1^{+}	1^{+}	1^{+}	2^{+}	.	2^{+}	.
Myosotis arvensis	1^{+}	0^{+}	.	.	2^{+}	0^{+}	.	3^{+}	.	1^{+}	.
Lamium purpureum	4^{+1}	.	5^{+1}	.	0^{+}	.	.	0^{+}	.	.	.
Euphorbia helioscopia	1^{+}	.	3^{+1}	.	.	.	.	1^{+}	.	.	.
Euphorbia peplus	3^{+1}	.	3^{+1}	.	.	.	.	.	.	.	.
Fumaria officinalis	2^{+}	.	2^{+}	0^{+}	.	.	.	0^{+}	.	.	.
Thlaspi arvense	1^{+}	1^{+}	3^{+1}	0^{+}	1^{+}	.	.	1^{+}	.	.	.
Agropyron repens	4^{+2}	4^{+1}	4^{+}	4^{+1}	3^{+1}	3^{+1}	4^{+}	4^{+1}	4^{+1}	5^{+1}	5^{+1}
Equisetum arvense	2^{+}	2^{+}	3^{+}	3^{+}	2^{+}	2^{+}	3^{+}	1^{+}	2^{+}	3^{+1}	4^{+1}
Convolvulus arvensis	2^{+}	2^{+}	2^{+1}	1^{+}	1^{+}	2^{+}	3^{1}	1^{+}	3^{+}	2^{+}	3^{+1}
Cirsium arvense	.	.	2^{+}	1^{+}	4^{+}	0^{+}	2^{+1}	2^{+}	2^{+}	1^{+}	1^{+}
Polygonum aviculare agg.	.	0^{+}	.	.	2^{+}	2^{+}	2^{+}	2^{+}	2^{+}	3^{+}	3^{+}
Poa annua	4^{+2}	5^{+2}	4^{+1}	5^{+2}	2^{+}	.	1^{1}	.	.	0^{+}	.
Taraxacum officinale	4^{+}	2^{+}	4^{+}	3^{+}	0^{+}	0^{+}	.	0^{+}	.	1^{+}	.
Plantago major	.	.	.	.	2^{+}	.	.	2^{+}	.	1^{+}	.
Mentha arvensis	.	.	.	.	1^{+}	.	1^{+}	2^{+1}	.	1^{+}	0^{+}
Stachys palustris	.	.	.	.	2^{+1}	.	.	2^{+}	.	1^{+}	.
Galeopsis tetrahit agg.	.	.	.	.	2^{+}	.	.	2^{+}	.	1^{+}	.

außerdem mehrmals in e: Medicago lupulina 2; h: Melandrium album 2, i: Malva neglecta 2.

Herkunft:
a–d. PASSARGE (1981 u. n. p.: 47)
e–l. PASSARGE (1955, 1957, 1959, 1964, 1981 u. n. p.: 121), TILLICH (1969: 22), BÖCKER (1978: 1), HANSPACH (1989: 7) vgl. KLEMM (1970).

Vegetationseinheiten:

1. Erodio-Galinsogetum parviflorae Pass. 81
   Digitaria-Rasse (a–b), Zentralrasse (c–d)
   lamietosum Pass. 81 (a, c)
   typicum Pass. 81 (b, d)
2. Setario-Echinochloetum cruris-galli Felföldy 42
   Amaranthus retroflexus-Rasse (e–g), Zentralrasse (h–k)
   sonchetosum Pass. (64) comb. nov. (g, k)
   typicum (f, i)
   sperguletosum Pass. (64) comb. nov. (g, k)
3. Spergulo-Echinochloetum cruris-galli (Kruseman et Vlieg. 39) Tx. 50 (l)

Setario pumilae-Echinochloetum sonchetosum Pass. 64 comb nov. mit *Sonchus oleraceus, S. asper, S. arvensis, Sinapis arvensis* und *Galium aparine* auf lehmigen Sanden bei guter Nährstoffversorgung. Weisen die erstgenannten säureholden Trennarten der *Spergula arvensis*-Gruppe zum Digitarietum ischaemi, so vermitteln die weniger anspruchslosen der *Sonchus*-Gruppe zu benachbarten Veronico-Euphorbion-Einheiten. Im küstenfernen Tiefland häufig und ohne Rückgangtendenz: nicht gefährdet.

Ass.-Gr.
Galinsogetum parviflorae (Tx. 50) Pass. 81
Gesellschaften mit Kleinem Knopfkraut

Nach Einschleppung des aus S-Amerika stammenden Neophyten *Galinsoga parviflora* um 1800 und seiner Akklimatisierung genügten wenige Jahrzehnte zur europaweiten Ausbreitung an Ruderalstellen, in Garten- und Ackerland mit Schwerpunkt auf ortsnahen, sandig-humosen Böden.

An Einheiten wurden aufgestellt: Digitario-, Setario- und Erodio-Galinsogetum.

Erodio-Galinsogetum parviflorae Pass. 81 Tabelle 53 a-d

Diagnostisch wichtig sind *Galinsoga parviflora* 2–4 mit *Urtica urens* +–2, oft *Anethum graveolens* +, ergänzt durch weniger anspruchslose wie *Senecio vulgaris, Lamium amplexicaule* und *Geranium pusillum.* Unter den Konstanten sind viele allgemein verbreitete Arten der *Capsella*-Gruppe *(Chenopodium album, Capsella bursa-pastoris, Stellaria media, Erysimum cheiranthoides),* dazu *Agropyron repens* und *Poa annua.* Gemeinsam können sie auf optimal gepflegten, gelockerten und zusätzlich in Trockenperioden bewässerten, humosen Sandböden, insbesondere nach der Obst- und Gemüseernte zu kniehohen Beständen aufwachsen und den offenen Boden und seine Lebewelt gegen Austrocknen oder Erosion schützen.

Im Gebiet lassen sich *Digitaria-* und Zentralrasse unterscheiden, erstere dank einiger Wärmekeimer wie *Setaria viridis, Digitaria ischaemum, D. sanguinalis* und *Amaranthus retroflexus.* Im Prinzip klimaabhängig, bestimmt im Garten oft der Zeitpunkt der letzten Bodenlockerung bzw. Jätung, ob Beete mit oder ohne die Wärmekeimer der *Setaria*-Gruppe heranwachsen.

An Untereinheiten werden unterschieden:
Erodio-Galinsogetum parviflorae typicum und
Erodio-Galinsogetum p. lamietosum Pass. 81 nährstoffreicher Böden, kenntlich an *Lamium purpureum, Euphorbia peplus, Eu. helioscopia, Fumaria officinalis* und *Sinapis arvensis.* Sie weisen zum Veronico-Euphorbion.

Außer angrenzenden Äckern mit den vorerwähnten Digitario-Setarion-Einheiten bzw. Scleranthion annui wurde auch das anspruchsvollere Galinsogetum ciliatae im Konnex beobachtet. An Häufigkeit zunehmend, ist keinerlei Gefährdung gegeben.

Ass.-Gr.
Chrysanthemetum segetum (Tx. 37) Oberd. 57
Gesellschaften mit Saatwucherblume

Das Areal von *Chrysanthemum segetum* bleibt innerhalb der meridional-temperaten Zone auf das subozeanisch beeinflußte Europa beschränkt mit Vorkommen vom Tiefland bis zur Bergstufe.

Spergulo-Chrysanthemetum segetum (Br.-Bl. et De Leeuw 36) Tx. 37

Kennzeichnend sind *Chrysanthemum segetum* 1–4 mit *Erodium cicutarium* +–1, konstant von *Chenopodium album, Stellaria media, Fallopia convolvulus, Viola arvensis* und *Agropyron repens* begleitet. Gemeinsam mit weiteren Arten bilden sie fuß- bis kniehohe (um 30–50 cm) Bestände variabler Deckung nicht nur in Hackfrüchten, sondern ähnlich auch im Sommergetreide (z. B. Hafer). Bevorzugt werden sandig-lehmige, silikatische Böden mittlerer Trophie in mäßig sommerkühlem, luftfeuchtem Klima.

Regional sind *Stachys arvensis*-Vikariante im ozeanisch beeinflußten NW (vgl. TÜXEN 1937, SISSINGH 1950, WATTENDORF 1959, HOFMEISTER 1970, 1992, HÜPPE 1987, HÜPPE & HOFMEISTER 1990), Zentralvikariante weiter östlich zu unterscheiden. In beiden markieren *Echinochloa*- bzw. *Galeopsis*-Rassen Tieflandformen gegenüber boreal-montanen Ausprägungen (vgl. PASSARGE 1957, 1963, WEDECK, 1973, WOJCEK 1978, PAWLAK 1981, WICKE & HÜPPE 1992). Die Planarrasse erreicht offenbar im Havelland und SW-Mecklenburg eine relative Vorkommensgrenze.

Unterschiede im Wasserhaushalt scheinen Vorrang zu haben:
Spergulo-Chrysanthemetum segetum typicum
Spergulo-Chrysanthemetum s. ranunculetosum Tx. 37 mit *Stachys palustris, Mentha arvensis, Ranunculus repens* und weiteren regionalen Feuchtezeigern (vgl. TÜXEN 1954). Diesen untergeordnet sind Trophievarianten mit *Rumex acetosella* bzw. *Euphorbia helioscopia.*

Im Kontakt mit Scleranthion und Veronico-Euphorbion ist die im Gebiet seltene und weiter zurückgehende Ass. gefährdet bis stark gefährdet.

Ass.-Gr.
Stachyetum arvensis Oberd. 57
Gesellschaften mit Ackerziest

Im ozeanisch-subozeanischen Bereich reicht die Verbreitung von *Stachys arvensis* vom meridionalen S-Europa bis ins temperate Mitteleuropa. Vornehmlich auf kalkarmen lehmigen Äckern mittlerer Trophie erreicht die Art von W her noch ostelbisches Gebiet. Das einstige Galeopsio-Stachyetum des Berglandes wird heute als

Höhenform mit zum Setario-Stachyetum der Tieflagen gerechnet (vgl. OBERDORFER 1957, 1983, HÜPPE & HOFMEISTER 1990).

Setario-Stachyetum arvensis Oberd. 57 Tabelle 54 a–b

Charakteristisch sind *Stachys arvensis* +–2 mit *Sonchus asper* +–1 und das im N seltene *Antirrhinum (Misopates) orontium* +. Durchgehend konstant verbinden alle Ausbildungen *Stellaria media, Capsella bursa-pastoris, Fallopia convolvulus, Viola arvensis, Vicia hirsuta, Erysimum cheiranthoides* und *Cirsium arvense.* Mit weiteren Wildkräutern bilden sie bis fußhohe Bestände variabler Deckung in Sommerungskulturen auf vornehmlich sandig-lehmigen, oft staufeuchten Böden. Die bisherigen Nachweise im Gebiet liegen zwar im subozeanisch-beeinflußten Klima, doch außerhalb des baltischen Jungpleistozäns, im N von Sachsen-Anhalt und NW-Brandenburg (PASSARGE 1964).

Regional sind montane *Galeopsis*-Rasse mit *G. tetrahit, G.segetum, Holcus mollis, Agrostis tenuis* (vgl. OBERDORFER 1957, 1983) von der wärmebedürftigen *Setaria*-Rasse der Tieflagen zu unterscheiden. *Setaria viridis, S. pumila, Echinochloa crus-galli, Galinsoga parviflora* und *Digitaria*-Arten stehen für die letztere (PASSARGE 1964, HÜPPE 1987). Dank des in NW-Deutschland meist unterschiedlichen Schwerpunktverhaltens von *Chrysanthemum segetum* und *Stachys arvensis* (vgl. WATTENDORF 1959, MEISEL 1968, HOFMEISTER 1970, 1992, HÜPPE 1987) scheint auch dort ein Setario-Stachyetum arvensis abgrenzbar (vgl. HÜPPE & HOFMEISTER 1990).

Kleinstandörtlich unterscheidbar:

Setario-Stachyetum arvensis typicum,

Setario-Stachyetum a. rumicetosum (Pass. 64) subass. nov. mit *Rumex acetosella, Scleranthus annuus* als Weisern zum Arnoseridenion/Digitarietum ischaemi.

Äußerst selten, dürfte die weiter zurückgehende Ass. im Gebiet zu den vom Aussterben bedrohten gehören.

Ass.-Gr.
Lycopsietum arvensis (Raabe 44) Pass. 64
Gesellschaften mit Ackerkrummhals

Das Areal von *Anchusa (Lycopsis) arvensis* reicht von der meridionalen bis in die boreale Zone und über Europa hinaus bis W-Asien. Mit Hauptvorkommen auf mäßig nährstoffkräftigen Hackfruchtäckern wurden in Mitteleuropa mehrere vikariierende Einheiten beschrieben. Aus dem schweizerischen Wallis Chondrillo-Anchusetum arvensis neben Chrysanthemo- und Setario-Lycopsietum mit bestätigenden Vorkommen vom westlichen Deutschland bis Polen (vgl. PASSARGE 1959, OBERDORFER 1983, 1993, WALLIS 1987, HÜPPE & HOFMEISTER 1990).

Chrysanthemo-Lycopsietum arvensis Raabe 44 ex Pass. 59 Tabelle 54 c–e

Bestimmend sind *Chrysanthemum segetum* +–2 mit *Anchusa (Lycopsis) arvensis* +–2. Nach den Konstanten *Chenopodium album, Fallopia convolvulus, Viola arvensis* erreichen auch *Spergula arvensis, Erodium cicutarium, Myosotis arvensis* und *Centaurea cyanus* beachtliche Stetigkeiten. Zusammen mit weiteren Begleitpflanzen bilden sie die meist nur fußhohe Wildkrautvegetation in den Sommer-Feldfruchtkulturen (Hafer, Rüben, Kartoffeln, Kohl) auf sandig-lehmigen Böden im küstennahen baltischen Raum.

Tabelle 54 Stachys- und Anchusa arvensis-Gesellschaften

Spalte	a	b	c	d	e	f	g	h	i	k	l
Zahl der Aufnahmen	4	6	6	6	15	14	10	5	28	17	20
mittlere Artenzahl	29	27	23	20	18	23	17	20	22	16	16
Anchusa arvensis	.	1^{+}	3^{+1}	5^{+1}	4^{+1}	5^{+1}	5^{+1}	5^{+}	5^{+2}	5^{+1}	5^{+2}
Chrysanthemum segetum	.	.	5^{+2}	5^{+2}	5^{12}	.	.	.	.	.	.
Stachys arvensis	3^{1}	4^{1}	.	.	.	.	.	.	.	.	.
Antirrhinum orontium	1^{+}	2^{+}	.	.	.	.	.	.	.	.	.
Erodium cicutarium	1^{+}	4^{+1}	3^{+}	5^{+1}	4^{+1}	4^{+1}	4^{+1}	4^{+2}	3^{+1}	2^{+1}	3^{+2}
Spergula arvensis	2^{+}	5^{+}	3^{+1}	5^{+1}	5^{+2}	2^{+}	2^{+}	5^{+1}	2^{+1}	3^{+1}	4^{+2}
Raphanus raphanistrum	.	3^{+}	1^{+}	2^{+}	4^{+1}	2^{+1}	1^{+}	2^{+}	2^{+1}	2^{+}	2^{+2}
Scleranthus annuus	.	2^{+}	1^{+}	.	4^{+2}	1^{+}	1^{+}	2^{+1}	2^{+}	.	4^{+2}
Rumex acetosella	.	5^{+}	.	.	5^{+3}	1^{+}	.	4^{+1}	0^{+}	.	3^{+2}
Setaria viridis	.	4^{+2}	1^{+}	2^{+1}	0^{1}	4^{+2}	4^{+2}	4^{+2}	2^{+2}	2^{+2}	2^{+2}
Echinochloa crus-galli	.	2^{+}	.	.	.	4^{+2}	3^{+}	1^{+}	0^{+}	.	.
Digitaria ischaemum	.	3^{+}	.	.	.	2^{+}	2^{+}	5^{+}	.	.	.
Setaria pumila	.	2^{+1}	.	.	.	.	.	1^{1}	.	.	.
Galinsoga parviflora	2^{1}	5^{+2}	5^{+3}	2^{12}	1^{1}	4^{+2}	4^{+2}	2^{+2}	3^{+2}	2^{+2}	0^{+2}
Solanum nigrum	2^{+}	.	.	.	.	2^{+1}	1^{+}	1^{+}	1^{+}	1^{+1}	0^{+}
Senecio vulgaris	3^{+}	4^{+}	4^{+1}	4^{+}	2^{+}	3^{+1}	1^{+}	.	2^{+1}	2^{+1}	1^{+}
Lamium amplexicaule	1^{+}	1^{1}	2^{+}	4^{+1}	1^{+}	4^{+1}	2^{+1}	.	2^{+1}	1^{+1}	1^{+}
Geranium pusillum	.	1^{+}	.	2^{+}	0^{1}	3^{+1}	2^{+1}	1^{+}	2^{+1}	2^{+1}	1^{+}
Chenopodium album	2^{+}	3^{+1}	5^{+2}	5^{+2}	5^{+2}	5^{+3}	5^{+3}	5^{+3}	5^{+2}	5^{+3}	5^{+2}
Capsella bursa-pastoris	4^{+1}	4^{+1}	5^{+1}	5^{+1}	3^{+1}	5^{+1}	4^{+1}	5^{+}	4^{+1}	4^{+1}	4^{+1}
Stellaria media	4^{12}	5^{+2}	5^{12}	5^{+2}	2^{+1}	3^{+1}	3^{+2}	3^{+1}	5^{+2}	5^{+2}	3^{+2}
Polygonum tomentosum	3^{+}	5^{+}	4^{+}	2^{+}	1^{+}	2^{+}	3^{+}	5^{+1}	4^{+1}	1^{+1}	2^{+}
Polygonum persicaria	3^{+}	2^{+}	4^{+}	.	2^{+}	2^{+}	.	1^{+}	2^{+2}	2^{+2}	2^{+2}
Erysimum cheiranthoides	4^{+}	4^{+}	2^{+}	1^{+}	1^{+}	2^{+}	1^{+}	1^{+}	.	0^{+}	.
Fallopia convolvulus	4^{+1}	5^{+1}	5^{+1}	5^{+2}	5^{+2}	5^{+2}	5^{+2}	4^{+1}	5^{+1}	5^{+1}	5^{+2}
Viola arvensis	4^{+}	5^{+}	5^{+1}	5^{+1}	4^{+1}	4^{+}	3^{+1}	5^{+}	5^{+1}	3^{+1}	4^{+1}
Vicia hirsuta	4^{+}	4^{+}	3^{+}	4^{+}	3^{+}	3^{+1}	2^{+1}	.	2^{+1}	2^{+}	2^{+}
Centaurea cyanus	.	.	3^{+}	5^{+2}	5^{+2}	1^{+}	3^{+}	2^{+}	3^{+}	3^{+2}	4^{+2}
Vicia angustifolia	1^{+}	2^{+}	1^{+}	1^{+}	2^{+}	0^{+}	1^{+}	.	.	1^{+}	1^{+1}
Matricaria inodora	4^{+}	3^{+}	2^{+}	1^{+}	1^{+2}	2^{+1}	1^{+}	2^{+1}	3^{+2}	1^{+}	2^{+1}
Myosotis arvensis	4^{+}	1^{+}	4^{+1}	4^{+1}	2^{+}	2^{+}	1^{+}	1^{+1}	3^{+1}	2^{+1}	2^{+1}
Anagallis arvensis	3^{+}	3^{+}	1^{+}	2^{+}	2^{+}	1^{+}	1^{+1}	1^{+}	3^{+1}	1^{+2}	2^{+2}
Veronica arvensis	2^{+}	1^{+}	1^{+}	1^{+}	0^{+}	0^{+}	.	1^{+}	2^{+1}	0^{+}	0^{+}
Crepis tectorum	.	1^{+}	2^{+}	2^{+}	1^{+1}	2^{+}	1^{+}	.	0^{+}	3^{+1}	3^{+2}
Arabidopsis thaliana	2^{+}	.	2^{+}	.	1^{+1}	0^{+}	.	1^{+}	1^{+}	.	0^{+}
Sinapis arvensis	1^{+}	2^{+}	1^{+}	1^{+}	1^{+}	3^{+2}	1^{+}	1^{+}	4^{+1}	4^{+2}	2^{+2}
Thlaspi arvense	2^{+}	1^{+}	1^{+}	3^{+}	1^{+}	2^{+1}	1^{1}	1^{+}	3^{+1}	1^{+1}	1^{+1}
Sonchus arvensis	2^{+1}	2^{+}	1^{+}	.	.	2^{+1}	1^{1}	1^{+}	3^{+1}	1^{+1}	1^{+1}
Galium aparine	2^{+1}	2^{1}	2^{+}	.	.	2^{+}	1^{+}	1^{+}	0^{+1}	1^{+1}	.
Sonchus asper	4^{+}	5^{+}	3^{+}	.	.	2^{+}	.	.	2^{+1}	0^{+}	.
Sonchus oleraceus	1^{+}	.	5^{+1}	.	.	2^{+1}	1^{+}	.	2^{+1}	1^{+}	0^{+}
Oxalis fontana	4^{+2}	3^{+2}	.	.	1^{+}	.	.	.	.	.	.
Euphorbia helioscopia	3^{+}	4^{+1}	2^{+}	1^{1}	.	3^{+1}	1^{1}	.	1^{+1}	1^{+}	.
Veronica agrestis	1^{1}	.	3^{+1}	1^{+}	0^{+}	2^{+}	.	.	1^{+1}	.	.
Veronica persica	.	.	4^{+2}	.	.	4^{+2}	.	.	5^{+2}	.	.
Lamium purpureum	2^{+}	.	3^{+}	.	.	1^{+}	.	.	1^{+}	0^{+}	.
Agropyron repens	3^{+2}	5^{+1}	5^{+1}	5^{+1}	3^{+2}	4^{+2}	4^{+1}	5^{+2}	5^{+2}	5^{+2}	4^{+2}
Cirsium arvense	4^{+1}	4^{+}	5^{+}	5^{+1}	3^{+1}	4^{+2}	3^{+}	3^{+}	4^{+1}	3^{+1}	2^{+1}
Equisetum arvense	2^{1}	1^{1}	3^{+1}	4^{+1}	3^{+}	3^{+2}	3^{+2}	3^{+1}	3^{+2}	5^{+2}	4^{+2}
Convolvulus arvensis	3^{+1}	2^{+}	1^{+}	2^{+}	2^{+1}	2^{+}	2^{+1}	1^{+}	1^{+1}	2^{+2}	3^{+2}
Polygonum aviculare agg.	2^{+}	5^{+}	2^{+}	3^{+}	2^{+1}	4^{+2}	4^{+1}	4^{+}	3^{+2}	3^{+2}	2^{+2}
Poa annua	.	.	.	.	.	2^{+1}	1^{+}	.	2^{+}	0^{+}	0^{+}
Gnaphalium uliginosum	2^{+}	2^{+}	1^{+}	.	2^{+}	0^{+}	.	1^{+}	2^{+}	.	2^{+}

außerdem mehrmals in a: Stachys palustris 3, Rorippa palustris 2, Kickxia elatine 2; b: Galeopsis tetrahit 3, Viola tricolor 2; d: Arenaria serpyllifolia 2; e: Mentha arvensis 3; f: Veronica hederifolia 2, Plantago major 2, Taraxacum officinale 2; h: Conyza canadensis 2; k: Melandrium album 2, Polygonum amphibium 2.

Herkunft:
a–b. PASSARGE (1964 u. n. p.: 10)
c–e. RAABE (1944: 10), PASSARGE (1959, 1962 u. n. p.: 17)
f–l. PASSARGE (1959, 1962, 1963, 1964 u. n. p.: 68), FUKAREK (1961: 18), TILLICH 1969: 8).

Vegetationseinheiten:

1. Setario-Stachyetum arvensis Oberd. 57
   Oxalis fontana-Ausbildung (a–b)
      typicum (a)
      rumicetosum subass. nov. (b)
2. Chrysanthemo-Lycopsietum arvensis Raabe 44 ex Pass. 59
      veronicetosum Pass. 59 (c)
      typicum (d)
      rumicetosum subass. nov. (e)
3. Setario-Lycopsietum arvensis Pass. (59) 64
   Digitaria ischaemum-Rasse (f–h), Zentralrasse (i–l)
      veronicetosum Pass. 59 (f, i)
      typicum (g, k)
      rumicetosum (Pass. 59) nom. nov. (h, l)

Regional differieren: Zentralrasse in Küstennähe, *Senecio vulgaris*-Rasse mit *Lamium amplexicaule, Galinsoga parviflora* im küstenfernen Jungpleistozän von Mecklenburg-Vorpommern (und Pommern), (vgl. RAABE 1944, PASSARGE 1959, 1962, WOLLERT 1969, PAWLAK 1981), *Galeopsis*-Rasse auch mit *Equisetum sylvaticum* z. B. im Raum Danzig (PASSARGE 1963, WOJCIK 1973).

Trophieunterschiede begründen:
Chrysanthemo-Lycopsietum arvensis typicum,
Chrysanthemo-Lycopsietum a. rumicetosum (Pass. 59) subass. nov. gegenüber der Spergula-Subass. bei PASSARGE (1959, 1964) enger gefaßt – mit *Rumex acetosella* und *Scleranthus annuus* als Trennarten der säureholden, zum Arnoseridenion/Digitarietum weisenden Untereinheit,
Chrysanthemo-Lycopsietum veronicetosum Pass. 59 auf lehmigen, nährstoffkräftigen Standorten. Mit den Trennarten *Veronica persica, V. agrestis, Lamium purpureum* und *Sonchus* vermitteln sie zum Veronico-Euphorbion. *Gnaphalium uliginosum*-Varianten weisen auf zeitweilige Staufeuchte im Oberboden hin.

Bei den zunehmend seltener werdenden Beispielen für die Ges. infolge des Rückgangs von *Chrysanthemum segetum,* ist die regional begrenzt vorkommende, Ass. stark gefährdet.

Setario-Lycopsietum arvensis Pass. 59 Tabelle 54 f–l

Bezeichnend sind *Anchusa (Lycopsis) arvensis* +–2 mit *Setaria viridis* +–2. *Chenopodium album, Capsella bursa-pastoris, Fallopia convolvulus* und *Agropyron repens* ergänzen die Konstantenkombination. Abermals bleiben die Wildkräuter fußhoch auf den meist anlehmigen bis lehmigen Böden. Durchlässige Oberböden und verminderter Wasserstau erleichtern die Bearbeitbarkeit und verringern bei mittlerer Nährkraft das Ertragsrisiko.

Regional relevant sind die Unterschiede zwischen der *Galeopsis*-Rasse mit *G. tetrahit, G. pubescens, Lapsana communis, Anthemis arvensis* und *Holcus mollis* im Bergland bzw. im subborealen Klima (OBERDORFER 1983, 1993, PASSARGE

1963) und der *Echinochloa*-Rasse mit *Galinsoga parviflora* in mäßig sommerwarmen Tieflagen. Zwischen beiden vermittelt eine Zentralrasse (vgl. TÜXEN 1954, PASSARGE 1959, 1962, 1963, 1964, FUKAREK 1961, TILLICH 1969 bzw. im NW WEDECK 1973, WALTHER 1977, 1987, 1992, DIERSCHKE 1979, HÜPPE 1987, HÜPPE & HOFMEISTER 1990, WICKE & HÜPPE 1992).

Trophieverschiedenheiten begründen:

Setario-Lycopsietum arvensis typicum,

Setario-Lycopsietum a. rumicetosum (Pass. 59), gegenüber der *Spergula*-Subass. eingeengt nur durch *Rumex acetosella* und *Scleranthus annuus* abgetrennt,

Setario-Lycopsietum a. veronicetosum Pass. 59 mit *Veronica persica, V. agrestis, V. hederifolia, V. polita, Lamium purpureum* und *Sonchus asper* als Vermittlern zum Veronico-Euphorbion nährstoffkräftiger Ackerstandorte.

Mit Scleranthion annui-Gesellschaften im Wintergetreide variierend und mit Digitario-Setarienion im Kontakt, gehört die Ass. zu den häufigen, nicht gefährdeten Begleitern sandiger Grundmoränenböden im baltischen Buchenwaldbereich von Mecklenburg-Vorpommern und N-Brandenburg (PASSARGE 1959, 1962, 1963,1964, FUKAREK 1961, TILLICH 1969).

2. Verband

Scleranthion annui (Kruseman et Vlieger 39) Siss. in Westhoff et al. 46

Ackerknäuel-Winterfrucht-Gesellschaften Tabelle 55-57

Mit den Schwerpunktvorkommen der *Arnoseris-, Papaver dubium-* und *Aphanes*-Gruppen auf sauren, nährstoffarmen bis mäßig nährstoffreichen, sandig-lehmigen Äckern sind die zugehörigen Ass.-Gr.: Arnoseridetum minimae, Scleranthetum annui, vereint im Scleranthenion annui sowie Papaveretum argemones, Legousietum speculi-veneris und Matricarietum chamomillae p. p., Glieder des Unterverbandes Aphanenion arvensis.

Tabelle 55 Scleranthus-Arnoseris minima-Gesellschaften I

Spalte	a	b	c	d	e	f	g	h	i	k
Zahl der Aufnahmen	15	11	16	48	26	41	10	18	6	8
mittlere Artenzahl	18	13	18	14	17	13	13	10	16	10
Arnoseris minima	4^{+2}	3^{+1}	5^{13}	5^{13}	5^{+2}	5^{+2}	5^{+2}	5^{+2}	5^{+2}	2^{12}
Ânthoxanthum aristatum	2^{+1}	2^{23}	2^{+2}	2^{+3}	0^{+}	2^{+1}	.	0^{1}	5^{+4}	5^{+3}
Hypochoeris glabra	1^{1}	.	2^{+}	1^{+1}	1^{+}	0^{+}	2^{+}	.	2^{+}	.
Holcus mollis	4^{+1}	5^{+1}	3^{+}	3^{+2}	3^{+1}	3^{+2}	2^{1}	3^{+2}	.	.
Teesdalia nudicaulis	2^{+}	2^{+1}	4^{+2}	3^{+2}	3^{+1}	3^{+1}	1^{1}	5^{+1}	.	.
Ornithopus perpusillus	1^{+}	.	1^{+}	1^{+1}	0^{+}	0^{+}	.	.	.	.
Veronica dillenii	.	.	.	.	.	.	5^{+1}	4^{+1}	.	.
Spergula morisonii	.	.	.	.	.	.	.	3^{+}	.	.
Galeopsis segetum	.	.	2^{+}	2^{+2}	.	.	.	.	.	.
Galeopsis tetrahit agg.	3^{+}	4^{+}	1^{+}	0^{+}	.	0^{+}	0^{+}	0^{+}	.	.
Aphanes inexspectata	4^{+}	1^{+}	.	.	.	.	.	.	.	.
Viola tricolor agg.	2^{+1}	2^{+}	0^{+}	.	.	.	.	.	.	.
Scleranthus annuus	5^{+2}	5^{+2}	5^{+2}	4^{+2}	5^{+2}	4^{+2}	5^{+2}	4^{+2}	4^{+1}	4^{+2}
Spergula arvensis	4^{+2}	5^{+2}	4^{+1}	4^{+2}	5^{+2}	4^{+2}	1^{+}	.	2^{2}	3^{+3}
Rumex acetosella	5^{+2}	5^{+2}	5^{+2}	5^{+2}	4^{+1}	4^{+2}	1^{+}	1^{+}	5^{+2}	3^{13}
Raphanus raphanistrum	2^{+}	3^{+}	2^{+}	3^{+1}	2^{+}	2^{+}	.	.	1^{+}	1^{+}
Erodium cicutarium	3^{+}	.	4^{+}	2^{+1}	1^{+}	2^{+}	.	.	2^{+}	3^{+}
Setaria viridis	0^{+}	.	1^{+}	2^{+1}	1^{+}	2^{+1}	.	.	.	4^{+2}

Spalte	a	b	c	d	e	f	g	h	i	k
Zahl der Aufnahmen	15	11	16	48	26	41	10	18	6	8
mittlere Artenzahl	18	13	18	14	17	13	13	10	16	10
Apera spica-venti	4^{+3}	4^{+2}	5^{13}	4^{+3}	5^{+3}	4^{+3}	4^{+3}	5^{+3}	5^{+2}	4^{+2}
Fallopia convolvulus	5^{+}	5^{+}	5^{+2}	4^{+2}	4^{+1}	4^{+1}	5^{+}	5^{+1}	5^{+}	2^{+}
Viola arvensis	5^{+}	3^{+}	5^{+1}	4^{+1}	3^{+1}	4^{+1}	5^{+}	5^{+}	4^{+1}	4^{+1}
Centaurea cyanus	3^{+}	2^{+}	5^{+1}	3^{+1}	3^{+1}	3^{+2}	3^{+}	3^{+1}	2^{+}	2^{+2}
Vicia angustifolia	3^{+}	3^{+}	2^{+}	2^{+}	4^{+1}	0^{+}	2^{+}	0^{+}	4^{+2}	3^{+2}
Vicia hirsuta	0^{+}	1^{+}	2^{+}	1^{+}	2^{+}	1^{+}	.	.	3^{+2}	.
Chenopodium album	0^{+}	0^{+}	1^{+}	0^{+}	3^{+2}	2^{+2}	.	.	1^{+}	4^{+1}
Capsella bursa-pastoris	3^{+}	1^{+}	2^{+}	1^{+}	2^{+1}	2^{+1}	.	.	1^{+}	1^{+}
Stellaria media	1^{+}	.	0^{+}	0^{+}	2^{+}	.	.	.	2^{+1}	.
Polygonum persicaria	.	.	1^{+}	1^{+}	0^{+}	0^{+}	.	.	.	.
Matricaria inodora	1^{+}	.	2^{+}	0^{+}	3^{+1}	1^{+2}	.	.	1^{1}	1^{+}
Anagallis arvensis	1^{+}	.	1^{+}	1^{+}	2^{+}	1^{+}	.	.	2^{+1}	.
Aphanes arvensis	0^{+}	.	2^{+}	.	1^{+}	.	2^{+}	0^{+}	1^{+}	.
Veronica arvensis	2^{+}	.	3^{+}	.	2^{+}	.	.	.	1^{+}	.
Myosotis arvensis	2^{+2}	.	3^{+}	.	2^{+}	.	.	.	1^{+}	.
Papaver dubium	2^{+}	.	2^{+}	.	2^{+}	.	.	.	.	.
Myosotis stricta	3^{+}	0^{+}	1^{+}	.	2^{+}	.	5^{+}	1^{+}	1^{+}	.
Veronica hederifolia	3^{+}	.	0^{+}	0^{+}	1^{+1}	.	4^{+}	.	.	.
Erophila verna	1^{+}	.	1^{+1}	.	1^{+1}	0^{+}	5^{+}	2^{+}	1^{+}	.
Polygonum aviculare agg.	4^{+}	3^{+}	4^{+}	2^{+}	4^{+}	2^{+}	1^{+}	.	3^{+1}	3^{+2}
Agropyron repens	1^{+}	3^{+}	3^{+1}	3^{+1}	3^{+2}	3^{+2}	2^{+2}	4^{+2}	2^{1}	2^{+1}
Equisetum arvense	2^{+}	4^{+}	2^{+1}	2^{+1}	2^{+1}	3^{+1}	2^{+}	.	2^{1}	1^{1}
Cirsium arvense	1^{+}	.	1^{+}	2^{+}	2^{+1}	.	0^{+}	.	2^{+}	1^{2}
Convolvulus arvensis	.	.	1^{+}	1^{+}	2^{+1}	2^{+1}	1^{+}	.	.	.
Achillea millefolium	1^{+}	0^{+}	2^{+}	2^{+}	1^{+}	1^{+}	1^{+}	1^{+}	.	.
Agrostis tenuis	.	2^{+}	0^{+}	3^{+1}	0^{+}	1^{+}	.	0^{+}	.	.

außerdem mehrmals in a: Mentha arvensis 2, Juncus bufonius 2, Artemisia vulgaris 2; c: Anthemis arvensis 2; e: Gnaphalium uliginosum 2, Plantago intermedia 2; f: Polygonum hydropiper 2; i: Conyza canadensis 2, Papaver argemone 2, Thlaspi arvense 2; k: Crepis tectorum 2, Taraxacum officinale 2.

Herkunft:
a–b. PASSARGE (1964 u. n. p.: 14), KUDOKE (1967: 12)
c–d. FISCHER (1960: 21), PASSARGE (1962, 1964: 22), KAUSSMANN & al. (1981: 21)
e–f. RAABE (1944: 5), PASSARGE (1955, 1964 u. n. p.: 44), VOIGTLÄNDER (1966: 12),HANSPACH (1989: 6),
g–k. PASSARGE (1959 u. n. p.: 35), TILLICH (1969: 2), BÖCKER (1978: 5), vgl. ferner KLEMM (1970).

Vegetationseinheiten:

1. Teesdalio-Arnoseridetum minimae (Malcuit 29) Tx. (37) 50
   Galeopsis tetrahit-Rasse (a–b), Galeopsis segetum-Rasse (c–d)
   Zentralrasse (e–f), Veronica dillenii-Rasse (g–h),
   Anthoxanthum aristatum-Rasse (i–k)
      myosotidetosum Tx. 54 (a, c, e, g, i)
      typicum Tx. 54 (b, d, f, h, k)

Ass.-Gr.
Arnoseridetum minimae (Tx. 37) Malato-Beliz et al. 60
Gesellschaften mit Lammkraut

Im ozeanisch-subozeanisch beeinflußten Europa reichen die Vorkommen von *Arnoseris minima* vom meridionalen S-Europa bis zur temperaten Zone. Mit Schwerpunkt auf arm-sauren Ackerböden wurden mehrere vikariierende Ass. bekannt:Airo-, Bucephalophori-, Linario-, Spergulario- und Triseto-Arnoseridetum in

W- und SW-Europa (vgl. MALATO-BELIZ & al. 1960, NEZADAL 1989) sowie Teesdalio- und Setario-Arnoseridetum minimae in Mitteleuropa.

Teesdalio-Arnoseridetum minimae (Malcuit 29) Tx. (37) 50
(Syn. Sclerantho-Arnoseridetum Tx. 37) Tabelle 55 a–k

Kennzeichnend sind *Arnoseris minima* +–3 mit *Anthoxanthum aristatum* (*A. puelli*) +–3 flankiert von *Holcus mollis* +–2 und *Teesdalia nudicaulis* +–1. Zu den konstanten Begleitarten zählen *Sceranthus annuus, Spergula arvensis, Rumex acetosella, Apera spica-venti, Fallopia convolvulus* und *Viola arvensis*. Gemeinsam prägen sie die fuß- bis hüfthohe Wildkrautvegetation in Wintergetreidefeldern auf schwach humosen, nährstoffarmen, meist sauren Ackerböden (pH um 4,5–5,5, Bodenwertzahl 15–20).

Regional heben sich ab: *Galeopsis tetrahit*-Rasse im Bergland bzw. im N (vgl. KORNAS 1950, PASSARGE 19,62, 1963, 1971, KUDOKE 1967, NEZADAL 1975, DIERSSEN 1988), verschiedentlich mit *Aphanes inspectata (A. microcarpa)*, meist ohne *Chenopodium album, Galeopsis segetum*-Rasse auch mit *Lilium bulbiferum* ssp. *croceum* im ozeanisch-subozeanischen Raum einst von den Niederlanden bis zur Altmark, Prignitz und SW-Mecklenburg (vgl. TÜXEN 1937, KRUSEMAN & VLIEGER 1939, BÜKER 1942, SISSINGH 1950, FISCHER 1960, PASSARGE 1963, 1964, MEISEL 1969, HOFMEISTER 1970, KAUSSMANN & al. 1981, HÜPPE 1987), heute meist verschollen, Zentralrasse und subkontinentale *Veronica dilleni*-Rasse markieren in S-Brandenburg und Polen das Ausklingen der Ass. (PASSARGE 1959, 1964, GROSSER 1967, KLEMM 1970, BÖCKER 1978, WNUK 1976, 1989, FIJALKOWSKI 1978, 1991, HANSPACH 1989, WARCHOLINSKA & SICINSKI 1991).

Trophiebedingt sind zu unterscheiden:

Teesdalio-Arnoseridetum minimae typicum und

Teesdalio-Arnoseridetum m. myosotidetosum Tx. 54 auf weniger armen Standorten, kenntlich an *Myosotis arvensis, M. stricta, Veronica arvensis, Papaver dubium* und weiteren örtlichen Trennarten. *Agrostis tenuis* und *Corynephorus canescens* bezeichnen Varianten, die zu den Ödlandrasen weisen und mit Feuchtezeigern der *Mentha arvensis*- und *Gnaphalium*-Gruppen alternieren.

Auf den leichten Böden der Ges. sind Roggen, Kartoffeln, Serradella und Gelbe Lupine anbaugeeignete Feldfrüchte. Im Konnex mit Digitario-Setarion und Corynephoretum canescentis nehmen Beispiele heute weiter ab (Eutrophierung, Verbrachung). Sie sind gefährdet bis stark gefährdet.

Setario-Arnoseridetum minimae Pass. 57 Tabelle 56 a–b

Bezeichnend sind *Arnoseris minima* +–2 mit *Digitaria ischaemum* und *Setaria viridis* jeweils +–2 im Bereich sommerwarmer Sandäcker. Bei den Säurezeigern der *Spergula arvensis*-Gruppe ist *Raphanus raphanistrum* nahezu konstant und gleiches gilt für *Erodium cicutarium* und *Chenopodium album*. Hiermit einhergehend treten Feuchtezeiger sehr zurück, besonders jene der *Gnaphalium uliginosum*-Gruppe.

Mit Hauptvorkommen im küstenfernen Binnenland von der Altmark bis O-Brandenburg und S-Mecklenburg (PASSARGE 1957, 1957 a, 1963, KRAUSCH & ZABEL 1965, TILLICH 1969, ZABEL 1973, ZABEL & POLKE 1974) klingt die Ass. nach Osten zu aus. Vergleichbare Bestände fand NEZADAL (1975) in Bayern.

Tabelle 56 Scleranthus-Arnoseris minima-Gesellschaften II

Spalte	a	b	c	d	e	f	g	h
Zahl der Aufnahmen	38	53	10	17	11	21	7	27
mittlere Artenzahl	18	12	14	11	16	12	12	8
Arnoseris minima	5^{+2}	5^{+2}	4^{+1}	5^{+2}	.	0^{+}	.	.
Hypochoeris glabra	.	0^{+}	1^{+1}	1^{+2}	4^{+2}	5^{+1}	.	.
Scleranthus annuus	5^{+2}	4^{+2}	5^{++2}	5^{+2}	4^{+2}	4^{+2}	4^{+1}	4^{+2}
Spergula arvensis	5^{+2}	5^{+2}	3^{+}	4^{+2}	5^{+2}	5^{+2}	3^{+1}	3^{+2}
Rumex acetosella	4^{+2}	5^{+2}	4^{+}	5^{+2}	3^{+2}	4^{+2}	5^{+2}	5^{+2}
Raphanus raphanistrum	3^{+2}	4^{+1}	2^{+}	5^{+}	4^{+2}	4^{+1}	.	2^{+}
Erodium cicutarium	4^{+1}	3^{+1}	3^{+}	3^{+}	4^{+1}	3^{+}	1^{+}	2^{+}
Setaria viridis	3^{+2}	3^{+2}	.	.	1^{+}	2^{+1}	.	2^{+1}
Digitaria ischaemum	2^{+2}	4^{+2}	.	.	.	.	.	.
Trifolium arvense	2^{+2}	2^{+1}	1^{+}	.	1^{+}	2^{+}	.	.
Apera spica-venti	4^{+3}	4^{+2}	5^{+2}	5^{+2}	3^{+1}	3^{+2}	4^{+3}	5^{+2}
Fallopia convolvulus	5^{+1}	5^{+1}	5^{+1}	4^{+1}	5^{+1}	3^{+1}	5^{+1}	3^{+2}
Viola arvensis	4^{+1}	3^{+1}	4^{+}	3^{+1}	4^{+1}	4^{+1}	5^{+2}	4^{+1}
Centaurea cyanus	3^{+2}	2^{+1}	3^{+}	3^{+}	4^{+}	3^{+1}	1^{+}	0^{+}
Vicia angustifolia	2^{+}	2^{+1}	3^{+}	2^{+}	2^{+1}	3^{+1}	2^{+}	0^{+}
Vicia hirsuta	3^{+2}	2^{+1}	2^{+}	1^{+}	1^{+1}	1^{+1}	1^{+}	.
Chenopodium album	4^{+2}	3^{+2}	2^{+}	2^{+}	4^{+2}	4^{+2}	3^{+1}	2^{+1}
Capsella bursa-pastoris	2^{+1}	1^{+1}	1^{+}	2^{+}	3^{+1}	0^{+}	3^{+}	0^{+}
Stellaria media	3^{+1}	.	.	.	0^{+}	0^{+}	5^{+2}	2^{+2}
Polygonum tomentosum agg.	1^{+1}	0^{+}	.	.	1^{+1}	1^{+1}	.	.
Matricaria inodora	3^{+2}	1^{+1}	.	.	1^{+1}	0^{+}	3^{+}	.
Myosotis arvensis	2^{+}	.	2^{+}	.	0^{+}	.	3^{+}	2^{+1}
Anagallis arvensis	3^{+1}	0^{+}	2^{+}	.	1^{1}	0^{+}	1^{+}	.
Veronica arvensis	2^{+}	.	2^{+}	.	.	.	4^{+}	.
Aphanes arvensis	3^{+1}	.	.	.	2^{+1}	.	3^{+}	.
Crepis tectorum	2^{+}	.	1^{+}	.	1^{+}	.	1^{+}	.
Erophila verna	1^{+1}	0^{+}	3^{+1}	2^{+}	3^{+}	0^{+}	.	.
Myosotis stricta	1^{+}	.	3^{+}	.	1^{1}	.	.	.
Veronica hederifolia	2^{+1}	.	1^{+}	.	3^{+1}	.	.	.
Veronica triphyllos	.	0^{+}	3^{+}	.	2^{+}	.	.	.
Veronica dillenii	.	.	1^{1}	0^{+}	2^{1}	.	.	.
Polygonum aviculare agg.	3^{+}	2^{+1}	3^{+}	3^{+}	4^{+1}	3^{+1}	2^{+1}	2^{+1}
Agropyron repens	3^{+2}	3^{+1}	2^{+2}	3^{+2}	2^{+1}	3^{+1}	2^{+}	1^{+1}
Equisetum arvense	3^{+1}	2^{+1}	2^{+}	2^{+1}	3^{+2}	2^{+2}	3^{+1}	1^{1}
Convolvulus arvensis	2^{+}	2^{+2}	1^{1}	0^{+}	1^{+}	1^{+2}	.	0^{1}
Cirsium arvense	3^{+1}	0^{+}	.	.	0^{1}	0^{1}	1^{1}	1^{+1}

außerdem mehrmals in a: Anchusa arvensis 2, Achillea millefolium 2, Gnaphalium uliginosum 2, Plantago intermedia 2¸d: Corynephorus canescens 2; g: Oxalis fontana2.

Herkunft:

a–b. PASSARGE (1955, 1964 u. n. p.: 38), KRAUSCH & ZABEL, (1965: 12), VOIGTLÄNDER (1966: 23), KUDOKE (1967: 8), TILLICH (1969: 10)

c–d. PASSARGE (1959, 1964 u. n. p.: 25), FISCHER (1960: 2),

e–f. KLOSS (1960: 2), PASSARGE (1964 u. n. p.: 9), KRAUSCH & ZABEL (1965: 15), KUDOKE (1967: 2), TILLICH (1969: 4)

g–h. WOLLERT (1965: 3), TILLICH (1969: 26), BÖCKER (1978: 3), Verf. (n. p.: 2)

Vegetationseinheiten:

1. Setario-Arnoseridetum minimae Pass. 57
   anagallidetosum Pass. 57 (a), typicum Pass. 57 (b)
2. Sclerantho-Hypochoeridetum glabrae (Kloß 60) Tillich 69
   veronicetosum subass. nov. (e), typicum (f)
3. Sclerantho-Aperetum spicae-venti (Preisg. 50) nom. nov.
   veronicetosum subass. nov. (g), typicum (h)

Als analoge Untereinheiten erweisen sich:
Setario-Arnoseridetum minimae typicum Pass. 57
Setario-Arnoseridetum m. anagallidetosum Pass. 57 mit *Anagallis arvensis, Aphanes arvensis, Stellaria media, Myosotis arvensis, Veronica arvensis* und *Veronica hederifolia*, Trennarten weniger nährstoffarmer Ackerstandorte.
Im Konnex mit Erodio-Digitarietum in Sommerfruchtäckern und Aphanenion arvensis schwinden die Vorkommen der inzwischen gefährdeten Ass.

Ass.-Gr.
Scleranthetum annui Br.-Bl. 15
Gesellschaften mit Ackerknäuel

Der Verbreitungsschwerpunkt von *Scleranthus annuus* liegt im subozeanischen Klimabereich Europas unter Einschluß der Gebirgsstufe. Bei geringen Trophieansprüchen reicht die Amplitude sowohl der Höhe nach (Montanstufe) als auch im O deutlich über das *Arnoseris*-Areal hinaus. Bekannt wurden mehrere vikariierende Ass.: Spergulo-Scleranthetum annui (KUHN 1937), Trifolio-arvensis-Scleranthetum (MORARUI 1943, PASSARGE & JURKO 1975), Trifolietum campestri-arvensis (KUTSCHERA 1966, MUCINA & al. 1993), Scleranthetum baltorossicum (PREISING in TÜXEN 1950) sowie Scleranthо-Hypochoeridetum glabrae.

Scleranthо-Hypochoeridetum glabrae (Kloß 60) Tillich 69 Tabelle 56 e–f

Kennzeichnend sind *Hypochoeris glabra* +–2 mit *Scleranthus annuus* +–2. Neben *Spergula arvensis* ist *Raphanus raphanistrum* konstanter Säurezeiger der nicht auf Wintergetreide beschränkten Einheit. In Mecklenburg-Vorpommern und N-Brandenburg verschiedentlich auf trockenen, mäßig nährstoffhaltigen, kalkarmen Böden (pH um 4,5–5,5, Bodenwertzahl 15–25, vgl. KLOSS 1960, KRAUSCH & ZABEL 1965, TILLICH 1969). Nach KUDOKE (1967) ist der küstennahe Raum und die waldarme Agrarlandschaft verstärkter Winderosion und oberflächlicher Austrocknung ausgesetzt.
Regional sind *Setaria viridis*- und Zentralrasse erkennbar.
Kleinstandörtlich heben sich ab:
Scleranthо-Hypochoeridetum glabrae typicum und
Scleranthо-Hypochoeridetum gl. veronicetosum subass. nov. auf weniger ungünstigen Böden mit *Veronica hederifolia, V. triphyllos* und *Aphanes arvensis* als Trennarten, die vom Papaveretum argemones übergreifen.
Neben einem Vorkommen bei Bremen (DIERSCHKE 1979), bisher vornehmlich im baltischen jungpleistozänen Buchenwaldgebiet nachgewiesen, bleibt auf die weitere Verbreitung der verstreuten Vorkommen zu achten. *Hypochoeris glabra* ist ähnlich wie *Arnoseris minima* vom Rückgang betroffen und in den östlichen Bundesländern stark gefährdet (FUKAREK 1992, BENKERT & KLEMM 1993). – Holotypus der *Veronica*-Subass. ist Aufnahme-Nr. 2 bei KRAUSCH & ZABEL (1965, Tab. 3, S. 374).

Scleranthо-Aperetum spicae-venti (Prsg. in Tx. 50) nom. nov.
(Syn. Scleranthetum annui baltorossicum Prsg. in Tx. 50) Tabelle 56 g–h

Diagnostisch wichtig sind *Apera spica-venti* 1–3 mit *Scleranthus annuus* und *Rumex acetosella* jeweils +–2. Artenarme Typus- bzw. Zentralass. des Verbandes auf sehr nährstoffarmen, durchlässig-trockenen, humushaltigen Sanden ohne Grundwassereinfluß. Sonst verbreitete Winterfruchtbegleiter z. B. *Centaurea cyanus, Vicia angustifolia, V. hirsuta* fehlen vielfach. Derartige Grenzertragsböden werden meist nur in Notzeiten beackert, denn die nur kniehohen, schütteren Roggenbestände lohnen kaum. Forstliche Nutzung ist hier vielfach sinnvoller.

Regional sind erkennbar: Zentralrasse in Mecklenburg-Vorpommern und Berlin-Brandenburg (WOLLERT 1965, TILLICH 1969, BÖCKER 1978) und *Setaria*-Rasse mit *S. viridis, Digitaria ischaemum, Conyza canadensis* und *Galeopsis ladanum* in NO-Polen (PASSARGE 1963).

Trophiebedingt lassen sich unterscheiden:

Scleranthо-Aperetum spicae-venti typicum und

Scleranthо-Aperetum sp.-v. vernonicetosum subass. nov. auf weniger armen Böden. Trennarten sind *Veronica arvensis, Aphanes arvensis* und *Matricaria inodora,* sie vermitteln zum Aphanenion. Oft im Konnex mit Corynephoretum canescentis, ist die eher seltene Einheit wohl nicht gefährdet. – Holotypus der Ass. ist Aufnahme-Nr. 5 bei PASSARGE (1963, Tab. 12, S. 47).

Unterverband
Aphanenion arvensis (J. Tx et Tx. 60) Pass. 78
Ackerfrauenmantel-Gesellschaften Tabelle 57

Vereinigt sind die Begleitgesellschaften der Winterfrüchte mit *Aphanes arvensis* und weniger anspruchslosen Trennarten wie *Anagallis arvensis, Arenaria serpyllifolia, Myosotis arvensis, Veronica hederifolia* und *V. arvensis,* die vielfach bereits periphere Scleranthenion-Subass. differenzierten. Auf mittleren Ackerstandorten mit Bodenwerten um 25–40 sind sie in der Agrarlandschaft Ostelbiens bei sandiglehmigen Böden vorherrschend in den Ass.-Gr.: Matricarietum chamomillae (verbreitete Normalform), Papaveretum argemones und Legousietum speculiveneris.

Ass.-Gr.
Matricarietum chamomillae Tx. 37
Gesellschaften mit Echter Kamille

Die vom südlichen Europa bis in die boreale Zone verbreitete *Matricaria chamomilla (M. recutita)* zeigt auf mittleren bis besseren Ackerstandorten in Mitteleuropa und darüber hinaus Schwerpunktbildungen, deren Eigenständigkeit kaum in Frage steht. Herausgestellt wurden im Bergland Galeopsio-Matricarietum Oberd. 57, Galeopsio-Aphanetum Meisel 62 bzw. Holco-Galeopsietum Hilbig 67, im Tiefland Aphano-Matricarietum neben den zum Caucalidion tendierenden Alopecuro-Matricarietum und Galio-Matricarietum chamomillae (MEISEL 1967, PASSARGE 1978).

Aphano-Matricarietum chamomillae Tx. 37 em. Pass. 57
(orig. Alchemilla arvensis-Matricaria chamomilla-Ass.)
Ackerfrauenmantel-Kamillen-Gesellschaft Tabelle 57 h–k

Bezeichnend sind *Matricaria chamomilla* +–3 mit *Apera spica-venti* 1–3 und minderstet *Aphanes arvensis* +–1. Allgemein verbreitete Ackerwildkräuter wie *Viola arvensis, Fallopia convolvulus, Vicia hirsuta, Stellaria media, Chenopodium album, Capsella bursa-pastoris* und *Cirsium arvense* kommen konstant hinzu. Mit

Blühhöhepunkt im Sommer bilden ihre meist fuß- bis kniehohen Bestände die Begleitvegetation vornehmlich des Wintergetreides auf anlehmig-lehmigen Böden mittlerer Trophie: Bodenwertzahl 20–30, pH 5,5–6.

Regional werden *Galeopsis*-Rasse im Bergland (NEZADAL 1975, OBERDORFER 1983) in Küstennähe auch mit *Viola tricolor* (LÜBBEN 1947), zentrale und *Papaver dubium*-Rasse (PASSARGE 1962, 1964) unterschieden. Im subkontinental beeinflußten Klimaraum spielt vielfach auch *Matricaria inodora* eine wichtige Rolle.

Trophische Unterschiede bedingen:

Aphano-Matricarietum chamomillae typicum Tx. 54,

Aphano-Matricarietum ch. scleranthetosum Tx. 54 mit den Säurezeigern *Scleranthus annuus, Spergula arvensis, Raphanus raphanistrum,* selten *Rumex acetosella.* Die Subass.-Trennarten vermitteln zum Arnoseridetum minimae,

Aphano-Matricarietum ch. thlaspietosum Tx. 54 auf besseren Böden, kenntlich an *Thlaspi arvense, Sinapis arvensis, Sonchus arvensis, Papaver rhoeas* und *Galium aparine.* Die Trennarten weisen zu den Klatschmohnäckern (Centaureetalia cyani).

Variationen im Wasserhaushalt der Äcker bringen *Mentha arvensis*-Varianten bzw. *Gnaphalium*-Subvarianten zum Ausdruck. Letztere sind im subozeanischen Klimaeinflußbereich, dem bevorzugten Siedlungsraum der Ass., so in der Altmark, W-Brandenburg und im küstennahen Mecklenburg (vgl. PASSARGE 1962, 1963, 1964, VOIGTLÄNDER 1966, TILLICH 1969 usw.) sehr viel häufiger.

Gegendweise noch recht verbreitet, ist die Einheit z. Z. nicht gefährdet.

Tabelle 57 Matricaria- und Papaver argemone-Gesellschaften

Spalte	a	b	c	d	e	f	g	h	i	k
Zahl der Aufnahmen	2	127	73	189	16	12	30	27	20	17
mittlere Artenzahl	24	23	18	20	24	22	23	19	17	23
Matricaria chamomilla	.	0^{1}	0^{+}	0^{+}	2^{+2}	2^{+2}	2^{+1}	5^{+3}	5^{+3}	4^{+2}
Aphanes arvensis	2^{+1}	3^{+1}	3^{+1}	3^{+1}	4^{+1}	5^{+1}	3^{+1}	2^{+1}	1^{+1}	4^{+1}
Vicia tetrasperma	2^{+}	1^{+}	1^{+}	1^{+}	1^{+}	1^{+}	.	1^{+}	.	.
Legousia speculum-veneris	2^{13}	.	.	.	.	.	.	.	.	.
Papaver dubium	2^{+1}	3^{+1}	3^{+1}	3^{+1}	3^{+1}	4^{+1}	3^{+}	1^{+}	1^{+1}	.
Papaver argemone	2^{+1}	4^{+1}	4^{+1}	4^{+1}	4^{+2}	4^{+1}	4^{+}	.	.	.
Veronica triphyllos	.	3^{+2}	4^{+1}	4^{+2}	1^{+1}	1^{+1}	1^{+1}	.	0^{+}	.
Vicia villosa	.	2^{+1}	2^{+}	2^{+}	2^{+}	1^{+}	1^{+}	.	.	.
Lithospermum arvense	.	2^{+1}	2^{+1}	2^{+1}	.	.	.	.	.	.
Veronica hederifolia	.	4^{+2}	4^{+1}	4^{+2}	2^{+1}	2^{+}	2^{+1}	2^{+2}	2^{+1}	3^{+1}
Myosotis stricta	1^{+}	2^{+1}	3^{+1}	4^{+1}	0^{+}	1^{+1}	2^{+1}	.	.	.
Arabidopsis thaliana	1^{+}	2^{+2}	2^{+2}	2^{+2}	1^{+}	2^{+}	2^{+}	.	.	.
Erophila verna	.	1^{+1}	3^{+1}	3^{+1}	0^{+}	.	1^{+1}	.	.	.
Trifolium arvense	1^{+}	1^{+1}	2^{+1}	1^{+1}	2^{+2}	2^{+}	2^{+}	.	.	1^{+}
Holosteum umbellatum	1^{+}	1^{+}	2^{+}	1^{+}	.	.	.	.	.	.
Myosotis arvensis	1^{+}	4^{+1}	2^{+1}	3^{+1}	5^{+1}	5^{+1}	4^{+1}	4^{+1}	3^{+1}	3^{+2}
Veronica arvensis	1^{+}	3^{+1}	3^{+1}	3^{+1}	4^{+}	4^{+}	4^{+}	3^{+1}	4^{+1}	3^{+1}
Matricaria inodora	2^{+}	3^{+2}	3^{+1}	2^{+2}	5^{+2}	5^{+1}	4^{+1}	3^{+2}	3^{+2}	3^{+2}
Anagallis arvensis	1^{+}	3^{+1}	2^{+1}	3^{+1}	2^{+}	2^{+}	3^{+1}	3^{+2}	3^{+1}	4^{+1}
Arenaria serpyllifolia	2^{+}	3^{+1}	3^{+1}	3^{+1}	2^{+1}	2^{+1}	2^{+}	0^{+}	.	1^{+}
Crepis tectorum	.	1^{+}	1^{+}	1^{+}	1^{+1}	1^{+}	2^{+}	.	2^{+}	2^{+2}
Apera spica-venti	2^{3}	5^{+3}	4^{+3}	5^{+3}	4^{+2}	5^{+2}	5^{+2}	4^{+2}	5^{+3}	5^{+3}
Centaurea cyanus	2^{12}	4^{+2}	4^{+2}	5^{+2}	4^{+2}	5^{+1}	5^{+2}	5^{+2}	3^{+2}	3^{+1}
Viola arvensis	2^{1}	4^{+1}	5^{+1}	5^{+1}	4^{+1}	4^{+1}	5^{+1}	5^{+1}	5^{+1}	5^{+1}
Fallopia convolvulus	2^{+}	4^{+2}	4^{+2}	4^{+2}	4^{+1}	5^{+1}	4^{+1}	5^{+2}	4^{+2}	4^{+2}
Vicia hirsuta	1^{+}	3^{+1}	3^{+1}	3^{+2}	4^{+1}	4^{+1}	4^{+1}	3^{+1}	4^{+1}	4^{+1}
Vicia angustifolia	2^{+}	2^{+1}	3^{+1}	4^{+2}	3^{+1}	3^{+1}	3^{+1}	2^{+}	2^{+1}	3^{+1}

Spalte	a	b	c	d	e	f	g	h	i	k
Zahl der Aufnahmen	2	127	73	189	16	12	30	27	20	17
mittlere Artenzahl	24	23	18	20	24	22	23	19	17	23
Capsella bursa-pastoris	.	5^{+1}	4^{+1}	4^{+1}	5^{+2}	5^{+1}	4^{+1}	4^{+1}	4^{+1}	4^{+1}
Chenopodium album	.	4^{+2}	3^{+1}	3^{+2}	2^{+1}	2^{+1}	4^{+1}	4^{+1}	4^{+1}	5^{+1}
Stellaria media	1^{1}	4^{+2}	4^{+1}	3^{+1}	5^{13}	4^{+2}	4^{+1}	5^{+2}	5^{+2}	5^{+2}
Erysimum cheiranthoides	1^{+}	1^{+1}	1^{+1}	1^{+1}	.	0^{+}	1^{+}	2^{+}	1^{+}	0^{+}
Anchusa arvensis	.	1^{+1}	1^{+}	2^{+1}	2^{+}	1^{+1}	3^{+}	0^{1}	2^{+1}	5^{+1}
Lamium amplexicaule	.	3^{+1}	1^{+}	1^{+}	2^{+}	2^{+}	2^{+}	.	.	2^{+}
Geranium pusillum		2^{+1}	1^{+1}	1^{+}	1^{+}	2^{+}	2^{+}	0^{+}	.	1^{+1}
Erodium cicutarium	1^{+}	0^{+}	0^{+}	2^{+1}	.	0^{+}	2^{+}	.	1^{+}	2^{+1}
Scleranthus annuus	2^{+}	1^{+1}	1^{+1}	5^{+2}	.	.	5^{+1}	.	.	2^{+1}
Spergula arvensis	.	0^{+}	.	3^{+1}	.	.	4^{+1}	0^{+}	.	4^{+2}
Rumex acetosella	.	.	0^{+}	3^{+1}	.	.	2^{+}	.	.	1^{+}
Raphanus raphanistrum	.	0^{+}	0^{+}	2^{+1}	.	.	2^{+}	0^{+}	.	2^{+1}
Thlaspi arvense	2^{+2}	3^{+1}	1^{+1}	0^{+}	3^{+1}	.	1^{+1}	3^{+1}	.	2^{+1}
Sonchus arvensis	.	2^{+}	0^{+}	0^{+}	3^{+}	1^{+}	1^{+}	3^{+1}	0^{+}	2^{+}
Sinapis arvensis	.	3^{+1}	0^{+}	0^{+}	3^{+}	.	0^{+}	4^{+1}	0^{+}	2^{+1}
Papaver rhoeas	2^{+3}	3^{+1}	0^{+}	0^{+}	3^{+1}	1^{+}	0^{+}	2^{+1}	.	.
Galium aparine	.	3^{+1}	0^{+}	0^{+}	3^{+2}	0^{+}	0^{+}	2^{+2}	0^{+}	.
Veronica persica	.	2^{+1}	0^{+}	0^{+}	3^{+}	1^{+1}	1^{+}	1^{+1}	0^{+}	2^{+}
Euphorbia helioscopia	.	2^{+}	..	.	2^{+}	.	0^{+}	1^{+}	.	0^{+}
Cirsium arvense	.	4^{+2}	3^{+2}	2^{+1}	4^{+1}	4^{+2}	3^{+1}	4^{+1}	4^{+1}	3^{+}
Equisetum arvense	.	3^{+2}	3^{+2}	4^{+1}	3^{+1}	3^{+1}	3^{+1}	2^{+1}	4^{+1}	3^{+1}
Agropyron repens	.	3^{+2}	2^{+1}	2^{+1}	2^{+1}	3^{+1}	2^{+1}	3^{+1}	3^{+1}	4^{+2}
Convolvulus arvensis	.	2^{+2}	2^{+2}	2^{+2}	1^{+1}	2^{+}	2^{+}	1^{+1}	1^{+1}	.
Polygonum aviculare agg.	.	4^{+1}	2^{+1}	3^{+1}	3^{+1}	4^{+1}	5^{+}	4^{+1}	3^{+1}	5^{+1}
Poa annua	.	1^{+}	1^{+1}	3^{+1}	2^{+1}	2^{+1}	2^{+1}	2^{+1}	2^{+1}	2^{+1}
Gnaphalium uliginosum	.	1^{+}	1^{+}	1^{+}	2^{+}	2^{+}	2^{+1}	1^{+}	2^{+}	2^{+}
Plantago intermedia	.	1^{+}	0^{+}	1^{+}	2^{+}	2^{+}	1^{+1}	2^{+1}	2^{+1}	2^{+1}
Myosurus minimus	1^{+}	1^{+}	1^{+1}	1^{+}	2^{+}	2^{+1}	1^{+1}	2^{+}	1^{+}	1^{+}
Ranunculus repens	.	1^{+}	0^{+}	1^{+}	2^{+}	3^{+}	1^{+1}	1^{+}	0^{+}	.
Cerastium holosteoides	.	1^{+}	1^{+}	1^{+}	2^{+}	2^{+}	2^{+1}	1^{+}	1^{+}	2^{+}

außerdem mehrmals in a: Anthriscus caucalis 2, Conyza canadensis 2; b: Consolida regalis 2, Mentha arvensis 2; e: Aethusa cynapium 2, Lamium purpureum 2; i: Galinsoga parviflora 2; k: Medicago lupulina 2.

Herkunft

a. PASSARGE (1983: 2)

b–d. RAABE (1944: 32), PASSARGE (1957, 1959, 1964 u. n. p.: 297), FRÖDE (1958: 1), KLOSS (1960: 12), KRAUSCH & ZABEL (1965: 47)

e–g. PASSARGE (1962, 1963, 1964 u. n. p.: 36), VOIGTLÄNDER (1966: 22)

h–k. PASSARGE (1962, 1964 u. n. p.: 31, VOIGTLÄNDER (1966: 13), TILLICH (1969: 20)

Vegetationseinheiten:

1. Legousietum speculi-veneris (Kruseman et Vlieg. 39) Siss. 50 (a)
2. Myosotido-Papaveretum argemones (Libbert 32) nom. nov.
   Lithospermum arvense-Rasse (b–d), Zentralrasse (e–g)
   - delphinietosum Pass. 57 comb. nov. (b, e)
   - typicum (c, f)
   - scleranthetosum Pass. 57 comb. nov. (d, g)
3. Aphano-Matricarietum chamomillae Tx. 37 em. Pass. 57
   - thlaspietosum Tx. 54 (h)
   - typicum Tx. 54 (i)
   - scleranthetosum Tx. 54 (k)

Ass.-Gr.
Papaveretum argemones (Libb. 32) Kruseman et Vlieg. 39
Gesellschaften mit Sandmohn

Nach Klärung der Eigenständigkeit von *Papaver argemone*-Ges. gegenüber dem vorgenannten Matricarietum chamomillae (vgl. LIBBERT 1932, KRUSEMAN & VLIEGER 1939, SISSINGH 1956, PASSARGE 1957) wurden aus allen Teilen Mitteleuropas und Bereichen S-Europas vikariierende Ausbildungen bekannt. Herausgestellt werden: Cnico benedicti-Papaveretum in Spanien, Chamomillo-Papaveretum im NW und Myosotido strictae-Papaveretum argemones im O (vgl. PASSARGE 1986, NEZADAL 1989).

Myosotido strictae-Papaveretum argemones (Libb. 32) Pass. 86 stat. nov.
Tabelle 57 b–g

Kennzeichnend sind *Papaver argemone* +–2 mit *Myosotis stricta* +–2. Konstant ergänzen neben Frühjahrsephemeren wie *Veronica hederifolia, V. triphyllos* Halmfruchtbegleiter wie *Apera spica-venti, Centaurea cyanus, Viola arvensis, Fallopia convolvulus* u. a. die meist knie- bis hüfthohen Bestände. Mit dem kultivierten Wintergetreide aufwachsend, fällt der Blühtermin der wichtigen Wildkräuter in den Frühsommer, so daß die Versamung zur Zeit der Getreideernte (VII/VIII) bereits erfolgte.

An regionalen Abwandlungen wurden bekannt: *Galeopsis*-Vikariante mit *G. bifida, G. tetrahit, Lapsana communis, Holcus mollis* und *Equisetum sylvaticum* im Bergland bzw. NO-Polen (vgl. RODI 1961, PASSARGE 1963, VOLLRATH 1966, MÜLLER in OBERDORFER 1983). Zentralvikariante vornehmlich planar-kollin mit *Matricaria chamomilla*-Rasse in N-Mecklenburg-Vorpommern (PASSARGE 1962, 1963, 1964, VOIGTLÄNDER 1966, KUDOKE 1967), *Lithospermum arvense*-Rasse von O-Mecklenburg-Vorpommern über Brandenburg bis nach Sachsen und Bayern nachgewiesen (RAABE 1944, FRÖDE 1957/58, PASSARGE 1957, 1959, 1964, KLOSS 1960, KRAUSCH & ZABEL 1965, WOLLERT 1965, GROSSER 1967, KLEMM 1970, NEZADAL 1975).

Kleinstandörtlich differieren:

Myosotido-Papaveretum argemones typicum,

Myosotido-Papaveretum a. scleranthetosum Pass. (57) 86 auf sandig-durchlässigen Böden mit den Mangelzeigern *Scleranthus annuus, Spergula arvensis, Rumex acetosella* und *Raphanus raphanistrum,*

Myosotido-Papaveretum a. delphinietosum Pass. (59) 86 auf lehmig-kalkhaltigen Böden. Trennarten sind *Consolida regalis, Galium aparine, Sinapis arvensis, Papaver rhoeas, Euphorbia helioscopia (Sonchus arvensis,* z. T. auch *Thlaspi arvense).* Gemeinsam weisen sie zu anspruchsvollen Mohnäckern der Centaureetalia cyani. Feuchteunterschiede markieren *Mentha arvensis-,* typische und *Conyza*-Varianten. Auf zeitweiligen Feuchtestau im Oberboden weisen *Gnaphalium uliginosum, Juncus bufonius* und *Plantago intermedia* hin.

Im Konnex mit Digitario-Setarion- und Lycopsietum-Äckern in den Hackfrüchten, ist die Einheit im Gebiet weit verbreitet und nicht gefährdet. – Als Neotypus kann Aufnahme-Nr. 2 bei PASSARGE (1957, Tab. 12, S. 32) fungieren.

Bromus-Papaver-Ges.

So wie die alpinen Schwesterarten *Papaver alpinum* agg. natürliche Gesteinsschutthalden im Hochgebirge besiedeln, so schmücken Pionierbestände von *Papaver ar-*

gemone oder *P. dubium* sandig-kiesige Rutschhänge in Sand- und Kiesgruben bzw. an Streusandhaufen, oft nur um wenige ruderale Therophyten wie *Bromus tectorum* oder *Conyza canadensis* bereichert. Wie im folgenden Beispiel (Eberswalde-Wassertorbrücke, 30° S-Hang, kiesiger Sand V/1984, 60 %): *Papaver argemone* 4; *Myosotis stricta* 1, *Veronica hederifolia* 1, *Arabidopsis thaliana* +, *Holosteum umbellatum* +; *Cerastium semidecandrum* 2, *Senecio vernalis* 1; *Sisymbrium altissimum* 1, *Bromus tectorum* +, *Conyza canadensis* +; *Arenaria serpyllifolia* 1, *Veronica arvensis* +; *Viola arvensis* +; *Poa angustifolia* 1, *Anthemis tinctoria* + kann *Papaver* deutlich höhere Deckungswerte (2–4) als auf Äckern erreichen.

Ass.-Gr.
Legousietum speculi-veneris (Kruseman et Vlieg. 39) Siss. 50
Venusspiegel-Gesellschaft Tabelle 57 a

Kennzeichnend sind *Legousia speculum-veneris* 1–3 mit *Apera spica-venti* 1–3 und *Papaver rhoeas* +–3, womit die Übergangsstellung zu den Centaureetalia betont wird. Die wenigen Beispiele von sandig-kiesigen Talsandböden bei Genthin dokumentieren ein über 6 Jahrzehnte konstantes Vorkommen im Wintergetreide, früher noch mit *Agrostemma githago* (vgl. auch SISSINGH 1950). Mittels *Papaver argemone, P. dubium* und *Arenaria serpyllifolia* steht die Ass. dem Papaveretum nahe, doch ohne *Myosotis stricta, Veronica hederifolia, V. triphyllos* und *Vicia villosa* fehlen diagnostisch wichtige Arten.

Die niederländische Originalbeschreibung entspricht einer *Alopecurus myosuroides*-Rasse mit *Minuartia tenuifolia, Matricaria chamomilla* und *Ranunculus arvensis.* Demgegenüber hebt sich die ostelbische *Arenaria serpyllifolia*-Rasse auch durch *Matricaria inodora, Odontites rubra, Conyza canadensis* und *Descurainia sophia* ab. Das Vicio-Legousietum in Kärnten zeichnen *Vicia villosa pseudovillosa, Campanula rapunculoides* und *Thlaspi perfoliatus* aus (KUTSCHERA 1966, MUCINA & al. 1993). Eine Höhenform mit *Sedum purpureum, Rhinanthus* u. a. belegt KIELHAUSER (1956).

Als kleinstandörtlich bedingt erweisen sich:
Legousietum speculi-veneris typicum,
Legousietum sp.-v. ranunculetosum Siss. 50 mit *Ranunculus repens, Plantago intermedia* und *Cerastium holosteoides* auf grundfeuchten Böden. Die hiesige Scleranthus-Subass. differenzieren *Scleranthus annuus, Arnoseris minima, Trifolium arvense* und *Erodium cicutarium.* Im Kontakt mit Myosotido-Papaveretum und Digitario-Setarion ist die äußerst seltene Ass. beachtenswert und potentiell gefährdet.

3. Verband

Spergulo-Oxalidion Görs in Oberd. et al. 67
Sauerklee-Vielsamengänsefuß-Gesellschaften Tabelle 58–59

Vereint sind Ackerwildkraut-Ges. mit den Schwerpunktvorkommen von *Chenopodium polyspermum, Galeopsis speciosa, Oxalis fontana* und wohl auch *Avena fatua* auf stark humosen Auen- und Niederungsböden mit periodisch hohem Grundwassereinfluß. Feuchtezeiger der *Mentha arvensis-, Ranunculus repens-* und *Rorippa*-Gruppen gehören zu den Verbandstrennarten. Von den zugehörigen Ass.-Gr. wurden Chenopodietum polyspermi, Galeopsietum speciosae und Avenetum fatuae im Gebiet bestätigt.

Ass.-Gr.
Chenopodietum polyspermi (Br.-Bl. 21)
Gesellschaften mit Vielsamigem Gänsefuß

Chenopodium polyspermum bevorzugt in Eurasien die submeridional-temperate Zone sowie subozeanische Klimatönung. Im nördlichen Mitteleuropa besiedelt die Art feucht-humose Böden mittlerer bis erhöhter Nährkraft in Äckern und Gärten. An vikariierenden Ass. wurden bekannt: Amarantho-Chenopodietum aus Spanien (TÜXEN & OBERDORFER 1958), Panico-Chenopodietum (BRAUN-BLANQUET 1926, TÜXEN 1937), Galeopsio-Chenopodietum im Bergland (OBERDORFER 1957), Mercurialo-Chenopodietum (HOLZNER 1973) sowie Oxalido- und Rorippo-Chenopodietum.

Tabelle 58 Chenopodium polyspermum- und Galeopsis speciosa-Ges.

Spalte	a	b	c	d	e	f	g	h	i	k
Zahl der Aufnahmen	30	40	2	21	1	14	13	9	4	9
mittlere Artenzahl	25	22	22	20	30	22	29	25	20	21
Galeopsis speciosa	.	.	.	.	1	2^{1}	5^{+2}	5^{+3}	1^{1}	3^{+2}
Galeopsis tetrahit	1^{+}	1^{+}	.	0^{+}	1	3^{1}	4^{+1}	4^{+1}	2^{+1}	4^{+1}
Galeopsis bifida	0^{+}	1^{+}	.	.	.	2^{+}	2^{+}	3^{+1}	.	.
Oxalis fontana	3^{+1}	4^{+1}	.	.	.	0^{1}	.	.	4^{+1}	4^{+1}
Chenopodium polyspermum	4^{+2}	4^{+2}	2^{+}	5^{+1}	.	.	.	1^{+}	.	.
Stachys palustris	3^{+1}	3^{+}	2^{+}	2^{+}	+	2^{+}	2^{+}	2^{+}	1^{1}	4^{+2}
Mentha arvensis	2^{+1}	2^{+1}	2^{+}	2^{+}	1	2^{+1}	2^{+1}	2^{+}	2^{+2}	3^{+2}
Polygonum amphibium	0^{+}	2^{+}	.	.	.	3^{+}	1^{+}	1^{+}	1^{+}	.
Echinochloa crus-galli	4^{+2}	5^{+2}	.	.	.	4^{+2}	.	.	.	.
Setaria viridis	2^{+1}	1^{+1}	.	.	+	2^{+1}	.	.	2^{+}	.
Amaranthus retroflexus	1^{+}	0^{+}	.	.	.	2^{+}	.	.	.	.
Digitaria ischaemum	1^{+}	.	.	.	+	.	.	.	.	.
Stellaria media	5^{+2}	4^{+2}	2^{+2}	5^{+2}	+	5^{+2}	5^{+2}	5^{+2}	4^{+2}	4^{+2}
Chenopodium album	5^{+2}	5^{+2}	.	3^{+}	+	5^{+2}	5^{+2}	5^{+2}	3^{+2}	5^{+2}
Capsella bursa-pastoris	4^{+1}	3^{+}	1^{+}	3^{+}	+	3^{+}	3^{+}	4^{+}	3^{+}	2^{+}
Polygonum tomentosum	4^{+1}	3^{+}	.	3^{+}	+	5^{+1}	4^{+}	4^{+}	3^{+}	4^{+}
Polygonum persicaria	3^{+2}	4^{+1}	.	3^{+}	.	4^{+}	4^{+1}	3^{+}	1^{1}	5^{+1}
Erysimum cheiranthoides	4^{+1}	3^{+1}	.	.	1	4^{+}	3^{+}	2^{+}	2^{+}	4^{+}
Fallopia convolvulus	4^{+2}	4^{+1}	2^{+}	4^{+1}	1	5^{+1}	5^{+1}	5^{+1}	4^{+1}	5^{+2}
Viola arvensis	4^{+1}	3^{+}	2^{+}	3^{+}	+	3^{+}	4^{+1}	4^{+1}	4^{+1}	4^{+1}
Vicia hirsuta	2^{+1}	1^{+}	1^{+}	.	+	1^{+}	4^{+1}	3^{+1}	1^{+}	2^{+}
Centaurea cyanus	0^{+}	.	1^{+}	2^{+}	.	1^{+}	3^{+}	2^{+}	.	1^{+}
Apera spica-venti	1^{+}	1^{+2}	.	.	.	.	1^{+}	1^{+}	2^{+1}	2^{+1}
Vicia angustifolia	1^{+}	0^{+}	.	.	.	.	2^{+}	.	2^{+}	2^{+}
Matricaria inodora	3^{+1}	3^{+1}	2^{1}	3^{+}	1	2^{+1}	4^{+1}	4^{+1}	3^{+1}	4^{+1}
Myosotis arvensis	3^{+2}	1^{+1}	1^{+}	3^{+}	1	3^{+1}	4^{+1}	2^{+}	2^{+}	3^{+}
Anagallis arvensis	2^{+1}	1^{+}	2^{+}	3^{+}	.	1^{+}	3^{+}	2^{+}	2^{+}	2^{+}
Veronica arvensis	1^{+}	0^{+}	.	2^{+}	+	.	2^{+}	1^{+}	1^{+}	.
Arabidopsis thaliana	1^{+}	0^{+}	.	.	.	1^{+}	2^{+}	.	.	.
Sonchus asper	3^{+1}	3^{+1}	.	2^{+}	+	2^{+}	2^{+}	2^{+}	1^{+}	3^{+}
Sonchus oleraceus	1^{+1}	0^{+1}	.	1^{+}	.	2^{+}	.	2^{+}	.	2^{+}
Atriplex patula	0^{+}	2^{+1}	.	1^{+}	.	1^{+}	.	2^{+}	.	.
Lamium purpureum	1^{1}	3^{+1}	.	1^{+}	.	2^{+}	.	2^{1}	.	1^{1}
Euphorbia helioscopia	1^{+}	1^{+}	.	3^{+}	+	1^{+}	.	2^{+}	.	.
Lamium hybridum	0^{+}	0^{+}	2^{+}	.	.	.	0^{+}	2^{1}	.	.
Veronica persica	0^{+}	0^{+}	.	5^{+1}	+	.	2^{+1}	2^{+}	.	1^{+}
Fumaria officinalis	.	0^{+}	1^{+}	2^{+}	.	1^{+}	2^{+}	.	.	.

Spalte	a	b	c	d	e	f	g	h	i	k
Zahl der Aufnahmen	30	40	2	21	1	14	13	9	4	9
mittlere Artenzahl	25	22	22	20	30	22	29	25	20	21
Raphanus raphanistrum	1^{+1}	.	2^{+}	.	.	1^{+}	5^{+1}	1^{+}	3^{+}	2^{+}
Spergula arvensis	5^{+1}	.	2^{1}	.	+	.	5^{+1}	.	3^{+}	.
Scleranthus annuus	1^{+}	.	1^{+}	.	.	.	2^{+}	.	2^{+}	.
Rumex acetosella	1^{+}	.	.	.	.	.	1^{+}	.	2^{+}	.
Galinsoga parviflora	3^{+1}	4^{+2}	.	2^{+}	.	4^{+2}	2^{+}	2^{+}	.	1^{2}
Senecio vulgaris	2^{+2}	2^{+1}	.	3^{+}	.	2^{+}	2^{+}	2^{+}	1^{+}	.
Geranium pusillum	0^{+}	1^{+}	.	.	+	3^{+}	.	1^{+}	1^{+}	2^{+}
Solanum nigrum	.	0^{+}	2^{+}	.	.	2^{+}	.	.	.	1^{+}
Galinsoga ciliata	1^{+1}	3^{+1}	.	2^{+}	.	.	.	.	.	.
Galium aparine	1^{+}	2^{+1}	.	2^{+}	.	3^{+}	2^{+}	2^{+1}	.	1^{+}
Sonchus arvensis	2^{+1}	2^{+2}	.	3^{+}	.	2^{+}	2^{+1}	2^{+}	1^{+}	5^{+1}
Sinapis arvensis	0^{+}	0^{+}	.	5^{+}	.	3^{+}	2^{+}	4^{+1}	.	4^{+1}
Thlaspi arvense	0^{+}	0^{+}	.	2^{+}	.	1^{+}	0^{+}	2^{+1}	.	.
Polygonum aviculare agg.	3^{+}	3^{+}	.	2^{+}	+	2^{+}	4^{+}	4^{+1}	3^{+}	3^{+}
Poa annua	2^{+2}	2^{+}	2^{1}	3^{+1}	.	1^{+}	3^{+1}	2^{1}	.	.
Gnaphalium uliginosum	3^{+1}	1^{+}	2^{+}	.	+	1^{+}	3^{+1}	2^{+1}	.	1^{+}
Juncus bufonius	3^{+2}	0^{+1}	2^{+1}	2^{+}	.	3^{+}	2^{+1}	2^{+1}	.	1^{+}
Plantago intermedia	1^{+1}	2^{+}	2^{+1}	4^{+}	.	.	2^{+1}	2^{+1}	.	.
Polygonum hydropiper	2^{+2}	1^{+}	2^{+}	.	+	.	2^{+1}	1^{+}	.	.
Rorippa palustris	4^{+2}	2^{+}	.	.	+	2^{+}	2^{+}	.	.	.
Bidens tripartita	1^{+}	2^{+}	.	.	.	2^{+}	2^{+}	.	.	.
Agropyron repens	4^{+1}	4^{+1}	2^{1}	4^{+2}	+	4^{+1}	5^{+1}	2^{+1}	1^{1}	2^{1}
Cirsium arvense	3^{+1}	3^{+2}	1^{+}	3^{+1}	+	3^{+1}	2^{+}	4^{+1}	1^{+}	5^{+2}
Equisetum arvense	3^{+1}	2^{+2}	2^{+}	3^{+1}	+	2^{+}	3^{+1}	3^{+1}	.	3^{+1}
Ranunculus repens	1^{+}	1^{+}	.	1^{+}	.	1^{+}	1^{+}	3^{+}	.	2^{+}
Potentilla anserina	2^{+1}	3^{+}	.	1^{+}	.	2^{+}	0^{+}	3^{+}	.	3^{+}
Rumex crispus	.	1^{+}	.	.	.	1^{+}	1^{+}	.	1^{+}	2^{+}
Plantago major	2^{+}	1^{+}	.	.	+	1^{+}	0^{+}	.	1^{+}	2^{+}
Taraxacum officinale	2^{+1}	3^{+}	.	.	+	.	1^{+}	1^{+}	.	2^{+}
Trifolium repens	2^{+2}	2^{+}	.	.	.	.	.	.	.	.

außerdem mehrmals in a: Convolvulus arvensis 2; b: Calystegia sepium 2, Cirsium oleraceum 2; c: Chrysanthemum segetum 2; d: Papaver rhoeas 2, Alopecurus myosurioides 2, Melandrium noctiflorum 2, Arenaria serpyllifolia 2; f: Urtica dioica 2, Melandrium album 2; g: Anchusa arvensis 2, Anthoxanthum aristatum 2, Matricaria chamomilla 2, Veronica hederifolia 2, Aphanes arvensis 2, Papaver dubium 2, Cerastium holosteoides 2; h: Polygonum nodosum 2, Lapsana communis 2, Avena fatua 2, Agrostis stolonifera 2; i: Erodium cicutarium 2; k: Melandrium album 3, Crepis tectorum 2, Glechoma hederacea 3, Linaria vulgaris 2, Potentilla reptans 2.

Herkunft:

a–b. Passarge (1959, 1964 u. n. p.: 21), KLEMM (1970: 5), HANSPACH (1989: 31), MÜLLER-STOLL & al. (1992: 13)

c–d. PASSARGE (1959: 3), KLOSS (1960: 20)

e–f,
i–k. PASSARGE (1957, 1959, 1964: 28)

g–h. PASSARGE (1957, 1959, 1964 u. n. p.: 14), KUDOKE (1967: 5), BOROWIEC & al. (1982: 2), MÜLLER-STOLL & al. (1992: 1)

Vegetationseinheiten:

1. Oxalido-Chenopodietum polyspermi Siss. 50
   Echinochloa-Vikariante (a–b), Zentralvikariante (c–d)
      sperguletosum Pass. 65 (a, c)
      typicum Pass. 64 (b, d)
2. Polygono-Galeopsietum speciosae (Kruseman et Vlieg. 39) Pass. 59
      sperguletosum subass. nov. (e, g, i)
      lamietosum Pass. 59 (f, h, k)

Oxalido-Chenopodietum polyspermi Siss. 50 Tabelle 58 a–d

Kennzeichnend sind *Chenopodium polyspermum* und/oder *Oxalis fontana* mit *Mentha arvensis* jeweils +–2. Allgemeine Ackerwildkräuter wie *Stellaria media, Chenopodium album, Fallopia convolvulus, Agropyron repens* und *Plantago intermedia* vervollständigen die Artenverbindung. Ihre überwiegend lockeren, nur fußhohen Bestände erreichen in feuchten Frühsommern besondere Üppigkeit. Doch weniger der Unkrautwuchs, als die dann mangelnde Tragfähigkeit des nässegetränkten Oberbodens setzen dem Einsatz moderner Landtechnik Grenzen. Die Böden sind kalkarm, stark humos bis anmoorig, mäßig nährstoffreich, mit hohen Grund- bzw. Stauwassereinfluß im nahen Unterboden.

Im subozeanisch-niederschlagreichen Berg- und Hügelland weit verbreitet, beschränkt sich die Ass. in Ostelbien vornehmlich auf gewässernahe Niederungsbereiche.

Regional heben sich *Echinochloa*-Vikariante mit *Galinsoga parviflora, G. ciliaris, Setaria viridis,* selten *Amaranthus retroflexus* (ehem. Panico-Chenopodietum) auch *Erysimum cheiranthoides* ab. Bekannt wurden sie aus dem Havelland, Spreewald, Schraden und weiteren Niederungen (PASSARGE 1959, 1964, SEIBERT 1962, 1969, KLEMM 1970, HANSPACH 1989, MÜLLER-STOLL & al. 1992). Die Zentralvikariante wurde u. a. aus N-Mecklenburg (vgl. KLOSS 1960, PASSARGE 1959) und weiteren Bereichen mit betont subozeanischem Klimaeinfluß (vgl. SISSINGH 1950, HÜPPE 1987) belegt. Eine *Galeopsis*-Vikariante (ehem. Galeopsio-Chenopodietum) besiedelt submontan-montane Lagen (vgl. OBERDORFER 1957, VOLLRATH 1966, MÜLLER in OBERDORFER 1983).

Bei der standortgeprägten Vegetation treten saisonale Unterschiede zwischen Wintergetreide und Sommerfrüchten in den Hintergrund.

Kleinstandörtlich unterscheidbar:

Oxalido-Chenopodietum polyspermi typicum

Oxalido-Chenopodietum p. sperguletosum Pass. 64 mit *Spergula arvensis, Raphanus raphanistrum* und *Scleranthus annuus* auf trophieschwächeren Äckern.

Sinapis-Subass. mit einzelnen anspruchsvollen Arten wie *Sinapis arvensis, Veronica persica* und *Thlaspi arvensis* läßt sich lokal, analog zur süddeutschen *Anagallis*-Subass., abgrenzen. Krumenfeuchtezeiger markieren in allen Subass. *Gnaphalium*-Varianten.

Selbst in Alluvialniederungen sind die Vorkommen der Einheit keineswegs häufig und gehen bei zunehmender Grundwasserabsenkung weiter zurück. Eine Gefährdung ist noch nicht erkennbar.

Ass.-Gr.
Galeopsietum speciosae Krusem. et Vlieger 39
Gesellschaften mit Buntem Hohlzahn

Die vom submeridionalen bis in die boreale Zone Europas und W-Asiens verbreitete Art, *Galeopsis speciosa,* zeigt neben Vorkommen auf Waldschlägen regional einen Schwerpunkt im Bereich von planaren Feuchtäckern. Von den Niederlanden (KRUSEMAN & VLIEGER 1939, WASSCHER 1941, WESTHOFF & DEN HELD 1969) über Skandinavien (TÜXEN 1950, KNAPP 1959) bis Österreich und Polen wurden in vikariierenden Einheiten bestätigt: Galeopsietum bifido-speciosae Tx. et Becking 50, Oxalido-, Polygono-, Panico- und Papavero-Galeopsietum (PASSARGE 1959, HOLZNER 1973).

Polygono-Galeopsietum speciosae Pass. 59 Tabelle 58 e–k

Kennzeichnend sind *Galeopsis speciosa*+–3 mit *G. tetrahit* und *Polygonum tomentosum* jeweils +–2. Außerdem sind *Stellaria media, Chenopodium album, Fallopia convolvulus* konstant. Mit weiteren Feldfruchtbegleitkräutern bilden sie bei Artenzahlen um 20 meist bis kniehohe Bestände wechselnder Dichte auf stark humosen Grundwasserböden mittlerer Trophie.

Regional lebt im subozeanischen Klima eine *Matricaria chamomilla*-Vikariante auch mit *Alopecurus myosurioides, Myosotis discolor* (KRUSEMANN & VLIEGER 1939, WASSCHER 1941, HOFMEISTER 1970, HÜPPE & HOFMEISTER 1990, WICKE & HÜPPE 1992). Subkontinentales Gegenstück ist eine *Echinochloa*-Vikariante mit *E. crus-galli, Setaria viridis, Amaranthus retroflexus* (ehem. Panico-Galeopsietum Pass. 59). Zwischen beiden steht eine temperate Zentralvikariante, vornehmlich im baltischen Raum von N-Brandenburg, Mecklenburg-Vorpommern und N-Polen (vgl. PASSARGE 1957, 1959, 1963, 1964, KUDOKE 1967, BOROWIEC & al. 1992).

Lokalstandörtlich sind unterscheidbar:

Polygono-Galeopsietum speciosae typicum,

Polygono-Galeopsietum sp. lamietosum Pass. 59, differenziert durch anspruchsvolle Arten: so *Lamium purpureum, Sinapis arvensis, Veronica persica* und *Atriplex patula,*

Polygono-Galeopsietum sp. sperguletosum subass. nov. mit Säurezeigern wie *Spergula arvensis, Scleranthus annuus* und *Rumex acetosella;* Holotypus ist die Aufnahme in Tab. 58 e.

Regional begrenzt und sehr selten ist die Einheit bereits gefährdet.

Rorippo-Chenopodietum polyspermi Köhler 62 Tabelle 59 a–c

Hinreichend eigenständig kennzeichnen *Chenopodium polyspermum* und/oder *Oxalis fontana* mit *Rorippa sylvestris* jeweils +–2 die anspruchsvolle, zum Veronico-Euphorbion tendierende Einheit der Stromtaläcker. Artenreicher als das Oxalido-Chenopodietum gehören außer *Stellaria media, Chenopodietum album, Fallopia convolvulus* auch *Matricaria inodora, Galium aparine* und *Stachys palustris* zu den Konstanten. Zusätzlich sind *Sonchus arvensis, Thlaspi arvense* und *Euphorbia helioscopia* mittelstet und diagnostisch wichtig. Zusammen bilden sie die überwiegend fußhohe Begleitvegetation auf tonreichen Braungley-Böden nach Eindeichung von Teilen der Stromtalaue.

Wiederum wenig verändert in Hack- und Halmfrüchten heben sich regional ab: *Myosoton aquaticum*-Vikariante in gebirgsnahen Auniederungen (vgl. NEZADAL 1975, ASMUS 1987, HILBIG 1994) im W mit *Alopecurus myosurioides, Cerastium glomeratum* (HOFMEISTER 1981), *Amaranthus*-Vikariante mit *A. retroflexus, Echinochloa crus-galli,* reichlich *Galinsoga parviflora* im subkontinentalen Odertal (PASSARGE 1976). Zwischen beiden steht eine Zentralvikariante, die bis in die mittlere Elbaue (KÖHLER 1962) in einer *Kickxia*-Rasse mit *K. elatine, Matricaria chamomilla* und *Vicia tetrasperma* vordringt. In beiden vermittelt eine nördliche *Avena fatua*-Ausbildung zum Avenetum fatuae.

Edaphische Variationen begründen:

Rorippo-Chenopodietum polyspermi typicum,

Rorippo-Chenopodietum p. scleranthetosum Köhler 62 und

Rorippo-Chenopodietum p. lathyretosum Köhler 62.

Die Trennarten sind *Scleranthus annuus, Spergula arvensis* und *Lycopsis arvensis* als Mangelzeiger bzw. *Melandrium noctiflorum, Lathyrus tuberosus* und

Euphorbia exigua auf karbonatnahen Böden. *Gnaphalium*-Varianten weisen Wasserhaushaltdifferenzen nach. – In Getreideäckern kann *Apera spica-venti* auftreten.

Im Kontakt mit Matricarietum chamomillae sind die Vorkommen des Rorippo-Chenopodietum im Gebiet ziemlich selten und potentiell gefährdet.

Tabelle 59 Avena fatua-Gesellschaften

Spalte	a	b	c	d	e	f	g	h	i	k	l
Zahl der Aufnahmen	10	19	6	10	10	5	3	8	6	31	11
mittlere Artenzahl	31	31	28	26	24	28	26	23	24	21	18
Avena fatua	3^{+}	4^{+}	5^{+1}	4^{+1}	4^{+1}	5^{+}	3^{+1}	5^{+2}	4^{1}	5^{12}	5^{+2}
Chenopodium polyspermum	4^{+1}	4^{+1}	4^{+}	3^{+1}	2^{+1}	1^{1}	1^{+}	1^{+}	1^{+}	2^{+2}	.
Oxalis fontana	4^{+1}	5^{+2}	3^{+1}	.	2^{+}	2^{+}	.	.	1^{+}	4^{+1}	1^{+1}
Galeopsis speciosa	.	.	2^{+1}	.	.	1^{+}	1^{+}	.	3^{+}	5^{+1}	.
Stachys palustris	5^{+2}	4^{+2}	3^{+1}	3^{+1}	2^{+2}	4^{+1}	3^{+}	2^{+1}	2^{+}	2^{+1}	.
Mentha arvensis	4^{+2}	3^{+1}	2^{+}	2^{+}	1^{+}	3^{+2}	1^{+}	1^{+}	1^{+}	0^{+}	.
Polygonum amphibium	1^{+}	0^{+}	5^{+1}	3^{+1}	4^{+1}	4^{+1}	2^{+}	4^{+1}	3^{+}	3^{+2}	2^{+}
Phragmites australis	.	.	.	1^{+}	1^{1}	.	1^{+}	2^{+}	2^{+1}	0^{+2}	0^{+1}
Rorippa sylvestris	4^{+2}	4^{+2}	5^{+1}	.	.	.	.	.	.	0^{+}	.
Rumex crispus	4^{+}	2^{+}	.	1^{+}	1^{+}	.	.	.	.	.	.
Symphytum officinale	3^{+2}	3^{+}	.	1^{+}	.	.	.	.	.	.	.
Galium aparine	4^{+1}	4^{+1}	5^{+1}	4^{+1}	3^{+1}	3^{+}	1^{+}	4^{+1}	5^{+2}	5^{+2}	5^{+2}
Sonchus arvensis	5^{+2}	3^{+2}	5^{+1}	5^{+2}	5^{+2}	5^{+1}	3^{+1}	3^{+1}	4^{1}	3^{+2}	0^{+}
Sinapis arvensis	3^{+}	1^{+}	2^{+}	4^{+2}	2^{+2}	.	3^{+2}	5^{+1}	3^{+1}	1^{+}	2^{+1}
Thlaspi arvense	4^{+2}	3^{+1}	5^{+}	3^{+1}	3^{+1}	2^{1}	.	4^{+1}	1^{+}	2^{+1}	3^{+1}
Echinochloa crus-galli	.	2^{+1}	5^{+1}	3^{+2}	4^{+3}	5^{+2}	1^{1}	1^{1}	1^{1}	0^{+}	0^{+}
Amaranthus retroflexus	.	0^{+}	4^{+1}	5^{+2}	5^{+1}	3^{+1}	.	.	.	.	.
Chenopodium album	5^{+1}	4^{+2}	5^{+1}	5^{+3}	5^{+2}	5^{+2}	3^{+2}	5^{+1}	4^{+}	3^{+1}	3^{+1}
Stellaria media	5^{+2}	4^{+2}	5^{+2}	2^{+1}	4^{+1}	4^{+2}	1^{+}	5^{+2}	5^{12}	5^{12}	4^{+1}
Capsella bursa-pastoris	2^{+1}	3^{+}	5^{+}	3^{+1}	3^{+}	4^{+1}	1^{+}	4^{+}	1^{+}	2^{+}	2^{+}
Erysimum cheiranthoides	5^{+1}	4^{+1}	5^{+1}	3^{+1}	4^{+}	5^{+}	1^{+}	4^{+}	3^{+}	4^{+1}	2^{+1}
Polygonum tomentosum	3^{+}	3^{+}	4^{+}	3^{+}	4^{+}	3^{+}	2^{+}	4^{+2}	1^{+}	2^{+}	2^{+2}
Polygonum persicaria	5^{+1}	2^{+}	1^{+}	3^{+1}	1^{+}	.	.	.	.	.	.
Sonchus oleraceus	3^{+1}	5^{+1}	4^{+1}	1^{+}	4^{+1}	2^{+}	.	2^{+}	3^{+1}	4^{+}	0^{+}
Sonchus asper	1^{+1}	2^{+}	5^{+1}	4^{+}	3^{+1}	4^{+1}	1^{+}	5^{+}	2^{+}	3^{+}	2^{+}
Atriplex patula	2^{+}	2^{+1}	1^{+}	3^{+1}	2^{+1}	1^{+}	1^{+}	3^{+}	4^{+1}	4^{+1}	.
Euphorbia helioscopia	3^{+1}	3^{+2}	3^{+}	4^{+}	4^{+1}	2^{+}	3^{+1}	4^{+1}	4^{+}	2^{+}	4^{+1}
Veronica persica	2^{+1}	1^{+}	2^{+1}	2^{+1}	2^{+}	2^{+}	1^{+}	2^{+1}	.	1^{+}	.
Veronica agrestis	1^{+}	2^{+}	2^{+}	1^{+}	1^{+}	.	.	2^{+}	.	.	.
Lamium purpureum	.	0^{+}	1^{+}	1^{+}	2^{+1}	1^{+}	.	3^{+1}	.	0^{+}	2^{+}
Veronica polita	1^{+}	1^{+}	.	1^{+}	2^{+1}	.	1^{+}	1^{+}	.	.	1^{+1}
Fallopia convolvulus	5^{+2}	4^{+2}	5^{+1}	4^{+1}	4^{+1}	4^{+}	3^{+1}	5^{+1}	5^{+1}	5^{+1}	5^{+2}
Viola arvensis	3^{+}	3^{+}	2^{+}	.	2^{+}	2^{+}	1^{+}	2^{+}	4^{+}	3^{+}	4^{+1}
Vicia hirsuta	1^{+}	1^{+}	1^{+}	1^{+}	1^{+}	1^{+}	2^{+}	.	1^{+}	3^{+1}	1^{+}
Centaurea cyanus	.	2^{+}	1^{+}	.	1^{+}	.	.	.	1^{+}	2^{+1}	2^{+1}
Apera spica-venti	1^{+}	2^{+}	.	.	.	.	.	.	2^{+1}	2^{+2}	4^{+2}
Matricaria inodora	5^{+1}	5^{+1}	5^{+1}	4^{+2}	3^{+2}	4^{+}	1^{+}	2^{+}	5^{+1}	4^{+2}	5^{+2}
Myosotis arvensis	2^{+}	2^{+1}	2^{+}	1^{+}	2^{+}	3^{+}	1^{+}	.	1^{+}	2^{+1}	3^{+1}
Anagallis arvensis	1^{+}	5^{+1}	.	3^{+1}	.	1^{+}	2^{+}	.	.	1^{+1}	2^{+}
Veronica arvensis	1^{+}	2^{+}	.	.	.	.	1^{+}	.	1^{+}	0^{+}	2^{+1}
Veronica hederifolia	.	.	.	1^{+1}	.	.	.	1^{+}	.	.	2^{+2}
Melandrium noctiflorum	.	.	.	5^{+1}	.	.	2^{+}	.	5^{+2}	.	.
Euphorbia exigua	.	.	.	1^{+}	.	.	2^{+1}	.	.	.	1^{+1}

Spalte	a	b	c	d	e	f	g	h	i	k	l
Zahl der Aufnahmen	10	19	6	10	10	5	3	8	6	31	11
mittlere Artenzahl	31	31	28	26	24	28	26	23	24	21	18
Setaria viridis	.	1^{+1}	.	.	1^{+}	4^{+1}	1^{+}	.	.	.	.
Spergula arvensis	.	5^{+1}	.	.	.	4^{+}	.	.	.	.	.
Scleranthus annuus	.	3^{+1}	.	.	.	2^{+}	.	.	.	.	.
Raphanus raphanistrum	4^{+}	5^{+1}	.	.	.	.	.	.	.	.	1^{+}
Papaver rhoeas	.	.	.	.	.	.	.	.	2^{1}	1^{+}	2^{+1}
Consolida regalis	.	.	.	.	.	.	.	.	3^{+1}	1^{+1}	0^{+}
Matricaria chamomilla	2^{+}	.	.	.	.	.	.	1^{+}	.	.	2^{13}
Vicia tetrasperma	1^{+}	2^{+}	.	.	.	.	.	.	.	2^{+1}	.
Vicia sativa	3^{+}	3^{+}	.	.	.	.	.	.	.	.	.
Kickxia elatine	3^{+}	2^{+1}	.	.	.	.	.	.	.	.	.
Senecio vulgaris	2^{+}	2^{+1}	3^{+}	1^{+}	2^{+}	3^{+}	.	3^{+}	1^{+}	2^{+}	.
Lamium amplexicaule	1^{+}	2^{+}	2^{+}	.	2^{+}	2^{+}	.	4^{+}	1^{+}	0^{+}	3^{+}
Geranium pusillum	1^{+}	1^{+}	1^{+}	1^{+}	2^{+}	2^{+}	1^{+}	.	.	0^{+}	1^{+}
Galinsoga parviflora	1^{+}	1^{+}	5^{+2}	2^{+1}	2^{+1}	4^{+}	1^{+}	2^{+}	2^{+1}	3^{+}	.
Solanum nigrum	.	2^{+1}	5^{+2}	2^{+1}	4^{+2}	2^{+1}	1^{+}	3^{+}	.	1^{+}	.
Galeopsis tetrahit	.	3^{+1}	2^{+}	1^{+}	1^{+}	.	.	.	.	2^{+}	.
Lactuca serriola	.	.	.	2^{+}	1^{+}	.	.	.	2^{+1}	2^{+1}	1^{+1}
Lapsana communis	.	.	.	1^{+}	1^{+}	.	1^{+}	.	1^{+}	3^{+2}	2^{+}
Agropyron repens	3^{+2}	4^{+2}	4^{+}	5^{+3}	3^{+2}	3^{+2}	3^{13}	4^{+1}	5^{12}	2^{+2}	4^{+1}
Cirsium arvense	5^{+2}	4^{+1}	5^{+1}	4^{+1}	5^{+2}	5^{+2}	3^{+2}	5^{+2}	5^{+2}	4^{+1}	5^{+2}
Convolvulus arvensis	4^{+2}	5^{+2}	5^{+1}	3^{+2}	4^{+2}	4^{+1}	1^{+}	4^{+1}	3^{+}	4^{+2}	2^{+1}
Equisetum arvense	2^{+1}	3^{+1}	.	4^{+2}	2^{+1}	4^{+1}	3^{+1}	5^{+2}	5^{+1}	2^{+1}	4^{+1}
Polygonum aviculare agg.	4^{+}	4^{+1}	3^{+}	4^{+1}	1^{+}	.	3^{+}	4^{+}	4^{+}	3^{+1}	2^{+}
Plantago major	5^{+1}	4^{+2}	3^{+}	1^{+}	.	1^{+}	1^{+}	1^{+}	2^{+}	1^{+}	0^{+}
Taraxacum officinale	3^{+}	2^{+}	5^{+}	1^{+}	.	3^{+}	1^{+}	1^{+}	3^{+}	2^{+}	.
Potentilla anserina	1^{+}	.	.	.	.	.	2^{+}	2^{+}	.	.	.
Trifolium repens	3^{+2}	2^{+}	.	.	.	.	.	.	.	.	.
Gnaphalium uliginosum	3^{+1}	4^{+1}	1^{+}	.	.	.	.	.	.	.	.
Juncus bufonius	2^{+1}	2^{+2}	.	.	.	.	.	.	.	.	.

außerdem mehrmals in a: Ranunculus repens 4, Polygonum hydropiper 2, Peplis portula 2; b: Agrostis stolonifera 3, Bidens tripartitus 2, Aethusa cynapium 2, Galinsoga ciliata 2, Anchusa arvensis 2, Trifolium dubium 2; d: Atriplex prostrata 2, Anthemis cotula 2, Artemisia vulgaris 2; c: Chenopodium glaucum 3; g: Tussilago farfara 2; h: Fumaria officinalis 3.

Herkunft:
a–b. KÖHLER (1962: 29)
c–f,
i–k. PASSARGE (1964, 1978 u. n. p.: 68)
g–h, l. Verf. (n. p.: 22).

Vegetationseinheiten:

1. Rorippo-Chenopodietum polyspermi Köhler 62
   Avena fatua-Vikariante (a–c), Kickxia-Rasse (a–b), Amaranthus-Rasse (c)
   - typicum Köhler 62 (a)
   - scleranthetosum Köhler 62 (b)
2. Polygono-Avenetum fatuae (Pass. 78) ass. nov.
   Amaranthus-Rasse d–f), Zentralrasse (g–h), Galeopsis speciosa-Rasse (i–k)
   - melandrietosum subass. nov. (d, g, i)
   - typicum subass. nov. (e, h, k)
   - sperguletosum subass. nov. (f)

Ass.-Gr.
Avenetum fatuae Krusem. et Vlieger 39
Gesellschaften mit Flughafer

Die vom subtropischen Afrika über S-Europa bis nach M-Skadinavien und W-Asien verbreitete *Avena fatua* bevorzugt in Mitteleuropa sehr nährstoffreiche, lehmig-tonige Böden. Neben der Originalbeschreibung aus den Niederlanden (vgl. KRUSEMAN & VLIEGER 1939, SISSINGH 1950) mit *Aphanes arvensis, Matricaria chamomilla, Scleranthus annuus* wurden vikariierende Ausbildungen aus dem slowakischen Hügel- und Bergland bekannt: z. B. Lathyro- und Rhinantho-Avenetum fatuae mit *Lathyrus bulbosus, Campanula rapunculoides, Sherardia arvensis* bzw. mit *Rhinanthus alectorolophus, Gladiolus imbricatus* neben *Vicia*-Arten (vgl. PASSARGE & JURKO 1975). Von diesen hebt sich das ostelbische Polygono-Avenetum deutlich ab.

Polygono amphibii-Avenetum fatuae (Pass. 76) ass. nov. Tabelle 59 d–k

Kennzeichnend sind *Avena fatua* +–2 mit *Sonchus asper* +–1 und *Polygonum amphibium* +–2. Zur Stetenverbindung gehören neben *Stellaria media, Fallopia convolvulus* mit *Cirsium arvense* und *Sonchus arvensis* Zeiger für tonreiche Böden. Letztere finden sich im Tiefland bevorzugt in Stromauen. Wo diese nach Eindeichung und Grundwasserregulierung vor periodischer Überschwemmung geschützt, eine geregelte Ackernutzung möglich machten, ergaben die tonreichen Grundwasserstandorte höchst ertragreiche Weizen-Rüben-Äcker mit Bodenwertzahlen um 50. Problematisch sind die Bearbeitbarkeit der Böden bei erhöhtem Grund- und Druckwasser (Qualmwasser) sowie der üppige Wildkrautwuchs. Letzterer kann mit knie- bis hüfthohen Beständen in nassen Jahren selbst die Feldfruchtarten überwachsen.

Auf eine Verwandtschaft mit dem Rorippo-Chenopodietum polyspermi mitteldeutscher Auen (KÖHLER 1962) weisen neben vereinzeltem Vorkommen von *Chenopodium polyspermum* und *Oxalis fontana* auch *Stachys palustris,* selten *Rorippa sylvestris* oder *Phragmites* hin. Weitgehend einheitlich ist ebenso die Begleitvegetation in Halm- und Hackfrucht.

Regional heben sich ab: *Matricaria chamomilla*-Rasse in den Niederlanden, *Amaranthus retroflexus*-Rasse mit *Echinochloa crus-galli* und *Galinsoga parviflora* im subkontinentalen Odertal. Zwischen beiden stehen eine Zentralrasse und *Galeopsis speciosa*-Rasse im NO gegenüber.

Kleinstandörtliche Differenzen markieren:

Polygono-Avenetum fatuae typicum,

Polygono-Avenetum f. sperguletosum subass. nov. mit den Mangelzeigern *Spergula arvensis, Scleranthus annuus* und *Setaria viridis*

Polygono-Avenetum f. melandrietosum subass. nov. mit den kalkholden Trennarten *Melandrium noctiflorum, Euphorbia exigua,* selten *Lathyrus tuberosus.* Holotypus ist Aufnahme-Nr. 9 bei PASSARGE (1976, Tab. 1, S. 199 f.).

Im Kontakt mit Scleranthion annui und Veronico-Euphorbion ist die regional begrenzt vorkommende Ass. z. Z. wohl noch nicht gefährdet.

2. Ordnung

Centaureetalia cyani Tx., Lohm. et Prsg. in Tx. 50
(Syn. Papaveretalia rhoeadis Hüppe et Hofmeister 90)
Klatschmohn-Kornblumen-Gesellschaften

Überwiegend artenreiche Ackerwildkraut-Ges. mit anspruchsvollen Arten der *Sinapis arvensis*- und *Euphorbia helioscopia*-Gruppen auf basenreichen, lehmig-mergeligen Ackerböden. Die zugerechneten Vegetationseinheiten lassen sich den Verbänden Veronico-Euphorbion und Caucalidion lappulae anschließen.

4. Verband

Veronico-Euphorbion Siss. (42) ex Pass. 64
Ehrenpreis-Sonnenwolfsmilch-Gesellschaften Tabelle 60–61

In der Begleitvegetation von Gärten, Hackfrüchten, Mais und entsprechenden Sommerfruchtkulturen basenreicher Standorte liegen die Schwerpunktvorkommen von *Fumaria officinalis, Veronica agrestis, V. opaca, V. persica* und *V. polita* sowie von *Euphorbia helioscopia, E. peplus* und *Galinsoga ciliata.* So vereint der Verband die im Gebiet nachgewiesenen Ass.-Gr.: Galinsogetum ciliatae und Euphorbietum pepli im gesonderten Unterverband Galinsogo-Euphorbienion zusammengefaßt, sowie Fumarietum officinalis, Veronicetum persicae und Veronicetum politae des Typischen Unterverbandes Veronico-Euphorbienion.

Unterverband
Galinsogo-Euphorbienion pepli Pass. 81
Knopfkraut-Gartenwolfsmilch-Gesellschaften

Mit den Hauptvorkommen von *Euphorbia peplus* und *Galinsoga ciliata,* ergänzt von *Aethusa cynapium* ssp. *cynapium* und *Papaver somniferum* sowie übergreifenden Ruderalarten wie *Urtica urens* bzw. *Sisymbrium officinale,* umschließt der Unterverband die Ges. nährstoffreicher, stark humoser Gartenböden (Hortisole). Sie gehören zu den Ass.-Gr. Galinsogetum ciliatae und Euphorbietum pepli.

Ass.-Gr.
Galinsogetum ciliatae Pass. (81)
Wimperknopfkraut-Gesellschaften

Die erst seit 1850 aus dem südlichen Amerika stammende *Galinsoga ciliata* ist inzwischen in städtischen Anlagen, Gärten und ortsnahen Hackkulturen auf humusreichenBöden vielerorts eingebürgert und tritt mancherorts gesellschaftsprägend hervor. Bisherige Erhebungen bestätigen *Galinsoga ciliata*-Bestände in weiten Teilen Mitteleuropas, die möglicherweise nicht alle zum gesicherten Euphorbio-Galinsogetum zu rechnen sind (vgl. SMETTAN 1981, FORSTNER 1984, MUCINA & al. 1993).

Tabelle 60 Veronica polita- und Euphorbia peplus-Gesellschaften

Spalte	a	b	c	d	e	f	g	h	i	k	l	m
Zahl der Aufnahmen	14	33	4	17	5	11	14	9	34	9	11	12
mittlere Artenzahl	32	28	26	26	28	26	21	18	16	20	16	13
Euphorbia peplus	.	0^{+}	.	0^{+}	.	.	5^{+1}	5^{+2}	4^{13}	5^{13}	5^{13}	5^{13}
Galinsoga ciliata	.	.	.	.	.	.	5^{+2}	5^{+3}	4^{+3}	3^{+1}	2^{+1}	.
Aethusa cynapium	1^{+}	2^{+}	.	.	.	.	.	2^{+}	2^{+}	4^{+1}	5^{+1}	2^{1}
Anethum graveolens	.	.	.	.	.	.	2^{+}	2^{+}	2^{+}	1^{+}	1^{+1}	.
Sherardia arvensis	1^{+}	1^{+}	1^{1}	1^{+}	2^{+}	2^{+}	.	.	.	.	.	.
Tussilago farfara	.	1^{+}	1^{1}	2^{1}	4^{+1}	4^{1}	.	.	.	.	.	.
Veronica opaca	1^{2}	.	.	.	1^{+}	2^{+}	.	.	.	.	.	.
Lamium hybridum	.	.	.	.	3^{+}	5^{+1}	.	.	.	.	.	.
Veronica polita	4^{+1}	4^{+1}	1^{+}	5^{+1}	.	0^{+}	.	.	.	.	.	.
Melandrium noctiflorum	3^{+}	4^{+}	1^{+}	3^{+}	.	0^{+}	.	.	.	.	.	.
Euphorbia exigua	1^{+}	1^{+}	.	0^{+}	.	.	.	.	.	.	.	.
Lamium purpureum	3^{+1}	3^{+}	.	2^{+}	2^{+}	4^{+}	4^{+2}	4^{+2}	5^{+2}	3^{+}	3^{+1}	2^{1}
Euphorbia helioscopia	4^{+1}	5^{+1}	2^{+}	4^{+}	.	5^{+1}	2^{+}	2^{+}	2^{+1}	4^{+1}	0^{+}	.
Veronica persica	4^{+1}	4^{+1}	4^{+1}	3^{+1}	5^{+1}	5^{+1}	0^{+}	.	2^{+2}	4^{+1}	.	.
Fumaria officinalis	1^{+}	2^{+1}	1^{+}	1^{+}	.	.	2^{+1}	2^{+}	0^{+1}	1^{+}	0^{1}	.
Veronica agrestis	1^{+}	1^{+}	.	1^{+}	1^{+}	1^{1}	.	.	.	.	.	.
Setaria viridis	4^{+1}	3^{+}	.	.	.	.	2^{+1}	2^{+1}	0^{+}	1^{1}	1^{+1}	0^{+}
Echinochloa crus-galli	3^{+1}	2^{+1}	.	.	.	.	0^{+}	5^{+1}	.	.	.	.
Digitaria ischaemum	4^{+}	1^{+}	.	.	.	.	1^{+}	4^{+2}	.	.	.	0^{+}
Amaranthus retroflexus	2^{+}	3^{+1}	.	.	.	.	.	.	.	.	0^{+}	.
Setaria pumila	3^{+}	1^{+}	.	.	.	.	.	.	.	.	.	.
Sonchus oleraceus	4^{+}	4^{+}	3^{+}	3^{+}	2^{+}	1^{+}	4^{+1}	5^{+1}	4^{+1}	5^{+2}	5^{+1}	5^{1}
Sonchus asper	3^{+}	3^{+}	1^{+}	4^{+}	4^{+}	2^{+}	.	.	1^{+}	4^{+1}	4^{+}	2^{1}
Atriplex patula	2^{+}	2^{+}	3^{+}	4^{+}	1^{+}	2^{+}	0^{+}	.	.	.	.	.
Senecio vulgaris	3^{+}	3^{+}	1^{+}	3^{+}	2^{+}	2^{+}	5^{+2}	5^{+1}	4^{+2}	4^{+2}	4^{+2}	2^{1}
Geranium pusillum	2^{+}	3^{+}	1^{+}	2^{+}	3^{+}	2^{+}	5^{+1}	4^{+1}	5^{+1}	.	1^{+}	2^{+}
Lamium amplexicaule	3^{+}	2^{+}	1^{+}	1^{+}	4^{+}	1^{+}	3^{+1}	.	.	.	.	0^{+}
Anchusa arvensis	3^{+}	2^{+}	2^{+}	1^{+}	3^{+}	.	.	.	.	.	.	.
Stellaria media	5^{+1}	4^{+1}	4^{+2}	5^{13}	5^{12}	5^{12}	5^{13}	4^{13}	5^{13}	4^{+1}	2^{12}	2^{1}
Chenopodium album	5^{1}	5^{13}	4^{+1}	5^{12}	4^{1}	5^{+2}	5^{+1}	5^{12}	4^{+1}	5^{+1}	5^{+1}	2^{1}
Capsella bursa-pastoris	5^{+1}	4^{+1}	4^{+}	5^{+1}	5^{+}	5^{+1}	4^{+1}	3^{+1}	4^{+}	2^{+}	3^{+}	.
Polygonum persicaria	4^{+}	4^{+}	1^{+}	3^{+}	1^{+}	1^{+}	1^{+}	2^{+}	2^{+}	2^{+1}	4^{+1}	3^{+}
Erysiumum cheiranthoides	1^{+}	1^{+}	.	0^{+}	.	.	5^{+1}	.	3^{+}	.	1^{+1}	3^{+}
Polygonum tomentosum	4^{+}	4^{+}	3^{+}	4^{+}	2^{+1}	2^{+}	.	.	.	.	.	.
Galinsoga parviflora	3^{1}	4^{+1}	1^{+}	1^{+}	1^{+}	0^{+}	5^{24}	5^{23}	5^{13}	1^{+}	2^{12}	.
Solanum nigrum	2^{+}	2^{+}	.	2^{+}	.	.	0^{+}	.	0^{+}	.	.	.
Urtica urens	1^{+}	1^{+}	.	.	.	1^{+}	4^{+1}	5^{+1}	4^{+1}	1^{+}	1^{+1}	2^{+}
Conyza canadensis	2^{+}	1^{+}	.	0^{+}	.	.	0^{+}	2^{+1}	0^{+}	2^{+}	1^{+1}	4^{1}
Sisymbrium officinale	2^{+}	1^{+}	.	1^{+}	.	1^{+}	1^{+}	1^{+}	1^{+}	2^{+}	2^{+}	0^{+}
Oxalis fontana	.	0^{+}	.	.	.	1^{+}	1^{+}	2^{+}	1^{+}	5^{+2}	4^{+2}	4^{+3}
Chenopodium polyspermum	.	0^{+}	.	.	.	.	.	.	.	1^{1}	2^{+1}	.
Lapsana communis	.	.	.	.	.	1^{+}	.	.	.	4^{+1}	2^{+1}	1^{1}
Sinapis arvensis	3^{+}	3^{+1}	2^{+}	5^{+}	5^{+}	4^{+1}	2^{+}	1^{+}	0^{+}	.	0^{+}	.
Galium aparine	2^{+}	3^{+1}	1^{1}	3^{+}	3^{+}	3^{+}	1^{+}	1^{+}	1^{+}	.	0^{+}	.
Sonchus arvensis	3^{+1}	5^{+1}	3^{+1}	5^{+1}	5^{+1}	5^{+1}	.	.	.	.	.	.
Thlaspi arvense	3^{+}	3^{+1}	1^{1}	4^{+}	3^{+}	3^{+}	2^{+}	.	.	.	.	.
Matricaria chamomilla	2^{+}	1^{+1}	.	2^{1}	.	2^{+1}	.	.	.	.	.	.
Matricaria inodora	2^{+}	3^{+1}	4^{+}	3^{+}	5^{+}	5^{+}	.	.	.	.	.	.
Anagallis arvensis	4^{+}	4^{+1}	2^{+}	3^{+}	2^{+}	2^{+1}	0^{+}	.	1^{+}	.	.	0^{+}
Myosotis arvensis	3^{+}	2^{+}	2^{+}	3^{+}	3^{+}	4^{+}	.	.	.	.	0^{+}	.
Veronica arvensis	1^{+}	1^{+}	2^{+}	1^{+}	4^{+}	3^{+}	.	.	.	.	.	.

Spalte	a	b	c	d	e	f	g	h	i	k	l	m
Zahl der Aufnahmen	14	33	4	17	5	11	14	9	34	9	11	12
mittlere Artenzahl	32	28	26	26	28	26	21	18	16	20	16	13
Arabidopsis thaliana	2^{+}	1^{+}	.	.	1^{+}	1^{+}	5^{+}	.	0^{+}	1^{+}	2^{+}	.
Papaver rhoeas	1^{+}	1^{+}	.	1^{+}	.	1^{+}	3^{+}	.	2^{+}	.	.	.
Veronica hederifolia	.	.	.	.	2^{+}	3^{+}	.	.	.	.	.	.
Fallopia convolvulus	5^{+1}	5^{+1}	3^{+}	5^{+1}	3^{+}	5^{+1}	1^{+}	2^{+}	.	.	.	1^{+}
Viola arvensis	5^{+}	4^{+}	4^{+}	5^{+}	5^{+}	4^{+}	4^{+}	.	.	.	.	.
Vicia hirsuta	1^{+}	1^{+}	1^{+}	1^{+}	5^{+}	2^{+}	0^{+}	.	.	.	.	.
Centaurea cyanus	3^{+}	2^{+}	3^{+}	2^{+}	1^{+}	1^{+}	.	.	.	.	.	.
Spergula arvensis	3^{+}	.	3^{+}	.	3^{+}	.	1^{+}	.	.	.	.	.
Scleranthus annuus	3^{+}	.	3^{+}	.	2^{+}	.	.	.	.	.	.	.
Erodium cicutarium	4^{+}	0^{+}	.	1^{+}	.	.	1^{+}	.	.	.	.	.
Rumex acetosella	2^{+}	.	.	.	.	.	2^{+}	.	.	.	.	.
Raphanus raphanistrum	4^{+}	.	2^{+}	.	.	.	.	.	.	.	.	.
Agropyron repens	5^{+1}	5^{+2}	3^{1}	5^{+2}	4^{+1}	5^{+2}	5^{+2}	3^{+1}	3^{+1}	2^{+1}	2^{+1}	3^{+}
Equisetum arvense	4^{+1}	4^{+1}	2^{+1}	4^{+1}	5^{+1}	4^{+1}	3^{+}	2^{+}	2^{+1}	2^{+1}	1^{+2}	1^{1}
Convolvulus arvensis	3^{+}	3^{+1}	.	4^{+1}	1^{+}	1^{+}	2^{+}	4^{+1}	2^{+1}	2^{+}	0^{1}	1^{1}
Cirsium arvense	4^{+}	4^{+1}	3^{1}	5^{+1}	4^{+1}	5^{+1}	.	.	.	2^{+}	.	.
Poa annua	2^{+}	2^{+}	1^{+}	2^{+}	.	4^{+}	5^{+2}	4^{+2}	5^{+2}	5^{+2}	5^{+2}	5^{1}
Taraxacum officinale	2^{+}	2^{+}	.	1^{+}	.	2^{+}	4^{+}	4^{+1}	4^{+2}	5^{+}	5^{+1}	5^{+}
Polygonum aviculare agg.	5^{+}	4^{+}	4^{+}	5^{+}	5^{+}	5^{+1}	.	.	.	.	.	3^{+}
Plantago major	4^{+}	3^{+}	4^{+}	3^{+}	4^{+}	3^{+}	.	.	1^{+}	1^{+}	0^{+}	2^{+}
Medicago lupulina	2^{+}	2^{+}	.	1^{+}	.	1^{+}	2^{+}	.	.	.	0^{+}	.
Gnaphalium uliginosum	1^{+}	2^{+}	3^{+}	1^{+}	4^{+}	3^{+}	.	.	.	.	.	.
Mentha arvensis	2^{+}	2^{+}	2^{+}	3^{+}	4^{+}	2^{+}	.	.	.	.	.	.
Potentilla anserina	.	1^{+}	2^{+}	2^{+}	.	.	.	.	.	.	.	.
Rumex crispus	2^{+}	1^{+}	.	1^{+}	.	.	.	.	.	.	.	.
Ranunculus repens	.	.	.	.	.	.	2^{+}	.	1^{+}	4^{+1}	3^{+1}	.
Calystegia sepium	.	.	.	.	.	.	.	.	.	3^{+}	3^{+1}	0^{+}
Aegopodium podagraria	.	.	.	.	.	.	.	.	0	4^{+2}	3^{+1}	.
Epilobium roseum	.	.	.	.	.	.	.	.	.	3^{+2}	3^{+1}	.

außerdem mehrmals in a: Anthemis arvensis 2, Crepis tectorum 2, Melandrium album 2; d: Avena fatua 2; g: Mercurialis annua 2, Artemisia vulgaris 2; h: Digitaria sanguinalis 3, Mercurialis annua 2; l: Epilobium adenocaulon 3, E. montanum 2, Potentilla reptans 2.

Herkunft:
a–d. PASSARGE (1963, 1964 u. n. p.: 68)
e–f. PASSARGE (1962 u. n. p.: 16)
g–m. PASSARGE (1981 u. n. p.: 75), Graf (1986: 14).

Vegetationseinheiten:

1. Lamio-Veronicetum politae Kornas 50
   Melandrium noctiflorum-Vikariante (a–d)
   Setaria-Rasse (a–b), Zentralrasse (c–d)
      sperguletosum Pass. (59) comb. nov. (a, c)
      typicum Kornas 50 (b, d)
2. Veronico-Lamietum hybridi Kruseman et Vlieg. 39
      sperguletosum Pass. 59 (e)
      typicum Pass. 59 (f)
3. Euphorbio-Galinsogetum ciliatae Pass. 81
   Erysimum-Rasse (g), Digitaria-Rasse (h)
      rumicetosum Pass. 81 (g)
      typicum Pass. 81 (h, i)
4. Aethuso-Euphorbietum pepli Pass. 81
   Aegopodium-Rasse (k–l), Zentralrasse (m)
      veronicetosum subass. nov. (k)
      typicum subass. nov. (l, m)

Euphorbio-Galinsogetum ciliatae Pass. 81 Tabelle 60 g–h

Kennzeichnend sind *Galinsoga parviflora* 1–3 mit *G. ciliata* und *Euphorbia peplus* je +–3. Als Konstante komplettieren *Lamium purpureum, Sonchus oleraceus, Senecio vulgaris, Geranium pusillum, Stellaria media, Chenopodium album, Urtica urens, Poa annua* und *Taraxacum officinale* die recht homogene, abweichend eigenständige Artenverbindung. Diese fuß- bis kniehohe (30–50 cm), oft lichtgeschlossene Begleitvegetation siedelt auf tiefgründig-humosen Gartenböden (Hortisolen mit 35–60 cm mächtigem A-Horizont), entstanden dank Jahrzehnte währender Beetbewirtschaftung mit periodischer Bodenlockerung, organischer Düngung und Zusatzbewässerung bei bodenbiologisch wertvollem, nachhaltigem Garezustand.

Großräumig ähnlich zusammengesetzt, lebt in sommerwarmen Gebieten eine *Digitaria*-Vikariante mit *D. sanguinalis, D. ischaemum, Amaranthus retroflexus, Echinochloa crus-galli, Setaria viridis* und *Mercurialis annua* (PASSARGE 1981, WALDIS 1987). Anderenorts ist die temperate Zentralvikariante verbreitet (vgl. KIENAST 1978, PASSARGE 1981, BÖTTCHER & TÜLLMANN 1985, GÖDDE 1986, WITTIG & WITTIG 1986, WNUK 1989, AEY 1990, HILBIG & WOLKE 1991, HÜGIN & HÜGIN 1994).

Weiterer Klärung bedarf die Stellung der *Euphorbia peplus*-freien Ausbildung in Hopfen- und Spargelplantagen im fränkisch-bayerischen Raum (RODI 1966, BRANDES 1988, HILBIG 1993).

Standörtliche Differenzen veranschaulichen:

Euphorbio-Galinsogetum ciliatae typicum,

Euphorbio-Galinsogetum c. rumicetosum Pass. 81 mit den Mangelzeigern *Rumex acetosella, Spergula arvensis, Raphanus raphanistrum* und weiteren lokalen Säurezeigern. Feuchteunterschiede bringen Typische und *Ranunculus repens*-Variante zur Geltung (HANSPACH 1989, HILBIG 1993).

Im Kontakt mit Galinsogetum parviflorae und Malvion neglectae sind die verstreuten Vorkommen der Ass. nicht gefährdet.

Ass.-Gr.
Euphorbietum pepli (Pass. 81)
Gesellschaften mit Gartenwolfsmilch

Vom tropisch-subtropischen Afrika reicht das Areal von *Euphorbia peplus* bis ins temperat-subozeanische Europa. Gleichermaßen verengt sich die standörtliche Amplitude im NO. In Ostelbien bevorzugt die frostempfindliche Art basenreiche, sommerfrische, humose Lockerböden, wie sie vornehmlich in gepflegten Park- und Gartenanlagen gegeben sind.

Aethuso-Euphorbietum pepli Pass. 81 Tabelle 60 k–m

Kennzeichnend sind *Euphorbia peplus* 1–3 mit *Aethusa cynapium* +–1 und *Oxalis fontana* +–2. Konstant kommen hinzu *Sonchus oleraceus,* meist auch *S. asper* sowie *Poa annua* und *Taraxacum officinale.* Gemeinsam schließen sie sich saisonal zu fußhohen (20–30 cm), etwa 50–80 % deckenden Wildkrautbeständen, vornehmlich auf grundfeuchten, sandig-lehmigen Niederungsstandorten zusammen. Die noch selten bestätigte Ass. begegnet uns im Gebiet in einer *Aegopodium*-Rasse mit *Ae. podagraria, Ranunculus repens, Epilobium roseum, Calystegia sepium,* evtl. *Chenopodium polyspermum* auf grundfeuchten, stark humosen Gartenböden. Die Zentralrasse oft mit *Conyza canadensis* bevorzugt sandige, frisch-humose Böden.

Trophiebedingt sind die Unterschiede zwischen:
Aethuso-Euphorbietum pepli typicum und
Aethuso-Euphorbietum p. veronicetosum subass. nov. mit *Veronica persica, Euphorbia helioscopia* und *Cirsium arvense* auf lehmigen Standorten. Die Subass. vermittelt zum Veronicetum persicae. In Sachsen-Anhalt (Elb-Havelwinkel) und Berlin-Brandenburg nachgewiesen (PASSARGE 1981, GRAF 1986), ist die verstreut vorkommende Einheit ähnlich in Mecklenburg-Vorpommern in Parkanlagen, Gärtnereien, Haus- und Schrebergärten sowie auf Friedhöfen zu erwarten und wohl nicht gefährdet.

Unterverband
Veronico-Euphorbienion

Der Typische Unterverband vereinigt die artenreichen Wildkrautges. der ortsfernen Hack- und Sommerfruchtkulturen. Auf ihren meist lehmreichen Ackerböden sind *Veronica persica* und einige Schwesterarten diagnostisch wichtig.

Ass.-Gr.
Veronicetum politae (Kornas 50) Pass. 59
Gesellschaften mit Glänzendem Ehrenpreis

Die in Eurasien meridional-temperat vorkommende *Veronica polita* bevorzugt kalkhaltige, sommerwarme Böden. Mit Schwerpunkt in Weinbaugebieten wurden in Mitteleuropa bekannt: Lamio-, Setario-, Melandrio- und Thlaspio-Veronicetum politae (vgl. KORNAS 1950, OBERDORFER 1959, PASSARGE 1959, 1964, GÖRS 1966, OBERDORFER & al. 1967, PASSARGE & JURKO 1975, HÜPPE & HOFMEISTER 1990).

Veronico-Lamietum hybridi Kruseman et Vlieger 39 Tabelle 60 e–f

Gekennzeichnet von *Lamium hybridum* +–2 mit *Veronica persica, V. polita,* selten *V. opaca* jeweils +–2, ergänzen *Sonchus arvensis, Sinapis arvensis* und *Tussilago farfara* die diagnostisch wichtige Konstantenverbindung auf schweren Lehmböden. Im subboreal-baltischen Raum heimisch, gehört die Küstenregion von den Niederlanden bis S-Skandinavien und den baltischen Staaten zum Vorkommensbereich der Ass.. Regionale Verschiedenheiten dokumentieren *Matricaria chamomilla*-Rasse in den Niederlanden mit *Veronica agrestis, Geranium dissectum, Alopecurus myosurioides* (KRUSEMAN & VLIEGER 1939), sowie die östliche Zentralrasse in Mecklenburg mit *Matricaria inodora* (PASSARGE 1959, 1962, 1964).

Trophische Differenzen ergeben:
Veronico-Lamietum hybridi typicum
Veronico-Lamietum h. sperguletosum Pass. 59 mit *Spergula arvensis, Scleranthus annuus, Anchusa arvensis (Lamium amplexicaule)* auf weniger nährstoffreichen Böden. In beiden Subass. zeigen *Gnaphalium*-Varianten Feuchtestau an.

Die regional begrenzten, verstreuten Vorkommen machen eine Gefährdung wahrscheinlich.

Lamio-Veronicetum politae Kornas 50 Tabelle 60 a–d

Kennzeichnend sind *Veronica polita* mit *V. persica* je +–2, oft *Melandrium noctiflorum* +. Durchgehend konstant sind weder die Trophiezeiger der *Sinapis*-Gruppe noch der *Sonchus asper*-Gruppe, sondern erst *Stellaria media, Chenopodium album, Capsella-bursa-pastoris* und *Viola arvensis,* dazu *Polygonum aviculare.* Ihre meist fußhohen Bestände begleiten die Sommerfrüchte auf lehmreichen, oft kalkhaltigen Moränenböden vornehmlich im subkontinental-beeinflußten, sommerwarmen Bereich von SO-Mecklenburg und dem östlichen Brandenburg (PASSARGE 1959, 1964, 1968 u. n. p.)

Syngeographisch unterscheidbar sind: *Fumaria vaillantii*-Vikariante (= Thlaspio-Veronicetum Görs 66) in S-Deutschland mit *Geranium dissectum, Aethusa cynapium* und *Campanula rapunculoides* (vgl. OBERDORFER 1957, 1983, ESKUCHE 1957, GÖRS 1966, RODI 1966, LANG 1973, ULLMANN 1977, MÜLLER 1983, TÜRK 1993), *Melandrium noctiflorum*-Vikariante mit *Matricaria inodora* und *Veronica arvensis* im subkontinentalen NO-Deutschland (PASSARGE 1959, 1964, 1976) bzw. in Polen (vgl. KORNAS 1950, FIJALKOWSKI 1978, 1991, WNUK 1989). – In beiden markieren *Setaria-,* zentrale und *Galeopsis*-Rassen die Unterschiede der sommerlichen Bodenerwärmung.

Hinzu kommen trophische Differenzen zwischen:

Lamio-Veronicetum politae typicum und

Lamio-Veronicetum p. spergularietosum Pass. (59) comb. nov. mit *Spergula arvensis, Scleranthus annuus, Raphanus raphanistrum,* selten *Rumex acetosella* bei verminderter Nährstoffversorgung. *Gnaphalium*-Varianten deuten zeitweilige Staufeuchte an.

Die regional verstreut vorkommende Einheit lebt im Kontakt mit Aphanenion- und Caucalidion-Äckern und ist potentiell gefährdet.

Ass.-Gr.
Veronicetum persicae (Pass. et Jurko 75)
Gesellschaften mit Perserehrenpreis

Wo allenthalben auf besseren Ackerböden (Wertzahl 30–50) *Fumaria officinalis* fehlt, sei es aus Mangel an Sommerfeuchte oder Bodenlockerheit, begleiten *Veronica persica* und Schwesterarten die Trophiezeiger der *Sinapsis*-Gruppe in Hack- und Sommerfrüchten. Den unterschiedlichen Temperaturbedingungen zwischen den meridionalen bis borealen Zonen von Europa und W-Asien angepaßt, vikarileren Euphorbio-Veronicetum persicae und Thlaspio-Veronicetum persicae.

Euphorbio-Veronicetum persicae Pass. et Jurko 75 Tabelle 61 g–h

Im Zentrum des Veronico-Euphorbienion stehen Ausbildungen mit *Veronica persica* und *Euphorbia helioscopia* je +–2 ohne weitere Besonderheiten. Trohpiezeiger der *Sinapis arvensis-* und *Sonchus asper*-Gruppen sind meist nur mittelstet. Wiederum bilden diese gemeinsam mit allgemein verbreiteten Wildkräutern eine fußhohe (20–40 cm), unterschiedlich geschlossene Begleitvegetation in den Sommerfrüchten auf ± lehmigen Moränenäckern. Mehrheitlich zwischen subozeanisch beeinflußter Küstennähe und subkontinentalem Binnenland in S-Mecklenburg und N-Brandenburg (KRAUSCH & ZABEL 1965) verdient die Einheit mehr Aufmerksamkeit. Hierin als *Matricaria chamomilla*-Rasse (?) eingebettet sind die Bestände der *Chenopodium-Matricaria*-Ges. bei KRAUSCH & ZABEL (1965). Im südlichen Mitteleuropa von SEIBERT (1969) bzw. PASSARGE & JURKO (1975) belegt.

Kleinstandörtlich unterscheidbar:

Euphorbio-Veronicetum persicae typicum und

Euphorbio-Veronicetum p. sperguletosum subass. nov. mit *Spergula arvensis, Scleranthus annuus, Raphanus raphanistrum* und *Rumex acetosella* auf weniger nährstoffreichen Böden. *Plantago intermedia* und *Gnaphalium uliginosum* zeigen staufeuchte *Gnaphalium*-Varianten an.

Verstreute Vorkommen, im Kontakt mit Aphanenion-Äckern, begründen noch keine Gefährdung.

Ass.-Gr.
Fumarietum officinalis Tx. 50
Gesellschaften mit Erdrauch

Fumaria officinalis reicht in Europa von der meridionalen bis zur borealen Zone mit Hauptvorkommen im ozeanisch beeinflußten Klima. In Mitteleuropa wurde eine Reihe vikariierender Einheiten bekannt z. B. Veronico-Fumarietum,, Mercuriali-, Setario-, Amarantho-, Lapsano- und Thlaspio-Fumarietum (vgl. J. TÜXEN 1955, OBERDORFER 1957, 1983, MEISEL 1973, PASSARGE & JURKO 1975).

Veronico-Fumarietum officinalis Tx. in J. Tx. 55 Tabelle 61 a–f

Bezeichnend sind *Fumaria officinalis* +–2 mit *Veronica persica* und minderstet *V. agrestis* jeweils +–2. Durchgehend konstant sind *Stellaria media, Capsella bursa-pastoris, Fallopia convolvulus* und *Viola arvensis*. Diagnostisch wichtige Arten der *Sinapis arvensis*- und *Sonchus asper*-Gruppe finden sich vielfach weniger häufig in den mehrheitlich fußhohen Wildkrautbeständen auf sommerfrischen, nährstoffkräftigen, lehmigen Böden (pH um 6,5).

Im nördlichen Mitteleuropa großräumig vom Tiefland bis in die mittleren Gebirgslagen in mehreren Vikarianten und Rassen heimisch. Genannt seien *Lapsana communis*-Vikariante (= Lapsano-Fumarietum bei MEISEL 1973) mit *Galeopsis tetrahit* in sommerkühlen Gebirgslagen bzw. S-Skandinavien (JALAS 1956), Zentralvikariante und *Setaria*-Vikariante (= Setario-Fumarietum bei J. TÜXEN 1955) in sommerwarmen Gebieten. Letztere mit *Setaria viridis, Digitaria ischaemum, Echinochloa crus-galli,* selten *Amaranthus retroflexus* oder *Setaria pumila*. Von der Altmark bis O-Brandenburg und SO-Mecklenburg (vgl. PASSARGE 1955, 1959, 1962, 1963, 1964, KRAUSCH & ZABEL 1965, VOIGTLÄNDER 1966) belegen KLOSS (1960) bzw. PASSARGE (1962) noch eine nordbaltische *Lamium hybridum*-Vikariante. In dieser Ausbildung fallen zahlreiche wärmebedürftige Wildkräuter aus, so *Sonchus arvensis, S. asper, S. oleraceus,, Anagallis arvensis* und *Convolvulus arvensis,* um nur die wichtigsten zu nennen.

Trophieunterschiede bedingen:

Veronico-Fumarietum officinalis typicum

Veronico-Fumarietum o. spergularietosum J. Tx. 55 mit *Spergula arvensis, Scleranthus annuus, Raphanus raphanistrum,* selten *Rumex acetosella* auf sandig-podsoligen Böden.

Auf lehmnahen Grundmoränenäckern in Mecklenburg-Vorpommern und N-Brandenburg großräumig verbreitet und nicht gefährdet.

Tabelle 61 Fumaria- und Veronica persica-Gesellschaften

Spalte	a	b	c	d	e	f	g	h
Zahl der Aufnahmen	32	45	30	67	5	4	12	25
mittlere Artenzahl	28	25	26	24	22	21	22	21
Veronica persica	3^{+}	4^{+2}	4^{+1}	4^{+2}	5^{+2}	3^{+2}	5^{+2}	5^{+2}
Euphorbia helioscopia	3^{+1}	3^{+2}	4^{+1}	3^{+1}	5^{+1}	4^{+1}	3^{+1}	3^{+1}
Lamium purpureum	1^{+}	3^{+1}	2^{+}	2^{+1}	3^{+1}	2^{+2}	0^{+}	2^{+1}
Fumaria officinalis	5^{+1}	4^{+2}	4^{+2}	5^{+2}	3^{+1}	2^{+2}	0^{+}	.
Veronica agrestis	2^{+}	2^{+1}	3^{+1}	3^{+2}	2^{+1}	3^{+1}	0^{+}	.
Euphorbia peplus	0^{+}	2^{+}	1^{1}	1^{+1}	.	.	0^{1}	0^{2}
Lamium hybridum	.	.	.	.	5^{+1}	4^{+1}	.	.
Setaria viridis	5^{+1}	4^{+1}	0^{+}	0^{+}	.	.	0^{+}	.
Echinochloa crus-galli	2^{+}	3^{+2}	.	0^{+}	.	.	0^{1}	0^{+}
Digitaria ischaemum	3^{+1}	2^{+}	.	.	.	.	0^{+}	.
Amaranthus retroflexus	1^{+}	2^{+1}	.	.	.	.	.	.
Lamium amplexicaule	5^{+}	3^{+}	4^{+1}	3^{+1}	4^{+1}	4^{+1}	4^{+}	3^{+}
Anchusa arvensis	2^{+}	2^{+}	4^{+}	2^{+1}	5^{+1}	2^{+}	1^{+}	1^{+1}
Geranium pusillum	2^{+}	4^{+}	3^{+}	3^{+1}	.	1^{+}	3^{+}	2^{+}
Senecio vulgaris	2^{+}	2^{+}	3^{+1}	2^{+1}	.	2^{+}	2^{+}	2^{+}
Sonchus asper	2^{+}	3^{+}	3^{+1}	3^{+1}	.	.	3^{+1}	4^{+1}
Sonchus oleraceus	2^{+}	3^{+}	2^{+}	3^{+1}	.	.	2^{+}	3^{+1}
Atriplex patula	1^{+}	1^{+}	1^{+2}	2^{+1}	.	1^{+}	1^{1}	2^{+1}
Galinsoga parviflora	3^{+1}	4^{+2}	2^{+1}	2^{+1}	.	.	1^{+2}	1^{+1}
Solanum nigrum	1^{+}	2^{+}	2^{+}	1^{+}	.	.	0^{+}	1^{+2}
Stellaria media	4^{+2}	5^{+2}	5^{+1}	5^{+2}	5^{12}	4^{12}	5^{+2}	5^{+2}
Chenopodium album	5^{+2}	5^{+2}	5^{+2}	5^{+2}	2^{+1}	2^{+1}	4^{+2}	5^{+2}
Capsella bursa-pastoris	4^{+}	5^{+1}	5^{+1}	5^{+1}	5^{+1}	2^{+}	4^{+}	5^{+}
Polygonum tomentosum	2^{+}	4^{+}	4^{+1}	4^{+}	2^{+}	.	3^{+1}	3^{+1}
Polygonum persicaria	2^{+}	2^{+}	2^{+}	3^{+1}	1^{+}	2^{+}	2^{+}	1^{+}
Erysimum cheiranthoides	2^{+}	3^{+}	1^{+}	1^{+}	.	1^{+}	.	0^{+}
Sinapis arvensis	2^{+}	3^{+}	3^{+1}	4^{+2}	3^{+1}	3^{+1}	2^{+}	3^{+1}
Thlaspi arvense	2^{+}	4^{+1}	3^{+1}	4^{+2}	5^{+1}	1^{1}	2^{+}	3^{+1}
Sonchus arvensis	2^{+}	2^{+1}	3^{+2}	3^{+2}	.	.	3^{+2}	3^{+1}
Galium aparine	1^{+}	2^{+1}	2^{+1}	3^{+1}	.	1^{+}	0^{+}	2^{+1}
Matricaria chamomilla	1^{+}	1^{+1}	1^{1}	1^{+}	3^{+1}	1^{1}	2^{+2}	4^{+2}
Papaver rhoeas	1^{+}	1^{+1}	2^{+2}	1^{+2}	2^{+}	3^{+1}	.	0^{+}
Medicago lupulina	1^{+}	1^{+}	2^{+1}	2^{+1}	.	.	2^{+}	1^{+}
Matricaria inodora	3^{+1}	3^{+1}	3^{+1}	4^{+1}	5^{+1}	4^{+1}	3^{+1}	4^{+1}
Myosotis arvensis	2^{+}	2^{+}	3^{+1}	3^{+1}	5^{+1}	2^{+1}	3^{+}	2^{+}
Veronica arvensis	2^{+}	1^{+}	0^{+}	2^{+}	4^{+1}	.	4^{+1}	2^{+}
Anagallis arvensis	2^{+}	3^{+1}	3^{+1}	3^{+1}	.	.	3^{+}	2^{+}
Arenaria serpyllifolia	2^{+}	1^{+}	1^{+}	1^{+}	2^{+}	2^{+}	2^{+}	1^{+}
Aphanes arvensis	1^{+}	.	2^{+1}	2^{+}	1^{+}	.	2^{+}	0^{+}
Crepis tectorum	2^{+}	1^{+}	2^{+1}	1^{+1}	.	.	.	.
Fallopia convolvulus	5^{+2}	5^{+1}	5^{+1}	5^{+1}	3^{+1}	4^{+1}	4^{+1}	3^{+1}
Viola arvensis	5^{+1}	4^{+1}	5^{+1}	5^{+1}	5^{+1}	4^{+1}	5^{+}	5^{+}
Vicia hirsuta	4^{+1}	2^{+}	3^{+2}	3^{+1}	0^{+}	1^{+}	5^{+1}	1^{+}
Centaurea cyanus	2^{+}	1^{+}	3^{+1}	3^{+1}	5^{+1}	2^{+}	3^{+1}	2^{+1}
Vicia angustifolia	1^{+}	.	2^{+}	2^{+}	.	.	2^{+1}	.
Spergula arvensis	3^{+1}	.	4^{+2}	.	4^{+1}	.	3^{+1}	.
Scleranthus annuus	3^{+}	.	4^{+}	.	3^{+1}	.	4^{+1}	.
Raphanus raphanistrum	4^{+1}	0^{+}	3^{+1}	0^{+}	3^{+}	.	3^{+1}	0^{+}
Erodium cicutarium	3^{+}	.	2^{+1}	2^{+1}	.	.	2^{+}	.
Rumex acetosella	1^{+}	.	2^{+}	0^{+}	.	.	2^{+}	.
Arabidopsis thaliana	2^{+}	0^{+}	2^{+}	0^{+}	.	.	3^{+1}	1^{+}

Spalte	a	b	c	d	e	f	g	h
Zahl der Aufnahmen	32	45	30	67	5	4	12	25
mittlere Artenzahl	28	25	26	24	22	21	22	21
Agropyron repens	4^{+2}	5^{+2}	4^{+2}	4^{+2}	1^{+}	2^{+1}	5^{+2}	4^{+2}
Cirsium arvense	4^{+1}	4^{+1}	4^{+1}	4^{+1}	2^{+}	2^{+}	4^{+1}	4^{+1}
Equisetum arvense	4^{+2}	4^{+1}	5^{+1}	4^{+2}	.	3^{+1}	3^{+1}	3^{+2}
Convolvulus arvensis	3^{+}	2^{+}	1^{+}	2^{+}	.	.	0^{+}	0^{+}
Polygonum aviculare agg.	4^{+}	4^{+1}	4^{+1}	3^{+1}	2^{+}	2^{+}	2^{+1}	2^{+1}
Poa annua	1^{+1}	1^{+}	2^{+1}	2^{+1}	3^{+1}	1^{+}	2^{+1}	4^{+2}
Taraxacum officinale	1^{+}	2^{+}	2^{+}	2^{+1}	.	.	.	2^{+}
Plantago major	1^{+}	1^{+}	1^{+}	1^{+}	.	.	.	2^{+}
Potentilla anserina	1^{+}	1^{+}	1^{+}	2^{+}	.	.	.	.
Gnaphalium uliginosum	1^{+}	2^{+}	2^{+}	2^{+}	.	1^{+}	1^{+}	2^{+}
Plantago intermedia	1^{+}	.	2^{+}	2^{+}	1^{+}	.	3^{+}	1^{+1}
Mentha arvensis	2^{+}	2^{+}	2^{+1}	2^{+1}	.	.	0^{1}	3^{+1}
Stachys palustris	1^{1}	2^{+}	1^{+}	2^{+}	.	.	.	.

außerdem mehrmals in c: Papaver dubium 2, Anthemis arvensis 2;e: Chrysanthemum segetum 3; h: Tussilago farfara 2.

Herkunft:
a–d,
g–h. PASSARGE (1955, 1959, 1962, 1963, 1964 u. n. p.: 122), KRAUSCH & ZABEL (1965: 63), VOIGTLÄNDER (1966: 26)
e–f. KLOSS (1960: 7), PASSARGE (1962: 2)

Vegetationseinheiten:
1. Veronico-Fumarietum officinalis Tx. in J. Tx. 55
   Setaria-Vikariante (a–b), Zentralvikariante (c–f)
   Sonchus-Rasse (c–d), Lamium hybridum-Rasse (e–f)
   sperguletosum Tx. in J. Tx. 55 (a, c, e)
   typicum Tx. in J. Tx. 55 (b, d, f)
2. Euphorbio-Veronicetum persicae Pass. et Jurko 75
   Matricaria inodora-Vikariante (g–h)
   sperguletosum subass. nov. (g)
   typicum subass. nov. (h)

5. Verband

Caucalidion lappulae Tx. 50

Haftdolden-Klatschmohn-Gesellschaften Tabelle 62

Die artenreichen Halmfruchteinheiten oft karbonathaltiger Lehm- und Mergelböden klingen mehrheitlich nach N zu aus. Von den 25 Kennarten des Verbandes bei TÜXEN (1950) bleiben mehr als die Hälfte im Bereich der süd-mitteldeutschen Hügelstufe und weitere Arten (z. B. *Adonis aestivalis, Neslia paniculata, Scandix pecten-veneris, Sherardia arvensis, Stachys annua* und *Valerianella rimosa*) kommen im NO nur noch als floristische Seltenheit vor. So nimmt es nicht Wunder, wenn neben dem Caucalido-Scandicetum Libbert 30 – die Ass. sei Verbandstypus – auch alle weiteren seinerzeit zugeordneten Einheiten in Ostelbien fehlen bzw. nicht nachgewiesen wurden.

Dennoch gibt es auch im Gebiet einige anspruchsvolle Ass.-Gr., die bisher zum Triticion sativae von KRUSEMAN & VLIEGER (1939) gerechnet, nun als Ranunculo-Consolidenion suball. nov. dem Caucalidion angeschlossen werden. Diagnostisch wichtig sind für den neuen Unterverband: *Camelina microcarpa, Consolida regalis, Galium spurium, Nigella arvensis, Ranunculus arvensis, Valerianella dentata* sowie als Trennart *Medicago lupulina.* Die einzureihenden Ass.-Gr. sind: Ranunculetum arvensis, Consolidetum regalis, Melandrietum noctiflorae sowie Galietum spurii. Mit dem Camelino-Consolidetum regalis als Typus-Ass. ist ähnlich wie beim Sherardion arvensis im SO meist *Apera spica-venti* noch untergeordnet mitbeteiligt (KROPAC 1978).

Tabelle 62 Ranunculus arvensis- und Consolida-Gesellschaften

Spalte	a	b	c	d	e	f	g	h	i	k	l
Zahl der Aufnahmen	4	9	7	11	6	11	14	9	9	12	7
mittlere Artenzahl	35	27	23	27	18	24	24	20	29	19	19
Melandrium noctiflorum	3^{+1}	.	.	1^{+}	1^{+}	0^{+}	5^{+1}	.	5^{+1}	5^{+1}	.
Euphorbia exigua	4^{+2}	.	.	.	.	5^{+2}	2^{+1}	.	2^{+2}	2^{+1}	.
Scandix pecten-veneris	2^{+1}	.	.	.	.	.	.	.	.	.	.
Consolida regalis	4^{+1}	4^{+2}	.	2^{+2}	.	5^{13}	5^{12}	4^{+2}	4^{13}	.	.
Camelina microcarpa	1^{+}	.	.	.	.	5^{+1}	4^{+2}	3^{+2}	.	.	.
Nigella arvensis	.	.	.	.	.	4^{+2}	1^{+2}	1^{+}	.	.	.
Ranunculus arvensis	4^{+}	4^{+1}	5^{+1}	.	.	0^{+}	0^{+}	.	.	.	.
Aethusa cynapium	1^{+}	4^{+2}	2^{+}	.		.	.	.	.	2^{+1}	.
Matricaria chamomilla	.	2^{+2}	4^{+2}	4^{13}	5^{+2}	.	2^{+1}	2^{+}	1^{+}	.	5^{+1}
Avena fatua	.	.	.	5^{+2}	2^{+}	.	.	.	0^{+}	.	.
Galium spurium	.	.	.	5^{+2}	2^{+}	.	0^{1}	.	.	.	.
Papaver rhoeas	4^{+1}	1^{+}	1^{1}	5^{+2}	4^{2}	4^{+1}	5^{+2}	5^{+2}	3^{+1}	.	.
Medicago lupulina	4^{+1}	5^{+1}	.	0^{+}	.	5^{+1}	0^{+}	1^{+1}	5^{+1}	2^{+1}	.
Valerianella dentata	1^{+}	.	.	.	.	5^{+1}	.	.	.	3^{+1}	.
Sinapis arvensis	4^{+1}	5^{+2}	3^{+1}	4^{+1}	2^{+1}	2^{+}	4^{+2}	5^{+2}	5^{+3}	1^{+}	3^{+2}
Galium aparine	2^{12}	4^{+2}	4^{+2}	5^{+2}	3^{+2}	.	2^{+2}	2^{+1}	2^{+1}	.	5^{+2}
Thlaspi arvense	2^{+}	3^{+2}	5^{+1}	5^{+1}	1^{+}	0^{+}	0^{+}	.	1^{+}	.	4^{+2}
Sonchus arvensis	4^{+1}	4^{+2}	3^{+1}	.	.	2^{+1}	1^{+1}	.	2^{+1}	.	4^{+1}
Matricaria inodora	4^{+2}	4^{+1}	2^{+1}	5^{+1}	4^{+2}	5^{+2}	2^{+2}	3^{+1}	4^{+1}	.	5^{+2}
Myosotis arvensis	4^{+}	3^{+1}	5^{+1}	3^{+}	1^{+}	5^{+1}	2^{+}	2^{+1}	3^{+1}	5^{+}	3^{+1}
Anagallis arvensis	2^{+}	3^{+1}	2^{+1}	2^{+}	.	5^{+1}	3^{+1}	2^{+1}	5^{+2}	5^{+1}	1^{+}
Veronica arvensis	.	2^{+}	3^{+}	2^{+}	2^{+}	4^{+1}	3^{+}	3^{+1}	1^{+}	.	.
Aphanes arvensis	1^{+}	3^{+1}	1^{+}	.	.	5^{+1}	.	.	2^{+}	1^{+}	.
Vicia tetrasperma	.	.	3^{+}	.	.	.	.	.	.	.	3^{+}
Papaver dubium	.	2^{+}	1^{+}	4^{+}	1^{+}	2^{+}	3^{+}	3^{+1}	2^{+}	2^{+}	.
Arenaria serpyllifolia	1^{+}	.	.	3^{+2}	2^{+}	5^{+1}	4^{+1}	4^{+1}	3^{+2}	3^{+1}	.
Papaver argemone	.	3^{+1}	3^{+}	3^{+}	.	2^{+}	2^{+}	2^{+}	2^{+}	.	.
Veronica hederifolia	.	3^{+1}	4^{+1}	2^{+1}	.	.	2^{+1}	1^{+}	.	1^{+}	3^{1}
Veronica triphyllos	.	1^{1}	1^{1}	0^{+}	1^{+}	0^{1}	1^{+1}	2^{+1}	.	.	.
Vicia villosa	.	.	.	.	.	2^{+}	.	.	.	.	3^{+1}
Lithospermum arvense	2^{+}	.	1^{+}	2^{+1}	1^{+}	2^{+}	3^{+1}	2^{+1}	2^{+}	.	.
Fallopia convolvulus	4^{+1}	5^{+2}	4^{+1}	5^{+1}	3^{+}	4^{+1}	4^{+1}	3^{+}	5^{+2}	5^{+2}	5^{+1}
Viola arvensis	4^{+}	4^{+}	3^{+}	4^{+}	2^{+}	4^{+}	5^{+1}	5^{+}	4^{+}	4^{+}	3^{+}
Centaurea cyanus	4^{+1}	4^{+2}	3^{+1}	2^{+2}	1^{1}	5^{+2}	3^{+2}	4^{+2}	4^{+1}	.	3^{+}
Apera spica-venti	3^{+}	2^{+}	3^{+2}	5^{+1}	4^{+1}	5^{+2}	4^{+2}	3^{1}	4^{+2}	3^{+}	.
Vicia hirsuta	3^{+}	4^{+}	4^{+}	0^{+}	.	1^{+}	.	.	2^{+1}	.	3^{+}
Vicia angustifolia	.	3^{+}	1^{+}	0^{+}	.	4^{+}	0^{+}	1^{+}	3^{+}	.	.
Euphorbia helioscopia	1^{+}	3^{+}	3^{+}	3^{+1}	1^{+}	4^{+}	3^{+1}	2^{+}	2^{+}	2^{+1}	4^{+1}
Veronica persica	3^{+}	5^{+}	3^{+}	5^{+2}	1^{+}	2^{+}	.	1^{+}	1^{+}	.	2^{+}
Veronica polita	3^{+1}	1^{+}	.	1^{+}	1^{+}	2^{+1}	3^{+1}	2^{+}	2^{+1}	.	.
Lamium purpureum	.	1^{+}	3^{+}	2^{+}	1^{1}	.	1^{+}	2^{2}	2^{+}	.	3^{+}
Fumaria officinalis	.	2^{+}	2^{+}	.	.	.	1^{+}	1^{+}	1^{+}	.	3^{+1}
Veronica agrestis	.	.	2^{+}	1^{+}	.	0^{+}	.	.	.	2^{+}	3^{+1}
Stellaria media	4^{+1}	3^{+1}	5^{+2}	4^{+2}	5^{+2}	0^{+}	3^{+2}	3^{+2}	4^{+2}	4^{+1}	3^{+2}
Chenopodium album	4^{+}	4^{+1}	3^{+}	5^{+1}	4^{+}	3^{+}	2^{+1}	2^{+}	5^{+2}	5^{+1}	2^{+}
Capsella bursa-pastoris	3^{+}	4^{+1}	5^{+}	5^{+1}	4^{+1}	1^{+}	5^{+2}	3^{+2}	4^{+}	.	5^{+}
Polygonum persicaria	2^{+}	2^{+}	.	.	.	.	.	.	2^{+}	5^{+2}	.
Erysimum cheiranthoides	.	.	2^{+}	0^{+}	.	.	.	.	2^{+}	.	1^{+}
Polygonum tomentosum	.	.	1^{+}	.	.	.	.	.	2^{+}	.	1^{+}

Spalte	a	b	c	d	e	f	g	h	i	k	l
Zahl der Aufnahmen	4	9	7	11	6	11	14	9	9	12	7
mittlere Artenzahl	35	27	23	27	18	24	24	20	29	19	19
Lamium amplexicaule	1^{+}	2^{+}	2^{+}	3^{+}	3^{+}	0^{+}	2^{+}	1^{+}	.	0^{+}	3^{+}
Geranium pusillum	.	.	.	5^{+}	4^{+}	.	1^{+}	2^{+}	1^{+}	.	.
Anchusa arvensis	.	2^{+}	.	.	1^{1}	.	0^{+}	.	1^{+}	.	.
Atriplex patula	2^{+1}	2^{+}	1^{+}	5^{+}	.	.	.	1^{+}	2^{+}	.	3^{+1}
Sonchus asper	1^{+}	2^{+}	.	.	1^{+}	1^{+}	1^{+}	2^{+}	3^{+}	5^{+1}	.
Sonchus oleraceus	.	2^{+}	1^{+}	.	.	.	.	.	2^{+}	3^{+}	.
Agropyron repens	3^{+1}	4^{+1}	3^{+1}	4^{+1}	4^{+1}	4^{+1}	4^{+2}	3^{1}	4^{+2}	2^{3}	5^{+1}
Cirsium arvense	4^{+}	5^{+2}	5^{+1}	3^{+1}	3^{+1}	4^{+}	2^{+1}	3^{+}	5^{+2}	2^{+1}	3^{+}
Equisetum arvense	2^{+}	5^{+2}	4^{+2}	2^{+}	2^{+}	1^{+}	2^{+2}	.	3^{+1}	3^{+}	3^{+1}
Convolvulus arvensis	4^{+1}	3^{+}	3^{+}	5^{+1}	5^{+1}	3^{+1}	3^{+}	3^{+}	1^{1}	.	2^{+}
Tussilago farfara	1^{+}	4^{+1}	.	.	.	2^{+1}	.	.	.	2^{+}	1^{+}
Falcaria vulgaris	2^{+1}	.	.	1^{+}	.	.	1^{+}	2^{+}	1^{1}	.	.
Polygonum aviculare agg.	4^{+}	5^{+}	4^{+}	4^{+}	2^{+}	4^{+}	3^{+}	2^{+}	4^{+}	5^{+1}	2^{+}
Poa annua	.	.	.	1^{1}	2^{+1}	0^{+}	.	.	.	3^{+1}	.
Taraxacum officinale	.	.	.	.	1^{+}	0^{+}	0^{+}	.	2^{+}	2^{+}	.
Descurainia sophia	.	.	.	5^{+1}	3^{+}	.	3^{+1}	5^{+1}	.	.	.
Lactuca serriola	.	.	.	5^{+2}	1^{+}	.	2^{+1}	1^{+}	1^{+}	.	.
Bromus sterilis	.	.	.	3^{+1}	3^{+1}	0^{+}	2^{+1}	3^{+2}	.	.	.
Anthriscus caucalis	.	.	.	.	1^{+}	.	2^{+}	2^{+1}	.	.	.
Senecio vernalis	.	.	.	.	.	.	2^{+}	2^{+}	.	.	.
Stachys palustris	2^{+}	1^{+}	.	.	.	.	.	.	.	3^{+2}	3^{+}
Mentha arvensis	1^{+}	2^{+}	.	.	.	.	.	.	.	0^{1}	3^{+}
Galeopsis tetrahit agg.	.	2^{+}	.	.	.	.	.	.	.	.	2^{+}
Rumex crispus	2^{+}	3^{+}	.	.	.	.	.	.	.	.	2^{+}
Potentilla anserina	1^{+}	2^{+}	.	.	.	.	.	.	2^{+1}	.	1^{+}
Cerastium holosteoides	3^{+}	.	.	.	.	0^{+}	.	.	4^{+}	.	.
Artemisia vulgaris	2^{+}	2^{+}	.	.	.	1^{+}	1^{+}	1^{+}	2^{+}	0^{+}	.
Rubus caesius	1^{+}	2^{+1}	.	.	1^{+}	.	1^{+}	2^{+}	1^{1}	.	.
Melandrium album	.	.	.	.	2^{+}	.	.	2^{+}	2^{+1}	.	.
Plantago intermedia	2^{+}	2^{+}	.	.	.	.	.	.	.	3^{+2}	.

außerdem mehrmals in b: Achillea millefolium 4, Crepis tectorum 2; c:Matricaria discoidea 3, Myosotis stricta 2, Trifolium campestre 2; f: Anthemis tinctoria 3; g: Lathyrus tuberosus 2, Erodium cicutarium 2, Picris hieracioides 2, Reseda lutea 2, Daucus carota 2, Echium vulgare 2, Centaurea scabiosa 2; h: Poa angustifolia 2; i: Trifolium repens 3, Plantago major 2, P. lanceolata 2, Echinochloa crus-galli 2, Raphanus raphanistrum 2, Galeopsis speciosa 2, Glechoma hederacea 2, Ranunculus repens 2; k: Ranunculus sardous 3, Epilobium palustre 3, E. hirsutum 2, Galinsoga parviflora 2, Solanum nigrum 2, Chaenorrhinum minus 2, Juncus bufonius 2; l: Rorippa sylvestris 2; i: Odontites rubra 2.

Herkunft:
a–c. PASSARGE (1963, 1964 u. n. p.: 11), KAUSSMANN & al. (1981: 9)
d–h. PASSARGE (1978 u. n. p.: 41), GOLUB (1981: 3), KAUSSMANN & al. 1981: 1), ARENDT (1991: 5)
i–l. PASSARGE (1963, 1964 u. n. p.: 16), TILLICH (1969: 12)

Vegetationseinheiten:
1. Aethuso-Ranunculetum arvensis (Pass. 64) nom. nov.
   Consolida-Rasse (a–b), Matricaria chamomilla-Rasse (c)
      euphorbietosum subass. nov. (a)
      typicum subass. nov. (b–c)
2. Galio spurii-Matricarietum chamomillae Pass. 78
   Descurainia-Rasse (d–e)
      thlaspietosum (Pass. 78) subass. nov. (d)
      typicum Pass. 78 (e)
3. Camelino-Consolidetum regalis Pass. (64) 78
   Valerianella dentata-Rasse (f), Descurainia sophia-Rasse (g–h)
      euphorbietosum subass. nov. (f–g)
      typicum subass. nov. (h)
4. Papavero-Melandrietum noctiflori Wasscher 41 ex Pass. in Scamoni et al. 63
      Consolida regalis-Rasse (i), Zentralrasse (k)
      aperetosum prov. (i–k)
5. Galium aparine-Matricaria chamomilla-Ges. (l)

Ass.-Gr.
Consolidetum regalis Knapp 48
Gesellschaften mit Feldrittersporn

Subkontinentale Klimatönung bevorzugend, reicht das Areal von *Consolida regalis (Delphinium consolida)* vom temperaten Europa und W-Asien bis in den submeridionalen Raum. Hierin werden vornehmlich nährstoffreiche kalknahe Getreideäkker in vikariierenden Einheiten besiedelt. Zu nennen sind: Adonido-Delphinietum der inneralpinen Trockeninseln (KIELHAUSER 1956, BRAUN-BLANQUET 1970), Camelino-Anthemidetum im kollin-pannonischen Österreich (HOLZNER 1973) sowie Camelino-Consolidetum im subkontinentalen NO (PASSARGE 1964, 1978).

Camelino-Consolidetum regalis Pass. (64) 78 Tabelle 63 f–h

Kennzeichnend sind *Consolida regalis* 1–3 mit *Camelina microcarpa* +–2 und *Papaver rhoeas* +–3, selten *Nigella arvensis*. Neben *Viola arvensis* sind *Apera spica-venti* und *Arenaria serpyllifolia* die nächst konstanten Begleiter. Gemeinsam mit im Mittel ca. 25 Arten bilden sie fuß- bis hüfthohe Bestände in Getreidefeldern auf Mergeläckern (Kalklehm-Pararendzina, selten Mergelsand) im östlichen Brandenburg und Mecklenburg-Vorpommern.

Regional sind unterscheidbar: *Descurainia*-Rasse mit *D. sophia, Lactuca serriola, Bromus sterilis* im sommerwarmen, odernahen Brandenburg (Juli-Mittel über 17,5 °C, Jahresniederschlag unter 550 mm) und baltische *Valerianella dentata*-Rasse im uckermärkisch-mecklenburgischen Jungpleistozän (Weichsel/Würmvereisung).

Verwandt mit dem Melandrietum noctiflorae im mitteldeutschen Trockengebiet mit analoger *Descurainia*-Rasse, bringen *Camelina microcarpa, Nigella arvensis, Matricaria inodora, Papaver dubium, P. argemone* u. a. einerseits (im NO) (vgl. PASSARGE 1978, WNUK 1989) bzw. *Sherardia arvensis, Neslia paniculata, Sonchus arvensis, Chaenorrhinum* usw. andererseits merkliche Differenzen zum Ausdruck (vgl. z. B. HANF 1937, SCHUBERT & MAHN 1959, HILBIG 1960, KÖHLER 1962, G. MÜLLER 1963/64).

Als Subass. unterscheidbar:

Camelino-Consolidetum regalis typicum subass. nov.

Camelino-Consolidetum euphorbietosum subass. nov. mit *Euphorbia exigua, Melandrium noctiflorum, Sonchus arvensis* auf karbonatreicher Pararendzina.

Mit Veronicetum politae in Hackfrüchten alternierend, ist die seltene Ass. heute Refugium für stark gefährdete Ackerwildkräuter.

Eine, dem Camelino-Consolidetum regalis euphorbietum nah verwandte Ausbildung belegen WOLLERT & BOLBRINKER (1993) von einem mergelnahen Lehmkuppenstandort in Mittelmecklenburg (7 Aufn. bei Bülow/Teterow) mit: *Camelina sativa* 5^{24}, *Consolida regalis* 5^{12}; *Euphorbia exigua* 5^{12}, *Melandrium noctiflorum* 4^{+1}, *Ranunculus arvensis* 3^{1}; *Medicago lupulina* 5^{+2}, *Valerianella dentata* 1^{+}; *Papaver rhoeas* 5^{12}, *Galium aparine* 5^{+1}, *Sinapis arvensis* 3^{+1}, *Thlaspi arvense* 1^{1}; *Veronica persica* 5^{12}, *V. opaca* 5^{1}, *V. polita* 5^{+1}, *V. agrestis* 1^{1}, *Lamium purpureum* 1^{+}; *Senecio vulgaris* 5^{+1}, *Lamium amplexicaule* 3^{+1}, *Lycopsis arvensis* 1^{1}; *Sonchus oleraceus* 1^{+}; *Stellaria media* 5^{12}, *Chenopodium album* 5^{+1}; *Matricaria chamomilla* 5^{+1}, *M. inodora* 5^{+1}, *Aphanes arvensis* 4^{+1}; *Anagallis arvensis* 4^{12}, *Veronica arvensis* 1^{+}; *Veronica hederifolia* 5^{12}, *Arenaria serpyllifolia* 5^{12}, *Papaver argemone* 5^{+2}, *P. dubium* 1^{1}; *Centaurea cyanus* 5^{12}, *Viola arvensis* 5^{1}, *Fallopia convolvulus* 5^{+1}, *Ape-*

ra spica-venti 5[+1], *Lithospermum arvense* 5[+1]; *Agropyron repens* 5[12], *Cirsium arvense* 5[+1], *Equisetum arvense* 2[+1]; *Polygonum aviculare* 5[12], *Taraxacum officinale* 4[+1], *Plantago major* 3[+] *Poa annua* 1[+]; *Conyza canadensis* 5[+1],*Epilobium adenocaulon* 5[+1].

Bemerkenswert der Artenreichtum (mittlere Artenzahl 34!), die Vorkommen der verschollenen *Camelina sativa,* der sehr seltenen *Veronica opaca,* das Miteinander von karbonatholden Caucalidion-Arten neben *Senecio vulgaris* u. a., vom Auftreten von *Epilobium adenocaulon* (Brachezeiger?) abgesehen.

Ass.-Gr.
Ranunculetum arvensis Pass. 64
Gesellschaften mit Ackerhahnenfuß

Im meridional-temperaten Europa sowie in Vorderasien bevorzugt *Ranunculus arvensis* basen- und nährstoffreiche lehmig-tonige Äcker. Neben weniger steten Vorkommen in verschiedenen Caucalidion-, seltener Veronico-Euphorbion-Einheiten, zeigt die Art zumindest im nördlichen Mitteleuropa auch ein spezifisches Schwerpunktverhalten. Dies ist konzentriert auf das Galio-Ranunculetum in Polen (WARCHOLINSKA 1990) mit *Consolida regalis, Valerianella dentata, Vicia villosa, Lithospermum arvense, Galeopsis pubescens, Lapsana communis, Agrostemma githago* und *Neslia paniculata* sowie das hiesige norddeutsche Aethuso-Ranunculetum. Ähnliche *Ranunculus arvensis*-Äcker belegte ZEIDLER (1962) in Franken. Aus dem Iran wurde ein Vaccario-Ranunculetum arvensis bekannt (vgl. ZOHARY 1973, HÜBL & HOLZNER 1982, SUKOPP & SUKOPP 1994).

Holotypus der Ass./Typischen Subass. ist die Aufnahme bei PASSARGE in SCAMONI & al. (1963, Tab. 103, S. 264)

Aethuso-Ranunculetum arvensis (Pass. 64) nom. nov. Tabelle 62 a–c

Diagnostisch wichtig sind *Ranunculus arvensis* +–2 mit *Aethusa cynapium* ssp. *agrestis* und *Sinapsis arvensis* +–2. Unter den weiteren Konstanten sind *Cirsium arvense, Fallopia convolvulus, Polygonum aviculare* meist *heterophyllum.* Gemeinsam mit weiteren nur regional steten Begleitern bilden sie die fuß- bis kniehohe Spontanvegetation auf basenreichen (pH 6–7), schweren Lehm- und Tonböden im Bereich von Moränen, seltener auch Auen.

Klimabedingte Differenzen bringen *Consolida*-Rasse, mit *Consolida regalis, Medicago lupulina* und *Veronica polita* in jungbaltischen Moränengebieten Mittelmecklenburgs (PASSARGE 1963, 1964, KAUSSMANN & al. 1981) neben einer *Matricaria chamomilla*-Rasse, vornehmlich in der Altmark zum Ausdruck (PASSARGE 1964).

Trophieunterschiede begründen:

Aethuso-Ranunculetum arvensis typicum

Aethuso-Ranunculetum a. euphorbietosum subass. nov. mit *Euphorbia exigua, Melandrium noctiflorum, Scandix pecten-veneris* und *Falcaria vulgaris* als Zeiger karbonathaltiger Böden. In beiden Subass. belegen *Mentha arvensis* und *Stachys palustris* Feuchtevariationen.

Im Kontakt mit Veronico-Euphorbion und Aphanenion ist die sehr seltene Ges. Refugium für vom Aussterben bedrohte Ackerkräuter wie z. B. *Scandix pecten-veneris,Sherardia arvensis, Ranunculus arvensis* und somit hochgradig gefährdet und schützenswert.

Ass.-Gr.
Melandrietum noctiflori (Wasscher 41) Pass. 64
Gesellschaften mit Nachtlichtnelke

Vom meridionalen S-Europa bis in die boreale Zone und nach W-Asien erstreckt sich das Areal von *Melandrium noctiflorum (Silene noctiflora)* mit Schwerpunkt auf basenreichen Äckern. An Ass. werden in Mitteleuropa genannt: Papavero-, Lathyro- und Euphorbio-Melandrietum noctiflori (WASSCHER 1941, OBERDORFER 1967, PASSARGE in SCAMONI & al. 1963, G. MÜLLER 1964).

Papavero-Melandrietum noctiflori Wasscher 41 ex Pass. in Scamoni et al. 63
(Syn. Euphorbio-Melandrietum) Tabelle 62 i–k

Bezeichnend sind *Melandrium noctiflorum* +–2 mit *Sonchus asper* und *Anagallis arvensis* jeweils +–2. Konstant vervollständigen *Chenopodium album, Stellaria media, Fallopia convolvulus* und *Polygonum aviculare heterophyllum* die Artenverbindung der fuß- bis kniehohen Begleitvegetation. Bevorzugte Vorkommen sind teils Kuppenstandorte in der Grundmoränenlandschaft der Weichsel-/Würmvereisung oder aber beackerte Wiesenkalkvorkommen in Alluvial-Niederungen. Die in Mitteleuropa großräumig vorkommende Ass. begegnet uns im kollinensubmontanen Hauptareal in einer *Sherardia arvensis*-Vikariante mit *Geranium dissectum, Legousia speculum-veneris, Thlaspi arvense* und *Atriplex patula* (OBERDORFER 1957, 1983, NEZADAL 1975, SCHUBERT & MAHN 1968 usw.). Zugehörig verschiedene Rassen z. B. mit *Galeopsis tetrahit, Lapsana communis* in submontan-montanen Lagen. Lebensraum der Zentralvikariante ist das nördliche Mitteleuropa mit einer *Alopecurus myosurioides*-Rasse im NW (z. B. WASSCHER 1941), zentraler und *Consolida*-Rasse (PASSARGE 1963, 1964, TILLICH 1969) in Mecklenburg-Vorpommern und N-Brandenburg.

Die standörtliche Untergliederung bedarf weiterer Erkundung.

In Bayern unterscheidet NEZADAL (1975) *Campanula rapunculoides*-Subass. Typische und *Apera*-Subass. (vgl. auch SEIBERT 1969, MÜLLER 1983). Die Mehrheit hiesiger Aufnahmen gehört zu letzterer. Der registrierte Artenzahlsprung (29 : 19) trennt Belege mit *Consolida regalis, Papaver rhoes, Matricaria inodora* usw. von solchen mit *Aethusa cynapium* und *Valerianella dentata.*

Mit Aphanenion und Veronico-Euphorbion im Kontakt ist die sehr seltene Ges. auch als Heimstatt heute gefährdeter Ackerwildkräuter schützenswert.

Ass.-Gr.
Galietum spurii (Pass. 78)
Saatlabkraut-Gesellschaften

Galio spurii-Matricarietum chamomillae Pass. 78 Tabelle 62 d–e

Matricaria chamomilla 1–3 mit *Galium spurium* +–2 sind kennzeichnend, regelmäßig begleitet von *Papaver rhoeas, Galium aparine, Geranium pusillum, Matricaria inodora, Apera spica-venti, Convolvulus arvensis, Capsella bursa-pastoris, Stellaria media* und *Chenopodium album.* Als floristische Seltenheiten sind erwähnenswert: *Valerianella rimosa* und *Alopecurus myosurioides.* Die fuß- bis kniehohen Bestände auf stark humosen, basenreichen, kalkarmen Tonböden in der einstigen Oderaue (heutiges Oderbruch) ertragen merklich schwankende Grundwasserstände.

Die vikariierende Einheit zum Alopecuro-Matricarietum chamomillae im ozeanisch-subozeanischen Klimaraum (vgl. WASSCHER 1941, MEISEL 1962, NEZADAL 1975, HÜPPE 1987) begegnet uns in einer *Descurainia*-Rasse mit *D. sophia, Lactuca serriola, Bromus sterilis, Avena fatua* im subkontinentalen Seelower Oderbruch. Eine Zentralrasse belegen erste Aufnahmen (Verf. n. p.) aus dem nordfränkischen Grabfeld.

Inwieweit erkennbare Differenzen zwischen
Galio-Matricarietum chamomillae typicum und
Galio-Matricarietum ch. thlaspietosum (Pass. 78) subass. nov. mit *Thlaspi arvense, Atriplex patula* und *Veronica persica* auch standörtlich begründet sind, bleibt zu klären.

Im Kontakt mit dem tiefer gelegenen Polygono-Avenetum fatuae ist die äußerst seltene Ass., auch als Refugium für die vom Aussterben bedrohten *Galium spurium* und *Valerianella rimosa,* in hohem Maße schutzwürdig. – Dem Holotypus der *Thlaspi*-Subass. entspricht die Aufnahme c bei PASSARGE (1978, Tab. 1, S. 194).

Galium aparine-Matricaria chamomilla-Ges. Tabelle 62 1

Bezeichnend sind *Matricaria chamomilla* mit *Galium aparine* und *Thlaspi arvense* jeweils +–2, ergänzt durch *Sonchus arvensis, Euphorbia helioscopia, Matricaria inodora, Fallopia convolvulus* und *Agropyron repens* auf kalkarm-tonreichen Auenäckern an der unteren Elbe. Regional zwischen Alopecuro-Matricarietum und Galio spurii-Matricarietum stehend, siedelt die Einheit auf nur noch grundfrischen Böden und vermittelt mit einer *Stachys palustris*-Variante zum Polygono-Avenetum fatuae (vgl. Tab. 59).

Ohne *Aphanes arvensis, Apera spica-venti, Arenaria serpyllifolia* sollte die Zugehörigkeit zu den Centaureetalia unzweifelhaft sein. Verbreitung und Untergliederung bleiben zu klären.

14. Klasse

Sedo-Scleranthetea Br.-Bl. 55
Fetthenne-Triftknäuel-Initialgesellschaften

Der Originaldiagnose von BRAUN-BLANQUET (1955) entsprechend, vereinigt die Klasse die an krautigen Sedum-, Sempervivum-Arten und Annuellen reichen Felsgrus- und (Halb)Trockenflur-Ges. In ihnen sind rasenbildende Gräser und Grasartige nur als gesellschaftsfremde Eindringlinge aus angrenzenden Rasen-Ges. (Koelerio-Corynephoretea, Festuco-Brometea) zu betrachten. Diese überwiegend von niederwüchsigen Kleinkräutern dominierten Pionier-Ges. bilden meist lückige bis lichtgeschlossene (um 30–70 % deckende), vornehmlich 10–30 cm hohe Bestände auf ± trockenen Fels-, Grus- und Lockerböden. An diesen Initialfluren offener Bodenstellen sind im ostelbischen Flachland mehrheitlich nur 10–20, vielfach kurzlebige Arten beteiligt, deren Entwicklungshöhepunkt oft im Frühjahr bis Frühsommer liegt. Danach vergehen sie in wenigen Wochen oder ihre Restvorkommen werden von der Folgevegetation überwachsen bzw. in diese mit eingebunden.

Zu den diagnostisch wichtigen Artengruppen zählen im Gebiet die *Sedum acre-* und *Erophila*-Gr., letztere mit *E. verna, Cerastium semidecandrum, Arenaria serpyllifolia, Myosotis stricta* und *Holosteum umbellatum.* Zur Klasse rechnen 3 Ordnungen: die Sedo-Scleranthetalia silikatischer Fels- und Mauerstandorte als zentraler Typus, die Alysso-Sedetalia karbonatreicher Böden und schließlich die Veronico-Arabidopsietalia mäßig-trockener, kalkarm-humoser Lockerböden in der Kulturlandschaft.

1. Ordnung

Veronico-Arabidopsietalia Pass. 77
Ackerehrenpreis-Schmalwand-Gesellschaften   Tabelle 63–64

Zu den Schwerpunktarten dieser, offene Bodenstellen in der Agrarlandschaft besiedelnden Pioniervegetation, zählen *Arabidopsis thaliana, Myosotis ramosissima, Geranium columbinum,* aber auch solche wie *Erodium cicutarium, Valerianella locusta, Veronica arvensis, Veronica hederifolia* ssp.*lucorum, V. triphyllos,* die vielfach als Stellarietea mediae-Elemente angesehen werden. Sicher ist, die Letztgenannten begegnen uns weit häufiger, wenn auch minderstet und mit geringer Menge (+–1) in der Begleitvegetation von Scleranthion annui oder Digitario-Setarion, als in den kleinflächig, selten vorkommenden, oft auch ungenügend untersuchten Veronico-Arabidopsietalia. Wohl nur als Ordnungstrennarten greifen *Capsella bursa-pastoris* (?), *Viola arvensis, Geranium pusillum, Poa annua, Cerastium holosteoides* und *Agropyron repens* von den Nachbar- und Folgeeinheiten über. Zugeordnet sind die Verbände Arabidopsion thalianae und Valerianello-Veronicion arvensis.

1. Verband

Arabidopsion thalianae Pass. 64

Ass.-Gr.
Arabidopsietum thalianae (Siss. 42) Pass. 64
Gesellschaften mit Schmalwand

Die über Europa und W-Asien hinaus verbreitete *Arabidopsis thaliana* ist schwerpunktmäßig in lückigen Ephemerenfluren auf sandig-silikatischen, kalkarmen

Standorten heimisch und greift auf Scleranthion annui-Äcker über (HÜPPE & HOFMEISTER 1990).An vikariierenden Ass. sind zu nennen: Erophilo-Arabidopsietum aus den Niederlanden mit *Teesdalia nudicaulis, Filago arvensis, F. minima, Myosotis discolor* im ozeanischen Klimaraum sowie Myosotido strictae-Arabidopsietum in Mitteleuropa.

Myosotido strictae-Arabidopsietum thalianae Pass. (62) 77 Tabelle 63 f–g

Kennzeichnend sind *Arabidopsis thaliana* 1–3 mit *Myosotis stricta (M. micrantha)* +–2. Gemeinsam mit weiteren Konstanten wie *Arenaria serpyllifolia, Erophila verna, Cerastium semidecandrum* bilden sie lückige bis lichtgeschlossene (30–70 %), kaum spannhohe (um 20 cm) Bestände auf offenen, mäßig trockenen, nährstoffhaltigen, humos-anlehmigen Sanden. Von Natur aus als Frühlingsephemeren an Erosionsrinnen, Hangabbrüchen, häufiger auf Brachäckern, an Ackerrainen, Wegrändern, Ablagen und ähnlichen anthropogen bedingten offenen Bodenstellen.

Regional ergeben sich eine nördliche Zentralrasse in Mecklenburg-Vorpommern (PASSARGE 1962, 1964) neben einer *Holosteum umbellatum*-Rasse auch mit *Trifolium arvense* und *Artemisia campestris* in Brandenburg und Sachsen-Anhalt. Beide entsprechen der planaren *Cerastium semidecandrum*-Vikariante. Zur Zentralvikariante im kollin-submontanen Bereich zählen Belege von BORNKAMM & EBER (1967) bzw. von KROPAC in KRIPPELOVA (1981).

Kleinstandörtlich sind zu unterscheiden:

Myosotido-Arabidopsietum thalianae typicum,

Myosotido-Arabidopsietum th. veronicetosum subass. nov.mit den Trennarten *Veronica hederifolia, V. triphyllos, Scleranthus annuus* und *Erodium cicutarium* auf humosen, im Stickstoff- und Wasserhaushalt begünstigten Böden. Holotypus ist Aufnahme-Nr. 6 der Tab. 26 bei PASSARGE (1962, S. 106 f.).

Eine *Alyssum*-Subass. karbonatbeeinflußter Standorte lassen Aufnahmen von BORNKAMM & EBER (1967) erwarten.

Vornehmlich im Kontakt mit Ackerbegleitges. wie Arnoseridetum und Papaveretum argemones ist die Ass. zwar großräumig, aber nur sehr verstreut-kleinflächig nachweisbar und wohl nicht gefährdet.

2. Verband

Valerianello-Veronicion arvensis Pass. 95

Rapünzchen-Ackerehrenpreis-Gesellschaften

Gekennzeichnet von *Valerianella locusta, V. carinata* und *Veronica arvensis,* unterstreichen als Verbandstrennarten *Capsella bursa-pastoris, Geranium pusillum, Viola arvensis* und *Poa annua* die Nähe zu den Stellarietea mediae. Dem Verband werden Einheiten der folgenden Ass.-Gr. angeschlossen: Cerastietum glutinosi, Valerianelletum olitoriae, Capselletum bursae-pastoris, Erodietum cicutarii, Poetum bulbosae und Veronicetum triphylli.

Ass.-Gr.

Cerastietum glutinosi (Knapp 76) ass. coll. nov.

Gesellschaften mit Bleichem Hornkraut

Das im meridional-temperaten Europa vorkommende *Cerastium glutinosum (C. pallens)* wird vielfach nicht von *C. pumilum* agg. getrennt, obwohl es weniger eng an kalkhaltige Böden gebunden ist. Demzufolge bedarf die Coenologie vielerorts noch der Klärung. Gesichert scheint ein Veronico-Cerastietum glutinosi (KNAPP 1976, MEIEROTT & ELSNER 1991, PASSARGE 1995, SPRINGER 1995).

Tabelle 63 Arabidopsis thaliana-Gesellschaften

Spalte	a	b	c	d	e	f	g	h
Zahl der Aufnahmen	4	8	7	5	18	16	23	17
mittlere Artenzahl	16	10	14	12	11	14	10	9
Arabidopsis thaliana	4^{+2}	4^{+2}	4^{+1}	1^{+}	4^{+2}	5^{+3}	5^{+3}	1^{+}
Myosotis ramosissima	4^{23}	5^{13}	5^{+1}	5^{+3}	5^{14}	.	.	.
Valerianella locusta	.	4^{13}	5^{+1}	4^{13}	4^{+3}	.	.	.
Veronica arvensis	1^{+}	2^{+}	3^{+}	4^{+1}	4^{+2}	3^{+1}	2^{+1}	1^{+}
Veronica hederifolia	.	.	.	1^{+}	.	4^{+1}	0^{+}	5^{23}
Veronica triphyllos	.	.	.	.	.	3^{+}	.	5^{13}
Erodium cicutarium	.	.	.	.	.	3^{+}	0^{+}	.
Erophila verna	3^{+}	2^{1}	5^{+}	3^{1}	1^{1}	5^{14}	5^{13}	4^{13}
Cerastium semidecandrum	.	2^{+3}	2^{+1}	4^{12}	5^{+3}	4^{+2}	5^{13}	2^{+2}
Arenaria serpyllifolia	.	.	1^{+}	5^{13}	2^{+1}	5^{+1}	3^{+1}	2^{+}
Myosotis stricta	2^{1}	.	.	.	2^{+1}	5^{+2}	4^{+2}	4^{+1}
Holosteum umbellatum	1^{+}	.	.	1^{+}	1^{+1}	3^{+2}	2^{+2}	3^{+2}
Draba muralis	.	.	5^{12}	.	.	.	.	.
Viola arvensis	1^{+}	.	5^{+2}	.	2^{+1}	4^{+1}	1^{+}	3^{+}
Vicia hirsuta	.	2^{+}	2^{+}	.	.	.	2^{+}	.
Papaver spec.	.	1^{+}	.	2^{+1}	.	1^{+}	2^{+}	.
Rumex acetosella	.	.	.	.	.	3^{+1}	1^{+}	1^{+}
Capsella bursa-pastoris	.	2^{+}	.	2^{+1}	1^{+}	2^{+1}	2^{+1}	1^{+2}
Geranium pusillum	.	2^{+2}	.	2^{+2}	1^{+1}	.	1^{+}	1^{+}
Stellaria media	.	2^{+}	.	.	0^{+}	.	.	1^{+1}
Poa annua	.	1^{+}	.	.	0^{+}	3^{+1}	0^{+}	.
Trifolium arvense	4^{+1}	1^{+}	.	.	3^{+2}	0^{+}	2^{+2}	.
Vicia tetrasperma	4^{+2}	.	.	.	2^{+}	.	.	.
Euphorbia cyparissias	3^{+1}	.	.	.	0^{2}	.	.	.
Carex arenaria	3^{+1}	.	.	.	.	0^{+}	2^{+2}	.
Agrostis tenuis	2^{+}	.	1^{+}	.	.	0^{+}	0^{+}	.
Hieracium pilosella	2^{+}	.	.	.	.	.	2^{+1}	.
Rumex tenuifolius	.	.	.	.	.	1^{+}	2^{+2}	.
Sedum acre	.	.	.	2^{1}	2^{+1}	.	1^{+1}	.
Festuca trachyphylla	.	.	.	2^{+}	.	.	1^{+1}	.
Agropyron repens	.	3^{+1}	3^{+1}	.	0^{1}	4^{+2}	2^{+2}	2^{+1}
Poa angustifolia	1^{+}	2^{+}	3^{+}	.	2^{+1}	0^{1}	1^{+2}	.
Achillea millefolium	1^{+}	.	3^{+}	.	0^{+}	3^{+}	1^{+}	1^{+1}
Trifolium dubium	4^{12}	1^{+}	1^{+}	.	1^{+1}	.	.	.
Saxifraga granulata	2^{+1}	2^{+}	1^{+}	3^{+2}	.	.	.	.
Ceratodon purpureus	2^{+1}	.	.	.	.	2^{+3}	1^{+2}	.
Brachythecium albicans	.	.	.	.	2^{+1}	0^{2}	0^{1}	.

außerdem mehrmals in a: Potentilla collina 3, Festuca ovina 3, Cladonia mitis 2, Cl. rangiformis 2; b: Cerastium holosteoides 2, Moehringia trinervia 2; c: Carex praecox 5, Galium mollugo 4, Arrhenatherum elatius 4, Viola hirta 4, Veronica chamaedrys 3, Leucanthemum vulgare 3, Rhinanthus minor 3, Anthoxanthum odoratum 3, Luzula campestris 3, Campanula rotundifolia 3, Lathyrus pratensis 2, Plantago lanceolata 2; d: Potentilla arenaria 4,Medicago minima 4, Saxifraga tridactylites 3, Allium vineale 2;e: Allium oleraceum 2, Geranium columbinum 2, Vicia lathyroides 2, Viola tricolor curtisii 2; f: Scleranthus annuus 3, Aphanes arvensis 2; g: Conyza canadensis 2, Artemisia campestris 2; h: Lithospermum arvense 2,Centaurea cyanus 2.

Herkunft:
a–c. JAGE (1964: 7), PASSARGE (1977 u. n. p.: 12)
d–e. REBELE (1986: 3), Verf. (n. p.: 20)
f–h. PASSARGE (1962, 1964 u. n. p.: 51), BORNKAMM (1975: 5)

Vegetationseinheiten:
1. Arabidopsio-Valerianelletum olitoriae Tx. (50) ex Jage 64
   Zentralrasse (a–c), Arenaria-Rasse (d–e)
      Trifolium arvense-Subass. (a)
      typicum, poetosum annuae (Knapp 75) comb. nov. (b–e)
2. Myosotido-Arabidopsetum thalianae Pass. (62) 77
      veronicetosum subass. nov. (f)
      typicum subass. nov. (g)
3. Myosotido-Veronicetum triphylli Holzner 73 (h)

Veronico-Cerastietum glutinosi (Knapp 76) Pass. 95
(Aufnahme untenstehend)

Kennzeichend sind *Cerastium glutinosum* 2–4 mit *Veronica arvensis* +–2 auf basenreichem, sandig-lehmigem Erosionsstandort in der Feldmark. Nachdem ich kürzlich im fränkisch-thüringischen Grabfeld die kolline *Thlaspi perfoliatus*-Vikariante auch mit *Valerianella carinata* herausstellte (PASSARGE 1995), folgen hier erste Belege der planaren *Cerastium semidecandrum*-Vikariante aus zwei Akkererosionsrinnen bei Gellmersdorf/Oder mit (V./1994, 60%/50%, je 1 m^2): *Cerastium glutinosum* 3/4, *Veronica arvensis*+/1, *Valerianella locusta* +/1; *Cerastium semidecandrum* 3/2, *Myosotis stricta* -/1; nur in a: *Myosotis arvensis* +, *Agropyron repens* 1 bzw. nur in b: *Lithospermum arvense* +, *Anthemis tinctoria* +.
Benachbart von Papaveretum argemones und Poo-Anthemidetum tinctoriae bedürfen Untergliederung, Verbreitung und Gefährdung weiterer Klärung.

Ass.-Gr.
Valerianelletum olitoriae Tx. (50) 55
Rapünzchen-Gesellschaften

In seiner richtungweisenden Zusammenstellung über die Ruderalvegetation im nördlichen Europa führt TÜXEN (1950) ein Valerianello olitoriae-Arabidopsetum (prov.) an, das an »verwundeten Terrassen-Abhängen« von Flußtälern als »wahrscheinlich natürliche Therophyten-Gesellschaft« etwa nach winterlichen Treibeis- oder Hochwasserschäden auftritt. Seine zugehörigen Aufnahmen (14. n. p.) blieben leider unveröffentlicht. Durch Aufnahmen zur Vergesellschaftung von *Draba muralis* am Elbdamm bei Klieken/Roßlau »mit Beziehungen zur Valerianella olitoria-Arabidopsis thaliana-Ass. Tx. 1950« wurde die Einheit bei JAGE (1964) validiert. Lectotypus sei Aufnahme-Nr. 7 (Tab. 4, S. 680).

Arabidopsio-Valerianelletum olitoriae Tx. (50) ex Jage 64
(Syn. Arabidopsio-Myosotidetum ramosissimae Knapp 75) Tabelle 63 a–e

Kennzeichnend sind: *Valerianella locusta* (= V. olitoria) 1–3 mit *Myosotis ramosissima* +–3 *(M. collina, M. hispida)* und *Arabidopsis thaliana* +–2. Nächst häufig folgen *Erophila verna, Cerastium semidecandrum* und *Veronica arvensis.* Mit weiteren Begleitarten schließen sie zu ca. 20 cm hohen, halb- bis lichtgeschlossenen (40–70 % deckenden) Ephermerenbeständen zusammen. Wichtige Fundorte sind offene, sandige Talstandorte an Deich-, Damm-, Kanal- und Uferböschungen, auf Sandwerdern, an Feld- und Ackerrainen, Weg - und Gebüschrändern.

Regional unterscheiden sich westliche *Trifolium campestre*-Rasse auch mit *Vicia angustifolia* (vgl. KNAPP 1975), eine Zentral-Rasse mit *Agropyron repens*, selten *Draba muralis* im Elbtal (JAGE 1964, PASSARGE 1977) sowie *Arenaria serpyllifolia*-Rasse, reich an *Cerastium semidecandrum*, vereinzelt *Sedum acre* im subkontinentalen Berlin-Brandenburg (REBELE 1986, Verf. n. p.)

Lokalstandörtliche Untergliederung:

Arabidopsio-Valerianelletum olitoriae typicum

Arabidopsio-Valerianelletum o. poetosum annuae (Knapp 75) comb. nov. mit *Poa annua, Capsella bursa-pastoris, Stellaria media* auf humosen, mäßig frischen Böden. Eine *Trifolium arvense*-Subass. mit Trockenzeigern verdient weitere Beachtung. Im Konnex mit Rasenges. (Arrhenatherion, Plantagini-Festucion) sind die sehr verstreuten Vorkommen z. Z. wohl nicht gefährdet.

Ass.-Gr.
Veronicetum triphylli (Slavnić 51) ass. coll. nov.
Gesellschaften mit Dreiteiligem Ehrenpreis

Veronica triphyllos bevorzugt im meridional-temperaten Europa sich rasch erwärmende durchlässige Sande. Sie ist nicht, wie OBERDORFER (1983, 1994) meint, Charakterart des Papaveretum argemones, sondern siedelt schwerpunktmäßig in einer Ephemeren-Gesellschaft der Sedo-Scleranthetea, die im Bereich bewirtschafteter Äcker oft vom segetalen Papaveretum argemones (mit *Veronica*-Resten) abgelöst wird. Die pannonische Vikariante beschrieb SLAVNIC (1951) als Veronica hederifolia-V. triphyllos-Ass. mit *Androsace maxima, Anthemis austriaca, Cynodon dactylon,* später bei HOLZNER (1973) als »Veronicetum tricostatae-triphyllos« ausgewiesen. Hiervon grenzt HOLZNER (1973) das mitteleuropäische Myosotido-Veronicetum triphylli ab, mit *Myosotis stricta, Veronica hederifolia, V. subulata, V. arvensis, Viola arvensis* und *Agropyron repens.*

Myosotido-Veronicetum triphylli Holzner 73 Tabelle 63 h

Die diagnostisch wichtigen *Veronica triphyllos* 1–3 mit *V. hederifolia* 1–3 und *Myosotis stricta* +–1 ergänzen *Erophila verna* und mittelstet auch *Holosteum umbellatum.* Zusammen mit einzelnen Ackerwildkräutern bilden sie die oft kaum 10 cm hohe Frühjahrsflur offener, humoser Sandackerränder im Subkontinentalklima. Die Untergliederung bedarf weiterer Beachtung, eventuell deuten *Arenaria serpyllifolia, Lithospermum arvense* und *Consolida* regalis eine Subass. basenreicher Böden gegenüber dem Typus an.

Die relativ seltene Begleitass. im Bereich der Papaveretum argemones-Äcker scheint z. Z. noch nicht gefährdet.

Zu einer vikariierenden Ass.-Gr. Veronicetum trilobae im submeridional beeinflußten Raum dürften Aufnahmen von OESAU (1981) aus Rheinhessen mit *Veronica arvensis* und *Valerianella carinata* gehören.

Ass.-Gr.
Capselletum bursae-pastoris ass. coll. nov.
Gesellschaften mit Hirtentäschelkraut

Die über Eurasien hinaus circumpolar verbreitete *Capsella bursa-pastoris* gehört zwar zu den konstanten Wildkräutern der Stellarietea mediae, doch mit erhöhten

Deckungswerten (3–5) begegnet uns die Art erst im Bereich von Brachen auf vormaligem Acker- und Gartenland. Hier unterstreichen dann auch *Cerastium semidecandrum* u. a. die Verwandtschaft zu den Sedo-Scleranthetea.

Veronico arvensis-Capselletum bursae-pastoris ass. nov. Tabelle 64 h–l

Diagnostisch wichtig sind *Capsella bursa-pastoris* 2–4 mit *Cerastium semidecandrum, Veronica arvensis* +–2. Von den Begleitarten verbinden *Erodium cicutarium, Poa annua* und *Agropyron repens* überregional. Gemeinsam finden sie sich zu bis fußhohen (20–30 cm), lückigen bis lichtgeschlossenen Beständen (um 40–70 % deckend) auf humosen, sandig-anlehmigen Ackerbrachen, an Weg- und Mauerrändern zusammen.

Den subozeanischen Klimaeinfluß in Elbnähe dokumentiert eine *Cerastium holosteoides*-Rasse auch mit *Holosteum umbellatum, Stellaria pallida* und *Senecio vulgaris*. Demgegenüber bleiben *Geranium pusillum, Trifolium arvense* oder *Poa angustifolia* auf die Subkontinentalform in Odernähe beschränkt.

Vorrangig von lokal-standörtlichen Unterschieden geprägt sind:

Veronico-Capselletum typicum subass. nov.

Veronico-Capselletum myosotidetosum subass. nov. mit den Trennarten *Myosotis stricta, Rumex acetosella* sowie regional *Veronica hederifolia, Erodium cicutarium, Anthemis arvensis, Scleranthus annuus* bzw. *Arenaria serpyllifolia* auf sandig-trockenen Böden.

Zu den Nachbareinheiten zählen Papaveretum argemones und Agropyretea repentis. Zwar verstreute, aber sicher großräumige Vorkommen begründen keinerlei Gefährdung.

Holotypus des Veronico-Capselletum ist folgender Beleg (V. 1984; 2 m²): Ablage am Oder-Havelkanal bei Eberswalde: (80 % F: *Capsella bursa-pastoris* 4, *Cerastium semidecandrum* 3, *Erophila verna* 2, *Arenaria serpyllifolia* +; *Veronica arvensis* +, *Poa annua* +; *Trifolium arvense* 1, *Potentilla argentea* +; *Agropyron repens* 1.

Ass.-Gr.
Erodietum cicutarii ass. coll. nov.
Reiherschnabel-Gesellschaften Tabelle 64 f–g

Zu den circumpolar großräumig verbreiteten Arten gehört *Erodium cicutarium*. Über die meist geringmächtigen Vorkommen auf arm-trockenen Äckern (meist mit +–1), beispielsweise im Erodio-Digitarietum ischaemi wissen wir einiges. Wenig dagegen über das Schwerpunktverhalten der Art in Sedo-Scleranthetea-Einheiten.

Immerhin registrierte LÜHRS (1993) im norddeutschen Raum ein Erodio-Senecionetum vernalis an Autobahnbrachen als Frühlingsephemeren-Gesellschaft. Sicher bei den Stellarietea mediae/Spergulo-Erodion nicht richtig zugeordnet, bringen hierin neben *Erodium* auch *Cerastium semidecandrum, Arenaria, Arabidopsis* und *Veronica arvensis* Affinität zu den Sedo-Scleranthetea zum Ausdruck.

Erodio-Senecionetum vernalis Lührs 93 Tabelle 64 c–d

Diagnostisch wichtig sind *Senecio vernalis* 1–3 und *Erodium cicutarium* 1–3, dazu *Erophila verna* und *Ceratodon purpureus*. Gemeinsam bilden sie bis kniehohe, teils lückige, teils lichtgeschlossene Ephemerenbestände auf offenen, mäßig nährstoffhaltigen, sandigen bis sandig-lehmigen, sich leicht erwärmenden Böden. Hauptvorkommen in Leguminosen- und Brachäckern, an Sandgruben und herbizidbehandelten Bahn-, Weg- und Straßenrändern (vgl. auch BRANDES 1980, NAGLER & al. 1989, DANNENBERG 1991).

Regional erkennbare Differenzen bringen eine *Diplotaxis tenuifolia*-Rasse auch mit *Bromus sterilis, Senecio vulgaris* im SW bzw. eine *Bromus tectorum*-Rasse mit *Artemisia campestris* und *Geranium pusillum* im Subkontinentalklima zum Ausdruck.

Apera und weitere Ackerwildkräuter deuten kleinstandörtliche Unterschiede an. Als Lectotypus des Erodio-Senecionetum vernalis sei Aufn.-Nr. 1 (Tab. 1, S. 90/91) bei LÜHRS (1993) für den Autor nachgetragen. Großräumig verbreitet, ist mit weiterer Ausbreitung der Ass. zu rechnen, wobei keine Gefährdung besteht.

Tabelle 64 Veronica arvensis-Erodium cicutarium-Gesellschaften

Spalte	a	b	c	d	e	f	g	h	i	k	l
Zahl der Aufnahmen	3	7	4	6	7	6	7	6	3	7	4
mittlere Artenzahl	16	14	16	11	17	17	14	14	8	9	10
Veronica arvensis	3^{12}	5^{+1}	1^{1}	.	3^{+1}	4^{+1}	5^{+2}	5^{+2}	.	4^{+2}	4^{+2}
Erodium cicutarium	.	4^{+2}	2^{+2}	5^{23}	5^{13}	5^{23}	5^{34}	5^{+2}	.	1^{+}	4^{+2}
Senecio vernalis	.	3^{+1}	4^{12}	5^{12}	.	.	3^{+}	1^{+}	1^{2}	1^{1}	2^{+}
Arabidopsis thaliana	.	2^{+}	1^{1}	.	.	3^{+1}	2^{+}	2^{1}	.	.	.
Veronica hederifolia	.	3^{1}	2^{23}	.	.	.	.	5^{+2}	.	.	.
Poa bulbosa	3^{3}	5^{34}	.	.	.	.	.	.	.	.	.
Capsella bursa-pastoris	3^{+1}	3^{+}	2^{+1}	.	4^{+1}	5^{+2}	3^{+}	5^{24}	3^{34}	5^{24}	4^{24}
Geranium pusillum	3^{+1}	1^{1}	.	3^{+}	.	.	2^{+2}	.	.	3^{23}	3^{+2}
Poa annua	.	2^{1}	.	.	2^{+}	.	.	1^{+}	1^{+}	3^{+1}	2^{+2}
Cerastium holosteoides	1^{+}	3^{+1}	1^{+}	.	1^{+}	.	.	3^{+1}	1^{+}	.	.
Cerastium semidecandrum	3^{12}	5^{13}	1^{2}	5^{13}	4^{+1}	5^{23}	5^{24}	2^{+3}	3^{13}	5^{13}	4^{24}
Erophila verna	1^{1}	3^{12}	4^{2}	3^{23}	.	2^{+}	3^{+1}	5^{12}	1^{2}	2^{2}	.
Arenaria serpyllifolia	3^{23}	1^{1}	1^{2}	2^{+1}	1^{1}	1^{+}	3^{+1}	1^{+}	.	5^{12}	.
Holosteum umbellatum	1^{+}	2^{12}	1^{+}	1^{2}	.	.	2^{+}	2^{+}	2^{+}	.	.
Myosotis stricta	.	2^{+}	.	.	.	4^{+1}	5^{+1}	3^{+1}	.	3^{+1}	.
Viola arvensis	1^{+}	5^{+1}	4^{+2}	.	.	3^{+}	4^{+1}	5^{+1}	1^{+}	1^{+}	.
Rumex acetosella	.	3^{+2}	.	.	5^{+2}	5^{+1}	4^{+1}	2^{+}	.	2^{+}	.
Scleranthus annuus agg.	.	.	.	1^{2}	.	5^{23}	3^{+2}	3^{+}	.	.	1^{1}
Descurainia sophia	2^{+}	1^{+}	1^{+}	.	.	.	2^{+}	3^{+}	1^{+}	.	.
Bromus tectorum	2^{+}	.	.	5^{12}	.	2^{+}	1^{+}	.	2^{1}	.	.
Bromus hordeaceus	2^{+}	.	.	1^{+}	4^{+1}	5^{+}	.	.	.	.	.
Potentilla argentea	.	5^{+}	.	4^{+1}	1^{1}	1^{+}	.	.	.	2^{+}	1^{+}
Trifolium arvense	.	.	.	.	1^{+}	2^{+1}	1^{1}	.	.	3^{+1}	1^{1}
Herniaria glabra	.	.	.	2^{+1}	2^{+2}	1^{+}	.	.	.	1^{2}	1^{1}
Trifolium campestre	.	.	.	.	2^{+1}	2^{+}	1^{1}	.	.	1^{+}	.
Hypochoeris radicata	.	.	.	1^{+}	2^{+}	3^{+}	2^{+}	.	.	.	.
Galium verum	.	.	.	1^{+}	1^{1}	2^{+}	.	.	.	.	.
Sedum acre	1^{+}	.	.	4^{+}	.	2^{1}	2^{1}	.	.	.	.
Artemisia campestris	.	2^{+1}	1^{2}	4^{+}	.	.	2^{+1}	.	.	.	.
Festuca trachyphylla	1^{1}	1^{+}	.	.	.	5^{+1}	.	.	.	.	.
Corynephorus canescens	.	.	.	1^{+}	.	1^{+}	2^{+}	.	.	.	.
Spergula morisonii	.	.	.	.	.	1^{1}	2^{+1}	.	.	.	.
Agropyron repens	.	2^{+1}	1^{1}	.	3^{+2}	2^{+1}	1^{+}	4^{+1}	1^{1}	1^{1}	2^{+1}
Poa angustifolia	2^{1}	3^{+}	.	1^{+}	2^{+1}	2^{1}	1^{+}	.	.	1^{+}	1^{1}
Taraxacum officinale	.	2^{+}	3^{+}	.	5^{+}	.	.	.	.	.	.
Medicago lupulina	.	.	.	2^{+}	.	.	.	.	.	2^{+}	.
Ceratodon purpureus	.	.	2^{13}	5^{13}	3^{2}	1^{3}	3^{+1}	.	.	.	.
Brachythecium albicans	.	.	.	3^{+1}	.	4^{13}	.	.	.	.	.

außerdem mehrmals in a: Medicago minima 3, Alyssum alyssoides 3; c: Conyza canadensis 4, Stellaria media 2, Apera spica-venti 4, Matricaria inodora 2, Chenopodium album 2, Viola tricolor 2, Artemisia vulgaris 2, Fallopia convolvulus 3, Myosotis arvensis 3; d: Centaurea rhenana 3, Chondrilla juncea 2, Scleranthus perennis 2; e: Anthemis ruthenica 5[14], Spergularia rubra 5, Convolvulus arvensis 3, Achillea millefolium 3, Lolium perenne 3, Polygonum aviculare 2, Matricaria discoidea 2, Cerastium arvense 2, Agrostis tenuis 4; f: Carex arenaria 5, Veronica verna 3, Achillea collina 3, Sedum sexangulare 2; g: Potentilla erecta 3; h: Aphanes arvensis 3, Anthemis arvensis 3,Lamium amplexicaule 2, Senecio vulgaris 2, Erysimum cheiranthoides 2, Muscari bothryoides 2; l: Veronica dillenii 3.

Herkunft:
a–b.
f–l. SUKOPP & SCHOLZ (1968: 1), Verf. (n. p.: 42)
c–d. LÜHRS (1993: 4), Verf. (n. p.: 6)
e. FISCHER (1986: 7)

Vegetationseinheiten:

1. Cerastio-Poetum bulbosi ass. nov.
   alyssetosum subass.nov. (a)
   typicum subass. nov. (b)
2. Erodio-Senecionetum vernalis Lührs 93
   Conyza-Variante (c)
   typicum Lührs 93 (d)
3. Erodium-Anthemis ruthenica-Ges. Fischer 86 (e)
4. Myosotido-Erodietum cicutarii ass. nov.
   brometosum subass. nov. (f)
   typicum subass. nov. (g)
5. Veronico-Capselletum bursae-pastoris ass. nov.
   Cerastium holosteoides-Rasse (h–i), Geranium pusillum-Rasse (k–l)
   myosotidetosum subass. nov. (h, k)
   typicum subass. nov. (i, l)

Myosotido-Erodietum cicutarii ass. nov. Tabelle 64 f–g

Bezeichnend sind *Erodium cicutarium* 2–4 mit *Myosotis stricta* +–1. Neben mitbestandbildendem *Cerastium semidecandrum* gehören noch *Veronica arvensis, Capsella bursa-pastoris, Rumex acetosella* und *Scleranthus annuus* zur Konstantenkombination. Meist 10–20 cm hoch, beleben die um 30–70 % deckenden Ephemeren mit rosarotem Frühlingsflor offene Sandbodenstellen in Park- und Hutungsrasen, an Wegrändern und Ablagen in subkontinental beeinflußten regenarmen Gebieten (unter 600 mm Jahresniederschlag).

Bisher im Elb-Havelland/Sachsen-Anhalt und im odernahen Brandenburg nachgewiesen, bleiben weitere Verbreitung und Regionalunterschiede zu erkunden.

Kleinstandörtlich begründet sind:

Myosotido-Erodietum cicutarii typicum und

Myosotido-Erodietum c. brometosum. Die artenreichere *Bromus*-Subass. trennen *Festuca trachyphylla,Carex arenaria, Bromus hordeaceus, Achillea collina* und *Galium verum* vom Typus. Im Kontakt mit Armerio-Festucetum, Spergulo-Corynephorion und Crepido-Festucetum rubrae ist die regional sehr verstreut vorkommende Einheit nicht nur in den seltenen Sandtrockenrasenkomplexen, sondern auch im Bereich zunehmender Kulturrasen heimisch und nicht gefährdet.

Der Holotypus der Ass. vom Rande einer Holzablage bei Parchen/Elb-Havelland (V. 1983; 3 m²) enthielt 80 % F: *Erodium cicutarium* 4, *Veronica arvensis* 2; *Cerastium semidecandrum* 3, *Myosotis stricta* 1, *Erophila verna* +, *Arenaria serpyllifolia* +, *Holosteum umbellatum* +, *Arabidopsis thaliana* +; *Senecio vernalis* +, *Rumex acetosella* +, *Corynephorus canescens* +; *Descurainia sophia* +, *Sisymbrium loeselii* +; *Potentilla erecta* +; *Brachythecium albicans* 1, *Ceratodon pupureus* +.

Erodium-Anthemis ruthenica-Ges. Tabelle 64 e

Möglicherweise hier anzuschließen sind Bestände von *Anthemis ruthenica* 1–4 mit *Erodium cicutarium* und *Cerastium semidecandrum,* wie sie FISCHER (1986) von beweideten Sandtrockenrasen in Brandenburg auf humos-kiesigen Sanden belegte. Hierin bringen *Rumex acetosella, Agrostis tenuis* und *Spergularia rubra* neben *Bromus hordeaceus, Taraxacum officinale* und *Capsella bursa-pastoris* Tritt- und Weideeinflüsse zum Ausdruck.

Der sicher sehr seltenen, potentiell gefährdeten Einheit sollte besondere Aufmerksamkeit geschenkt werden.

Ass.-Gr.
Poetum bulbosae
Knollen-Rispengras-Gesellschaften

Die von der meridionalen bis zur temperaten Zone Europas und W-Asiens verbreitete *Poa bulbosa* lebt therophytisch und bevorzugt silikatische Standorte im Bereich von Wegrändern (vgl. SUKOPP & SCHOLZ 1967, FISCHER 1985) bzw. in Lükken von Trocken- und Halbtrockenrasen. Als Mitbestandbildner wurde die Art daher in verschiedenen Gesellschaften beobachtet und ist in vikariierenden Ausbildungen zu erwarten. Aus unserem Gebiet wurden Trittrasen mit *Agrostis tenuis* und *Spergula rubra* durch SUKOPP & SCHOLZ (1967) bekannt.

Zu den Sedo-Scleranthetea gehören das Veronico vernae-Poetum im böhmischen Silikat-Hügelland (MORAVEC 1967), *Sedum*-reiche Belege von FISCHER (1985) vgl. Tab. 65 d sowie eigene Aufnahmen, die als Cerastio-Poetum bulbosi herausgestellt, dem Valerianello-Veronicion arvensis anzuschließen sind.

Cerastio semidecandri-Poetum bulbosi ass. nov. Tabelle 64 a–b

Bezeichnend sind *Poa bulbosa* (oft var. *vivipara*) 3–4 mit *Veronica arvensis* +–2 und *Capsella bursa-pastoris*+–1. *Cerastium semidecandrum, Erophila verna,* dazu *Viola arvensis* und *Cerastium holosteoides* vervollständigen die Artenverbindung in der bis 20 cm hohen, um 50–70 % deckenden Ges.. Fundorte sind sandige Weg- und Hutungsränder sowie die Randbereiche von Spiel- und Sportplätzen. Regional begründete Unterschiede lassen sich noch nicht namhaft machen, wenn auch Arten wie *Potentilla argentea, Erodium cicutarium, Cerastium holosteoides (Festuca ovina)* sich auf das subozeanisch-beeinflußte Elb-Havelland/Sachsen-Anhalt beschränken.

Erste Belege aus Berlin (SUKOPP & SCHOLZ 1968) bzw. O-Brandenburg (Verf. n. p.) machen zugleich kleinstandörtliche Differenzen deutlich und ergeben:

Cerastio-Poetum bulbosae typicum

Cerastio-Poetum b. alyssetosum subass. nov. mit *Alyssum alyssoides, Medicago minima, Arenaria serpyllifolia* und weiteren kalkholden Zeigerarten. Als Trennarten weisen sie zu den Alysso-Sedetalia. Zusätzlich bringen *Bromus tectorum, Descurainia sophia* Ruderaleinfluß in einer *Bromus*-Variante zum Ausdruck.

Im Konnex mit Tritt- und Sandtrockenrasen ist die Ass. im NO eine seltene, zumindest potentiell gefährdete Einheit.

Der Holotypus stammt von einem Eichen-beschatteten Feldwegrand westlich von Genthin (V. 1983, 1 m^2) 70 % F: *Poa bulbosa* 4, *Cerastium semidecandrum* 2, *Erophila verna* 2; *Veronica arvensis* +, *Capsella bursa-pastoris* +, *Erodium cicut-*

arium +, *Viola arvensis* +; *Potentilla argentea* +; *Poa annua* 1, *Cerastium holosteoides* 1; *Agropyron repens* 1.

2. Ordnung

Sedo-Scleranthetalia Br.-Bl. 55

3. Verband

Sedo-Scleranthion Br.-Bl. 55
Fetthenne-Hauswurz-Gesellschaften

Während die Schwesterarten *Sempervivum arachnoideum, S. montanum* wie auch S. *tectorum ssp. alpinum* weitgehend auf Felsköpfe und Felsbuckel in der alpin-subalpinen Hochgebirgsstufe beschränkt bleiben, steigt einzig *Sempervivum tectorum* ssp. *tectorum* nicht nur in kollin-montane Buntsandsteinregionen ab (BORNKAMM 1961), sondern besiedelt auch anthropogen bedingte Sekundärstandorte wie Kiesdächer und Mauerkronen noch in Tieflagen.

Ass.-Gr.
Sempervivetum tectorum (Bornkamm 61)
Gesellschaften mit Dach-Hauswurz

Die im temperat-subozeanischen Europa vorkommende Art *Sempervivum tectorum* ssp. *tectorum,* lebt in analogen Beständen und unter entsprechenden edaphischen Bedingungen wie ihre Geschwisterarten und sollte daher zum Sedo-Scleranthion gerechnet werden.

Sedo-Sempervivetum tectorum Bornkamm 61
(Aufnahme im Text)

Gekennzeichnet von *Sempervivum tectorum* ssp. *tectorum* 1–4 mit Sedum acre +–3 sowie chamaephytischen Laubmoosen 1–4 bilden sich an trockenen, wärmebegünstigten Felsstandorten bzw. auf entsprechenden Mauerkronen und Dächern lückige bis lichtgeschlossene Bestände von Dickblattgewächsen heraus. Regional lassen sich die süd-mitteleuropäische *Sedum album*-Vikariante (vgl. BORNKAMM 1961, ZECHMEISTER 1992) von der nördlichen *Sedum acre*-Normalrasse unterscheiden (BORNKAMM 1961, KIENAST 1978).

Eher karbonatholde Begleiter wie *Poa compressa, Arenaria serpyllifolia* bzw. silikatholde wie *Sedum maximum, Ceratodon purpureus* deuten kleinstandörtliche Unterschiede an. – Mögen manche Tieflandvorkommen zumindest von *Sempervivum* als Zierpflanze angesiedelt sein, so halten und bereichern sich viele selbständig über Generationen hinweg ohne menschliches Zutun. Zwei mir bekannte Beispiele mögen zur weiteren Beachtung anregen. Beleg a. stammt von einer besonnten dörflichen Mauerkrone am Rande von Hohenfinow (0,5 m^2, 50 %), b. von der helmartigen Kappe der Rolandstatue am Rathaus in Brandenburg (Ferndiagnose): *Sempervivum tectorum* 3/2, *Sedum acre* 2/2; Laubmoos 1/-.

Neben fragmentarischen Einartbeständen sind Vorkommen der Ass. äußerst selten und auch aus kulturhistorischen Gründen interessant und schützenswert.

4. Verband

Sedo-Veronicion dillenii (Oberd. 57) Korneck 74
Fetthenne-Heideehrenpreis-Gesellschaften

Die Felsgrus-Ges. trocken-warmer, kalkarm-mineralkräftiger Silikatgesteinsböden der kollinen Stufe werden im Tiefland durch analoge Einheiten auf azidopsammophilen Trockenböden ersetzt. Von den Verbandsspezifica sind *Veronica dillenii, V. verna* und *Gagea bohemica* ssp. *saxatilis* ähnlich in der Planarstufe vertreten, nur *Spergula pentandra* gilt hier als verschollen (FUKAREK 1992, BENKERT & KLEMM 1993). Deutlicher differenzieren darüber hinaus *Rumex tenuifolius* mit *Cerastium semidecandrum* und *Helichrysum arenarium* als Trennarten den Unterverband Rumici-Veronicenion dillenii (Pass. 77) stat. nov. neben den Negativmerkmalen – ohne *Allium montanum, Sedum album, Erophila praecox, Thlaspi perfoliatus, Thymus praecox* u. a. – die Tieflagen-Ass. Mit dem Helichryso-Veronicetum dillenii als Typus werden folgende Ass.-Gr. angeschlossen: Veronicetum dillenii, Veronicetum vernae, Potentilletum heptaphyllae, Sedetum acris, Sedetum reflexi und Cardaminopsietum arenosae.

Ass.-Gr.
Sedetum acris ass. coll. nov.
Mauerpfeffer-Gesellschaften

Die häufigste, vom meridionalen bis zum borealen Europa verbreitete Art, *Sedum acre,* begleitet nicht nur alle lückigen Trockenrasen (Xero-Bromion, Festuco-Stipion, Festuco-Sedetalia), sondern ist auch wichtiger Mitbestandbildner in zahlreichen Sedo-Scleranthetea-Ges.. Auf pleistozänen Lockerböden im NO führt die schrumpfende Zahl an Mitbewerbern sogar dazu, daß konkurrenzschwache Elemente wie *Sedum acre* bestimmend hervortreten. Bei der trophischen Variationsbreite zwischen kalkarm-sauer bis neutral-basenreich sind mehrere Grundeinheiten zu unterscheiden. Bekannt wurden: *Brachythecium albicans-Sedum acre*-Ges. (vgl. TÜXEN 1957, RAABE 1950), Ditricho-Sedetum von kalkhaltigen Küstensanden S-Schwedens mit Tortella, Encalypta usw., sowie Rumici- und Arenario-Sedetum acris (HALLBERG 1971, PASSARGE 1977, WOLLERT 1967, FISCHER 1985).

Rumici tenuifolii-Sedetum acris Pass. 77 Tabelle 65 f–g

Bezeichnend sind *Sedum acre* 3–4 mit *Rumex tenuifolius* +–2. Häufigste Begleiter sind *Festuca ovina* und *Conyza canadensis,* wobei letzterer bereits leichten Ruderaleinfluß signalisiert. Mit weiteren aus Kontaktrasen übergreifenden Arten bilden sie meist halbgeschlossene, um 40–60 % deckende, ca. 10 cm hohe Fluren auf nährstoffarm-sauren, durchlässig-trockenen, grobsandig-kiesigen Rankerböden. Natürliche Vorkommen finden sich im Bereich des älteren Pleistozän, beispielsweise auf Sandwerdern der Stromtäler. Häufiger sind Sekundärvorkommen an Dämmen, Wegrändern sowie am Bahnkörper.

Auf regionale Unterschiede bleibt zu achten.

Lokalstandörtlich ergeben sich:

Rumici-Sedetum acris typicum und

Rumici-Sedetum a. cerastietosum subass. nov. mit *Cerastium semidecandrum, Erophila verna, Myosotis stricta* auf weniger armen Sanden. Typus ist Aufnahme-Nr. 9 (Tab. 1 bei PASSARGE 1977, S. 505).

Im Konnex mit Filagini-Corynephorion und Plantagini-Festucion gehört die Ass. im NO zu den relativ seltenen Erscheinungen, ist z. Z. wohl noch nicht gefährdet.

Arenario-Sedetum acris (Hallberg 71) Pass. 77 Tabelle 65 h–i

Diagnostisch wichtig sind *Sedum acre* 3–4 mit *Arenaria serpyllifolia* +–2. Als häufige Begleiter dokumentieren *Conyza canadensis* neben *Bromus tectorum* und *Convolvulus arvensis* Ruderaleinfluß (*Bromus*-Variante). Abermals licht- bis halbgeschlossen (um 30–60 %) und kaum mehr als 10 cm hoch, besiedeln die selten mehr als 1 m^2 deckenden Herden silikatreiche, oft kiesige Grobsande auf trockenen Rankerböden. Neben Vegetationslücken in Trockenrasen trifft man die Einheit verschiedentlich an Wegrändern, Dämmen oder Bahnanlagen, vornehmlich in der *Bromus tectorum*-Variante. Hauptsiedlungsbereich ist das südbaltische Jungpleistozän der Weichsel-/Würmvereisung.

Regional zeichnen sich analoge *Arenaria-Sedum*-Fluren (vgl. BRANDES 1987) im Binnenland S-Schwedens durch größeren Kryptogamen-Reichtum aus (HALLBERG 1971).

Kleinstandörtlich unterscheidbar sind:
Arenario-Sedetum acris typicum und
Arenario-Sedetum a.cerastietosum subass. nov. mit den Trennarten *Cerastium semidecandrum, Erophila verna* und *Veronica verna* auf schwach anlehmigen Grobsanden. Typus ist Aufnahme-Nr. 5 (Tab. 2 bei PASSARGE 1977, S. 566).

Im Kontakt mit Koelerion glaucae- und Thymo-Festucetum-Rasen kommt die Ass. in N-Brandenburg und Mecklenburg-Vorpommern verstreut vor und ist nicht gefährdet.

Tortula-Sedum acre-Ges. Tabelle 68 h

Auf eine Sonderform karbonatnaher Oserstandorte machte WOLLERT (1967) in N-Mecklenburg-Vorpommern aufmerksam. Ihre Merkmale sind *Sedum acre* 3–4 mit *Artemisia campestris* 1–3 und *Tortula (Syntrichia) muralis* 1–4. Phleum phleoides, vom Kontaktrasen übergreifend sowie *Peltigera canina* sprechen für weitere Besonderheiten. Über Status, Untergliederung, Verbreitung und Gefährdung werden weitere Erhebungen Auskunft geben.

Poa bulbosa-Sedum acre-Ges. Fischer 85 Tabelle 65 d

Bezeichnend sind *Sedum acre* 2–4 mit *Poa bulbosa* +–2 evtl. *Gagea bohemica* ssp. *saxatilis* +–1. Außerdem sind konstant: *Erophila verna, Arenaria serpyllifolia, Cerastium semidecandrum, Agrostis tenuis, Rumex acetosa, Armeria elongata.* Auf kiesig-grusigen Aufschüttungsböden an Parkwegen in Potsdam-Sanssouci bilden sie eine um 10 cm hohe, meist halbgeschlossene (40–70 %) Pionierflur mit einzelnen Trittpflanzen *(Sagina procumbens, Poa annua).* Letztere weisen zu einem *Agrostis-Poa bulbosa*-Trittrasen, wie ihn beispielsweise SUKOPP & SCHOLZ (1965) aus Berlin beschrieben.

Neben einer *Veronica hederifolia*-Ausbildung vermittelt eine weitere mit *Armeria elongata, Potentilla argentea, Rumex acetosella* und *Festuca ovina* zum benachbarten Armerio-Festucetum.

Status, Untergliederung und weitere Verbreitung bleiben zu erkunden.

Als Habitat der zurückgehenden und vom Aussterben bedrohten *Gagea bohemica* ist die Ges. in besonderem Maße schutzwürdig.

Tabelle 65 Sedum-reiche Gesellschaften

Spalte	a	b	c	d	e	f	g	h	i
Zahl der Aufnahmen	3	5	7	8	4	4	6	8	11
mittlere Artenzahl	17	8	14	16	12	12	7	9	6
Sedum acre	3^{13}	.	2^{+1}	5^{24}	2^{12}	4^{3}	5^{34}	5^{34}	5^{34}
Sedum sexangulare	1^{3}	2^{1}	.	.	4^{24}	1^{2}	1^{3}	.	.
Sedum reflexum	3^{23}	5^{34}	5^{34}	.	1^{2}	.	.	.	.
Cerastium semidecandrum	2^{+1}	2^{13}	.	4^{+1}	1^{2}	3^{+1}	.	4^{+2}	.
Erophila verna	1^{+}	.	.	5^{13}	1^{2}	3^{+2}	.	4^{+2}	.
Arenaria serpyllifolia	2^{+}	.	.	5^{+1}	.	.	.	5^{+1}	5^{+2}
Myosotis stricta	.	.	.	.	.	3^{+}	.	1^{+}	.
Rumex tenuifolius	2^{+1}	2^{+}	3^{+1}	.	4^{+2}	4^{+2}	5^{+2}	1^{+}	1^{+}
Veronica verna	.	.	.	.	.	3^{+1}	1^{1}	4^{+1}	.
Trifolium arvense	1^{1}	1^{1}	5^{+2}	.	.	.	1^{+}	2^{+1}	2^{+1}
Artemisia campestris	1^{2}	.	5^{+2}	.	.	.	.	1^{+}	0^{+}
Euphorbia cyparissias	.	.	3^{+1}	.	.	.	1^{1}	.	1^{+}
Galium verum	2^{+}	2^{+1}	.	.	.	.	.	.	2^{+}
Festuca trachyphylla	.	1^{+}	5^{+2}	.	.	1^{+}	.	.	.
Helichrysum arenarium	.	.	2^{+2}	.	.	1^{+}	.	.	.
Festuca ovina	2^{+1}	3^{+2}	.	2^{+1}	2^{+}	2^{+1}	4^{+1}	.	.
Potentilla argentea	1^{+}	.	3^{+1}	2^{+1}	2^{1}	.	1^{+}	.	.
Armeria elongata	.	1^{+}	1^{+}	4^{+}	2^{+1}	.	.	.	.
Trifolium campestre	1^{+}	1^{+}	1^{+}	.	1^{+}	.	.	.	.
Scleranthus perennis	1^{+}	.	1^{+}	.	.	1^{1}	.	.	.
Vicia tetrasperma	2^{+}	1^{+}	.	.	.	.	.	.	.
Agrostis tenuis	1^{1}	.	4^{+2}	4^{+1}	3^{1}	1^{+}	1^{1}	.	.
Hieracium pilosella	.	1^{+}	4^{+2}	.	.	.	1^{1}	.	.
Hypochoeris radicata	2^{+}	.	3^{+}	3^{+}	.	2^{+}	.	.	.
Hieracium umbellatum	.	.	2^{+1}	.	.	1^{+}	.	.	.
Corynephorus canescens	1^{+}	.	4^{+1}	.	.	2^{+1}	2^{+1}	.	.
Carex arenaria	2^{+}	2^{+1}	.	.	.	2^{+1}	1^{+}	.	.
Viola tricolor curtisii	3^{+2}	.	.	.	.	.	3^{+}	.	.
Jasione montana	.	3^{+}	3^{+}	.	.	.	.	.	.
Conyza canadensis	.	.	.	.	.	2^{+}	3^{+1}	4^{+1}	4^{+}
Bromus tectorum	.	.	.	.	.	.	.	2^{+}	2^{+1}
Geranium pusillum	.	.	.	.	.	.	.	2^{+}	1^{+}
Erodium cicutarium	.	.	.	1^{+}	3^{+}	1^{+}	.	.	.
Rumex acetosella	.	.	.	2^{+1}	3^{+1}	.	.	.	.
Bromus hordeaceus	.	.	.	.	2^{+1}	2^{1}	1^{1}	1^{+}	2^{+}
Medicago lupulina	.	.	.	2^{+}	.	.	.	2^{+}	1^{+}
Plantago lanceolata	2^{+1}	.	2^{+}	3^{+}	.	.	.	.	2^{+}
Achillea collina	1^{+}	2^{+}	2^{+}	.	1^{+}	2^{+1}	1^{1}	.	.
Poa angustifolia	2^{+1}	.	3^{+1}	2^{1}	1^{+}	.	.	2^{+1}	2^{+}
Convolvulus arvensis	.	.	.	.	.	.	.	2^{+}	1^{+1}
Agropyron repens	.	.	.	.	3^{+1}	2^{+1}	.	.	.
Ceratodon purpureus	.	.	2^{13}	1^{1}	.	2^{1}	1^{1}	1^{+}	0^{2}
Brachythecium albicans	.	.	2^{1}	.	2^{+}	.	.	1^{+}	.

außerdem mehrmals in a: Ranunculus bulbosus 2; c: Festuca psammophila 5, Centaurea rhenana 3, Chondrilla juncea 2; d: Poa bulbosa 5, Gagea bohemica saxatilis 5, Sagina procumbens 5, Rumex acetosa 5, Holcus lanatus 3, Taraxacum officinale 3, Thymus serpyllum 3, Saxifraga granulata 2, Poa annua 2, Bryum argenteum 3; e: Allium oleraceum 3, Ranunculus acer 2; h: Potentilla arenaria 2, Capsella bursa-pastoris 2, Poa annua 2; i: Equisetum arvense 2.

Herkunft:
a–c,
e–i. PASSARGE (1977 u. n. p.: 48)
d. FISCHER (1985: 8)

Vegetationseinheiten:

1. Carex arenaria-Sedum reflexum-Ges.
   Viola curtisii-Rasse (a), Jasione-Rasse (b)
2. Artemisio-Sedetum reflexi ass. nov. (c)
3. Poa bulbosa-Sedum acre-Ges. Fischer 85 (d)
4. Rumex tenuifolius-Sedum sexangulare-Ges. (e)
5. Rumici-Sedetum acris Pass. 77
   cerastietosum subass. nov. (f)
   typicum subass. nov. (g)
6. Arenario-Sedetum acris (Hallberg 71) Pass. 77
   cerastietosum subass. nov. (i)
   typicum subass. nov. (i)

Ass.-Gr.
Sedetum reflexi ass. coll. nov.
Felsenfetthenne-Gesellschaften

Im submeridional-temperaten Europa bevorzugt *Sedum reflexum* warm-trockene Standorte in Sandgebieten bzw. Silikatgesteine des subozeanischen Einflußbereiches. Im deutschen Bergland siedelt die Art konstant bis mittelstet mit +–2 im Allio montani-Veronicetum vernae, Allio montani- und Gageo saxatilis-Veronicetum dillenii (OBERDORFER 1957, STÖCKER 1962, KORNECK 1974, 1975). Im nördlichen Tiefland begegnet uns *Sedum reflexum* bestandbildend in einer *Carex arenaria-Sedum reflexum*-Ges. bzw. im Artemisio-Sedetum reflexi. Ein Hyperico-Sedetum reflexi beschreibt de FOUCAULT (1979) aus der Normandie.

Carex arenaria-Sedum reflexum-Ges. — Tabelle 65 a–b

Bezeichnend sind *Sedum reflexum* 2–4 mit *Festuca ovina* +–2 und *Carex arenaria* +–1. Nächst häufig ergänzen *Cerastium semidecandrum, Rumex tenuifolius* und *Galium verum* die gut 10 cm hohen, meist halbgeschlossenen (40–70 %) Bestände auf mäßig trockenen Sandrankerböden.

Regional heben sich im subozeanisch beeinflußten Raum ab:

Viola tricolor ssp. *curtisii*-Rasse im Elbdünengebiet von Dömitz/Mecklenburg auch mit *Sedum acre, Hypochoeris radicata* u. a. Zentralrasse mit *Jasione montana* im Elb-Havelland/Sachsen-Anhalt. Im Konnex mit Plantagini-Festucion-Rasen ist die äußerst sporadisch vorkommende Einheit potentiell gefährdet und schützenswert.

Artemisio campestris-Sedetum reflexi ass. nov. — Tabelle 65 c

Kennzeichend sind *Sedum reflexum* 3–4 mit *Artemisia campestris* und *Festuca psammophila* jeweils +–2. Konstant ergänzt von *Trifolium arvense, Festuca trachyphylla, Agrostis tenuis, Hieracium pilosella* und *Corynephorus canescens.* Mit weiteren Arten der Sandtrockenrasen schließen sie sich zu ca. 20–30 cm hohen, lichtgeschlossenen, 50–80 % deckenden Initialfluren auf schwach sauren, offenen, trockenen Sandrankerböden zusammen.

Erkennbar ist eine *Helichrysum arenarium*-Rasse in Odernähe gegenüber der Normalrasse.

Kleinstandörtlich scheinen unterscheidbar:

Typische Subass. auf Trockenstandorten und

Hieracium-Subass mit *H. pilosella,, H. umbellatum, Hypochoeris radicata, Poa angustifolia, Chondrilla juncea* und *Plantago lanceolata* auf mäßig-trockenen Sanden.

Selten bis sehr verstreut begegnet uns die Einheit im Kontakt mit Koelerion glaucae-Rasen und ist potentiell gefährdet.

Der Holotypus der Ass. von einer sandigen Straßenböschung, 20° W bei Eichhorst/Eberswalde (VI. 1991 2 m^2) enthielt 60 % F: *Sedum reflexum* 3, *Festuca psammophila* 2, *Trifolium arvense* +; *Festuca trachyphylla* 2, *Euphorbia cyparissias* 1, *Artemisia campestris* +, *Achillea collina* +; *Allium vineale* +, *Carex hirta* +.

Rumex tenuifolius-Sedum sexangulare-Ges. Tabelle 65 e

Bezeichnend sind *Sedum sexangulare* 2–4 mit *Rumex tenuifolius* +–2, ergänzt von *Agrostis tenuis, Rumex acetosella, Erodium cicutarium* und *Agropyron repens.* Auf offenen, mäßig trockenen, schwach humosen Sandböden formen sie 10–20 cm hohe, halbgeschlossene Pionierbestände im Bereich von Armerio-Festucetum ovinae im subozeanisch beeinflußten nördlichen Sachsen-Anhalt.

Status, Untergliederung, Verbreitung und Gefährdung vermögen erst weitere Erhebungen zu klären.

Allio schoenoprasi-Caricetum praecosis Walther 77
(Aufnahmen im Text)

In seiner Elbtal-Monographie beschrieb WALTHER (1977) eine Ass. mit *Allium schoenoprasum,* die reich an Sedum-Arten, ephemeren Therophyten neben ausdauernden Rasenpflanzen ist und die er den Sedo-Scleranthetalia zurechnete.

Im mecklenburgischen Elbtal notierte ich vergleichbare *Allium-Sedum*-Bestände. Auf sandiger Hangfußterrasse der hohen Elbdünen von Klein Schmölen wuchsen (VIII. 1990) a. (5 m^2) 90 % bzw. b. (3 m^2) 80 %: *Allium schoenoprasum* 3/3; *Sedum sexangulare* 3/3, *S. acre* 1/2; *Agrostis vinealis* 2/2, *Trifolium arvense* 1/1; nur in a: *Arenaria serpyllifolia* 1, *Cerastium semidecandrum* +, *Herniaria glabra* +, *Hypochoeris radicata* +, *Anthoxanthum odoratum* +; nur in b:*Artemisia campestris* +, *Trifolium campestre* +, *Festuca polesica* 1, *Agrostis tenuis* +; *Poa angustifolia* +, *Agropyron repens* +.

Für einen Anschluß an Sedo-Veronicion dillenii sprechen *Trifolium arvense, Herniaria glabra,* bei WALTHER (1977) außerdem *Rumex tenuifolius* und *Scleranthus perennis.*

Ass.-Gr.
Veronicetum dillenii (Pass. 60) ass. coll. nov.
Heide-Ehrenpreis-Gesellschaften

Die vom subkontinentalen Mitteleuropa bis W-Asien verbreitete Art bevorzugt in kollin-planaren Lagen humus- und feinerdearme, trockene Silikatgrus- und Sandböden. An vikariierenden Ass. wurden bekannt: Allio montani-Veronicetum dilleni aus dem Harz (STÖCKER 1962), Gageo saxatilis-Veronicetum dillenii aus dem SWdeutschen Berg- und Hügelland (KORNECK 1974, 1975), Spergulo-Veronicetum aus Polen (WNUK 1989, WARCHOLINSKA 1990) sowie das märkische Helichryso-Veronicetum dillenii.

Helichryso-Veronicetum dillenii Pass. (60) 77 Tabelle 66 a–c

Kennzeichnend sind *Veronica dillenii* +–2 mit *Rumex tenuifolius* und *Helichrysum arenarium* jeweils +–1. Bestandbildner sind meist *Erophila verna* und *Cerastium semidecandrum,* konstant treten weiterhin *Scleranthus perennis, Artemisia campestris* und *Ceratodon purpureus* hinzu. Gemeinsam bilden sie selten mehr als 10 cm hohe, lückig-halbgeschlossene (30–60 % deckende) Ephemeren-Bestände auf karbonatfreien, oft kieshaltigen, trockenen Sandrankerböden. In ebener bis konsolidierter Sonn-Hanglage, scheinen Staubdüngung bzw. Ruderalisierung an Kaninchenbauten bzw. Hutungseinfluß durchaus förderlich. BORNKAMM (1977) ermittelte bei vergleichbaren Dünenvorkommen in Berlin im Oberboden pH-Werte von 5,6–5,8, Kohlenstoffgehalte von 1,2 % C sowie Stickstoffgehalte von 0,11 % N.

Regional ist im subozeanisch-getönten Einflußbereich eine *Helichrysum*-freie Rasse auch ohne *Festuca psammophila* zu erwarten, wie sie ähnlich bereits BORNKAMM (1977) belegt.

Kleinstandörtlich unterschieden werden:

Helichryso-Veronicetum dillenii typicum und

Helichryso-Veronicetum d. erodietosum Pass. 77 mit *Erodium cicutarium, Rumex acetosella, Capsella bursa-pastoris, Scleranthus annuus* und *Conyza canadensis* als Trennarten ruderal beeinflußter Böden.

Im Konnex mit Corynephorion- und Koelerion glaucae-Rasen ist die Ass. in Brandenburg relativ selten und zumindest potentiell gefährdet. Ähnliche Vorkommen sind in Mecklenburg-Vorpommern und im planaren Sachsen-Anhalt zu erwarten.

Ass.-Gr.
Veronicetum vernae
Gesellschaften mit Frühlingsehrenpreis

Die vom zentralen Mitteleuropa bis W-Asien reichende *Veronica verna* begegnet uns in verschiedenen vikariierenden Ass. Herauszustellen sind: Veronico vernae-Poetum bulbosae im südböhmischen Silikat-Hügelland (MORAVEC 1967), Allio montani-Veronicetum am kollinen Oberrhein (KORNECK 1975) sowie das ostelbische Euphorbio-Veronicetum vernae.

Euphorbio-Veronicetum vernae ass. nov. Tabelle 66 d–f

Regional kennzeichnend sind *Veronica verna* +–2 mit *Cerastium semidecandrum* 1–3 und *Euphorbia cyparissias* +–1. Konstant kommen weiterhin *Erophila verna, Myosotis stricta, Helichrysum arenarium, Festuca psammophila* und *Ceratodon purpureus* hinzu. Gemeinsam bilden diese meist halbgeschlossene, bis fußhohe Frühlingsfluren auf humusarmen Sandrankerböden, im Bereich von Koelerion glaucae-Rasen ohne Ruderaleinfluß.

Während auf den Gesteinsverwitterungsböden der Hügelstufe *Scleranthus perennis, Sedum*-Arten, *Tortula ruralis* und weitere Moose diagnostisch wichtig sind, unterstreichen im Flachland psammophile Arten so *Helichrysum arenarium,*

Festuca psammophila, Spergula morisonii und *Artemisia campestris* die Besonderheiten.

Kleinstandörtliche Differenzen ergeben:

Euphorbio-Veronicetum vernae typicum, Holotypus ist die Aufnahme (Tab. 66 f.) und *Polytrichum piliferum*-Subass. mit *Sedum reflexum* und *Cladonia foliacea* auf betont durchlässig-trockenen Sonnhangstandorten bei 10–20° Neigung.

In Nachbarschaft von Koelerion glaucae ist die sehr verstreute Einheit in ihrem Vorkommen begrenzt und gefährdet.

Tabelle 66 Veronica dillenii-Gesellschaften

Spalte	a	b	c	d	e	f	g	h	i
Zahl der Aufnahmen	8	9	7	4	5	1	7	9	9
mittlere Artenzahl	13	11	11	14	10	12	11	12	10
Veronica dillenii	5^{+2}	5^{+2}	4^{+}	3^{+}	2^{+}	.	2^{+}	.	.
Veronica verna	2^{+1}	2^{+1}	.	4^{+2}	5^{+1}	1	.	.	.
Rumex tenuifolius	4^{+1}	2^{+}	.	1^{+}	3^{+1}	1	2^{+}	.	.
Scleranthus perennis	3^{+2}	2^{+2}	.	.	.	.	1^{1}	.	.
Cardaminopsis arenosa	.	.	.	.	.	.	.	5^{23}	5^{14}
Potentilla heptaphylla	.	.	.	.	.	+	5^{23}	.	.
Cerastium semidecandrum	5^{24}	5^{13}	5^{+2}	3^{13}	4^{13}	3	4^{23}	.	1^{1}
Erophila verna	4^{13}	5^{13}	5^{+2}	3^{+2}	4^{+1}	1	3^{+2}	2^{+}	.
Myosotis stricta	2^{+1}	3^{+1}	2^{12}	2^{2}	4^{+2}	1	3^{+1}	1^{+}	.
Arenaria serpyllifolia	1^{+}	2^{+1}	.	1^{1}	.	.	5^{12}	4^{12}	5^{+2}
Holosteum umbellatum	.	1^{+}	3^{+2}	.	1^{1}	.	.	.	.
Senecio vernalis	4^{+1}	4^{+1}	.	.	1^{+}	+	2^{+}	4^{+2}	3^{12}
Conyza canadensis	2^{+}	1^{+}	.	.	.	.	.	4^{+1}	5^{+1}
Erodium cicutarium	5^{+2}	.	.	2^{+}	1^{+}	+	1^{+}	.	.
Rumex acetosella	2^{+1}	.	1^{+}	.	.	.	.	2^{+1}	2^{+1}
Artemisia campestris	4^{+}	3^{+1}	3^{+1}	1^{+}	2^{+}	.	4^{+1}	4^{+2}	.
Euphorbia cyparissias	2^{+}	4^{+1}	1^{+}	4^{+1}	3^{+1}	1	.	4^{+1}	.
Vicia lathyroides	.	.	.	.	.	.	3^{+1}	3^{+2}	.
Helichrysum arenarium	2^{+2}	4^{+1}	.	3^{+}	3^{+}	+	4^{+1}	.	.
Trifolium arvense	2^{+}	2^{+1}	1^{+}	.	2^{+}	+	5^{+1}	.	.
Corynephorus canescens	4^{+1}	3^{+}	4^{+2}	1^{+}	2^{1}	.	.	.	.
Festuca psammophila	1^{+}	2^{+1}	.	4^{+1}	2^{+1}	.	.	.	.
Spergula morisonii	2^{+}	1^{1}	.	2^{+2}	2^{+2}	.	.	.	.
Viola tricolor curtisii	2^{+}	2^{+1}	.	.	.	.	.	.	.
Sedum acre	4^{+1}	4^{+2}	2^{+}	.	2^{+2}	.	.	.	.
Sedum sexangulare	1^{+}	.	3^{+2}	.	.	.	.	.	.
Sedum maximum	.	.	.	1^{+}	.	.	3^{+}	1^{+}	.
Papaver dubium	.	.	.	.	.	.	2^{+}	.	3^{23}
Agropyron repens	2^{+1}	.	.	.	.	.	2^{+1}	.	,
Ceratodon purpureus	2^{12}	3^{13}	5^{12}	4^{13}	2^{2}	2	3^{23}	4^{13}	.
Brachythecium albicans	.	.	4^{+2}	.	1^{1}	.	1^{1}	.	.
Polytrichum piliferum	.	1^{3}	3^{+}	4^{1}	.	.	.	.	.
Cladonia foliacea	.	1^{1}	1^{+}	3^{+2}	.	.	2^{1}	.	.

außerdem mehrmals in a: Scleranthus annuus agg. 3, Hypochoeris radicata 2, Capsella bursa-pastoris 2; c: Festuca trachyphylla 3, Koeleria glauca 3, Sisymbrium altissimum 3, Oenothera biennis agg. 3, Bryum argenteum 2; d: Sedum reflexum 3, Medicago minima 2; g: Silene otites 3, Petrorhagia prolifera 2, Thymus serpyllum 2, Achillea collina 2, Arabidopsis thaliana 2, Falcaria vulgaris 2; h: Festuca ovina 3, Poa angustifolia 3, P. nemoralis 2, Achillea millefolium 3, Matricaria inodora 3, Crepis tectorum 2, Galium aparine, Geranium columbinum 2, Arrhenatherum elatius 2, Veronica chamaedrys 2; i: Funaria hygrometrica 3, Fallopia convolvulus

2, Viola arvensis 2, Vicia hirsuta 2, V. angustifolia 2, Myosotis arvensis 2, Salsola ruthenica 2, Cerastium holosteoides 2.

Herkunft:
a–c. BORNKAMM (1977: 7), PASSARGE (1977: u. n. p.: 17)
d–i. PASSARGE (1977 u. n. p.: 35)

Vegetationseinheiten:

1. Helichryso-Veronicetum dillenii Pass. 77
   Senecio vernalis-Rasse (a–b), Zentralrasse (c)
     erodietosum subass. nov. (a)
     typicum subass. nov. (b, c)
2. Euphorbio-Veronicetum vernae ass. nov.
     Polytrichum piliferum-Subass. (d)
     typicum subass. nov. (e, f)
3. Cerastio-Potentilletum heptaphyllae (Pass. 77) ass. nov. (g)
4. Arenario-Cardaminopsietum arenosae ass. nov.
     euphorbietosum subass. nov. (h)
     typicum subass. nov. (i)

Ass.-Gr.
Potentilletum heptaphyllae ass. coll. nov.
Gesellschaften mit Rötlichem Fingerkraut

Die im subkontinentalen Europa temperat-submeridional vorkommende *Potentilla heptaphylla* wird vornehmlich in der planar-kollinen Stufe auf basenreichen, warmen Lockerböden beobachtet. Minderstete Vorkommen im Cytiso-Pinetum des nordöstlichen Alpenvorlandes (vgl. BRAUN-BLANQUET 1932, GAUCKLER 1938, OBERDORFER 1957) sprechen nicht gegen einen möglichen Schwerpunkt in Sedo-Scleranthetea-Ges.. Einen solchen stellt das Cerastio-Potentilletum im odernahen Tiefland dar (PASSARGE 1977).

Cerastio-Potentilletum heptaphyllae (Pass. 77) ass. nov. Tabelle 66 g

Kennzeichnend sind *Potentilla heptaphylla* 2–4 mit *Cerastium semidecandrum* 1–3. Weiterhin sind konstant *Arenaria serpyllifolia, Artemisia campestris, Helichrysum arenarium, Trifolium arvense* und *Ceratodon purpureus.* Unter den weiteren Begleitarten sprechen *Veronica dillenii* und *Rumex tenuifolius* für die Zugehörigkeit zum Rumici-Veronicenion dillenii. Auf sonnexponierten übersandeten Schotterböden am Bahndamm bzw. auf Betonschotter bildeten die Genannten lichtgeschlossene (60–80 % deckende), um 10 cm hohe Kriechpolster.

Regional zeichnet sich in O-Brandenburg eine subkontinentale *Helichrysum arenarium*-Rasse (PASSARGE 1977) gegenüber der Zentralrasse im östlichen Mecklenburg-Vorpommern ab.

Ansonsten sind erkennbar:

Cerastio-Potentilletum heptaphyllae typicum

Cerastio-Potentilletum h., *Rumex tenuifolius*-Subass. mit *Vicia lathyroides, Silene otites, Achillea collina, Thymus serpyllum, Rumex tenuifolius* und *Cladonia foliacea* als Trennarten.

Nomenklatorischer Typus ist Aufnahme-Nr. 2 (Tab. 9 bei PASSARGE 1977, S. 517), wobei der dort irrtümlich verwendete Name von *Potentilla heterophylla* in *P. heptaphylla* zu korrigieren ist.

In Nachbarschaft mit Koelerion glaucae und Koeleria-Pinus-Wäldern bleibt die weitere Verbreitung der eher seltenen Ass. zu erkunden. Eine potentielle Gefährdung ist wahrscheinlich.

Ass.-Gr.
Cardaminopsietum arenosae ass. coll. nov.
Gesellschaften mit Sand-Schaumkresse

Arenario-Cardaminopsietum arenosae ass. nov. Tabelle 66 h–i

Die im subkontinental beeinflußten Europa von der submeridionalen bis zur borealen Zone verbreitete *Cardaminopsis arenosa* ssp.*arenosa* wurde in lückigen Molinio-Arrhenatheretea (vgl. PASSARGE 1957), in Corynephoretalia- oder Sisymbrion-Ges. beobachet und gilt als Eisenbahnwanderer (OBERDORFER 1994). Vornehmlich in Bahnnähe traf ich die Art gesellschaftsbildend mit wenigen Begleitpflanzen. Bezeichnend sind *Cardaminopsis a. arenosa* 1–3 mit *Arenaria serpyllifolia* 1–2 und *Conyza canadensis* +–1. *Senecio vernalis* und Bodenmoose vervollständigen die Artenverbindung dieser noch wenig beachteten Sedo-Scleranthetea-Einheit. Stets sind die bis fußhohen Bestände lückig bis halbgeschlossen (30–60 % deckend). Die Böden sind sandig-kiesig-schottrig, wobei Bahndämme, Feuerschutzstreifen und Brandstellen für die erforderliche Bodenverwundung sorgen. Über regionale Verschiedenheiten läßt sich noch wenig aussagen.

Erkennbar sind lokal-standörtliche Differenzen:
Arenario-Cardaminopsetum arenosae typicum und
Arenario-Cardaminopsetum a.euphorbietosum in sonnexponierter Hanglage mit den Trennarten *Euphorbia cyparissias, Artemisia campestris, Festuca ovina, Achillea collina, Poa angustifolia, Matricaria inodora* und *Ceratodon purpureus.* Eine Variante der Brandstellen hebt sich zusätzlich durch *Papaver dubium, Viola arvensis* und *Funaria hygrometrica* ab.

Bahnbegleitendes Salsolion ruthenicae, wie auch Plantagini-Festucion-Rasen wurden benachbart beobachtet. Die bisher nur sehr verstreut vorkommende Einheit scheint nicht gefährdet.

Als Holotypus fungiert folgende Aufnahme von einer Brandstelle im Feuerschutzstreifen der Bahn östlich von Britz/Eberswalde (V. 1987, 3 m^2) mit 75 % F: *Cardaminopsis a. arenosa* 4, *Arenaria serpyllifolia* 1; *Papaver dubium* 2, *Viola arvensis* +, *Senecio vernalis* 1; *Conyza canadensis* 1, *Salsola ruthenica* +; *Poa compressa* +; *Funaria hygrometrica* 2.

5. Verband

Sileno-Cerastion semidecandri Korneck 74
Leimkraut-Sandhornkraut-Gesellschaften

Zum Verband rechnen die im meridional-temperaten Europa heimischen Gesellschaften mit *Medicago minima, Petrorhagia prolifera* und *Silene conica.* Zwei der drei in Süddeutschland nachgewiesenen Gesellschaften, so Petrorhagio-Medicaginetum und Sileno-Cerastietum (PHILIPPI 1971, KORNECK 1974, 1975) wurden ähnlich auch im Gebiet bestätigt. Eine weitere, Petrorhagio-Sedetum sexangularis läßt sich anschließen (PASSARGE 1977).

Sileno-Cerastietum semidecandri Korneck 74 Tabelle 67 a–c

Kennzeichnend sind *Silene conica* +–2 mit *Medicago minima* 1–3 und *Veronica verna* +–1. Konstant ergänzen sie *Cerastium semidecandrum, Erophila verna, Arenaria serpyllifolia, Sedum acre* sowie *Helichrysum arenarium, Artemisia campestris* und *Euphorbia cyparissias.* Gemeinsam bilden sie halbgeschlossene, um 40–70 % deckende bis fußhohe (20–40 cm) Krautbestände auf kräftigen, oft lehmigen Sanden, die durch Schafhutung oder Viehtrift zusätzlich leicht eutrophiert sind.

Regional stellen die südwestdeutschen Ausbildungen des Rhein-Maingebietes eine *Odontites lutea*-Rasse auch mit *Euphorbia seguierana, Allium sphaerocephalon* und *Festuca guestfalica* dar, der im Odertal eine subkontinentale *Helichrysum arenarium*-Rasse mit *Senecio vernalis* und *Festuca psammophila* gegenübersteht (PASSARGE 1977, 1978). Als vikariierende Einheit in den niederländischen Küstendünen beschrieb DOING (1993) das Sileno conicae-Tortuletum mit *Hieracium umbellatum, Asparagus officinalis prostrata* und weiteren Besonderheiten.

Lokalstandörtlich lassen sich abgrenzen:

Sileno-Cerastietum semidecandri typicum,

Sileno-Cerastietum s. saxifragetosum Pass. 77 mit den Trennarten *Saxifraga tridactylitis, Alyssum alyssoides, Veronica praecox, Acinos arvensis* auf karbonathaltigen Böden,

Sileno-Cerastietum s. brometosum Korneck 74 mit *Bromus tectorum, B. hordeaceus, Conyza canadensis* und *Cardaria draba* markiert ruderalisierte Trockenstandorte.

Zu den Kontaktgesellschaften zählen Koelerion glaucae, Festuco-Stipion und Conyzo-Bromion. Die regional sehr begrenzt vorkommende, seltene Ass. ist potentiell gefährdet.

Petrorhagio-Medicaginetum minimae (Philippi 71) Pass. 77
Nelkenköpfchen-Zwergschneckenklee-Gesellschaft Tabelle 67 d–e

Kennzeichnend sind *Medicago minima* 1–3 mit *Petrorhagia prolifera* +–2 und *Ceratodon purpureus* 1–3. Weiter sind konstant: *Cerastium semidecandrum* und *Artemisia campestris.* Zusammen leben sie in halbgeschlossenen (40–60 % dekkenden) meist 10–20 cm hohen Beständen auf sandig-kiesigen, kalkhaltigen, trokkenen Rankerböden in ebener bis sonnexponierter Lage.

Im Bereich der Rheinebene kommen mit *Silene conica, Festuca guestfalica* und *Vulpia* einige submeridional verbreitete Arten hinzu. Im östlichen Brandenburg differenzieren *Helichrysum arenarium, Hieracium echioides* und *Festuca psammophila* die subkontinentale Rasse.

Abermals sind unterscheidbar:

Petrorhagio-Medicaginetum minimae typicum,

Petrorhagio-Medicaginetum m. brometosum (Philippi 71) Pass. 77 mit den Trennarten *Bromus tectorum* und *Conyza canadensis* auf leicht ruderalisierten Böden (z. B. an Kaninchenbauten), *Cladonia*-Subass. mit *Cl. foliacea, Cl. rangiformis, Peltigera* spec. auf humusarmen Böden.

In Nachbarschaft von Koelerion glaucae-Rasen ist die Einheit sehr selten und potentiell gefährdet.

Tabelle 67 Petrorhagia- und Medicago minima-Gesellschaften

Spalte	a	b	c	d	e	f	g
Zahl der Aufnahmen	10	8	5	8	12	3	8
mittlere Artenzahl	20	13	14	14	12	16	9
Petrorhagia prolifera	1^{+}	1^{1}	.	5^{+2}	5^{+2}	2^{+2}	4^{+1}
Medicago minima	4^{+3}	4^{12}	5^{13}	5^{13}	5^{13}	3^{+1}	.
Silene conica	5^{+3}	5^{12}	3^{+1}	.	.	.	.
Cerastium semidecandrum	5^{13}	5^{12}	5^{2}	5^{12}	5^{13}	3^{+2}	3^{+1}
Arenaria serpyllifolia	3^{+1}	5^{+2}	4^{+1}	3^{+2}	3^{+2}	3^{+1}	3^{+1}
Erophila verna	4^{+2}	4^{+2}	5^{13}	2^{+1}	3^{12}	.	.
Myosotis stricta	1^{+}	2^{+}	3^{+2}	.	2^{+}	.	2^{+1}
Senecio vernalis	4^{+1}	2^{+}	3^{+}	2^{+1}	3^{+}	.	.
Sedum acre	5^{13}	5^{+2}	3^{12}	5^{+1}	5^{+3}	3^{1}	5^{13}
Sedum sexangulare	.	2^{+1}	.	2^{1}	.	3^{24}	5^{24}
Sedum maximum	1^{+}	2^{+}	2^{+}	2^{+}	.	1^{+}	.
Veronica verna	4^{+1}	3^{+}	3^{+1}	2^{+2}	2^{+}	3^{+1}	.
Veronica dillenii	2^{+}	.	1^{1}	.	.	1^{+}	.
Rumex tenuifolius	2^{+}	2^{+1}	1^{+}	.	.	.	.
Alyssum alyssoides	1^{+}	2^{+}	1^{+}	2^{+2}	0^{+}	1^{+}	2^{+}
Potentilla arenaria	2^{+}	2^{+2}	.	.	.	2^{+}	.
Acinos arvenis	1^{+}	2^{+}	.	1^{+}	0^{1}	.	.
Artemisia campestris	5^{+2}	4^{+1}	3^{+1}	4^{+1}	5^{+}	3^{+1}	5^{+1}
Euphorbia cyparissias	4^{+1}	5^{+1}	2^{+}	3^{+2}	3^{+}	2^{1}	2^{+2}
Helichrysum arenarium	5^{+1}	4^{+1}	3^{+1}	2^{+2}	3^{+1}	3^{+2}	2^{+}
Trifolium arvense	1^{+}	2^{+}	1^{+}	2^{12}	3^{+1}	.	1^{+}
Centaurea rhenana	3^{+2}	.	.	3^{+1}	2^{+}	2^{+1}	1^{+}
Silene otites	1^{+}	2^{+}	.	1^{+}	2^{+}	2^{+}	1^{+}
Festuca psammophila	1^{+}	2^{1}	.	1^{+}	2^{1}	1^{+}	1^{+}
Vicia lathyroides	2^{+1}	.	.	1^{+}	0^{1}	1^{+}	.
Hieracium echioides	.	.	.	2^{+}	2^{+}	.	.
Bromus tectorum	4^{+1}	.	.	5^{+2}	.	3^{+1}	1^{+}
Conyza canadensis	2^{+}	.	.	3^{+}	.	1^{+}	1^{+}
Bromus hordeaceus	3^{+2}	.	.	.	.	.	1^{+}
Erodium cicutarium	2^{+}	.	2^{1}	.	.	.	.
Saxifraga tridactylites	.	.	4^{+1}	.	0^{1}	.	.
Veronica praecox	.	.	3^{+1}	.	.	.	.
Brachythecium albicans	3^{12}	2^{12}	3^{12}	2^{12}	1^{1}	1^{1}	2^{1}
Ceratodon purpureus	1^{1}	.	1^{2}	2^{+2}	5^{13}	.	1^{2}
Racomitrium canescens	.	.	.	1^{3}	2^{23}	.	1^{1}

außerdem mehrmals in a: Poa angustifolia 2, Achillea collina 2, Polytrichum piliferum 2; b: Achillea pannonica 2; c: Veronica arvensis 3; d: Trifolium campestre 2, Hypochoeris radicata 2; e: Cladonia foliacea 2; f: Rumex acetosella 2; g: Potentilla neumanniana 2.

Herkunft:

a–g. PASSARGE (1977 u. n. p.: 54)

Vegetationseinheiten:

1. Sileno-Cerastietum semidecandri (Philippi 71) Korneck 74
   - brometosum Korneck 74 (a)
   - typicum (b)
   - saxifragetosum Pass. 77 (c)
2. Petrorhagio-Medicaginetum minimae (Philippi 71) Pass. 77
   - brometosum (Philippi 71) Pass. 77 (d)
   - typicum (e)
3. Petrorhagio-Sedetum sexangularis Pass. 77
   - Bromus-Subass. (f)
   - typicum (g)

Petrorhagio-Sedetum sexangularis Pass. 77
Gesellschaft mit Mildem Mauerpfeffer Tabelle 67 f–g

Diagnostisch wichtig sind *Sedum sexangulare* 2–4 mit *Petrorhagia prolifera* +–2. Konstant ergänzt von *Sedum acre, Arenaria serpyllifolia* und *Artemisia campestris*. Mit weiteren Begleitern bilden sie halb- bis lichtgeschlossene (um 50–70 % dekkende), 10–20 cm hohe Ephemerenfluren auf trockenen Sandrankerböden, bevorzugt in sonnexponierter Hanglage.

Analoge Bestände im mitteldeutschen Hügelland belegt ALTEHAGE (1938) zusätzlich mit *Cerastium pumilum, Muscari tenuiflorum* und *Poa bulbosa*. Eine *Helichrysum arenarium*-Rasse mit *Festuca psammophila* ist in O-Brandenburg beheimatet. Ein Beleg aus dem Elbtal weist *Erophila verna, Herniaria glabra* und *Racomitrium canescens* als Besonderheiten auf.

Ansonsten sind unterscheidbar:
Petrorhagio-Sedetum sexangularis typicum und
Petrorhagio-Sedetum s. Bromus-Subass. mit *B. tectorum, Medicago minima, Veronica verna* und *Rumex acetosella* bei leichtem Ruderaleinfluß.

Neben Koelerion glaucae, wurden andernorts Armerio-Festucetum im Konnex beobachtet. Die ziemlich seltene Einheit dürfte regional bereits zu den potentiell gefährdeten Ass. gehören.

3. Ordnung

Alysso-Sedetalia Moravec 67
Steinkraut-Fetthenne-Gesellschaften

Die Ordnung umschließt die Ephemerenvegetation karbonatreicher Trockenstandorte mit den Kalkfelsgrus-Ges. des Alysso-Sedion albi im südmitteldeutschen Raum (vgl. MÜLLER 1961, OBERDORFER 1978, SCHUBERT 1974) und wohl auch im baltoskandinavischen Gebiet (vgl. TÜXEN 1961, HALLBERG 1971) sowie die planaren Einheiten des Alysso-Veronicion praecosis auf pleistozänen Mergelböden.

6. Verband

Alysso-Veronicion praecosis Pass. 77
Steinkraut-Frühehrenpreis-Gesellschaften

Mit der Schwerpunktart *Veronica praecox* sowie *Cerastium semidecandrum, Helichrysum arenarium* und *Senecio vernalis* als Verbandstrennarten zusammen mit den Negativmerkmalen (ohne *Sedum album, Thlaspi perfoliatum, Minuartia hybrida, Hornungia petraea* oder *Teucrium botrys)* grenzen sie die calciphil-planaren Pionierfluren ab. Die nachgewiesenen Ass-Gr. sind: Alyssetum alyssoidis, Veronicetum praecosis und Potentilletum arenariae. Als Verbandstypus fungiert lt. PASSARGE (1977) Alysso-Veronicetum = Veronico-Alyssetum alyssoidis nom. inv.

Ass.-Gr.
Alyssetum alyssoidis ass. coll. nov.
Gesellschaften mit Kelchsteinkraut

Im subozeanisch beeinflußten Europa siedelt *Alyssum alyssoides* von der meridionalen bis zur temperaten Zone und bevorzugt kalkhaltige Trockenstandorte. Dies gilt für das Sedo-Alyssetum mit Sedum album im SW (vgl. MÜLLER 1961, 1966, OBERDORFER 1983, 1993, KORNECK 1975, SCHÖNFELDER 1970) wie für die nordkolline *Sedum acre*-Rasse (PASSARGE 1995) und das planare Veronico-Alyssetum.

Tabelle 68 Alyssum-Veronica praecox-Gesellschaften

Spalte	a	b	c	d	e	f	g	h
Zahl der Aufnahmen	5	31	9	6	3	9	6	4
mittlere Artenzahl	16	11	13	8	12	14	10	10
Veronica praecox	5^{+2}	4^{+2}	2^{+}	.	3^{+}	4^{+}	1^{1}	.
Alyssum alyssoides	3^{+2}	2^{+1}	5^{13}	5^{+2}	3^{12}	2^{+}	.	.
Acinos arvensis	.	0^{+}	3^{+2}	2^{+1}	.	.	.	2^{1}
Saxifraga tridactylites	2^{23}	5^{+3}	2^{+1}	.	.	2^{12}	2^{+1}	.
Cerastium semidecandrum	4^{+2}	5^{13}	4^{13}	4^{+1}	2^{23}	5^{13}	5^{+2}	1^{1}
Arenaria serpyllifolia	5^{+1}	5^{+2}	5^{13}	4^{13}	3^{+2}	3^{+1}	3^{+}	1^{1}
Erophila verna	5^{13}	5^{13}	3^{13}	.	.	4^{12}	3^{12}	1^{1}
Myosotis stricta	3^{+}	4^{+2}	2^{+}	.	1^{1}	4^{+2}	1^{1}	1^{+}
Holosteum umbellatum	5^{+1}	2^{+1}	3^{+1}	.	3^{12}	1^{+}	2^{+1}	1^{+}
Senecio vernalis	4^{+}	2^{+}	3^{+}	.	.	2^{+}	.	.
Sedum acre	4^{+1}	4^{+3}	5^{+2}	5^{+1}	1^{+}	4^{13}	4^{12}	4^{34}
Sedum sexangulare	.	.	.	2^{+1}	.	.	2^{12}	.
Medicago minima	1^{+}	3^{+2}	4^{+1}	1^{+}	.	5^{+2}	1^{+}	.
Petrorhagia prolifera	.	.	3^{+1}	3^{13}	.	.	1^{1}	.
Silene conica	2^{+}	0^{+}	1^{1}	.	.	.	.	.
Potentilla arenaria	1^{+}	1^{+2}	3^{+1}	.	.	5^{34}	5^{34}	.
Achillea pannonica	.	.	.	.	.	2^{+}	2^{+}	.
Artemisia campestris	3^{+1}	3^{+1}	3^{+2}	.	.	3^{+1}	4^{+1}	4^{13}
Helichrysum arenarium	2^{+1}	4^{+2}	3^{+2}	4^{23}	.	5^{+2}	3^{+1}	1^{+}
Trifolium arvense	1^{+}	1^{+1}	.	1^{1}	.	1^{+}	2^{+1}	1^{1}
Euphorbia cyparissias	.	4^{+1}	4^{+1}	.	.	2^{+1}	2^{+}	.
Silene otites	.	0^{+}	.	.	.	2^{+1}	2^{+1}	.
Vicia lathyroides	.	0^{+}	.	.	.	4^{+1}	.	.
Centaurea rhenana	.	.	2^{+}	.	.	2^{+}	.	.
Veronica verna	.	2^{+1}	.	.	.	3^{+}	.	.
Veronica arvensis	2^{+}	0^{+}	3^{+}	.	.	.	.	.
Erodium cicutarium	4^{+}	.	2^{+}	.	.	.	.	.
Festuca ovina	.	.	.	.	3^{+1}	.	.	2^{1}
Trifolium campestre	.	.	1^{+}	3^{+1}	3^{+1}	.	.	.
Erigeron acris	.	.	.	2^{+}	.	.	.	1^{+}
Conyza canadensis	1^{+}	0^{+}	.	2^{+}	1^{+}	.	.	1^{+}
Viola arvensis	2^{+}	0^{+}	1^{+}	.	1^{+}	.	.	.
Poa angustifolia	.	.	.	3^{+1}	2^{12}	.	.	1^{+}
Falcaria vulgaris	.	.	2^{+}	1^{+}	.	2^{+}	.	.
Allium vineale	2^{+}	1^{+1}	.	.	.	2^{+}	.	.
Brachythecium albicans	1^{1}	2^{12}	.	.	.	3^{+2}	1^{1}	2^{1}
Bryum spec.	2^{12}	3^{12}	.	.	.	2^{1}	2^{1}	.

außerdem mehrmals in a: Veronica hederifolia 4, V. triphyllos 3, Bromus tectorum 2; c: Sanguisorba minor 2, Papaver dubium 2; e: Achillea millefolium 3, Plantago lanceolata 2; f: Festuca trachyphylla 2, Sedum maximum 2, Veronica spicata 2; h: Thymus pulegioides 3, Phleum phleoides 3, Tortula muralis 4, Peltigera canina 3.

Herkunft:
a–b,
f–g. PASSARGE (1977 u. n. p.: 51)
c–e. JESCHKE (1959: 4), PASSARGE (1962, 1977 u. n. p.: 14)
h. WOLLERT (1967: 4)

Vegetationseinheiten:

1. Saxifrago-Veronicetum praecosis Pass. 77
    erodietosum Pass. 77 (a)
    typicum (b)
2. Veronico-Alyssetum alyssoidis Pass. (62) 77 nom. inv.
   Helichrysum-Rasse (c–d), Festuca ovina-Rasse (e)
    veronicetosum subass. nov. (c)
    typicum (d, e)
3. Veronico-Potentilletum arenariae Pass. 77
    medicaginetosum subass. nov. (f)
    typicum (g)
4. Tortula-Sedum acre-Ges. Wollert 67

Veronico-Alyssetum alyssoidis Pass. (62) 77 Tabelle 68 c–e

Kennzeichnend sind *Alyssum alyssoides* 1–3 mit *Cerastium semidecandrum* +–3. Konstant kommen *Arenaria serpyllifolia* und *Sedum acre* hinzu. Zusammen mit mindersteten Begleitern schließen sich diese zu niederwüchsigen (um 10 cm), halb- bis lichtgeschlossenen (40–70 % deckenden) Initialbeständen an Mergelhängen, Hangabbrüchen und Rutschungen von karbonathaltigen Lockerböden zusammen.

Regional heben sich im subozeanischen W-Mecklenburg eine *Festuca ovina*-Rasse (PASSSARGE 1962) mit *Achillea millefolium, Trifolium campestre* und *Plantago lanceolata,* im subkontinentalen Brandenburg eine *Helichrysum arenarium*-Rasse auch durch *Petrorhagia prolifera, Acinos arvensis* und *Medicago minima* ab (JESCHKE 1959, PASSARGE 1977).

Kleinstandörtliche Unterschiede begründen:

Veronico-Alyssetum alyssoidis typicum und

Veronico-Alyssetum a. veronicetosum subass. nov. mit *Euphorbia cyparissias, Artemisia campestris, Potentilla arenaria, Veronica arvensis, Senecio vernalis* als Trennarten der artenreichen Subass. An Kontaktgesellschaften werden Plantagini-Festucion und Koelerion glaucae-Rasen beobachtet. Dank seltener Vorkommen im Tiefland und als Refugium schutzwürdiger Arten, ist das Veronico-Alyssetum als gefährdet einzustufen.

Saxifrago-Veronicetum praecosis Pass. 77
Steinbrech-Frühehrenpreis-Gesellschaft Tabelle 68 a–b

Kennzeichnend sind *Saxifraga tridactylites* +–3 mit *Veronica praecox* +–2. Konstant sind außerdem *Cerastium semidecandrum, Erophila verna, Sedum acre* und *Helichrysum arenarium.* Mit weiteren Begleitarten kommen sie in halbgeschlossenen, 40–70 % deckenden Pionierflurbeständen auf karbonathaltigen, warmtrockenen, sandig-lehmigen Pararendzina-Erden zusammen.

Als Pendant auf Kalksteinverwitterungsböden ist das Cerastietum pumili Oberd. et Th. Müller 61 anzusehen. Im süd- und mitteldeutschen Hügelland mit *Cerastium pumilum* (im Tiefland selten), *Arabis auriculata, Minuartia fastigiata, M. hybrida, Hornungia petraea* neben *Saxifraga tridactylites, Alyssum alyssoides* und *Veronica praecox* (in der Kollinstufe selten) (vgl. MÜLLER 1961, KORNECK 1974, 1975, WITSCHEL 1980 u. a.). Im subozeanisch beeinflußten Mecklenburg ist eine Normalvikariante zu erwarten, von der sich die *Helichrysum arenarium*-Rasse im subkontinentalen Brandenburg auch durch *Myosotis stricta, Medicago minima* u. a. abhebt.

Edaphisch bedingte Differenzen ergeben:
Saxifrago-Veronicetum praecosis typicum und
Saxifrago-Veronicetum pr. erodietosum Pass. 77 mit *Erodium cicutarium, Veronica hederifolia, V. triphyllos* und *Bromus tectorum,* Zeiger für humose Oberböden.

Wichtigste Kontakteinheit in O-Brandenburg ist das Potentillo-Stipetum. Die insgesamt seltene und sehr verstreut vorkommende Ass. ist als gefährdet einzustufen.

Wahrscheinlich sind einige *Arenaria-Saxifraga tridactylitis*-Bestände (vgl. z. B. JANSSEN & BRANDES 1986, BRANDES 1987) eher hier als beim Saxifrago-Poetum compressi anzuschließen.

Ass.-Gr.
Potentilletum arenariae ass. coll. nov.
Sandfingerkraut-Gesellschaften

In der meridional-temperaten Zone des subkontinentalen Europa siedelt *Potentilla arenaria* vornehmlich auf kalkhaltigen Trockenstandorten. In Festucetalia valesiacae-Rasen oft mit +–2, begegnet sie uns teppichbildend (mit 3–5) in ephemeren Alysso-Sedetalia. Bekannt wurden das Alysso montani-Potentilletum im böhmischen Bergland auch mit *Erysimum crepidifolium, Euphorbia seguierana, Festuca cinerea, Sedum album* und *Teucrium chamaedrys* (vgl. PREIS in KLIKA 1939, KOLBEK 1975, 1978) sowie das planare Veronico-Potentilletum arenariae.

Veronico-Potentilletum arenariae Pass. 77 Tabelle 68 f–g

Kennzeichend sind *Potentilla arenaria* 3–4 mit *Cerastium semidecandrum* +–2. Weiter zählen *Sedum acre, Helichrysum arenarium* und *Artemisia campestris* zu den nächsthäufigen Begleitern. Gemeinsam schließen sie sich zu kaum 10 cm hohen, meist 60–80 % deckenden Kriechpolstern auf offenen, grasfreien sonnexponierten, trockenen Mergelhängen zusammen. Für die Pararendzinaböden im subkontinentalen Brandenburg sind außerdem noch *Medicago minima, Vicia lathyroides, Silene otites* und *Veronica praecox* spezifische Tieflandbegleiter von *Potentilla arenaria* (vgl. LIBBERT 1938).

Kleinstandörtlich bedingte Differenzen ergeben:
Veronico-Potentilletum arenariae typicum und
Veronico-Potentilletum a. medicaginetosum subass. nov. mit den Trennarten *Medicago minima, Vicia lathyroides, Veronica verna* und *Centaurea rhenana* auf sandigen Mergelböden. Typus der *Medicago*-Subass. ist Aufnahme-Nr. 10 (Tab. 8 bei PASSARGE 1977).

Als Initialgesellschaft des Potentillo-Stipetum capillatae sind die Vorkommen der Ass. regional sehr begrenzt und selten sowie potentiell gefährdet.

15. Klasse

Polygono-Poetea annuae Rivas-Martinez 75
Vogelknöterich-Einjahrsrispengras-Gesellschaften

Die Klasse vereint die von Annuellen beherrschten Vegetationseinheiten mit *Poa annua,* vikariierenden *Polygonum aviculare*-Arten wie *P. arenastrum, P. calcatum, P. microspermum* und weiteren meist kleinwüchsigen Blütenpflanzen und therophytischen Gräsern. Von Natur aus an sandig-kiesigen Spülufern, häufiger aber sekundär auf stark betretenen bzw. befahrenen Wegen, Pflastern und Plätzen bilden sie artenarme, überwiegend schüttere bis lichtgeschlossene Kriechfluren oder selten mehr als 1-2 dm hohe Bestände. Bekannt wurden zwei Ordnungen: Plantaginetalia asiaticae (vgl. MIYAWAKI 1964, MUCINA & al. 1991) in Ostasien sowie Polygono-Poetalia in Europa.

Ordnung

Polygono-Poetalia annuae Tx. in Géhu et al. 72

Alle bisher in Europa nachgewiesenen Syntaxa gehören hierzu. Die Aufgliederung in Regionalordnungen: Polygono arenastri- bzw. Polygono microspermi-Poenalia (vgl. RIVAS-MARTINEZ & al. 1991, JULVE 1993, MUCINA & al. 1993) scheint (als Unterordnung) erwägenswert.

Von den zugerechneten Verbänden bleibt Polycarpion tetraphylli bisher auf Südeuropa beschränkt. Matricario-Polygonion arenastri, Saginion procumbentis, Sclerochloo-Coronopion sowie Myosurion minimi sind in Mitteleuropa und im Gebiet mit einer bis mehreren Ass. vertreten.

1. Verband

Sclerochloo-Coronopion squamati Rivas-Martinez 75
Hartgras-Krähenfuß-Gesellschaften

Die mehr südeuropäisch verbreitete *Sclerochloa dura* tangiert nach ASCHERSON & GRAEBNER (1898/99) zwischen Magdeburg und Dessau unser Gebiet. Mit publizierten Aufnahmen wurde das Sclerochloo-Polygonetum arenastri bisher nur von KORNECK (1969) bzw. OBERDORFER (1983) aus SW-Deutschland bestätigt. Demgegenüber erreicht *Coronopus squamatus* selbst noch das südliche Skandinavien (vgl. HULTEN 1950).

Von den Ass.-Gr. Sclerochloetum durae und Coronopetum squamati ist nur letztere bisher in Ostelbien nachgewiesen.

Ass.-Gr.
Coronopetum squamati (Gutte 66)
Gesellschaften mit Gemeinem Krähenfuß

Der im meridional-temperaten Bereich Europas heimische *Coronopus squamatus* bevorzugt ozeanisch-subozeanische Klimate. Basenhold und salzertragend werden nitratreiche Lehme in Dörfern besiedelt. Vom südeuropäischen Sclerochloo- ist das mitteleuropäische Poo-Coronopetum zu unterscheiden.

Poo-Coronopetum squamati Gutte 66 Tabelle 69 g

Kennzeichnend sind *Coronopus squamatus* 1–3 mit *Polygonum arenastrum* +–2, konstant ergänzt von *Poa annua,* mittelstet auch *Matricaria discoidea.* Die überwiegend niederliegende Kriechflur deckt meist 40–80 % der Bodenfläche, wobei güllebeeinflußte Wegränder, Gänseanger, Graben- und Teichränder wichtige Fundorte sind bzw. waren.

Von W-Europa bis S-Polen, von Böhmen und Sachsen bis Mecklenburg ist die Variation der Artenverbindung gering (vgl. KORNAS 1952, OBERDORFER 1957, 1983, DOLL 1964, GUTTE 1966, PYSEK 1979). Allenfalls ist eine westliche *Coronopus didymus*-Rasse erkennbar (SISSINGH 1969).

Kleinstandörtlich differieren nach GUTTE (1966):

Poo-Coronopetum squamati typicum und

Poo-Coronopetum sq. juncetosum (Gutte 66) subass. nov. mit *Juncus bufonius, Agrostis stolonifera, Potentilla anserina* und *Rumex crispus* als Trennarten feuchter Sonderstandorte. Sie deuten zu Nanocyperetalia und Agrostietalia stoloniferae.

Zum Konnex gehört zusätzlich Malvion neglectae.

Nach dramatischem Rückgang durch Dorfsanierung ist die heute sehr seltene Ass. regional gefährdet bis stark gefährdet.

Tabelle 69 Polygonum arenastrum-Gesellschaften

Spalte	a	b	c	d	e	f	g
Zahl der Aufnahmen	8	9	4	5	10	2	5
mittlere Artenzahl	10	5	6	8	9	6	8
Polygonum arenastrum	5^{+1}	4^{13}	4^{13}	5^{13}	5^{13}	2^{1}	5^{+2}
Poa annua	3^{+1}	2^{1}	.	2^{+}	5^{+2}	2^{13}	5^{+2}
Matricaria discoidea	2^{+}	.	.	.	5^{13}	2^{23}	5^{+}
Lepidium ruderale	.	.	3^{+2}	.	2^{+1}	.	.
Coronopus squamatus	.	.	.	.	.	.	5^{23}
Sisymbrium officinale	.	.	.	.	.	.	3^{+}
Spergularia echinosperma agg.	5^{+2}	3^{+2}	2^{+1}	5^{13}	.	.	.
Polygonum het. virgatum	.	.	.	5^{12}	.	.	.
Herniaria glabra	4^{+2}	4^{+1}	4^{+2}	2^{+}	.	.	.
Corrigiola litoralis	5^{+3}	5^{+3}	4^{+2}	.	.	.	.
Capsella bursa-pastoris	1^{+}	2^{+}	1^{+}	5^{+1}	2^{+1}	2^{+}	.
Senecio vulgaris	.	.	2^{+}	.	.	.	2^{+}
Chenopodium album	.	.	.	.	3^{+1}	.	.
Matricaria indora	.	.	2^{+1}	3^{+}	3^{+1}	.	.
Matricaria chamomilla	.	.	.	.	4^{+3}	.	.
Plantago major	.	.	.	2^{+}	5^{+2}	2^{+}	5^{+1}
Taraxacum officinale	.	.	.	1^{+}	2^{+}	2^{+}	3^{+}
Lolium perenne	.	.	.	2^{+}	2^{+}	.	.
Rorippa sylvestris	3^{+2}	2^{+1}	2^{+2}	1^{1}	.	.	.
Agrostis stolonifera	3^{+2}	.	.	1^{+}	.	.	.
Pulicaria vulgaris	2^{+}	1^{+}	.	.	.	.	.
Plantago intermedia	5^{+2}	1^{+}	1^{+}	1^{1}	.	.	.
Gnaphalium uliginosum	5^{+1}	.	.	.	.	.	.
Juncus bufonius	3^{+1}	.	.	.	.	.	.

außerdem in a: Polygonum hydropiper 2, P. lapathifolium 2; b: Rumex acetosella 2; d: Leontodon autumnalis 3, Agropyron repens 3; e: Puccinellia distans 3, Trifolium repens 2, Descurainia sophia 2, Apera spica-venti 2; g: Urtica dioica 3, Bryum argenteum 2.

Herkunft:
a–d. LIBBERT (1938: 2), JAGE (1963: 2), PASSARGE (1964, 1965 u.n. p.: 22)
e–g. DOLL (1964: 5), DOLL & PANKOW (1968: 1), Verf. (n. p.: 11)

Vegetationseinheiten:

1. Spergulario-Corrigioletum litoralis (Pass. 64) Hülbusch et Tx. 79
   gnaphalietosum subass. nov. (a)
   typicum subass. nov. (b)
   Lepidium ruderale-Ausbildung (c)
2. Polygonum virgatum-Spergularia echinosperma-Ges. (d)
3. Matricario-Polygonetum arenastri
   Zentralrasse (e–f)
   matricarietosum subass. nov. (e)
   typicum (f)
4. Poo-Coronopetum squamati Gutte 66 (g)

2. Verband

Matricario-Polygonion arenastri Rivas-Martinez (75) 91
Sandvogelknöterich-Gesellschaften

Vereinigt sind die von heliophilen Therophyten beherrschten Spülufer und Wegrand-Trittpflanzengesellschaften durchlässig-trockener Böden mit *Polygonum arenastrum, P. calcatum* und *Matricaria discoidea* als diagnostisch wichtigen Arten. Angereichert mit differenzierenden Ruderalpflanzen wie *Capsella bursa-pastoris, Conyza canadensis* oder *Lepidium ruderale* decken die Bestände meist um 30–70 % der verfügbaren Fläche (z. B. Pflasterritzen) und bleiben mit bis 10 (20) cm Wuchshöhe kleinwüchsig. Die zugerechnete Ass.-Gr. sind Amaranthetum crispi, Corrigioletum litoralis, Herniarietum glabrae, Matricarietum discoideae und Polygonetum calcati. Ihre Ass. lassen sich den Unterverbänden Matricario-Polygonenion arenastri und Conyzo-Polygonenion calcati suball. nov., mit *Polygonum calcatum* als Schwerpunktart und *Conyza canadensis* als Trennart zuordnen. Nomenklatorischer Typus des neuen Unterverbandes ist Eragrostio-Polygonetum calcati Oberd. 54. Angeschlossen ist Poo-Polygonetum calcati.

Ass.-Gr.
Corrigioletum litoralis (Malcuit 29)
Hirschsprung-Gesellschaften

Die im ozeanisch-subozeanisch beeinflußten S- und M-Europa heimische *Corrigiola litoralis* lebt bevorzugt in Ufer-Pionierfluren auf kiesigen bis grobsandig-kiesigen Böden. Der Kontakt mit Bidentetalia-Einheiten ist fast stets gegeben, dies vermutlich selbst auf Sekundärstandorten wie krumenfeuchten Äckern. Dementsprechend beziehen sich die Mehrheit der Beschreibungen vom Rorippo-Corrigioletum und Spergulario- über das Xanthio-Chenopodietum corrigioletosum bis zum Chenopodio-Corrigioletum auf diesen Konnex (MALCUIT 1929, LOHMEYER 1950, TÜXEN 1979). Abweichend hierzu ergaben meine Untersuchungen im Magdeburger Elbtal für *Corrigiola* als meist bodenanliegender Rosettenpflanze eine strukturkonforme Einbindung in Nanocyperion und Matricario-Polygonion (PASSARGE 1964, 1965).

Auch die Zusammenstellung bei TÜXEN (1979) in NW-Deutschland mit *Plantago intermedia* und *Gnaphalium uliginosum* als wichtigen *Corrigiola*-Begleitarten spricht eher für als gegen diese Deutung.

Spergulario-Corrigioletum litoralis (Pass. 64) Hülbusch et Tx. in Tx. 79
Tabelle 69 a–c

Kennzeichnend sind *Corrigiola litoralis* 1–4 mit *Spergularia echinosperma* +–2 und *Herniaria glabra* +–2. Konstanter Mitbestandbildner ist weiterhin *Polygonum aviculare arenastrum,* wie neuere Erhebungen zeigten. Als nomenklatorischer Typus sei Aufnahme Nr. 4 bei PASSARGE (1965, Tab. 2, S. 84) für die Autoren nachgetragen. Bei enger Probeflächenwahl (1 m^2) und mittleren Artenzahlen um 5–8 ist die Einheit nahezu ohne Bidentetalia-Komponente. Erste Belege publizierten bereits LIBBERT (1938) aus dem Odertal bzw. JAGE (1963) von der mittleren Elbe. Hier besiedelt die Ass. sandig-kiesige Uferstandorte, die nach dem Zurückweichen des Frühjahrshochwassers rasch abtrocknen.

Regional scheint die *Spergularia echinosperma*-Rasse auf Elbe und Weichsel beschränkt. Im märkischen Odertal fehlt meist auch *Spergularia rubra. Gypsophila muralis* traf ich hier als Besonderheit.

Kleinstandörtlich differieren im Gebiet:

Spergulario-Corrigioletum litoralis typicum subass. nov. und

Spergulario-Corrigioletum l. gnaphalietosum (Pass. 65) subass. nov. mit den Trennarten *Gnaphalium uliginosum, Plantago intermedia, Juncus bufonius, Agrostis stolonifera* und weiteren Feuchteholden. Sie weisen zum Nanocyperion, dem Corrigiola-Refugium in stärker subozeanisch beeinflußten Klimabereichen (vgl. WESTHOFF 1968). Mit dem Letztgenannten und Chenopodion rubri im Kontakt ist die sporadisch vorkommende Charakter-Ass. der Stromauen stark gefährdet.

Polygonum virgatum-Spergularia echinosperma-Ges. Tabelle 69 d

Diagnostisch wichtig sind *Spergularia echinosperma* (et *S. rubra*) 1–3 mit *Polygonum arenastrum* 1–3 und *P. heterophyllum* ssp. *virgatum* 1–2, der langrutig, dem Boden anliegenden, im Binnenland seltenen Vogelknöterich-Art. Regelmäßig ist *Capsella bursa-pastoris* beigesellt, vereinzelt auch *Herniaria glabra.* Die Ges. besiedelt als Wundheiler offene Bodenstellen in der Elbaue, die durch Hochwasser und Eisgang im Frühjahr entstanden. Die Pionierkriechflur bedeckt 30–50 % der Fläche. Im Auwiesenbereich kann als Element der Folgerasen *Agropyron repens* hinzukommen. Relativ bodenvag fand sich die Einheit wenig verändert sowohl auf humosem Sandboden, auf kiesigem Sand als auch auf Schlick.

Feuchteholde Arten wie *Rorippa sylvestris, Agrostis stolonifera* und *Plantago intermedia* deuten eine Sonderausbildung gegenüber dem zentralen Typus an.

Sicher zum Matricario-Polygonion-Verband gehörig, bleiben Status, Verbreitung, Untergliederung und Kontakte noch zu untersuchen.

Ass.-Gr.
Matricarietum discoideae (Tx. 37)
Gesellschaften mit Strahlloser Kamille

Der heute circumpolar verbreitete Neophyt, *Matricaria discoidea* ist seit 1852 im Gebiet und gehört zu den wichtigen Vertretern therophytischer Trittpflanzen-Ass.. In Mitteleuropa wurden von der komplexen *Lolium perenne-Matricaria*-Ass. (*Lolium-perenne*-Rasen + annuelle *Matricaria*-Flur) abgesehen, Matricario-Polygonetum und Violo-Matricarietum bekannt (TÜXEN 1937, MÜLLER in OBERDORFER 1971, PASSARGE 1979).

Matricario-Polygonetum arenastri Th. Müller in Oberd. 71
(Syn. Plantagini-Polygonetum avicularis Pass. 64) Tabelle 69 e–f, 70 h–k

Kennzeichnend sind *Matricaria discoidea* 1–3 mit *Polygonum arenastrum* 1–4 und *Poa annua* +–2. Konstant unterstreicht *Capsella bursa-pastoris* die Verbandzugehörigkeit. Ergänzt durch wenige mittelstete Begleitarten bildet die Ges. an wechselnd stark betretenen oder befahrenen Weg- und Straßenrändern, auf Park-, Spiel- und Sportplätzen mit verfestigten, kiesigen Sand- bis sandigen Lehmböden, auf Schlackeschüttungen, vereinzelt auch zwischen Pflasterritzen um 5–15 cm hohe, lückige bis lichtgeschlossene, ca. 30-70 % deckende Bestände.

Regional hebt sich von der temperaten Zentralrasse eine *Polygonum calcatum*-Rasse mit *Conyza canadensis, Lepidium ruderale* oder *Chenopodium album lanceolatum* in sommerwarmen Gebieten (z. B. Berlin, O-Brandenburg) bzw. extrazonal auf durchlässigen Böden in Industrie- oder Bahnanlagen ab.

Sehr viel deutlicher können die Unterschiede in der Montanstufe hervortreten, wenn *Poa supina, P. subcaerulea, Viola tricolor, Galeopsis bifida, Alchemilla vulgaris* agg. und *Veronica serpyllifolia* beim Violo-Matricarietum discoideae die Tieflagenzeiger ersetzen (PASSARGE 1979).

Kleinstandörtlich begründet sind folgende Untereinheiten:

Matricario-Polygonetum arenastri typicum

Matricario-Polygonetum a.matricarietosum subass. nov. mit den Trennarten *Matricaria inodora, M. chamomilla* und *Descurainia sophia* auf ruderalisierten, lehmig-tonigen Böden in Dörfern und Auen,

Matricario-Polygonetum a. saginetosum subass. nov. mit *Sagina procumbens* und *Bryum argenteum* weist die Subass. zum Bryo-Saginetum. Eine *Puccinellia distans*-Variante markiert Salzeinfluß.

Oft im Konnex mit dem Lolietum perennis als Folgerasen, ist die Ass. weit verbreitet, ziemlich häufig und nicht gefährdet.

Der Erstnachweis mit korrekt bestimmten *Polygonum*-Arten bei DOLL & PANKOW (1968 S. 342, Beispiel 2) kann als Lectotypus der Typischen Subass. fungieren. – Bedauerlich, daß beim Lolio-Polygonetum arenastri nach LOHMEYER (1975), OBERDORFER (1983, 1993) u. a. die obige Annuellenflur wiederum mit dem *Lolium perenne*-Rasenkomplex zusammengefaßt wurden.

Ass.-Gr.
Lepidietum ruderalis (Grigore 68) ass. coll. nov.
Gesellschaften mit Schuttkresse

In Teilen Eurasiens verbreitet, bevorzugt *Lepidium ruderale* trockene, nitratreiche Standorte und subkontinentale Klimatönung. Wichtige Wuchsorte sind Ruderalstellen, Wegränder und Bahnanlagen. Ein Schwerpunktvorkommen liegt in Trittpflanzengesellschaften. Das Lepidio-Matricarietum chamomillae bei GRIGORE (1968) ist wohl teilweise als kontinentale Vikariante anzusehen.

Polygono arenastri-Lepidietum ruderalis Mucina 93 Belege im Text

In verschiedenen Annuellenfluren weisen Sonderausbildungen mit *Lepidium ruderale* (+–2) auf die Existenz von *Lepidium*-dominierten Beständen hin, die soweit sie nicht zu den Sisymbrietalia gehören, dem Matricario-Polygonion zuzuordnen sind (vgl. FORSTNER 1982). Diagnostisch wichtig sind *Lepidium ruderale* 3–4 mit *Polygonum arenastrum* und *Poa annua* jeweils +–2. Mehr sporadisch sind ruderale Therophyten zugesellt. An Straßenrändern, in ländlichen Industrieanlagen, auf Bahngelände oder im Spalierklima von Mauern und Hauswänden bei durchlässig-sommerwarmen Böden bilden sie eine lückige bis lichtgeschlossene, um 30–70 % deckende, ca. 10–30 cm hohe Vergesellschaftung. Mit wenigen Beispielen sei auf die Zusammensetzung und regionale Variation in Mitteleuropa aufmerksam gemacht. Die temperate Zentralrasse notierte ich auf kiesigem Sand in der Peripherie des Bahnsteiges von Bernau b. Berlin (2 m^2) 60 %: *Lepidium ruderale* 3, *Polygonum arenastrum* 2, *Poa annua* 2; *Plantago major* 1, *Taraxacum officinale* +; *Conyza canadensis* +: *Bryum* spec. 1. Weitere Belege a. von LANGER (1994) aus Berlin bzw. b. vom Verf. (n. p.) entsprechen der *Polygonum calcatum*-Rasse: 40/70 %: *Lepidium ruderale* 3/3, *Polygonum calcatum* 2/3, *Poa annua* +/2; außerdem nur in a: *Plantago major* 1, *Taraxacum offinicale* +; *Sagina procumbens* 1; nur in b: *Conyza canadensis* +.

Die Verbreitung, Untergliederung und Kontakteinheiten wären zu erkunden. Eine Gefährdung ist nicht gegeben.

Ass.-Gr.
Amaranthetum crispi Mititelu 72
Gesellschaften mit Krausem Fuchsschwanz

Seit 1873 in Deutschland sporadisch nachgewiesen, in Argentinien beheimatet, bürgerte sich *Amaranthus crispus* zunehmend in Süd- und Südosteuropa ein und gehört selbst in städtischen Wärmeinseln wohl noch zu den unbeständigen Neophyten. Immerhin zeigt er ein großräumiges Schwerpunktverhalten als dem Boden anliegender Kriechpionier in ruderal beeinflußten Trittgesellschaften wie Polygono arenastro-Amaranthetum crispi.

Polygono-Amaranthetum crispi Vicol et al. 71 Beleg im Text

Gekennzeichnet von *Amaranthus crispus* 2–4 mit *Polygonum arenastrum* +–2 und ergänzt von weiteren trittfesten Arten, bildet die Einheit halb- bis lichtgeschlossene, von Therophyten beherrschte Kriechfluren auf kieshaltigen Sandwegen im städtischen Bereich.

Ein erster Beleg (X. 1993, 1 m^2) 50 %: *Amaranthus crispus* 3, *Matricaria discoidea* 2, *Polygonum arenastrum* +, *Poa annua* +; *Conyza canadensis* +, *Chenopodium album lanceolatum* +; *Lolium perenne* 1, *Festuca rubra* 1, *Bromus hordeaceus* + stammt aus Berlin, Nähe Stettiner Bahnhof.

Vergleichbare Bestände im SO enthalten zusätzlich weitere *Amaranthus*-Arten und *Malva neglecta* bzw. *M. pusilla* (MITITELU 1972, KRIPPELOVA 1981). Auf die zu erwartende Einbürgerung der Neophyten-Ges. wäre zu achten.

Ass.-Gr.
Herniarietum glabrae (Hohenester 60) Hejny et Jehlik 75
Gesellschaften mit Kahlem Bruchkraut

Die bis ins temperate Europa und W-Asien vorkommende *Herniaria glabra* bevorzugt ruderal beeinflußte Trockenstandorte und siedelt teils in Sedo-Scleranthetea/Sedo-Festucetalia bzw. in Polygono-Poetea annuae (HOHENESTER 1960, HEJNY & JEHLIK 1975, GÖDDE 1980, JEHLIK 1986). Im Bereich der letzteren heben sich Spergulario-Herniarietum und Arenario-Herniarietum ab.

Tabelle 70 Polygonum calcatum-reiche Gesellschaften

Spalte	a	b	c	d	e	f	g	h	i	k
Zahl der Aufnahmen	4	7	9	12	8	8	10	5	25	11
mittlere Artenzahl	9	7	9	5	6	5	4	8	6	6
Polygonum calcatum	3^{+1}	2^{12}	5^{24}	5^{13}	5^{13}	5^{24}	5^{24}	3^{+2}	4^{+2}	4^{+2}
Conyza canadensis	1^{+}	4^{+1}	2^{+2}	2^{+}	3^{+1}	.	1^{+}	.	0^{+}	1^{+}
Poa annua	4^{2}	5^{13}	2^{+1}	3^{13}	2^{+1}	5^{+2}	5^{+3}	5^{+2}	5^{13}	4^{+2}
Matricaria discoidea	.	2^{2}	.	0^{+}	2^{+}	1^{2}	1^{+}	5^{23}	5^{13}	5^{12}
Eragrostis minor	.	.	5^{+2}	5^{13}	5^{13}	.	.	.	.	.
Digitaria ischaemum	.	.	4^{+2}	2^{+1}	2^{+2}	.	.	.	.	.
Salsola ruthenica	.	.	1^{+}	.	3^{+}	.	.	.	.	.
Amaranthus albus	.	.	1^{+}	.	2^{+}	.	.	.	.	.
Amaranthus retroflexus	.	.	2^{+1}	1^{+}	.	.	.	.	.	.
Setaria viridis	.	.	4^{+2}	.	.	.	.	.	.	.
Herniaria glabra	4^{24}	5^{13}	3^{+2}	.	.	.	.	.	.	.
Arenaria serpyllifolia	2^{+}	3^{+2}	1^{+}	.	.	.	.	.	.	.
Plantago major	3^{12}	3^{+2}	3^{+}	2^{+1}	1^{+}	1^{2}	1^{1}	1^{+}	4^{+2}	3^{+2}
Taraxacum officinale	1^{+}	4^{+2}	3^{+}	2^{+}	2^{+}	2^{+}	2^{+}	2^{+}	4^{+2}	4^{+2}
Lolium perenne	.	.	1^{+}	.	.	.	.	3^{+2}	2^{+1}	.
Medicago lupulina	2^{1}	2^{+1}	.	.	.	.	.	.	.	.
Capsella bursa-pastoris	.	5^{+2}	1^{+}	1^{+}	1^{+}	2^{+2}	1^{+}	3^{+2}	5^{+1}	4^{+1}
Chenopodium album	.	.	4^{+}	2^{+}	.	2^{2}	1^{+}	3^{+}	0^{+}	.
Hordeum murinum	.	.	.	.	.	.	2^{+}	.	2^{+1}	1^{+}
Sagina procumbens	.	.	1^{1}	.	.	4^{+1}	.	.	.	5^{+1}
Bryum argenteum	.	.	4^{13}	.	.	4^{12}	.	.	.	3^{13}
Lepidium ruderale	.	2^{+1}	.	.	4^{+2}	.	.	3^{+2}	.	.
Matricaria inodora	.	.	.	.	.	.	.	5^{+2}	.	.
Oxalis corniculata	.	3^{+1}	.	.	2^{+}	.	.	.	.	.
Potentilla argentea	4^{12}	.	2^{+1}	.	1^{+}	.	.	.	.	.
Trifolium arvense	4^{+}	.	.	.	.	.	.	.	.	.

außerdem mehrmals in a: Lepidium densiflorum 3, Poa subcaerulea 3, Scleranthus perennis 2; c: Agrostis tenuis 2, Rumex acetosella 2, Corispermum leptopterum 2, Chaenorrhinum minus 2; e: Salsola collina 2; f: Hypochoeris radicata 2; g: Polygonum arenastrum 2; h: Matricaria chamomilla 3.

Herkunft:
a–b. LANGER (1994: 1), Verf. (n. p.: 10)
c–g. LOHMEYER (1975: 7), PASSARGE (1988 u. n. p.: 20), LANGER (1994: 20)
h–k. LANGER (1994: 28), Verf. (n. p.: 13)

Vegetationseinheiten:

1. Arenario-Herniarietum glabrae ass. nov.
   - Potentilla argentea-Subass. (a)
   - typicum subass. nov. (b)
2. Eragrostio-Polygonetum calcati Oberd. 54
   Digitaria ischaemum-Rasse (c–e)
   - herniarietosum subass. nov. (c)
   - typicum (d)
   - Lepidium-Ausbildung (e)
3. Poo-Polygonetum calcati Lohmeyer (75) nom. nov.
   - saginetosum (Langer 94) subass. nov. (f)
   - typicum comb. nov. (g)
4. Matricario-Polygonetum Müller in Oberd. 71,
   Polygonum calcatum-Rasse
   - matricarietosum subass. nov. (h)
   - typicum (i)
   - saginetosum (Langer 94) subass. nov. (k)

Arenario-Herniarietum glabrae ass. nov. Tabelle 70 a–b

Bezeichnend sind *Herniaria glabra* 1–4 mit *Poa annua* 1–3 und *Polygonum calcatum* +–2. Strukturspezifisch ist die Moosfreiheit der meist nur um 30–50 % deckenden Kriechbestände. Siedlungsorte sind voll besonnte, trocken-warme, kiesig-schottrige Sand- und Schlackefahrwege, oft von Kohlenstaub bzw. -grus schwarz gefärbt.

Da die Einheit nicht auf das subkontinentale Berlin-Brandenburg beschränkt bleibt (LANGER 1994, Verf. n. p.), belegen Aufnahmen von GÖDDE (1987) und JEHLIK (1986) außerdem eine *Polygonum arenastrum*-Rasse.

Kleinstandörtlicher Natur sind die Differenzen zwischen Arenario-Herniarietum glabrae typicum und der *Potentilla argentea*-Subass. mit *Trifolium arvense, Lepidium densiflorum, Poa subcaerulea* und *Scleranthus perennis* als weiteren Trennarten. Sie vermitteln zu Sedo-Festucetalia-Einheiten.

Die sporadisch verstreuten Vorkommen sind wohl noch nicht gefährdet. – Der Holotypus stammt vom Spalierklima einer sonnexponierten Hauswand in Berlin-Buch (VII. 1974, 2 m^2, 40 %) auf schottrigem-durchlässigem Boden: *Herniaria glabra* 3, *Arenaria serpyllifolia* 1; *Poa annua* +, *Plantago major* +, *Oxalis corniculata* +; *Taraxacum officinale* 1, *Medicago lupulina* +; *Conyza canadensis* 1, *Capsella bursa-pastoris* +.

Ass.-Gr.
Polygonetum calcati Lohmeyer 75
Gesellschaften mit Trittvogelknöterich

In Teilen Eurasiens vorkommend, bevorzugt *Polygonum calcatum* sommerwarme, trockene Trittstandorte und somit das Cityklima mancher Städte im submeridional-subkontinental getönten Mitteleuropa. Die Art ist vielfach nicht nur in verschiedenen Einheiten der Polygono-Poetalia beteiligt, sondern tritt in gewissen Bereichen auch gesellschaftsprägend hervor. Bisher sind an vikariierenden Ass. zu unterscheiden: Poo-Polygonetum calcati und Eragrostio-Polygonetum calcati.

Poo annuae-Polygonetum calcati (Lohmeyer 75) nom. nov. Tabelle 70 f–g

Die Normalform entspricht dem Polygonetum calcati typicum bei LOHMEYER (1975). Bezeichnend sind *Polygonum calcatum* 2–4 mit *Poa annua* +–2. Mehr vereinzelt ergänzen *Capsella bursa-pastoris* oder *Conyza canadensis* die artenarme, dem Boden anliegende, lückige um 30–60 % deckende Kriechflur. Ihre Wuchsorte sind meist voll besonnt, auf durchlässigen, sich gut erwärmenden, trittverfestigten Lockerböden. Die Palette reicht von humosen und kiesigen Sanden bis zu Schlackeschüttungen und Schotter sowie Pflasterritzen über entsprechendem Material.

Regional differieren zentrale und *Lepidium ruderale*-Rasse, letztere häufiger im Subkontinentalklima (vgl. LOHMEYER 1975).

Kleinstandörtlich sind zu unterscheiden:

Poo-Polygonetum calcati typicum (Lohmeyer 75) comb. nov. ex hoc. loco

Poo-Polygonetum c. saginetosum (Langer 94) subass. nov. mit *Sagina procumbens* und *Bryum argenteum* als zum Saginion weisenden Trennarten in beschatteter Lage bzw. unter Dachtrauf. Holotypus der Ass. und Typischen Subass. ist Aufnahme-Nr. 1 bei LOHMEYER (1975, Tab. 1 zwischen S. 106 und 107).

Im Konnex mit Bryo-Saginetum und Sisymbrietalia ist die Ass. in Ortschaften, auf Bahnanlagen und Industriegelände ziemlich häufig und nicht gefährdet.

Eragrostio-Polygonetum calcati Oberd. 54
(orig. Eragrostio-Polygonetum avicularis) Tabelle 70 c–e

Die bezeichnende Artenkombination bilden *Polygonum calcatum* 2–4 mit *Eragrostis minor* 1–3 und *Digitaria* +–2; wobei es sich im Gebiet meist um *D. ischaemum* und nur ausnahmsweise (z. B. in Berlin) um *D. sanguinalis* handelt. Höchstens mittelstet kommen *Poa annua, Chenopodium album lanceolatum* und *Setaria viridis* hinzu. Wuchsorte sind thermophil-trockene, überwiegend städtische Bahnanlagen, schwarze Schlackewege bei voller Besonnung, Kohleverladeplätze und somit Sonderstandorte mit erhöhter Wärmespeicherung dank Kohlenstaub, Ruß oder schwarz getönter Böden.

OBERDORFER (1983, 1994) stuft, dem Vorschlag LOHMEYER's (1975) folgend, die Einheit als Polygonetum calcati eragrostietosum ein. Unbestritten sind *Eragrostis* und *Digitaria* nur Trennarten. Aber mit ihrem Auftreten gehen tiefgreifende Veränderungen der Artenverbindung einher, sowohl im SW als auch im NO. Frischeholde Arten wie *Poa annua, Plantago major* sind nur noch mittelstet, *Capsella bursa-pastoris* allenfalls sporadisch und *Sagina procumbens* wurde nur singulär registriert. Ersetzt werden sie von *Chenopodium album lanceolatum, Setaria viridis* und *Herniaria glabra.* Im Ergebnis verbindet beide Ausbildungen nur noch *Polygonum calcatum* als alleinige Konstante. Ein ungenügender Zusammenhalt, d. h. mangelnde Homotonität ist bei der Ass.-Gruppe, nicht aber innerhalb der Ass. zu tolerieren. *Digitaria ischaemum* (im NO) bzw. *D. sanguinalis* (im SW) deuten regionale Vikarianten mit zentraler und *Lepidium ruderale*-Rassen an.

Weiterhin sind unterscheidbar:

Eragrostio-Polygonetum calcati typicum und

Eragrostio-Polygonetum c. herniarietosum subass. nov. mit *Herniaria glabra, Setaria viridis* und *Bryum argenteum* als Trennarten. Sie weisen zum Herniarietum glabrae kiesig-trockener Sonderstandorte. Holotypus der *Herniaria*-Subass. sei die folgende Aufnahme (Verf. n. p. 1993, 1 m^2) 70 %: *Polygonum calcatum* 3, *Plantago major* +; *Eragrostis minor* 2, *Digitaria ischaemum* 2, *Chenopodium album lanceolatum* +, *Conyza canadensis* +; *Setaria viridis* 1, *Herniaria glabra* +; *Bryum argenteum* 3 an einer Kohlenverladestation bei Eberswalde.

Im Konnex mit Salsolion ruthenicae begegnet uns die Ass. zunehmend in größeren Städten und ist nicht gefährdet.

3. Verband

Saginion procumbentis Tx. et Ohba in Géhu et al. 72
Mastkraut-Trittflur-Gesellschaften (Tabelle 71)

Innerhalb der therophytischen Trittgesellschaften vereinigt der Verband die *Poa annua*-reichen Vegetationseinheiten schattiger und bodenfrischer Lagen. Kennzeichnend sind *Sagina procumbens, Spergularia rubra* sowie Polstermoose als strukturbestimmende Trennarten. Arten wie *Bryum argenteum, B. caespitosum* oder *Ceratodon purpureus* können Anteile um 30–50 % erreichen. Wichtige Wuchsorte sind vielfach Pflasterritzen, aber auch festgefahrene Schotterwege und

Plätze. Eingebundene Ass.-Gr. sind: Poetum annuae, Saginetum procumbentis und Sperguletum rubrae.

Ass.-Gr.
Saginetum procumbentis (Diem. et al. 40) Pass. 64
Gesellschaften mit Niederliegendem Mastkraut

Die über Europa und W-Asien bis Amerika vorkommende *Sagina procumbens* bevorzugt Feuchtstandorte an Ufern, Äckern und Wegrändern. Im letztgenannten Bereich wurden aus Mitteleuropa Bryo- und Alchemillo-Saginetum beschrieben (vgl. DIEMONT & al. 1940, TÜXEN 1950, PASSARGE 1979).

Tabelle 71 Moos-reiche Poa annua-Trittgesellschaften

Spalte	a	b	c	d	e	f	g	h	i	k	l
Zahl der Aufnahmen	3	5	6	7	44	7	42	10	19	4	11
mittlere Artenzahl	14	10	9	10	6	7	5	8	7	8	7
Spergularia rubra	3^{+1}	.	1^{1}	.	.	.	0^{+}	5^{12}	5^{13}	4^{13}	5^{13}
Sagina procumbens	1^{+}	1^{+}	3^{+1}	5^{+2}	5^{13}	5^{13}	5^{13}	.	.	.	5^{+1}
Herniaria glabra	3^{12}	5^{12}	5^{23}	1^{1}	.	.	0^{+1}	.	.	.	1^{+}
Arenaria serpyllifolia	.	1^{2}	2^{+}	.	.	.	.	.	.	.	.
Erodium cicutarium	2^{+}	.	1^{+}	.	.	.	.	.	.	.	.
Poa annua	3^{+1}	.	2^{+1}	5^{+2}	4^{+2}	5^{13}	5^{12}	5^{13}	5^{23}	4^{14}	3^{+1}
Polygonum arenastrum + agg.	2^{+}	.	.	3^{+2}	1^{2}	4^{+2}	1^{+2}	3^{+1}	5^{+2}	1^{+}	4^{+2}
Matricaria discoidea	.	.	.	3^{+}	0^{+}	3^{+}	0^{+}	.	.	.	.
Plantago major	2^{+}	.	5^{+1}	5^{+2}	3^{+2}	5^{+2}	4^{+2}	1^{+}	3^{+1}	1^{+}	2^{+}
Taraxacum officinale	1^{+}	5^{+}	4^{+1}	3^{+}	3^{+2}	3^{+}	3^{+2}	.	1^{+}	.	4^{+1}
Conyza canadensis	.	4^{+2}	5^{+1}	3^{+1}	3^{+1}	.	3^{+1}	.	.	.	4^{+1}
Capsella bursa-pastoris	.	.	2^{+}	4^{+1}	2^{+1}	5^{+}	2^{+}	.	.	.	3^{+}
Lepidium ruderale	.	.	.	4^{+2}	1^{+}	1^{+}	.	.	.	.	2^{+1}
Chenopodium album	.	1^{+}	2^{+}	.	1^{+}	.	.	.	.	.	0^{+}
Agrostis tenuis	2^{2}	.	.	.	.	.	.	5^{13}	5^{12}	4^{13}	.
Rumex acetosella	.	.	.	.	.	.	.	5^{+}	4^{+1}	4^{+1}	.
Festuca ovina	.	.	.	.	.	.	.	4^{+1}	0^{+}	2^{+1}	.
Carex arenaria	.	.	.	.	.	.	.	.	2^{+1}	1^{+}	.
Polygonum calcatum	.	.	3^{+1}	3^{+2}	3^{+2}	.	2^{+1}	.	.	.	.
Eragrostis minor	.	.	2^{12}	3^{+3}	3^{+3}	.	.	.	.	.	.
Juncus bufonius	.	.	.	.	.	.	.	.	.	3^{+1}	.
Agrostis stolonifera	.	.	.	.	.	.	.	.	.	3^{+1}	
Aira praecox	.	.	.	.	.	.	.	4^{+2}	.	.	.
Poa compressa	.	5^{+2}	.	.	.	.	.	.	.	.	1^{+}
Bromus hordeaceus	2^{+1}	2^{+1}	.	.	.	.	.	.	.	.	1^{+}
Potentilla argentea	3^{+1}	1^{+}	.	.	.	.	.	.	.	.	.
Plantago lanceolata	2^{+1}	.	1^{+}	1^{+}	0^{+}	1^{+}	0^{+}	.	.	.	.
Poa pratensis	.	3^{+}	3^{+2}	.	.	.	.	.	.	.	.
Artemisia vulgaris	.	2^{+}	3^{+}	.	.	.	.	.	.	.	.
Bryum argenteum	3^{+2}	5^{15}	5^{25}	5^{13}	4^{14}	4^{23}	4^{13}	.	.	.	5^{24}
Ceratodon purpureus	3^{12}	1^{2}	3^{2}	.	0^{34}	.	2^{15}	3^{+3}	1^{23}	1^{+}	.

außerdem mehrmals in a: Lolium perenne 3, Digitaria ischaemum 2, Corynephorus canescens 2; b: Helichrysum arenarium 3; f: Trifolium repens 2; h: Hieracium pilosella 2, Hypochoeris radicata 2; i: Scleranthus annuus 2.

Herkunft:
a–c. FRÖDE (1950/58: 3), LANGER (1994: 10), Verf. (n. p.: 1)
d–g, l. PASSARGE (1964 u. n. p.: 57), LANGER (1994: 54)
h–k. PASSARGE (1964 u. n. p.: 33)

Vegetationseinheiten:

1. Spergulario-Herniarietum glabrae (Fröde 58) Gödde 88
   Spergularia rubra-Rasse (a), Conyza canadensis-Rasse (b–c)
   potentilletosum argentei subass. nov. (a–b)
   typicum Hejny et Jehlik (75) comb. nov. (c)
2. Bryo-Saginetum procumbentis Diemont, Siss. et Westhoff 40
   Eragrostis minor-Vikariante (d–e), Zentralvikariante (f–g)
   capselletosum Tx. 57 (d, f)
   typicum Tx. 57 (e, g)
3. Rumici-Spergularietum rubrae Hülbusch 73
   airetosum Hülbusch 73 (h)
   typicum Hülbusch 73 (i)
   Juncus bufonius-Subass. (k)
4. Bryo-Spergularietum rubrae (Langer 94) ass. nov. (l)

Bryo-Saginetum procumbentis Diem. Siss. et Westhoff 40 — Tabelle 71 d–g

Kennzeichnend sind *Sagina procumbens* 1–3 mit *Bryum argenteum* 1–4, konstant flankiert von *Poa annua* und *Plantago major,* mittelstet auch *Taraxacum officinale.* Gemeinsam bilden sie lückige bis lichtgeschlossene Kriechfluren bevorzugt an Weg- und Straßenrändern sowie betretenen Plätzen. Im Gebiet sind schattig-frische Lage, Dachtrauf, die Spritzzone von Regenrinnen, Kopfstein- und Kleinpflaster förderliche Besonderheiten.

Bei großräumiger Betrachtung werden regionale Differenzen recht deutlich. Sie begründen eine *Gnaphalium uliginosum*-Vikariante mit *Juncus bufonius* (bei TÜXEN 1957 als Variante ausgewiesen) im ozeanisch-subozeanischen Klimaraum. Sie macht verständlich, weshalb die Niederländer die Ass. zum Nanocyperion rechnen (vgl. DIEMONT & al. 1940, SISSINGH 1957, WESTHOFF & DEN HELD 1969), eine temperat-mitteleuropäische Zentralvikariante und eine *Eragrostis minor*-Vikariante mit *Polygonum calcatum* und *Digitaria sanguinalis* in sommerwarmen, submeridional-subkontinental getönten Bereichen, z. B. Wärmeinseln von Großstädten.

Kleinstandörtlich grenzte bereits TÜXEN (1957) ab:

Bryo-Saginetum typicum

Bryo-Saginetum capselletosum Tx. 57 mit *Capsella bursa-pastoris* und *Matricaria discoidea* oft auch *Lepidium ruderale* als zum Matricario-Polygonion weisenden Trennarten an ruderalisierten Lokalitäten,

Bryo-Saginetum ceratodontetosum Tx. 57 mit *Ceratodon purpureus, Marchantia polymorpha* und *Stellaria media* auf frisch-feuchten Sonderstandorten, in Ostelbien selten beobachtet (vgl. PASSARGE 1964).

Im Konnex mit Matricario-Polygonetum und Crepido-Festucetum rubrae ist die verstreut vorkommende Einheit nicht gefährdet.

Spergulario rubrae-Herniarietum glabrae (Fröde 58) Gödde 87 — Tabelle 71 a–c

Kennzeichnend sind *Herniaria glabra* 1–4 mit *Bryum argenteum* +–5 und *Ceratodon purpureus* +–2. Neben dem Moosreichtum als bezeichnendem Strukturmerkmal gehört auch *Sagina procumbens* zu den Ass.-Trennarten. Damit wird der Eindruck verstärkt, es handele sich um eine *Herniaria*-reiche Trockenform, die aber genügend eigenständig gegenüber dem Bryo-Saginetum herniarietosum (vgl. JEHLIK 1986) ist.

Regional heben sich ab: *Spergularia rubra*-Rasse bevorzugt im subozeanisch beeinflußten Klima-Raum (vgl. SEGAL 1969, GÖDDE 1986, 1987), so auch auf Hiddensee (FRÖDE 1958), Zentralrassse vornehmlich im küstenfernen Binnenland (vgl. JEHLIK 1986) bzw. in Berlin und O-Brandenburg (LANGER 1994), *Eragrostis minor*-Rasse auch mit *Digitaria ischaemum* im thermophilen Cityklima in Essen und Düsseldorf von GÖDDE bzw. LANGER in Berlin belegt.

Wuchsorte sind besonnte betretene Pflasterritzen, Schottergrus in Bahnanlagen und auf öffentlichen Plätzen bei skelettreichen, durchlässig-sommertrockenen, kalkfreien, leicht ruderalisierten Böden. GÖDDE ermittelte pH 6,8 im Oberboden, sowie 40 % organische Substanz. Vorliegende Vorschläge zur Subass.-Gliederung, so von HEJNY & JEHLIK (1975) überzeugen noch nicht, da Typische Subass. in Flußtälern und *Medicago lupulina*-Subass. in Bahnanlagen gleich artenreich sind (17,0 : 16,9 Taxa).

Wie im Gebiet, so heben sich auch andernorts ab:

Spergulario-Herniarietum typicum (Hejny et Jehlik 75) comb. nov.

Spergulario-Herniarietum potentilletosum subass. nov. durch *Potentilla argentea, Trifolium arvense* und weitere regionale Trockenzeiger wie *Poa compressa, Helichrysum arenarium* und *Lepidium densiflorum* in Berlin-Brandenburg ab (vgl. FRÖDE 1958, HOHENESTER 1960, HEJNY & JEHLIK 1975, LANGER 1994).

Bei dem von GÖDDE (1987) ausgewiesenen Lectotypus der Ass. handelt es sich leider nicht um eine publizierte Aufnahme von FRÖDE (1958), sondern um eine Stetigkeitsliste aus 3 Aufnahmen ohne Mengenangaben. Sollte dies, zumal bei der Wahl im Nachhinein, als nicht ausreichend erachtet werden, empfehle ich als Neotypus der Ass. die Aufnahme-Nr. 2 bei GÖDDE (1987, Tab. 2, S. 90).

Sporadische Vorkommen, bevorzugt in Städten im Konnex mit Matricario-Polygonion und Sisymbrietalia, scheinen noch nicht gefährdet zu sein.

Ass.-Gr.
Spergularietum rubrae (Molinier 51)
Gesellschaften mit Roter Schuppenmiere

Die circumpolar verbreitete *Spergularia rubra* ist schwerpunktmäßig in therophytenreichen Trittfluren verbreitet und greift insbesondere auf Nanocyperetalia-Einheiten über. Unter den Erstgenannten wurden in Europa bekannt: Spergulario-Amaranthetum deflexi, Veronico-Spergularietum rubrae, Spergulario-Herniarietum und Rumici-Spergularietum (vgl. TÜXEN & OBERDORFER 1958, HÜLBUSCH 1973, PASSARGE 1979, GÖDDE 1988, MUCINA & al. 1993).

Rumici-Spergularietum rubrae Hülbusch 73 Tabelle 71 h–k

Bezeichnend sind *Spergularia rubra* 1–3 mit *Agrostis tenuis* 1–3 und *Rumex acetosella* +–1, konstant ergänzt von *Poa annua* 1–3. Durch weitere trittfeste Arten wie die mindersteten *Polygonum arenastrum* und *Plantago major* in den Polygono-Poetea verankert, bildet die Ass. halb- bis lichtgeschlossene (um 40–80 % deckende), meist niederliegende bzw. 20 cm hohe Bestände auf nährstoff- und humusarmen, sandigen Fahrwegen bevorzugt im subozeanisch beeinflußten Klimaraum. Talsande und altpleistozäne Sander- und Hochflächensande in potentiellen Quercion roboris-Landschaften im Kontakt mit Kiefernforsten, Thero-Airion, Corynephoretum bzw. Arnoseris- und Digitaria-Äckern.

Regional zeichnen sich die *Festuca rubra*-Rasse im niederschlagsreichen Bergland auf meist lehmigen Silikatverwitterungsböden (vgl. OBERDORFER 1983, SCHUHWERK 1988) von der *Festua ovina*-Rasse im Flachland (PASSARGE 1963, 1964, HÜLBUSCH 1973) ab.

Im Gebiet bestätigen Belege die Einheit aus dem Hagenower Land (PASSARGE 1964), der Altmark, dem Elb-Havelwinkel, aus M-Mecklenburg und dem Eberswalder Tal.

Kleinstandörtlich werden unterschieden:

Rumici-Spergularietum rubrae typicum Hülbusch 73,

Rumici-Spergularietum r. airetosum Hülbusch 73 mit *Aira praecox* und *Ceratodon purpureus* als Trennarten auf sonnexponierten Trockenstandorten,

eine *Juncus bufonius*-Subass. mit *Agrostis stolonifera* zeichnet zeitweilig feuchte Senken aus.

Im Konnex mit den obigen Vegetationseinheiten ist die zerstreut vorkommende Ges. z. Z. noch nicht gefährdet.

Bryo argentei-Spergularietum rubrae (Langer 94) ass. nov. Tabelle 71 l

Bezeichnend sind *Spergularia rubra* 1–3 mit *Bryum argenteum* 2–4 sowie *Conyza canadensis* +–1. Als weitere Konstante ergänzen *Polygonum calcatum* und *Taraxacum officinale* die abweichend eigenständige Artenverbindung. Zunächst machte LANGER (1994) bei seinen Untersuchungen der städtischen Straßenvegetation in Berlin auf diese Besonderheit innerhalb des Bryo-Saginetum aufmerksam. Dann fand ich bei der Zusammenstellung meines Materials vergleichbare Bestände fernab jeder Siedlung, auf steinernen Buhnen am Elbufer. Auch hierbei handelt es sich analog zu den Gegebenheiten auf Straßenpflaster um eine moosreiche, wenige cm hohe Spergularia-Kriechflur mit einigen zum Matricario-Polygonion weisenden Merkmalen.

Gegenüber dem Typus deutet eine *Sedum acre*-Ausbildung in der Aue mit *Matricaria inodora, Potentilla supina, Rorippa sylvestris* weitere Spezifika an.

Wie die Untergliederung bleibt auch die weitere Verbreitung für die Saginion-Einheit noch zu klären. – Der Holotypus stammt von einer hochgelegenen steinernen Elbbuhne bei Neuermark/Sachsen-Anhalt (VII. 1985, Verf., 2m^2, 60 %): *Spergularia rubra* 3, *Polygonum calcatum* +, *Poa annua* +; *Sedum acre* 1, *Matricaria inodora* 1; *Bryum argenteum* 3.

Ass.-Gr.
Poetum annuae Felföldy 42
Gesellschaften mit Einjährigem Rispengras Beleg im Text

Im Zentrum der circumpolar verbreiteten Klasse stehen Bestände mit dominantem *Poa annua* auf betont frischen Standorten, in vielfach beschatteter Lage. Bisher selten gesondert herausgestellt, werden sie in W- und M-Europa meist von Arten wie *Sagina procumbens* oder *Spergularia rubra* angereichert und seltener in reiner Form registriert (vgl. jedoch FELFÖLDY 1942, KNAPP 1945, FORSTNER 1983, MUCINA & al. 1993).

Bezeichnend sind *Poa annua* 2–5 mit *Plantago major* ssp. *major* +–2. Als weitere Konstante mit jedoch geringerer Mengenbeteiligung können *Polygonum arenastrum* +–2 und ggf. Therophyten der *Capsella*- bzw. *Conyza*-Gruppe hinzukommen.

Als Beispiel füge ich eine Aufnahme (Verf. n. p. 1975) 50 % (1 m^2) von einem beschatteten bodenfrischen Fahrweg auf humosem Sand bei Schönholz/Krs. Eberwalde an: *Poa annua* 3, *Plantago major major* 2, *Polygonum arenastrum* 1.

Regionale und kleinstandörtliche Abwandlungen bleiben zu erkunden.

Ass.-Gr.
Oxalidetum corniculatae (Lorenzoni 64)
Gesellschaften mit Hornfrüchtigem Sauerklee

Der wohl aus W-Asien stammende Neophyt ist heute circumpolar verbreitet, mit Hauptvorkommen an Ruderalstellen und Wegrändern. Beschrieben wurden Oxalido-Duchesnetum indicae bzw. Chamaesyco-Oxalidetum (vgl. LORENZONI 1964, BRANDES 1989, JACKOWICK 1992, FORSTNER in MUCINA 1993). Die hiesigen, deutlich anders zusammengesetzten Bestände werden als Poo-Oxalidetum corniculatae gesondert herausgestellt.

Poo annuae-Oxalidetum corniculatae (Graf 86) ass. nov. Tabelle 72 e–g

Kennzeichende Elemente sind *Oxalis corniculata* 2–4 mit *Poa annua* +–2, selten *Cardamine hirsuta* +–1. Wenige allgemeiner verbreitete Therophyten und Ruderalpflanzen vervollständigen die relativ artenarmen Bestände. Sie besiedeln bevorzugt frisch-humose Sande, Kiese und sandige Lehme an Wegrändern, auf Pflasterstraßen und frisch angelegten Grabstellen (GRAF 1986). Seitenbeschattung bzw. schattseitige Lage sind dabei durchaus willkommen. So wird auch das Vorkommen von *Epilobium adenocaulon* bzw. *E. montanum* erklärlich.

Ob die Vorkommen in Berlin-Brandenburg mit jenen in Österreich, dort mit *Polygonum arenastrum* und *Chamaesyco (Euphorbia) humifusa* vikariieren, läßt sich allenfalls auf Grund standörtlicher Analogie schließen.

Kleinstandörtlich bedingt scheinen abgrenzbar:

Poo-Oxalidetum corniculatae typicum, Holotypus (Tab. 72 g), *Senecio vulgaris*-Subass. mit *Matricaria inodora* und *Rumex acetosella* als weiteren Trennarten.

Auf die Verbreitung der Ges. wäre zu achten.

Poa-Veronica peregrina-Ges. Tabelle 72 a

Die Coenologie der seit 1863 eingeschleppten *Veronica peregrina* scheint noch keineswegs geklärt. Während OESAU (1976) oder PHILIPPI (1977) die Art gemeinsam mit *V. catenata* am Oberrhein auf feuchtem Schlamm registrierten, fand FISCHER (1986) *Arabidopsis-Veronica peregrina*-Bestände im Konnex mit Bryo-Saginetum procumbentis auf Parkwegen in Potsdam. Auch die weiteren Konstanten wie *Capsella bursa-pastoris, Stellaria media* vermögen die Frage Arabidopsion oder Saginion nicht eindeutig zu beantworten.

4. Verband

Myosurion minimi Oberd. 57
Mäuseschwanz-Gesellschaften

Deutlich eigenständig gegenüber den Trittpflanzengesellschaften sind jene Sondereinheiten an Ufern bzw. auf staufeuchten Äckern mit *Cerastium dubium, Myo-*

surus minimus und *Ranunculus sardous*. Im ozeanischen Einflußbereich sind sie eindeutig in den Nanocyperetalia verankert. Nach Osten zu lockert sich diese Bindung. Zunehmend ersetzen einzelne nässemeidende Elemente wie *Polygonum arenastrum*, solche der *Capsella*-Gruppe sowie *Agropyron repens* die Krumenfeuchtezeiger der *Gnaphalium uliginosum*-Gruppe. So erscheint die von TÜXEN (1950) vorgeschlagene Zuordnung zu den Plantaginetea majoris bzw. Polygono-Poetalia folgerichtig.

Angeschlossen sind die Ass.-Gr. Cerastietum dubii, Myosuretum minimi und Ranunculetum sardoi.

Ass.-Gr.
Ranunculetum sardoi Pass. 64
Gesellschaft mit Rauhem Hahnenfuß

Im subozeanisch beeinflußten Europa heimisch, wird *Ranunculus sardous* in die Nachbarschaft zum Myosuretum minimi gestellt. Über seine coenologische Einbindung geben nur wenige Untersuchungen Auskunft (vgl. DIEMONT & al. 1940, VANDEN BERGHEN 1957, OBERDORFER 1957, 1983, PASSARGE 1963, 1964, VICHEREK 1968). Bekannt wurden Ranunculo-Myosuretum minimi (DIEMONT & al. 1940, VANDEN BERGHEN 1957, WESTHOFF & DEN HELD 1969) als Nanocyperion-Einheit im westlichen Europa sowie Cerastio-Ranunculetum sardoi in Mitteleuropa. Inzwischen sind beide Namen in Gebrauch und werden wenig verändert teils Nanocyperetalia, teils Agrostietalia bzw. Polygono-Poetalia zugeordnet (vgl. WESTHOFF & DEN HELD 1969, PASSARGE 1978, OBERDORFER 1983, 1993, JULVE 1993, MUCINA 1993). Mein Beleg von einem staufeuchten, tonigen Lehmacker bei Carpin/M-Mecklenburg (1958, 2 m^2) 50 % F enthielt: *Ranunculus sardous* 2; *Poa annua* 2, *Polygonum aviculare* agg. +, *Plantago major* 2; *Agrostis stolonifera* 1; *Gnaphalium uliginosum* +, *Polygonum hydropiper* +; *Capsella bursa-pastoris* +, *Anagallis arvensis* +; *Cerastium holosteoides* +. Er tendiert mehr zu Polygono-Poetea und hat mit dem Cerastio-Ranunculetum sardoi Oberd. ex Vicherek 68 wenig gemeinsam. In jedem Fall ist die äußerst seltene Ass. regional gefährdet bis stark gefährdet.

Ass.-Gr.
Myosuretum minimi (Diemont et al. 40) Tx. 50
Mäuseschwanz-Gesellschaft

Über Eurasien hinaus bis Amerika vorkommend, wurde *Myosurus minimus* bisher nur sporadisch in W- und M-Europa im Bereich von kalkarmen Uferstandorten und Äckern nachgewiesen. Seine Begleitarten sprechen für Nanocyperetalia- bzw. Polygono-Poetalia-Zugehörigkeit (vgl. TÜXEN 1950, WESTHOFF & DEN HELD 1969, JULVE 1993, MUCINA & al. 1993). Im ozeanischen Klimaraum W-Europas überwiegt bei Myosuro-Crassuletum vaillantii und Myosuro-Ranunculetum sardoi bzw. Ranunculo-Myosuretum (BRAUN-BLANQUET 1936, DIEMONT & al. 1940, VANDEN BERGHEN 1953, WESTHOFF & DEN HELD 1969, JULVE 1993) die Zugehörigkeit zu ersterer, in M-Europa zu letzterer. Um dies zu unterstreichen und Mißverständnissen bzw. Mehrdeutigkeiten zu beseitigen, scheint mir eine binäre Ergänzung in (Polygono-)Myosuretum geboten.

Tabelle 72 Weitere Poa annua-reiche Gesellschaften

Spalte	a	b	c	d	e	f	g
Zahl der Aufnahmen	6	5	11	12	3	7	1
mittlere Artenzahl	16	10	9	10	8	5	5
Oxalis corniculata	.	.	.	.	3^{2}	5^{24}	3
Cardamine hirsuta	2^{+1}	.	.	.	1^{1}	2^{+}	.
Myosurus minimus	.	5^{14}	5^{14}	5^{14}	.	.	.
Veronica peregrina	5^{24}	.	.	.	.	.	.
Poa annua	5^{13}	5^{12}	5^{13}	5^{+2}	3^{+1}	3^{+}	1
Polygonum arenastrum + agg.	3^{+2}	4^{+}	5^{+1}	4^{+1}	.	.	.
Sagina procumbens	5^{+1}	2^{+}	0^{+}	.	.	.	.
Stellaria media	5^{+1}	1^{+}	3^{+1}	4^{+2}	2^{+}	1^{+}	.
Capsella bursa-pastoris	5^{+1}	1^{+}	0^{+}	3^{+}	.	.	+
Chenopodium album	2^{+}	.	1^{+}	2^{+}	1^{+}	.	.
Senecio vulgaris	5^{+}	.	.	.	3^{+}	.	.
Matricaria inodora	1^{+}	.	1^{+}	2^{+}	2^{+}	.	.
Taraxacum officinale	3^{+}	.	.	2^{+}	2^{+}	4^{+}	2
Trifolium repens	1^{+}	2^{1}	2^{+1}	1^{+}	1^{+}	.	.
Plantago major	3^{+1}	.	4^{+2}	3^{+2}	.	.	.
Bellis perennis	2^{+}	.	0^{+}	1^{+}	.	.	.
Cerastium holosteoides	4^{+1}	3^{+}	1^{+}	2^{+}	.	.	+
Poa trivialis	2^{+}	.	1^{12}	2^{+}	.	.	.
Potentilla anserina	.	4^{+2}	0^{1}	0^{1}	.	.	.
Rumex crispus	.	.	1^{+}	2^{+}	.	.	.
Ranunculus repens	.	3^{+2}	2^{+}	.	.	.	.
Juncus bufonius	.	4^{+2}	5^{+3}	.	.	.	.
Plantago intermedia	.	4^{+1}	3^{+1}	.	.	.	.
Puccinellia distans	.	5^{+2}	.	.	.	.	.
Lolium perenne	.	3^{+2}	.	.	.	.	.
Epilobium adenocaulon	3^{+}	.	.	.	.	3^{+}	.
Epilobium montanum	.	.	.	.	2^{+}	1^{+}	.
Erophila verna	3^{+1}	.	0^{+}	2^{+1}	.	.	.
Veronica hederifolia	2^{+}	.	.	2^{+1}	.	.	.
Myosotis stricta	1^{+}	.	.	3^{+}	.	.	.
Arabidopsis thaliana	5^{+2}	.	0^{+}	.	.	.	.
Agropyron repens	1^{+}	.	4^{+2}	4^{+2}	.	1^{+}	.
Equisetum arvense	.	.	2^{+2}	0^{+}	1^{+}	.	.
Rumex acetosella	.	2^{+}	.	.	2^{+}	.	.
Sonchus arvensis	1^{+}	.	2^{+2}	.	.	.	.
Cirsium arvense	2^{+}	.	0^{+}	.	.	.	.
Bryum argenteum	5^{+1}	.	.	.	.	.	.
Barbula convoluta	5^{+1}	.	.	.	.	.	.

außerdem mehrmals in a: Urtica urens 3, Marchantia polymorpha 3, Lamium pupureum 2, Conyza canadensis 2, Pohlia nutans 2; b: Apera spica-venti 2; c: Agrostis stolonifera 2, Mentha arvensis 2; d: Thlaspi arvense 2, Veronica arvensis 2; f: Euphorbia peplus 2, Sonchus oleraceus 2.

Herkunft:

a. FISCHER (1986: 6)
b–d. PASSARGE (1964 u. n. p.: 18), MÜLLER-STOLL & GÖTZ (1967: 5), SUCCOW (1967: 5)
e–g. GRAF (1986: 10), Verf. (n. p.: 1)

Vegetationseinheiten:

1. Poa annua-Veronica peregrina-Ges. Fischer 86 (a)
2. (Polygono-)Myosuretum minimi Tx. (50) ex Pass. 59
   juncetosum bufonii Pass. (64) comb. nov. (b–c)

Puccinellia-Var. (b)
typicum Pass. (64) comb. nov. (d)
3. Poo-Oxalidetum corniculatae (Graf 86) ass. nov.
Senecio vulgaris-Subass. (e)
typicum (f), Holotypus (g)

(Polygono)-Myosuretum minimi Tx. (50) ex Pass. 59 Tabelle 72 b–d

Regional sind kennzeichnend *Myosurus minimus* 1–4 mit *Polygonum aviculare arenastrum* +–1, dazu *Stellaria media* und *Agropyron repens* als Trennarten gegenüber einer analogen Nanocyperion-Ass.. Weitere Konstante, so *Poa annua* und *Plantago major* unterstreichen die Polygono-Poetea-Einbindung der meist kleinflächig vorkommenden, nur 5–10 cm hohen, um 30–70 % deckenden Einheit. Bevorzugt werden lehmige, wechselfrische, verdichtete Böden, an zeitweilig überstauten Sollufern, Weideteichen oder Viehtränken, in Ackerrinnen und Vernässungssenken (vgl. auch VICHEREK 1968).

Regionale Divergenzen deuten Aufnahmen von JAGE (1973) mit *Montia minor, Myosotis discolor* neben *Myosurus minimus* und weiteren Feuchtezeigern an.

Neben eigenen Nachweisen (PASSARGE 1959, 1962, 1963, 1964) bestätigen Belege von SUCCOW (1967) und MÜLLER-STOLL & GÖTZ (1987) die Ass. in allen 3 Bundesländern.

Kleinstandörtliche Differenzen begründen:
(Polygono-)Myosuretum minimi typicum und
(Polygono-)Myosuretum m. juncetosum (Pass. 59) comb. nov. mit den Trennarten *Juncus bufonius, Plantago m.* ssp. *intermedia, Gnaphalium uliginosum (Agrostis stolonifera, Mentha arvensis* und *Sonchus arvensis* ssp. *uliginosus)* auf wechselfeuchten Böden. Auch die *Puccinellia distans*-Variante bei Salzeinfluß rechnen MÜLLER-STOLL & GÖTZ (1987) zurecht zu dieser, zum Nanocyperion weisenden Subass.

Im Konnex mit Stellarietea mediae und Agrostietalia stoloniferae ist die selten gewordene Ges. bereits gefährdet.

Poo-Cerastietum dubii Libbert 39
(Belege im Text)

Als stromtal-spezifische Einheit stellte LIBBERT (1939) eine Artenverbindung heraus, die durch *Cerastium dubium* 1–5 und *Poa annua* 1–5 hinreichend gekennzeichnet ist. Zweifel an der Zuordnung bringen weitere Arten, insbesondere miterfaßte perennierende Feuchtezeiger. – An der Oder nennt LIBBERT (1939) *Agrostis stolonifera, Alopecurus geniculatus* und *Juncus compressus.* Am Oberrhein sind es *Ranunculus repens* und *Rorippa sylvestris* nach OESAU in OBERDORFER (1983), an der Elbe *Alopecurus geniculatus* und *A. pratensis* (BÖHNERT & REICHHOFF 1990), deren Zugehörigkeit zur Annuellen-Ass. eher fraglich ist.

Die Belege aus dem Elbtal bei Rogätz unterhalb von Magdeburg enthielten nach BÖHNERT & REICHHOFF (1990): *Cerastium dubium* 3/5, *Poa annua* 5/3; *Alopecurus geniculatus* 2/3, *A. pratensis* 1/1; außerdem nur in a: *Ranunculus repens* 1, bzw. nur in b: *Polygonum arenastrum* +, *Matricaria discoidea* +., *M. inodora* +; *Capsella bursa-pastoris* 1, *Myosurus minimus* +, *Ranunculus sceleratus* +. Einige der letztgenannten Arten deuten eine zum Matricario-Polygonion vermittelnde Ausbildung an.

Literatur

AEY, W. 1990: Historisch-ökologische Untersuchungen an Stadtökotopen Lübecks. Mitt. Arb.gem. Geobot. Schleswig-Holst. u. Hamburg 41: 229 S., Kiel.

AHLMER, W. 1989: Die Donauauen bei Osterhofen. Hoppea 47:403–503, Regensburg.

AICHINGER, E. 1933: Vegetationskunde der Karawanken. Pflanzensoziol. 2, 329 S., Jena.

ALBRECHT, H. 1989: Untersuchungen zur Veränderung der Segetalflora an sieben bayerischen Ackerstandorten. Diss. Bot. 141: 201 S., Berlin, Stuttgart.

ALLORGE, P. 1922: Les associations végétales du Vecin français. Thèses Fac. Sc. Paris. Nemours.

ALTEHAGE, C. 1938: Die Steppenheidehänge bei Rothenburg-Könnern im unteren Saaletal. Abh. Ber. Mus. Naturkd. Vorgesch. Magdeburg 6: 233–263.

ANIOL-KWIATKOWSKA, J. 1974: Flora i zbiorowiska synantropijne Legnicy, Lubina i Pokowic. Acta Univ. Wratislav. Nr. 229, Prace Bot. 19: 152 S. Wroclaw.

ARENDT, K. 1982: Soziologisch-ökologische Charakterisitk der Pflanzengesellschaften von Fließgewässern des Uecker- und Havelsystems. Limnologica 14: 115–152.

— 1991: Vegetation und Schutz eines Nigella arvensis-Ackers im Kreis Templin. Bot. Rundbr. Mecklenbg.-Vorpomm. 23: 31–34.

ASCHERSON, P. & GRAEBNER, P. 1898/99: Flora des Nordostdeutschen Flachlandes. 875 S., Berlin.

ASMUS, U. 1987: Die Vegetation der Fließgewässerränder im Einzugsgebiet der Regnitz. Hoppea 45: 23–246. Regensburg.

— 1990: Floristische und vegetationskundliche Untersuchungen in der Gropiusstadt (Berlin). Verh. Berlin. Bot. Ver. 8: 97–139.

BAREAU, H. 1983: Etude de quelques groupements végétaux lies aux étangs de la Dombes (Ain). Colloq. phytosoc. 10: 213–235, Vaduz.

BARKMAN, J. J. 1979: The investigation of vegetation texture and structure. The study of vegetation. 5: 125–160. The Hague-London.

— MORAVEC, J. & RAUSCHERT, S. 1976: Code der pflanzensoziologischen Nomenklatur. Vegetatio 32: 131–185; 2. Aufl. 1986, 67; 145–195.

BEEFTING, W. G. 1965: De zoutvegetatie van ZW-Nederland beschouwd in Europees verband. Med. Landbhogesch. Wageningen. 65–1: 167 S.

BELLOT, F. 1951: Navedades fitosociologicas Gallingas. Trab. Jard. Bot. 4: 5–22. Santiago.

BENKERT, D. 1976: Über ein Vorkommen des Chenopodietum botryos bei Potsdam. Gleditschia 4: 153–160. Berlin.

— & KLEMM, G. 1993: Rote Liste. Farn- und Blütenpflanzen. 7–95 S., Potsdam.

BENNEMA, J. G., SISSINGH, G. & WESTHOFF, V. 1943: Waterplantengemeenschappen in Nederland. Rapport, 12 S.

BERGER-LANDEFELDT, U. & SUKOPP, H. 1965: Zur Synökologie der Sandtrockenrasen, insbesondere der Silbergrasflur. Verh. Bot. Verh. Prov. Brandenbg. 102: 41–98. Berlin.

BERNHARDT, K. G. 1990: Die Pioniervegetation der Ufer nordwestdeutscher Sandgrubenflächen. Tuexenia 10: 83–97. Göttingen.

— 1991: Zur aktuellen Verbreitung von Azolla filiculoides Lam. (1783) und Azolla caroliana Willd. (1800) in Nordwestdeutschland. Flor. Rundbr. 25: 10–17.

— & HANDKE, P. 1988: Zur Vegetationsdynamik von Schlickspülflächen in der Umgebung von Bremen. Tuexenia 8: 239-246. Göttingen.

BERTA, J. 1961: Beitrag zur Ökologie und Verbreitung von Aldrovanda vesiculosa L. Biologia 16: 561–573. Bratislava.

BÖCKER, R. 1978: Vegetations- und Grundwasserverhältnisse im Landschaftsschutzgebiet Tegeler Fließtal (Berlin West). Verh. Bot. Ver. Prov. Brandenbg. 114: 164 S., Berlin.

BÖHNERT, E. 1978: Die Vegetation des Naturschutzgebietes »Beetzendorfer Bruchwald und Tangelnscher Bach«. Natursch. naturkdl. Heimatforsch. Bez. Halle u. Magdebg. Beih.: 48–54.

— & REICHHOFF, L. 1981: Die Vegetation des Naturschutzgebietes »Krägen-Riß« im Mittelelbegebiet bei Wörlitz. Arch. Natursch. u. Landschaftsforsch. 21: 67–91, Berlin.

— & REICHOFF, L. 1990: Das Naturschutzgebiet Bucher Brack und Bölsdorfer Haken. Arch. Natursch. u. Landsch. forsch. 30: 13–44. Berlin.

BOERBOOM, J. H. A. 1960: De plantengemeenschappen van de Wassenaarse duinen. Wageningen, 135 S.

BEUTLER, D. & H. 1987: Die Krebsschere (Stratiotes aloides L.) am Mittellauf der Spree und seinen benachbarten Gewässern. Beeskow. naturwiss. Abh. 1: 37–42.

BIRSE, E. L. 1980: Plant communities of Scotland. Soilsurvey Scotl. Bull. 4: 235 S. Aberdeen.

— 1984: The phytocoeninia of Scotland. Soilsurvey Scotl. Bull. 5: 120 S.

BOCHNIG, E. 1959: Vegetationskundliche Studien im Naturschutzgebiet Insel Vilm bei Rügen. Arch. Nat. Meckl. 5: 139–183.

BÖTTCHER, H. & JECKEL, G. 1972: Zannichellia palustris in der Umgebung von Rinteln (Weser). Natur u. Heimat 32: 46–49 Münster (Westfal.)

— & TÜLLMANN, G. 1985: Synanthropic vegetation und structure of urban subsystems. Colloq. phytosoc. 12: 481–523. Vaduz.

BOHN, U. 1975: Die Vegetation des Naturschutzgebietes Breitecke im Fulda-Tal bei Schlitz. Beitr. Naturkd. Osthessen 9/10: 139–168.

BOJKO, H. 1934: Die Vegetationsverhältnisse im Seewinkel. Beih. Bot. Centralbl. 51 B: 600–748, Dresden.

BOLBRINKER, P. 1977: Das Dammer Koppel-Soll, ein neues Flächennaturdenkmal im Kreis Teterow. Bot. Rundbr. Bez. Neubrandenbg. 7: 35–40.

— 1978: Zwei neue Funde des Schwimmenden Wassersternlebermooses im Kreis Teterow. Bot. Rundbr. 9: Bez. Neubrandenbg. 9: 81–83. Waren.

— 1985: Floristische Beobachtungen in Tongrubengewässern bei Neukalen. ibid. 17: 9–14.

— 1986: Potamogeton trichoides Cham. et Schlecht. in Kleingewässern Mittelmecklenburgs. ibid. 18: 43–47.

— 1988: Zur Wiederbesiedelung und Entwicklung der Vegetation in ausgetorften Torflagerstätten ursprünglicher Feldsölle. ibid. 20: 43–48.

BORHIDI, A. & JARAI-KOMLODI, M. 1959: Die Vegetation des Naturschutzgebietes des Balata-Sees. Acta. Bot. Hung. 5: 259–320, Bundapest.

BORNKAMM, R. 1961: Vegetation und Vegetations-Entwicklung auf Kiesdächern. Vegetatio 10: 1–24. Den Haag.

— 1974: Die Unkrautvegetation im Bereich der Stadt Köln. Decheniana 126: 267–33.

— 1977: Zu den Standortbedingungen einige Sand-Therophytenrasen in Berlin (West). Verh. Bot. Ver. Prov. Brandenbg. 113: 27–39, Berlin.

— & EBER, W. 1967: Die Pflanzengesellschaften der Keuperhügel bei Friedland (Kr. Göttingen). Schr. R. Vegetationskd. 2: 135–160, Bonn.

— & SUKOPP, H. 1971: Beiträge zur Ökologie von Chenopodium botrys L. Verh. Bot. Ver. Prov. Brandenbg. 108: 65–74. Berlin.

BOROWIEC, S., KUDOKE, J., LESNIK, T. 1991: Vegetationskundliche Untersuchungen zum Vorkommen des Euphorbio-Melandrietum G. Müller 64 im Brüssower Raum und in den angrenzenden polnischen Gebieten. Arch. Fr. Naturgesch. Mecklenbg. 31: 5–16. Rostock.

BOUZILLE, J.-B. 1988: La végétation aquatique dans les zones saumâtres des marais litteraux Vendéens. Docum. phytosoc. N. S. 11: 67–79.

BRANDES, D. 1979: Die Ruderalgesellschaften Osttirols. Mitt. flor. – soz. Arb. gem. N. F. 21: 31–48. Göttingen.

— 1980: Flora, Vegetation und Fauna der Salzstellen im östlichen Niedersachsen. Beitr. Naturkd. Niedersachs. 33: 66–90.

— 1981: Über einige Ruderalpflanzengesellschaften von Verkehrsanlagen im Kölner Raum. Decheniana 134: 49–60. Bonn.

— 1982: Die synanthrope Vegetation der Stadt Wolfenbüttel. Braunschweig. Naturk. Schr. 1: 419–443.

— 1982: Das Atriplicetum nitentis Knapp 1945 in Mitteleuropa insbesondere in SO-Niedersachsen. Docum. phytosoc. N. S. 6: 131–153.

— 1983: Flora und Vegetation der Bahnhöfe Mitteleuropas. Phytocoenologia 11: 31–115.

— 1986: Notizen zur Ausbreitung von Chenopodium ficifolium SM in Niedersachsen. Götting. Flor. Rundbr. 19: 116–120.

— 1987: Die Mauervegetation im östlichen Niedersachsen. Braunschweig. Naturk. Schr. 2: 607–627.

— 1988: Über die Unkrautvegetation der Hopfengärten in der nördlichen Hellertau. Ber. Bayer. Bot. Ges. 59: 23–26. München.

BRANDES, D. 1989: Die Siedlungs- und Ruderalvegetation der Wachau (Österreich). Tuexenia 9: 183–197. Göttingen.

— 1991: Die Ruderalvegetation der Altmark im Jahre 1990. Tuexenia 11: 109–120. Göttingen.

— 1992: Ruderal- und Saumgesellschaften des Okertales. Braunschw. naturkd. Schr. 4: 143–165.

— 1993: Zur Ruderalflora von Verkehrsanlagen in Magdeburg. Flor. Rundbr. 27: 50–54.

— 1993: Eisenbahnanlagen als Untersuchungsgegenstand der Geobotanik. Tuexenia 13: 415–444. Göttingen.

— 1994: Verbreitung, Ökologie und Soziologie von Scorzonera laciniata L. in Nordwestdeutschland. ibid. 14: 415–424.

— & OPPERMANN, F. W. 1994: Die Uferflora der oberen Weser. Braunschw. naturkd. Schr. 4: 575–607.

— SANDER, C. 1995: Neophytenflora der Elbufer. Tuexenia 15: 447–472.

BRAUN, W. 1967: Standortskundliche Untersuchungen an zwei seltenen Wasserpflanzengesellschaften im Bayerischen Allgäu. Mitt. Naturwiss. Arb. krs. Kempten-Allgäu 11: 1–10.

BRAUN-BLANQUET, J. 1936: Prodrome des groupements végétaux. 3. Class des Rudereto-Secalinetales. Montpellier, 37 S.

— 1948/49: Die Pflanzengesellschaften Rätiens. Vegetatio 1: 129–146.

— 1952: Les groupements végétaux de la France Mediterranéenne. Montpellier, 297 S.

— 1955: Das Sedo-Scleranthion neu für die Westalpen. Österr. Bot. Z. 102: 479–485. Wien.

— 1961: Die inneralpine Trockenvegetation. Stuttgart, 273 S.

— 1964: Pflanzensoziologie. 3. Aufl. Wien, New York, 865 S.

— 1970: Zur Kenntnis der inneralpinen Ackergesellschaften. Naturf. Ges. Zürich 115: 323-341.

— & DE LEEUW, W. C. 1936: Vegetationsskizze von Ameland. Nederl. Kruidkd. Arch. 46: 359–393.

— & TÜXEN, R. 1943: Übersicht der höheren Vegetationseinheiten Mitteleuropas. Communic. SIGMA 84: 11 S. Montpellier.

— & TÜXEN, R. 1952: Irische Pflanzengesellschaften. Veröff. Geobot. Inst. ETH Zürich, Stiftg. Rübel 25: 222–421.

BREHM, K. & EGGERS, TH. 1974: Die Entwicklung der Vegetation in den Speicherbecken des Hauke-Haien-Kooges (Nordfriesland) von 1959–1974. Schr. Naturwiss. Ver. Schleswig-Holst. 44: 27–36. Kiel.

BROCKMANN-JEROSCH, H. & RÜBELE, E. 1912: Die Einteilung der Pflanzengesellschaften nach ökologisch-physiognomischen Gesichtspunkten. Leipzig.

BRUN-HOOL, J. 1963: Ackerunkraut-Gesellschaften der Nordwestschweiz. Beitr. geobot. Landesaufn. Schweiz 43: 146 S., Bern.

— & WILMANNS, O. 1982: Plant communities of human settlements in Ireland. J. Life Sc. 3: 91–103.

BRZEG, A. & RATYNSKA, H. 1991: Water and marsh plant communities in the neighbourhood of Konin. Prace Komm. Biol. 70: 27–102, Poznan.

BUCHWALD, R. 1989: Habitatbindung einiger Libellenarten der Quellmoore und Fließgewässer. Phytocoenologia 17: 307–448.

BÜKER, R. 1942: Beiträge zur Vegetationskunde des südwestfälischen Berglandes. Beih. Bot. Centralbl. 61 B: 452–558. Dresden.

BURRICHTER, E. 1960: Die Therophyten-Vegetation an nordrhein-westfälischen Talsperren. Ber. Deutsch. Bot. Ges. 73: 24–37.

— 1970: Zur pflanzensoziologischen Stellung von Senecio tubicaulis in Nordwestdeutschland. Natur u. Heimat 30: 1–4, Münster.

CARBIENER, R. & ORTSCHEIT, A. 1987: Wasserpflanzengesellschaften als Hilfe zur Qualitätsüberwachung eines der größten Grundwasservorkommen Europas (Oberrheinebene). Proc. Internat. Symp. Tokyo: 283–312.

CARSTENSEN, U. 1955: Laichkrautgesellschaften an Kleingewässern Schleswig-Holsteins. Schr. Naturwiss. Ver. Schlesw.-Holst. 27: 144–170.

CASPER, S. J., JENTSCH, H. & GUTTE, P. 1980: Beiträge zur Taxonomie und Chorologie europäischer Wasser- und Sumpfpflanzen 1. Myriophyllum heterophyllum. Hercynia N. F. 17: 356–374. Leipzig.

— & KRAUSCH, D. 1980/81: Pteridophyta und Anthophyta. in: Süßwasserflora von Mitteleuropa Bd. 23/24: 942 S., Jena.

CERNOHOUS, F. & HUSAK, S. 1986: Macrophyte vegetation of Eastern and Nort-eastern Bohemia. Folia Geobot. Phytotax. Praha 21: 113–161.

— 1992: Sparganietum minimi in north-eastern Bohemia. Preslia 64: 53–58, Praha.

CHOUARD, P. 1924: Monographies phytosociologiques. I. Bull. Soc. Bot. France 71: 1130–1158.

CHRISTIANSEN, W. 1955: Saliconietum. Mitt. Flor.-soziol. Arb. gem. N. F. 5: 64–65.

DAHL, E. & HADAC, E. 1941: Strandgesellschaften der Insel Ostoy im Oslofjord. Nytt. Mag. Naturvid. 82: 251–312. Oslo

DAMBSKA, I. 1961: Roslinnae zbiorowiska jeziorne okolic Sierakowa i Miedzychodu. Komm. Biol. 23, 4: 120 S., Poznan.

DANNENBERG, A. 1991: Vegetationskundliche Untersuchungen an Straßenrändern in Schleswig-Holstein. Kieler Notiz. 21: 1–60.

DETHIOUX, M. & NOIRFALISE, A. 1985: Les groupements rhéophiles à renoncules aquatiques en moyenne et haute Belgique. Tuexenia 5: 31–39.

DETTMAR, J. 1986: Spontane Vegetation auf Industrieflächen in Lübeck. Kieler Notiz. 18: 113–148.

— & SUKOPP, H. 1991: Vorkommen und Gesellschaftsanschluß von Chenopodium botrys L. und Inula graveolens (L.) D. Tuexenia 11: 49–65.

DIEKJOBST, H. 1981: Atriplex hastata- und Bidens radiata-Gesellschaft im therophytischen Vegetationskomplex am Möhnesee. Natur u. Heimat 41: 3–12.

DIEMONT, W. H., SISSINGH, G. & WESTHOFF, V. 1940: Het dwergbiezenverbond (Nanocyperion flavescentis) in Nederland. Nederl. Kruidkd. Arch. 50: 215–284.

DIEPOLDER, U. & LENZ, R. 1992: Zustandserfassung der Salzach-Altgewässer im Bereich zwischen Freilassing und Salzach-Inn-Mündung. Ber. Bayer. Bot. Ges. 63: 117–138. München.

DIERSCHKE, H. 1968: Über eine Großseggen-Riedgesellschaft mit Carex aquatilis im Wümmetal östlich Bremen. Mitt. Flor.-soz. Arb. gem. NF. 13: 48–58.

— 1969: Natürliche und naturnahe Vegetation in den Tälern der Böhme und Fintau in der Lüneburger Heide. ibid. 14: 377–397.

— 1979: Die Pflanzengesellschaften des Holtumer Moores und seiner Randgebiete (NW-Deutschland). ibid. 21: 111–143.

— 1984: Auswirkungen des Frühjahrshochwassers 1981 auf die Ufervegetation im Harzvorland. Braunschweig. Naturkd. Schr. 2: 19–39.

— 1988: Zur Benennung zentraler Syntaxa ohne eigene Kenn- und Trennarten. Tuexenia 8: 381–382.

— 1992: Zur Begrenzung des Gültigkeitsbereiches von Charakterarten. Tuexenia 12: 3–11.

— 1995: Phänologische und symphänologische Artengruppen von Blütenpflanzen Mitteleuropas. Tuexenia 15: 523–560.

DIERSSEN, B. & K. 1984: Vegetation und Flora der Schwarzwaldmoore. Veröff. Natursch. Landsch. pfl. Baden-Württ. Beih. 39: 510 S., Karlsruhe.

DIERSSEN, K. 1973: Die Vegetation des Gildehauser Venns. Beih. Ber. Natur. hist. Ges. 8: 120 S., Hannover.

— 1982: Rote Liste der Pflanzengesellschaften Schleswig-Holsteins. Schr. R. Natursch. Landsch. pfl. Schlesw.-Holst. 6: 1–152. Kiel, 2. Aufl. 1988.

— & al. 1991: Geobotanische Untersuchungen an den Küsten Schleswig-Holsteins. Ber. Reinh. Tüxen-Ges. 3: 129–155. Hannover.

DIHORU, G. & DONITA, N. 1970: Flora si Vegetatia podisului Babadag. Bukarest. 438 S.

DIRCKSEN, J. 1968: Die wichtigsten Plfanzengesellschaften der Insel Trischen. Natur u. Heimat 28: 184–190. Münster.

DOING, H. 1993: Het Sileno-Tortuletum (ass. nov.), een karakteristieke associatie van het Zeedorpenlandschap. Stratiotes 6: 40–52.

DOLL, R. 1964: Zur Ökologie und Soziologie von Coronopus squamatus (Forsk.) Aschers. Wiss.Z. Univ. Halle-Wittenberg 13: 671–673.

— 1977: Der Drewitzer See bei Alt Schwerin (Kr. Waren). Bot. Rundbr. Bez. Neubrandenbg. 7: 3–13.

— 1978: Drei bemerkenswerte Seen im südlichen Mecklenburg und ihre Vegetation. Limnologica 11: 379–408. Berlin.

— 1978: Die Vegetation des Neustädter Sees. Feddes Repert. 89: 475–492.

— 1979: Der Waschsee bei Mechow (Kr. Neustrelitz). Natur u. Natursch. Mecklenbg. 15: 81–89.

— 1980: Die Vegetationsverhältnisse des Poviest-Sees im Kreis Templin. Bot. Rundbr. Bez. Neubrandenbg. 11: 7–20. Waren.

— 1981: Das ökologisch-soziologische Verhalten von Najas major s.l. Limnologica 13: 473–484. Berlin.

— 1983: Die Vegetation des Gr. Fürstenberger Sees im Kreis Neustrelitz. Gleditschia 10: 241–267. Berlin

— 1989: Die Pflanzengesellschaften der stehenden Gewässer im Norden der DDR I. Feddes Repert. 100: 281–324.

— 1991: wie vor I.2/3/4. ibid. 102: 199–317. 103: 597–619.

— 1992: Die Vegetation des Krüselinsees bei Feldberg in Mecklenburg. ibid. 103: 585–596.

— 1992: Die Vegetation des Clansees bei Feldberg in Mecklenburg. ibid. 103: 621–642.

— & PANKOW, H. 1968: Über die Verbreitung von Taraxacum laevigatum (Willd.) DC. in Mecklenburg. Wiss. Z. Univ. Rostock 17: 325–347.

— & RICHTER, T. 1993: Die Vegetation des Neuendorfer Moores bei Gadebusch. Gleditschia 21: 117–145. Berlin.

DONSELAAR, J. VAN 1961: On the vegetation of former river beds in the Nederlands. Wentia 5: 1–85.

DÜLL, R. & WERNER, H. 1956: Pflanzensoziologische Studien im Stadtgebiet von Berlin. Wiss. Z. Humboldt-Univ. Berlin. Math.-Nat. R. 5: 321–331.

DUTY, J. & SCHMIDT, G. 1966: Beitrag zur Landschaftsökologie der Vogelinsel Langenwerder bei Poel. Wiss. Z. Univ. Rostock, math-nat. R. 15: 961–970.

DUVIGNEAUD, J. 1967: Flore et végétation halophiles de la Lorraine Orientale. Mem. Soc. Roy. Bot. Beleg. 3: 122 S., Bruxelles.

— 1985: La végétation des vases et des graviers éxondes en Lorraine Française. Colloq. phytosoc. 12: 449–469. Berlin, Stuttgart.

EBER, W. 1975: Vegetationsentwicklung auf trockengefallenem Schlamm von Westberliner Kleingewässer. Ber. Internat. Symp. IVV Rinteln: 355–365.

EHWALD, E. 1958: Zur Abgrenzung und Gliederung der wichtigsten Bodentypen Mitteleuropas. Z. Pflanzenernährg., Düngung, Bodenkd. 80: 18–42.

— 1970: Zur Systematik der Böden der DDR unter Berücksichtigung rezenter und reliktischer Merkmale. Tagungsber. DAL 102: 9–33.

ELIAS, P. 1977: Ruderal plant communities of two neighbouring villages in Horné Pozitavie. Acta Ecol. Bratislava 6/16: 33–90.

— 1978: Sambucetum ebuli and other ruderal communities in Trnava town. Preslia, Praha 50: 225–252.

— 1979: Linario-Brometum tectorum Knapp 1961 in Cifer railway station (Western Slovakia). Biologia 34: 329–333, Bratislava.

— 1979: Vorläufige Übersicht der Ruderalpflanzengesellschaften der Stadt Trnava. Zapadne Slov. 6: 271–309, Bratislava.

— 1986: A survey of the ruderal plant communities of Western Slovakia. Feddes Repert. 97: 197–221.

ELLENBERG, H. 1950: Unkrautgemeinschaften als Zeiger für Klima und Boden. Landwirt. Pflanzensoziol. 1: 141 S., Stuttgart.

— 1956: Aufgaben und Methoden der Vegetationskunde. Einführung in die Phytologie 4, 1: 136 S., Stuttgart.

— 1963: Vegetation Mitteleuropas mit den Alpen. 4. Aufl. 1986: 989 S., Stuttgart.

— & MUELLER-DOMBOIS, D. 1965/66: Tentative physiognomic-ecological classification of plant formations of the earth. Ber. geobot. Inst. ETH Zürich, Stiftg. Rübel 37: 21–73.

FALINSKI, J. B. 1966: Antropogeniczna roślinność Puszczy Bialowieskiej. Warszawa, 255 S.

— 1967: Übersicht der Pflanzengesellschaften des Bialowieza-Urwaldes und seiner Umgebung. Mater. Zakl. Fitosoc, Stos. U. W. 20. Warszawa.

FELFÖLDY, L. 1942: Soziologische Untersuchungen über die pannonische Ruderalvegetation. Acta Geobot. Hung., Kolozsvár 5: 87–140.

FELFÖLDY, L. 1943: Vegetationsstudien auf der nördlichen Uferzone der Halbinsel Tihany. Magyar. Biol. Kut. Munk. 15: 42–74. Tihany.

FELZINES, J.-C. 1983: Structure des groupements et complexite de la végétation aquatique et amphibie. Colloq. phytosoc. 10: 1–13.

— 1983: Les groupements du Potamion des étangs du Centre de la France. ibid. 10: 149–182. Vaduz.

FIJALKOWSKI, D. 1959: Plant associations of lakes situated between Leczna and Wlodawa. Ann. Univ. Lublin, Polonia 14 B: 131–206.

— 1967: Communities of synanthropic plants in the town area of Lublin. Ann. Univ. Lublin, Polonia C 22: 195–233.

— 1978: Synantrophy roślinne Lubelszczyzny. Lubelskie Towarz. Nauk 5: 260 S., Warszawa.

— 1991: Zespoly roślinne Lubelszczyzny. Lublin 301 S.

FISCHER, W. 1960: Pflanzengesellschaften der Heiden und oligotrophen Moore der Prignitz. Wiss. Z. Pädag. Hochsch. Potsdam, Math.-Nat. R. 6: 83–106.

— 1978: Über einige Bidentetalia-Gesellschaften im westlichen Brandenburg. Gleditschia 6: 177–185.

— 1983: Vegetationsmosaike in vernäßten Ackerhohlformen. Wiss. Z. Pädag. Hochsch. Potsdam 27: 495–516.

— 1985: Zum Vorkommen von Gagea bohemica ssp. saxatilis im Potsdamer Gebiet. Gleditschia 13: 257–259, Berlin.

— 1986: Mitteilung zur Propagation und Soziologie von Neophyten in Brandenburg. ibid. 14: 291–304.

— 1988: Flora und Vegetation eines Rieselfeldgebietes bei Potsdam. ibid. 16: 57–68.

FORSTNER, W. 1982: Ruderale Vegetation in Ost-Österreich. Wiss. Mitt. Niederösterr. Landesmus. 2: 19–133, Wien.

— 1984: Ruderale Vegetation in Ost-Österreich. 2. ibid. 3: 11–91.

FOUCAULT, B. DE 1979: Observations sur la végétation des roches arides de la Basse-Normandie Armoricaine. Docum. phytosoc. NS 4: 267–277.

FREIJSEN, A. H. J. 1967: Some observations on the transition zone between the xerosere and the halosere. Acta Bot. Neerl. 15: 668–682.

FREITAG, H., MARKUS, CH. & SCHWIPPL, I. 1958: Die Wasser- und Sumpfpflanzengesellschaften im Magdeburger Urstomtal südlich des Fläming Wiss. Z. Pädag. Hochsch. Potsdam, Math.-Nat. R. 4: 65–92.

FROEBE, H. A. & OESAU, A. 1969: Zur Soziologie und Propagation von Iva xanthiifolia im Stadtgebiet von Mainz. Decheniana 122: 147–157.

FRÖDE, E. TH. 1958: Die Pflanzengesellschaften der Insel Hiddensee. Wiss. Z. Univ. Greifswald 7, Math.-Nat. R.: 277–305.

FROST, D. 1985: Untersuchungen zur spontanen Vegetation im Stadtgebiet von Regensburg. Hoppea 44: 5–83, Regensburg.

FUKAREK, F. 1961: Die Vegetation des Darss und ihre Geschichte. Pflanzensoziol. 12: 321 S., Jena.

— & HENKER, H. 1983–1987: Neue kritische Flora von Mecklenburg. Arch. Fr. Naturgesch. Meckl. 23. -27., Rostock.

—,— 1992: Rote Liste der gefährdeten Höheren Pflanzen Mecklenburg-Vorpommerns. 4. Fassg. Schwerin: 56 S.

FUNK, B. 1977: Neufunde von Cyperus fuscus L. und Limosella aquatica L. im Kreis Teterow. Bot. Rundbr. Bez. Neubrandenbg. 7: 57–58.

GARNIEL, A. 1993: Die Vegetation der Karpfenteiche Schleswig-Holsteins. Mitt. Arb. gem. Geobot. Schlesw.-Holst. u. Hamburg 45: 321 S.

GEHU, J.-M. 1961: Les groupements végétaux du bassin de la Sambre Française. Vegetatio 10: 69–148, 149–208, 257–372.

— 1992: L'association à Corispermum leptopterum des cordans dunaires perturbés du littoral flamand de France. Colloq. phytosoc. 18: 137–143.

— 1992: Essai de typologie syntaxonomique des communautés européennes de Salicornes annuelles. ibid. 18: 243–260.

— 1994: Schéma synsystématique et typologie des milieux littoraux français atlantiques et mediterranéen. ibid. 22: 183–212.

— & GEHU, J. 1969: Les associations végétales des dunes mobiles et des bordures de pages de la Côte atlantique Française. Vegetatio 18: 122–166.

— & MERIAUX, J.-L. 1983: Distribution et synécologie des renoncules du sous-genre batrachium dans le nord de la France. Colloq. phytosoc. 10: 15–43. Vaduz.

— & RICHARD, J.-L. & TÜXEN, R. 1972: Compte-rendu de L'excursion de l'Association Internationale de Phytosociologie dans le Jura en Juin 1967. Docum. phytosoc. 1, 2: 1–44; 3: 1–50.

— ROMAN, N. & BLANCHARD, F. 1995: Cartographie de la végétation et appréciation de la biodiversité réelle à l'échelle des communautés végétales. Colloq. phytosoc. 23: 573–580.

GILLNER, V. 1960: Vegetations- und Standortuntersuchungen in den Strandwiesen der Schwedischen Westküste. Acta Phytogeogr. Suecica 43: 198 S., Göteborg.

GLAHN, H. VON, DAHMEN, R., LEMM R. VON, WOLFF, D. 1989: Vegetationssystematische Untersuchungen und großmaßstäbliche Kartierungen in den Außengroden der niedersächsischen Nordseeküste. Drosera 89: 145–168.

GÖDDE, M. 1986: Vergleichende Untersuchungen der Ruderalvegetation der Großstädte Düsseldorf, Essen und Münster. Düsseldorf, 273 S.

— 1988: Die annuellen Ruderalpflanzen-Gesellschaften der Ordnung Sisymbrietalia in Düsseldorf, Essen und Münster. Decheniana 141: 22–41.

GÖRS, S. 1966: Die Pflanzengesellschaften der Rebhänge am Spitzberg. Natur- u. Landsch. schutzgeb. Baden-Württ. 3: 476–534.

— in OBERDORFER, E. 1977: Süddeutsche Pflanzengesellschaften. Pflanzensoziologie 10, 2. Aufl. Teil I.

GOLLUB, P. 1981: Acker-Schwarzkümmel (Nigella arvensis L.) wiederentdeckt. Bot. Rundbr. Bez. Neubrandenbg. 12: 83–84. Waren.

GOLUB, V. B., LOSEV, G. A. & MIRKIN, B. M. 1992: Aquatic and hydrophytic vegetation of the lower Volga valley. Phytocoenologia 20: 1–63.

GRAF, A. 1986: Flora und Vegetation der Friedhöfe in Berlin (West). Verh. Berl. Bot. Ver. 5: 211 S.

GRIGORE, ST. 1968: Nitrophil vegetation of Timis-Bega interfluvial zone. Lucrarile Stintif. 11: 471–491, Timisoara.

— & COSTE, J. 1979: Contribution a l'étude de la regulation therophyte-xerophile de Roumanie. Docum. phytosoc. NS 4: 383–396, Vaduz.

GRISEBACH, A. 1838: Über den Einfluß des Klimas auf die Begrenzung der natürlichen Floren. Linnaea 12.

GROSSE-BRAUCKMANN, G. 1954: Untersuchungen über die Ökologie, besonders den Wasserhaushalt von Ruderalgesellschaften. Vegetatio 4: 245–283.

GROSSER, K. H. 1966: Altteicher Moor und Große Jeseritzen. Brandenbg. Natursch.geb. 1; 1–32.

— 1967: Studien zur Vegetations- und Landschaftskunde als Grundlage für die Territorialplanung. Abh. Ber. Naturkd. Mus. Görlitz 42: 1–95.

— & al. 1989: Gefährdete Pflanzengesellschaften der Niederlausitz. Natur u. Landsch. Bez. Cottbus. Sonderh. 1–86.

GRUBE, H.-J. 1975: Die Makrophytenvegetation der Fließgewässer in Süd-Niedersachsen. Arch. Hydrobiol. Suppl. 45: 376–456. Stuttgart.

GRÜLL, F. 1980: Vorkommen und Charakteristik des Chaenarrhino-Chenopodietum botryos und Plantaginetum indicae im Gebiet der Stadt Brno. Folia Geobot. Phytotax. 15: 363–368.

— 1980: Vorkommen und Charakteristik weniger bekannter Ruderalgesellschaften des Verbandes Sisymbrion officinalis im weiteren Areal der Stadt Brno. Preslia, Praha 52: 269–278.

— 1981: Fytocenologické charakteristika ruderálnich spolecenstev na územi mesta Brno. Studie CSAV 10, 81: 125 S., Praha.

— 1983: Über das Vorkommen und Charakteristik der Pflanzengesellschaft mit Iva xanthifolia in Brno. Zpr. Cs. Bot. Spolec 18: 141–144. Praha.

— 1990: Die Pflanzengesellschaften des Verschiebebahnhofs Brno in den Jahren 1970–1986. Preslia, Praha 62: 73–90.

GUTERMANN, W. & MUCINA, L. 1993: Nomenklatorische Korrektur einiger Syntaxa-Namen. Tuexenia 13: 541–545. Göttingen.

GUTTE, P. 1966: Die Verbreitung einiger Ruderalpflanzengesellschaften in der weiteren Umgebung von Leipzig. Wiss. Z. Univ. Halle, Math. Nat. 15: 937–1010.

— 1972: Ruderalpflanzengesellschaften West- und Mittelsachsens. Feddes Repert. 83: 11–122.

— & HILBIG, W. 1975: Übersicht über die Pflanzengesellschaften des südlichen Teiles der DDR. 9. Die Ruderalvegetation, Hercynia NF. 12: 1–39, Leipzig.

— & KÖHLER, H. 1975: Zur Flora von Wismar. Arch. Fr. Naturgesch. Meckl. 15: 116–121. Rostock.

— & KLOTZ, S. 1985: Zur Soziologie einiger urbaner Neophyten. Hercynia NF. 22: 25–36, Leipzig.

— & KRAH, G. 1993: Saumgesellschaften im Stadtgebiet von Leipzig. Gleditschia 21: 213–244. Berlin.

HADAĆ, E. 1978: Ruderal vegetation of the Broumov Basin, NE-Bohemia. Folia Geobot. Phytotax. 13: 129–163, Praha.

— RAMBOUSKOVA, H. & VALACH, R. 1983: Notes on the syntaxonomy and synecology of some ruderal plant communities in Praha-Holesovice. Preslia, Praha 55: 63–81.

HÄRDTLE, W. 1984: Vegetationskundliche Untersuchungen in Salzwiesen der ostholsteinischen Ostseeküste. Mitt. Arb. gem. Geobot. Schleswig-Holst. u. Hambg. 34: 142 S., Kiel.

HAEUPLER, H. 1976: Atlas zur Flora von Südniedersachsen. Scripta Geobot. 10: 367 S., Göttingen.

— & SCHÖNFELDER, P. 1989: Atlas der Farn- und Blütenpflanzen der Bundesrepublik Deutschland. 2. Aufl. Stuttgart, 768 S.

HALLBERG, P. 1971: Vegetation auf den Schalenablagerungen in Bohuslän, Schweden. Acta Phytogeogr. Suecica 56: 136 S., Göteborg.

HANF, F. 1937: Pflanzengesellschaften des Ackerbodens. Pflanzenbau 14: 449–476.

HANSPACH, D. 1989: Untersuchungen zur aktuellen Vegetation des Schraden. Verh. Berlin. Bot. Ver. 7: 31–75.

— & KRAUSCH, H.-D. 1987: Zur Verbreitung und Ökologie von Luronium natans (L.) Raf. in der DDR. Limnologica 18: 167–175, Berlin.

HARD, G. 1986: Vier Seltenheiten in der Osnabrücker Stadtflora. Osnabrück. naturwiss. Mitt. 12: 167–194.

HARTOG, C. DEN 1958: De vegetatie van het Balgzand. Kon. Nederl. Natuurhist. Ver. Wetensch. Med. 27: 28 S.

— 1963: Enige waterplantengemeenschappen in Zeeland. Gorteria 1: 155–164.

— & SEGAL, S. 1964: A new classification of the water-plant communities. Acta Bot. Neerl. 13: 367–393.

HEINKEN, T. 1990: Pflanzensoziologische und ökologische Untersuchungen offener Sandstandorte im östlichen Aller-Flachland. Tuexenia 10: 223–257.

HEJNY, S. 1958: Iva xanthifolia Nutt. in der Tschechoslowakei. Botanica 2: 323–342.

— 1974: Contribution towards the characterization of ruderal plant communities in the South Bohemia. Acta Inst. Bot. Acad. Sci. Slov. A 1: 212–232.

— 1978: Zur Charakteristik und Gliederung des Verbandes Sisymbrion. ibid. 3: 265–270, Bratislava.

— & HUSAK, S. 1978: Higher plant communities. Ecol. Stud. 28: 23–64.

— KOPECKY, K., JEHLIK, V. & KRIPPELOVA, T. 1979: Prehled ruderalnich rostlinnych spolecenstev Cechoslovenska. Rozpr. CSAV, Mat-Prir. 89, 2: 1–100 S.

— & JEHLIK, V. 1975: Herniarietum glabrae (Hohenester 1960) Hejný et Jehlik 1975, eine wenig bekannte Assoziation des Verbandes Polygonion avicularis. Phytocoenologia 2: 100–122.

HENKER, H. 1970: Beitrag zur Kenntnis der Flora Südwest-Mecklenburgs. Natursch. arb. Mecklenbg. 13: 26–39.

HERZNIAK, J. 1972: Groupements végétaux de la vallée de la Widawka. Monogr. Bot. 35: 3–160, Warszawa.

HERR, W. 1984: Die Fließgewässervegetation im Einzugsgebiet von Treene und Sorge. Mitt. Arb. gem. Geobot. 33: 77–117, Kiel.

— 1984: Das Fischkraut (Groenlandia densa (L.) Fourr.) in der Eiderniederung. Kieler Notiz. 16: 73–79.

— 1985: Elodea nuttallii (Planch.) St. John in schleswig-holsteinischen Fließgewässern. ibid. 17: 1–8.

HETZEL, G. 1988: Ruderalvegetation im Stadtgebiet von Aschaffenburg. Tuexenia 8: 211–238.

— 1991: Beitrag zur Ruderalvegetation und Flora der Stadt Passau. Ber. Bayer. Bot. Ges. 62: 41–56. München.

— & ULLMANN, I. 1981: Wildkräuter im Stadtbild Würzburgs. Würzbg. Univschr. Regionalforsch. 3: 150 S.

HEYM, W. D. 1971: Die Vegetationsverhältnisse älterer Bergbau-Restgewässer im westlichen Muskauer Faltenbogen. Abh. Ber. Naturkd. Mus. Görlitz, 46: 7, 40 S., Leipzig.

HILBERT, H. 1981: Ruderal associations in Liptov Basin. Biol. Prace 27, 4, 158 S. Bratislava.

HILBIG, W. 1960: Vegetationskundliche Untersuchungen in der mitteldeutschen Ackerlandschaft. II. Wiss. Z. Univ. Halle, Math. Nat. 9: 309–332.

— 1971: Übersicht über die Pflanzengesellschaften des südlichen Teiles der DDR. I. Die Wasserpflanzengesellschaften. Hercynia NF: 8: 4–33.

— 1993: Die Unkrautvegetation der Hopfengärten und Spargelkulturen in Bayern. Hoppea: 54: 483–497. Regensburg.

— & JAGE, H. 1972: Übersicht über die Pflanzengesellschaften des südlichen Teiles der DDR. V. Die annuellen Uferfluren (Bidentetea tripartitae). Hercynia NF 9: 392–408.

—,— 1973: Zum Vorkommen von Najas minor All. im Mittelelbegebiet. ibid. 10: 264–275.

— & REICHHOFF, L. 1971: Die Wasser- und Verlandungsvegetation im Naturschutzgebiet Sarenbruch bei Klieken, Krs. Roßlau. Natursch., naturkdl. Heimatforsch. Bez. Halle u. Magdebg. 8: 33–48.

—,— 1974: Zur Vegetation und Flora des Naturschutzgebietes »Schollener See«, Kreis Havelberg. Hercynia NF. 11: 215–232.

— & WOLKE, J. 1991: Gartenunkrautgesellschaften im Harz und nördlichen Harzvorland. Wiss. Z. Univ. Halle 40, 6: 93–99.

HILD, H. J. 1956: Untersuchungen über die Vegetation im Naturschutzgebiet der Krieckenbecker Seen. Geobot. Mitt. 3: 1–112, Köln.

— & REHNELT, K. 1965: Öko-soziologische Untersuchungen an einigen niederrheinischen Kolken. Ber. Deutsch. Bot. Ges. 78: 289–304.

HOBOHM, C. & POTT, R. 1992: Das Suaedetum prostratae: eine bislang übersehene Salzwiesenassoziation. Ber. Reinh. Tüxen-Ges. 4: 123–133.

— 1992: Einige wissenschaftstheoretische Überlegungen zur Pflanzensoziologie. Tuexenia 14: 3–16.

HOCQUETTE, M. 1927: Etude sur la végétation et la flore du littoral de la mer du Nord de Nieuport à Sangatte. Arch. Bot. 1, 4: 1–172.

HOFMEISTER, H. 1970: Pflanzengesellschaften der Weserniederung oberhalb Bremens. Diss. Bot. 10: 116 S.

— 1981: Ackerunkraut-Gesellschaften des Mittelleine-Innerste-Berglandes (NW-Deutschland). Tuexenia 1: 49–62.

— 1992: Ackerunkrautgesellschaften im Hümmling. Drosera 92: 285–298.

HOHENESTER, A. 1960: Grasheiden und Föhrenwälder auf Diluvial- und Dolomitsanden im nördlichen Bayern. Ber. Bayer. Bot. Ges. 33: 30–85.

HOLST, F. 1990: Ein Beitrag zur Adventivflora im mittelmecklenburgischen Raum. Bot. Rundbr. Mecklenbg-Vorpom. 22: 43–44.

HOLZNER, W. 1972: Einige Ruderalgesellschaften des oberen Murtales. Verh. Zool.-Bot. Ges. Wien 112: 67–85.

HOPPE, E. & PANKOW, H. 1968: Ein Beitrag zur Kenntnis der Vegetation der Boddengewässer südlich der Halbinsel Zingst und der Insel Bock. Natur u. Natursch. Mecklbg. 6: 139–151.

HORST, K., KRAUSCH, H. D. & MÜLLER-STOLL, W. R. 1966: Die Wasser- und Sumpfpflanzengesellschaften im Elb-Havel-Winkel. Limnologica 4: 101–163.

HORVAT, I., GLAVAC, V. & ELLENBERG, H. 1974: Vegetation Südosteuropas. Geobot. Selecta 4: 768 S.

HUDZIOK, G. 1960: Aldrovanda vesiculosa L. und Utricularia neglecta Lehm. vom Heege-See bei Sperenberg. Wiss. Z. Pädag. Hochsch. Potsdam, Math.Nat. 6: 179–180.

HÜBL, E. & HOLZNER, W. 1977: Vegetationsskizzen aus der Wachau in Niederösterreich. Mitt. Flor.-soz. Arb. gem. NF 19/20: 399–417.

HUECK, K. 1931: Erläuterungen zur vegetationskundlichen Karte des Endmoränengebietes von Chorin. Beitr. Naturdenkm. pfl. 14: 107–214. Berlin.

HÜGIN, H. & G. 1994: Veronica opaca in Mitteleuropa. Flora 189: 7–36.

HÜLBUSCH, K. H. 1973: Eine Trittgesellschaft auf nordwestdeutschen Sandwegen. Mitt. Flor.-soz. Arbeitsgem. N. F. 15/16: 45–46.

— 1977: Corispermum leptopterum in Bremen. Mitt. Flor.-soz. Arb. gem. N. F. 19/20: 73–81.

— 1980: Plfanzengesellschaften in Osnabrück. ibid. 22: 51–75.

HÜPPE, J. 1987: Die Ackerunkrautgesellschaften in der Westfälischen Bucht. Abh. Westfäl. Mus. Naturkd. Münster 49: 3–119.

— & HOFMEISTER, H. 1990: Syntaxonomische Fassung und Übersicht über die Ackerunkrautgesellschaften der Bundesrepublik Deutschland. Ber. Reinh. Tüxen-Ges. 2: 61–82. Hannover.

HULTEN, E. 1950: Atlas över Växternas Utbredning i Norden. Stockholm: 512 S.

HUNDT, R. 1964: Die Bergwiesen des Harzes, Thüringer Waldes und Erzgebirges. Pflanzensoziologie 14: 284 S., Jena.

IVERSEN, J. 1934: Studier over vegetationen i Ringkøbing Fjord for hvide Sande-Kanalens aabning 1931. Ringkøbing Fjord Naturhist.: 18–35, Kobenhavn.

IZCO, J., GEHU, J.-M. & DELELIS, A. 1977: Les ourlets nitrophiles annuels à Anthriscus caucalis du littoral Nord Ouest de la France. Colloq. phytosoc. 6: 329–334.

JAGE, H. 1963: Zweiter Beitrag zur Kenntnis der Flora der Dübener Heide und der angrenzenden Gebiete. Wiss. Z. Univ. Halle 12: 695–706.

— 1964: Zur Flora und Vegetation des mittleren Elbtales und der Dübener Heide. Wiss. Z. Univ. Halle 13: 673–680.

— 1972: Ackerunkrautgesellschaften der Dübener Heide und des Flämings. Hercynia NF 9: 317–391.

JALAS, J. 1956: Campanula rapunculoides L. als Ackerunkraut in Südfinnland. Arch. Soc. Zool. Bot. Fenn. Vanamo 11: 70–77.

JANSSEN, C. 1986: Ökologische Untersuchungen an Binnensalzstellen in Südostniedersachsen. Phytocoenologia 14: 109–142.

JECKEL, G. 1981: Die Vegetation des Naturschutzgebietes »Breites Moor« (Kreis Celle, NW-Deutscland). Tuexenia 1: 185–209.

JEHLIK, V. 1986: The vegetation of railways in Northern Bohemia. Vegetace CSSR A 14: 366 S., Praha.

— 1994: Übersicht über die synanthropen Pflanzengesellschaften der Flußhäfen an der Elbe-Moldau-Wasserstraße. Ber. Reinh. Tüxen-Ges. 6: 235–278.

JENTSCH, H. 1979: Vorkommen und Vergesellschaftung von Wolffia arrhiza (L.) Horkel ex Wimmer im Spreewald. Gleditschia 7: 251–253.

— & KRAUSCH, H. D. 1982: Die Vegetation des Neuen Buchholzer Fliesses. Limnologica 14: 107-114. Berlin.

JESCHKE, L. 1959: Die Seekanne, Nymphoides peltata (Gmel.) O. Ktze., im östlichen Mecklenburg. Natursch. arb. u. naturkdl. Heimatf. 2: 14–17.

— 1959: Der Mittel-See bei Langwitz, ein neues Naturschutzgebiet. ibid. 4: 27–31.

— 1959: Pflanzengesellschaften einiger Seen bei Feldberg in Mecklenburg. Feddes Repert. Beih. 138: 161–214.

— 1963: Die Wasser- und Sumpfvegetation im NSG »Ostufer der Müritz«. Limnologica 1: 475–545. Berlin.

— 1964: Die Vegetation der Stubnitz. Natur u. Natursch. Meckl. 2: 154 S.

— 1966: Die »Alte Straminke« bei Zingst. Natursch. arb. Meckl. 9: 48–50.

— 1968: Die Vegetation der Insel Ruden. Natur u. Natursch. Meckl. 6: 111–138.

— 1968: Das Hechtsoll bei Gubkow. Natursch. arb. Meckl. 11: 37–38.

— MÜTHER, K. 1978: Die Pflanzengesellschaften der Rheinsberger Seen. Limnologica 11: 307–353. Berlin.

JONAS, F. 1933: Der Hammrich. Beitr. System. Pflanzengeogr. 10. Repert. spec. nov. Beih. 71, Dahlem.

JULVE, P. 1993: Synopsis phytosociologique de la France. Lejeunia NF. 140: 1–160.

KAISER,E. 1926: Die Pflanzenwelt des Hennebergisch-Fränkischen Muschelkalkgebietes. Repert. spec. nov. Beih. 44: 280 S., Dahlem.

KAPP, E. & SELL, Y. 1965: Les associations aquatiques d'Alsace I.Bull. Ass. Phil. Alsace-Lorr. 12: 66–78.

KARPATI, I. 1968: Die Sukzessionsverhältnisse der Laichkrautvegetation des Plattensees. Bot. Közlem. 55: 51–58, Budapest.

KARPATI, V. 1963: Die zönologischen und ökologischen Verhältnisse der Wasservegetation des Donau-Überschwemmungsraumes in Ungarn. Acta Bot. Hung. 9: 323–385.

KAUSSMANN, B., KUDOKE, J. & MURR, A. 1981: Unkrautverbreitungskarten des Meßtischblattes Thurow. Wiss. Z. Univ. Rostock 30: 135–147.

KEPCZYNSKI, K. 1965: Die Pflanzenwelt des Diluvialplateau's von Dbrzyn. Torun: 321 S.

— & CEYNOWA-GIELDON, M. 1972: Beobachtungen über die Vegetation des Stausees von Koronowo. Stud. Soc. Sc. Torun, D 9: 68 S.

KIENAST, D. 1977: Die Ruderalvegetation der Stadt Kassel. Mitt. Flor.-soz. Arb. gem. NF. 19/20: 83–102.

— 1978: Die spontane Vegetation der Stadt Kassel in Abhängigkeit von strukturellen Quartiertypen. Urbs et Regio 10: 411 S.

KLÄGE, H.-C. 1984: Zur Verbreitung von Ackerwildkräutern in der nordwestlichen Niederlausitz. Biol. Studien 13: 16–22, Luckau.

KLEMENT, O. 1953: Die Vegetation der Nordseeinsel Wangerooge. Veröff. Inst. Meeresforsch. Bremerhaven 2: 279–379.

KLEMM, G. 1969: Die Pflanzengesellschaften des nordöstlichen Unterpreewald-Randgebietes I. Verh. Bot. Ver. Prov. Brandenbg. 106: 24–64.

— 1970: II. ibid. 107: 3–28.

— & KÖNIG, P. 1993: Goosener Wiesen und NO-Teil Seddinsee (Berlin-Köpenick). Gleditschia 21: 245–300.

KLIKA, J. 1939: Die Gesellschaften des Festucion vallesiacae-Verbandes in Mitteleuropa. Stud. Bot. Cech., Praha 2: 117–157.

— & NOVAK, V. 1941: Praktikum rostlinné sociologie, pudoznalstvi, klimatologie a ekologie. Melantrich, Praha.

KLIMANT, A. 1986: Vegetationskundliche Untersuchungen am Ahrensee. Kieler Notiz. 18: 2–54.

KLOSOWSKI, S. 1994: Untersuchungen über Ökologie und Indikatorwert der Wasserpflanzengesellschaften in naturnahen Stillgewässern Polens. Tuexenia 14: 297–334.

KLOSS, K. 1960: Ackerunkrautgesellschaften der Umgebung von Greifswald (Ostmecklenburg). Mitt. Flor.-soz. Arb. gem. NF 8: 148–164.

— 1969: Salzvegetation an der Boddenküste Westmecklenburgs (Wismar-Bucht). Natur u. Natursch. Mecklenbg. 7: 77–114.

KLOTZ, S. & KÖCK, U.-V. 1984: Vergleichende geobotanische Untersuchungen in der Baschkirischen ASSR 3. Feddes Repert. 95: 381–408.

KNAPP, H. D. 1976: Zur Salzflora von Gager auf Mönchgut (Insel Rügen) Natursch. arb. Meckl. 19: 52–55.

— JESCHKE, L. & SUCCOW, M. 1985: Gefährdete Pflanzengesellschaften auf dem Territorium der DDR. Berlin, 128 S.

KNAPP, R. 1948: Einführung in die Pflanzensoziologie 1. Ludwigsburg, 100 S.

— 1961: Vegetationseinheiten der Wegränder und der Eisenbahn-Anlagen in Hessen. Ber. Oberhess. Ges. Natur- u. Heilkd. Gießen N. F. 31: 122–154.

— 1975: Einige Pflanzengesellschaften aus kurzlebigen Arten im Rheinischen Schiefergebirge. Docum. phytosoc. Fasc. 9–14: 145–153.

— 1976: Trockenrasen und Therophyten-Fluren auf Kalk-Sandstein, Gneis- und Schwermetall-Böden. Oberhess. Naturwiss. Z. 42: 71–91.

— & STOFFERS, A. L. 1962: Über die Vegetation von Gewässern und Ufern im mittleren Hessen. Ber. Oberhess. Ges. Natur- u. Heilkd. 32: 90-141.

KNÖRZER, K. H. 1964: Dünenvegetation am Niederrhein mit Elementen der kontinentalen Salzsteppe. Decheniana 117: 153–157.

KOCH, W. 1926: Die Vegetationseinheiten der Linthebene, Nordostschweiz. Jb. St. Gall. Naturwiss. Ges. 61: 1–134.

— 1954: Pflanzensoziologische Skizzen aus den Reisfeldgebieten des Piemont (Po-Ebene). Vegetatio 5/6: 487–493.

KÖCK, U.-V. 1981: Fließgewässer-Makrophyten als Bioindikatoren der Wasserqualität des Flieth-Bachs. Limnologica 13: 501–510.

— 1988: Verbreitung, Soziologie und Ökologie von Corispermum leptopterum (Aschers.) Iljin in der DDR II. Gleditschia 16: 33–48.

KÖHLER, H. 1962: Ackerunkrautgesellschaften einiger Auengebiete an Elbe und Mulde. Wiss. Z. Univ. Halle, Math.-Nat. 11: 7–50.

KOHLER, A., BRINKMEIER, R. & VOLLRATH, H. 1974: Verbreitung und Indikatorwert der submersen Makrophyten in den Fließgewässern der Friedberger Au. Ber. Bayer. Bot. Ges. 45: 5–36.

KONCZAK, P. 1968: Die Wasser- und Sumpfpflanzengesellschaften der Havelseen um Potsdam. Limnologica 6: 147–201.

KOPECKY, K. 1980-1982: Die Ruderalpflanzengesellschaften im südwestlichen Teil von Praha. 1–3. Preslia 52: 241–267, 53: 121–145, 54: 67–89.

— & HEJNY, S. 1992: Die stauden- und grasreichen Ruderalgesellschaften der tschechischen Republik. Academia Praha: 128 S.

KOPP, D. 1975: Naturraumtypen-Karten nach Ergebnissen der forstlichen Standortserkundung und ihre landeskulturelle Aussage. Beitr. Forstwirtsch. 1/1975: 25–30.

KORDUS-WALANKIEWICZ, B. 1977: The vegetation of the lakes of Przemet. Badan. fizjogr. Polska Zachodn. Bot. 30 B: 111–132.

KORNAS, J. 1950: Les associations végétales du Jura Cracovien 1. Acta Soc. Bot. Polon. 20: 362–433.

— 1952: Zespoly roślinne Jury Krakowskiej. Acta Soc, Bot. Polon., Warszawa 21: 701–718.

— PANCER, E. & BRZYSKI, B. 1960: Studies on sea-botton vegetation in the Bay of Gdansk off Rewa. Fragm. Flor.Geobot. 6: 92 S., Krakow.

KORNECK, D. 1959: Der Schwimmfarn, Salvinia natans (L.) All., an oberrheinischen Wuchsorten. Hess. flor. Br. 8;: 389–391.

— 1960: Die Vergesellschaftung von Cerastium dubium bei Lambertheim. Hess. Flor. Briefe 9/103: 25–28.

— 1969: Das Sclerochloo-Polygonetum avicularis, eine seltene Trittgesellschaft in Trockengebieten Mitteleuropas. Mitt. Flor.-soz. Arbeitsgem. N. F. 14: 193–210.

— 1974: Xerothermvegetation in Rheinland-Pfalz und Nachbargebieten. Schr. R. Vegetationskd. Bonn-Bad Godesberg 7: 196 S.

— 1975: Beitrag zur Kenntnis mitteleuropäischer Felsgrus-Gesellschaften (Sedo-Scleranthetalia). Mitt. Flor.-soz. Arb. gem. NF, 18: 45–102.

KOWARIK, I. 1986: Vegetationsentwicklung auf innerstädtischen Brachflächen – Beispiele aus Berlin (West). Tuexenia 6: 75–98.

KRAUSCH, H. D. 1964: Die Pflanzengesellschaften des Stechlinsee-Gebietes. Limnologica 2: 145–203. Berlin.

— 1968: Die Pflanzengesellschaften des Stechlinsee-Gebietes 4. Die Moore. ibid. 6: 321–380.

— 1968: Die Wassernuß in der Niederlausitz. Niederlaus. flor. Mitt. 4: 8–17.

— & ZABEL, E. 1965: Die Ackerunkraut-Gesellschaften in der Umgebung von Templin/Uckermark. Wiss. Z. Pädag. Hochsch. Potsdam, Math. Nat. 9: 369–388.

KRAUSE, A. 1978: Pflanzengesellschaften im Bonner Raum. Decheniana 131: 52–60.

— 1979: Zur Kenntnis des Wasserpflanzenbesatzes der westdeutschen Mittelgebirgsflüsse Fulda, Ahr, Sieg und Saar. ibid. 132: 15–28.

KRIPPELOVA, T. 1969: Verbreitung der Iva xanthifolia Nutt. und ihr Vorkommen in der CSSR. Biol. Bratislava 24: 738–760.

— 1981: Synanthrope Vegetation des Beckens Kosická kotlina. Vegetáce CSSR, B 4: 215 S., Bratislava.

KRISCH, H. 1974: Zur Kenntnis der Pflanzengesellschaften der mecklenburgischen Boddenküste. Feddes Repert. 85: 115–158.

— 1987: Zur Ausbreitung und Soziologie von Corispermum leptopterum (Ascherson) Iljin an der südlichen Ostseeküste. Gleditschia 15: 25–40.

— 1990: Die Tangwall- und Spülsaumvegetation der Boddenküste. Tuexenia 10: 99–114.

KROPAC, Z. 1978: Syntaxonomie der Ordnung Secalinetalia Br. Bl. 1931 em 1936 in der Tschechoslowakei. Acta Bot. Slov. Acad.Sc. A 3: 203–213.

KRUSEMAN, G. & VLIEGER, J. 1939: Akkerassociaties in Nederland. Nederl. Kruidk. Arch. 47: 327–398.

KRZYWANSKI, D. 1974: The plant communities of old river beds of the Warta river in Central Poland. Monogr. Bot. 43: 1–80, Warszawa.

KUDOKE, J. 1961: Vegetationsverhältnisse im Naturschutzgebiet Peetscher Moor bei Bützow, Arch. Nat. Meckl. 7: 240–280. Rostock.

— 1967: Vegetationskundliche Untersuchungen in der Ackerlandschaft bei Rostock. Wiss. Z. Univ. Rostock 16: 1–42.

KÜHNER, E. 1971: Soziologische und ökologische Untersuchungen an Moosen mecklenburgischer Ackerböden. Feddes Repert. 82: 449–560.

KUNDLER, P. 1956: Beurteilung forstlich genutzter Sandböden im nordostdeutschen Tiefland. Arch. f. Forstwes. 5: 585–672.

KUNICK, W. 1983: Pilotstudie Stadtbiotopkartierung Stuttgart. Beih. Veröff. Natursch. u. Landsch. pf. Baden-Württ. 36: 1–134.

KUTSCHERA, L. 1966: Ackergesellschaften Kärntens als Grundlage standortgemäßer Acker- und Grünlandwirtschaft, Bundesanst. alpenld. Landwirtsch. Gumpenstein, Irdning.

KUZNIEWSKI,E. 1975: Ackerunkrautgesellschaften des südwestlichen Polen. Vegetatio 30: 55–60.

LACOURT, J. 1977: Essai de synthese sur les syntaxons commensaux des cultures d'Europe. Diss. Paris-S, Orsay: 149 S.

LANDOLT, E. 1957: Physiologische und ökologische Untersuchungen an Lemnaceen. Ber. Schweiz. Bot. Ges. 67: 272–410.

— 1986: The family of Lemnaceae – a monographic study. Veröff. Geobot. Inst. ETH. Zürich, Stiftg. Rübel 71: 5–566.

— 1990: Über zwei seit kurzer Zeit in Europa neu beobachtete Lemna-Arten. Rozpr. Razr. Sazu 31: 127–135. Ljubljana.

LANG, G. 1967: Die Ufervegetation des westlichen Bodensees. Arch. Hydrobiol. 32: 437–574.

— 1973: Die Vegetation des westlichen Bodensees. Pflanzensoz. 17, 451 S., Jena.

LANGE, E. 1976: Zur Entwicklung der natürlichen und anthropogenen Vegetation in frühgeschichtlicher Zeit. Feddes Repert. 87: 5–30, 367–442.

— 1991: Zur Vegetation von Roggenäckern in der Umgebung von Cottbus (12./13. u. 18. Jahrhundert). Gleditschia 19: 163–174.

LANGE, L. DE 1972: An ecological study of ditch vegetation in the Netherlands. Akad. Proefschr. Amsterdam, 112 S.

LANGER, A. 1994: Flora und Vegetation städtischer Straßen am Beispiel Berlins. Landsch. entwickl. u. Umweltforsch., Sonderh. 10: 199 S.

— 1995: Verbreitung und Vergesellschaftung von Chenopodium botrys l. und Sisymbrium irio L. auf Straßenstandorten in Berlin. Schr. R. Vegetationsk. 27: 153–160. Bonn-Bad Godesberg.

LIBBERT, W. 1931: Die Pflanzengesellschaften im Überschwemmungsgebiet der unteren Warthe. Naturwiss. Ver. Neumark 3: 25–40, Landsberg.

— 1932/33: Die Vegetationseinheiten der neumärkischen Staubeckenlandschaft. Verh. Bot. Ver. Prov. Brandenbg. 74: 10–93, 229–348.

— 1939:: Vierter Beitrag zur Flora der nördlichen Neumark. Verh. Bot. Ver. Prov. Brandenburg 79: 37–54.

— 1940: Die Pflanzengesellschaften der Halbinsel Darß (Vorpommern). Repert. spec. nov. regni veget. Fedde, Beih. 114: 1–95, Berlin.

LINDNER, A. 1978: Soziologisch-ökologische Untersuchungen an der submersen Vegetation in der Boddenkette. Limnologica 11: 229–305.

LINKOLA, K. 1921: Studien über den Einfluß der Kultur auf die Flora in den Gegenden nördlich vom Ladogasee. Acta Soc. Fauna Flora Fenn. 45: 491 S.

LOHMEYER, W. 1950: Das Polygono Brittingeri-Chenopodietum rubri und das Xanthieto riparii-Chenopodietum rubri, zwei flußbegleitende Bidention-Gesellschaften. Mitt. Flor.-soz. Arb. gem. NF 2: 12–21.

— 1970: Über das Polygono-Chenopodietum in Westdeutschland. Schr. R. Vegetationskd. 5: 7–28.

— 1975: Das Polygonetum calcati, eine in Mitteleuropa weit verbreitete nitrophile Trittgesellschaft. Schrift. R. Vegetationskd. 8: 105–110. Bonn-Bad Godesberg.

— & SUKOPP, H. 1992: Agriophyten in der Vegetation Mitteleuropas. ibid. 25: 185 S., Bonn-Bad Godesberg.

LOOMAN, J. 1985: The vegetation of the Canadian Prairie Provinces III. Phytocoenologia 14: 19–54.

LOSTER, S. 1976: Vegetation on shores of water reservoir on the Dunajec river (S-Poland). Zesz. Nauk. Univ. Warszawa-Krakow Prace Bot. 4: 7–70.

LÜHRS, H. 1993: Das Erodio-Senecionetum vernalis – eine neue Assoziation des Spergulo-Erodion. Notizbuch Kassel. Schule 31: 85–110.

MAHN, E. G. & SCHUBERT, R. 1962: Die Pflanzengesellschaften nördlich von Wanzleben (Magdeburger Börde). Wiss. Z. Univ. Halle 11: 765–816.

MALATO-BELIZ, J., TÜXEN, J. & TÜXEN R. 1960: Zur Systematik der Unkrautgesellschaften der west- und mitteleuropäischen Wintergetreide-Felder. Mitt. Flor.-soz. Arb. gem. NF. 8: 145–157.

MALCUIT, G. 1929: Les associations végétales de la vallée de la Lanterne. Arch. Bot. 2 (6): 1–211. Caen.

MANG, F. W.C. 1984: Besiedlung belasteter Industrie- und Hafenflächen in Hamburg. Mitt. Arb. gem. Geobot. Schleswig-Holst. u. Hambg. 33: 187–206.

MARKOVIC, L. 1970: Beitrag zur Kenntnis der Ruderalvegetation von Gusinje und seiner Umgebung. Mitt. Ostalp. dinar. Ges. Vegkd. 11: 101–108, Innsbruck.

— 1975: Über das Bidention tripartiti in Kroatien. Acta Bot. Croat. 34: 103–120, Zagreb.

MEIEROTT, L. & ELSNER, O. 1991: Trifolium striatum L. in Franken. Ber. Bayer. Bot. Ges. 62: 183–187.

MEISEL, K. 1967: Über die Artenverbindung des Aphanion arvensis J. et R. Tx 1960 im west- und nordwestlichen Flachland. Schr. R. Vegetationskd. 2: 123–133. Bad Godesberg.

— 1973: Ackerunkrautgesellschaften. ibid. 6: 46–57.

MERIAUX, J. L. 1978: Etude analytique et comperative de la végétation aquatique d'étangs et marais du Nord de la France. Docum. phytosoc. NS. 3: 1–244.

— & GEHU, J.-M. 1980: Réaction des groupements aquatiques et subaquatiques aux changements de l'environnement. Ber. Internat. Sympos. Rinteln 1979: 121–141. Vaduz.

— & WATTEZ, J. R. 1983: Groupements végétaux aquatiques et subaquatiques de la vallée de la Somme. Colloq. Phytosoc. 10: 369–413.

MEUSEL, H. 1959: Arealformen und Florenelemente als Grundlagen einer vergleichenden Phytochorologie. Forsch. u. Fortschr. 33: 163–168.

— JÄGER, E. & WEINERT, E. 1965: Vergleichende Chorologie der zentraleuropäischen Flora. Jena, Bd. II. (1978), III. (1992).

MICHAELIS, H., OHBA, T. & TÜXEN R. 1971: Die Zostera-Gesellschaften der Niedersächsischen Watten. Niedersächs. Wasserwirt. Jber. 21: 87–100.

MICHNA, I. 1976: Lake plant communities of the lake districts Drawsko and Bytów. Prace Kom. Biol. 43: 74 S., Poznań.

MIERWALD, U. 1988: Die Vegetation der Kleingewässer landwirtschaftlich genutzter Flächen. Mitt. Arb. gem. Geobot. Schleswig-Holst. 39: 286 S.

MILITZER, M. 1968: Zur Segetalflora und deren Gesellschaften in der südlichen Niederlausitz. Niederlaus. flor. Mitt. 4: 17–25, Luckau.

— 1970: Die Ackerunkräuter der Oberlausitz. II. Die Ackerunkrautgesellschaften. Abh. Ber.Naturkd. Mus. Görlitz 45: 9–41, Leipzig.

MILJAN, A. 1933: Vegetationsuntersuchungen an Naturwiesen und Seen im Otepääschen Moränengebiet Estlands. Acta Commentat. 25: 132, Dorpat.

— 1958: Vegetationsuntersuchungen an nährstoffarmen Seen Estlands. Tartu Riikl. Ülikovli Toimet. 64: 119–139, Tartu.

MIRKIN, B. M. & al. 1989: The ruderal vegetation of Baskiria I. Feddes Repert. 100: 391-429, 493–529.

MITITELU, D. 1971: Contributie la studiul vegetatiei acvatice si palustre din depresuinea Elanului. Stud. Com. Muz. Bacau 1971: 821–836.

— 1972: Nouvelles associations de Mauvaises herbs en Moldavia. Anal. Stint. Univ. Jasi Ser. Nov. Biol. 18: 119–126.

— & BARABAS, N. 1972: Végétation ruderale et messicole des environs de Bacau. Stud. Com. Muz. Stint. Nat. Bacau 5: 127–148.

MIYAWAKI, A. 1964: Trittgesellschaften auf den Japanischen Inseln. Bot. Mag. Tokyo 77: 365–374.

— & TÜXEN, J. 1960: Über Lemnetea-Gesellschaften in Europa und Japan. Mitt. Flor.-soz. Arb. gem. NF. 8: 127–135.

— & OKUDA, S. 1972: Pflanzensoziologische Untersuchungen über die Auenvegetation des Flusses Tama bei Tokyo. Vegetatio 24: 229–311.

MÖLLER, H. 1975: Soziologisch-ökologische Untersuchungen der Sandküstenvegetation an der Schleswig-Holsteinischen Ostsee. Mitt. Arb. gem. Geobot. Schleswig-Holst. u. Hamburg 26: 166 S., Kiel.

MÖLLER, I. 1949: Die Entwicklung der Pflanzengesellschaften auf den Trümmern und Auffüllplätzen. Diss. Kiel.

MOOR, M. 1958: Pflanzengesellschaften schweizerischer Flußauen. Mitt. Schweiz. Anst. Forstl. Versuchswes. 34: 221–360. Birmendorf.

MORARIU, I. 1943: Antropophile Pflanzenassoziationen der Umgebung von Bukarest. Bull. Jardin. Mus. Bot. Univ. Cluj, Roumanie 23: 131–212.

MORAVEC, J. 1967: Zu den azidophilen Trockenrasengesellschaften Südwestböhmens und Bemerkungen zur Syntaxonomie der Klasse Sedo-Scleranthetea. Folia Geobot. Phytotax. Praha 2: 137–178.

— & al. 1995: Red list of plant communities of the Czech Republic and their endangerment. 2. Aufl., 206 S., Praha.

MUCINA, L. 1978: Ruderal communities with the dominant species Lactuca serriola. Biologia, Bratislava 33: 809–819.

— 1987: The ruderal vegetation of the Northwestern part of the Podunajská nizina lowland. 5. Folia Gebot. Phytotax. 22: 1–23, Praha.

— & ZALIBEROVA, M. 1986: Communities of Anthriscus caucalis and Asperugo procumbens in Slovakia. ibid. 21: 1–25.

— DOSTALELEK, J., JAROLIMEK, I., KOLBEK, J. & OSTRY, I. 1991: Plant communities of tramplet habitats in North Korea. J. Veg. Sci. 2: 667–678.

— GRABHERR, G. & ELLMAUER, T. 1993: Die Pflanzengesellschaften Österreichs I. 578 S., Jena, Stuttgart, New York.

MÜLLER, G. 1963/64: Die Bedeutung der Ackerunkrautgesellschaften für die pflanzengeographische Gliederung West- und Mittelsachsens. Hercynia N. F. 1: 82–112, Leipzig.

MÜLLER, TH. 1962: Die Fluthahnenfußgesellschaften unserer Fließgewässer. Veröff. Landesst. Natursch. Landsch. pfl. Baden-Württ. 30: 152–163.

— 1975: Zur Kenntnis einiger Pioniergesellschaften im Taubergießengebiet. Natur- u. Landschaftsch. geb. Baden-Württ. 7: 284–305.

— & GÖRS, S. 1960: Pflanzengesellschaften stehender Gewässer in Baden-Württemberg. Beitr. naturkdl. Forsch. Sw-Deutschl. 19: 60–100.

— in OBERDORFER, E. 1977, 1983.

MÜLLER-STOLL, W. R. 1955: Die Pflanzenwelt Brandenburgs. Berlin-Kleinmachnow.

— & KRAUSCH, H. D. 1959: Verbreitungskarten brandenburgischer Leitpflanzen. II. Wiss. Z. Pädag. Hochsch. Potsdam 4: 105–150.

— & NEUBAUER, M. 1965: Die Pflanzengesellschaften auf Grundwasser-Standorten im Bereich der Fercher Berge südwestlich Potsdam. ibid. 9: 313–367.

MÜLLER-STOLL, W. R., FREITAG, H. & KRAUSCH, H. D. 1992: Die Grünlandgesellschaften des Spreewaldes. Gleditschia 20: 235–326.

NEDELCU, G. A. 1967: Die Wasser- und Sumpfvegetation des Comana-Sees. Acta Bot. Horti Bucuresti. 1966: 385–408.

— 1970: Beitrag zum Studium der Vegetation des Mogosoaia-Sees. Arch. Natursch. Landsch. forsch. 10: 71–84, Berlin.

NEUHÄUSL, R. 1959: Die Pflanzengesellschaften des südöstlichen Teiles des Wittingauer Beckens. Preslia, Praha 31: 115–147.

— & NEUHÄUSLOVA, Z. 1965: Die Pflanzengesellschaften des Naturschutzgebietes »Berehynskybnik« bei Doksy (Hirschberg). ibid. 37: 170–199.

NEZADAL, W. 1975: Ackerunkrautgesellschaften Nordostbayerns. Hoppea 34: 17–149.

— 1989: Unkrautgesellschaften der Getreide- und Frühjahrshackfruchtkulturen (Stellarietea mediae) im mediterranen Istrien. Diss. Bot. 143: 205 S.

NOIRFALISE, A. & DETHIOUX, M. 1977: Synopsis des végétations aquatiques d'eau douce en Beligique. Comm. Centre ecol. forest. rural. NS 14: 1–25, Gembloux.

NORDHAGEN, R. 1940: Die Pflanzengesellschaften der Tangwälle. Bergens Mus. Aarb. Naturvid. R. 7: 1–123.

— 1954: Studies on the vegetation of salt and brackish marshes in Finmark (Norway). Vegetatio 5/6: 381–394. Den Haag.

NOWINSKI, M. 1928: Les associations végétales de la grande forèt de Sandomierz. I. Kosmos Ser. A 52: 457–546.

OBERDORFER, E. 1954: Über Unkrautgesellschaften der Balkanhalbinsel. Vegetatio 4: 379–411. Den Haag.

— 1957: Süddeutsche Pflanzengesellschaften. Pflanzensoziologie 10: 564 S., Jena.

— 1971: Zur Syntaxonomie der Trittpflanzengesellschaften. Beitr. naturk. Forsch. Sw-Deutschl. 23: 95–111. Karlsruhe.

— 1977: Süddeutsche Pflanzengesellschaften. Pflanzensoz. 10, 2. Aufl. Teil I: 311 S., Jena.

— 1983: Süddeutsche Pflanzengesellschaften. ibid. 2. Aufl. Teil III: 455 S., Jena.

— 1994: Pflanzensoziologische Exkursionsflora. 7. Aufl. 1050 S., Stuttg.

— & al. 1967: Systematische Übersicht der westdeutschen Phanerogamen- und Gefäßkryptogamen-Gesellschaften. Schr. R. Vegetationsk. 2: 7–63.

OESAU, A. 1976: Zur Biologie von Alopecurus aequalis (Gramineae). Mainz. Naturw. Arch. 14: 151–181.

— 1978: Eine seltene Flutrasengesellschaft, das Ranunculo-Myosuretum minimi bei Wittlich.Mitt. Pollichia 66: 109–116.

OLSSON, H. 1978: Vegetation of artifical habitats in northern Malmö and environs. Vegetatio 36: 65–82, Den Haag.

OTAHELOVA, H. 1980: Die Makrophyten Gesellschaften der offenen Gewässer des Donauflachlandes. Biol. Prace 26, 3: 175 S., Bratislava.

PANKNIN, W. 1941: Die Vegetation einiger Seen in der Umgebung von Joachimstal, Kr. Angermünde. Bibl. Bot. 199: Stuttgart.

— 1947: Zur Ökologie und Soziologie der Lemna-Standorte, Arch. Hydrobiol. 41: 225–232. Stuttgart.

PANKOW, H. & MAHNKE, W. 1963: Die Vegetation der Insel Walfisch. Arch. Fr. Naturgesch. Meckl. 9: 135–149. Rostock.

— & PULZ, R. 1965: Die Vegetation des Naturschutzgebietes Sabelsee. Natur u. Natursch. Meckl. 3: 161–183. Stralsund-Greifswald.

— SPITTLER, P. & STÖZNER, W. 1967: Beitrag zur Kenntnis der Pflanzengesellschaften vor der Insel Langenwerder (Ostsee).Bot. Marina 10: 240–251.

PARDEY, A. 1992: Vegetationsentwicklung kleinflächiger Sekundärgewässer. Diss. Bot. 195: 178 S., Berlin-Stuttgart.

PASSARGE, G. & H. 1973: Zur soziologischen Gliederung von Sandstrand-Gesellschaften der Ostseeküste. Feddes Repert. 84: 231–258.

PASSARGE, H. 1955: Über Zusammensetzung und Verbreitung einiger Unkrautgesellschaften im südlichen Havelland. Mitt. Flor.-soz. Arb. gem. NF. 5: 76–83. Stolzenau/Weser.

— 1955: Die Pflanzengesellschaften der Wiesenlandschaft des Lübbenauer Spreewaldes. Feddes Repert. Beih. 135: 194–231. Berlin.

— 1957: Über Wasserpflanzen- und Kleinröhrichtgesellschaften des Oberspreewaldes. Abh. Ber. Naturk. Mus. Görlitz 35: 143–152.

— 1957: Vegetationskundliche Untersuchungen in der Wiesenlandschaft des nördlichen Havellandes. Feddes Repert. Beih. 137: 5–55.

— 1957: Zur soziologischen Stellung einiger bahnbegleitender Neophyten in der Mark Brandenburg. Mitt. Flor.-soz. Arb. gem. NF. 6/7: 155–163.

— 1959: Pflanzengesellschaften zwischen Trebel, Grenzbach und Peene (O-Mecklenburg). Feddes Repert. Beih. 138: 1–56.

— 1959: Zur Gliederung der Polygono-Chenopodion-Gesellschaften im nordostdeutschen Flachland. Phyton 8: 10–34, Graz.

— 1959: Über die Ackervegetation im nordwestlichen Oberspreewald. Abh. Ber. Naturk. Mus. Görlitz 36: 15–35.

— 1962: Über Pflanzengesellschaften im nordwestlichen Mecklenburg. Arch. Nat. Meckl. 8: 91–113.

— 1963: Der Vegetationskomplex der Gewässer. Der Vegetationskomplex der Äcker, Ruderalvegetation der Siedlungen. in SCAMONI & al.

— 1963: Beobachtungen über Pflanzengesellschaften landwirtschaftlicher Nutzflächen im nördlichen Polen. Feddes Repert. Beih. 140: 27–69.

— 1964: Pflanzengesellschaften des nordostdeutschen Flachlandes I. Pflanzensoziologie 13: 324 S., Jena.

— 1964: Über Pflanzengesellschaften des Hagenower Landes. Arch. Nat. Meckl. 10: 31–51.

— 1964: Über Pflanzengesellschaften der Moore im Lieberoser Endmoränengebiet. Arch. Ber. Naturk. Mus. Görlitz 39, 1: 26 S., Leipzig.

— 1965: Über einige interessante Stromtalgesellschaften der Elbe unterhalb von Magdeburg. Abh. Ber. Naturk. Vorgesch. Magdebg. 11: 83–93.

— 1965: Über das Vorkommen der Seekanne (Nymphoides peltata) im Oderberger See. Natursch. arb. Berlin u. Brandenbg. 1: 12–18.

— 1966: Die Formationen als höchste Einheiten der soziologischen Vegetationssystematik. Feddes Repert. 73: 226–235.

— 1971: Über Pflanzengesellschaften der Wiesen und Äcker um Adorf/Vogtland. Ber. Arb. gem. Sächs. Bot. NF. 9: 19–29, Dresden.

— 1976: Über die Ackervegetation im Mittel-Oderbruch. Gleditschia 4: 197–215.

— 1977: Die Wuchshöhe, ein wichtiges Strukturmerkmal der Vegetation. Arch. Natursch. Landsch. forsch. 18: 31–41, Berlin.

— 1977: Über Initialfluren der Sedo-Scleranthetea auf pleistozänen Böden. Feddes Repert. 88: 503–535.

— 1978: Zur Syntaxonomie mitteleuropäischer Lemnetea-Gesellschaften. Folia Geobot. Phytotax. 12: 1–17, Praha.

— 1978: Bemerkenswerte Pflanzengesellschaften im märkischen Gebiet. Gleditschia 6: 193–208.

— 1979: Über mitteleuropäisch-montane Trittpflanzengesellschaften. Vegetatio 39: 77–84.

— 1981: Gartenunkraut-Gesellschaften. Tuexenia 1: 63–79.

— 1982: Hydrophyten-Vegetationsaufnahmen. ibid. 2: 13–21.

— 1983: Coenologie einiger seltener Pflanzen. Gleditschia 10: 229–239.

— 1983: Feuchtvegetation am Seelower Oderbruchrand. ibid. 10: 199–227.

— 1984: Ruderalgesellschaften am Seelower Oderbruchrand. ibid. 12: 107–122.

— 1988: Neophyten-reiche märkische Bahnbegleitgesellschaften. ibid. 16: 181–197.

— 1992: Zur Syntaxonomie mitteleuropäischer Nymphaeiden-Gesellschaften. Tuexenia 12: 257–273.

— 1992: Mitteleuropäische Potamogetonetea I. Phytocoenologia 20: 489–527.

— 1993: Lianen-, fluviatile und ruderale Staudengesellschaften in den planaren Elb- und Oderauen. Tuexenia 13: 343–371.

— 1994: Mitteleuropäische Potamogetonetea II. Phytocoenologia 24: 337–367.

— 1995: Sedo-Scleranthetea-Gesellschaften in N-Franken. Ber. Bayer. Bot. Ges. 65: 33–42.

— 1996: Mitteleuropäische Potamogetonetea III. Phytocoenologia 26: 129–177.

— 1996: Bemerkenswerte Ruderalgesellschaften am Potsdamer Platz/Berlin. Tuexenia 16:

— & JURKO, A. 1975: Über Ackerunkrautgesellschaften im nordslowakischen Bergland. Folia Geobot. Phytotax. 10: 235–265. Praha.

PAWLAK, G. 1981: Synanthropic vegetation of a distinctly agricultural area explified by the surroundings of Klodzino village in the province of Szczecin. Prace Kom. Biol. 56: 80 S., Poznan.

PHILIPPI, G. 1969: Laichkraut- und Wasserlinsengesellschaften des Oberrheingebietes zwischen Strasburg und Mannheim. Veröff. Landesst. Natursch. Landsch. pfl. Baden-Württ. 37: 102–172.

— 1971: Sandfluren, Steppenrasen und Saumgesellschaften der Schwetzinger Hardt. ibid. 39: 67–130.

— 1971: Zur Kenntnis einiger Ruderalgesellschaften nordbadischer Flugsandgebiete um Mannheim und Schwetzingen. Beitr. naturkd. Forsch. SW-Deutschl. 30: 113–131. Karlsruhe.

— 1977: Vegetationskundliche Beobachtungen an Weihern des Stromberggebietes um Maulbronn. Veröff. Natursch. Landsch. pfl. Baden-Württ. 44/45: 9–50.

— 1978: Die Vegetation des Altrheingebietes bei Rußheim. Natur- u. Landsch. schutzgeb. Baden-Württ. 10: 103–267. Karlsruhe.

— 1981: Wasser- und Sumpfpflanzengesellschaften des Tauber-Main-Gebietes. Veröff. Natursch. Landsch. pfl. Baden-Württ. 53/54: 541–571.

— 1984: Bidentetea-Gesellschaften aus dem südlichen und mittleren Oberrheingebiet. Tuexenia 4: 49–79.

PIETSCH, W. 1963: Vegetationskundliche Studien über die Zwergbinsen- und Strandlingsgesellschaften in der Nieder- und Oberlausitz. Abh. Ber. Naturk. Mus. Görlitz 38: 80 S.

— 1965: Utricularietea intermedio-minoris class. nov. – ein Beitrag zur Klassifizierung der europäischen Wasserschlauch-Gesellschaften. Ber. Arb. gem. sächs. Bot. NF. 5/6: 227–231.

— 1972: Ausgewählte Beispiele für Indikatoreigenschaften höherer Wasserpflanzen. Arch. Natursch. u. Landsch. forsch. 12: 121–151.

— 1974: Ökologische Untersuchung und Bewertung von Fließgewässern mit Hilfe höherer Wasserpflanzen. Mitt. Sekt. Geobot. Phytotax. Biol. Ges. DDR, Berlin 13–25.

— 1975: Zur Soziologie und Ökologie der Kleinwasserschlauch-Gesellschaften Brandenburgs. Gleditschia 3: 147–162.

— 1977: Zur Soziologie und Ökologie von Aldrovanda vesiculosa L. in Mittel- und Südost-Europa. Studia Phytologica Pecs: 107–111.

— 1977: Beitrag zur Soziologie und Ökologie der europäischen Litorelletea- und Utricularietea-Gesellschaften. Feddes Repert. 88: 141–245.

— 1978: Zur Soziologie, Ökologie und Bioindikation der Eleocharis multicaulis-Bestände der Lausitz. Gleditschia 6: 209–264.

— 1981: Vegetationsverhältnisse im NSG »Jävenitzer Moor«. Natursch. arb. u. naturkdl. Heimatforsch. Bez. Halle u. Magdebg. 18: 27–55.

— 1981: Zur Bioindikation Najas marina L. s. l. und Hydrilla verticillata (L. fil.) Royle-reicher Gewässer Mitteleuropas. Feddes Repert. 92: 125–174.

— 1983/1985: Vegetationsverhältnisse im NSG »Jeggauer Moor«. Natursch. arb. u. naturkdl. Heimatforsch. Bez. Halle u. Magdebg. 20: 41–44, 22: 41–47.

— 1984: Zur Soziologie und Ökologie von Myriophyllum alterniflorum D. C. in Mitteleuropa. Mitt. Arb. gem. Geobot. Schleswig-Holst. 33: 224–245.

— 1985: Chorologische Phänomene in Wasserpflanzengesellschaften Mitteleuropas. Vegetatio 59: 97–109.

— 1985: Vegetation und Standortverhältnisse der Heidemoore der Lausitz. Verh. Zool.-Bot. Ges. Österreich 123: 75–98, Wien.

— 1986: Soziologisches und ökologisches Verhalten von Luronium natans (L.) Rafin und Potamogeton polygonifolius Pourr. in der Lausitz. Abh. Westfäl. Mus. Naturk. Münster 48: 263–280.

— 1988: Vegetationskundliche Untersuchungen im NSG »Welkteich«.Natursch. arb. Berlin u. Brandenbg. 24: 82–95.

— & JENTSCH, H. 1984: Zur Soziologie und Ökologie von Myriophyllum heterophyllum Mich. in Mitteleuropa. Gletischia 12: 303–335.

PIGNATTI, S. 1954: Introduzione allo studio fitosociologico della pianura veneta orientale. Forli 1954: 169 S.

PIOTROWSKA, H. & CELINSKI, F. 1965: Psammophilious vegetation of the Wolin island and that of south-eastern Uznam. Badan. Fizjogr. Polska Zachodn. 16: 123–170.

PODBIELSKOWSKI, Z. 1960: The development of vegetation in peat pits. Monogr. Bot. 10, 1: 144 S., Warszawa.

— 1967: Entwicklung der Vegetation in den Meliorationsgräben. ibid. 23: 170 S., Warszawa.

— & TOMASZEWICZ, H. 1981: Rare plant communities in the Suwalki lakeland. Roczn. Bialostocki 15: 193–209.

PÖTSCH, J. 1962: Die Grünland-Gesellschaften des Fiener Bruchs in West-Brandenburg. Wiss. Z. Pädag. Hochsch. Potsdam, Math. Nat. R. 7: 167–200.

— BLUME, W. & TILLICH, H. J. 1971: Über die Struktur einiger Ruderalgesellschaften im Gebiet zwischen Potsdam und Brandenburg/Havel. ibid. 15: 103–116.

POLI, E. & TÜXEN, J. 1960: Über Bidentetalia-Gesellschaften Europas. Mitt. Flor.-soz. Arb. gem. NF. 8: 136–144.

POP, I. 1962: La végétation aquatique et palustre de Salonta (Region Crisana). Stud. Cercetari Biol. Cluj 13: 191–216.

— 1968: Flora si vegetatia cimpiei Crisurilor. Edit. Acad. Republ. Soc. Romania 1968: 280 S., Bukarest.

POTT, R. 1980: Die Wasser- und Sumpfvegetation eutropher Gewässer in der Westfälischen Bucht. Abh. Landesmus. Naturkd. Münster 42, 2: 156 S.

— 1982: Littorelletea-Gesellschaften in der Westfälischen Bucht. Tuexenia 2: 31–45.

— 1992: Die Pflanzengesellschaften Deutschlands. Stuttgart 427 S.

— & WITTIG, R. 1985: Die Lemnetea-Gesellschaften niederrheinischer Gewässer und deren Veränderungen in den letzten Jahren. Tuexenia 5: 21–30.

PREISING, E. 1954: Übersicht über die wichtigen Acker- und Grünlandgesellschaften NW-Deutschlands. Angewandte Pflanzensoz. 8: 19–31, Stolzenau.

— & al. 1990: Die Pflanzengesellschaften Niedersachsens. Natursch. u. Landsch. pfl. Niedersachsen H. 20, 7 u. 8: 161 S., Hannover.

PYSEK, A. 1972: Die Pilsener Arten der Familie Chenopodiaceae und ihre Soziologie. Sborn. Pedag. Fac. Plzni Biol. 1972: 129–146.

— 1974: Kurzgefaßte Üersicht der Ruderalvegetation von Plzen und seiner nahen Umgebung. Folia Mus. Bohemiae occid. Bot. 4: 3–41.

— 1975: Grundcharakteristik der Ruderalvegetation von Chomutov. Severoc. Pri. Chomutov 6: 1–69.

— 1977: Sukzession der Ruderalpflanzengesellschaften von Groß-Plzen. Preslia, Praha 49: 161–179.

— 1979: A rare association Coronopo-Polygonetum avicularis in the Bohemia Karst. Zprávy Ceskoslov. Bot. Spoleć. 14: 153–154.

RAABE, E. W. 1944: Über Pflanzengesellschaften der Umgebung von Wolgast in Pommern. Arb. Zentralst. Vegetationskart. 14.Rudnbr. Mskr.

— 1950: Über die »Charakteristische Arten-Kombination« in der Pflanzensoziologie. Schr. Naturwiss. Ver. Schleswig-Holst. 24:

— 1981: Über das Vorland der östlichen Nordsee-Küste. Mitt. Arb. gem. Geobot. Schleswig-Holst. u. Hambg. 31: 1–118.

RATTEY, F. 1984: Zum Auftreten von einigen atlantischen Florenelementen in der nordwestlichen Altmark. Gleditschia 11: 125–130.

RAUSCHERT, S. 1978: Liste der in den Bezirken Halle und Magdeburg erloschenen und gefährdeten Farn- und Blütenpflanzen. Natursch. naturkdl. Heimatforsch. Bez. Halle u. Magdebg. 15: 3–31.

REBASSOO, H. E. 1975: Sea-shore plant communities of the Estonian Islands. Tartu: 176 S. + 136 Tab. S.

REBELE, F. 1986: Die Ruderalvegetation der Industriegebiete von Berlin (West). Landsch. entwickl. u. Umweltforsch. 43: 226 S., Berlin.

REICHHOFF, L. 1978: Die Wasser- und Röhrichtpflanzengesellschaften des Mittelelbegebietes zwischen Wittenberg und Aken. Limnologica 11: 409–455.

— 1978: Wasserpflanzen- und Röhrichtgesellschaften des NSG »Alte Elbe« zwischen Kannenberg und Berge. Natursch. naturkdl. Heimatforsch. Bez. Halle u. Magdebg. Beih.: 89–95.

— & HILBIG, W. 1975: Die Wasser- und Röhrichtvegetation im NSG »Crassensee« bei Seegrehna. Krs. Wittenberg. Natursch. naturkdl. Heimatforsch. Bez. Halle u. Magdebg. 11/12: 53–75.

— & SCHNELLE, E. 1977: Die Pflanzengesellschaften des NSG »Steckby-Lödderitzer Forst« I. Hercynia NF. 14: 422–436, Leipzig.

— & VOIGT, O. 1972: Wiederfund von Najas minor All. bei Dessau. Wiss. Z. Univ. Halle 21: 72–73.

— BÖHNERT, W. & WESTHUS, W. 1982: Die Pflanzengesellschaften der NSG »Stremel« und »Düstere Lake« bei Havelberg. Gleditschia 9: 307–319.

REIF, A. & LÖSCH, R. 1979: Sukzessionen auf Sozialbrachen und in Jungpflanzungen im nördlichen Spessart. Mitt. Flor.-soz. Arb. gem. NF: 21: 75–96.

REMY, D. 1993: Pflanzensoziologische und standortkundliche Untersuchungen an Fließgewässern Nordwestdeutschlands. Abh. Westfäl. Mus. Naturkd. Münster 55, 3: 118 S.

RICHTER, W. 1974: Die Vegetationsdynamik der Talsperre Spremberg. Hercynia NF. 11: 352–393, Leipzig.

RIVAS-MARTINEZ, S. & C. 1968: La vegetacion arvense de la provincia de Madrid. Anal. Inst. Bot. Cavanilles 26: 103–130.

RIVAS-MARTINEZ, S. 1975: Sobre la nueva clase Polygono-Poetea annuae. Phytocoenologia 2: 123–140. Stuttgart.

RIVAS-MARTINEZ, S. & C. & IZCO, J. 1977: Sobre la vegetation terofitica subnitrofila mediterranea (Brometalia rubenti-tectori). ibid. 34: 355–381. Madrid.

— 1978: Sobre la vegetation nitrofila del Chenopodion muralis. Acta Bot. Malacitana 4: 71–78, Malaga.

ROCHOW, M. V. 1951: Die Pflanzengesellschaften des Kaiserstuhls. Pflanzensoziologie 8: 140 S., Jena.

RODI, D. 1961: Die Vegetations- und Standortsgliederung im Einzugsgebiet der Leim. Veröff. Landesst. Natursch. u. Landsch. pfl. Baden-Württ. 27/28: 76–167 u. Tab.

— 1966: Ackerunkrautgesellschaften und Böden des westlichen Tertiär-Hügellandes. Denksch. Regensb. Bot. Ges. 26: 161–198.

ROLL, H. 1940: Holsteinische Tümpel und ihre Pflanzengesellschaften. Arch. Hydrobiol. Suppl. 10: 573–630, Stuttgart.

ROSTANSKI, K. & GUTTE, P. 1971: Ruderalvegetation von Wroclaw. Mat. Zakl. Fitosoc. Stosow. U. W. 27: 167–215, Warszawa-Bialowieza.

ROTHMALER, W. 1988/1992: Exkursionsflora Bd. 4/2, 7. Aufl., 811 S., Jena.

ROYER, J. M. 1977: Les pelouses sèches à therophytes de Bourgogne et de Champagne méridionale. Colloq. phytosoc. 6: 133–145.

RÜBEL, E. 1930: Die Pflanzengesellschaften der Erde. 464 S., Bern, Berlin.

— 1933: Versuch einer Übersicht über die Pflanzengesellschaften der Schweiz. Ber. Geobot. Forsch. inst. Rübel, 1932: 19–31.

RUNGE, F. 1969: Die Pflanzengesellschaften Deutschlands. 232 S., Münster.

RYBNICEK, K. 1974: Die Vegetation der Moore im südlichen Teil der Böhmisch-Mährischen Höhe. Vegetace CSSR, A 6: 243 S., Praha.

SANDOVA, M. 1981: Übersicht über die Ruderalvegetation der westböhmischen landwirtschaftlichen Betriebe. Folia Mus. Bohem. occid. Bot. 16: 1–34.

SAUER, F. 1937: Die Makrophytenvegetation ostholsteinischer Seen und Teiche. Arch. Hydrobiol. Suppl. 6: 431–592, Stuttgart.

SAUERWEIN, B. 1988: Die Pflanzengesellschaften der Henschelhalde in Kassel. Philippia 6: 3–35.

SCAMONI, A. 1963: Einführung in die praktische Vegetationskunde. 2. Aufl., 236 S., Jena.

— & al. 1963: Natur, Entwicklung und Wirtschaft einer jungpleistozänen Landschaft dargestellt am Gebiet des Meßtischblattes Thurow (Kreis Neustrelitz) I. Wiss. Abh. DAL 56: 340 S., Berlin.

SCHAAF, G. 1925: Hohenloher Moor. Veröff. Staatl. St. Natursch. 1: 5–58.

SCHAMINEE, J. H. J. & HERMANS, J. T. 1989: Dwergkroos (Lemna minuscula Herter) nieuw voor Nederland. Gorteria 15: 62–64.

— & BUGGENUM, H. VAN 1985: Het Meggelveld, een complex van tichelgaten in Midden-Limburg. Natuurhist. Maandbl. 74: 100–110.

— LANJOUW, B. & SCHIPPER, P. C. 1990: Een nieuwe indeling van de waterplantengemeenschappen in Nederland. Stratiotes 1: 5–16.

— STORTELDER, A. H. F. & WESTHOFF, V. 1995: De vegetatie van Nederland 1: 296 S., Uppsala. Leiden.

— WEEDA, E. J. & WESTHOFF, V. 1995: De vegetatie van Nederland 2: 358 S., Uppsala. Leiden.

— WESTHOFF, V. & ARTS, G. H. P. 1992: Die Strandlingsgesellschaften (Littorelletea Br.-Bl. et Tx. 43) der Niederlande, im europäischen Rahmen gefaßt. Phytocoenologia 20: 529–558.

SCHERFOSE, V. 1986: Pflanzensoziologische und ökologische Untersuchungen in Salzrasen der Nordseeinsel Spiekeroog. Tuexenia 6: 219–248.

SCHLÜTER, H. 1955: Das Naturschutzgebiet Strausberg. Feddes Repert. Beih. 135: 260–350.

— 1973: Hydroökologische Artengruppen im Aphano-Matricarietum und pedohydrologische Typen im sächsischen Lößhügelland. Probleme Agrogeobot. Halle 11: 66–73.

— 1992: Vegetationsökologische Analyse der Flächennutzungsmosaike Nordostdeutschlands. Natursch. u. Landsch. forsch. 5/92: 173–180.

— 1992: Erforschung und Wandel von Flora und Vegetation im NSG »Lange Damm-Wiesen« bei Strausberg. Verh. Bot. Ver. Berlin-Brandenbg. 125: 53–100.

SCHMIDT, D. 1981: Pflanzensoziologische und ökologische Untersuchungen der Gewässer um Güstrow. Natur u. Natursch. Meckl. 17: 1–130.

SCHMIDT, G. 1969: Vegetationsgeographie auf ökologisch-soziologischer Grundlage. 596 S., Leipzig.

SCHMITHÜSEN, J. 1968: Allgemeine Vegetationsgeographie. 3. Aufl. 262 S., Berlin.

SCHNEIDER, C., SUKOPP, U. & SUKOPP, H. 1994: Biologisch-ökologische Grundlagen des Schutzes gefährdeter Segetalpflanzen. Schriftenr. Vegetationskd. 26: 356 S., Bonn-Bad Godesberg.

SCHNELL, F. H. 1939: Die Pflanzenwelt der Umgebung von Lauterbach (Hessen). Repert. spec. nov. regni veg. Beih. 112:

SCHÖNFELDER, P. 1978: Vegetationsverhältnisse auf Gips im südwestlichen Harzvorland. Natursch. u. Landsch. pfl. Niedersachsen 8: 110 S.

SCHOLZ, H. 1956: Die Ruderalvegetation Berlins. Diss. FU Berlin: 107 S.

SCHREIER, K. 1955: Die Vegetation auf Trümmerschutt zerstörter Stadtteile in Darmstadt. Schr. Natursch. st. Darmstadt 3: 1–50.

SCHRÖDER, F. 1977: Die Mollusken der Pflanzengesellschaften in den Gewässern des Bremer Raumes. Abh. Naturwiss. Ver. Bremen 38: 423–430.

SCHUBERT, R. & MAHN, E.-G. 1968: Übersicht über die Ackerunkrautgesellschaften Mitteldeutschlands. Feddes Repert. 80: 133–304.

SCHUHWERK, F. 1988: Naturnahe Vegetation im Hotzenwald (SO-Schwarzwald). Diss. Regensburg.

SCHWABE, A. 1972: Vegetationsuntersuchungen in den Salzwiesen der Nordseeinsel Trischen. Abh. Landesmus. Naturkd. Münster/Westfal. 34,4: 9–22.

— 1987: Fluß- und bachbegleitende Pflanzengesellschaften und Vegetationskomplexe im Schwarzwald. Diss. Bot. 102: 368 S.

— & KRATOCHWIL, A. 1984: Vegetationskundliche und blütenökologische Untersuchung in Salzrasen der Nordseeinsel Borkum. Tuexenia 4: 125–152.

SCHWABE-BRAUN, A. & TÜXEN, R. 1981: Lemnetea minoris. Prodromus europäischer Pflanzengesellschaften 4: 141 S., Vaduz.

SCHWICKENRATH, M. 1944: Das Hohe Venn und seine Randgebiete. Pflanzensoziologie 6: 278 S., Jena.

SCOPPOLA, A. 1982: Considerations nouvelles sur les végétations des Lemnetea minoris. Docum. phytosoc. NS 6: 1–130, Camerino.

SEGAL, S. 1966: Ecological studies of peat-bog vegetation in the North-Western part of the province of Overijsel. Wentia 15: 109–141.

— 1968: Some notes on the ecology of Ranunculus hederaceus L. Vegetatio 15: 1–26.

SEIBERT, P. 1962: Die Auenvegetation an der Isar nördlich von München. Landsch. pfl. u. Vegetationskd. 3: 123 S., München.

— 1969: Die Auswirkung des Donau-Hochwassers 1965 auf die Acker-Unkrautgesellschaften. Mitt. Flor.-soz. Arb. gem. NF. 14: 121–135.

SHIMODA, M. 1985: Phytosociological studies on the vegetation of irrigation ponds in the Saijo Basin. J. Sci. Hiroshima Univ.B 2, 19: 237–297.

SICINSKI, J. T. 1974: Segetal communities of the Szcercowska depression. Acta Agrobot. 27,2: 5–94, Warszawa.

SISSINGH, G. 1950: Onkruid-associaties in Nederland. 's Gravenhage 56: 224 S.

— 1957: Das Spergulario-Illecebretum, eine atlantische Nanocyperion-Gesellschaft. Mitt. Flor.-soz. Arbeitsgem. N. F. 6/7: 164–170.

— 1969: Über die systematische Gliederung von Trittpflanzen-Gesellschaften. ibid. N. F. 14: 179–192.

— VLIEGER, J. & WESTHOFF, V. 1940: Enkele aanteekeningen omtrent de plantenassociaties in de omgeving von Winterswijk. Nederl. Kruidk. Arch. 50:

SKOGEN, A. 1965: Flora and vegetation in Ørland, Trondheim district, Norway. Arb. 1965 Kgl. Norske Vid. Selsk. Mus.: 13–124.

SLAVNIC, Z. 1951: Prodrome des groupements végétaux nitrophiles de la Voivodine. Nauc. Zbor. Matice Srpske, Novi Sad, 1: 84–169.

— 1956: Die Wasser- und Sumpfvegetation der Vojvodina. ibid. 10: 5–72.

SOMSAK, L. 1972: Natürliche Phytozönosen des Flußlitorals im Unterlauf des Hron-Flusses. Acta Univ. Comen. Bot. 20: 1–85, Bratislava.

SOO, R. 1968: Neue Übersicht der höheren zönologischen Einheiten der ungarischen Vegetation. Acta Bot. Acad. Sc. Hung. 14: 385–394.

— 1971: Aufzählung der Assoziationen der ungarischen Vegetation nach den neueren zönosystematisch-nomenklatorischen Ergebnissen. ibid. 17: 127–179.

SOWA, R. 1971: Flora i roslinne zbiorowiska ruderalne na obszarze Wojewodztra Lódzkiego. Univ. Lodz. 1971: 282 S.

SPENCE, D. H. N. 1964: The macrophytic vegetation of freshwater lochswamps and associated fens. in BURNETT: The vegetation of Scotland. Edinburgh: 306–425.

SPRINGER, S. 1985: Spontane Vegetation in München. Ber. Bayer. Bot. Ges. 56: 103–142.

STARFINGER, U. 1985: Die Pleustophytenvegetation der Berliner Pfühle in Beziehung zum Chemismus der Gewässer. Verh. Berlin. Bot. Ver. 4: 79–99.

STEFFEN, H. 1931: Vegetationskunde von Ostpreussen. Pflanzensoziologie 1: 406 S., Jena.

STEUSLOFF, U. 1939: Zusammenhänge zwischen Boden, Chemismus des Wassers und Phanerogamenflora in fließenden Gewässern der Lüneburger Heide um Celle und Ülzen. Arch. Hydrobiol. 35: 70–106.

STÖCKER, G. 1962: Vorarbeit zu einer Vegetationsmonographie des Naturschutzgebietes Bodetal. Wiss. Z. Univ. Halle, Math. Nat. 9: 897–936.

STRASBURGER, K: & HOFMANN, J. 1982: Gesellschaften der Lemnetalia im Meissendorfer Fischteichgebiet westlich von Celle. Tuexenia 2: 27–29.

STRIJBOSCH, H. 1976: Een vergelijkend syntaxonomische en synoekologische studie in de Overasseltse en Hatertse vennen bij Nijmegen. Diss. Nijmegen, 335 S.

SUCCOW, M. 1967: Pflanzengesellschaften der Zieseniederung (Ostmecklenburg). Natur u. Natursch. Meckl. 5: 79–108.

SUKOPP, H. 1959/60: Vergleichende Untersuchungen der Vegetation Berliner Moore. Bot. Jb. 79: 36–191.

— 1966: Neophyten in natürlichen Pflanzengesellschaften Mitteleuropas. Ber. Internat. Symposium, Anthropog. Vegetation. Den Haag: 275–291.

— 1971: Beiträge zur Ökologie von Chenopodium botrys L. 1. Verbreitung und Vergesellschaftung. Verh. Bot. Ver. Prov. Brandenbg. 108: 3–25.

— 1974: »Rote Liste« der in der Bundesrepublik Deutschhland gefährdeten Arten von Farn- und Blütenpflanzen. Natur u. Landsch. 49: 315–322.

— & SCHOLZ, H. 1965: Neue Untersuchungen über Rumex triangulivalvis (Danser) Rech. f. in Deutschland. Ber. Deutsch. Bot. Ges. 78: 455–465.

— & SCHOLZ, H. 1968: Poa bulbosa L., ein Archäophyt der Flora Mitteleuropas. Flora B. 157: 494–526.

— & al. 1986: Flächendeckende Biotopkartierung im besiedelten Bereich als Grundlage einer ökologisch bzw. am Naturschutz orientierten Planung. Natur u. Landsch. 61: 371–389.

— TRAUTMANN, W. & SCHALLER, J. 1979: Biotopkartierung in der Bundesrepublik Deutschland. Natur u. Landsch. 57: 63–65.

THANNHEISER, D. 1987: Die Pflanzengesellschaften der isländischen Salzwiesen. Acta Bot. Island. 9: 35–60.

TILLICH, H.-J. 1969: Die Ackerunkrautgesellschaften in der Umgebung von Potsdam. Wiss. Z. Pädag. Hochsch. Potsdam, Math.-Nat. 13: 273–320.

TIMAR, L. 1947: Les associations végétales du lit de la Tisza de Szolnok à Szeged. Acta Geobot. Hung. 6, 1: 70–83.

TIMMERMANN, T. 1993: Die Meelake-Vegetation und Genese eines Verlandungsmoores in Nordostbrandenburg. Verh. Bot. Ver. Berlin-Brandenbg. 126: 25–62.

TOMASZEWICZ, H. 1979: Roslinnosc wodna i Szuwarowa Polski.Rozpr. Univ. Warszawa, 324 S.

— & KLOSOWSKI, S. 1985: Aquatic and rush vegetation of the Sejny lakeland lakes. Monogr. Bot. 67: 69–141, Warszawa.

TREICHEL, L. 1990: Angewandt-vegetationskundliche Untersuchungen in den Ackerfluren des Meßtischblattes Gnoien. Arch. Fr. Naturgesch. Mecklenbg. 30: 95–151.

TÜRK, W. 1991: Beitrag zur Kenntnis der Vegetationsverhältnisse der Nordfriesischen Insel Amrum. Tuexenia 11: 149–170.

— 1993: Pflanzengesellschaften und Vegetationsmosaike im nördlichen Oberfranken. Diss. Bot. 207: 290 S., Berlin-Stuttgart.

— 1995: Pflanzengesellschaften und Vegetationsmosaike der Insel Amrum. Tuexenia 15: 245–294.

TÜXEN, J. 1953: Zur Systematik und Ökologie der Hackfruchtunkrautgesellschaften. Mitt. Arb. gem. NF. 4: 147–148. Stolzenau.

— 1955: Über einige vikariierende Assoziationen aus der Gruppe der Fumarieten. ibid. 5: 84–89.

— 1958: Stufen, Standorte und Entwicklung von Hackfrucht- und Garten-Unkrautgesellschaften und deren Bedeutung für Ur- und Siedlungsgeschichte. Angewandte Pflanzensoz. 16: 164 S., Stolzenau.

— 1960: Zur systematischen Stellung des Ruppion-Verbandes. Mitt. Flor.-soz. Arb. gem. NF. 8: 180.

TÜXEN, R. 1937: Die Pflanzengesellschaften Nordwestdeutschlands. Mitt. Flor.-soz. Arb. gem. Niedersachsen 3: 1–170, Hannover.

— 1950: Grundriß einer Systematik der nitrophilen Unkrautgesellschaften in der Eurosibirischen Region Europas. Mitt. Flor.-soz. Arb. gem. NF. 2: 94–175, Stolzenau/Weser.

— 1954: Pflanzengesellschaften und Grundwasser-Ganglinien. Angew. Pflanzensoz. 8: 64–99, Stolzenau/Weser.

— 1955: Das System der nordwestdeutschen Pflanzengesellschaften. Mitt. Flor.-soz. Arb. gem. NF. 5: 155–176.

— 1957: Zur systematischen Stellung des Sagineto-Bryetum argentei.Mitt. Flor.-soz. Arbeitsgem. N. F. 6/7: 170–172.

— 1971/1972: Bibliographia phytosociologica syntaxonomica, Lfg. 2. Lemnetea minoris, 5. Zosteretea, Ruppietea, 9. Cakiletea maritimae, 10. Thero-Salicornietea, 11. Bidentetea tripartitae, 12. Littorelletea, Utricularietea, 14. Potamogetonetea. Lehre.

— 1974: Das Lahrer Moor. Mitt. Flor.-soz. Arb. gem. NF. 17: 39–68.

— 1974/1979: Die Pflanzengesellschaften Nordwestdeutschlands. 2. Aufl. 1. Liefg.: 207 S., 2. Lfg.: 212 S., Lehre.

— & BÖCKELMANN, W. 1957: Scharhörn. Die Vegetation einer jungen ostfriesischen Vogelinsel. Mitt. Flor.-soz. Arb. gem. NF. 6/7: 183–205.

— & OBERDORFER, E. 1958: Eurosibirische Phanerogamen-Gesellschaften Spaniens. Veröff. Geobot. Inst. ETH. Zürich, Stiftg. Rübel 32: 328, Bern.

— & WESTHOFF, V. 1963: Saginetea maritimae, eine Gesellschaftsgruppe im wechselhalinen Grenzbereich der europäischen Meeresküsten. Mitt. Flor.-soz. Arb. gem. NF. 10: 116–129.

UBRIZSY, G. 1961: Unkrautvegetation der Reiskulturen in Ungarn. Acta Bot. Acad. Sci. Hung. 7: 107–159.

ULLMANN, I. 1977: Die Vegetation des südlichen Maindreiecks. Hoppea 36: 5–192.

UHLIG, J. 1938: Laichkraut-, Röhricht- und Großseggengesellschaften 3. in KÄSTNER, M., FLÖSSNER & UHLIG, J.: Die Pflanzengesellschaften des westsächsischen Berg- und Hügellandes. Veröff. Landesver. Sächs. Heimatsch. Dresden: 10–68.

VAHLE, H.-C. & PREISING, E. 1990: Cakiletea, Thero-Salicornietea, Potametea in PREISING & al.: Die Pflanzengesellschaften Niedersachsens. Natursch. u. Landsch. pfl. Niedersachs. 20/7-8: 161 S.

VANDEN BERGHEN, C. 1951: Aperçu sur la végétation de la région a l'ouest de Gand. Bull. Soc. Roy. Bot. Belgiq. 83: 283–316.

— 1953: Contribution à l'étude des groupements végétaux notés dans la vallée de l'Ourthe. Bull. Soc. Roy. Bot. Belg. 85: 195–277.

— 1967: Les peuplements de Scirpus americanus Pers. dans le département des Landes. Bull. Jard. Bot. Nat. Belg. 37: 335–355.

VEVLE, O. 1985: The salt marsh vegetation at Vinjekilen, SE-Norway. Vegetatio 61: 55–63.

VICHEREK, J. 1968: Zur zönologischen Affinität von Myosurus minimus L. Preslia Praha 40: 387–396.

— 1973: Die Pflanzengesellschaften der Halophyten- und Subhalophytenvegetation der Tschechoslowakei. Vegetace CSSR A 5: 200 S.

VIERSSEN, W. VAN 1982: The ecology of communities dominated by Zannichellia taxa in western Europe. Proefschr. Nijmegen, 230 S.

VODERBERG, K. 1955: Die Vegetation der neugeschaffenen Insel Bock. Feddes Repert. Beih. 135: 232–260.

— 1960: Die Unkrautgesellschaften der Äcker um Berlin, insbesondere der Rieselfelder. Tagungsber. DAL 21: 9–13.

VÖGE, M. 1984: Der Neophyt Elodea nuttallii in einigen Gewässern Schleswig-Holsteins und Hamburgs. Mitt. Arb. gem. Geobot. Schlesw.-Holst. 33: 246–258. Kiel.

— 1987: Tauchbeobachtungen an der submersen Vegetation in nährstoffreichen norddeutschen Gewässern. Tuexenia 7: 69–83.

— 1993: Tauchexkursionen zu Standorten von Myriophyllum alterniflorum D. C. Tuexenia 13: 91–108.

VOIGTLÄNDER, U. 1966: Ackerunkrautgesellschaften im Gebiet um Feldberg. Arch. Fr. Naturgesch. Meckl. 12: 89–126.

— 1967: Legousia hybrida (L.) Delarbre in Mecklenburg. ibid. 13: 137–138.

VOLLMAR, F. 1947: Die Pflanzengesellschaften des Murnauer Moores. Ber. Bayer. Bot. Ges. 27: 13–97.

VOLLRATH, H. 1966: Über Ackerunkrautgesellschaften in Ostbayern. Denkschr. Regensbg. Bot. Ges. NF. 20: 117–160.

WALDIS, R. 1987: Unkrautvegetation im Wallis. Beitr. geobot. Landesaufn. Schweiz. 63: 348 S., Teufen.

WALTHER, K. 1977: Die Flußniederung von Elbe und Seege bei Gartow. Abh. Verh. Naturwiss. Ver. Hamburg NF. 20 Suppl.: 1–123.

— 1987: Die natürliche und naturnahe Vegetation der Landschaften um Gorleben und ihre Gefährdung. Tuexenia 7: 303–328.

— 1992: Zur Vegetation der Höhbeck, eine saaleeiszeitliche Stauchmoräne im Kreise Lüchow-Dannenberg. Verh. naturwiss. Ver. Hamburg NF. 33: 335–400.

WARCHOLINSKA, U. A. 1990: Numerial classification of segetal communities of the Lodz elevations. Acta Univ. Lodz 1990: 212 S.

— & SICINSKI, J. T. 1991: Communities of segetal weeds of the Belchatow mining-energetic district. Acta Univ. Lodz., Folia bot. 8: 19–46.

WASSCHER, J. 1941: De graanonkruidassociaties in Groningen en Noord-Drente. Nederl. Kruidk. Arch. 51: 435–441, Amsterdam.

WATTENDORFF, J. 1959: Die Pflanzengesellschaften eines kleineren Gebietes des unteren Lippetales. Abh. Landesmus. Naturkd. Münster/Westfal. 21,3: 1–24.

WATTEZ, J.-R. 1968: Contribution à l'étude de la végétation des marais arrière-littoraux de la plaine alluviale Picarde. Thèse Paris, 378 S.

— & GEHU, J.-M. 1982: Groupements amphibies acidoclines au disperus du nord de la France. Docum. Phytosoc. NS 6: 263–278, Camerino.

WEBER, H. E. 1976: Die Vegetation der Hase von der Quelle bis Quakenbrück. Osnabrück, Naturwiss. Mitt. 4: 131–190.

— 1978: Vegetation des Naturschutzgebietes Balksee und Randmoore. Natursch. u. Landsch. pfl. Niedersachs. 9: 168 S., Hannover.

— 1982: Vegetation eines Schlatts im Landkreis Cloppenburg. Drosera 82: 117–134.

WEBER, R. 1962: Über das Vorkommen von Potamogeton pectinatus L. in der mittleren Weißen Elster. Ber. Arb. gem. sächs. Bot. 4: 255–264.

WEBER-OLDECOP, D. W. 1967: Zur Vegetation einiger Fließgewässer der Oberpfalz und des Bayerischen Waldes. Mitt. Flor.-soz. Arb. gem. NF. 11/12: 25–27.

— 1969: Wasserpflanzengesellschaften im östlichen Niedersachsen. Diss. Hannover, 119 S.

— 1975: Die Glänzendweiße Seerose (Nymphaea candida Pressl) in der Lüneburger Heide. Götting. Flor. Rundbr. 9: 86–87.

— 1977: Das Ranunculo circinati-Potametum friesii ass. nov., die verbreitete Wasserpflanzen-Gesellschaft der Ostholsteinischen und Lauenburgischen Seen. Mitt.Flor.-soz. Arb. gem. NF. 19/20: 129–130.

WEDECK, H. 1973: Die Unkrautvegetation der Äcker auf der Insel Fanö (Dänemark). Schr. Naturwiss. Ver. Schleswig-Holst. 43: 61–65. Kiel.

WEEVERS, T. 1940: De flora van Goeree en Overflakkee dynamisch beschouwd. Nederl. Kruidk. Arch. 50: 285–354.

WEGENER, K.-A. 1982: Wasserpflanzengesellschaften im Ryck, Riene- und Bachgraben und ihre hydrochemischen Umweltbedingungen. Limnologica 14: 89–105.

— 1991: Pflanzengesellschaften an der Südküste des Greifswalder Boddens. Gledtischia 19: 259–288. Berlin.

— 1992: Wasserpflanzengesellschaften in Ziese und Beek. ibid. 20: 5–14.

WEGENER, U. 1987: Beobachtungen zur ökologischen Amplitude von Corispermum leptopterum (Ascherson) Iljin. ibid. 15: 41–46.

WEISSBECKER, M. 1992: Fließgewässermakrophyten, bachbegleitende Pflanzengesellschaften und Vegetationskomplexe im Odenwald. Arb. Umweltsch. 150: 156 S.

WENDELBERGER, G. 1943: Die Salzpflanzengesellschaften des Neusiedlersees. Wiener Bot. Z. 3: 124–144, Wien.

WENDELBERGER-ZELINKA, E. 1952: Die Vegetation der Donauauen bei Wallsee. Wels, 196 S.

WESTHOFF, V. 1947: The vegetation of dunes and salt-marsches on the Dutch Island of Terschelling, Vlieland and Texel. Diss. Utrecht, 131 S.

— 1949: Landschap, flora en vegetatie van de Botshol. Baambrugge, 102 S.

— 1968: Standplaatsen van Corrigiola litoralis. Gorteria 4: 137–145.

— & DEN HELD, A. J. 1969: Plantengemeenschappen in Nederland. Zutphen, 324 S.

— & MAAREL, E. VAN DER 1973: The Braun-Blanquet approach. in WHITTAKER, R. H.: Ordination and classification of vegetation. Handbook of vegetation Science 5: 617–726. The Hague. 2. Aufl. 1978: 287–399.

— 1987: Saltmarsh communities of three West Frisian Islands. in: HUISKES & al.: Vegetation between land and sea. Dordrecht: 16–40.

WESTHUS, W. 1979: Neufund von Ranunculus hederaceus L. im Kreis Wolmirstedt. Natursch. u. naturkd. Heimatforsch. Bez. Halle u. Magdebg. 16: 39–40.

— 1981: Botanische Naturdenkmäler im Kreis Wolmirstedt. Natursch. arb. Bez. Halle u. Magdeburg 18: 37–42.

— 1984: Zur Entstehung und Pflegebedürftigkeit herzynischer Binnensalzstellen. Arch. Natursch. u. Landsch. forsch. 24: 177–188.

— 1987: Zur Vegetation landwirtschaftlicher Wasserspeicher im Thüringer Becken. Limnologica 18: 381–403, Berlin.

WICKE, G. & HÜPPE, J. 1992: Vergleichende Untersuchungen zur Ackerunkrautvegetation des Weser- und Elbtales in Nordwestdeutschland. Ber. Naturhist. Ges. Hannover 134: 135–159.

WIEDENROTH, E.-M. 1960: Die Ackerunkrautgesellschaften im Gebiet von Hainleite und Windleite. Wiss. Z. Univ. Halle-W. Math.-Nat. 9: 333–362.

WIEGLEB, G. 1977: Die Wasser- und Sumpfpflanzengesellschaften der Teiche in den NSG bei Walkenried am Harz. Mitt. Flor.-soz. Arb. gem. NF: 19/20: 157–209.

— 1978: Vorläufige Übersicht über die Wasserpflanzengesellschaften der Klasse Potamogetonetea im südlichen und östlichen Niedersachsen. Ber. Naturhist. Ges. Hannover 121: 35–50.

— 1978: Vorläufige Übersicht über die Pflanzengesellschaften der Niedersächsischen Fließgewässer. Natursch. u. Landsch. pfl. Niedersachs. 10: 122 S.

— 1979: Vegetation und Umweltbedingungen der Oberharzer Stauteiche heute und in Zukunft. ibidem. 10: 9–83. Hannover.

— 1979: Die Verbreitung von Elodea nuttallii (Planch.) St. John im westlichen Niedersachsen. Drosera 79: 9–14.

— 1991: Die Lebens- und Wuchsformen der makrophytischen Wasserpflanzen. Tuexenia 11: 135–147.

WILKON-MICHALSKA,J. 1970: Plant succession in the halophyte reserve Ciechocinek between 1954 and 1965. Ochroma Przyrody 35: 25–51.

WILLERDING, U. 1970: Vor- und frühgeschichtliche Kulturpflanzenfunde in Mitteleuropa. Neu. Ausgrab. u. Forsch. Niedersachs. 5: 287–375.

— 1978: Paläo-ethnobotanische Untersuchungen über die Entwicklung von Pflanzengesellschaften. Ber. Internat. Sympos. Rinteln 1978: 61–104.

WILMANNS, O. 1956: Die Pflanzengesellschaften der Äcker und des Wirtschaftsgrünlandes auf der Reutlinger Alb. Beitr. Naturkdl. Forsch. SW-Deutschl. 15: 30–52.

— 1973: Ökologische Pflanzensoziologie. Heidelberg, 5. Aufl. 1993: 479 S.

— 1975: Wandlungen des Gernio-Allietum in den Kaiserstühler Weinbergen. Beitr. naturkdl. Forsch. SW-Deutschl. 34: 429–443.

— 1993: Weinbergsvegetation am Steigerwald und im Vergleich mit der im Kaiserstuhl. Tuexenia 10: 123–135.

WINTERHOFF, W. 1993: Die Pflanzenwelt des NSG Eriskircher Ried am Bodensee. Beih. 69, Veröff. Natursch. u. Landsch. pfl. Baden-Württ.: 280 S.

WITTIG, R. 1973: Die ruderale Vegetation der Münsterschen Innenstadt. Natur u. Heimat 33: 100–110.

— 1980: Die geschützten Moore und oligotrophen Gewässer der westfälischen Bucht. Schr. R. Landesanst., Ökol., Landsch. entwickl. Forstplan. N-Rhein-Westfal. 5: 228 S., Recklinghausen.

— & POTT, R. 1980: Zur Verbreitung, Vergesellschaftung und zum Status des Drüsigen Weidenröschens (Epilobium adenocaulon Hanska) in der Westfälischen Bucht. Natur u. Heimat 40: 83–87. Münster.

— & WITTIG, M. 196: Spontane Dorfvegetation in Westfalen. Decheniana 139: 94–122. Bonn.

WISSKIRCHEN, R. & KRAUSE, ST. 1994: Zur Verbreitung und Ökologie von Atriplex sagittata Borlch. im nördlichen Rheinland. Tuexenia 14: 425–444.

WITSCHEL, M. 1980: Xerothermvegetation und dealpine Vegetationskomplexe in Südbaden. Beih. Veröff. Natursch. Landsch. pfl. Baden-Württ. 17: 212 S., Karlsruhe.

WNUK, Z. 1976: Segetal weed communities of Przedborz-Malogoszcz chain. Acta Univ. Lodz Mat.-Przyr. Bot.Ser. 2, 14: 85–177.

— 1989: Segetal communities of the Czestochowa upland against the background of the segetal communities of Poland. Monogr. Bot. 71: 118 S.

WOJCIK, Z. 1978: Plant communities of Poland's cereal fields preliminary results of comparative studies. Acta Bot. Slov. Acad. Sci. A 3: 229–238.

WOLFF, P. & JENTSCH, H. 1992: Lemna turionifera Landolt, eine neue Wasserlinsenart im Spreewald und ihr soziologischer Anschluß. Verh. Bot. Ver. Berlin-Brandenbg. 125: 37–52.

— DIEKJOBST, H. & SCHWARZER, A. 1994: Zur Soziologie und Ökologie von Lemna minuta H., B. + K. in Mitteleuropa. Tuexenia 14: 343–380.

WOLFF-STRAUB, R. 1989: Vergleich der Ackerwildkraut-Vegetation alternativ und konventionell bewirtschafteter Äcker.Schr. R. LÖLF,, N-Rhein-Westfal. 11: 70–112, Recklinghausen.

WOLLERT, H. 1965: Die Unkrautgesellschaften der Oser Mittelmecklenburgs. Arch. Fr. Naturgesch. Meckl. 11: 85–101.

— 1967: Die Pflanzengesellschaften der Oser Mittelmecklenburgs. Wiss. Z. Univ. Rostock 16: 43–95.

— 1979: Zur Flora und Vegetation der Abhänge der Stauchmoränen des Malchiner Beckens bei Remplin. Natur u. Natursch. Meckl. 15: 5–16.

— 1988: Zur gegenwärtigen Verbreitung und zum soziologischen Verhalten von Puccinellia distans (Jacq.) Parl. in Mittel-Mecklenburg. Bot. Rundbr. Bez. Neubrandenbg. 20: 29–37.

— 1989: Über einige für Mittel- und Ostmecklenburg neue Ruderalpflanzengesellschaften. Arch. Fr. Naturgesch. Meckl. 29: 60–72.

— 1991: Die Ruderalvegetation des Meßtischblattes Teterow (2241), Mittelmecklenburg. Gleditschia 19: 39–68.

— 1991: Das Kleinfrüchtige Kletten-Labkraut (Galium spurium L.) bei Remplin (Mittelmecklenburg) wiederentdeckt. Bot. Rundbr. Meckl.-Vorpom. 23: 45–47.

— & BOLBRINKER, P. 1980: Zur Verbreitung sowie zum ökologischen und soziologischen Verhalten von Ceratophyllum submersum L. in Mittelmecklenburg. Arch. Fr. Naturgesch. Meckl. 20: 35–46.

—,— 1993: Zur Wildflora und -vegetation einer stillgelegten Ackerfläche am Nordostufer des Malchiner Sees. ibid. 32: 207–212.

— & HOLST, F. 1991: Zur Ruderalvegetation des Südostteiles des Kreises Templin. Bot. Rundbr. Meckl.-Vorpom. 23: 103–108.

WULF, M. 1992: Vegetationskundliche und ökologische Untersuchungen zum Vorkommen gefährdeter Pflanzenarten in NW-Deutschland. Diss. Bot. 185: 246 S.

ZAHLHEIMER, W. A. 1979: Vegetationsstudien in den Donauauen zwischen Regensburg und Straubing. Hoppea 38: 3–398. Regensburg.

ZAHLIBEROVA, M. 1978: Ufervegetation des Poprad-Flußgebietes. Vegetace CSSR B 5: 131–302. Bratislawa.

ZECHMEISTER, H. 1992: Die Vegetation auf Flachdächern von Großbauten aus der Jahrhundertwende. Tuexenia 12: 307–314.

ZEIDLER, H. 1962: Vegetationskundliche Beobachtungen an Ackerunkrautbeständen in der südlichen Frankenalb. Bayer. Landwirtsch. Jb. 39: 19–32.

— 1965: Ackerunkrautgesellschaften in Ostbayern. ibid. 42: 13–30.

ZINDEREN BAKKER, E. M. VAN 1942: Het Naardermeer. Amsterdam: 255 S.

ZONNEVELD, I. S. 1960: De Brabantse Biesbosch. Wageningen, 210 S.

Register der botanischen Sippen

In alphabetischer Reihenfolge werden alle in den Vegetationstabellen bzw. nur im Text belegten Taxa aufgelistet. Die ein- bis zweistelligen Zahlen beziehen sich auf die Tabellen Nr. 4–72, in denen die Art nachgewiesen wurde. Alle dreistelligen Ziffern markieren die Seitenzahl, auf der weitere, meist seltende Arten belegt werden, die nur in den zusätzlichen Aufnahmen im Text vorkommen. Das Sippenregister gibt einen objektiven Eindruck von der coenologischen Amplitude der Taxa in Nordostdeutschland im Rahmen der behandelten Klassen.
Die Namen der Gefäßpflanzen folgen im wesentlichen OBERDORFER (1994) bzw. ROTHMALER (1988), jene der Moose FRAHM & FREY (1983), der Algen GAMS (1969) bzw. PANKOW (1971)

Register der Gesellschaftsnamen und Synataxa

Die dreistelligen Zahlen hinter dem Namen beziehen sich auf die Seite, auf der die textliche Erläuterung der Vegetationseinheit beginnt. Im Deutschen steht für Gesellschaft=Ges. bzw. wo es Gesellschaft mit ... heißt, siehe unter dem Pflanzennamen mit nachgestelltem Ges. m.